普通高等院校地理信息科学系列教材

地理信息服务导论

（第二版）

崔铁军　编著

天津市品牌专业经费资助

科学出版社

北　京

内 容 简 介

导航与位置服务产业在国际上已成为继互联网、移动通信之后发展最快的新兴信息产业之一，为人们提供及时、丰富、便捷的地理信息是近年来地理信息科学的热点研究领域，是地理信息系统的主要应用方向，并逐渐形成一门多技术集成的交叉学科。本书全面介绍了地理信息服务的概念、模式、技术体系、研究内容及其与其他学科的关系，介绍了实时动态空间定位技术和数字通信技术等地理信息服务的基础，重点讨论了地理信息服务模式、地理空间数据更新与管理、多源地理数据集成与融合，以及多尺度地理空间数据编译，探讨了地理信息网络服务平台的体系架构、功能，论述了基于位置的地理信息服务平台结构框架、移动位置监控平台和移动终端的硬件及其功能特点，最后介绍了地理信息服务的应用。

本书条理清晰、叙述严谨、实例丰富，既适合作为地理信息科学专业或相关专业本科生、研究生教材，也可供从事信息化建设、信息系统开发等有关科研、企事业单位的科技工作者参考。

图书在版编目（CIP）数据

地理信息服务导论 / 崔铁军编著. —2 版. —北京：科学出版社，2018.8
普通高等院校地理信息科学系列教材
ISBN 978-7-03-057793-1

Ⅰ. ①地…　Ⅱ. ①崔…　Ⅲ. ①地理信息系统-高等学校-教材　Ⅳ. ①P208

中国版本图书馆 CIP 数据核字（2018）第 126244 号

责任编辑：杨　红　程雷星／责任校对：樊雅琼　杜子昂
责任印制：赵　博／封面设计：陈　敬

科 学 出 版 社 出版
北京东黄城根北街 16 号
邮政编码：100717
http://www.sciencep.com
北京富资园科技发展有限公司印刷
科学出版社发行　各地新华书店经销
*
2009 年 5 月第　一　版　　开本：787×1092　1/16
2018 年 8 月第　二　版　　印张：26
2025 年 3 月第七次印刷　　字数：660 000

定价：**89.00 元**

（如有印装质量问题，我社负责调换）

第二版前言

近年来，全球导航卫星系统应用、地理信息获取与处理等核心技术的迅速发展，以及地理信息技术与通信、互联网、物联网、云计算等产业的融合和创新，大大拓宽了地理信息应用领域。其发展沿着两个方向：其一仍是在专业领域的深化（如测绘、环境、规划、土地、房产、资源、军事等应用系统、区域可持续发展及全球变化），由数据驱动的空间数据管理系统发展为模型驱动的空间决策支持系统；其二就是作为服务平台和其他信息系统相融合，通过分布式计算等技术实现和其他系统、模型及应用的集成而深入行业应用中，如电子政务、电子商务、公众服务、数字城市等领域。

地理信息服务就是在不断满足人们在哪里（空间信息）、附近有什么资源（信息查询）的基本需求过程中应运而生的。地理信息服务是把实时空间定位技术（惯性导航定位、无线电定位导航、GPS、北斗和移动通信定位）、地理信息系统、移动无线通信技术（无线电专网、蜂窝移动通信和卫星通信）、计算机网络通信技术及数据库技术等现代高新技术有机地集成在一起，实现地理信息收集、处理、管理、传输和分析应用的数字化，在网络环境下为地理信息用户提供实时、高精度和区域乃至全球的多尺度地理信息，对移动目标实现实时动态跟踪和导航定位服务的系统，为用户随时随地（anytime，anywhere，anything）提供连续的、实时的和高精度的自身位置及周围环境信息。它是以现代测绘技术、信息技术、计算机技术、通信技术和网络技术相结合而发展起来的综合性产业，是采用地理信息技术对地理信息资源进行生产、开发、应用、服务、经营的全部活动，以及涉及这些活动的各种设备、技术、服务、产品的企业合体。地理信息服务产业正在由政府应用为主，向企业级和大众级市场渗透，在卫星导航应用中，企业已经成为做大地理信息产业的主体，如导航、监控、航海和信息服务领域。

目前，地理信息服务在五个重点领域快速发展：①天地空一体化地理数据获取和处理，构建测绘应用卫星、高中空航摄飞机、低空无人机、地面遥感等地理信息获取体系；②地理信息服务装备制造相关配套生产企业向"专、精、特"方向发展；③地理信息服务软件研发，结合下一代互联网、物联网、云计算等新技术的发展趋势，提升服务产业化水平；④地理信息与导航定位融合服务，加快推进现代测绘基准的广泛使用；⑤面向地理大数据的地理信息深层次应用，推进面向政府管理决策、面向企业生产运营、面向人民群众生活的地理信息应用。与传统地理信息应用相比，地理信息服务具有多种学科交叉、多种技术集成、海量多类型地理空间数据集成和海量用户多类型应用的特点，其研究内容包括地理信息服务模式、实时动态定位技术集成、海量多源多尺度地理空间数据组织、多类型地理信息服务平台构建、实时移动目标监控与导航、面向政务、商务和公众海量用户群体的服务应用等。

本书第一版已经出版10年了。这几年地理信息服务技术发展很快，第一版中部分内容略显陈旧，需更新。再版也是为了给地理信息科学专业本科生和研究生提供一部适合的教材。结合作者承担国家卫星导航应用高科技产业化专项"导航电子地图数据库增量更新服务高技术产业化示范工程"和科学技术部"863"课题"导航与位置空间信息内容服务平台技术"科研成果，在第一版的内容基础上构建成本书主要内容。但由于本人水平有限，再加上地理信息服务技术还处在不断发展和完善阶段，书中疏漏在所难免，希望相关专家学者及读者给予批评指正。还需要说明的是，本书在编著过程中吸收了课题组的科研成果和国内外有关论著的理论和技术成果。课题组的刘朋飞、宋宜全、郭鹏、毛健、梁玉斌、张伟和郭继发等老师给了很多帮助，刘朋飞对第7章多尺度地理空间数据编译做了大量修改，在此表示感谢；书中仅列出了部分参考文献，未公开出版的文献没有列在书后参考文献中，部分资料可能来自于某些网站，但未能够注明其出处，在此向被引用资料的作者表示感谢。

值此成书之际，感谢天津师范大学城市与环境科学学院领导和老师的支持；感谢天津市地理空间信息技术工程中心的同事、历届博士生、硕士生在地理信息科学研究方面所做出的不懈努力。

作　者
2018年4月5日于天津

第 一 版 序

目前，传统的测绘技术已经被数字化测绘技术所取代，并且正在向以提供综合地理空间信息服务为核心的信息化测绘技术转变。地理空间信息服务的网络化、大众化和普适化正在成为主要的服务方式，也是测绘科学技术研究要解决的主要问题，得到学术界和产业界的普遍关注，已经取得了许多可喜的成果。崔铁军教授积十年研究成果撰写的《地理信息服务导论》一书，可以说是这些成果的一种表现，可喜可贺！

《地理信息服务导论》的作者，从 20 世纪 90 年代末就开始"汽车自动导航系统"项目研发，研制了汽车自动导航系统硬件，开发了嵌入式地理信息系统(EGIS)软件，制定了导航地理数据生产标准，设计了数据生产软件，实现了利用全球定位系统(GPS)接收机的实时空间定位技术和 GIS 技术的集成，可以组成集 GPS 与 GIS 于一体的各种电子导航系统，而且针对 GIS 数据量大、计算复杂、移动环境下的硬件资源受限制等情况，研究了 GIS 功能裁减方法和地理信息数据压缩算法，并建立了有效的空间数据索引机制，成果在军队、武警、公安等部门得到推广使用，收到了良好的效果。所以，该书的出版是理论与实践相结合的产物，具有丰厚的理论与实践基础。

《地理信息服务导论》一书系统地介绍了地理信息服务的产生和发展过程、实时空间定位技术及其集成应用、数字通信技术，论述了地理空间数据的获取及其网络化管理、分发和应用服务，移动环境下的地理信息服务平台及其与地理信息服务的集成，并列举了应用实例。体现了多学科交叉融合的特点，内容丰富、实用性强，有重要参考价值。

该书的书名叫《地理信息服务导论》，我理解作者的用意。实际上，地理信息服务是一个十分广阔的领域，涉及多种学科、多种技术、技术集成复杂、数据量大且实时传输要求高，该书只是地理信息服务领域的一个"引子"，给该领域的研究留有很大的空间，还有很多问题需要研究，特别是随着网格技术的发展，地理信息网格服务还面临许多新问题，需要更多的人来研究解决。

从项目研究、实验、应用到该书的撰写，崔铁军教授花了十年时间，可谓"十年磨一剑"，这种精神在当前学术浮躁的情况下值得称赞！期盼年轻的学者们在踏实研究的基础上，出版更多的这类著作，共同推动地理信息服务的发展。

王家耀

2008 年 8 月

第一版前言

地理信息服务是国民经济和国防建设重要的基础信息保障。传统地理信息服务有两种任务：一是提供地球上任意点的空间定位数据；二是提供区域乃至全球的各种比例尺地图。随着遥感(RS)、地理信息系统(GIS)和全球定位系统(GPS)的广泛应用及通信技术迅猛发展，测绘服务步入数字化、集成化和网络化的新阶段。地理信息应用从传统的国防建设、国民经济建设应用拓宽到大众公共服务和个人地理信息服务。

现代地理信息服务的任务除传统的各种比例尺的纸质地图外，增加了基于存储介质的数字产品(数字地图)服务和基于计算机网络的地理信息网络服务等新的模式。这种建立在计算机技术、网络技术、空间技术、通信技术以及地理信息技术基础上的现代网络地理信息服务改变了早期以地图为载体的地理信息传递模式，大大缩短了地理空间数据生产者与地理信息用户之间的距离，实现了地理信息服务的实时性。

地理信息网络化服务是把实时空间定位技术(惯性导航定位、无线电定位导航、GPS、北斗和移动通信定位)、地理信息系统、移动无线通信技术(无线电专网、蜂窝移动通信和卫星通信)、计算机网络通信技术以及数据库技术等现代高新技术有机地集成在一起，实现地理信息收集、处理、管理、传输和分析应用的网络化，在网络环境下为地理信息用户提供实时、高精度和区域乃至全球的多尺度地理信息，对移动目标实现实时动态跟踪和导航定位服务的系统。

作者从1999年参与了原国家计委"产业化前期关键技术与成套装备研制开发项目——汽车自动导向系统"研制，开发了汽车自动导向系统硬件和嵌入式地理信息系统、制定了导航地理数据生产标准，并研制了生产软件，实现了利用GPS接收机的实时空间定位技术和GIS的空间地理信息技术的集成，可以组成GPS+GIS的各种电子导航系统。通过对计算机硬件、操作系统和地理信息系统功能进行裁剪和地理信息数据进行压缩处理并建立有效的空间索引机制，解决了GIS计算复杂、数据量大，在移动环境下的硬件资源受很多限制的难题。该项成果已经在军队、武警和公安等部门推广使用，并取得了良好的效果。

针对在应用中用户提出车辆监控的需求，我们在移动终端增加了通信系统，利用现代通信技术将目标的位置和其他信息传送至地理信息服务中心，在地理信息服务中心数据库的支持下，解释获得的数据信息，进行事务性处理，在地理信息服务中心进行地理信息匹配后显示在监视器上，应答服务请求。地理信息服务中心还能够对移动目标的准确位置、速度和状态等必要的参数进行监控和查询。同时，系统是双向工作的，地理信息服务中心将命令信息通过数字通信发往终端接收设备，必要时地理信息服务中心可遥控终端接收设备，甚至直接操纵移动目标，从而有效地进行调度和管理。

车辆导航/监控系统的应用对地理空间数据需求越来越强烈，迫切需要现势性好、精度高和大范围的地理空间信息。为了满足社会需求，必须改变既有的地理空间数据生产模式、技术方法和地理空间数据传输模式，使其从集中式孤立单位生产模式转变为网络化社会化生产模式。从基于存储介质的数字产品(数字地图)服务分发传输转变为基于计算机网络的现代地理信息服务新的模式。目前我国高精度、大区域的地理空间数据属于保密产品，地理空间数据生产、传输和使用有严格的保密等级限制。再者地理空间数据生产需要投入大量的人力物力，必须受到知识产权保护。如何在保证数据绝对安全和保护数据生产者知识产权的条件下，在网络环境中建立一个多层次面向服务的系统？这正是作者近几年的研究内容，系统在研制过程中已经考虑到数据包将来在网络上如何保密传输的问题，采用了自主研发的网络通信协议，传送的数据包格式将具有独立和严格的保密性，最大限度地防止了失泄密的发生。

作者近十年教学与科研积累为本书的撰写奠定了坚实的基础，指导一批博士和硕士在该领域做了大量研究工作。例如，许志海（硕士和博士）关于车辆导航研究；张凌（硕士）、刘爱龙（硕士）、李玉（硕士）、张振辉（硕士）、邹方磊（硕士）和汪永红（博士）关于嵌入式地理信息系统方面开发研究；郭黎（硕士和博士）、刘秋生（硕士）和张威（硕士）关于多源数据集成与融合方面研究；夏启兵（硕士）、吴正升（硕士和博士）和高伟（硕士）关于地理空间数据库和地理空间数据引擎方面研究；孙大鹏（硕士）关于无线通信和卢松杰（硕士）关于有线通信方面开发研究；姚慧敏（硕士和博士）、肖圣海（硕士）、张玉杰（硕士）关于地形三维可视化方面研究；李庆田（硕士）关于 GPS 道路数据采集方面研究；段莉琼（硕士）关于道路最短路径分析方面研究；和万礼（硕士）关于基于 XML 地理信息服务方面研究；李懿麟（硕士）关于基于 Internet 网络地理信息分发方面研究；张利（硕士）关于遥感图像处理方面研究；胡艳（硕士）、张斌（硕士）、王玉海（博士）和陈应东（博士）关于地理信息服务框架结构、数据压缩和数据传输策略方面研究；等等。还需要说明的是，本书在编著过程中吸收了大量国内外有关论著的理论和技术成果，书中仅列出了部分参考文献，未公开出版的文献没有列在书后参考文献中，而在正文当页下方作了脚注，这里向所有文献作者致谢。

参加本书写作的有郭黎、王玉海、张斌、吴正升、汪永红和崔红军等，其中，吴正升负责第 4 章地理空间数据获取与分布式管理；郭黎负责第 5 章多源地理空间数据集成；王玉海负责第 7 章地理空间数据网络传输策略；张斌负责第 8 章地理信息网络服务平台；崔红军和汪永红负责第 9 章地理信息移动服务平台；其他章节由崔铁军负责。全书由崔铁军最终定稿。在本书撰写过程中，刘灿由、王豪和蔡畅等协助完成了初稿校对等工作。对此，作者向他们表示衷心的感谢。

地理信息服务是一项涉及多专业、多用户、多数据的综合性研究课题，需要一个强大而又有效的硬件环境、软件环境和海量多尺度地理空间数据支持。利用现代通信技术实现多类数据的快速传输，解决和研究实时空间定位、一体化数据管理、集成化系统设计以及空间数据可视化等技术难题。但由于本人水平有限，再加上地理信息服务技术还处在不断发展和完善阶段，书中疏漏之处在所难免，希望相关专家学者及读者给予批评指正。

值此成书之际，作者要感谢解放军信息工程大学测绘学院训练部和地图学与地理信息工程系领导的支持；感谢课题组成员董延春、陈应东、姚慧敏和历届博士生、硕士生在地理信息服务研究方面所作出的不懈努力。本书的撰写得到科学出版社朱海燕和韩鹏编辑的热情指导和帮助，在此表示衷心的感谢。

作　者

2008 年 8 月于郑州

目　录

第1章 绪　　论

自古以来，人类在认识世界和改造世界过程中，必须实时回答"在哪里"和"周围是什么"两个与人类生活劳动息息相关的基本问题。实时回答"在哪里"：我们的祖先很早就依靠观测天体(恒星、行星等)相对于地平面的高度(即仰角)与相对于北向的方向角来确定位置和方向；还发明了指南针，利用指南车方向和行驶测量距离(航位推算)的方法确定自己的位置。回答"周围是什么"：人们发明了地图。地图出现甚至要早于文字，地理以地图形式在纸介质上表示已有几千年的历史。地图是一门古老的学问，从人类文明开始时就已产生，但不管时代如何改变、科技如何进步，地图仍深深地影响着人类世界的每一个环节，而且是有增无减。传统测绘已经被数字化测绘所取代，并且正在向以提供综合地理空间信息服务为核心的信息化测绘转变。地理空间信息服务发展成为数字化、网络化、大众化和普适化新模式。

1.1　地理信息服务概论

1.1.1　地理信息服务基本概念

1. 地理

我国文献中，最早出现"地理"一词的是公元前 4 世纪成文的《易经·系辞》，里面有"仰以观于天文，俯以察于地理"的文句。东汉思想家王充对天文、地理有相当深入的研究，他的解释是："天有日月星辰谓之文，地有山川陵谷谓之理"。地理环境是指一定社会所处的地理位置及与此相联系的各种自然条件和各种人文现象的总和，自然条件包括气候、土地、河流、湖泊、山脉、矿藏及动植物资源等，人文泛指各种社会、政治、经济和文化现象。自然条件是人类赖以生存和发展的生活空间和物质基础，是人类社会存在和发展的必要条件，直接影响着人类的饮食、呼吸、衣着、住行。各种社会、政治、经济和文化现象地理分布、扩散和变化，以及人类社会活动的地域结构的形成和发展规律，形成人文地理学。自然地理和人文地理是地理学的两个主要分支学科。人类社会和自然环境的关系，是现代地理学研究的重要课题，也是当今社会发展必须直面和探讨的问题，还是人类认识世界的永恒命题。人类掌握与应用地理知识的历史，从一个侧面反映了人类社会的发展进程。生活中时时有地理，处处有地理，地理知识就在人们生活的周围，学习和掌握对生活有用的地理知识，不仅可以拓宽知识面、开阔视野，还能有效应对生活中的各种困难，解决生活中的实际问题，增强生活的自理能力，最大限度地满足生存的需要，适应复杂多变的环境。

2. 导航

导航是人类出行最基本的需求。古代人们利用指南针、天文、时钟、地形标识等工具来实现旅行的导航：①指路。最简单的导航方式，其特点是依赖于人们周围环境已知特征或固定物体的观察和识别，并在它们之间运动。通常这些特征物的位置称为"航路点"。②地图。通过观察地图上的地理特征(如道路、山谷、河流等)来确定自己的位置。这些特征可根据网格系统(即坐标系)标记在地图上。有了坐标系，人们就能确定自己在坐标系的位置(因此，坐标系对于导航过程来说是最基本的)。③观星，即天体观测，观测自己相对于固定天体的位置。固定天体有效地确定了一个在空间固定的坐标系，天体观测可使观测者确定自己相对于该坐标系的位置，海上导航使用较多。④推算。根据初始位置和速度、方位的测量来计算当前位置。

早期飞行依靠磁罗盘、速度表等导航仪表，20世纪30年代各种无线电导航问世，60～70年代出现惯性导航系统、多普勒导航系统，80年代末全球定位导航系统问世，90年代惯性/卫星组合导航系统大量推广，21世纪新型导航系统和容错组合导航系统产生。导航从一门古老的技术发展成为引导载体到达目的地的过程(广义)，是确定运载体(飞机、导弹、卫星、火箭、舰船和车辆等)的运动状态和位置等参数的综合技术，也是一门复杂的学科，在航空、航天、航海和许多民用领域都得到广泛的应用。

3. 地理信息

在自然界和人类社会中，客观变化的事物不断产生各种不同的信息。信息是对客观存在的反映，不以人的主观意识为转移；信息又是人类对客观世界的认知，是认识主体所感知或所表述的事物运动的状态与方式，泛指人类社会传播的一切内容。地理信息是地理所蕴含和表达的地理含义，与地球表面空间位置直接或间接相关的事物或现象的信息。它表示地表物体和环境固有的数量、质量、空间分布、空间联系和变化规律的特征。地理信息具有空间和时间四维属性，常用文字、图形、图像和数字等表达。

客观世界是一个庞大的信息源，随着现代科学技术的发展，特别是借助近代数学、空间科学和计算机科学，人们已能够迅速地采集到地理空间的几何信息、物理信息和人文信息，并适时适地地识别、转换、存储、传输、显示并应用这些信息，使它们进一步为人类服务。

地图是地理信息的主要表现形式之一，按照地图的内容，地图可分为普通地图、地形图和专题地图三种。计算机的引进使地图学进入了用数据描述地理世界的信息时代。为了使计算机能够识别、存储和处理地理现象，人们把地理实体数字化，表示成计算机能够接受的数字形式。

地理空间数据是地理信息的主要表现形式之一。地理空间数据是直接或间接关联着相对于地球的某个地点的数据，是表示地理位置、分布特点的自然现象和社会现象的诸要素文件，包括自然地理数据和社会经济数据。

用数据描述地理世界有两种形式：①基于场的观点，表达连续现象的栅格数据；②基于对象观点，表达地理离散现象的矢量数据。栅格数据就是按栅格阵列单元的行和列排列的有不同"值"的数据集。栅格结构是以大小相等、分布均匀、紧密相连的像元(网格单元)阵列来表示空间地物或现象分布的数据组织。地理矢量数据就是以面向对象的思维方式，把现实世界的地理现象和物体抽象为点、线、面、体四种形态的地理对象，其位置和形状在坐标系中用离散点(X、Y坐标)表示，尽可能精确地表达点、线、面、体等地理实体，通过记录指针表示地理对象之间的关系。利用特定地理空间数据模型映射到计算机中的地理矢量数据结构，是表示地理实体的点、线、面、体及其组合体的空间分布、空间联系和变化过程的一种数据组织方式。这种数据组织方式能最好地逼近地理实体的空间分布特征，数据精度高，数据存储的冗余度低，便于进行地理实体的网络分析。

用矢量数据描述地理世界有两种形式：①基于图形可视化的地图数据。地图数据是一种通过图形和样式表示地理实体特征的数据类型，其中，图形是指地理实体的几何信息，样式与地图符号相关。②基于空间分析的地理数据。这种数据主要通过属性数据描述地理实体的定性特征、数量特征、质量特征、时间特征和地理实体的空间关系(拓扑关系)。

地图数据和地理数据都是带有地理坐标的数据,是地理空间信息两种不同的表示方法,地图数据强调数据可视化,采用"图形表现属性"的方式,忽略了实体的空间关系,而地理信息数据主要通过属性数据描述地理实体的数量和质量特征。地图数据和地理信息数据所具有的共同特征就是地理空间坐标,统称为地理空间数据。与其他数据相比,地理空间数据具有特殊的数学基础、非结构化数据结构和动态变化的时间特征。

4. 地理信息系统

地理信息系统(geographic information system 或 geoinformation system,GIS)是处理地理空间数据的信息系统。它是在计算机硬、软件系统支持下,对整个或部分地球表层(包括大气层)空间中的有关地理分布数据进行采集、储存、管理、运算、分析、显示和描述的技术系统。地理信息有多种来源和不同特点,地理信息系统要具有对各种信息获取与处理的功能:以野外调查、地图、遥感、环境监测和社会经济统计多种途径获取地理信息,由采集机构或器件采集信息并将其转换成计算机系统组织的数据。

这些数据根据数据库组织原理和技术,组织成地理数据库。地理数据库是系统的核心部分。库中各种地理数据通常以多边形(矢量)方式和网格(光栅)方式进行组织。多边形作为区域的基本单元可以是某一级行政、经济区划单位,或某一地理要素的类型轮廓,它是由地理要素的专题信息(如类型代码)和几何信息(多边形边界的 x、y 坐标值及其拓扑信息)构成(见多边形数据系统)的。网格方式对某一区域按地理坐标或平面坐标建立规则的网格,并对每个网格单元按行、列顺序赋予不同地理要素代码,构成矩阵数据格式(见网格数据系统)。为了实现数据资源的共享和互换,地理数据库必须做到数据规范化和标准化,并有效地对各种地理数据文件进行管理,实现对数据的监控、维护、更新、修改和检索。地理数据通过软件的处理,进行分析计算,并加以显示。显示的方式有地理图、统计表和其他形式。

地理空间数据可视化是把地理空间数据转换成为便于人们理解的图形、图像,动态地、形象地、多视角地、全方位地、多层面地描述地理事物与现象,不仅能反映地理现象空间分布、相互联系和动态过程信息,也能弥补人类自然语言对地理现象描述的不足,提高人们对地理空间的认知能力。

地理空间分析是对地理空间现象的定量研究。地理空间物体和现象是空间分析的具体研究对象。空间物体具有空间位置、分布、形态、空间关系(距离、方位、拓扑、相似和相关)等基本特征,其中,空间关系是地理实体之间存在的与空间特征有关的关系,是空间数据组织、查询、分析和推理的基础。以地理空间数据为基础的地理空间分析称为空间数据分析,因为它是 GIS 的重要组成部分,所以又称为 GIS 空间分析。

按照计算机环境的不同,GIS 划分为桌面 GIS、网络 GIS 和移动 GIS 三种。随着计算机网络通信技术产生、数据处理能力提高、体积和重量减少,系统软件正朝多维动态化和智能化方向发展。多维动态化就是顾及三维空间(X, Y, Z)和时间(T)的三维动态 GIS,这是城市规划、资源开发利用、环境监测与治理、海洋、地矿、军事等领域的需求。智能化就是要总结应用领域专家(或专业用户)的知识,研究知识的表达和基于知识的推理,以提高 GIS 辅助决策的智能化程度,或利用从空间数据库中挖掘的知识来支持遥感解译的自动化和空间分析的智能化。

5. 地理信息服务

地理信息服务是指基于导航定位、移动通信、数字地图等技术，建立人、事、物、地在统一时空基准下的位置与时间标签及其关联，为政府、企业、行业及公众用户提供随时获知所关注目标的位置及位置关联信息的服务。其产业链由定位信号提供商、地图提供商、内容提供商、位置信息集成商、应用服务提供商、终端制造商和各类用户组成。其中，位置信息集成商将定位信息、地图信息和位置关联信息进行综合集成处理，由基于位置地理信息服务提供商发布给各类用户。

传统的地理信息服务(geographic information service，GIService)是提供给消费者物体位置坐标和多种类型、多种比例尺的地图产品。随着信息技术的发展，传统的地理信息服务模式已不能满足消费者需求，多源地理信息综合利用和多种技术集成催生了现代地理信息服务模式。

1.1.2　地理信息服务技术体系

地理信息服务的核心是提供人们劳动和生活所需的实时动态空间位置及地理信息，其技术体系体现了多种学科交叉、多种技术集成，其目的是实现地理信息服务数字化、网络化、大众化和普适化。

1. 实时动态定位技术

早期从起始点将航行载体引导到目的地的设备是指南针，指南针测量角度存在误差，不能满足远距离或长时间航行及高精度导航定位的要求，为了解决这个问题，人们依靠地磁场、星光、太阳高度等天文、地理方法获取定位、定向信息。随着科学技术的发展，惯性导航、无线电导航和卫星导航等技术相继问世，为航行载体提供实时的姿态、速度和位置信息的技术和方法，组合实时定位技术解决了误差积累问题。

1)惯性导航系统

惯性导航系统(inertial navigation system，INS)，简称惯导，其基本工作原理是以牛顿力学定律为基础，通过测量载体在惯性参考系的加速度，将它对时间进行积分，且把它变换到导航坐标系中，就能够得到在导航坐标系中的速度、偏航角和位置等信息。惯性导航系统属于推算导航方式，即从一已知点的位置根据连续测得的运动体航向角和速度推算出下一点的位置，因而可连续测出运动体的当前位置。惯性导航系统中的陀螺仪用来形成一个导航坐标系，使加速度计的测量轴稳定在该坐标系中，并给出航向和姿态角；加速度计用来测量运动体的加速度，经过对时间的一次积分得到速度，速度再经过对时间的一次积分即可得到距离。

惯导有固定的漂移率，这样会造成物体运动的误差，利用全球定位系统(global positioning system，GPS)等对惯导进行定时修正，以获取持续准确的位置参数。随着科技进步，成本较低的光纤陀螺和微机械陀螺精度越来越高，这是未来陀螺技术发展的方向。

2)无线电定位技术

实时定位问题真正得到解决是在无线电技术发明之后。人们利用电磁波传播的三个基本特性：①电磁波在自由空间沿直线传播；②电磁波在自由空间的传播速度是恒定的；③电磁波在传播路线上遇到障碍物时会发生反射，把量算距离变成测量无线电传播时间差，利用三个已知点坐标和距离的空间后方交会可以解算出移动目标的位置。空间后方交会测量是加密控制点常用的方法，它可以在数个已知控制点上设站，分别向待定点观测方向或距离，也可以在待定点上设站向数个已知控制点观测方向或距离，而后计算待定点的坐标。常用的交会测量方法有前方交会、后方交会、侧边交会和自由设站法。

根据两条位置线的交点确定运动体的位置，称为平面二维定位。若再测定运动体距大地水准面的高度，则称为空间三维定位。按无线电定位的工作原理区分，主要有脉冲测距、相位双曲线、脉冲双曲线和脉冲相位双曲线等定位方式。按其作用距离可分为近程、中程、远程和超远程四种。近程系统有绍兰（Shoran）、哈菲克斯（Hi-Fix）和台卡（Decca）等；中程系统主要有罗兰（Loran）A、罗兰 B 和罗兰 D；远程和超远程系统分别以罗兰 C 和奥米加（Omega）为代表。在海洋测量中，无线电定位通常采取双曲线方式、测距（又称圆-圆）方式和圆-双曲线方式等。在沿海岸线建立一定数量的无线电导航站，如罗兰 C。由于大地和海洋对无线电波的吸收和地球曲率的影响，电波的传送距离受电台功率的限制，这种方式的导航距离受到一定的限制。

3）全球卫星定位系统

1957 年人类发射第一颗卫星，1958 年美国海军就把无线电定位基站由地面搬到卫星上，研制了子午仪卫星导航系统，并于 1964 年正式投入使用，并显示出巨大的优越性。由于该系统卫星数目较少（5 颗或 6 颗），运行高度较低（平均 1000km），从地面站观测到卫星的时间间隔较长（平均 1.5h），因而它无法提供连续的实时三维导航。为了克服子午仪卫星导航系统存在的缺陷，满足军事部门和民用部门对连续实时和三维导航的迫切要求，1973 年美国国防部制定了 GPS 计划。

全球导航卫星系统（global navigation satellite system，GNSS）目前有四种，分别是：①美国全球定位系统 GPS。其是目前全世界应用最为广泛，也最为成熟的卫星导航定位系统。GPS 的用户只需购买 GPS 接收机就可以免费享受该服务。但 GPS 针对普通用户和美军方提供的是不同的服务。目前，民用 GPS 信号的精度可达到 10m 左右，军用精度可达 1m。②中国北斗卫星导航系统（BeiDou navigation satellite system，BDS）。2000 年中国开始建设北斗卫星导航试验系统，2012 年形成覆盖亚太大部分地区的服务能力。2012 年年底，北斗卫星导航系统提供正式运行服务。到 2020 年左右，由 30 多颗卫星组成的北斗全球卫星导航系统将形成全球覆盖能力。北斗的精确度非常高，定位也非常准确，已经可以与美国的 GPS 相媲美。最重要的是能够实现短报文通信。③欧洲联盟（简称欧盟）伽利略（Galileo）系统。伽利略卫星导航系统是欧盟和欧洲空间局正在建设中的项目，初衷是使欧盟在卫星导航问题上摆脱对美国和俄罗斯的依赖。伽利略系统的技术水平将高于 GPS 和俄罗斯格洛纳斯，其精度可以达到 1m 级别。2003 年 5 月，欧盟和欧洲空间局正式批准伽利略项目第一阶段，2012 年开始运行，但目前这一日期已被推迟至 2019 年全部建成。④俄罗斯格洛纳斯（GLONASS）。从 1993 年开始俄罗斯独自建立本国的全球卫星导航系统。原计划该系统于 2007 年年底之前运营，因资金问题，直到 2011 年，格洛纳斯导航系统才投入全面运行，但其在全球的民用和商业用户仍然很少，主要原因是其用户端的设备发展一直严重滞后。与美国的 GPS 系统不同的是，GLONASS 系统采用频分多址（frequency division multiplexing，FDM）A 方式，根据载波频率来区分不同卫星（GPS 采用码分多址 CDMA，根据调制码来区分卫星）。每颗卫星发播的两种载波频率与该卫星的频率编号有关。GLONASS 系统采用了军民合用、不加密的开放政策。系统单点定位精度水平方向为 16m，垂直方向为 25m。

4）移动通信定位技术

移动用户对基于无线定位技术新业务的需求不断增加，推动了无线测距及定位技术深入发展，向用户提供精确的定位信息已经成为新一代移动通信标准业务之一。实现无线定位主要有两大类解决方案：第一类是由移动站(MS)主导的定位技术。单从技术角度讲，这种技术更容易提供比较精确的用户定位信息，它可以利用现有的一些定位系统，例如，在移动站中集成 GPS 接收机，从而利用现成的 GPS 信号实现对用户的精确定位。但这类技术需要在移动站上增加新的硬件，这将对移动站的尺寸和成本带来不利的影响。第二类是由基站(BS)主导的定位技术，这种解决方案需要对现存的基站、交换中心做出某种程度的改进，但它可以兼容现有的终端设备。其可选用的具体实现技术主要包括：测量信号方向(信号的到达角度，简称 AOA)的定位技术、测量信号功率的定位技术、测量信号传播时间特性(到达时间，简称 TOA；到达时间差，简称 TDOA)的定位技术。为了提高定位的精度，也可以采用上面数种技术的组合。由于第二类的解决方案能更好地利用现有的网络及其终端设备，因而具有更广泛的应用前景。

5)室内定位技术

随着普适计算和分布式通信技术的深入研究，无线网络、通信等技术得到了迅速普及。基于低功耗、自组织、信息感知的无线传感器网络，其监测的事件与物理位置戚戚相关，没有位置信息的数据毫无意义，因此确定信息的位置成为众多应用的迫切需求和关键性问题。室内定位在商业、公共安全和军事上的应用展现了其巨大的商业前景。例如，将无线传感器网络布置在大型展馆(博物馆、会馆、大型综合公共场所等)对其人员进行定位跟踪与导航，对仓库物流及设备监测等的定位与引导，对工业厂房车间内自动运载小车的运动控制，灾难(火灾、地震等)场所的疏散引导，以及室内移动和服务机器人跟踪定位等。在室内环境无法使用卫星定位时，使用室内定位技术作为卫星定位的辅助定位，解决卫星信号到达地面时较弱、不能穿透建筑物的问题，最终定位物体当前所处的位置。除通信网络的蜂窝定位技术外，常见的室内无线定位技术还有 Wi-Fi、蓝牙、红外线、超宽带、RFID、ZigBee 和超声波。

6)定位定姿系统

全球卫星定位系统的最大缺点是不能提供连续不断的实时定位服务和在军事应用上的安全性受到挑战。惯性导航系统成为全球卫星定位系统的有效补充。定位定姿系统(position and orientation system，POS)是利用全球卫星定位系统和惯性测量装置直接确定传感器空间位置和姿态的集成技术。POS 系统主要采用差分 GPS 定位(differential GPS，DGPS)获取位置数据作为初始值，姿态测量主要是利用惯性测量装置(inertial measurement unit，IMU)来感测飞机或其他载体的加速度，经过积分运算，应用卡尔曼滤波器、反馈误差控制迭代运算，获取载体的位置、速度和姿态等信息。

2. 移动网络通信技术

通信(communication)就是信息的传递，是指一地向另一地进行的信息传输与交换，其目的是传输消息。通信的方式：古代的烽火台、击鼓、驿站快马接力、信鸽、旗语等，现代的电信等。古代的通信对远距离来说，最快也要几天的时间，而现代通信以电信方式，如电报、电话、快信、短信、Email 等，实现了即时通信。按传输媒质可分为有线通信和无线通信两种。

1)无线移动通信

无线通信是利用电磁波信号可以在自由空间中传播的特性进行信息交换的一种通信方

式，近些年信息通信领域中，发展最快、应用最广的就是无线通信技术。在移动中实现的无线通信又通称为移动通信，人们把二者合称为无线移动通信。

蜂窝移动通信是无线移动通信的一种，其核心是频率复用，即多个用户共用一组频率，同时多组用户在不同的地方仍使用该组频率进行通信，从而大大地提高了频率的利用率。近几年，数字移动通信取得了飞跃发展，GSM 成为全球最成熟的数字移动电话网络标准之一。GSM 系统集中了现代信源编码等技术，同时引入了大量的计算机控制和管理，具有高频谱效率，安全性、稳定性好，集成度高，容量大，开放性接口，抗噪声性能力强，业务灵活，覆盖范围广，容易实现全国联网，小区无扰及漫游性能好，移动业务数据可靠率高等优点。

随着 GSM 系统向高速电路交换数据(high-speed circuit-switched data，HSCSD)和通用分组无线业务(general packet radio service，GPRS)，以及提高数据速率的 GSM 扩展(enhanced data rate for GSM evolution，EDGE)等制式发展，数据传输速率将由 9.6kbps 提高到 384kbps 的水平，加上无线应用协议(wireless application protocol，WAP)的实施，移动通信将可以与目前 Internet 互联，构成固定形式与移动形式并存的通信网络。以码分多址(code division multi access，CDMA)技术为基础的数字移动通信系统被称为第三代移动通信系统。它由扩频、多址接入、蜂窝组网和频率再用等几种技术结合而成，含有频域、时域和码域三维信号处理的一种协作，因此具有抗干扰性好、抗多径衰落、保密安全性高的特点。

集群通信系统是专用调度的移动通信系统，其特点是"频率公用"，即系统内用户共同使用一组频率。用户每次建立通话前首先向调度台提出申请，调度台将搜索到的空闲信道分配给该用户。集群通信为用户提供的基本业务有语音通信、保密语音通信、数据及状态信息传输。它具有多种呼叫接续方式，如移动台到移动台、移动台到调度台双向、有线接续等，呼叫类型有单呼、组呼、全呼，有无线互连呼叫。

2) 有线移动通信

为了更加便宜有效地处理和传送数据、语音及图像信息，电信网正由传统的电路交换网向基于 IP 的分组网转移。基于 IP 的分组网采用 TCP/IP 协议使得不同网络间的连接大大简化，而宽带 IP 网的巨大网络带宽和流量使信息流量大大增加，可以满足不同业务和大量用户的要求，这一点为海量的空间数据(特别是影像数据)的网上传输提供了可能。因此，人们有可能处理更大的空间数据集、更高空间分辨率的遥感图像、更复杂的空间模型和地学分析，有可能得到更精确的显示及数据可视化的输出。

局域网 LAN 使得同一建筑内的数十甚至上百台计算机连接起来，使大量的信息能够以108～109bit/s 的速度在计算机间传送。广域网 WAN，尤其是 Internet 的迅速普及，使得全球范围内的数百万台计算机连接起来得以进行信息交换，改变了人们传统的获取、处理信息的方式。随着计算资源的网络化，拥有个人计算机或工作站的广大用户，迫切需要共享或集成分布于网络上丰富的信息资源，以廉价获得超出局部计算机能力的高品质服务，并逐步实现计算机支持的协同工作。因此，在多个资源上进行分布式处理就变得越来越迫切。从简单的数据共享到多个服务的先进系统，大量的计算转移到了网络环境下的各种资源和个人桌面。分布式计算时代初露端倪，分布计算成为影响当今计算机技术发展的关键技术力量。

卫星移动通信是在卫星通信、蜂窝移动通信、数字交换、传输技术及计算机技术基础上发展起来的一种新的通信体制和通信业务。它把卫星通信网与地面通信网相结合，建成全球或区域性的"无缝隙"通信网络，能使任何人在任何时间、任何地点，以任何通信方式与任何人通信的理想变成现实。

3. 地理信息技术

从技术和应用的角度，GIS 是解决空间问题的工具、方法和技术。地理信息技术是地理信息获取、处理、管理和应用的手段、方法和技能的总和。地球信息科学的方法与技术主要包括全球定位系统、遥感(remote sensing，RS)、地球信息系统及其应用，地球信息空间数据库技术、空间信息分析模型、可视化方法技术，地球信息标准化与规范化、地球信息共享、地球信息综合制图、地学信息图谱等内容。

1) 地理信息获取与处理技术

地理信息获取与处理是地理信息系统的重要组成部分。地理数据获取方法主要包括：①实地测量；②航空摄影测量；③遥感图像更新；④地图数字化等。不同数据获取方法采用不同的地理空间数据处理技术。

2) 地理信息存储管理技术

地理信息的空间性和多维性是地理信息存储管理的难点。空间性要求空间数据的操作(增加、删除和修改)必须有一个可视化的编辑界面(图形编辑系统)和利用测绘技术进行坐标定位。多维性使传统数据库的一维索引方法不能满足空间数据的快速检索要求，必须建立空间索引机制，在数据结构、计算机网络和数据库技术等基础上研究空间数据模型、空间数据索引方法、查询操作与查询语言和地理空间数据库设计等技术。

3) 地理信息可视化技术

地理信息可视化是指采用计算机图形技术和系统，把地理信息数据转化成人的视觉可以直接感受的计算机图形图像，从而进行数据探索和分析。主要研究计算机图形可视化基础(计算机图形学)、地图符号可视化(计算机地图制图)、统计数据可视化(专题制图)和地形与地物三维可视化。

4) 空间分析技术

由于空间分析对空间信息(特别是隐含信息)的提取和传输功能，其已成为地理信息系统区别于一般信息系统的主要功能特征，也成为评价地理信息系统功能强弱的主要指标之一。空间分析内容有空间查询、位置和量算、空间方位、空间分布、空间距离(缓冲区分析、叠加分析和网络分析)、地形分析和空间统计分类分析(主成分分析、层次分析、系统聚类分析、判别分析)。空间分析直接从空间物体的空间位置、联系等方面去研究空间事物，以期对空间事物做出定量的描述。它需要复杂的数学工具，如空间统计学、图论、拓扑学、计算几何，主要任务是空间构成的描述和分析(消防站点的选址、最短路径分析)。

5) 空间数据挖掘技术

空间数据挖掘(spatial data mining)是数据挖掘的一个分支，是在空间数据库的基础上，综合利用各种技术方法，从大量的空间数据中自动挖掘事先未知的且潜在有用的知识，提取非显式存在的空间关系或其他有意义的模式等，揭示出蕴含在数据背后的客观世界的本质规律、内在联系和发展趋势，实现知识的自动获取，从而提供技术决策与经营决策的依据。它可以用来理解或重组空间数据、发现空间和非空间数据间的关系、构建空间知识库、优化查询等。在已建立的空间数据库中，隐藏着大量的可供分析、分类用的知识，如空间位置分布规律、空间关联规则、形态特征区分规则等，它们并没有直接存储于空间数据库中，必须通过挖掘技术才能挖掘出来。因此，空间数据挖掘技术就显得尤为重要。

4. 系统集成技术

系统集成是一门工程技术，同时也是一门艺术。它包括系统工程、软件集成、综合集成等。综合集成是工程技术向现实生产力转化的重要工具和方法，其实质是把科学理论与经验知识结合起来，人脑思维与计算机分析结合起来，发挥综合系统的整体优势。集成的目的是建立一体化、最优化的大系统。

系统集成不是产品的集成，不是软件，不是网络，它涉及多种技术、多种产品与多家供应商。它是按照用户的需求、对多种产品和技术进行剪裁，恰当合理地选择相关技术和策略，最佳地选择和配置各种软件和硬件资源，以构成满足用户要求的信息系统的一体化解决方案，使系统的整体性能最优，在技术上具有先进性，实现上具有可行性，使用上具有灵活性及可扩展性等。

系统集成就是按照用户的需求，在开放系统环境下利用标准化的系统元素，进行一体化的系统设计与实现的技术与策略。只有在实现了硬件和软件集成、数据和信息集成、技术和管理集成、人和组织机构集成的基础上，才能建成一个集成了用户功能需要的完整系统。

系统集成的内容如下。

(1) 系统运行环境的集成。将不同的硬件设备、操作系统、网络通信系统、数据库管理系统、开发工具及其他系统支撑软件集成为一个应用系统，形成一个统一协调运行的应用平台，用户可共享系统软件/硬件资源，也称软硬集成。

(2) 信息的集成。从信息资源管理出发进行全系统的数据总体规划、分布分析和应用分析，统一规划设计数据库单位，使不同部门、不同专业、不同层次的人员，在信息资源方面达到高度共享，也称数据/信息集成。

(3) 应用功能的集成。在运行环境和信息集成的基础上，按照用户要求建设一个满足用户功能需求的完整的系统，也称系统集成。

(4) 技术集成。保证用户的功能集成任务顺利完成，需要有足够的技术保证，需要多方面的高级技术人员参加和有关专家学者的技术咨询，也称技术/管理集成。

(5) 人和组织的集成。主要包括：协同工作；良好的人机界面；人工智能与专家系统的引入；用户与研制部门技术人员的密切合作等。

上述五个方面的集成互为依赖、不可分割，其中，信息的集成是核心，应用功能的集成直接影响系统效率和质量，系统运行环境的集成和技术的集成决定系统建成后的技术水平、运行效率及系统的生命周期，而人和组织机构的集成是关键。

1.1.3 地理信息服务分类

目前，地理信息服务主要有五类：第一类是提供各种比例尺的纸质地图；第二类是提供存储在各种介质上的数字产品(数字地图)；第三类是提供高精度位置服务；第四类是在计算机网络环境下为用户提供地理信息数据和功能，使用户能直接通过网络对地理空间数据进行访问，实现空间数据和业务数据的检索查询、空间分析、专题图输出和编辑修改等 GIS 功能；第五类是 GIS、GPS 和通信有机集成，各种手持/车载地图导航仪，存储了详尽的道路信息，软件上有人们出行需要的道路分析功能。

1. 提供地图产品

地图可分为地形图、普通地理图、专题地图和公开出版地图四种。

1) 地形图

地形图是根据国家颁布的测量规范、图式和比例尺系统测绘或编绘的全要素地图，是详细表示地表上居民地、道路、水系、境界、土质、植被等基本地理要素且用等高线表示地面起伏的一种按统一规范生产的普通地图。地形图是地表起伏形态和地理位置、形状在水平面上的投影图。具体来讲，地形图是将地面上的地物和地貌按水平投影的方法(沿铅垂线方向投影到水平面上)，并按一定的比例尺缩绘到图纸上。地形图是根据地形测量或航摄资料绘制的，误差和投影变形都极小。因为制图的区域范围比较小，所以能比较精确而详细地表示地面地貌、水文、地形、土壤、植被等自然地理要素，以及居民点、交通线、境界线、工程建筑等社会经济要素。地形图是按照统一的规范和符号系统测(或编)制的，能全面而详尽地表示各种地理事物，有较高的几何精度，能满足多方面用图的需要，是经济建设、国防建设和科学研究中不可缺少的工具；也是编制各种小比例尺普通地图、专题地图和地图集的基础资料。不同比例尺的地形图，具体用途也不同。

2) 普通地理图

普通地理图是以同等详细程度来表示地面上主要的自然和社会经济现象的地图，能比较全面地反映出制图区域的地理特征，包括水系、地形、地貌、植被、居民地、交通网、境界线及主要的社会经济要素等。它和地形图的区别主要表现在：地图投影、分幅、比例尺和表示方法等具有一定的灵活性，表示的内容比同比例尺地形图概括，几何精度比地形图低。

3) 专题地图

专题地图是着重表示一种或几种自然或社会经济现象的地理分布，或强调表示这些现象的某一方面特征的地图。专题地图的主题多种多样，服务对象也很广泛。可进一步分为自然地图和社会经济地图。

4) 公开出版地图

依据《中华人民共和国测绘法》《中华人民共和国地图编制出版管理条例》和国家有关法规，公开地图和地图产品上不得表示下列内容：①国防、军事设施及军事单位；②未经公开的港湾、港口、沿海潮浸地带的详细性质，火车站内站线的具体线路配置状况；③航道水深、船闸尺度、水库库容、输电线路电压等精确数据，桥梁、渡口、隧道的结构形式和河底性质；④未经国家有关部门批准公开发表的各项经济建设数据等；⑤未公开的机场(含民用、军民合用机场)和机关、单位；⑥其他涉及国家秘密的内容。

地图成果应当根据公开(公开使用、公开出版)和未公开(内部使用、保密)的不同性质，按照国家有关规定进行管理。大范围、高精度地图产品在我国属于保密产品。从国家安全考虑，目前高精度的地理信息数据采集、生产和销售在国家政策上受到一定的限制。如果需要使用未公开(内部使用、保密)的地图成果，需在该成果所在测绘行政主管部门办理使用手续。

2. 提供高精度位置服务

高精度位置服务主要包括两个内容：一是提供大地控制点，依据控制点坐标利用测量仪器，获取地球坐标；二是提供利用多基站网络 RTK 技术建立的连续运行卫星定位服务综合系统(continuous operational reference system, CORS)。CORS 利用已知精确三维坐标的差分 GPS 基准台，求得伪距修正量或位置修正量，再将这个修正量实时或事后发送给用户(GPS 导航仪)，对用户的测量数据进行修正，以提高 GPS 终端的定位精度。

1) 大地控制点

大地控制点简称"大地点"，是指经过大地测量在地面统一建立的控制点，是具有统一精度的水平位置和高程的点；包括三角点、导线点、水准点，点上均埋设固定标志。大地控制点是加密低等控制点和测图控制的基础，并为经济建设、国防建设、科学研究提供地面点的精确的水平和高程位置。

(1) 国家平面控制网是确定地形地物平面位置的坐标体系，按控制等级和施测精度分为一、二、三、四等网。目前，提供使用的国家平面控制网含三角点、导线点共 154348 个，分为 1954 北京坐标系、1980 西安坐标系两套成果。通过现有的国家平面控制网和国家高精度卫星定位控制网的联合处理，形成了覆盖我国全部国土的三维地心大地坐标系统。

(2) 国家高程控制网是确定地形地物海拔的坐标体系，按控制等级和施测精度分为一、二、三、四等网。国家大地水准面作为由静止海水面向大陆延伸形成的不规则的封闭曲面，是描述地球形状和精确确定海拔的一个重要物理参考面，同时，大地水准面的形状反映了地球内部物质结构、密度和分布等特征信息。目前，提供使用的是我国分米级精度大地水准面——CQG2000（简称 CQG2000）大地水准面成果，其精度达到分米级（±0.3～±0.6m），分辨率达到 15′×15′（约 30km×30km），覆盖我国全部国土，包括我国大陆及其岸线以外 400km 的洋区。

(3) 国家重力基本网是确定我国重力加速数值的坐标体系。目前提供使用的 1985 国家重力基本网由重力基准点、重力基本点和引点组成，有一等重力成果及加密重力成果。重力成果在研究地球形状、精确处理大地测量观测数据、发展空间技术、地球物理、地质勘探、地震、天文、计量和高能物理等方面有着广泛的应用。

(4) 国家高精度卫星定位控制网是利用卫星定位技术建立起来的新一代用于精确定位和导航的空间定位坐标体系。目前提供使用的国家高精度卫星定位控制网，包括 A 级网成果、B 级网成果。同时，还初步建立了 GPS 跟踪站组成的动态导航服务系统。

2) 连续运行参考站系统

根据差分 GPS 基准站发送的信息方式可将差分 GPS 定位分为三类，即位置差分、伪距差分和相位差分。这三类差分方式的工作原理是相同的，即都是由基准站发送改正数，由用户站接收并对其测量结果进行改正，以获得精确的定位结果。不同的是，发送改正数的具体内容不一样，其差分定位精度也不同。CORS 成为大地平面控制基础地理信息服务的主要形式，大地水准面精化模型与 CORS 系统的结合彻底改变了传统高程测量作业模式。

CORS 系统由基准站网、数据处理中心、数据传输系统、定位导航数据播发系统、用户应用系统五个部分组成，各基准站与监控分析中心间通过数据传输系统连接成一体，形成专用网络。CORS 的建立可以大大提高测绘的速度与效率，降低测绘劳动强度和成本，省去测量标志保护与修复的费用，节省各项测绘工程实施过程中约 30% 的控制测量费用。随着 CORS 基站的建设和连续运行，就形成了一个以永久基站为控制点的网络。

连续运行参考站系统是"空间数据基础设施"最为重要的组成部分，可以获取各类空间的位置、时间信息及其相关的动态变化，同时也是快速、高精度获取空间数据和地理特征的重要的城市基础设施。CORS 可在城市区域内向大量用户同时提供高精度、高可靠性、实时的定位信息，并实现城市测绘数据的完整统一，这将对现代城市基础地理信息系统的采集与应用体系产生深远的影响。

CORS 系统仅是一个动态的、连续的定位框架基准,通过建设若干永久性连续运行的 GPS 基准站,提供国际通用格式的基准站站点坐标和 GPS 测量数据,可满足各类不同行业用户对精度定位,快速和实时定位、导航的要求,及时满足城市规划、国土测绘、地籍管理、城乡建设、环境监测、防灾减灾、交通监控、矿山测量等多种现代化信息化管理的社会要求,可以全自动、全天候、实时提供高精度空间和时间信息,建立和维持城市测绘的基准框架,成为区域规划、管理和决策的基础。

3. 提供地理数据产品

地理数据产品分为基础地理信息数据、政务地理信息数据和公共地理信息数据三种类型。

1) 基础地理信息数据

基础地理信息主要是指通用性最强,共享需求最大,可以为所有行业提供统一的空间定位和进行空间分析的基础地理单元数据,主要由地理坐标系格网,自然地理信息中的地貌、水系、植被及社会地理信息中的居民地、交通、境界、特殊地物、地名等要素构成。其具体内容也同所采用的地图比例尺有关,随着比例尺的增大,基础地理信息的详细程度和位置精度越来越高。

基础地理信息的承载形式也是多样化的,可以是各种类型的数据、卫星像片、航空像片、各种比例尺地图,甚至声像资料等,目前的主要形式有大地控制点信息数据库、栅格地图(digital raster graphic,DRG)数据库、矢量地形(digital line graphic,DLG)要素数据库、数字高程模型(digital elevation model,DEM)数据库、地名数据库和正射影像数据库(digital orthophoto map,DOM)等。地理信息数据生产者主要是国家测绘部门、军事部门和专业测绘公司。地理信息数据主要的用户是政府的土地、资源、环境、规划、房产等部门,以及专业化公司(电信、电力等)和公众。

(1) 数字线划地图。数字线划地图含有行政区、居民地、交通、管网、水系及附属设施、地貌、地名、测量控制点等内容。它既包括以矢量结构描述的带有拓扑关系的空间信息,又包括以关系结构描述的属性信息。用数字地形信息可进行长度、面积量算和各种空间分析,如最佳路径分析、缓冲区分析、图形叠加分析等。数字线划地图全面反映数据覆盖范围内自然地理条件和社会经济状况,可用于建设规划、资源管理、投资环境分析、商业布局等各方面,也可作为人口、资源、环境、交通、报警等各专业信息系统的空间定位基础。基于数字线划地图库可以制作数字或模拟地形图产品,也可以制作水系、交通、政区、地名等单要素或几种要素组合的数字或模拟地图产品。以数字线划地图库为基础同其他数据库有关内容可叠加派生其他数字或模拟测绘产品,如分层设色图、晕渲图等。数字线划地图库同国民经济各专业有关信息相结合可以制作不同类型的专题测绘产品。

(2) 数字高程模型。数字高程模型是定义在 X、Y 域离散点(规则或不规则)的以高程表达地面起伏形态的数据集合。数字高程模型数据可以用于与高程有关的分析,如地貌形态分析、透视图制作、断面图制作、工程中土石方计算、表面覆盖面积统计、通视条件分析、洪水淹没区分析等方面。除高程模型本身外,数字高程模型数据库可以用来制作坡度图、坡向图,也可以同地形数据库中有关内容结合生成分层设色图、晕渲图等复合数字或模拟的专题地图产品。

(3) 数字正射影像。数字正射影像数据是具有正射投影的数字影像的数据集合。数字正射影像生产周期较短、信息丰富、直观,具有良好的可判读性和可测量性,既可直接用于国民经济各行业，又可作为背景从中提取自然地理和社会经济信息，还可用于评价其他测绘数据的精度、现势性和完整性。数字正射影像数据库除直接提供数字正射影像外，可以结合数字地形数据库中的部分信息或其他相关信息制作各种形式的数字或模拟正射影像图，还可以作为有关数字或模拟测绘产品的影像背景。

(4)数字栅格地图。数字栅格地图是现有纸质地形图经计算机处理的栅格数据文件。纸质地形图扫描后经几何纠正(彩色地图还需经彩色校正)，并进行内容更新和数据压缩处理得到数字栅格地图。数字栅格地图保持了模拟地形图全部内容和几何精度，生产快捷、成本较低。数字栅格地图可用于制作模拟地图，可作为有关的信息系统的空间背景，也可作为存档图件。数字栅格地图数据库的直接产品是数字栅格地图，增加简单现势信息可用其制作有关数字或模拟事态图。

2)政务地理信息数据

地理空间信息作为一种重要的国家和社会资源，高精度地理空间数据是保密产品，随着GPS和GIS应用的深入，地理空间数据逐步向社会开放与共享的同时，面临信息本身、信息使用及传播过程等方面的安全问题。地理空间信息安全属于信息安全，但有着自己的特殊性。因此，地理空间信息安全所涉及的问题除一般信息安全所应考虑的问题外，还涉及地理空间信息本身所带来的一些特殊性问题。为了促进地理信息的社会化应用，在保证国家安全的前提下，通过脱密技术处理，产生满足公众需求的政务地理空间数据。

政务地理信息数据是一种以基础地理信息数据为基础，以政府行政办公部门为服务对象，面向电子政务应用需求，覆盖市域，多要素实体化的以在线形式提供服务的地图形式，具有地图特性和综合特性等。目前的政务地理信息数据一般都是在数字线划图的基础上，删除一些测绘专业要素(如测量控制点、等高线等)，提取基础数据中的建筑物、植被、水系、交通及地名点、兴趣点等图层，增加一些具有普遍共享性的社会经济类图层数据(如行政机关、公共服务及设施和名胜古迹等)，以形成各政府部门在政务管理中普遍需要共享的各类地理空间框架专题数据。同时要对各类地理空间框架专题数据进行内容提取与组合、符号化表现等一系列加工处理，以形成适合于网络一站式服务的电子地图。政务地理信息数据为城市公共管理、智能交通、公安应急、环境整治等空间信息基础设施服务提供了基本保障，同时开创了基础空间数据库共享、服务和应用的新模式。

政务地理数据是指突出而尽可能完善、详尽地表示研究区域内的一种或几种自然或社会经济(人文)要素的地理数据。政务地理数据覆盖专业领域宽广，凡具有空间属性的信息数据都可用其来表示。其内容、形式多种多样，能够广泛应用于国民经济建设、教学和科学研究、国防建设等行业部门，如土地覆盖类型数据、地貌数据、土壤数据、水文数据、植被数据、居民地数据、河流数据、行政境界及社会经济方面的数据等。

(1)水系包括河流、沟渠、湖泊、水库、海洋要素、其他水系要素、水利及附属设施类要素，涉及水系要素的行业和学科主要有水文、水利资源管理、水污染治理、水旱灾害、节水灌溉、水产养殖和加工、饮用水的生产和供应、水路运输业。

(2)居民地及设施包括居民地、工矿及其设施、农业及其设施、公共服务及其设施、名胜古迹、宗教设施、科学观测站、其他建筑物及其设施各类别。居民地及设施作为人们工作和生活的场所，公众生活与其息息相关，几乎涉及国民经济所有行业，任何工作和生活场所都有其空间位置和地名属性，人们尤其对城市公共服务设施的位置和名称感兴趣，倾向于搜索距离自己最近的有特殊社会职能的场所。居民地的社会和经济属性繁杂，却是公众关注的热点。国土资源、城市规划等城市管理部门对居民地的分布、用途和面积关注较多。

（3）交通包括铁路、城际道路、城市道路、乡村道路、道路构造物及附属设施、水运设施、航道、空运设施、其他交通设施类要素。交通要素涉及交通管理、铁路、公路、城市公共交通、水路、航空运输业。交通出行是人们生活的一项重要内容，城市内部公路交通状况直接影响人们的日常生活。交通管理业和运输业除了关注道路的空间分布、名称及代码、起止点和路程外，还关注道路的管辖单位和负责人、等级、交通流量、路面类型、路宽、违章信息、交通设施（如服务区和收费站）的位置，普通百姓则更多关注城市内的路况信息、公交车站的位置、公交路线、两地间的驾车路线，长途汽车站、火车站位置及车次、发车时间、车票价格等。

（4）管线包括输电线、通信线、油气水主要输送管道、城市管线类要素。管线主要由国家和国家控股的大型企业建设和管理，各种管线的空间位置分布，主要节点位置是电信、石油、水资源供应行业关注的焦点。公众只是付费和使用，对其空间布置和走向关心较少。

（5）境界与政区分为国家行政区、省级、地（市）级、县级、乡级行政区、其他区域类要素。境界和政区是人为产生的地理概念，而非自然地理要素，本身具有很强的政治属性，规定了人们管理事务的空间范围界限。任何地物都有经纬度和行政区划两种空间位置表示方法，而且政区比经纬度表示法应用更广，更符合人的表达习惯。政区和境界是政府和行业从事管理和开展工作的基本地理信息，行政区域内的人口数量、区域面积、经济水平、资源环境、特色人文和自然景观是政区的综合社会指标。

（6）地貌包括等高线、高程注记点、水域等值线、水下注记点、自然地貌、人工地貌类信息。地貌是地理学和地质学研究的重点，对工程实施、资源勘查、城市规划、土地利用、人们出行有较大影响，政府和社会大众关注具体地貌的特性和地质灾害的面积、破坏性，以便减少灾害对人们生活的影响。

（7）植被与土质分为农林用地、城市绿地、土质类要素。我国是个农业大国，耕地关系国计民生，植被与土质受到国土资源、农业、林业、农副产品加工业、牧业、环境保护、城市绿化等行业的广泛关注，管理部门注重了解各种植被，包括各种农作物、林木、草场、城市绿地的空间分布、面积，以及各种土质的分布、面积。

3）公众地理信息数据

公众地理信息数据是为公众出行提供迫切需要通过在线了解的地理旅游景点的相关信息，如景点分布、自驾车线路、公交线路和换乘查询、道路状况及景点周边的酒店宾馆、餐饮服务、购物商场、加油站等信息。此外，在公务、休闲娱乐、日常生活方面，公众对政府机关、企事业机构、娱乐消费场所、银行网点、通信公司、公交站点等的分布有一定需求，催生了以 GPS 导航为主的导航电子地图数据、旅游地理信息数据等。导航地理信息数据，俗称电子导航地图，主要用于路径的规划和导航功能的实现。电子导航地图从组成形式上看，由道路、背景、注记和 POI 组成，当然还可以有很多的特色内容，如 3D 路口实景放大图、三维建筑物等，电子导航地图需要有定位显示、索引、路径计算、引导的功能。

（1）道路形状数据。主要记录与道路相关的精确地理位置、路面形状、道路隔离带、相应的附属设施等。它必须准确如实地反映真实世界的具体情况，为其他类型的数据提供空间基础，是电子地图与客观世界和各种导航应用功能相联系的纽带。

（2）背景数据。既包括植被、水系、行政区划、面状公共场所等现实意义上的背景信息，也包括各类与智能导航相关的实时交通信息。背景信息的提供优化了地图的显示，满足了实时网络路径分析的需要。

（3）拓扑数据。定义了电子地图中各种地物间的相互关系，包括拓扑连接、拓扑相邻、拓扑包含等。拓扑数据的定义使电子地图中的各类数据在内涵上有了关联，使地图数据在语义和概念上更加完整，也更符合客观现实，为电子地图数据自身完备性检查、网络路径分析和实现交通信息处理提供了便利。

（4）属性数据。记录各类地物除位置信息以外的数据。根据针对的地物不同，属性数据的组织结构也不尽相同。例如，POI（兴趣点）的属性中常包括名称、地址、电话、网址等，而针对道路的属性数据则要记录道路名称、道面宽度、车道数据、通行级别等。随着导航应用需求的不断扩展，对属性数据完备性的要求也在不断提高，属性数据中包括的信息量及其准确度是评价当今业界领先的导航电子地图质量的重要依据之一，如 NavTech 公司生产的导航电子地图中道路层的属性数据就拥有 150 个字段，内容巨细无遗。

导航用电子地图必须具有极高的精确性，包括地理位置数据的精确性和实际地物信息的准确性。与此同时，电子地图中各要素之间必须具有正确的拓扑关系和整体的连通性，使各地物在逻辑上和语义上能够正确地映射现实世界。这些条件是保证电子地图实际可用的客观基础。

导航电子地图必须提供完备的地物属性信息。一方面这是电子地图进行查询检索的需要；另一方面是进行实际智能交通分析及相关导航应用的客观需要。例如，地图数据中需要有表达交通禁则的信息，以说明哪些路口禁止左转、禁止直行等，哪些路段在特定的时间段不许机动车通行或只许单行等，还需要有表达道路特质和运行情况的数据，以表明道路的材质、收费情况、允许哪些车辆类型通过等。这些属性信息与导航应用的需求密切相关，与一般意义上的电子地图有很大不同。

针对电子地图的技术要求，业界已出现了许多相应的技术标准。GDF（geographical data file）是欧洲交通网络表达的空间数据标准，用于描述和传递与路网和道路相关的数据。它规定了获取数据的方法和如何定义各类特征要素、属性数据及相互关系。主要用于汽车导航系统，也可以用在其他交通数据资料库中。KIWI 格式是由 KIWI-WConsortium 制定的标准，它是专门针对汽车导航的电子数据格式，旨在提供一种通用的电子地图数据的存储格式，以满足嵌入式应用快速精确和高效的要求。该格式是公开的，任何人都可以使用。NavTech 公司致力于生产大比例尺的道路网商用数据，包括详细的道路、道路附属物、交通信息等，这些数据主要用于车辆导航。

我国实行导航用电子地图生产准入制度。导航用电子地图更新一般采用版本式更新，目前大部分商业公司一年更新四次。

4. 地理信息网络服务

随着地理信息应用的不断深入，政府部门、企事业单位和社会大众对地理信息服务提出了服务途径的网络化、服务形式的个性化、服务内容的多元化、服务主体的协同化等一系列新要求。物理上分散、逻辑上集中的网络服务平台需要依托广域网物理链路，搭建纵向和横向广域网络，在纵向上连通国家、省、市地理信息服务机构，将分布在各地的地理信息服务节点连成一体，在横向上连通各类用户。对于使用涉密地理信息的政府用户，应依托涉密网广域网实现互联互通，对企业和公众则可依托非涉密网广域网(如政府外网、因特网)进行。为此，要配置支撑地理信息广域网服务的计算机、数据存储备份、安全保密和网络设备，建设广域网络接入和数据分发服务环境，保障地理信息网络化在线服务。考虑面向社会服务时峰值并发用户数可能较多，网络服务平台应具备高效稳定的地理信息在线访问能力、强大可靠的在线数据处理与管理能力，以满足用户对信息访问和应用的时效性、系统的稳定性的要求。

1) 地理信息网络服务的构成

基于 SOA 架构，由分布式节点组成。各节点按照统一的技术体系与标准规范，提供本节点的地理信息服务资源，通过服务聚合的方式实现整体协同服务。

(1) 服务提供者。一个可通过网络寻址的实体，它接受和执行来自使用者的请求，将自己的服务和接口契约发布到服务注册中心，以便服务使用者可以发现和访问该服务。

(2) 服务使用者。一个应用程序、一个软件模块或需要一个服务的另一个服务。它发起对注册中心中的服务的查询，通过传输绑定服务，并且执行服务功能。服务使用者根据接口契约来执行服务。

(3) 服务注册中心。服务发现的支持者。它包含一个可用服务的存储库，并允许感兴趣的服务使用者查找服务提供者接口。

2) 地理信息网络服务的对象

(1) 按权限划分：①非注册用户，可以进行一般性地理信息访问与应用；②注册用户，可以进行授权地理信息访问与应用。

(2) 按使用方式划分：①普通用户，通过门户网站进行信息浏览、查询、应用；②开发用户，通过服务接口、应用程序编程接口(API)调用网络地理信息服务资源，开发各类专业应用。

3) 地理信息网络服务形式

广大用户通过广域网络，在自己的办公室(或住处)即可方便地浏览相关的地图与地理信息，或进行"选货、订货"，或构建自己的应用系统。服务形式主要包括以下几方面：①地理信息浏览查询；②地理空间信息分析处理；③服务接口与应用程序编程接口(API)；④地理空间信息元数据查询；⑤地理空间信息下载。

(1) 地图阅览标注。为了满足广大用户对地图阅览标注的需求，网络服务平台要提供二维、三维地图等浏览服务。二维地图服务是将标准地理地图(包括地形图、政区图、影像图等)处理成适于网络发布的数据，提供范围选定、地图生成、地名查找、属性查询及标注等在线浏览功能。三维地图服务则是发布基于遥感影像和数字高程模型(DEM)的自然地形场景、城市建构筑物景观及立面街景等，提供浏览查询功能。为此，要对多尺度、多类型数据进行必要的加工处理，如构建地图和影像的数据金字塔，建立宏观、中观和微观数据的多尺度关联等，以满足网络化发布与服务的要求。对于一部分用户来说，他们不满足于单纯地图浏览，希望能够在公共服务平台提供的地理底图上标注、加载和管理自己的有关信息。这就要求公共服务平台提供信息标注、加载和制图等功能，便于用户挂接有关信息并在本地机上保存管理，形成个人的专门数据库。

(2) 数据交换服务。根据有关规定或授权，网络服务平台允许一些用户通过广域网络直接远程下载或交换数据。数据交换服务的功能包括地理信息成果目录查询、数据库同步、数据复制、数据提取。必须采用统一的元数据标准，建立基于多级节点的全国地理信息成果目录元数据库和目录服务，使用户能够通过公共服务平台的统一门户网站，了解和查询各地的地理信息成果情况。

(3) 开发接口服务。网络服务平台一方面直接向各类用户提供权威、可靠、适时更新的地理信息在线服务；另一方面通过提供多种开发接口，鼓励和支持相关专业部门及企业利用平台提供的丰富地理信息资源，建设专题应用系统或进行增值开发。为此，网络服务平台要提供面向浏览器端的二次开发接口，支持对数据交换、数据表达、数据整合和应用分析等各类平台服务的调用。通过调用二次开发接口，专业用户可以进行自身业务信息的分布式集成，快速构建业务应用系统，或利用平台提供的数据处理、标绘等工具软件，制作符合自己需要的数据产品。相关企业可以不用考虑基础地理信息的采集、加工与更新，专注于与人民生活密切相关的兴趣点等信息的采集、加工，发展新的增值服务，如建立旅游、房产、购物等各类地理信息服务系统等。

4) 地理信息网络服务技术体系

地理信息服务是一个庞大的系统工程，从工程学角度出发，采用理念一致、功能协调、结构统一、资源共享、部件标准化等系统论的方法，统筹考虑项目各层次和各要素，将地理信息服务工程"整体理念"的具体化和模块化。从空间信息服务的整个流程来看，可以将其技术体系划分为信息获取技术、信息处理技术、信息传输技术、信息终端技术及信息表现技术。

(1) 地理信息获取技术。数据的快速获取与更新是制约 GIS 发展的瓶颈。空间数据的快速获取与更新是空间信息服务的关键，在信息服务中，必须做到信息的现势性。空间数据更新手段包括遥感和 GPS 外业调查等。

(2) 地理信息处理技术。空间信息的采集、编辑、编码、压缩、管理、分析计算等均可以认为是地理信息处理技术。它可以归纳为两个最重要的技术，即地理信息系统软件技术和地理空间数据库技术。在地理信息服务中，对地理信息的快速和海量处理能力尤其重要。

(3) 地理信息传输技术。目前，信息传输中重要的两个技术分别为计算机网络和无线通信网络。它还包括网络的带宽、容量等性能指标及相关协议标准等。在地理信息服务中，由于要传输大量的空间数据和图形图像数据，对计算机网络和无线通信网络的性能指标和相关协议标准提出了更高的要求。

(4) 地理信息终端技术。地理信息服务接收终端除了 PC 终端以外，还包括移动终端技术。移动终端大致分为自主导航式、监控式和导航监控混合式三大类。自主导航式终端硬件主要由定位单元、信息处理单元、存储单元和显示单元组成，软件功能主要包括多尺度地图显示、信息查询、路径规划和行驶导航等。监控式终端硬件主要由定位单元、信息处理单元和通信单元组成，主要功能是将终端所获取的位置和其他信息通过通信送至监控中心，监控中心可对移动目标进行各种信息的监控和查询，对移动目标进行实时动态跟踪。通信选择面向公众和行业提供不同的解决方案，并可依据用户需求提供灵活的系统组合框架。导航监控混合式除了具有自主导航和监控两种功能外，地理信息和其他信息的实时传输服务也是其重要功能。移动终端的信息服务将逐步成为该产业的重要生长点，与位置有关的服务将占有重要比重。

(5) 地理信息表现技术。地理信息表现技术主要实现地理信息快速、直观、生动地向用户表达出来，并向用户提供友好的交互手段。相比专业的 GIS 应用，在地理信息服务中，地理信息的表现技术更为重要，并且必须充分考虑用户心理。例如，①界面简洁明了，并且具有一定的趣味性，使用户对该系统具有信心和产生兴趣；②操作简单，无须花太多时间就可以掌握系统的使用方法；③在 GIS 原理和功能的表达上，某些计算机术语应该通俗化，以易于用户接受；④系统应该实时对用户的操作做出响应，尽量缩短用户的等待时间。因此，系统必须在界面设计、辅助帮助、屏幕动画、信息的动感表现、操作风格等方面满足用户要求。在移动终端上的信息表现技术更需要进一步的研究。由于移动终端设备的各种性能指标往往远低于计算机终端，除了对硬件设备的要求外，对终端软件(多数为嵌入式 GIS 系统)提出了更高的要求。

5)地理信息网络服务平台架构

地理信息网络服务平台以一体化的在线地理信息服务资源，构建分布式地理信息共享与应用开发环境，实现统一的地理信息网络化服务。该平台由服务层、数据层和运行支持层等三层技术结构组成。

(1)服务层包括门户网站系统、在线服务系统和服务管理系统，以及相应系列标准服务接口，向用户提供标准化的地图与地理信息服务。

(2)数据层由国家、省、市三级地理信息服务资源组成，在逻辑上规范一致、物理上异地分布，彼此互联互通。

(3)运行支持层是基于电子政务内外网的网络接入环境，以及数据库集群服务、存储备份、安全保密控制和管理的软硬件环境。全国网络服务平台包含主节点、分节点和子节点等三级服务节点，它们有相同的技术结构及一致的对外服务接口，分别依托国家、省、市的三级地理信息服务机构，通过电子政务内、外网实现纵横向互联互通。此外，网络服务平台主要是提供标准服务，而将面向特定用户群体或满足专门化应用需求的专题应用系统留给有关机构、公司进行二次开发。

6)地理信息网络服务标准

地理信息网络服务标准主要涉及数据规范、服务规范和应用开发技术规范。

(1)数据规范：主要是规定公共地理信息的分类与编码、模型、表达，以及数据质量控制、数据处理与维护更新规则与流程等。

(2)服务规范：主要包括服务接口规范，如国际开放地理空间联盟(Open Geospatial Consortium，OGC)的网络地图服务规范(WMS)、网络要素服务规范(WFS、WFS-G)、网络覆盖服务规范(WCS)、网络处理服务规范(WPS)、目录服务规范(CSW)等。还包括服务分类与命名、服务元数据内容与接口规范、服务质量规范、服务管理规范、用户管理规范等。

(3)应用开发技术规范：主要包括应用程序编程接口(application programming interface，API)规范和说明。

7)地理信息网络服务相关政策

地理信息网络服务相关政策主要包括以下几方面：①地理信息共享政策；②地理信息保密政策；③互联网地图服务资质。基于不同的网络环境和用户群体，网络地理信息服务所使用的数据分为涉密版和公众版两类。其中，公众版网络地理信息服务数据运行于互联网或国家电子政务外网环境，数据需符合国家地理信息与地图公开表示有关规定，包括数据内容与表示、影像分辨率、空间位置精度三个方面。网络地理信息服务直接面向终端用户，对地理信息的现势性、准确性、权威性要求非常高，必须保证数据的实时更新。一般有日常更新、应急更新两种模式。

8) 地理信息网络服务发布

(1) 在线服务基础系统：正确响应符合 OGC 相关互操作规范的调用指令，支持地理信息资源元数据（目录）、地理信息浏览、数据存取、数据分析等服务的实现。

(2) 门户网站系统：用户访问网络地理信息服务平台的入口，一般应包括的栏目有地理信息浏览、搜索定位、空间要素查询分析（WFS）、标绘与纠错、数据提取与下载、路线规划（公交、驾车、步行等）、实时信息显示（路况、监控等），以及个性地图定制、照片及视频上传等。

(3) 应用程序编程接口与控件库：提供调用各类服务的应用程序编程接口（API）与控件，实现对各类互联网地理信息服务资源和功能的调用。

(4) 在线数据管理系统：实现在线服务数据入库、管理、发布、更新、备份。

(5) 服务管理系统：面向平台运维管理者、服务发布者、服务调用者三类用户，实现对服务的发现、状态监测、质量评价、运行情况统计、服务代理等功能。

(6) 用户管理系统：存储并管理注册用户的信息，主要包括用户注册、单点登录、用户认证、用户授权、用户活动审计、用户活动日志，以及用户使用服务情况统计分析、使用计费等功能。

(7) 计算机与网络设备运维管理：对服务器、网络、存储备份、数据库和安全等软硬件设备进行在线实时监控与管理。

此种模式最大的优点在于不受地域限制，全球范围内的用户均可享受其服务。目前，国内外已经有许多提供地理信息服务的网站。

9) 地理信息网络服务保障机制

在线地理信息服务要以网络化地理信息服务为手段，以一体化的地理信息资源为基础，以协同式运行维护与更新为保障，向政府、企业和公众提供一站式地理信息服务。为了保证服务内容的现势性与可靠性，需要对平台数据和服务功能不断地进行更新完善。为此，需要依托多级地理信息服务架构，建立多级运行维护中心，具体地承担平台的日常运行、内容更新、用户管理等，形成 24 小时不间断运行服务机制。

5. 移动目标位置服务

现代交通手段扩展了人们的活动空间，人们行动节奏加快，也使空间、方位信息的及时获得显得更加重要，人们对地理空间信息服务的需求越来越强烈：一方面需要掌握移动目标的空间位置、时间和状态；另一方面需要了解移动目标周边的地理环境。

基于位置的服务（location based services，LBS）是通过电信移动运营商的无线电通信网络（如 GSM 网、CDMA 网）或外部定位方式（如 GPS）获取移动终端用户的位置信息（地理坐标或大地坐标），在地理信息服务平台的支持下，为用户提供相应服务的一种增值业务。它包括两层含义：首先是确定移动设备或用户所在的地理位置；其次是提供与位置相关的各类信息服务，意指与定位相关的各类服务系统，也称为"移动定位服务"（mobile position services，MPS）系统。移动目标位置服务应用主要针对车辆和个人，可以划分为监控和导航两大类。车辆监控广泛应用于公安、银行、出租车等行业。个人监控主要应用于老人和小孩。

1) 移动目标监控服务

移动目标 GPS 监控服务是结合了 GPS 技术、无线通信技术（GSM/GPRS/CDMA）及 GIS

技术，用于对移动的人、车及设备进行远程实时监控的服务。实现 GPS 监控服务必须具备 GPS 终端、传输网络和监控平台三个要素，这三个要素缺一不可。通过这三个要素，车辆上安装 GPS 监控设备或者在人身上佩带 GPS 终端设备，GPS 终端接收 GPS 卫星或基站的车辆定位数据(经度、纬度、时间、速度、方向)，将数据信息通过通信模块发回监控中心，工作人员即可通过 GPS 监控平台监控所有入网移动目标的分布、运动轨迹。同时，中心工作人员可通过通信网络对终端设备下发指令，GPS 终端将根据监控中心所下发的指令请求及时上传监控中心所需要的信息。

2) 移动目标导航服务

移动目标 GPS 导航服务能够帮助用户准确定位当前位置，并且根据既定的目的地计算行程。GPS 导航仪是通过地图显示和语音提示两种方式引导用户行至目的地的仪器，广泛应用于交通、旅游等方面。GPS 导航仪可分为车载 GPS 导航仪和手机导航两类产品。

车载 GPS 导航仪用于汽车上定位、导航和娱乐。随着汽车的普及和道路的建设，车载 GPS 导航仪显得很重要。准确定位、导航、娱乐功能集于一身的导航更能满足车主的需求，成为车上的基本装备。

手机导航(mobile navigation)由 GPS 模块、导航软件、GSM 通信模块组成。①GPS 模块完成对手机定位、跟踪和速度等数据采集工作；②导航软件地图功能将 GPS 模块得到的位置信息，不停地刷新电子地图，从而使人们在地图上的位置不停地运动变化；③导航软件路径引导计算功能，根据人们的需要，规划出一条到达目的地的行走路线，然后引导人们向目的地行走；④GSM、GPRS 和 CDMA 通信模块完成手机的通信功能，并可根据手机功能对采集来的 GPS 数据进行处理并上传至指定监控中心。

随着无线通信网络及移动终端设备的不断发展，近年来，越来越多的移动通信商家开始结合其他的内容服务(如新闻、游戏等)向用户提供地理信息服务，主要服务内容为基于地图的空间信息查询，如查询行车路线、寻找最近的宾馆饭店等。因为此种类型的服务是基于无线通信和移动设备的，所以，用户可以随时随地享受信息服务。因为移动通信有着广泛的用户群，并且已经具有良好的商业运营模式，所以，尽管基于无线通信和移动终端的地理信息服务还处于发展初期，这也将是地理信息服务的主要模式。

1.1.4　地理信息服务的应用领域

地理空间信息服务是支持地理空间信息网络集成和应用共享的平台，由地理空间信息获取处理系统及通信网络系统、基础性地理空间信息资源、地理空间信息标准规范体系和政策法规，以及相应的组织体系组成。目前，地理信息服务的应用大致可以归纳为以下几个大的领域。

1. 电子政务中的地理信息服务

电子政务与地理信息服务的密切关系是很容易被理解的。在电子政务中，往往需要提供各级政府所管辖的行政空间范围，以及所管辖范围内的企业、事业单位甚至个人家庭的空间分布，所管辖范围内的城市基础设施、功能设施的空间分布等信息。另外，政府各职能部门也需要提供其部门独特的行业信息，如城市规划、交通管理等。电子政务中的信息服务(地理信息服务是其中一个重要的组成部分)主要目的是加强政府与企业、政府与公众之间的联系与沟通。

2. 电子商务中的地理信息服务

在电子商务中，企业往往需要向客户(企业或个人)提供销售、配送或服务网点的空间分布等空间信息，同时允许客户在电子地图上标注自己的位置或输入门牌号等，这样可以准确定位客户的位置。为了使电子商务得以高效实施，企业往往还配备相应的信息管理系统，以对客户、销售点、配送中心、服务网点等信息加以管理，并实现最近配送点搜索、路径规划、配送车辆监控等功能。电子商务中的地理信息服务以提高电子商务的效率、增加销售额和降低成本为主要目的。

3. 面向公众的综合地理信息服务

向公众提供与之衣食住行密切相关的各类地理信息，包括购物商场、旅游景点、公共交通、休闲娱乐、宾馆饭店、房地产、医院、学校等的空间查询服务。从服务的空间范围来说，有的覆盖全国，有的覆盖全省，有的覆盖某个地区，也有的覆盖某个城市。面向公众的综合地理信息服务正在迅猛发展。

4. 辅助支持政府和企业决策的综合地理信息服务

政府和企业在进行决策时，往往需要地理信息系统作为辅助支持的工具。例如，企业往往非常关注经济状况、投资资讯、合作对象、企业形象、产品宣传、市场分析、客户分布、交通信息，以及其他相关信息；政府部门非常关注基础设施、交通信息、投资环境、行业分布、企业信息、经济状况、房地产、人口分布等信息。

1.1.5 地理信息服务发展趋势

地理信息服务是把实时空间定位技术(惯性导航定位、无线电定位导航、GPS、北斗和移动通信定位)、地理信息系统、移动无线通信技术(无线电专网、蜂窝移动通信和卫星通信)、计算机网络通信技术及数据库技术等现代高新技术有机地集成在一起，实现地理信息收集、处理、管理、传输和分析应用的数字化、网络化，在网络环境下为地理信息用户提供实时、高精度和区域乃至全球的多尺度地理信息，对移动目标实现实时动态跟踪和导航定位服务的系统。随时随地(anytime，anywhere，anything)为用户提供连续的、实时的和高精度的自身位置和周围环境信息。

1. 地理信息系统到地理信息服务转变

纸质地图已经被数字地图和地理信息数据代替。现代地理信息服务的任务除传统的各种比例尺的纸质地图服务外，还增加了基于存储介质的数字产品(数字地图)服务和基于计算机网络的地理信息网络服务等新的模式。其核心是将地理信息生产者所获取的多源、多尺度、多类型的地理信息数据提供给所需要的消费者，最大限度地挖掘地理信息数据的使用价值或效用。建立在计算机技术、网络技术、空间技术、通信技术及地理信息技术基础上的现代网络地理信息服务就是利用现代网络计算机技术，发布地理空间信息，提供信息查找、交换、分发及加工、处理和其他增值服务。这种服务改变了早期以地图为载体的地理信息传递模式，大大缩短了地理空间数据生产者与地理信息用户之间的距离，实现了地理信息服务的实时性。地理信息系统到地理信息服务发展过程中需要经历以下转变。

(1)从面向数据到面向服务。传统的地理信息系统以数据为中心，重点研究空间数据的采集、存储、检索、操作和分析，生成并输出各种地理信息。系统的各个组成部分相互协作，完成空间数据各项处理功能，系统各个功能部分接合度高。地理信息服务要求地理信息系统由面向数据转变为面向服务，将地理信息系统拆分成若干完成特定功能的服务，这些服务可以独立存在，也可以任意组合，以适应地理信息系统集成的要求。

(2)从面向数据重用到面向功能重用。传统的地理信息系统面向数据的重用，包括数据格式转换及基于简单要素接口规范的互操作。封闭 GIS 系统间仅仅通过数据连通，无法实现进一步的 GIS 功能集成和互操作。地理信息服务要求面向服务的重用，不仅要求数据的重用和集成，而且要求功能的重用与集成。

(3)从面向数据转换格式标准到面向服务接口标准。数据格式转换标准是传统地理信息系统实现空间数据共享的主要方式。基于数据格式转换的空间信息共享方法局限于数据的共享，随着网络技术的发展和 GIS 功能在各应用领域的渗透，不仅要求能够实现空间数据的共享，而且要求能够实现分布式环境中 GIS 功能的共享。基于接口规范的互操作方式为 GIS 数据和功能的共享提供了有效的解决方案，国际标准化组织地理信息技术委员会 ISO/TC211 和开放地理信息联盟(OGC)对 GIS 互操作的理论框架和接口规范进行了大量的研究，经过近 10 年的努力，完成了众多接口实现规范和抽象规范，为 GIS 共享和互操作做出了极大贡献。

(4)从面向专业用户到面向大众用户。20 世纪 90 年代后期，特别是数字城市概念提出以后，GIS 应用不再只是面向局部和少数人群，而是成为涉及居民生活、政府管理、商业娱乐等众多方面的大众型应用。传统的地理信息系统要求使用者具有一定的专业知识，具有一定的知识门槛，普通用户难以使用空间数据，造成空间数据和非空间数据的割裂。随着网络的发展，地理信息系统能够在网络上像提供非空间信息一样提供空间信息，让大众都能够像使用普通信息一样容易地使用空间信息。地理信息服务将空间信息的复杂性封装起来，通过接口以用户容易理解的方式提供服务。

2. 静态定位到动态实时定位服务转变

传统的位置服务提供地球表面的位置坐标。位置坐标通过实地测量获取。实地测量先布设等级较高的控制网，后根据控制网点逐步加密得到图根点后测图。这种作业模式周期长、费用高，特别对于移动状态物体实施定位困难。惯性导航系统发明解决了运动物体的姿态测量问题，能提供位置、速度、航向和姿态角数据，所产生的导航信息具有连续性好而且噪声低、数据更新率高、短期精度和稳定性好等优点。随着惯性导航系统发展，其体积越来越小、智能化水平越来越高，价格越来越便宜。从早期的军事应用拓展到民用，广泛应用于航空摄影测量、雷达、车辆导航等领域。但惯性导航系统是由于导航信息经过积分而产生的，定位误差随时间而增大，长期精度差。动态实时定位问题的解决是全球定位系统(GPS)的发明与应用。GPS 以全天候高精度、自动化高效益等显著特点，赢得广大测绘工作者的信赖，并成功地应用于大地测量、工程测量、航空摄影测量、运载工具导航和管制、地壳运动监测、工程变形监测、资源勘察、地球动力学等多个学科，从而给测绘领域带来一场深刻的技术革命。随着实时动态差分 GPS(real-time kinematic GPS)的应用，在野外实时得到厘米级定位的精度，达到了四等高程测量的要求，彻底改变了传统测量"先控制，后碎步"的作业模式，不需要做控制测量，直接进行碎步测量。长期使用的测角、测距、测水准为主体的常规地面定位技术，正在逐步被以一次性确定三维坐标的高速度、高精度、省费用、操作简单的 GPS 技术代替。差分 GPS 不具有连续实时性、稳定性差，但具有极高的定位精度潜力。差分 GPS 技术和惯性测量系统集成组成位置姿态测量系统(position orientation system，POS)实现了运动物体的动态高精度姿态测量。

3. 单一技术到多技术集成服务转变

大多数地理信息服务应用中，如指挥调度、灾害应急系统、智能交通等都要求实现空间数据和现场数据(位置、图像和地理信息等空间数据)与中心(服务器端)进行海量、实时、双向的信息交换。通信网络的实时性、可靠性和稳定性是系统集成成败的关键。

没有空间实时定位技术，人们无法及时知道自己的位置，数字地图无法发挥它的效益。反之，即使知道自己的空间位置，如果没有地理信息系统的支撑，也无法知道相关位置和周围地理空间环境。完整的地理信息服务是把实时动态定位技术所获取的空间位置与地理信息系统通过通信技术有机集成，这种集成的关键是数字移动通信技术。只有实时动态定位技术、地理信息技术和数字移动通信技术有机集成才能实现地理信息服务的三大目标：①我在哪里(实时定位)；②你在哪里(实时定位和通信传输)；③附近有什么资源(地理信息)。

进入移动互联网时代，地理信息服务呈现如下趋势：

(1)从粗放到精细。过去地图数据主要是室外，一览天下。移动互联网时代则延伸到室内，如大型商场、博物馆等。定位技术从室外擅长的 GPS 和无线基站定位转移到 GPS、无线基站、WiFi 热点、红外、惯性导航、二维码和 RFID 综合定位。过去是经纬度，移动时代需要精准到"米"甚至"厘米"级别。电子地图是模拟纸质地图的二维形式，移动互联网时代已演变为三维、卫星、全景、街景地图的综合形式。

(2)从室内到室外。地图使用场景从室内到室外。一方面，用户使用地图正在从"出门前"转变为"在路上"。PC 时代需要找台电脑，查路线记录下来。而移动互联网时代可以不再事前规划，而是边走边查，甚至被推送信息。另一方面，地图将在移动办公上释放更大价值。地图服务此前在部分特殊领域企业已经得到充分应用，如中国移动无线基站选址、网络规划、门店管理等均已采用基于 Google 地球和地图的管理软件。移动办公时代地图将成为连接办公室与外勤的纽带，如企业的 LBS 数据收集、外勤考勤等。除了运营商，公共安全、气象、建筑规划、交通运输、工商等政府部门、大型实体企业的办公信息化均已大量应用地图，此后地图作用将在移动办公中得到进一步发挥。

(3)从位置信息到周边服务。导航服务从位置和路线导航，演变为位置、路线、周边的综合导航。从"行"到"吃穿住行、吃喝玩乐"。以"互联网+位置"为理念，基于卫星定位、辅助定位技术、云计算和大数据技术，构建位置服务开放平台，提供一站式的服务支撑；让精准位置服务成为连接、激活和驱动位置生态发展的新的互联网基础设施，提供实时高精准位置服务。

(4)用户从消费者变为生产者。此前地图由专业人员采集并呈现给普通用户，用户只充当数据消费者角色。移动互联网时代，用户正在成为地图生产者，如位置签到、位置微博、社会化交通。开启定位成为地图信息的一部分，"你在找他们的时候，他们也在找你"。使用地图的行为会成为地图服务依赖的重要数据。例如移动搜索，位置是一种输入，搜索引擎会参考当前位置、周边信息，以及位移记录、在不同位置的搜索行为等历史数据，给出更"接地气"的答案。

1.2 地理信息服务研究内容

地理信息服务涉及多专业、多用户、多数据的综合研究课题。它需要一个强大而又有效的硬件、软件和地理空间数据支持，包括多种软件系统的综合使用、多类型数据的安全快速传输、多用户的工作方式。根据用户单位对地理空间信息的需求，地理信息系统成为综合利用遥感、地理信息系统和卫星定位等三大技术的特长，集无线通信、卫星通信、有线通信和自动控制的优势，以移动通信为定位终端，基于位置的多级多目标的网络服务平台和信息服务平台，实现移动目标的定位、指挥监控平台的网络化、一体化和智能化，为应用单位各级部门提供一个硬件、软件和地理空间信息综合的服务平台。这种服务平台在顾及信息安全的条件下，可以将多种数据集中在一起实现共享，特别是网络化的数据传送方式可以快速有效地将数据传送到各个使用单位。同时，也提供了一个多种空间信息数据获取方式与地理信息管理系统融为一体的应用集成环境。

1.2.1 实时动态定位技术集成

GPS 信号易受外界因素的影响，在城市高层建筑区、隧道、桥下和森林等处用 GPS 定位不可避免地会出现信号失锁及多路径效应，这些均对 GPS 的应用产生了负面影响。另外，随着用户对导航、定位精度要求的不断提高，单独的 GPS 系统很难完成精确定位。因此，GPS 还需使用其他手段加以辅助。利用车辆里程表和惯导系统(陀螺)通过航位推算方法得到的定位精度虽然不高，但可以在 GPS 接收机无法工作时加以补充，同时可以在一定程度上改善 GPS 的定位精度。GPS 与航位推算系统相互补充，能够形成一个较为稳定的汽车导航定位平台。这种组合系统通常采用传统的 Kalman 滤波方法将多个传感器的导航信息融合在一起，使得组合系统的精度、稳定性能、容错性能等各项指标均优于两个子系统单独工作时的性能。

1. GPS 与微型惯性测量融合技术

尽管微型惯性测量组合消除了传统陀螺的漂移，但是因为惯性导航系统在本质上是利用航位推算原理，积分运算的误差积累是不可避免的。所以，在不断追求高精度的定位导航应用领域，对 GPS 等系统具有更强的依赖性，仍将采用组合导航方式。

GPS 与微型惯性测量组合系统的关键技术如下。

(1)GPS 接收机技术，主要是高效、低成本的器件技术；GPS 信号的干扰与抗干扰技术，包括 GPS 接收机的干扰与抗干扰技术、加密与解密技术，精度补偿技术等。

(2)微型惯性测量技术，包括：各种新型惯性传感器技术，如激光陀螺、光纤陀螺、半球谐振陀螺，以及各种微机电制造技术的研究；微型惯性测量模型建立与误差分析，特别对于采用新型微型固体电路的陀螺和加速度计的微型惯性测量，其误差特性与传统的惯性元件存在较大差别，误差模型的建立将是一个新的课题。对微型惯性测量的误差特性进行分析研究，建立精确的误差模型，是保证组合系统模型精确性的关键。在误差分析的基础上，才能建立 GPS 与微型惯性测量系统精确的模型。

(3)GPS 与微型惯性测量融合技术，包括 Kalman 滤波器配置、误差估值技术等。传统的 Kalman 滤波方法由于对干扰信号统计特性有严格要求，在实际应用中受到一定限制。为了使未来的低成本组合系统对各种应用环境具有更强的鲁棒性，对各种鲁棒融合估计方法进行深入研究，得到各种鲁棒估计方法的递推表达形式，从算法的适时性、鲁棒性、稳定性等角度与传统的 Kalman 滤波方法进行仿真比较，为组合系统选择最适合的融合算法。

（4）组合系统故障检修、故障隔离和系统重构方法的研究：未来的导航系统，要求不但在一般情况下具有良好的精度和稳定性，而且应当具有一定的智能性和容错性，在个别传感器出现故障时，才能够具有适时而良好的故障检修、隔离和系统重构性能、保证整个系统总体性能的稳定性。

卫星定位系统与航位推算系统相互补充，在一定程度上改善了 GPS 的定位精度，形成一个较为稳定实时的定位平台。

2. GPS 与移动通信基站定位集成

将 GPS 与通信网结合起来，可实现一种精度高、定位快的方式，即 A-GPS 定位。其基本思想是建立一个 GPS 参考网络，该网络与移动通信网相连，通信网的移动台内置一个 GPS 接收机。通信网将 GPS 参考网络产生的辅助数据如差分校正数据、卫星运行状况传送给移动台，并将通信网数据库中移动台的近似位置或小区基站位置传送给移动台。移动台得到这些信息以后，根据自己所处的近似位置和当前的卫星状态，可以很快地捕获到卫星信号。

移动通信基站定位和 GPS 集成由两部分系统协同完成，包括 GPS 系统及用户终端设备。通过卫星、地面通信网络、定位服务器和用户手机的协同工作得以实现。

（1）定位请求（用户主动发起定位，或者由另一方触发定位请求）由 CDMA 网络发送给本地定位服务器。

（2）本地定位服务器通过基站回应手机，告知该手机应该联络哪几个定位卫星。

（3）手机从定位卫星直接获取定位数据，并将该数据通过基站传送回本地定位服务器。

（4）本地定位服务器将卫星定位数据与手机邻近基站所传递的位置信息结合，计算经纬度等信息。

移动通信基站定位与 GPS 集成可以提高定位平台精度，消除 GPS 的信号失锁及多路径效应。在 GPS 辅助定位技术中，蜂窝网络通过 GPS 辅助信息，确定移动台位置。GPS 辅助定位技术有移动台辅助定位和移动台自主定位两种方式：①移动台辅助 GPS 定位是将传统 GPS 接收机的大部分功能转移到网络上实现。网络向移动台发送短的辅助信息，包括时间、卫星信号多普勒参数及码相位搜索窗口等。这些信息经移动台 GPS 模块处理后产生辅助数据，网络收到这些辅助信息后，相应的网络处理器能估算出移动台的位置。②自主 GPS 定位的移动台包含一个全功能的 GPS 接收器，具有移动台辅助 GPS 定位的所有功能，以及卫星位置和移动台位置计算功能。利用该方式定位时，所需的数据比移动台辅助 GPS 定位方式多，这些数据通常包括时间、参考位置、卫星星历和时间校验等参数。如需更高的定位精度，可利用差分 GPS（DGPS）信号。

3. GPSOne 定位技术

GPSOne 定位技术实际上也是一种应用和改善 GPS 技术的方案。GPSOne 结合了 GPS 卫星信号和 CDMA 网络信号进行混合定位。当终端能够接收到 GPS 卫星信号时采用 GPS 定位方式，当终端在室内或者接收卫星信号环境不好时采用 CDMA 基站接收的辅助 GPS 卫星信号实现辅助定位，满足室内室外的全覆盖定位。GPSOne 定位技术是在改进 GPS 定位技术的不足时而推出的系统，比单纯的 GPS 定位技术具有如下优点。

（1）精度高：在较好的条件下，定位精度能达到 5～50m。

（2）定位时间短：完成一次定位只需几秒到几十秒时间。

（3）适用范围广：无论在视野开阔的野外还是高楼林立的市中心，无论室外还是室内，以及许多其他传统定位方式无法正常工作的环境下都能成功地实现定位。

（4）终端集成度好：定位功能集成在 CDMA 核心芯片中，支持 GPSOne 定位技术的手机或终端，与普通 CDMA 手机在尺寸、耗电及成本方面均无大的差别。用户凭借具备 GPSOne 定位功能的 CDMA 终端，注册所需的定位服务，即可享受高精度位置服务。

4. GPS 与室内定位技术

当室内环境无法使用卫星定位时，以室内定位技术作为卫星定位的辅助定位，解决卫星信号到达地面时较弱、不能穿透建筑物的问题。除通信网络的蜂窝定位技术外，常见的室内无线定位技术还有 Wi-Fi、蓝牙、红外线、超宽带、RFID、ZigBee 和超声波。

1）Wi-Fi 技术

通过无线接入点（包括无线路由器）组成的无线局域网（WLAN），可以实现复杂环境中的定位、监测和追踪任务。它以网络节点（无线接入点）的位置信息为基础和前提，采用经验测试和信号传播模型相结合的方式，对已接入的移动设备进行位置定位，最高精确度在 1～20m。如果定位测算仅基于当前连接的 Wi-Fi 接入点，而不是参照周边 Wi-Fi 的信号强度合成图，则 Wi-Fi 定位就很容易存在误差（如定位楼层错误）。另外，Wi-Fi 接入点通常都只能覆盖半径 90m 左右的区域，而且很容易受到其他信号的干扰而影响其精度，定位器的能耗也较高。

2）蓝牙技术

蓝牙通信是一种短距离低功耗的无线传输技术，在室内安装适当的蓝牙局域网接入点后，将网络配置成基于多用户的基础网络连接模式，并保证蓝牙局域网接入点始终是这个微网络的主设备。这样通过检测信号强度就可以获得用户的位置信息。

蓝牙定位主要应用于小范围定位，如单层大厅或仓库。对于持有集成了蓝牙功能的移动终端设备，只要设备的蓝牙功能开启，蓝牙室内定位系统就能够对其进行位置判断。不过，对于复杂的空间环境，蓝牙定位系统的稳定性稍差，受噪声信号干扰大。

3）红外线技术

红外线技术室内定位通过安装在室内的光学传感器，接收各移动设备（红外线 IR 标识）发射调制的红外射线进行定位，具有相对较高的室内定位精度。但是，由于光线不能穿过障碍物，使得红外射线仅能视距传播，容易受其他灯光干扰，并且红外线的传输距离较短，使其室内定位的效果很差。当移动设备放置在口袋里或者被墙壁遮挡时，就不能正常工作，需要在每个房间、走廊安装接收天线，导致总体造价较高。

4）超宽带技术

超宽带技术与传统通信技术的定位方法有较大差异，它不需要使用传统通信体制中的载波，而是通过发送和接收具有纳秒或纳秒级以下的极窄脉冲来传输数据，可用于室内精确定位，如战场士兵的位置发现、机器人运动跟踪等。超宽带系统与传统的窄带系统相比，具有穿透力强、功耗低、抗多径效果好、安全性高、系统复杂度低、能够提高精确定位精度等优点，通常用于室内移动物体的定位跟踪或导航。

5）RFID 技术

RFID 定位技术利用射频方式进行非接触式双向通信交换数据，实现移动设备识别和定位的目的。它可以在几毫秒内得到厘米级定位精度的信息，且传输范围大、成本较低。不过，由于：①RFID 不便于整合到移动设备之中；②作用距离短（一般最长为几十米）；③用户的安全隐私保护；④国际标准化等问题未能解决，RFID 定位技术的适用范围受到局限。

6) ZigBee 技术

ZigBee 是一种短距离、低速率的无线网络技术。它介于 RFID 和蓝牙之间，可以通过传感器之间的相互协调通信进行设备的位置定位。这些传感器只需要很少的能量，以接力的方式通过无线电波将数据从一个传感器传到另一个传感器，所以 ZigBee 最显著的技术特点是它的低功耗和低成本。

7) 超声波技术

超声波定位主要采用反射式测距（发射超声波并接收由被测物产生的回波后，根据回波与发射波的时间差计算出两者之间的距离），并通过三角定位等算法确定物体的位置。超声波定位整体定位精度较高、系统结构简单，但容易受多径效应和非视距传播的影响，降低定位精度。同时，它还需要大量的底层硬件设施投资，总体成本较高。

1.2.2 移动网络通信技术集成

地理信息服务中通信平台集成可以由若干通信集成子系统构成。多种的通信方式有机地融合到一起可以构成通信平台。这种通信平台具有多种通信技术特性，可以适合不同的业务需求。各种通信技术有机地集成到一起，充分地发挥了各自的优点，摒弃了其缺点。不同的通信技术集成的最终归宿是在互联网这一层次实现了通信平台多种通信技术集成的模式。这样的集成模式往往可以适应某一行业的需要。

1. 集群通信与卫星通信集成

可以考虑在移动目标群中采用集群通信技术作为通信手段。集群通信可以确保在一定范围内移动目标之间沟通的便利，同时也发挥了集群通信系统的特长，如一对多的语音业务。在不同的移动群之间采用卫星通信方式，充分利用卫星通信的覆盖面广、地域应用广泛的特点，广泛增加移动目标群之间的联系。这两种通信技术有机地结合到一起构成通信平台子系统，保密性相对较好，可以广泛应用到国防、军队建设等政府部门。

2. 蜂窝移动通信与卫星通信集成

蜂窝移动通信方式可以应用在网络覆盖比较密集的区域，并且其投资相对较小，如相对集群通信可以减少租用频点和应用范围受限等问题，同时配合卫星的通信方式（用来提供导航或者数据传输）来完成实际的需要。这种通信集成子系统可以广泛地应用在国民经济建设中，如具有监控调度功能的出租车管理系统、银行运钞系统、物流监控管理系统等。

3. 卫星通信与网络通信集成

卫星通信系统依靠其不受通信环境的限制而得到广泛应用，但其本身应用费用昂贵，使应用受到了限制。网络由于在全球范围内的广泛应用、付费方便快捷等特点而得到认可。这两种通信集成到一起构成的通信平台可以广泛应用到海上应用系统。例如，海上遇险系统通过卫星通信与网络相连在全球范围内发出求救信号。

地理信息服务要充分体现系统集成的思想，将各分系统有机地结合起来，并在总体规划的指导下，按照现有条件分期、分步实施，充分考虑有、无线系统的互联。网络设计要考虑进一步与其他系统的联网，实现多功能调度集合。系统应具备相当的网络设备容量及处理能力，软硬件预留接口，使其具有充分的可扩充性。

1.2.3　地理信息数据获取与处理

地理信息数据实时获取与处理框架分成四个层次(图 1.1)：地理信息感知获取、地理信息数据处理、地理信息应用服务编译和地理信息软件开发。

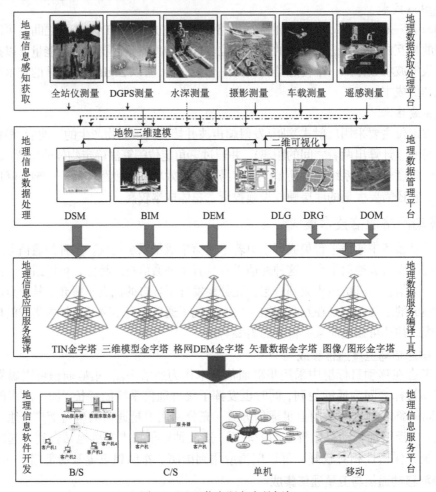

图 1.1　地理信息服务产品框架

1. 地理信息感知获取

地理信息感知获取面向多源地理空间数据获取方法(全站仪测量、DGPS 测量、水深测量、卫星遥感测量、车载摄影测量)及产生的地理信息数据产品(LiDAR、BIM、DEM、DLG、DRG、DOM)。

1)数字测图方法

数字测图(digital surveying and mapping，DSM)系统实现外业测量和内业绘图一体化，利用全站仪和 DGPS 等测量仪器获取的地理实体空间坐标，利用数字测图软件，对地形空间数据进行输入、编辑、处理、绘图输出和管理。

数字测图软件应用于地形成图、地籍成图、工程测量应用三大领域，且全面面向 GIS，使用骨架线实时编辑、简码用户化、GIS 无缝接口等，实现数字化绘图系统与 GIS 转换。数字测图软件也正由单纯的"电子地图"功能转向全面的 GIS 数据处理，从数据采集、数据质量控制到数据无缝进入 GIS 系统，在 GIS 前端处理软件中扮演越来越重要的角色。

2）航空摄影测量方法

航空摄影测量现已进入数字阶段。DPS（数字摄影测量系统），尤其是以 iVrtuozo、XJ-4A 为代表的国产 DSP 的大面积推广，为以摄影测量为手段的地理信息获取带来了一场革命性变化，数字摄影测量加入了许多人工智能技术，如自动内定向、相对定向、影像自动相关等，使自动化、智能化程度逐步提高；所有的操作全部在计算机上实现，培训作业人员的时间大大缩短。产品如数字高程模型和正射影像图等基本实现自动完成。

3）遥感图像处理方法

随着空间分辨率、时间分辨率和光谱分辨率的进一步提高，影像处理能力的进一步增强，遥感影像得以普遍应用。同时，影像获取成本逐步降低，使得利用卫星遥感获取高质量地理空间数据的方法成为必然的发展趋势。目前的技术已经可以获取高分辨率 DOM、高精度 DEM，甚至进行立体测图。遥感技术将逐步取代航空摄影测量，成为地理信息获取的最重要手段。

4）移动地理信息采集方法

车载移动地理信息采集将激光扫描仪、GPS、INS、车轮编码器和 CCD 相机等传感器通过控制系统相集成，形成完整高效的移动测量系统，能同时采集三维空间坐标数据和纹理信息，适合高精度大比例尺地面基础地理信息数据的采集。

2. 地理信息数据加工方法

目前，地理信息主要的产品可以概括为四种基本模式，即"4D"产品：数字高程模型（DEM）、数字正射影像（DOM）、数字栅格地图（DRG）和数字线划地图（DLG）。随着倾斜摄影测量和机载 LiDAR 技术的成熟应用，获取高精度高分辨率的数字表面模型（DSM）可充分表达地形地图起伏特征，已成为新的地理信息数据产品。

1）数字线划地图加工方法

在数字测图中，最为常见的产品就是数字线划图，外业测绘最终成果一般就是 DLG。原始资料主要采用外业数据采集、航片、高分辨率卫片、地形图等。获取与处理方法包括：①数字摄影测量、三维跟踪立体测图；②解析或机助数字化测图；③对现有的地形图扫描，人机交互将其要素矢量化；④在新制作的数字正射影像图上，人工跟踪框架要素数字化；⑤野外实测地图。

2）数字栅格地图加工方法

数字栅格地图获取方法有两种：一种是原图扫描；另一种是矢量数据转换。

（1）原形扫描。采用扫描分辨率不低于 400dpi 的单色或彩色扫描仪扫描。图幅定向：将栅格图幅由扫描仪坐标变换为高斯投影平面直角坐标。几何校正：消除图底及扫描产生的几何畸变。可以采用相关软件对栅格图像的畸变进行纠正，纠正时要按公里格网进行，通过仿射变换及双线性变换，实现图幅纠正。色彩纠正：用 PhotoShop 等图像软件进行栅格编辑，对单色图按要素人工设色，对彩色图作色彩校正，为使色彩统一，应按规定的 R、G、B 比例选择所用的几种色调。最终产品是经过无损压缩的 TIFF 文件。

（2）矢量栅格数据转换。利用地图符号可视化软件，将地理矢量数据转化为栅格地图。地理空间数据分为地理数据和地图数据。地理数据是面向地理学的，侧重于地理空间分析，建立地理数据主要是为地理分析服务，而不是满足地图制图的需要。地理数据中的属性数据决定了地图符号配置,地理数据简易可视化(简单的直接符号化)难以获取高质量的可视化效果,一些地方不符合人们地图符号表达习惯。地图数据是面向地图制图的,侧重于地理信息按图式规范符号化表达。

地理数据难以直接转换成地图数据,原因在于地理数据与地图数据的应用目的不同,导致两者难以在统一的数据模型中表示。由于地理空间分析与地图符号化之间存在的矛盾,地理数据还不能自动转换成地图数据,在地理数据转换成地图数据(地图制图)的过程中人工干预仍然占有很大比例。修改后地理数据的内容成为地图数据,地图数据由地图要素组成,并且每个地图要素有对应的地图符号,这样才能满足地图制图的需求。在很多实际应用中,不得不采用地理数据和地图数据两套数据分别存储,这样不仅增加了劳动成本,也给两种数据的一致性维护带来困难。

地图数据中的几何数据与地理数据中的几何数据相关,地理数据与地图数据之间可以通过制图综合和符号化处理的方式产生联系。地图数据栅格化后形成像素地图,可以直接用于屏幕显示和打印输出。

3) 数字高程模型加工方法

建立 DEM 的数据源及采集方式:①直接从地面测量,如用 GPS、全站仪、野外测量等;②根据航空或航天影像,通过摄影测量途径获取,如立体坐标仪观测及空三加密法、解析测图、数字摄影测量等;③从现有地形图上采集,如格网读点法、数字化仪手扶跟踪及扫描仪半自动采集后通过内插生成 DEM 等方法。DEM 内插方法很多,主要有分块内插、部分内插和单点移面内插三种。目前常用的算法是通过等高线和高程点建立不规则三角网(triangular irregular network,TIN),然后在 TIN 基础上通过线性和双线性内插建立 DEM。

4) 数字正射影像加工方法

数字正射影像获取方法有两种:一种是遥感图像处理;另一种是对航空像片进行数字微分纠正和镶嵌。

(1)遥感图像处理。遥感图像处理通过对遥感图像进行辐射校正和几何纠正、图像增强、投影变换、镶嵌、特征提取、分类及各种专题处理等一系列操作,达到预期目的。影像增强主要突出数据的某些特征,以提高影像目视质量。包括彩色增强、反差增强、边缘增强、密度分割、比值运算、去模糊等方法。

(2)航空像片进行数字微分纠正和镶嵌,按一定图幅范围裁剪生成数字正射影像集。数字微分纠正就是消除像片倾斜与地形起伏引起的像点位移,将中心投影变换为正射投影。实质是将像片的中心投影变换为成图比例尺的正射投影,实现这一变换的关键是建立或确定像点与相应图点的对应关系,这种关系可按投影变换用中心投影方法建立,也可以利用数学解析方法用函数式确定。根据有关的参数和数字地面模型,利用相应的构象方程式,或按一定的数学模型用控制点解算,利用数字高程模型对经扫描处理的数字化航空像片,经逐像元进行投影差改正、镶嵌,按国家基本比例尺地形图图幅范围剪裁生成数字正射影像图。

5) 数字表面模型加工方法

数字表面模型获取方法有两种:一种是倾斜摄影测量;另一种是激光雷达扫描。

(1)三维激光扫描技术是继卫星空间定位系统之后的又一项测绘技术新突破。它利用激光测距的原理,通过惯性测量系统和差分定位技术集成实现了运动物体的动态高精度姿态测量。它融合了激光扫描仪、惯性测量单元、差分 GPS 及航飞控制与管理系统等多项高科技技术,以机载/车载/固定三种方式为获取高时空分辨率地球空间信息提供了一种全新的技术手段。机载 LiDAR 技术系统作为摄影测量的一种补充,与其他多种传统的传感器包括标准航空相机、数码相机、多光谱扫描仪或专题成像仪联合,用于获得高精度、高密度的三维坐标数据,并构建目标物的三维立体模型。地球的表面及覆盖其上的目标,如植被、建筑物等都可以对电磁波产生反射。激光扫描系统上的接收单元所收到的反射信号包含了地面反射目标的信息。通过记录被测物体表面大量密集点的三维坐标、反射率和纹理等信息,可快速复建出被测目标的三维模型及线、面、体等各种图形数据;可以快速、大量地采集空间点位信息,在快速建立物体的三维影像模型、三维空间信息的实时获取方面产生了重大突破。它具有自动化程度高、受天气影响小、精度高等特点。

(2)倾斜摄影技术是国际测绘领域近些年发展起来的一项高新技术。它颠覆了以往正射影像只能从垂直角度拍摄的局限,通过在同一飞行平台上搭载多台传感器,同时从一个垂直、四个倾斜等五个不同的角度采集影像,将用户引入了符合人眼视觉的真实直观世界。相对于正射影像,倾斜影像能让用户从多个角度观察地物,更加真实地反映地物的实际情况,极大地弥补了基于正射影像应用的不足。通过配套软件的应用,可直接基于成果影像进行包括高度、长度、面积、角度、坡度等的量测,扩展了倾斜摄影技术在行业中的应用。针对各种三维数字城市应用,利用航空摄影大规模成图的特点,加上从倾斜影像批量提取及贴纹理的方式,能够有效降低城市三维建模成本。与传统人工三维城市建模对比,倾斜影像无人工干预,客观表达,成本低,周期短,精度高,更适合用于城市建模。

6)三维地物模型加工方法

三维地物模型(3D object models)或称建筑信息模型(building information modeling, BIM)是地理信息由传统的基于点线面的二维表达向基于对象的三维形体与属性信息表达的转变。采用 3DMax 软件进行三维模型的建模:基于已有的二维数字线划图或正射影像构建地物平面形态,利用 LiDAR 点云数据或实地测量获得地物的高度对地物立面细节进行建模,构建地理几何模型。通过人工或车载全景摄影设备采集地物的图像,经处理获取地物的纹理图片。地物几何模型与纹理图片合成形成三维地物模型。三维地物模型由 3DMax 导出为 3DS 格式,并将 3DS 文件与其相应的纹理文件存放在同一文件夹内。三维地物模型经三维 GIS 渲染可视化给人以真实感和直接的视觉冲击。

3. 多源地理空间数据集成融合

随着遥感、地理信息系统和卫星定位技术在各行各业日益广泛的应用,人们对空间数据的需求越来越大,国家和军队不同的部门及企业针对本部门经常需要进行大量的地理数据获取。由于不同部门的地理信息系统的应用目的不同,同一地区同一比例尺的空间数据往往采用不同的数据源(外业实地测量、航空摄影图像、卫星图像、地形图、海图、航空图和各种各样地图)、不同的空间数据标准、特定的数据模型和特定的空间物体分类分级体系进行重复采集。这不仅造成了人力、财力的巨大浪费,还引发了空间数据的多语义性、多时空性、多尺度性、存储格式的不同及数据模型与存储结构的差异等,给 GIS 部门之间的数据共享和数据集成带来极大困难。不同数据源、不同数据精度和不同数据模型的地理数据集成融合处理，对于降低地理数据的生产成本，加快现有地理信息更新速度，提高地理数据质量有着重要的现实意义。

1) 多源地理空间数据集成

多源地理空间矢量数据集成是把不同来源、格式、比例尺、多投影方式或大地坐标系统的地理空间数据在逻辑上或物理上进行有机集中，从而实现地理信息的共享。集成后的地理空间数据仍然保留着原来的数据特征，并没有发生质的变化。

2) 多源地理空间数据融合

数据集成是多种数据的叠加。集成后的数据，仍保留着原来的数据特征，并没有发生质的变化。数据融合指将同一地区不同来源的空间数据，采用不同的方法，重新组合专题属性数据，进一步改善物体的几何精度，最终目的是提高数据质量。尽管不同的数据源采用的数据融合技术千差万别，但都必须经过几何纠正、数据匹配之后，才能进一步进行融合处理。几何纠正的主要任务是统一坐标系和统一投影，数据匹配的主要任务是将同名点匹配在一起以供显示、分析。在此处理基础上，根据数据的来源，空间数据融合可分为矢量数据融合和栅格数据融合，以及矢量与栅格数据之间的融合。不同的数据融合有着不同的处理技术。

4. 多尺度地理信息服务数据组织

地理信息服务应用多建立在多尺度地理空间数据库基础上，为用户提供由整体到局部、由抽象到具体的地理实体可视化和分析功能。不同尺度的变化不仅表现在尺度的缩放，而且表现在空间结构的重新组合，由此引出多尺度地理空间数据组织和处理(编译)工具。利用数据编译工具软件，将多尺度地理信息数据产品进行处理，编译成具有分层、分块特征的多尺度数据集，并建立相应的索引文件，其数据格式一般采用企业标准。每类数据可单独处理成多尺度数据集，如 DEM；也可将多个数据分层分块处理成多尺度数据集，如集成 DEM 和 DOM。

1) 多尺度地理信息矢量数据组织

多比例尺地理空间矢量数据组织可以有多种途径或方案，常用以下三种典型方案。

(1)多库多版本。依据现有的多个比例尺矢量数据，将各比例尺矢量地理数据库链接起来，从而组织成一个逻辑上无缝表达的金字塔结构。该方案实现简单，优点是各比例尺矢量数据均为独立采集、存储管理，数据编辑处理工作量小；缺点是由于各比例尺的数据之间没有任何联系，空间数据的一致性很难得到保证，图形显示时，一种比例尺转换到另一种比例尺时会出现明显的不协调和不连续的现象，另外数据维护比较麻烦，各比例尺的数据必须分别进行更新。

(2)一库多版本。该方案的基本思想是：在应用系统中采用最大比例尺的矢量数据作为主导数据版本，基于这个主导数据版本，采用自动或人机交互的方法进行制图综合，派生出其他关键比例尺的数据版本。其中，"关键比例尺"的选取取决于特定的应用背景。

一库多版需要一个层次数据结构以实现各版本同一地理要素之间的联系，从逻辑上讲，可以有三种实现方法：第一种方法是在目标层支持多尺度表达，在数据库中存放同一个地理要素的多个具有不同分辨率的目标，允许要素在不同数据类别中有不同的目标；第二种方法是在要素层支持多尺度表达，即在要素层存储空间数据的多尺度表达结构，同一要素的各目标间用特定的方法链接起来；第三种方法是在语义层支持多尺度表达，允许对象在它的生命周期内扮演不同的角色，来反映多尺度时空数据库中对象的变化轨迹。一库多版本的优点是：所有数据都从一个主导版本派生而来，省去了重复采集所需要的人力、物力；建立了不同比例尺同一地理要素之间的联系，使得数据易于更新、数据一致性容易保证。但该方案存在以下不足：各个版本是从主导版本派生而来，存在大量的数据冗余；将大区域的海量数据存放在一个数据库中实现难度较大。

(3) 一库一版本。该方案的基本思想是：在数据库中只存储一个最高精度的单一比例尺的数据作为主导版本，当需要其他比例尺的数据时，服务和应用系统能自动导出所需尺度的数据，这也是地图自动综合所希望达到的目标。这种方法是公认的最理想的方法，它几乎能解决目前多尺度地理空间数据中存在的所有问题，如数据冗余、数据不一致等，但至今仍没有一个关于自动综合问题的明朗的解决方案。地图综合，无论过去、现在或将来，都是地图制图的一个核心问题。

2) 多尺度地理信息栅格数据组织

多尺度地理信息栅格数据(DRG 和 DOM)组织常采用分级(比例尺)分区(瓦片)分布式存储模式，该方案的基本思想是：先将目标区分成若干比例尺层次，以最上层比例尺的空间数据作为主导版本，用该版本向上派生更小比例尺的版本，直到屏幕能够显示全图为止；用主导版本向下对下层较大比例尺的空间数据进行分区，形成多个分区的大比例尺版本；然后将这些分区版本作为各分区的主导版本，并对每个分区分别向上派生、向下分区直到满足要求为止。分级分区分布式方案的优点是：各分区版本可以是分布式的，通过对数据进行分区解决了多比例尺海量数据的存储问题；通过对数据进行分级建立了多比例尺数据之间的联系。

3) 多尺度数字高程模型数据组织

多尺度 DEM 数据库数据组织是指 DEM 数据的管理和调度方式。大范围的 DEM 数据具有海量数据特征，为了高效的数据检索、无缝浏览，需要合理进行 DEM 数据的组织。例如，在水平方向上将同一尺度的 DEM 数据划分成一系列的块，在垂直方向上将不同尺度 DEM 分层组织。层次结构索引模式是当前 GIS 空间数据库数据组织常用的一种方法。

4) 多尺度数字地表模型数据组织

数字地表模型特别适合于对三维离散空间数据的表达，以及对具有连续变化的空间对象的模拟。为了表达地表侧面，一般 DSM 选用不规则三角网(triangulated irregular network, TIN)数据结构表达。在进行地形分析或地貌显示时，原始数据多是大量离散高程点，需进行 TIN 的构建。由于实际地形较为复杂，地形高程点的数据量巨大，在进行三维可视化时往往影响处理速度。层次细节简化(level of detail, LOD)技术是解决此问题的有效方法。它是在不影响画面视觉效果的条件下，通过逐次简化景物的表面细节来减少场景的几何复杂度，从而提高绘制速度。对 TIN 使用 LOD 技术，不仅涉及点的取舍、TIN 的重构等问题，还需要考虑多尺度 TIN 的调用及不同级别 TIN 之间的无缝衔接等。对大范围内实现的多尺度 TIN 模型必须分级分区，对大区域进行适当分割。

5. 地理数据编译工具

地理信息服务是数据服务和功能服务的集合。这两种服务随着应用需求的增长正在不停地增长。特定的分析功能集需要相对应的地理数据集来支持这些功能的实现。地理信息数据采集又来自不同的部门，它们会采用各自的 GIS 软件和不同数据存储结构及存储载体。地理数据编译工具的作用就在于将不同的源数据编译到各自不同的目标地理服务数据，编译的作用就是在两个数据模型之间做映射操作。两个数据模型之间的差异决定了地理数据编译技术的复杂度。数据编译工具软件的主要功能包含：①地理信息数据产品(LiDAR、BIM、DEM、DLG、DRG、DOM)常用标准格式数据的准确、无信息丢失的导入，如 DLG 的 *.shp、DEM 的 *.tif；②多尺度参数的设置，如多尺度的级别数、瓦片的大小等；③地理空间数据的常用编辑处理功能，如数据的裁剪等；④地理信息应用产品的导出，将地理空间数据按照特定的数据模型和结构进行导出。

1.2.4　多源地理信息网络分发服务

1. 地理信息网络服务技术

地理信息网络化集成与应用主要包括定位系统、地理信息网络服务、数字通信系统、移动服务终端、移动位置服务中心和固定服务终端六大部分，可实现地理空间数据收集、处理、存储、管理和分发的一体化和网络化，构建完整的地理信息服务体系，为各部门专业信息应用系统的开发建设提供基础平台。

1) 多源地理空间数据无缝集成

数据所有者所提供的地理空间数据，由于空间数据的获取途径多种多样、应用目的不同、获取时间不同及作业员的素质良莠不齐，数据生产选用的地理信息系统平台和数据库不同，造成了空间数据的多语义性、多时空性、多尺度性、存储格式的不同及数据模型与存储结构的差异。这些差异导致多源空间数据的产生，为数据服务和数据共享带来不便。不同数据源、不同数据精度和不同数据模型的地理数据集成，其实质就是将在地理上分布、管理上自治、模式上异构的数据源有机地集成在一起，使 GIS 用户能够透明地获取任何空间数据，以及处理空间数据的功能和方法。通过数学基础转换、数据模型与分类分级统一和数据格式转换，实现多源数据的格式、图幅、比例尺与图层无缝集成。

2) 地理空间信息多级格网搜索技术

空间信息多级网格的划分是指按不同经纬网格大小将全球、全国范围划分为不同粗细层次的网格，每个层次的网格，在范围上具有上下层涵盖关系，将不同比例尺层次的空间信息以一个一体化的数据库进行统一存储与管理。每个网格以其中心点的经纬度坐标来确定其地理位置，同时记录与此网格密切相关的基本数据项。落在每个网格内的地物对象记录与网格中心点的相对位置，以高斯坐标系或其他投影坐标系为基准，并根据实际地物的密集程度确定所需要的网格尺度，同时在此网格划分的基础上建立网格元数据库来详细说明网格的数据类型、数据源等内容。基于这种思想建立的存储机制有利于地理空间信息的快速检索和信息获取，同时也很适合网格计算的原理。根据数据网格结构与网格计算相结合，按不同层次的网格建立分布式的空间数据组织模式，包括网格层次数据和网格内部数据的存储。充分考虑网格计算的特点，研究空间信息多级网格结构与网格计算技术结合的最佳方案。按地理空间信息多级网格的划分思想，空间目标存在两级索引：一是网格间索引；二是网格内部索引。

3) 地理空间数据网络传输保密技术

地理空间数据是国家保密产品，数据生产者与数据使用者之间的网上传输，必须考虑数据传输的安全。网络环境下不管是数据服务还是功能服务，都由多个计算机协同来完成，而计算机之间的协同必然频繁地进行数据交换。现有系统均采用 XML 等公开格式实现数据共享和交换，无法保障数据安全。主要存在三个问题：一是 XML 格式容易理解和解密。虽然有些系统在数据传输过程中采用加密措施，但到达客户端后仍然以 XML 格式释放出来。二是网络传输效率低。基于 XML 的文档消息传输无法直接保存二进制数据，在发送端和接收端都需要进行二进制数据和字符数据之间的转化。三是空间矢量数据经过 XML 描述转换为字符数据会增加一定的数据量。研究自主的网络数据通信协议和数据粒度、数据压缩、并行数据传输、缓冲区和渐进式传输等数据网络传输策略，对解决海量地理信息数据在网络上实时传输和数据安全问题具有重要意义。

4) 地理空间数据的无损压缩

由于互联网带宽的限制和人们对海量地图数据快速传输、显示的要求，出现了许多矢量数据压缩算法。无损压缩算法是指压缩前和解压缩后数据完全一致。目前大多数的矢量数据压缩算法都是有损的，通过提取特征点来达到压缩数据的目的，其算法以牺牲一定的几何精度为代价，存在数据不可复原的缺点。研究矢量数据的无损压缩算法就成为 GIS 应用领域中一个亟待解决的问题。

2. 地理信息服务软件平台

地理信息服务软件平台是地理信息应用服务产品的可视化展示与分析端。按照应用服务环境的不同，划分为桌面地理信息服务平台、地理信息网络服务平台和移动地理信息服务平台三种。

1) 桌面地理信息服务平台

桌面地理信息服务平台是基于计算机技术解决与地球空间信息有关的数据获取、存储、传输、管理、分析与应用等问题的空间信息系统。其技术优势在于它的集地理(地球)数据采集、存储、管理、分析、三维可视化显示与输出于一体的数据流程和空间分析、预测预报和辅助决策的能力。

2) 地理信息网络服务平台

地理信息网络服务平台是建立基于 Client/Server(客户机/服务器)和 Browser/Server(浏览器/服务器)结构的 GIS，用户能通过互联网在其终端调用服务器的数据和程序，实现地理数据的共享、远程互操作和互运算。

C/S 结构通过将任务合理分配到 Client 端和 Server 端，降低了系统的通信开销，可以充分利用两端硬件环境的优势。客户端功能主要侧重实现对地理信息应用产品的可视化渲染展示，其应用分析功能将通过对服务端功能服务的调用实现。B/S 结构是对 C/S 结构的一种变化或者改进的结构。在这种结构下，用户界面完全通过网络浏览器实现，一部分事务逻辑在前端实现，但是主要事务逻辑在服务器端实现，利用了不断成熟的网络浏览器技术，结合浏览器的多种 Script 语言和 ActiveX 技术，用通用浏览器就实现了原来需要复杂专用软件才能实现的强大功能，并节约了开发成本，是一种全新的软件系统构造技术。B/S 中的客户端将基于 WebGL 进行编码，支持二维地图、三维球体、三维平面三种视图的切换。C/S 一般建立在专用的网络上，小范围里的网络环境，局域网之间再通过专门服务器提供连接和数据交换服务。B/S 建立在广域网之上，不必是专门的网络硬件环境，有比 C/S 更强的适应范围，一般只要有操作系统和浏览器就行。

3）移动地理信息服务平台

移动地理信息服务平台主要运行在移动计算终端。为了移动服务终端的小型化，需要对计算机硬件、操作系统和地理信息系统功能进行裁减。它一般由嵌入式微处理器、外围硬件设备、嵌入式操作系统及用户的应用程序等四个部分组成。信息处理单元选用嵌入式硬件、专门的嵌入式操作系统和嵌入式地理信息系统组成。嵌入式硬件性能突出表现在处理器速度较低和存储器容量较小，往往需要对地理数据进行压缩处理并建立有效的空间索引机制。嵌入式地理信息系统主要功能有地图多比例尺显示，图形放大、缩小和漫游，地名查询、道路查询和路径选取。为兼顾移动终端系统的多样性，移动环境中的地信信息软件包含在线浏览器调用和离线本地数据调用两种模式。浏览器调用将与 B/S 模式兼容，区别在于瓦片参数及数据调度参数与机制。本地数据调用将与单机模式兼容，区别也在于瓦片参数及数据调度参数与机制。

1.2.5　基于位置地理信息服务平台

基于位置地理信息服务提供三种服务：一是移动目标的导航服务；二是移动目标的监控服务；三是移动目标的监控与导航服务。

1. 基于位置地理信息监控服务

基于位置地理信息监控服务在系统结构上主要包括移动终端和监控中心两个部分。

1）移动终端

移动终端是基于位置地理信息监控服务的前端设备，一般隐秘地安装在各种车辆内或佩戴在人或宠物身上。移动终端设备主要由控制单元（CPU）、GPS 模块、GPRS 模块（或其他通信模块）、I/O 接口及外围电路组成。位置感知终端的核心是一个信息处理器，它负责各种信息的处理。车载终端设备主要有防盗报警、导航、通话等功能。车载终端工作环境严酷，可靠性高，功能要求苛刻和成本限制严格。硬件要求小型化、低功耗、智能化和网络化。为了提高终端兼容性、小型化、高智能，往往以 ODM 或 OEM 方式集成硬件各种功能，开放所有通信协议，向系统集成商提供稳定可靠的硬件终端。

无线数据传输设备作为基站与各移动目标进行信息交换的枢纽，是整个车辆调度系统中的重要组成部分，其选择方案包括以下几种：①公网设备，如 GSM、CDMA、CDPD（无线数据公网）；②集群通信，如公安上用的 350M、800M 集群系统；③常规电台，采用专用信道和无线 MODEM。

移动终端可以借助传感器将获得被监控车辆的地理位置及各种设备等的油耗、应急报警、车内图像等其他信息一起传回给通信控制中心。移动目标发生意外，如遭劫、车坏、迷路等，可以向处理中心发出求助信息。处理中心因为知道移动目标的精确所在，所以可以迅速给予帮助。监控中心可对移动目标进行各种信息的监控和查询，对移动车辆进行实时动态跟踪。

同时，也可以将一些监控中心的指令通过通信单元传送到终端用户。

2）监控中心

监控端是移动目标监控系统的核心部分，可以实时获取移动端的位置信息和状态信息并进行处理，可以与移动端进行数字信号和语音信号的双向传输，并根据实际情况对移动端进行指挥、调度，同时可以实现整个系统的管理功能，如移动端不同状态信息的处理、位置信息的存储、系统管理等。根据需要，监控中心可分为总中心和各分中心两个层次。

2. 地理信息移动导航系统

地理信息移动导航系统为出行人员提供高精度定位、准确的地理信息和智能化的路径规划服务。移动导航系统一般包括硬件、软件和地理信息数据三个部分。

1）移动导航系统硬件

地理信息移动服务终端由定位单元、显示单元、信息处理单元和通信单元组成。

（1）定位单元。地理信息移动服务终端有一个安全、可靠、稳定和动态的实时定位平台，而且设备终端要小型化。为了加强系统的可靠性，定位可用 GPS 和北斗卫星双模结构。它将终端中 GPS 系统接收定位卫星发来的定位数据和其他定位手段获得的移动目标定位数据，经过数据融合后产生地理位置坐标数据。

（2）显示单元。用来显示位置路况等视频图像信息，可选用 LCD、CRT 或 TV 显示。

（3）信息处理单元是一个微型计算机，它负责各种信息的处理，整合处理各功能模块，配合相应的软件，完成指定功能，如进行数据处理，计算出所在位置的经度、纬度、海拔、速度和时间等，包括输入输出控制、位置计算、电子地图显示、地图检索、基于矢量地图数据的路径分析和查询检索等功能。由于使用环境的特殊性，作为系统核心的车载个人计算机必须体积小，集成度高，功耗低，处理能力强，操作简单便捷。

2）移动导航系统软件

为了使移动服务终端小型化，需要对计算机硬件、操作系统和地理信息系统功能进行裁减。信息处理单元由嵌入式硬件、专门的嵌入式操作系统和嵌入式地理信息系统组成。嵌入式硬件性能的缺点突出表现在处理器速度较低和存储器容量较小，往往需要对地理数据进行压缩处理并建立有效的空间索引机制。嵌入式操作系统，如 WindowsCE 和嵌入式 Linux 等。根据车辆使用的频繁性及道路的复杂性要求，它必须可靠性高，且扩展性和兼容性好。嵌入式地理信息系统主要功能有地图多比例尺显示，图形放大、缩小和漫游，地名查询、道路查询和路径选取。

（1）自主导航系统软件核心功能。系统可以实时地显示移动物体所在位置，从而进行辅助导航：①路线规划根据目标位置和移动目标当前位置自动计算和显示最佳（最短和最优）路径（从出发地到目的地按用户要求来计算最优路径和最短路径）。②行驶导航（提示司机道路两侧信息、拐弯信息、目的距离等车辆行驶信息），引导驾驶员最快地到达目的地。语音导航用语音提前向驾驶者提供路口转向、导航系统状况等行车信息。画面导航在操作终端上会显示地图，以及车子现在的位置、行车速度、距目的地的距离、规划的路线提示、路口转向提示等行车信息。当用户没有按规划的线路行驶，或者走错路口时，GPS 导航系统会根据现在的位置，为用户重新规划一条新的到达目的地的线路。③地图查询可以在操作终端上搜索要去的目的地位置。模糊地查询用户附近或某个位置附近的如加油站、宾馆、取款机等信息；可以记录用户常要去的地方的位置信息，并保留下来，也可以和别人共享这些位置信息。

(2)地理信息采集功能。地理空间数据的实时更新是地理信息服务的重要内容。社会经济的快速发展，使社会要素发生日新月异的变化。数据采集是地理空间数据更新维护的主要手段。地理信息移动服务终端可以将变化的地理空间信息通过通信单元实时传递到地理空间数据库管理中心，实现地理数据更新的实时化。

3) 移动导航地理信息数据

移动导航地理信息数据是地理信息移动导航系统的核心，主要用于路径的规划和导航功能的实现。从组成形式上看，由道路、背景、注记和 POI 组成，当然还可以有很多的特色内容，如 3D 路口实景放大图、三维建筑物等，以满足导航定位显示、索引、路径计算、引导等功能需求。

1.2.6　地理空间信息服务规范

参照 OGC 标准，将网格地理空间信息服务的实现规范分为以下几类。

(1)核心服务规范：它们是不考虑应用领域的通用接口，用以支持其他应用领域服务的服务，包括坐标转换规范、目录规范、服务注册规范等核心基础。

(2)网络制图服务规范：这些规范使得 Web 上不同类型的空间信息可以进行动态查询、存取、转换和综合等处理，包括地图服务规范、地理特征服务规范、信息图层服务规范和网络注册服务规范等。

(3)位置服务规范：定义了位置应用服务与公共的移动终端、无线平台、IP 平台、移动位置确定系统集成在一起的各种标准接口。

(4)地理信息融合服务规范：该服务将地址、地方名称、坐标、图像上的点、描述性方向等各种与空间位置相关的信息融合进一个综合管理框架，能够支持查找、发现和共享非地图格式的空间信息。

1.3　与其他学科关系

地理信息服务是一个多技术集成交叉学科，位于地理信息产业链中高端领域，涉及电子信息工程、全球卫星定位系统、信息和通信技术、计算机科学、测绘科学与技术、地理信息科学和管理科学等领域的专业知识等。

1. 电子信息工程

电子信息工程是一门应用计算机等现代化技术进行电子信息控制和信息处理的学科，主要研究信息的获取与处理，电子设备与信息系统的设计、开发、应用和集成。现在，电子信息工程已经涵盖了社会的诸多方面，像电话交换局里怎么处理各种电话信号、手机怎样传递人们的声音和图像、人们周围的网络怎样传递数据，甚至信息化时代军队的信息传递中如何保密等都涉及电子信息工程的应用技术。地理信息服务终端是一个电子产品。人们可以通过一些基础知识的学习了解这些技术，并能够应用更先进的技术进行新产品的研究和开发。

2. 全球卫星定位系统

随着卫星导航技术的飞速发展，卫星导航已基本取代了无线电导航、天文导航等传统导航技术，成为一种普遍采用的导航定位技术，并在精度、实时性、全天候等方面得到了较大提高。应掌握 GPS 定位的基本原理、GPS 定位方法分类、GPS 观测量、绝对定位、精度衰减因子、整周未知数、整周跳等基本概念，测码伪距动态绝对定位和测相伪距动态绝对定位、静态绝对定位、相对定位、RTK、网络 RTK 等基本原理，为 GPS 测量误差处理、GPS 接收机选购与检验、GPS 网的设计、GPS 选点、观测和数据处理打下理论基础。例如，通过观测方程和定位精度评价公式，应能结合误差传播定律从中看出影响定位精度的各种因素，掌握相应的测量方法、减弱各种误差影响以提高测量精度的措施。对于地理信息服务移动终端来说，所能收连接到的卫星数越多，解码出来的位置就越精确，可靠性就越高。

3. 信息和通信技术

大多数地理信息服务应用，如指挥调度、灾害应急系统、智能交通等都要求空间数据和实现现场数据(位置、图像和地理信息等空间数据)与中心(服务器端)进行海量、实时、双向的信息交换。通信网络的实时性、可靠性和稳定性是系统集成成败的关键。通信技术主要研究信号的产生、信息的传输、交换和处理，以及在计算机通信、数字通信、卫星通信、光纤通信、蜂窝通信、个人通信、平流层通信、多媒体技术、信息高速公路、数字程控交换等方面的理论和工程应用问题。通信技术是以现代的声、光、电技术为硬件基础，辅以相应软件来达到信息交流目的的。通信与信息系统研究领域主要有因特网、宽带通信网、移动通信网、光纤通信等。宽带通信网和移动通信网的应用范围也很广泛，随着人们需求的增加和网络业务的多样化，传统的数据传输、交换和控制模式已经暴露出极大的缺陷，这对网络的传输控制模式提出了新的要求。信息和通信技术是信息技术与通信技术相融合而形成的一个新的概念和新的技术领域。以往通信技术与信息技术是两个完全不同的范畴：通信技术着重于消息传播的传送技术，而信息技术着重于信息的编码或解码，以及通信载体的传输方式。随着技术的发展，这两种技术变得密不可分，从而渐渐融合成为一个范畴。

4. 计算机科学

计算机科学是系统性研究信息与计算的理论基础及它们在计算机系统中如何实现与应用的实用技术的学科。计算机科学的四个主要领域为：计算理论、算法与数据结构、编程方法与编程语言，以及计算机元素与架构；其他一些重要领域，如软件工程、人工智能、计算机网络与通信、数据库系统、并行计算、分布式计算、人机交互、机器翻译、计算机图形学、操作系统，以及数值和符号计算。

5. 测绘科学与技术

测绘科学与技术属于工学学科门类之中的一个一级学科，下设 6 个二级学科，分别是大地测量学与测量工程、摄影测量与遥感、地图制图学与地理信息工程、导航与位置服务、矿山与地下测量、海洋测绘。导航与位置服务是地理信息服务的重要组成部分，测绘科学与技术是地理信息服务的技术基础。测绘技术不但为 GIS 提供快速、可靠、多时相和廉价的多种信息源，而且它们中的许多理论和算法可直接用于空间数据的变换、处理。大地测量、工程测量、矿山测量、地籍测量、航空摄影测量和遥感技术为 GIS 中的地理实体提供各种比例尺和精度的定位数；电子速测仪、GPS 全球定位技术、解析或数字摄影测量工作站、遥感图像处理系统等现代测绘技术的使用，可直接、快速和自动地获取空间目标的数字信息产品，为

GIS 提供丰富和更为实时的信息源，并促使 GIS 向更高层次发展。GPS 卫星大地测量的出现，为地理信息科学的发展做出了巨大贡献：一是建立了世界大地坐标系；二是精化了地球形状；三是填补了海洋上的测量空白；四是拓宽了地理信息系统的应用领域；五是提供了导航和实时定位时空坐标；六是对传统的常规测量提供了检测手段。

6. 地理信息科学

地理信息服务是地理信息科学的重要组成部分。地理信息科学是一门集地理学、计算机和测绘科学与技术于一体的边缘学科。计算机发展和应用，在社会急剧信息化过程中对地理信息的需求成为推动该学科产生和发展的强大动力。在发展过程中以测绘科学与技术为基础，以计算机数据库技术作为数据储存和使用的数据源，以计算机编程为平台逐步完善了地理信息的获取、处理、存储、管理、提取、可视化和分析等技术体系，使学科不仅包含了现代测绘科学的所有内容，而且研究范围较之现代测绘学更加广泛；学科也如饥似渴地吸收信息科学的精华，与计算机技术结合，形成了网络、嵌入式和组件式等各种各样的地理信息系统，同时推动了计算机信息科学与技术的发展；面对艰巨而复杂的地理信息系统工程建设任务，应用工程化的方法，逐步完善形成了项目论证建议、需求分析、系统设计、实施管理、质量评估和标准体系等内容的地理信息工程技术方法；地理信息应用已经突破传统的地理学界限，空间和时间是人们生产和生活中的信息基本属性，地理信息系统已应用到社会各个领域。

7. 管理科学

管理科学是研究管理理论、方法和管理实践活动的一般规律的科学。工业、农业、科学技术、国际的现代化，乃至整个国民经济的现代化都离不开现代化管理，现代化管理能够有效地组织生产力要素，充分合理地利用各种资源，提高各种经济和社会活动的效率，从而成为推进现代化事业的强大动力。当代西方公共管理研究的科学化主要体现于两个方向：一是强调运用计量分析方法和数学模型建构；二是强调空间化与数字化。GIS 方法是公共管理学空间化与数字化的有效工具，已成为西方公共管理学研究的最新趋向。GIS 方法基于公共空间信息的采集与储存，通过制图、空间分析与统计分析，实现城市管理、城市规划、公共资源配置、危机管理等公共领域研究的数字化应用。

1.4　本书阅读指南

地理信息服务是地理信息应用的主要领域，是在测绘科学与技术、地理信息技术、通信和计算机科学等学科基础上发展起来的交叉学科。学习本书必须了解掌握五类学科领域的知识：第一类为数学。数学是地理空间分析的基础，必须掌握高等数学、线性代数、概率论与数理统计、离散数学等数学知识。第二类为地理科学知识，如地理科学概论、自然地理学、人文地理和环境与生态科学、经济地理、环境科学等知识。第三类为测绘科学与技术知识，如测量学、GPS 原理、摄影测量与遥感、地图学等知识。第四类为计算机科学知识和技能，主要掌握程序语言设计、数据结构算法、计算机图形学、数据库原理、计算机网络和人工智能等专业知识。第五类为地理信息科学基础理论知识，包括地理信息科学基础理论、地理信息技术（地理信息获取与处理、地理空间数据库原理、地理空间分析理论、地理空间数据可视化原理）、地理信息系统、地理信息工程及地理信息应用。每类学科所含内容如图 1.2 所示。

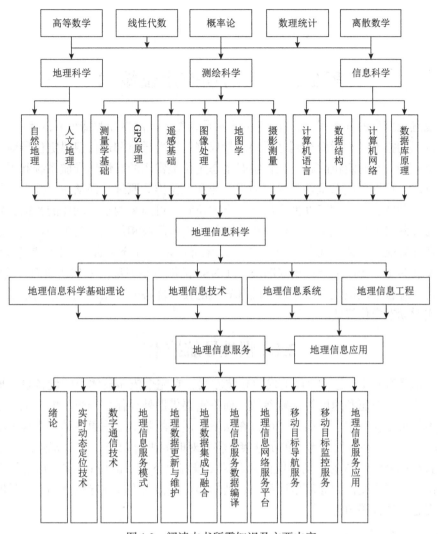

图 1.2 阅读本书所需知识及主要内容

第 2 章　实时动态定位技术

　　空间位置是信息的基本属性。空间定位技术是人类认识世界和改造世界的重要工具之一。早期人们发明的指南针和指南车到之后的测量仪器、惯性导航和现代卫星定位导航系统等都是为了解决人们的实时定位问题。现代实时动态定位最常用的有惯性导航系统和无线电导航定位两种方法。惯性导航系统基于牛顿力学定律和航位推算原理，即从一已知点的位置根据连续测得的运载体航向角和速度推算出下一点的位置，可连续测出运动体的当前位置。无线电导航是通过测定无线电波从发射台到接收台的传播时间或相位和相角来进行定向定位的，其克服了惯性导航误差随时间积累的问题。无线电导航定位可分为陆基导航和星基导航两种，星基导航发展为全球导航卫星系统(GNSS)。GNSS 的缺点是卫星信号到达地面时较弱、不能穿透建筑物。综合集成惯性导航系统和陆基导航的技术优势、互相补充，以满足全方位、连续、可靠实时动态定位需要。

2.1　惯性导航技术

　　惯性导航系统(INS)是一种自主式的导航方法，它完全依靠载体上的设备自主地确定载体的航向、位置、姿态和速度等导航参数，而不需要借助外界任何的光、电、磁等信息。其工作环境不仅可以在空中、地面，还可以在水下。惯导的基本工作原理是以牛顿力学定律为基础，通过测量载体在惯性参考系的加速度，将它对时间进行积分，以推算导航方式(从一已知点的位置根据连续测得的运动体航向角和速度推算出下一点的位置)求得可连续测出运动体的当前位置，把它变换到导航坐标系中，就能够得到移动物体在导航坐标系中瞬时速度、加速度、姿态、位置等信息。

2.1.1　惯性导航系统工作原理

　　惯性导航是一门涉及精密机械、计算机技术、微电子、光学、自动控制、材料等多种学科和领域的综合技术。其基本工作原理是以牛顿力学定律为基础，通过测量载体在惯性参考系的加速度、角加速度，将它对时间进行一次积分，求得运动载体的速度、角速度，之后进行二次积分求得运动载体的位置信息，然后将其变换到导航坐标系，得到其在导航坐标系中的速度、偏航角和位置信息等。陀螺仪和加速度计是惯性导航(或制导)系统中的两个关键部件。惯性导航系统根据陀螺仪的不同，可分为机电(包含液浮、气浮、静电、挠性等种类)陀螺仪、光学(包含激光、光纤等种类)陀螺仪、微机械(micro-electro-mechanical systems, MEMS)陀螺仪等类型。

　　1. 陀螺仪

　　陀螺是汉族民间最早的娱乐工具，陀螺在我国最少有四五千年的历史。在一定的初始条件和一定的外力作用下，陀螺会在不停自转的同时，环绕着另一个固定的转轴不停地旋转，这就是陀螺的旋进(precession)，又称为回转效应(gyroscopic effect)。人们利用陀螺的力学性质所制成的各种功能的陀螺装置称为陀螺仪(gyroscope)。它是一种用来感测与维持方向的装置,基于角动量不灭的理论(一个旋转物体的旋转轴所指的方向在不受外力影响时,是不会改变的)设计出来的。陀螺仪主要由一个位于轴心可以旋转的轮子构成。陀螺仪一旦开始旋转,由于轮子的角动量,陀螺仪有抗拒方向改变的趋向。

1) 陀螺仪的基本组成

陀螺仪将陀螺安装在框架装置上,使陀螺的自转轴有角转动的自由度,基本部件有:①陀螺转子(常采用同步电机、磁滞电机、三相交流电机等拖动方法来使陀螺转子绕自转轴高速旋转);②内、外框架(或称内、外环,它是使陀螺自转轴获得所需角转动自由度的结构);③附件(是指力矩马达、信号传感器等)。

陀螺仪在工作时要给它一个力,使它快速旋转起来,一般能达到每分钟几十万转,可以工作很长时间。然后用多种方法读取轴所指示的方向,并自动将数据信号传给控制系统。

2) 陀螺仪原理

陀螺仪是在动态中保持相对跟踪状态的装置,其原理如图 2.1 所示。

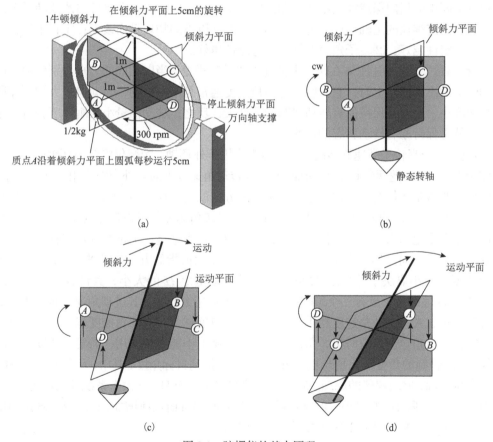

图 2.1　陀螺仪的基本原理

如图 2.1 所示,轴的底部被托住静止但是能够各个方向旋转。当一个倾斜力作用在顶部轴上的时候,质点 A 向上运动,质点 C 则向下运动,如图 2.1(b)所示。因为陀螺仪是顺时针旋转,在旋转 90°角之后,质点 A 将会到达质点 B 的位置。CD 两个质点的情况也一样。图2.1(b)中质点 A 当处于图中 90°位置的时候会继续向上运动,质点 C 也继续向下。AC 质点的组合将导致轴在图 2.1(c)所示的运动平面内运动。一个陀螺仪的轴在一个合适的角度上旋转,这种情况下，如果陀螺仪逆时针旋转，轴将会在运动平面上向左运动。如果在顺时针的情况中，倾斜力是一个推力而不是拉力的话，运动将会向左发生。图 2.1(d) 中，当陀螺仪旋转了另一个 90° 的时候，质点 C 在质点 A 受力之前的位置。质点 C 的向下运动现在受到了倾斜力的阻碍并且轴不能在倾斜力平面上运动。倾斜力推轴的力量越大，当边缘旋转大约 180° 时，另一侧的边缘推动轴向回运动。

实际上，轴在这个情况下将会在倾斜力的平面上旋转。轴之所以会旋转是质点 AC 在向上和向下运动的一些能量用尽。当质点 AC 最后旋转到大致上相反的位置上时，倾斜力比向上和向下的阻碍运动的力要大。

3) 陀螺仪的特性

陀螺仪有两个基本特性：一个为定轴性；另一个为进动性，它们都建立在角动量守恒的原则下。

(1) 定轴性。当陀螺转子以高速旋转，没有任何外力矩作用在陀螺仪上时，陀螺仪的自转轴在惯性空间中的指向保持稳定不变，即指向一个固定方向；同时反抗任何改变转子轴向的力量。这称为陀螺仪的定轴性或稳定性。其稳定性随以下的物理量而改变：①转子的转动惯量越大，稳定性越好；②转子角速度越大，稳定性越好。

"转动惯量"，是描述刚体在转动中惯性大小的物理量。当以相同的力矩分别作用在两个绕定轴转动的不同刚体上时，它们所获得的角速度通常是不一样的，转动惯量大的刚体所获得的角速度小，也就是保持原有转动状态的惯性大；反之，转动惯量小的刚体所获得的角速度大，也就是保持原有转动状态的惯性小。

(2) 进动性。当转子高速旋转时，若外力矩作用于外环轴，陀螺仪将绕内环轴转动；若外力矩作用于内环轴，陀螺仪将绕外环轴转动。其转动角速度方向与外力矩作用方向互相垂直。这种特性，叫做陀螺仪的进动性。进动角速度的方向取决于动量矩 H 的方向（与转子自转角速度矢量的方向一致）和外力矩 M 的方向，而且是自转角速度矢量以最短的路径追赶外力矩。这可以通过右手定则来判定，即伸直右手，大拇指与食指垂直，手指顺着自转轴的方向，手掌朝外力矩的正方向，然后手掌与 4 指弯曲握拳，则大拇指的方向就是进动角速度的方向。进动角速度的大小取决于外力矩 M 的大小和转子动量矩 H 的大小，其计算式为进动角速度=M/H。进动性的大小也有三个影响因素：①外界作用力越大，其进动角速度也越大；②转子的转动惯量越大，进动角速度越小；③转子的角速度越大，进动角速度越小。

陀螺仪输出角速度是瞬时量，角速度在姿态平衡上不能直接使用，需要角速度与时间积分计算角度，得到的角度变化量与初始角度相加，就得到目标角度，其中，积分时间 Dt 越小，输出角度越精确，但陀螺仪的原理决定了它的测量基准是自身，并没有系统外的绝对参照物，加上 Dt 不可能无限小，所以积分的累积误差会随着时间流逝迅速增加，最终导致输出角度与实际不符，因此陀螺仪只能工作在相对较短的时间尺度内。

惯性导航系统优点有：①因为它是不依赖于任何外部信息，也不向外部辐射能量的自主式系统，所以隐蔽性好，也不受外界电磁干扰的影响；②可全天候、全时间地工作于空中、地球表面乃至水下；③能提供位置、速度、航向和姿态角数据，所产生的导航信息连续性好，而且噪声低；④数据更新率高、短期精度和稳定性好。其缺点是：①由于定位信息经过积分而产生，定位误差随时间而增大，长期精度差；②每次使用之前需要较长的初始对准时间；③设备的价格较昂贵；④不能给出时间信息。

4) 陀螺仪的分类

随着科学技术的发展，人们已发现 100 种以上的物理现象可被用来感测载体相对于惯性空间的旋转。从工作机理来看，陀螺仪可分为两大类：一类是以经典力学为基础的陀螺仪（通常称为机械陀螺）；另一类是以非经典力学为基础的陀螺仪（如振动陀螺、光学陀螺等）。

（1）振动陀螺仪。振动陀螺仪包含两个相对设置的平面振动板。两个振动板以屈曲振动模式和与屈曲振动模式退化或接近于屈曲振动模式的二阶弯曲振动模式振动。振动陀螺仪通过检测二阶弯曲振动模式的幅值平衡中的偏移检测科里奥利力，它是当施加绕平行于振动板表面轴的角速度时产生的。振动陀螺仪分为两种：硅微振动陀螺仪与微机械振动陀螺仪。

（2）光学陀螺仪。光学陀螺仪原理与上面陀螺仪完全不同，没有高速旋转的机械转子。光学陀螺仪中有两条光束在一条封闭的环路里反向传播，它的基本原理就是检测两条有效光程的差。光束从 X 点进入环路，该点处设一分束器，引导两条光束在环路中以相反方向传播，而后在分束器处重新汇合。光束绕整个环路传播一周所需的时间称为传输时间，在环路固定不动的情况下，两条光束的传输时间是相同的。当干涉仪以角速率 Ω 转动时，分束器的位置已经发生了移动（位置 Y），每条光束通过圆周的时间就不同。沿顺时针方向传播的光束必须走过比固定不动时更长的路程。逆时针传播的光束则反之。也就是说，相对于惯性空间而言，与转动方向同向传播的光束必须走过比干涉仪静止时更远的路程。而与转动方向逆向传播的光束则不动情况下走过更短的路程。顺、逆两束光在环路传播一周后，通过集束器（半反片）发生干涉，形成干涉条纹。当光程差改变一个波长时，干涉条纹就移动一个。因此，干涉条纹的移动速度与陀螺转动的角速度成正比。这一现象称为 Sagnac 效应。Sagnac 效应对于任意形状的环路都成立。

光学陀螺仪的原理是利用光程差来实现测量旋转角速度，具体是在一个闭合的环形光路中，由同一个光源发出两束方向相反的相干光，让它们发生干涉，再检测相位差或干涉条纹的变化，就可以计算出闭合光路的旋转角速度，其具有速率陀螺仪的功能。到 1960 年激光出现以后，使用环形谐振腔和频差技术（激光陀螺仪），或者使用光导纤维和相敏技术（光纤陀螺），才真正使得 Sagnac 效应从原理进入实用。激光陀螺仪和光纤陀螺仪都属于光学陀螺仪，其原理都是基于干涉仪所产生的光程差，它们之间的差异主要表现在光束是怎样产生的，以及光程差是怎样"观察"的。

激光陀螺仪实际上是一种环形激光器。激光陀螺仪的结构用热膨胀系数极小的材料制成三角形空腔，在空腔的各顶点分别安装三块反射镜，形成闭合光路。腔体被抽成真空，充以氦氖气，并装设电极，形成激光发生器。激光发生器产生两束射向相反的激光。当环形激光器处于静止状态时，两束激光绕行一周的光程相等，因而频率相同，两个频率之差（频差）为零，干涉条纹为零。当环形激光器绕垂直于闭合光路平面的轴转动时，与转动方向一致的那束光的光程延长，波长增大，频率降低；另一束光则相反，因而出现频差，形成干涉条纹。单位时间的干涉条纹数正比于转动角速度。激光陀螺仪的漂移率低达 0.1°/h～0.01°/h，可靠性高，不受线加速度等的影响，已在飞行器的惯性导航中得到应用，是很有发展前途的新型陀螺仪。

与机械陀螺仪相比，光学陀螺仪有如下优点：①动态范围宽，测量角速度范围可达0.001°/s～400°/s（甚至更大）；②启动快，瞬时启动；③反应迅速，瞬时反应；④性能稳定，对加速度和振动不敏感，可承受较大过载；⑤数字式输出，便于和计算机连接；⑥结构简单，便于自检；⑦系统设计灵活；⑧可靠性高，运行寿命长。

近年来随着微电子技术、光电技术和微机械技术的发展，微电子惯性器件也迅速发展起来。这种惯性器件以硅为基片材料，用半导体集成电路生产中的光刻和各向异性刻蚀技术进行微加工，生产出低成本、高可靠、抗振动、抗冲击、小体积、轻重量的微型固体惯性器件。

微型陀螺仪主要包括微型机械陀螺仪和微型光学陀螺仪两类，其在体积、重量和成本方面较传统的刚体转子陀螺仪都有很大程度的降低；微型加速度计主要是微机械硅加速度计，由于采用了压电石英晶体材料，提高了加速度计的温度稳定性和使用寿命。单个微型固体陀螺尺寸小于 1mm，民用市场上的精度指标为：带宽 60Hz，分辨率 0.1°/s，陀螺漂移 1°/h。硅微加速度计的尺寸可以达到 1mm，偏置稳定性（补偿后）为 20mg（−100～750℃），分辨率 2mg（60Hz 带宽），目前精度性能还在进一步提高。因为这两种微型固体惯性器件体积都非常小，所以可以在一块很小的芯片上制作出由多个陀螺和加速计构成的微型惯性测量组合，实时提供运动载体的位置、速度和姿态信息。这种微型惯性测量组合具有成本低、体积小、重量轻、功耗小、寿命长、可靠性高和环境适应能力强等优点，是惯性技术今后的主要发展方向。虽然目前这种设备的精度还不理想，存在的问题是这种系统由于微型惯性传感器精度较低，不能满足高精度导航系统的指标要求，但是从其综合指标来看具有很大的发展潜力，随着微米/纳米技术的不断提高，精度必然得到进一步提高。

2. 加速度计

加速度计是惯性导航系统的另一核心元件。加速度计是用来感测运动载体沿一定方向的比力的惯性器件，可以测量出加速度和重力，从而计算载体的速度和位置。加速度计的分类：按照输入与输出的关系可分为普通型、积分型和二次积分型；按物理原理可分为摆式和非摆式，摆式加速度计包括摆式积分加速度计、液浮摆式加速度计和挠性摆式加速度计，非摆式加速度计包括振梁加速度计和静电加速度计；按测量的自由度可分为单轴、双轴、三轴；按测量精度可分为高精度、中精度和低精度三类。

加速度计以牛顿第二定律为理论基础。以电容式为例，加速度变化使得质量块移动，质量块的移动使得两电容板的正对面积及其间距发生变化，导致电容变化；电容的变化与加速度成正比，这时通过测量电容的变化值就可检测到加速度值。

加速度计又称比力接受器，在运动体上安装加速度计的目的是用它来敏感和测量运动体沿一定方向的比力（运动体的惯性力与重力之差），然后经过计算（一次积分和二次积分）求得运动轨迹（运动体的速度和所行距离）。在惯性导航系统中，高精度的加速度计是最基本的敏感元件之一。不同使用场合的加速度计在性能上差异很大，高精度的惯性导航系统要求加速度计的分辨率高达 0.001g，但量程不大；测量飞行器过载的加速度计则可能要求有 10g 的量程，而精度要求不高。

1）基本模型

加速度计由检测质量（也称敏感质量）、支承、电位器、弹簧、阻尼器和壳体组成。检测质量受支承的约束只能沿一条轴线移动，这个轴常称为输入轴或敏感轴。当仪表壳体随着运载体沿敏感轴方向作加速运动时，根据牛顿定律，具有一定惯性的检测质量力图保持其原来的运动状态不变。它与壳体之间将产生相对运动，使弹簧变形，于是检测质量在弹簧力的作用下随之加速运动。当弹簧力与检测质量加速运动产生的惯性力相平衡时，检测质量与壳体之间便不再有相对运动，这时弹簧的变形反映被测加速度的大小。电位器作为位移传感元件把加速度信号转换为电信号，以供输出。加速度计本质上是一个自由度的振荡系统，必须采用阻尼器来改善系统的动态品质。

2) 分类和工作原理

加速度计的类型较多：按检测质量的位移方式分类有线性加速度计(检测质量作线位移)和摆式加速度计(检测质量绕支承轴转动)；按支承方式分类有宝石支承、挠性支承、气浮、液浮、磁悬浮和静电悬浮等；按测量系统的组成形式分类有开环式和闭环式；按工作原理分类有振弦式、振梁式和摆式积分陀螺加速度计等；按输入轴数目分类，有单轴、双轴和三轴加速度计；按传感元件分类，有压电式、压阻式和电位器式等。通常综合几种不同分类法的特点来命名一种加速度计。

3) 闭环液浮摆式加速度计

它的工作原理是：当仪表壳体沿输入轴作加速运动时，检测质量因惯性而绕输出轴转动，传感元件将这一转角变换为电信号，经放大后馈送到力矩器构成闭环。力矩器产生的反馈力矩与检测质量所受到的惯性力矩相平衡。输送到力矩器中的电信号(电流的大小或单位时间内脉冲数)就被用来度量加速度的大小和方向。摆组件放在一个浮子内，浮液产生的浮力能卸除浮子摆组件对宝石轴承的负载，减小支承摩擦力矩，提高仪表的精度。浮液不能起定轴作用，因此在高精度摆式加速度计中，同时还采用磁悬浮方法把已经卸荷的浮子摆组件悬浮在中心位置上，使它与支承脱离接触，进一步消除摩擦力矩。浮液的黏性对摆组件有阻尼作用，能减小动态误差，提高抗振动和抗冲击的能力。波纹管用来补偿浮液因温度而引起的体积变化。为了使浮液的比重、黏度基本保持不变，以保证仪表的性能稳定，一般要求有严格的温控装置。

4) 挠性摆式加速度计

采用挠性支承的摆式加速度计。摆组件用两根挠性杆与仪表壳体连接。挠性杆绕输出轴的弯曲刚度很低，而其他方向的刚度很高。它的基本工作原理与液浮摆式加速度计类似。这种系统有一高增益的伺服放大器，使摆组件始终工作在零位附近。这样挠性杆的弯曲很小，引入的弹性力矩也微小，因此仪表能达到很高的精度。这类加速度计有充油式和干式两种。充油式的内部充以高黏性液体作为阻尼液体，可改善仪表动态特性和提高抗振动、抗冲击能力。干式加速度计采用电磁阻尼或空气膜阻尼，便于小型化、降低成本和缩短启动时间，但精度比充油式低。

5) 振弦式加速度计

由两根相同的弦丝作为支承的线性加速度计。两根弦丝在永久磁铁的气隙磁场中作等幅正弦振动。弦丝的振动频率与弦丝张力的平方根成比例。不存在加速度作用时，两根弦丝的张力相等，振动频率也相等，频率差等于零。当沿输入轴有加速度作用时，作用在检测质量上的惯性力使一根弦丝的张力增大，振动频率升高；而另一根弦丝的张力则减小，振动频率降低。仪表中设有和频控制装置，保持两根弦丝的振动频率之和不变。这样两根弦丝的振动频率之差就与输入加速度成正比。这一差频经检测电路转换为脉冲信号，脉冲频率与加速度成正比，而脉冲总数与速度成正比，因此这种仪表也是一种积分加速度计。弦丝张力受材料特性和温度影响较大，因此需要有精密温控装置和弦丝张力调节机构。

6）摆式积分陀螺加速度计

利用自转轴上具有一定摆性的双自由度陀螺仪来测量加速度的仪表。陀螺转子的质心偏离内环轴，形成摆性。如果转子不转动，陀螺组件部分基本上是一个摆式加速度计。当沿输入轴（即陀螺外环轴）有加速度作用时，摆绕输出轴（即内环轴）转动，使轴上的角度传感器输出信号，经放大后馈送到外环轴力矩电机，迫使陀螺组件绕外环轴移动，在内环轴上产生一个陀螺力矩。它与惯性力矩平衡，使角度传感器保持在零位附近。陀螺组件绕外环轴转动的角速度正比于输入加速度，转动角度的大小就是输入加速度的积分，即速度值。通常在外环轴上安装一个脉冲输出装置，用以得到加速度计测量的加速度和速度信息：脉冲频率表示加速度；脉冲总数表示速度。这种加速度计靠陀螺力矩来平衡惯性力矩，它能在很大的量程内保持较高的测量精度，但结构复杂、体积较大、价格较贵。

3. 惯性导航单元

惯性导航单元（IMU）组合（融合）陀螺仪和加速度计。IMU 通常有 3 个加速度计和 3 个陀螺仪。3 个陀螺仪和 3 个加速度计分别安装在载体右向（X 轴）、航线（Y 轴）和垂直方向（Z 轴）。3 个自由度陀螺仪用来测量飞行器的 3 个转动运动；3 个加速度计用来测量飞行器的 3 个平移运动的加速度，指示当地地垂线的方向。3 个陀螺仪用来测量运载器的 3 个转动运动的角位移，指示地球自转轴的方向。陀螺仪测定载体在惯性坐标系中的运动角速度，加速度计测定载体在三个轴上的运动加速度。在处理时，由运动角速度积分得到载体转动角度，并以此计算载体坐标系至导航坐标系的坐标变换矩阵。通过此矩阵，将加速度信息变换至导航坐标系中然后进行导航计算。计算机根据测得的加速度信号，对测出的加速度进行两次积分，计算出飞行器的速度和位置数据。同类型不同参数的多个传感器同时观测同一空域中的目标时，虽然各类传感器可以形成各自的目标航迹，但由于传感器自然的误差、传输误差、计算误差及外界干扰，还需要对这些电子器件固有的测量噪声进行特殊滤波，以至于接收到的多条航迹的数据不可能完全重合。因此，人们希望将多个传感器的航迹在某种规则下进行融合，以便得到更加精确的目标航迹，这种融合算法相当复杂。

惯性导航单元的设备都安装在移动平台内，工作时不依赖外界信息，也不向外界辐射能量，不易受到干扰，是一种自主式导航系统。

4. 推算定位计算

推算定位（DR）是利用距离传感器（即速度传感器-里程表）和航向传感器（压电陀螺）测量位移矢量，从而推算车辆的位置。推算定位技术的基本思想是当车辆在二维平面空间行驶时，如果初始位置和先前的每步位移均已知，那么任何时刻的车辆位置都是可以计算的（图 2.2）。

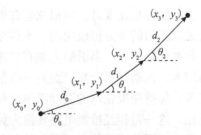

图 2.2　DR 技术原理图

在时刻 t_n 的车辆位置 $(x_n,\ y_n)$ 及方向角 θ_n 可以由式 (2.1) 计算:

$$x_n = x_0 + \sum_{i=0}^{n-1} d_i \cos\theta_i$$

$$y_n = y_0 + \sum_{i=0}^{n-1} d_i \cos\theta_i \tag{2.1}$$

$$\theta_n = \sum_{i=0}^{n-1} \varpi_i$$

式中, $(x_0,\ y_0)$ 为时刻 t_0 车辆的初始位置; d_i 为时刻 t_{n-1} 和时刻 t_n 之间车辆的行驶距离或位移量; θ_i 为位移矢量的方向; ϖ_i 为同一时间段的角速度。

当时间间隔是定长的, 且充分小时, 使得在该时间间隔内速度不变, 则式 (2.1) 可写为

$$x_n = x_0 + \sum_{i=0}^{n-1} v_i T \cos(\theta_i + \varpi_i T)$$

$$y_n = y_0 + \sum_{i=0}^{n-1} v_i T \sin(\theta_i + \varpi_i T) \tag{2.2}$$

式中, v_i 为在第 i 个时间段 T 内测得的车速。

当车辆行驶在高层建筑群间、地下隧道中、高架桥下等路段时, GPS 系统可能由于可见星少于四颗而无法正常工作, 此时可以利用 DR 系统的自动定位结果以维持正常导航。DR 技术的缺点是其定位误差会随时间积累。另外需要指出的是, DR 技术得到的是车辆相对于某一起始点的位置。

2.1.2　惯性导航系统组成与分类

惯性导航系统(简称惯导系统)由惯性导航单元、控制显示装置、状态选择装置、导航计算机和电源等组成。惯性导航单元包括 3 个加速度计和 3 个陀螺仪, 又称惯性导航组合。控制显示器显示各种导航参数。按照惯性测量装置在载体上的安装方式, 可以分为平台式惯性导航系统和捷联式惯性导航系统两种。

1. 平台式惯性导航系统

平台式惯性导航系统将测量惯性元件安装在惯性平台(物理平台)的台体上, 台体用来模拟某个坐标系(惯性、当地水平), 从而保持加速度计在指定的坐标系内。平台式惯性导航系统是将陀螺仪和加速度等惯性元件通过万向支架角运动隔离系统与运动载物固联的惯性导航系统。稳定平台的主要作用: 支撑加速度计, 并把加速度计稳定在某一导航坐标系上。3 个加速度计的敏感轴沿着 3 个坐标轴正向安装, 测得载体的加速度信息。通过惯性级的陀螺来稳定平台, 从而确定一个坐标系。如果选定某种水平坐标系为导航系, 就必须给平台上的陀螺仪施加相应的指令信号, 以使平台按指令所规定的角速度转动, 从而精确跟踪所选定的导航坐标系。平台式惯导系统由三轴陀螺稳定平台(包含陀螺仪)、加速度计、导航计算机、控制显示器等部分组成。平台式惯性导航系统可分为以下几类。

(1) 半解析式。又称当地水平惯导系统, 系统有一个三轴稳定平台, 台面始终平行当地水

平面，方向指向地理北（或其他方位）。陀螺和加速度计放置平台上，测量值为载体相对惯性空间沿水平面的分量，需消除地球自转、飞行速度等引起的"有害"加速度后，计算载体相对地球的速度和位置。主要用于飞机和飞航式导弹，可省略垂直通道加速度计，简化系统。

（2）几何式。该系统有两个平台，一个装有陀螺，相对惯性空间稳定；另一个装有加速度计，跟踪地理坐标系。陀螺平台和加速度计平台间的几何关系可确定载体的经纬度，所以称为几何式惯导系统。几何式主要用于船舶和潜艇的导航定位，精度较高，可长时间工作，计算量小，但平台结构复杂。

（3）解析式。陀螺和加速度计装于同一平台，平台相对惯性空间稳定。加速度计测量值包含重力分量，在导航计算前必须先消除重力加速度影响。求出的参数是相对惯性空间，需进一步计算转换为相对地球的参数。平台结构较简单，计算量较大，主要用于宇宙航行及弹道式导弹。

根据建立的坐标系不同，又分为空间稳定和本地水平两种工作方式。空间稳定平台式惯性导航系统的台体相对惯性空间稳定，用以建立惯性坐标系。地球自转、重力加速度等影响由计算机加以补偿。这种系统多用于运载火箭的主动段和一些航天器上。本地水平平台式惯性导航系统的特点是台体上的两个加速度计输入轴所构成的基准平面能够始终跟踪飞行器所在点的水平面（利用加速度计与陀螺仪组成舒拉回路来保证），因此加速度计不受重力加速度的影响。

这种系统多用于沿地球表面作等速运动的飞行器（如飞机、巡航导弹等）。在平台式惯性导航系统中，框架能隔离飞行器的角振动，仪表工作条件较好。平台能直接建立导航坐标系，计算量小，容易补偿和修正仪表的输出，但结构复杂，尺寸大。

2. 捷联式惯性导航系统

捷联式惯性导航系统将加速度计和陀螺仪直接固联在载体上，没有实体平台，只有"数字平台"。后者省去平台，所以结构简单、体积小、维护方便，但仪表工作条件不佳（影响精度），计算工作量大。

捷联式惯性导航系统与平台式惯性导航系统比较有两个主要的区别：①省去了惯性平台，陀螺仪和加速度计直接安装在飞行器上，系统体积小、重量轻、成本低、维护方便。但陀螺仪和加速度计直接承受飞行器的振动、冲击和角运动，因而会产生附加的动态误差。这对陀螺仪和加速度计就有更高的要求。②需要用计算机对加速度计测得的飞行器加速度信号进行坐标变换，再进行导航计算得出需要的导航参数（航向、地速、航行距离和地理位置等）。这种系统需要进行坐标变换，而且必须进行实时计算，因而要求计算机具有很高的运算速度和较大的容量。

捷联式惯性导航系统根据所用陀螺仪的不同分为两类：一类采用速率陀螺仪，如单自由度挠性陀螺仪、激光陀螺仪等，它们测得的是飞行器的角速度，这种系统称为速率型捷联式惯性导航系统；另一类采用双自由度陀螺仪，如静电陀螺仪，它测得的是飞行器的角位移，这种系统称为位置型捷联式惯性导航系统。通常所说的捷联式惯性导航系统是指速率型捷联式惯性导航系统。

捷联式惯性导航系统省去了平台，所以结构简单、体积小、维护方便，但陀螺仪和加速度计直接装在飞行器上，工作条件不佳，会降低仪表的精度。这种系统的加速度计输出的是机体坐标系的加速度分量，需要经计算机转换成导航坐标系的加速度分量，计算量较大。

惯性导航系统的机制目前已经发展出挠性惯性导航、光纤惯性导航、激光惯性导航、微固态惯性器件等多种方式，根据环境和精度要求的不同，广泛应用在航空、航天、航海和陆地机动的各个方面，具有很好的隐蔽性。其工作环境不仅包括空中、地球表面，还包括水下。

惯性导航系统的主要特点是不依赖任何外界系统的支持而能独立自主地进行导航，能连续地提供包括姿态基准在内的全部导航和制导参数，具有对准后良好的短期精度和稳定性。同时，它也存在固有的缺点：结构复杂、造价较高，导航误差随时间积累而增大，初始设置时间较长等，因此，尚不能满足远距离或长时间航行，以及高精度导航或制导的要求。

为了得到飞行器的位置数据，必须对惯性导航系统每个测量通道的输出积分。陀螺仪的漂移将使测角误差随时间成正比地增大，而加速度计的常值误差又将引起与时间平方成正比的位置误差。这是一种发散的误差(随时间不断增大)，可通过组成舒拉回路、陀螺罗盘回路和傅科回路 3 个负反馈回路的方法来修正以获得准确的位置数据。舒拉回路、陀螺罗盘回路和傅科回路都具有无阻尼周期振荡的特性。所以惯性导航系统常与无线电、多普勒和天文等导航系统组合，构成高精度的组合导航系统，使系统既有阻尼又能修正误差。

惯性导航系统的导航精度与地球参数的精度密切相关。高精度的惯性导航系统须用参考椭球来提供地球形状和重力的参数。由于地壳密度不均匀、地形变化等，地球各点的参数实际值与参考椭球求得的计算值之间往往有差异，并且这种差异还带有随机性，这种现象称为重力异常。正在研制的重力梯度仪能够对重力场进行实时测量，提供地球参数，解决重力异常问题。

惯性导航系统有如下优点：①由于它是不依赖于任何外部信息，也不向外部辐射能量的自主式系统，所以隐蔽性好，也不受外界电磁干扰的影响；②可全天候、全时间地工作于空中、地球表面乃至水下；③能提供位置、速度、航向和姿态角数据，所产生的导航信息连续性好而且噪声低；④数据更新率高、短期精度和稳定性好。其缺点是：①由于导航信息经过积分而产生，定位误差随时间而增大，长期精度差；②每次使用之前需要较长的初始对准时间；③设备价格较昂贵；④不能给出时间信息。

但惯性导航有固定的漂移率，这样会造成物体运动的误差，因此射程远的武器通常会采用指令、GPS 等对惯性导航进行定时修正，以获取持续准确的位置参数。惯导系统目前已经发展出挠性惯导、光纤惯导、激光惯导、微固态惯性仪表等多种方式。陀螺仪由传统的绕线陀螺发展到静电陀螺、激光陀螺、光纤陀螺、微机械陀螺等。激光陀螺测量动态范围宽，线性度好，性能稳定，具有良好的温度稳定性和重复性，在高精度的应用领域中一直占据着主导位置。由于科技进步，成本较低的光纤陀螺和微机械陀螺精度越来越高，这是未来陀螺技术发展的方向。

2.2　无线电定位原理

2.2.1　无线电定位原理与分类

无线电导航定位以电子学为基础，无线电信号中包含四个电气参数：振幅、频率、时间和相位。无线电定位(radio positioning)系统是通过直接或间接测定无线电信号在已知位置的固定点(发信端)与移动点(收信端)之间传播过程中的时间、相位差、振幅或频率的变化，确定距离、距离差、方位等定位参数，进而用位置线确定待定点位置(如船位)的测量技术和方法。利用电波传播并结合天文、地理、海洋等有关知识，通过测量运动载体位置的有关参数实现对运动载体的导航和定位。

按确定距离或距离差等定位参数的原理，无线电测距分为：①脉冲式无线电定位系统，根据无线电信号传播时间与传播距离成正比原理，测量船台发射脉冲信号和岸台回答脉冲信号所经历时间间隔，求取距离或距离差；②相位式无线电定位系统，根据无线电信号传播中的相位变化与传播距离成正比原理，通过测量两连续信号的相位差求取距离或距离差；③脉冲与相位式无线电测距系统。

无线电波在传播过程中，某一参数可能发生与某导航参量有关的变化。通过测量这一电气参数就可得到相应的导航参量。无线电导航系统按所测定的导航参数分为五类：①测角系统，如无线电罗盘和伏尔导航系统；②测距系统，如无线电高度表和测距器；③测距差系统，即双曲线无线电导航系统，如罗兰 C 导航系统和奥米加导航系统；④测角测距系统，如塔康导航系统和伏尔-DME 系统；⑤测速系统，如多普勒导航系统。

根据所测电气参数的不同，无线电导航系统可分为振幅式、频率式、时间式(脉冲式)和相位式四种，根据无线电导航设备的主要安装基地分为地基(设备主要安装在地面或海面)、空基(设备主要安装在飞行的飞机上)和卫星基(设备主要安装在导航卫星上)三种。根据作用距离分为近程、远程、超远程和全球定位四种。作用距离在 400km 以内的为近程无线电导航系统，达到数千千米的为远程无线电导航系统，10000km 以上的为超远程无线电导航系统和全球定位导航系统。

2.2.2　无线电定位方法

1. 无线电导航测角定位

利用无线电波直线传播的特性，将飞机上的环形方向性天线转到使接收的信号幅值为最小的位置，从而测出电台航向，这属于振幅式导航系统。同样，也可利用地面导航台发射迅速旋转的方向图，根据飞机不同位置接收到的无线电信号的不同相位来判定地面导航台相对飞机的方位角，这属于相位式导航系统。测角系统可用于飞机返航(保持某导航参量不变，如保持电台航向为零，引导飞机飞向导航台)。几何参数(角度、距离等)相等点的轨迹称为位置线。测角系统的位置线是直线(角度参量保持恒值的飞机所在锥面与地平面的交线)。测出两个电台的航向就可得到两条直线位置线的交点，这个交点就是飞机的位置。

2. 无线电导航测距定位

在飞机和地面导航台上各安装一套接收、发射机。飞机向地面导航台发射询问信号，地面导航台接收并向飞机转发回答信号。飞机接收机收到的回答信号比询问信号滞后一定时间。测出滞后时间就可算出飞机与导航台的距离。利用电波的反射特性，测定由地面导航台或飞机的反射信号的滞后时间也可求出距离。无线电导航测距系统的位置线是一个圆周，它由地面导航台等距的圆球位置面与飞机所在高度的地心球面相交而成。利用测距系统可引导飞机在航空港作等待飞行，或由两条圆位置线的交点确定飞机的位置。定位的双值性(有两个交点)可用第三条圆位置线来消除。测距系统可以是脉冲式的、相位式的或频率式的。

3. 无线电导航测距差定位

飞机上安装一台接收机，地面设置 2~4 个导航台。各导航台同步地(时间同步或相位同步)发射无线电信号，各信号到达飞机接收机的时间滞后与导航台到飞机的距离成比例，测出它们到达的时间差就可求得距离差。与两个定点保持等距离差的点的轨迹是球面双曲面，因此这种系统的位置线是球面双曲面与飞机所在高度的地心球面相交而成的双曲线。利用 3 个或 4 个地面导航台可求得两条双曲线。根据两条双曲线的交点即可定出飞机的位置。定位的双值可用第三条双曲线来消除。现代使用的测距差系统大多是脉冲式或相位式的。

4. 无线电导航测速定位

这种系统大多是利用多普勒效应工作的。安装在飞机上的多普勒导航雷达以窄波束向地面发射厘米波段的无线电信号。由于存在多普勒效应，飞机接收到由地面反射回来的信号频率与发射信号频率不同，存在一个多普勒频移，测出多普勒频移就可求出飞行器相对于地面的速度。再利用飞机上垂直基准和航向基准给出的俯仰角和航向角，将径向速度分解出东向速度和北向速度，分别对时间求积分即可得出飞机当时的位置。多普勒测速系统的位置线也是双曲线，它是由等多普勒频移的锥面与飞机所在高度的地心球面相交而成的。多普勒导航测速系统属于频率式。

2.3　全球导航卫星系统

全球卫星导航系统(GNSS)，也称全球导航卫星系统，泛指所有的卫星导航系统，包括美国的全球定位系统(GPS)、我国的北斗卫星定位系统、欧盟的 Galileo 卫星定位系统和俄罗斯的 GLONASS 导航系统。

2.3.1　全球定位系统

美国的全球定位系统是从 20 世纪 70 年代开始研制，历时 20 年，于 1994 年全面建成，具有在海、陆、空进行全方位实时三维导航与定位能力的新一代卫星导航与定位系统。实践表明，GPS 以全天候、高精度、自动化、高效益等显著特点，成功地应用于大地测量、工程测量、航空摄影测量、运载工具导航和管制、地壳运动监测、工程变形监测、资源勘察、地球动力学等多方面，给测绘领域带来一场深刻的技术革命。

1. GPS 系统组成

GPS 系统包括三大部分：空间部分——GPS 卫星星座；地面控制部分——地面监控系统；用户设备部分——GPS 信号接收机。

1) GPS 卫星星座

GPS 工作卫星及其星座由 21 颗工作卫星和 3 颗在轨备用卫星组成，记作(21+3)GPS 星座。24 颗卫星均匀分布在 6 个轨道平面内，轨道倾角为 55°，各个轨道平面之间相距 60°，即轨道的升交点赤经各相差 60°。每个轨道平面内各颗卫星之间的升交角距相差 90°，一轨道平面上的卫星比西边相邻轨道平面上的相应卫星超前 30°。

在 20000km 高空的 GPS 卫星，当地球对恒星来说自转一周时，它们绕地球运行两周，即绕地球一周的时间为 12 恒星时。这样，对于地面观测者来说，每天将提前 4 分钟见到同一颗 GPS 卫星。位于地平线以上的卫星颗数随着时间和地点的不同而不同，最少可见到 4 颗，最多可见到 11 颗。在用 GPS 信号导航定位时，为了结算测站的三维坐标，必须观测 4 颗 GPS 卫星，称为定位星座。这 4 颗卫星在观测过程中的几何位置分布对定位精度有一定的影响。对于某地某时，甚至不能测得精确的点位坐标，这种时间段叫做"间隙段"。但这种时间间隙段是很短暂的，并不影响全球绝大多数地方的全天候、高精度、连续实时定位。

2) 地面监控系统

对于导航定位来说，GPS 卫星是一动态已知点。卫星的位置是依据卫星发射的星历(描述卫星运动及其轨道的参数)算得的。每颗 GPS 卫星所播发的星历，是由地面监控系统提供的。卫星上的各种设备是否正常工作，以及卫星是否一直沿着预定轨道运行，都要由地面设备进行监测和控制。地面监控系统的另一重要作用是保持各颗卫星处于同一时间标准——GPS 时间系统。这就需要地面站监测各颗卫星的时间，求出钟差。然后由地面注入站发给卫星，再由导航电文发给用户设备。GPS 工作卫星的地面监控系统包括 1 个主控站、3 个注入站和 5 个监测站。

3)GPS 信号接收机

GPS 信号接收机的任务是：捕获到按一定卫星高度截止角所选择的待测卫星的信号，并跟踪这些卫星的运行，对所接收到的 GPS 信号进行变换、放大和处理，以测量出 GPS 信号从卫星到接收机天线的传播时间，解译出 GPS 卫星所发送的导航电文，实时地计算出测站的三维位置，甚至三维速度和时间。

静态定位中，GPS 接收机在捕获和跟踪 GPS 卫星的过程中固定不变，接收机高精度地测量 GPS 信号的传播时间，利用 GPS 卫星在轨的已知位置，解算出接收机天线所在位置的三维坐标。而动态定位则是利用 GPS 接收机测定一个运动物体的运行轨迹。GPS 信号接收机所位于的运动物体叫做载体(如航行中的船舰、空中的飞机、行走的车辆等)。载体上的 GPS 接收机天线在跟踪 GPS 卫星的过程中相对地球而运动，接收机用 GPS 信号实时测得运动载体的状态参数(瞬间三维位置和三维速度)。

接收机硬件和机内软件，以及 GPS 数据的后处理软件包，构成完整的 GPS 用户设备。GPS 接收机的结构分为天线单元和接收单元两大部分。对于测地型接收机来说，两个单元一般分成两个独立的部件，观测时将天线单元安置在测站上，接收单元置于测站附近的适当地方，用电缆线将两者连接成一个整机，也有的将天线单元和接收单元制作成一个整体，观测时将其安置在测站点上。

近几年，国内引进了多种类型的 GPS 测地型接收机。各种类型的 GPS 测地型接收机用于精密相对定位时，其双频接收机精度可达 5mm+1PPM.D，单频接收机在一定距离内精度可达 10mm+2PPM.D。用于差分定位其精度可达亚米级至厘米级。目前，各种类型的 GPS 接收机体积越来越小，重量越来越轻，便于野外观测。

2. GPS 定位原理

根据立体几何知识，三维空间中，三对[P_i, d_i]就可以确定一个点了(实际上可能是两个，但可以通过逻辑判断舍去一个)，也就是说，理想情况下只需要 3 颗卫星就可以实现 GPS 定位。但事实上，必须要有 4 颗(图 2.3)。

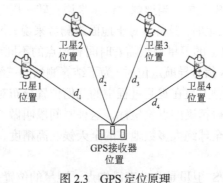

图 2.3　GPS 定位原理

GPS 定位是通过 4 颗已知位置的卫星来确定 GPS 接收器的位置。如图 2.3 所示，卫星 1、2、3、4 为本次定位要用到的 4 颗卫星，当前位置 P_1、P_2、P_3、P_4 的空间坐标和 4 颗卫星到要定位的 GPS 接收器的距离 d_1、d_2、d_3、d_4 已知，待求图中要定位的 GPS 接收器 Location 空间坐标。公式如下：

$$\begin{aligned}
\rho_1^2 &= (x_P - x_1)^2 + (y_P - y_1)^2 + (z_P - z_1)^2 \\
\rho_2^2 &= (x_P - x_2)^2 + (y_P - y_2)^2 + (z_P - z_2)^2 \\
\rho_3^2 &= (x_P - x_3)^2 + (y_P - y_3)^2 + (z_P - z_3)^2
\end{aligned} \tag{2.3}$$

式中，(x_j, y_j, z_j) 为 3 颗卫星某时刻的位置 $(j = 1, 2, 3)$；(x_P, y_P, z_P) 为测站点 P 坐标；(ρ_1, ρ_2, ρ_3) 为卫星到接收机天线的距离。

根据式 (2.3)，ρ_i 是通过 $c \times T_i$ 计算出来的，而 c 值是很大的（理想速度即光速），那么，对于时间 T_i 而言，一个极小的误差都会被放大很多倍从而导致整个结果无效。也就是说，在 GPS 定位中，对时间的精度要求是极高的，时间是有误差的。同时，因为速度 c 也会受到空中电离层的影响，所以也会有误差。再者，GPS 卫星广播自己的位置也可能会有误差。以上这些因素都会影响数据的精确度。这些误差可能导致定位精确度降低，也可能直接导致定位无效。多用了一组数据，正是为了校正误差，消除或减小误差，保证定位有效。

用最小二乘法来估算节点位置坐标也是无线定位中一种经常采用的方法。最小二乘法的突出优点是只需要一个假定的信号传播模型和信号观测值，计算简单，易于实现。

已知 1、2、3 等 n 个节点的坐标分别为 (x_1, y_1)，(x_2, y_2)，(x_3, y_3)，$\cdots$，(x_n, y_n)，它们到节点 D 的距离分别为 d_1, d_2, d_3, $\cdots$, d_n，假设节点 D 的坐标为 (x, y)：

$$\begin{aligned}
(x_1 - x)^2 + (y_1 - y)^2 &= d_1^2 \\
&\vdots \\
(x_n - x)^2 + (y_n - y)^2 &= d_n^2
\end{aligned} \tag{2.4}$$

从第一行开始分别减去最后一行，得

$$x_1^2 - x_n^2 - 2(x_1 - x_n)x - y_1^2 - y_n^2 - 2(y_1 - y_n)y = d_1^2 - d_n^2$$

$$x_{n-1}^2 - x_n^2 - 2(x_{n-1} - x_n)x - y_{n-1}^2 - y_n^2 - 2(y_{n-1} - y_n)y = d_{n-1}^2 - d_n^2$$

$$A = \begin{bmatrix} 2(x_1 - x_n) & 2(y_1 - y_n) \\ \vdots & \vdots \\ 2(x_{n-1} - x_n) & 2(y_{n-1} - y_n) \end{bmatrix}, \quad b = \begin{bmatrix} x_1^2 - x_n^2 + y_1^2 - y_n^2 + d_n^2 - d_1^2 \\ \vdots \\ x_{n-1}^2 - x_n^2 + y_{n-1}^2 - y_n^2 + d_n^2 - d_{n-1}^2 \end{bmatrix}, \quad X = \begin{bmatrix} x \\ y \end{bmatrix}$$

$$AX = b$$

使用最小二乘法得

$$\hat{X} = (A^{\mathrm{T}} A)^{-1} A^{\mathrm{T}} \tag{2.5}$$

式中，向量 X 就是移动节点的坐标。

3. 差分 GPS 定位

GPS 定位是利用一组卫星的伪距、星历、卫星发射时间等观测量来实现的，同时必须知道用户钟差。因此，要获得地面点的三维坐标，必须对 4 颗卫星进行测量。在这一定位过程中，存在三部分误差：第一部分是对每一个用户接收机所公有的，如卫星钟误差、星历误差、电离层误差、对流层误差等；第二部分是不能由用户测量或由校正模型来计算的传播延迟误差；第三部分是各用户接收机所固有的误差，如内部噪声、通道延迟、多径效应等。

差分 GPS（DGPS）是首先利用已知精确三维坐标的差分 GPS 基准台，求得伪距修正量或位置修正量，再将这个修正量实时或事后发送给用户（GPS 导航仪），对用户的测量数据进行修正，以提高 GPS 定位精度。差分技术很早就被人们所应用。它实际上是在一个测站对两个目标的观测量、两个测站对一个目标的观测量或一个测站对一个目标的两次观测量之间进行求差。其目的在于消除公共项，包括公共误差和公共参数。在以前的无线电定位系统中已被广泛地应用。利用差分技术，第一部分误差完全可以消除，第二部分误差大部分可以消除，主要取决于基准接收机和用户接收机的距离，第三部分误差则无法消除。

根据差分 GPS 基准站发送的信息方式可将差分 GPS 定位分为三类，即位置差分、伪距差分和载波相位差分。这三类差分方式的工作原理是相同的，即都是由基准站发送改正数，由用户站接收并对其测量结果进行改正，以获得精确的定位结果。所不同的是，发送改正数的具体内容不一样，其差分定位精度也不同。

1）位置差分原理

这是一种最简单的差分方法，任何一种 GPS 接收机均可改装和组成这种差分系统。

安装在基准站上的 GPS 接收机观测 4 颗卫星后便可进行三维定位，解算出基准站的坐标。由于存在着轨道误差、时钟误差、SA 影响、大气影响、多径效应及其他误差，解算出的坐标与基准站的已知坐标是不一样的，存在误差。基准站利用数据链将此改正数发送出去，由用户站接收，并且对其解算的用户站坐标进行改正。最后得到改正后的用户坐标已消去了基准站和用户站的共同误差，如卫星轨道误差、SA 影响、大气影响等，提高了定位精度。以上过程适用于基准站和用户站观测同一组卫星的情况。位置差分法适用于用户与基准站间距离在 100km 以内。

2）伪距差分原理

伪距差分是目前用途最广的一种技术，几乎所有的商用差分 GPS 接收机均采用这种技术。国际海事无线电委员会推荐的 RTCMSC-104 也采用了这种技术。

在基准站上的接收机首先要求得它至可见卫星的距离，并将此计算出的距离与含有误差的测量值加以比较，然后将所有卫星的测距误差传输给用户，用户利用此测距误差来改正测量的伪距。最后，用户利用改正后的伪距来求解出本身的位置，就可消去公共误差，提高定位精度。与位置差分相似，伪距差分能将两站公共误差抵消，但随着用户到基准站距离的增加又出现了系统误差，这种误差用任何差分法都是不能消除的。由此可以得出，利用伪距差分原理进行定位的过程中，用户和基准站之间的距离对精度有决定性影响。

3）载波相位差分原理

测地型接收机利用 GPS 卫星载波相位进行的静态基线测量获得了很高的精度（10^{-6}～10^{-8}）。但为了可靠地求解出相位模糊度，要求静止观测一两个小时或更长时间，这样就限制了其在工程作业中的应用。于是，探求快速测量的方法应运而生。例如，采用整周模糊度快速逼近技术使基线观测时间缩短到 5 分钟，采用准动态(stop and go)、往返重复设站(reoccupation)和动态(kinematic)来提高 GPS 作业效率。这些技术的应用对推动精密 GPS 测量起了促进作用。但是，上述作业方式都是事后进行数据处理，不能实时提交成果和实时评定成果质量，很难避免出现事后检查不合格造成的返工现象。

差分 GPS 的出现，能以米级精度实时给定载体的位置，满足了引航、水下测量等工程的要求。位置差分、伪距差分、伪距差分相位平滑等技术已成功地用于各种作业中。随之而来的是更加精密的测量技术——载波相位差分技术。载波相位差分技术又称为 RTK 技术，是建立在实时处理两个测站的载波相位基础上的。它能实时提供观测点的三维坐标，并能达到厘米级的高精度。与伪距差分原理相同，载波相位差分技术的实现过程为：基准站通过数据链实时将其载波观测量及站坐标信息一同传送给用户站。用户站接收 GPS 卫星的载波相位与来自基准站的载波相位，并组成相位差分观测值进行实时处理，能实时给出厘米级的定位结果。

实现载波相位差分 GPS 的方法分为两类：修正法和差分法。前者与伪距差分相同，基准站将载波相位修正量发送给用户站，以改正其载波相位，然后求解坐标。后者将基准站采集的载波相位发送给用户台进行求差解算坐标。前者为准 RTK 技术，后者为真正的 RTK 技术。

2.3.2　北斗卫星定位系统

中国北斗卫星导航系统(BDS)是中国自行研制的全球卫星导航系统。北斗卫星导航系统由空间段、地面段和用户段三部分组成，可在全球范围内全天候、全天时为各类用户提供高精度、高可靠定位、导航、授时服务，并具短报文通信能力，已经初步具备区域导航、定位和授时能力，定位精度 10m，测速精度 0.2m/s，授时精度 10ns。北斗卫星导航系统和美国 GPS、俄罗斯 GLONASS、欧盟 Galileo，是联合国卫星导航委员会已认定的供应商。中国的卫星导航系统已获得国际海事组织的认可。中国北斗系统预计于 2018 年率先覆盖"一带一路"国家，2020 年覆盖全球。

1. 系统构成

北斗卫星导航系统由空间段、地面段、用户段组成。

1) 空间段

北斗卫星导航系统空间段计划由 35 颗卫星组成，包括 5 颗静止轨道卫星、27 颗中地球轨道卫星、3 颗倾斜同步轨道卫星。5 颗静止轨道卫星定点位置为 58.75°E、80°E、110.5°E、140°E、160°E，中地球轨道卫星运行在 3 个轨道面上，轨道面相隔 120°均匀分布。2012 年年底北斗亚太区域导航正式开通时，已为正式系统在西昌卫星发射中心发射了 16 颗卫星，其中 14 颗组网并提供服务，分别为 5 颗静止轨道卫星、5 颗倾斜地球同步轨道卫星(均在倾角 55°的轨道面上)、4 颗中地球轨道卫星(均在倾角 55°的轨道面上)。

2) 地面段

系统的地面段由主控站、注入站、监测站组成。主控站负责系统运行管理与控制等。主控站主要用于卫星轨道的确定、电离层校正、用户位置确定、用户短报文信息交换等，从监测站接收数据并进行处理，生成卫星导航电文和差分完好性信息，而后交由注入站执行信息的发送。标校系统可提供距离观测量和校正参数。

注入站用于向卫星发送信号，对卫星进行控制管理，在接受主控站的调度后，将卫星导航电文和差分完好性信息向卫星发送。

监测站用于接收卫星的信号，并发送给主控站，可实现对卫星的监测，以确定卫星轨道，并为时间同步提供观测资料。

3）用户段

用户段即用户的终端，既可以是专用于北斗卫星导航系统的信号接收机，也可以是同时兼容其他卫星导航系统的接收机。接收机需要捕获并跟踪卫星的信号，根据数据按一定的方式进行定位计算，最终得到用户的经纬度、高度、速度、时间等信息。

2. 系统服务功能

北斗卫星导航系统致力于向全球用户提供高质量的定位、导航和授时服务，包括开放服务和授权服务两种方式。

1）开放服务

开放服务是向全球免费提供定位、测速和授时服务。任何拥有终端设备的用户可免费获得此服务，其精度为：定位精度平面10m、高程10m，测速精度0.2m/s，授时精度单向50ns。开放服务不提供双向高精度授时。

2）授权服务

除了面向全球的免费开放服务外，还有需要获得授权方可使用的服务，授权又分成不同等级。授权服务是为有高精度、高可靠卫星导航需求的用户，提供定位、测速、授时和通信服务，以及系统完好性信息。北斗卫星导航系统可以提供比开放服务更佳的精确度，需要获得授权，其具体性能指标未知。

3）广域差分

在亚太地区借助类似于广域增强系统的广域差分技术（广域增强），根据授权用户的不同等级，提供更高的定位精度，最高为1m。

4）信息收发

北斗卫星导航系统还为授权服务用户提供信息的收发，即双向短报文服务，这项服务仅限于亚太地区。军用版容量为120个汉字，民用版49个汉字。

3. 信号传输

北斗卫星导航系统使用码分多址技术，与全球定位系统和伽利略定位系统一致，而不同于格洛纳斯系统的频分多址技术。两者相比，码分多址有更高的频谱利用率，在由L波段的频谱资源非常有限的情况下，选择码分多址是更妥当的方式。此外，码分多址的抗干扰性能，与其他卫星导航系统的兼容性能更佳。

在L波段和S波段发送导航信号，在L波段的B1、B2、B3频点上发送服务信号，包括开放的信号和需要授权的信号。

B1频点：1559.052～1591.788MHz。

B2频点：1166.220～1217.370MHz。

B3频点：1250.618～1286.423MHz。

国际电信联盟分配了E1（1590MHz）、E2（1561MHz）、E6（1269MHz）和E5B（1207MHz）四个波段给北斗卫星导航系统，这与伽利略定位系统使用或计划使用的波段存在重合。然而，根据国际电信联盟的频段先占先得政策，若北斗系统先行使用，即拥有使用相应频段的优先权。

北斗卫星在E2、E5B、E6频段进行信号传输，传输的信号分成两类，分别称作"I"和"Q"。"I"的信号具有较短的编码，可能会被用来作开放服务（民用），而"Q"部分的编码更长，且有更强的抗干扰性，可能会被用作需要授权的服务(军用)。

4. 北斗卫星平台

在北斗卫星导航系统中，能使用无源时间测距技术为全球提供无线电卫星导航服务(RNSS)，同时也保留了试验系统中的有源时间测距技术，即提供无线电卫星测定服务(RDSS)，但仅在亚太地区实现。从卫星所起到的功能来区分，可以分成下列两类。

非静止轨道卫星：北斗卫星导航系统中地球轨道卫星和倾斜地球同步轨道卫星使用东方红三号通信卫星平台并略有改进，其有效载荷都为 RNSS 载荷。

静止轨道卫星：这类卫星使用改进型东方红三号平台，其 5 颗卫星的定点位置为58.75°E～160°E，每颗均有 3 种有效载荷，即用作有源定位的 RDSS 载荷、用作无源定位的RNSS 载荷、用于客户端间短报文服务的通信载荷。因为此类卫星仅定点在亚太地区上空，所以需要用到 RDSS 载荷的有源定位服务及用到通信载荷的短报文服务只能在亚太提供。

北斗卫星导航系统同时使用静止轨道与非静止轨道卫星，对于亚太范围内的区域导航来说，无须借助中地球轨道卫星，只依靠北斗的地球静止轨道卫星和倾斜地球同步轨道卫星即可保证服务性能。而数量庞大的中地球轨道卫星，主要服务于全球卫星导航系统。此外，如果倾斜地球同步轨道卫星发生故障，则中地球轨道卫星可以调整轨道予以接替，即作为备份星。

截至 2012 年发射的北斗系统的卫星设计寿命都是 8 年，后续又有数量众多的中地球轨道卫星发射，这些卫星采用专门的中地球轨道卫星平台，寿命延长至 12 年或更长，还会往小型化发展。

因为需要一定数量的卫星才能提供质量可靠的导航服务，从卫星的寿命方面考虑，若发射间隔过久，则后续卫星发射时，可能早期的卫星已经退役，所以北斗的卫星需要在短时间发射，中国在 3 年的时间内共发射了 14 颗北斗卫星，这是中国首次使用"一次设计，组批生产"的方式快速批量生产卫星。到 2020 年，2010 年前后发射的卫星已经退役，因此 2012～2020 年的 8 年时间里，中国需要为准备覆盖全球的北斗卫星导航系统再生产出 30 多颗卫星。

中国在 1981 年就成功执行过"一箭多星"，不过此技术一般用于发射一颗大卫星附带几颗小卫星，将卫星送入不同的轨道。2012 年使用"一箭双星"发射北斗卫星，是中国首次用一枚火箭发射两颗相同的大质量卫星，火箭将两颗卫星送入了同一个轨道面上，其运行轨迹相同，差别在于轨位。

5. 时间系统

北斗卫星导航系统的系统时间叫做北斗时，属于原子时，溯源到中国的协调世界时，与协调世界时的误差在 100ns 内，起算时间是协调世界时 2006 年 1 月 1 日 0 时 0 分 0 秒。

导航精度上不逊于欧美之外，北斗卫星导航系统解决了何人、何时、何地的问题，这就是北斗的特色服务，靠北斗一个终端就可以走遍天下。

2.3.3　GLONASS 导航系统

格洛纳斯(Global Navigation Satellite System，GLONASS)作用类似于美国的全球定位系统、欧盟的伽利略卫星定位系统和中国的北斗卫星导航系统。该系统最早开发于苏联时期，后由俄罗斯继续该计划。俄罗斯 1993 年开始独自建立本国的全球卫星导航系统。该系统于2007 年开始运营，当时只开放俄罗斯境内卫星定位及导航服务。到 2009 年，其服务范围已经拓展到全球。该系统主要服务内容包括确定陆地、海上及空中目标的坐标及运动速度信息等。

1. GLONASS 组成

格洛纳斯的起步晚于 GPS 9 年。格洛纳斯在系统组成和工作原理上与 GPS 类似，也由卫星星座、地面控制系统和用户设备三部分组成。

1）卫星星座

格洛纳斯系统采用 24 颗卫星，均匀分布在 3 个圆形轨道平面上，这 3 个轨道平面两两相隔 120°，每个轨道面有 8 颗卫星，同平面内的卫星之间相隔 45°，轨道高度为 19000km，运行周期 11 小时 15 分，轨道倾角 64.8°，轨道扁心率 0.01，地迹重复周期 8 天，轨道同步周期 17 圈。因为 GLONASS 卫星地球轨道倾角大于 GPS 卫星倾角，所以在高纬度（50°以上）地区可见性较好，18 颗卫星就能保证该系统为俄罗斯境内用户提供全部服务。该系统卫星分为"格洛纳斯"和"格洛纳斯-M"两种类型，后者使用寿命更长，可达 7 年。研制中的"格洛纳斯-K"卫星的在轨工作时间可长达 10～12 年。

2）地面控制系统

地面支持系统由系统控制中心、中央同步器、遥测遥控站（含激光跟踪站）和外场导航控制设备组成。地面支持系统的功能由苏联境内的许多场地来完成。随着苏联的解体，GLONASS 系统由俄罗斯航天局管理，地面支持部分已经减少到只有俄罗斯境内的场地了，系统控制中心和中央同步处理器位于莫斯科，遥测遥控站位于圣彼得堡、捷尔诺波尔、埃尼谢斯克和共青城。

3）用户设备

GLONASS 用户设备（即接收机）能接收卫星发射的导航信号，并测量其伪距和伪距变化率，同时从卫星信号中提取并处理导航电文。接收机处理器对上述数据进行处理并计算出用户所在的位置、速度和时间信息。GLONASS 系统提供军用和民用两种服务。GLONASS 系统绝对定位精度水平方向为 16m，垂直方向为 25m。目前，GLONASS 系统的主要用途是导航定位，当然与 GPS 系统一样，也可以广泛应用于各种等级和种类的定位、导航和时频领域等。

2. 差分增强系统

为了进一步提高 GLONASS 的精度，以满足三个类别的飞机精密进场/着陆的要求，俄罗斯正计划开发以下三种差分增强系统。

（1）广域差分系统（WADS）。它包括在俄罗斯境内建立 3～5 个 WADS 地面站，可为离站 1500～2000km 内的用户提供 5～15m 的位置精度。

（2）区域差分系统（RADS）。在一个很大的区域上设置多个差分站和用于控制、通信和发射的设备。它可在离台站 400～600km 的范围内，为空中、海上、地面及铁路和测量用户提供 3～10m 的位置精度。

（3）局域差分系统（LADS）。它采用载波相位测量校正伪距，可为离台站 40km 以内的用户提供 10cm 量级的位置精度。LADS 台站可以是移动系统，还可能用地面小功率发射机——伪卫星来辅助。

自 2002 年起，俄罗斯就开始着手研发建立 GLONASS 系统的卫星导航增强系统——差分校正和监测系统（SDCM）。SDCM 将为 GLONASS 及其他全球卫星导航系统提供性能强化，以满足所需的高精确度及可靠性。与其他的卫星导航增强系统类似，SDCM 也利用了差分定位的原理，该系统主要由三部分组成：差分校准和监测站、中央处理设施及用来中继差分校正信息的地球静止卫星。

俄罗斯的 SDCM 增强系统的空间段由 3 颗 GEO 卫星——"射线"（Luch 或 Loutch）卫星组成，分别为 Luch-5A、Luch-5B 和 Luch-4。"射线"卫星是俄罗斯民用数据中继卫星系列，第一颗卫星 Luch-5A，于 2011 年发射到 16°W 的轨道位置；第二颗卫星 Luch-5B，于 2012 年发射到 95°E 的轨道位置；第三颗卫星 Luch-4 于 2014 年发射到 167°E 轨道位置，SDCM 的空间段将部署完成。

3. GLONASS 与 GPS 的差异

虽然 GPS、GLONASS 两个系统的伪距定位的基本原理相同，但是也存在一些差异，造成 GPS+GLONASS 组合导航的困难。

（1）卫星发射频率不同。GPS 的卫星信号采用码分多址体制，每颗卫星的信号频率和调制方式相同，不同卫星的信号靠不同的伪码区分。而 GLONASS 采用频分多址体制，卫星靠频率不同来区分，每组频率的伪随机码相同，发播频率 $L_1=(2828+N)\times 0.5625\text{MHz}$，$L_2=(2828+N)\times 4375\text{MHz}$，其中，$N=1\sim 24$，同一颗卫星满足 $L_1/L_2=9/7$（GPS 固定为 $L_1=1575.42\text{MHz}$，$L_2=1227.6\text{MHz}$，$L_1/L_2=77/76$），其上调制有两种速率的 PN 码：粗捕获码（称 C/A 码），其码率为 0.511MHz（GPS 为 1.023MHz）。由于卫星发射的载波频率不同，GLONASS 可以防止整个卫星导航系统同时被敌方干扰，因而具有更强的抗干扰能力。

（2）坐标系不同。GLONASS 坐标系为 PZ-90，GPS 的坐标系为 WGS-84。两个坐标的定义基本相同，但是由于存在测量误差和站址误差，实际使用的坐标系也存在一定的差异。

（3）时间标准不同。GPS 系统时与世界协调时相关联，而 GLONASS 则与莫斯科标准时相关联。GLONASS 的系统时间为 GLONASST，是以世界协调时（UTC）（SU）为基准的。GPS 系统时间称为 GPST，以 UTC（USNO）为基准。组合导航数据处理时，还要考虑两个系统之间存在的同步误差。最简单的方法是，在导航解算时增加一个与接收机有关的未知参数。

GLONASS 和 GPS 都采用自己的时间系统，两者的时间基准不同，但两者存在一定的转换关系。在所有卫星定位系统中，都存在着卫星时和 UTC。这里的问题是如何将卫星时转换为系统时，再由系统时转换为 UTC。GPS 卫星时和系统时是一个连续的时标，而 GLONASS 卫星时和系统时是一个不连续的时标，与 UTC 时一样，包括跳秒。GPS 系统时是以 1980 年 1 月 5 日午夜为起点，并且给出星期数和星期开始的秒数。GLONASS 系统时是以上一次闰年的开始时为起点，并给出天数和每天开始的秒数。

（4）伪随机码的码元长度不同。以 C/A 码为例，GLONASS 码频率为 0.511MHz，GPS 码频率为 1.023MHz，所以 GLONASS 伪码码元长比 GPS 大近 1 倍。在接收机测相分辨率一定的情况下（一般为 1%），GLONASS 码相位测量误差约为 GPS 的 2 倍。所以在组合导航中，它们的观测量是不等权的。

4. GLONASS 系统服务

GLONASS 系统采用了军民合用、不带任何限制、不加密的开放政策，也不对用户收费，该系统将在完全布满星座后遵照已公布的性能至少运行 15 年。GLONASS 卫星的载波上也调制了两种伪随机噪声码：S 码和 P 码。

2.3.4　Galileo 卫星定位系统

1. Galileo 计划概述

1999 年，欧洲提出了建立"伽利略"导航卫星系统的计划。按照欧洲当时的目标，"伽利略"系统定位精度可达厘米级。如果说 GPS 只能找到街道，"伽利略"则可找到车库门。"伽利略"为地面用户提供 3 种信号：免费使用的信号、加密且需交费使用的信号、加密且需交费并可满足更高要求的信号。其精度依次提高，最高精度比 GPS 高 10 倍，即使是免费使用的信号精度也达到 6m。"伽利略"系统的另一个优势在于，它能够与美国的 GPS、俄罗斯的 GLONASS 系统实现多系统内的相互兼容。"伽利略"的接收机可以采集各个系统的数据或者通过各个系统数据的组合来实现定位导航的要求。

"伽利略"除能提供精确的定位信号外，还可以提供移动电话业务服务，用于救生行动。例如，接收失事飞机的求救信号后，快速通知附近的救援部门。据称，这些是 GPS 所无法实现的。毫无疑问，"伽利略"是 GPS 强有力的竞争对手，较之于已形成垄断地位的 GPS，"伽利略"由于采用了许多新技术而更加灵活、全面、可靠，可以提供完整、准确的数据信号。较高的功率使"伽利略"的信号可以很容易克服干扰和进行接收，还可以在高纬度地区及中亚和黑海地区提供较好的数据。

2. 体系结构

"伽利略"系统是从 1999 年 12 月由西班牙提出第一套解决方案之后，历经 1 年多的讨论研究，从多个欧盟国家的多个解决方案中发展完善的。

1）星座

"伽利略"系统的卫星星座由分布在 3 个轨道上的 30 颗中等高度轨道卫星（MEO）构成，具体参数：每条轨道卫星个数，10（9 颗工作，1 颗备用）；卫星分布轨道面数，3；轨道倾斜角，56°；轨道高度，24000km；运行周期，14 小时 4 分；卫星寿命，20 年；卫星重量，625kg；电量供应，1.5kW；射电频率，1202.025MHz、1278.750MHz、1561.098MHz、1589.742MHz。卫星个数与卫星的布置和美国 GPS 系统的星座有一定的相似之处。"伽利略"系统的工作寿命为 20 年，中等高度轨道卫星星座工作寿命设计为 15 年。这些卫星能够被直接发送到运行轨道上正常工作。每一个 MEO 卫星在初始升空定位时，其位置都可以稍微偏离正常工作位置。

2）有效荷载

中等轨道卫星装有的导航有效载荷包括：①时钟，"伽利略"系统所载的时钟有两种类型：铷钟和被动氢脉塞时钟。在正常工作状况下，氢脉塞时钟将被用作主要振荡器，铷钟也同时运行作为备用，并时刻监视被动氢脉塞时钟的运行情况。②天线，天线设计基于多层平面技术，包括螺旋天线和平面天线两种，直径为 1.5m，可以保证低于 1.2GHz 和高于 1.5GHz 频率的波段顺利发送和接收。③供电，"伽利略"系统采用太阳能供电，用电池存储能量，并且采用了太阳能帆板技术，可以调整太阳能板的角度，保证吸收足够阳光，既减轻卫星对电池的要求，也便于卫星对能量的管理；射频部分通过 50～60W 的射频放大器将四种导航信号放大，传递给卫星天线。

3）地面部分

地面部分主要完成两个功能：导航控制和星座管理功能，以及完好性数据检测和分发功能。导航控制和星座管理部分由地面控制部分完成，主要由导航系统控制中心、OSS 工作站和遥测遥控中心三部分构成。其中，OSS 工作站共有 15 个，无人监管并且只能接收星座发出的导航电文和星座运行环境数据，并把数据传送到导航系统控制中心，由导航系统控制中心检测和处理。

3. 系统服务方式

1）公开服务

"伽利略"系统的公开服务能够免费提供用户使用的定位、导航和时间信号。此服务对于大众化应用，如车载导航和移动电话定位，是很适合的。当用户处在一个固定的地方时，此服务也能提供精确时间服务（UTC）。

2）商业服务

商业服务相对于公开服务提供了附加的功能，大部分与以下内容相关联：①分发在开放服务中的加密附加数据；②非常精确的局部微分应用，使用开放信号覆盖 PRS 信号 E6；③支持"伽利略"系统定位应用和无线通信网络的良好性领航信号。

3）生命保险服务

生命保险服务的有效性超过 99.9%。"伽利略"系统和当前的 GPS 系统相结合，将能满足更高的要求，包括船舶进港、机车控制、交通工具控制、机器人技术等。

4）公众控制服务

公众控制服务将以专用的频率向欧盟提供更广的连续性服务，主要有：①用于欧洲国家安全，如一些紧急服务、GMES、其他政府行为和执行法律；②一些控制或紧急救援、运输和电信应用；③对欧洲有战略意义的经济和工业活动。

5）局部组件提供的导航服务

局部组件能对单频用户提供微分修正，使其定位精度值小于±1m，利用 TCAR 技术可使用户定位的偏差在±10cm 以下；公开服务提供的导航信号，能增强无线电信定位网络在恶劣条件下的服务。

6）寻找救援服务

"伽利略"系统寻找救援服务应该和已经存在的 COSPAS/SARSAT 服务对等，与 GMDSS 及贯穿欧洲运输网络方针相符。"伽利略"系统将会提高目前的寻找救援工作的定位精度和确定时间。

2.4　移动通信基站定位

随着移动通信技术的发展，人们在全球范围内建立了大量的通信基站。利用通信基站作为无线电定位基站成了移动通信网络提供的增值业务，移动通信终端具备了定位功能。利用手机进行地理位置定位是近年来移动通信应用发展的新方向，也是移动通信研究的一个重要方面。这进一步降低了移动定位的成本，增强了移动通信特有的定位功能的实用性。

2.4.1　移动通信基站定位原理

移动通信基站定位基于电磁波传输的三个基本特征。在实际应用中，要得到目标的空间位置，必然要先通过测量某个与空间位置相关的物理量，然后运用一定的理论、计算方法或者数学模型，经过一定的计算，最终得到目标的空间位置。

利用蜂窝移动通信系统对移动台进行定位，就是通过测量表征与基站和移动台空间位置

相关的物理量，再利用一定的定位理论和数学模型计算出移动台的空间位置。用数学模型来表达就是

$$F(P,x,y,z)=0 \tag{2.6}$$

式中，P 为在蜂窝网络中与位置相关的某一可测物理量，如信号在基站和移动台之间的传输时间，移动台所处位置信号的场强、基站和移动台间信号传输方向的直线等；(x,y,z) 为移动台的空间位置坐标；F 为根据某一定位原理得到的一个移动台位置 (x,y,z) 与蜂窝网络中跟位置相关的某一可测物理量 P 的函数关系。

如果能测得 P，并知道移动台位置与 P 的关系 F，就可以求出移动台的位置 (x,y,z)，即

$$(x,y,z)=G(P) \tag{2.7}$$

从以上基本原理中可以看出，在已知关系 $G(P)$ 的前提下，将求解移动台位置的问题转化为求解 P 的大小，而 P 是可以从蜂窝网络中测得的。本章只研究移动台的平面位置，所指的空间位置是二维平面位置。

2.4.2　几种常用的移动通信定位方法

在蜂窝移动通信网络中，针对不同的 P 和 $G(P)$ 有不同的定位技术。常用的定位技术有如下几种。

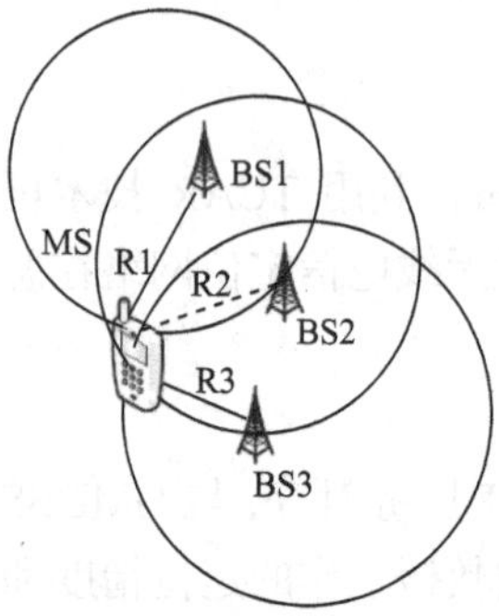

图 2.4　场强定位法图示

1. 测量接收信号功率的定位技术

依据接收到的无线信号的功率是实现无线定位的一种常用的方法。通过测量基站（BS）收到的来自移动站（MS）的信号功率，以及它们之间无线信道的传输模型，可以估计出移动站到基站的大致距离为 d。这样对一个基站 BSi 来讲，移动站必处于以 BSi 为圆心、d 为半径的圆上。当采用三个或三个以上的基站对同一个移动站进行测距时，即可以测得该移动站的所在位置，如图 2.4 所示。

移动台接收的信号强度与移动台至基站的距离存在反比关系。由自由空间的传播损耗公式有

$$P_r = \frac{A_r}{4nd}P_tG_t \tag{2.8}$$

式中，接收功率 P_r 为待测量；$A_r = \lambda^2 G_t \big/ 4\pi$，$A_r$ 为电波波长；P_t、G_t 分别为发射天线、接收天线的增益；d 为移动台和基站间的距离，令移动台位置坐标为 (x,y)，基站 BS(i) 位置坐标为 (x_i,y_i)，就可由式（2.8）得到类似于式（2.6）的表达式，为

$$0 = \frac{A_r}{4n\left[(x-x_i)^2+(y-y_i)^2\right]}P_tG_t - P_r \tag{2.9}$$

利用这个关系，通过测量接收信号的场强值(在这里测的是接收功率)和发射信号的场强值(在这里测的是发射功率)来估算出收发信机之间的距离。然后根据多个以距离值为半径，基站为圆心的圆簇的交点就可以估算移动台的位置，如图 2.4 所示。该方法中，由于小区基站的扇形特性，天线有可能倾斜，无线系统的不断调整及地形、车辆等因素都会对信号功率产生影响，信号功率的测量误差较大，使得各个圆不是相交于一点，而是一个较大的区域。因此，这种定位方法的精度较低。

在这种方法中，无线信号传输过程中的多径效应和通过障碍时产生的阴影效应是产生定位误差的主要原因。在信号的传输方向上，多径效应有时会使在相距仅 0.5 个波长的两点上信号强度相差 30～40dB。为了克服多径效应对测距的影响，对高速移动中的无线用户可以通过求其信号功率的平均值来提高定位的准确性，但对于缓慢移动甚至静止的无线用户有效的功率平均值是很难测得的。阴影效应是产生定位误差的另一个主要原因，克服阴影效应的最主要方法是预先测量每个基站周围的信号功率损耗等高线。

在实际应用的 CDMA 系统中，为了减小近距离用户对远距离用户的干扰，必须要采用功率控制技术，在一些 TDMA 系统中，为了减小移动站(MS)的功耗也应用了功率控制。在这样的采用功率控制的蜂窝系统中，要实现用测量信号功率为基础的定位技术，移动站必须以足够高的精度告知基站其发射信号的功率，基站再由接收到的信号功率计算出信号传输过程中的损耗，进而推算出移动站到基站的距离估值，实现对无线用户的定位。

2. 蜂窝小区定位技术

蜂窝小区定位(celloforigin，COO)是蜂窝移动通信网络根据为移动台服务的基站位置来定位移动台的位置，其移动台位置是在以服务基站为圆心，基站覆盖半径为半径的一个圆内，如图 2.5 所示。

图 2.5 COO 定位图示

蜂窝小区定位的最大优点是在空中接口的定位信令传输少，确定位置信息的响应时间快(3s 左右)，而且蜂窝小区定位不用对移动台和网络进行升级，只需在网络侧增加简单的定位流程处理，就可以直接向现有用户提供位置服务。蜂窝小区定位方法适用于所有的蜂窝网络。由于城区普遍存在严重的遮挡和多径干扰，某些具有较高精度的定位方法将失效，此时，蜂窝小区定位成为一种简捷、有效的定位方法，能够满足一些基本的定位业务需要。但是，蜂窝小区定位技术与其他技术相比，其精度是最低的。在这个系统中，以基站所在的位置作为移动台位置，定位精度取决于服务基站的覆盖半径。在城郊或乡村等环境中，因为基站覆盖半径从几千米到数十千米，所以蜂窝小区定位技术的定位精度也相应地为几千米到数十千米。在城区环境中，基站覆盖半径较小，一般在 1～2km，对于繁华的城区，有可能采用微蜂窝，覆盖半径到几百米，此时起源蜂窝小区定位技术的定位精度将相应提高为几百米。

根据以上原理，在实际蜂窝移动通信网络的定位中，所使用的技术有 CORD、CellID+SectorID、CellID+SectorID+TAJRTT 等。其中，CellID 技术就是蜂窝小区定位原理的直接运用。CellID+SectorID 技术在 Cell 技术的基础上进行了改进，由于基站采用了扇区(sector)技术，如 3 扇区技术和 6 扇区技术等。这样，较 CellID 技术，CellID+SectorID 技术将移动台的定位精度大大提高，其定位原理如图 2.6 所示。利用该技术，人们可以知道移动台 MS 的位置在标识为 Sector 的白色扇形区域内，CellID+SectorID 技术与 CellID 技术相比，其定位精度大为提高。

CellID+SectorID+TA/RTT 定位技术是在 CellID+SectorID 的基础上进行改进而得到的定位技术。由前面的讨论可知，使用 CellID+SectorID 技术能缩小移动台的位置范围，如果能测出信号从基站到移动台的传输时间，由于信号的传输速度是已知的，就可以得到基站与移动台之间的距离，此时移动台的位置就在以基站为圆心，该距离为半径，所在扇区决定的弧线上。TA（timearrival）指的是基站信号到达移动台的时延，CellID+SectorID+TA 主要应用于 GSM 中。RTT（roundtriptime）指的是基站信号往返于移动台的时延，CellID+SectorID+RTT 主要应用于 WCDMA 中。这样在通过 CellID+SectorID 技术得到的移动台范围的基础上，利用 CellID+SectorID+TA/RTT 定位技术，可以进一步提高定位的精度，其定位原理如图 2.7 所示。由于存在测距误差，移动台实际定位于图 2.7 的白色弧带中。可以看出，应用 CellID+SectorID+TA/RTT 技术进行定位使得定位精度在 CellID+SectorID 定位技术的基础上得到进一步提高。

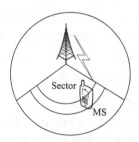

图 2.6　CellID+SectorID 定位法图示　　　　　图 2.7　CellID+SectorID+TA/RTT 定位法图示

3. 测量接收信号方向的定位术

测量信号的到达角度（angle of arrival，AOA）也是一种在蜂窝网中常用的定位技术。这种方法需要在基站采用专门的天线阵列来测量特定信号的来源方向。对于一个基站来讲，AOA 测量可以得出特定移动站所在方向，当两个基站同时测量同一移动站所发出的信号时，两个基站各自测量 AOA 所得的方向直线的焦点就是移动站所在的位置。尽管这种定位方法的原理非常简单，但在实际应用中存在一些难以克服的缺点。首先，AOA 定位要求被测量的移动站与参与测量的所有基站之间，射频信号是视线传输（line of sight，LOS）的。非视线传输（not line of sight，NLOS）将会给 AOA 定位带来不可预测的误差。即使是在以 LOS 传输为主的情况下，射频信号的多径效应依然会干扰 AOA 的测量。其次，由于天线设备角分辨率的限制，AOA 的测量精度是随着基站与移动站之间的距离的增加而不断减小的。

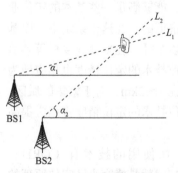

图 2.8　AOA 定位法图示

AOA 的定位原理如图 2.8 所示。令移动台位置坐标为 (x, y)，基站 BSi 位置坐标为 (x_i, y_i)，基站通过阵列天线测出移动台来波信号的入射角 α_1 和 α_2，MS—BS 的径向连线的直线方程 L_i：

$$k_i = \frac{y - y_i}{x - x_i} \tag{2.10}$$

式中，k_i 为径向连线 L_i 的斜率，如图 2.8 所示，可知：

$$k_i = \tan \alpha_i \ \left(i = 1, 2, \cdots, M\right) \tag{2.11}$$

于是有

$$\tan \alpha_i = \frac{y - y_i}{x - x_i} \ \left(i = 1, 2, \cdots, M\right) \tag{2.12}$$

于是，由式 (2.12) 可得到类似于式 (2.6) 的表达式，为

$$0 = \frac{y - y_i}{x - x_i} - \tan \alpha_i \tag{2.13}$$

通过两个基站，就可得到两个直线方程，它们的交点即为待定位移动台的位置。这种方法不会产生二义性，因为两条直线只能相交于一点。到达角定位技术需要在每个小区的基站上放置 4～12 组的天线阵，这些天线阵一起工作，从而确定移动台发送信号相对于基站的角度。当有多个基站都发现了该信号源时，那么它们分别从基站引出射线，这些射线的交点就是移动台的位置。

(1) 到达角定位技术的优点：不需要系统的时间同步；阵列天线的引入，改善了天线增益模式，增强了方向性，有利于改善通话质量；移动台的信号只需被两个基站同时收到就可以实现二维定位；在基站稀疏地区定位有效性优于时差定位系统。

(2) 到达角定位技术的缺点：需要在基站建立阵列天线，提高了系统成本；对于 GSM 和 CDMA 这类共享信道系统，实现来波方向的测量有相当的困难。因为控制信道要求信令传输的短促性，而 AOA 系统的测量占用该信道时间较长，不易在此类信道上完成测向；易受多径和其他环境因素干扰；AOA 的测向精度对距离十分敏感，对测向系统来说，如果角度的分辨率为 $\nabla \theta$，则系统在切向上的距离分辨率为 $\Delta d = R \nabla \theta$。其中，$R$ 为移动电话与基站的距离，因此距离越远，AOA 的定位精度越差。

因此测量 AOA 的定位方法具有上述特点，所以对于处于城市地区的微小区来讲，引起射频信号反射的障碍物多且其到移动站的距离与小区半径可以相比时，这样就会引起比较大的角测量误差。在这种情况下，基于 AOA 的定位方法没有实际的意义。对于宏小区，因为其基站一般处于比较高的位置，与小区的半径相比，引起射频信号反射的障碍物多位于移动站附近，NLOS 传输引起的角测量误差比较小。所以，测量信号到达角度的定位方法多用于宏小区，或者与其他定位技术混合使用来提高定位的精度。

4. 测量信号传播时间的定位技术

测量信号传播时间特性的定位技术 (timeofarrival，TOA) 即由基站向移动站发出特定的测距命令或指令信号，并要求移动站对该指令进行响应。基站记录下由发出测距指令到收到移动站确认信号所花费的时间 T，该时间主要由射频信号在环路上的传播时延、移动站的响应时延和处理时延、基站的处理时延组成。如果能够准确地得到移动站和基站的响应和处理时延，就可以算出射频信号的环路传播时延 T_d。因为无线电波在空气中以光速 C 传播，所以基站与移动站之间的距离估值 $d_m = C \times T_d / 2$。当有 3 个基站参与测量时，就可以根据三角定位法来确定移动站所在的区域。

定位技术的原理：信号在空间以光速 C 传播，移动台与基站间的距离正比于信号的传输时延。设该传输时延为 τ_i^0，则移动台与基站 BSi 间的距离 r_i 为

$$r_i = C\tau_i^0 \quad (i=1,2,3) \tag{2.14}$$

由此可知，移动台是在以基站为圆心，以 R 为半径的圆周上，该圆方程为

$$\sqrt{(x-x_i)^2 + (y-y_i)^2} = r_i \tag{2.15}$$

由式(2.15)可得到类似于式(2.6)的表达式，为

$$0 = \sqrt{(x-x_i)^2 + (y-y_i)^2} - C\tau_i^0 \quad (i=1,2,3) \tag{2.16}$$

式中，(x,y) 为移动台的位置；(x_i,y_i) 为各基站的位置；τ_i^0 为移动台与第 i 个接收基站间的信号传输时延。

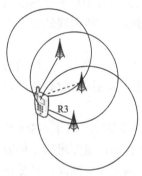

图 2.9　TOA 定位法图示

由式(2.16)知，两个圆方程的交点就是待定位移动台的位置。由于两个圆方程的交点有 2 个，通常 TOA 定位技术采用 3 个圆方程交汇的办法来确定待定位移动台的位置，如图 2.9 所示。

因为这种定位方法是以时间为基准的，TOA 技术要求定位基站在时间上精确同步，否则定位精度将大大下降，在实际应用中由于多径干扰、噪声干扰、周围地形、建筑物的影响，移动台的发射信号中需有时间标记，这样接收基站才能判断出信号传输时延。多径效应和非视线传输(NLOS)所带来的传输时延增加是产生测距和定位误差的主要原因，上述 3 个圆并不交于一点，而是一个区域。所以在实际的系统中，测距结果 d_m 一般都要大于基站与移动站之间的实际距离 d。为了克服 NLOS 及多径效应带来的不利影响，提高定位精度，参与同次定位的基站数目 N 一般都要大于 3。另外，对于每次测量的结果都要应用一些定位算法，使定位估计值在某种准则下达到误差最小。

例如，T 为每个基站测得的 TOA；i 为参与测量的基站编号，在某坐标系下，移动站的位置估计是 (x,y)，基站 i 的位置是 (x_i,y_i)。以函数 $f_i = c \times T_i$ 作为基站 BS 测距的性能测度，也就是基站 BS 的测距误差。在理想状态下，即当 (x,y) 是移动站的实际位置，并且移动站到每一个基站无线信号都是视线传输(LOS)时，那么对每一个参与测量的基站来讲，f_i 应该为零。但在实际中，受到 NLOS 传输和多径效应的影响，一般不可能求得 (x,y)，使 $f_i = 0(i=1,2,\cdots,N)$ 都成立。所以，从整个定位系统来讲，可以用参与定位的基站的测距误差的加权平方和 F 作为系统性能测度函数，并以使 F 最小的 (x,y) 作为一次定位测量的结果。式中，a_i 为基站 BS 在测量结果中的加权系数，其大小反映了 BS 到 MS 测距的精确性和可信程度。

5. 测量信号传播时间差的定位技术

测量不同基站接收到同一移动站的定位信号的时间差(time difference of arrival, TDOA)，并由此计算出移动站到不同基站的距离差。移动站到任何两个基站的距离差 d 可以在两个基

站之间给出一条双曲线,移动站一定处于该曲线之上。当同时有 N 个基站参与测距时($N \geqslant 3$),多个双曲线之间的交汇区域就是对用户位置的估计。这种方法要求所有参与测量的基站的时钟是严格同步的。与 TOA 相比,它的主要好处是不需要精确地求得基站和移动站的响应和处理时延。与 TOA 一样,TDOA 的定位误差也主要来自射频信号的非视线传输和多径效应。解决这一问题的主要途径也是增加参与定位的基站数目和采用高精度的估计算法。

1)到达时间差定位基本原理

与 TOA 不同,到达时间差定位是通过检测信号到达两个基站的时间差,而不是到达的绝对时间来确定移动台的位置的,降低了定位系统对时间同步的要求。在 TDOA 定位技术中,移动台定位于以两个基站为焦点的双曲线方程上,如图 2.10 所示。

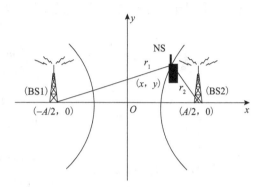

图 2.10　两基站测时差确定的双曲线

设基站 BS1 和 BS2 的坐标为 $(-A/2, 0)$ 和 $(A/2, 0)$,移动台 MS 的坐标为 (x, y)。信号在移动台 MS 和基站 BS1、BS2 之间的传播时延为 τ_1^0、τ_2^0,因此,可得到移动台 MS 到基站 BS1、BS2 距离 r_1、r_2 为

$$r_1 = C\tau_1^0 \tag{2.17}$$

$$r_2 = C\tau_2^0 \tag{2.18}$$

其中,C 为光速。而由图 2.10 可得

$$r_1 = \sqrt{(x + A/2)^2 + y^2} \tag{2.19}$$

$$r_2 = \sqrt{(x - A/2)^2 + y^2} \tag{2.20}$$

将式(2.17)减去式(2.18),可得

$$r_{21} = r_1 - r_2 = C\tau_{21}^0 \tag{2.21}$$

式中,τ_{21}^0 为信号到达两个基站的时间差;r_{21} 为移动台与两个基站的距离差。将式(2.19)和式(2.20)代入式(2.21),有

$$\sqrt{(x + A/2)^2 + y^2} - \sqrt{(x - A/2)^2 + y^2} = r_{21} \tag{2.22}$$

然后将式(2.22)等号左边的第二项移至等号右边,化简得到下式:

$$\frac{x^2}{r_{21}^2/4} - \frac{y^2}{(A^2 - r_{21}^2)/4} = 1 \tag{2.23}$$

将式(2.21)代入式(2.23),可得到类似于式(2.6)的表达式,为

$$0 = \frac{x^2}{(CT_{21}^0)^2/4} - \frac{y^2}{(A^2 - (CT_{21}^0)^2)/4} - 1 \tag{2.24}$$

可以看出，式(2.24)是一个双曲线方程。如果能够确定信号到达两个基站的时间差 Δt，就可得到移动台的位置坐标 x 与 y 的关系，但要得到移动台位置坐标 (x,y) 的具体值，必须再找出一个同样具有式(2.19)形式的方程，两式联立求解而得。

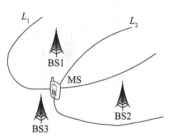

图 2.11　TDOA 定位法图示

因此，用 TDOA 定位技术对移动台定位，至少应有 3 个能同时接收并识别处理移动台信号的基站(图2.11)，这样可分别测得信号从移动台到 3 个基站的时间 τ_1^0、τ_2^0、τ_3^0，得到两个时间差 τ_{21}^0、τ_{31}^0。根据式(2.24)列出两个独立的双曲线方程，联立求解，得到移动台位置。当能同时接收并识别处理移动台信号的基站数少于 3 个(基站分布密度较小的郊区)时，可通过增加基站数量来满足测量要求。当基站数多于 3 个时，说明有冗余观测量，可用最小二乘法估计来进行定位解算。

2) TDOA 的实现

实际定位应用中，使用的是 TDOA 的改进技术，主要有增强观测时间差技术(enhanced observed time difference，EOTD)、观测到达时间差技术(observed time difference of arrival，OTDOA)、高级前向链路到达时间差技术(advanced forward link time difference of arrival，AFLT)和增强前向链路到达时间差技术(enhanced forward link time difference of arrival，EFLT)等。其中，EOTD 和 OTDOA 在 GSM 网络中使用，而 AFLT 和 EFLT 在 CDMA 网络中使用。

(1) GSM 中的 TDOA 技术。在 GSM 系统中，增强观测时间差技术(EOTD)是通过在网络中放置位置接收器实现的。它们分布在较广区域内的许多站点上，作为位置测量单元(location measuring unit，LMU)以覆盖无线网络。

EOTD 的定位原理如图 2.12 所示。图 2.12 中每个参考点都有一个位置接收器。当位置测量单元接收到来自至少 3 个基站的信号时，从每个基站到达移动台的时间差将被位置测量单元检测出来，这些差值被用来产生几组交叉双曲线，由此估计出移动台位置。EOTD 会受到

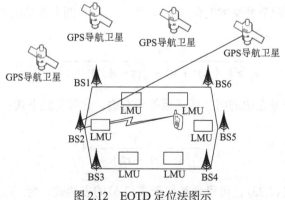

图 2.12　EOTD 定位法图示

市区多径效应的影响。这时，多径干扰使信号波形畸变并引入延迟，导致 EOTD 的定位误差。EOTD 定位精度比蜂窝定位技术 COO 高 50～125m，但它的响应速度较慢(5s)，且需要改进移动台。

　　(2)CDMA 中的 TDOA 技术。高级前向链路到达时间差(AFLT)定位技术是 CDMA 的重要定位方法之一，该方法的原理如图 2.13 所示。

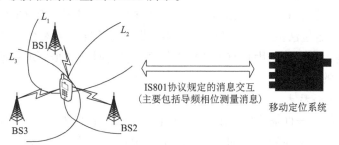

图 2.13　AFLT 定位法图示

　　移动台 MS 通过测量不同基站 BS 的下行导频信号，获得不同基站 BS 的下行导频相位相对于参考相位的偏差，并将该偏差测量结果通过 IS801 协议规定的定位数据消息上报定位实体 PDE(position determining entity)，而 PDE 根据该测量结果并结合数据库中的基站坐标及定时信息，采用合适的位置估计算法(其实质即为双曲线方程组求解)计算移动台 MS 位置。

　　AFLT 的定位精度取决于如下因素：①不同基站 BS 之间导频信号同步误差。基站的导频同步误差(又称为导频定时对齐误差)是相对 CDMA 系统时间的误差，是在基站的射频口测量得到的，基站射频时延经过系统修正，对应的定位误差为 60m 左右。②实际环境对定位精度的影响。基站的网络布局也会影响 AFLT 的定位精度，在基站相距较远的乡村环境，移动台有可能无法同时捕获 3 个基站的信号，此时 AFLT 的定位精度将严重影响甚至无法定位。

　　上述分析表明，AFLT 实现定位时，定位精度将主要取决于移动台的测量误差。AFLT 的定位响应时间在 3～6s，主要是测量时间、信令传输时间等。相比 A-GPS(assistant GPS)定位，AFLT 定位不需要传输很多的测量辅助信息，信令传输时间相对少，因此定位响应时间较短。

　　3)TDOA 定位算法的特点

　　TDOA 定位技术由于具有不要求移动台和基站之间的系统同步、能够降低共模误差对定位精度的影响、在误差环境下性能相对优越等优点，在蜂窝移动通信系统的定位技术中应用较广，备受关注。

　　TDOA 定位算法主要是通过测量信号在移动台和基站间的传输时延差来进行定位的。移动台是在以基站为焦点的双曲线上[见双曲线方程式(2.24)]。要想得到移动台的具体位置，必须得到关于移动台位置的两个独立的双曲线方程，进而解出移动台位置坐标(x, y)。这就意味着要完成一次 TDOA 定位，至少需要 3 个基站；当基站多于 3 个时，采用最小二乘法来进行定位解算。

　　实际应用中，直接通过求解上述非线性定位双曲线方程组来得到的移动台位置误差较大。存在时延测量误差时，方程组的解没有准确表达移动台的实际位置而不能进行正确定位。因此，通常采用最小均方误差算法，通过使非线性误差函数的平方和取得最小这一非线性最优化来估计移动台位置。

6. 几种不同定位方法的比较

利用现有蜂窝系统中向用户提供定位服务的基本方法，这些方法不需要改动现有的移动通信终端，但它们都需要对现有的网络设备做出某种程度的改进。在实际的系统中，可以根据用户对定位精度的要求、无线传输的环境、成本的变化来选用一种或几种技术的组合来实现对用户的定位。一般来说，TOA/TDOA 能够提供比较高的定位精度，并且较容易实现，因而应用较为广泛，现存的 CDMA 系统多采用这种方法。场强定位法和 COO 法最简单，但定位精度较差；AOA 定位法虽有一定精度，但接收设备较复杂；TOA 定位法精度较高，但对时间同步要求较高。TDOA 法因具有定位精度较高、没有时间同步要求和系统改造较易等优点，目前受到业界的广泛关注。

1）CellID+TA 定位技术

CellID+TA 定位是一种最简单的定位方法，它根据移动台所处的小区 ID 号和信号到达的时间提前量来确定用户的位置。移动台所处的小区 ID 号是网络中已有的信息，移动台在当前小区注册后，系统的数据库中就会将该移动台与该小区 ID 号对应起来。结合信号到达的时间提前量，在小区的覆盖半径内得出粗略的位置。

2）基于电波传播时间（TOA 或 TDOA）的定位技术

到达时间和时间差定位是根据不同基站所接收到的同一移动终端信号在传播路径上的时间或时延差异实现终端定位的。在该方法中，处于不同位置的多个基站同时接收由移动终端发出的普通消息进行分组或随机接入分组，各基站将收到上述分组的时间传送到移动终端定位中心（MLC），MLC 根据信号到达各基站的时间差异来完成判定该终端位置的一系列计算。

3）增强观测时间差分（EOTD）定位

增强观测时间差分（EOTD）定位技术是通过布置位置接收器或参考点实现的。这些参考点分布在较广的区域内的许多站点上，作为位置测量单元。每个参考点都有一个精确的定时源，当具有 EOTD 功能的移动台和位置测量单元接收到来自至少 3 个基站的信号时，从每个基站到达移动台和位置测量单元的时间差将被计算出来，这些差值可以被用来产生几组交叉双曲线，由此估计移动台的位置。

2.5　室内无线电定位

近年来，随着移动互联网的迅速发展，基于位置服务的社交网络的广泛应用，使得精确位置服务受到了越来越多的关注。在室外环境中，全球卫星定位系统（GPS）能够提供米级的位置服务，定位服务能够提供对人员、物体的实时导航、跟踪的能力，在机器人自主导航、货物跟踪、汽车导航和个人导航等方面都有着广泛的应用。一直以来，各行各业的生产，以及人们的生活都对精确的室内定位服务有着强烈的需求。对于个人用户而言，在一些陌生、复杂的室内环境中，如大型超市、商场、小区、展会等，室内定位技术能够帮助用户获知自己所在的位置，更好地确定行进路线。在大型超市中，用户通过室内定位技术可以确定自己所在的位置及商品位置，更加方便地购物，超市也可以根据用户所在的位置提供相应的商品推荐服务；在展会中，室内定位服务可以帮助用户获得与当前位置的展品相关的信息。在安全领域，室内定位技术可以实时监控人员的位置。例如，在采矿行业中，室内定位技术可以实时监控矿内工人的位置状态，一旦发生意外，可以确定受困人员位置以便及时进行救助；在火灾救援现场，由于环境陌生、能见度极低，消防员往往无法确定自己的方位，室内定位技术可以帮助消防员实时获知自己和其他人员的方位,更好地保障消防员和受困人员的安全。在仓储物流等方面,室内定位技术可以帮助企业对物资进行有效管理,实时监控物品的位置与动向,更好地规划货物的运输路径。在其他很多领域,室内定位技术同样有着广泛的应用,发挥着巨大的作用。但是在室内环境中,受到建筑物的阻挡,GPS接收机无法捕获到足够的卫星来完成位置计算,定位精度急剧恶化,这样的定位精度无法满足室内定位的需求。发展室内定位技术有着强烈的社会需求,各种用户设备的技术进步也为定位服务的广泛应用提供了强力的支持。

2.5.1 室内无线电定位

根据使用的无线通信技术分类,无线室内定位系统主要有红外线定位、超声波定位、超宽带(ultra-wide band width,UWB)定位、射频识别(radio frequency identification devices,RFID)技术(又称无线射频识别,是一种通信技术,俗称电子标签)、无线局域网定位、蓝牙定位,以及ZigBee定位等。

1. 红外线室内定位技术

红外线室内定位技术使用安装在待测物体上的红外线发射器发射经过调制的红外线,通过安装在室内的光学传感器接收进行定位。这样的定位方式具有相对较高的室内定位精度,但是红外线不能穿过障碍物,使得红外线仅能视距传播,在有墙壁或其他物体遮挡时就不能正常工作,因此需要在定位系统中安装大量光学传感器才能实现对整个定位区域的覆盖,大大提高了其应用成本。直线视距和传输距离较短这两大主要缺点大大提高了红外定位技术的应用成本。而且红外线的传播很容易被荧光灯或者房间内的灯光和其他热源干扰,在实际应用中存在着局限性。

2. 超声波定位技术

超声波定位技术主要通过三角定位方法来计算待测物体的位置,通过测量超声波发射与接收的时间差,计算出待测物体和相应的应答器之间的距离,从而估计出待测物体的位置。超声波定位系统由一个主测距器和若干个应答器组成,主测距器安装在待测物体上,向安装在室内的应答器发射无线电信号,应答器在收到无线电信号后同时向主测距器发射超声波信号,主测距器可以通过这一时间差来获得与各个应答器之间的距离。当同时有3个或3个以上不在同一直线上的应答器做出回应时,可以根据三角定位方法计算出待测物体在室内的位置。

超声波定位技术的定位精度较高,结构简单,但超声波的传播受多径效应和非视距传播影响很大,同时需要大量的底层硬件设施投资,成本较高。

3. 超宽带定位技术

超宽带技术是一种全新的通信技术。它不需要使用传统通信体制中的载波,而是通过发送纳秒级或纳秒级以下的超窄脉冲来承载数据,可以获得GHz级的数据带宽。超宽带系统与传统的通信系统相比,具有抗多径效果好、对信道衰落不敏感、安全性高、测距精度高等优点。由于具有较高的时间同步精度,超宽带技术可以应用于室内物体的定位,且能提供十分精确的定位精度。但是在目前的技术条件下,实现超宽带通信系统需要特制的射频器件,且成本昂贵,因此,较高的系统建设成本也限制了超宽带定位技术的应用。

4. 射频识别(RFID)技术

射频识别(RFID)技术通过RFID阅读器与RFID标签之间的数据交换,来达到识别和定位的目的。RFID技术的通信距离较短,一般最长为几十米。RFID定位技术通过在定位区域内布设大量的 RFID 阅读器来完成对定位区域的覆盖，当携带 RFID 标签的被测物体出现在定位区域中时，其附近的 RFID 阅读器可以实现对被测物体的检测，定位服务器通过分析检测到被测物体的 RFID 阅读器的位置，可以计算出被测物体的位置。RFID 定位技术的优点是标签的体积比较小，成本比较低，适用于被测物体较多的情况，可以大大降低成本，但是该技术的定位精度不高，不适用于需要精确位置信息的应用场景。

5. 无线局域网（WLAN）技术

无线局域网（WLAN）在当前得到了广泛的应用，常见的通信标准有 IEEE802.11a/b/g/n，服务提供商可以通过 WLAN 网络来为用户提供高速的互联网接入服务，随着智能城市、无线城市等概念的兴起，目前城市中心人口密集区域已经布设了大量的 Wi-Fi 基站。除了获取高速互联网接入服务之外，用户还可以利用 Wi-Fi 网络来进行自我定位。目前主要应用的有信号强度-距离模型和无线指纹定位技术两种技术。Wi-Fi 定位技术可以利用现有的 Wi-Fi 基站和用户设备，具有成本低，不需要额外添置硬件等优点。但是，在室内环境中 Wi-Fi 信号的测量常常带有较大的误差，因此利用 Wi-Fi 技术获得的定位精度也较低。

6. 蓝牙技术

蓝牙技术是一种短距离低功耗的无线传输技术。蓝牙定位技术通过测量信号强度进行定位。在室内安装适当的蓝牙局域网接入点，用户设备通过与这些接入进行通信和测量，并辅以三角定位或指纹定位算法，就可以获得自身的位置信息。由于传输距离较短，蓝牙技术主要应用于小范围定位中。蓝牙室内定位技术最大的优点是设备体积小、易于集成在移动设备中，因此很容易推广普及。蓝牙定位技术能够快速地提供用户的位置信息，但是在一些复杂的室内环境中，蓝牙定位受噪声信号的干扰较大，系统的稳定性较差。

7. ZigBee

ZigBee 是一种新兴的短距离低速率无线网络技术，常被应用到无线传感器网络中，它介于射频识别和蓝牙之间，也可以用于室内定位。传感器节点之间可以通过 ZigBee 通信协议来相互通信，交换连接信息，从而实现定位。由于传感器节点的计算能力和存储能力的限制，节点自身难以实现自主定位，ZigBee 定位通常需要通过传感器之间以中继的方式将测量数据传送到定位服务器中，通过相应的计算来获取位置信息，常用的算法有 MDS-MAP 算法等。ZigBee 定位技术最显著的特点是它的低功耗和低成本，可以在无线传感器网络中得到很好的应用。

目前主流的智能手机都带有 Wi-Fi、蓝牙、GPS、大屏幕、MEMS 惯导器件等，在硬件上为室内定位技术的普及提供了可能。在合适的环境中，不需要携带专用的定位设备，只需要在手机上运行定位的应用，就能够使普通用户随时获知自己的位置信息，并获得相应的基于位置的服务。随着通信网络的普及和移动互联网的兴起，基于用户位置的服务为人们的生活提供了很多便利，手机软件可以根据用户所在的位置提供定制化的服务，如搜寻附近好友、打折促销信息、签到服务等。个人娱乐领域的强烈需求也为室内定位技术的研究与开发提供了动力和挑战。

由于在室内环境下对于不同的建筑物而言，室内布置、材料结构、建筑物尺度的不同导致了信号的路径损耗很大，与此同时，建筑物的内在结构会引起信号的反射、绕射、折射和散射，形成多径现象，使得接收信号的幅度、相位和到达时间发生变化，造成信号的损失，定位难度大。虽然室内定位是定位技术的一种，与室外的无线定位技术相比有一定的共性，但是室内环境的复杂性和对定位精度、安全性的特殊要求，使得室内无线定位技术有着不同于普通定位系统的鲜明特点，而且这些特点是户外定位技术所不具备的。因此，两者区域的标识和划分标准是不同的。基于室内定位的诸多特点，室内定位技术和定位算法已成为各国科技工作者研究的热点。如何提高定位精度仍将是今后研究的重点。

2.5.2　室内无线电定位比较

虽然作为 LBS 最后一米的室内定位饱受关注，但技术的不够成熟依然是不争的事实。不同于 GPS、AGPS 等室外定位系统，室内定位系统依然没有形成一个有力的组织来制定统一的技术规范，现行的技术手段都是在各个企业各自定义的私有协议和方案下发展，也致使各种室内定位技术相映生辉。下面就从精确度、穿透性、抗干扰性、布局复杂度、成本 5 个方面全方位来比较一下市面上流行的几种室内定位手段，如表 2.1 所示。

表 2.1　室内无线电定位比较

项目	红外线	超声波	Wi-Fi	ZigBee	超宽带	RFID	蓝牙
精确度	★★★★☆	★★★★★	★☆☆☆☆	★★☆☆☆	★★★★★	★★★★★	★★★☆☆
穿透性	☆☆☆☆☆	★☆☆☆☆	★★★☆☆	★★★★☆	★★★★★	★★★☆☆	★★★☆☆
抗干扰性	☆☆☆☆☆	★★★☆☆	★★★★☆	★★★☆☆	★★★★☆	★★☆☆☆	★★☆☆☆
布局复杂度	★★★★★	★★☆☆☆	★☆☆☆☆	★★☆☆☆	★★★☆☆	★★☆☆☆	★★★☆☆
成本	★★☆☆☆	★★★★★	★☆☆☆☆	★★☆☆☆	★★★★★	★★☆☆☆	★★★☆☆

1. 红外线定位技术

红外线室内定位有两种：第一种是被定位目标使用红外线 IR 标识作为移动点，发射调制的红外射线，通过安装在室内的光学传感器接收进行定位；第二种是通过多对发射器和接收器织红外线网覆盖待测空间，直接对运动目标进行定位。红外线的技术已经非常成熟，用于室内定位精度相对较高，但是由于红外线只能视距传播，穿透性极差（可以参考家里的电视遥控器），当标识被遮挡时就无法正常工作，容易受灯光、烟雾等环境因素影响。加上红外线的传输距离不长，使其在布局上，无论哪种方式，都需要在每个遮挡背后、甚至转角都安装接收端，布局复杂，使得成本提升，而定位效果有限。红外线室内定位技术比较适用于实验室对简单物体的轨迹精确定位记录及室内自走机器人的位置定位。

2. 超声波室内定位技术

超声波室内定位系统是基于超声波测距系统而开发的，由若干个应答器和主测距器组成：主测距器放置在被测物体上，向位置固定的应答器发射同无线电信号，应答器在收到信号后向主测距器发射超声波信号，利用反射式测距法和三角定位等算法确定物体的位置。超声波室内定位整体精度很高，达到了厘米级，结构相对简单，有一定的穿透性而且超声波本身具有很强的抗干扰能力。但是超声波在空气中的衰减较大，不适用于大型场合，加上反射测距时受多径效应和非视距传播影响很大，需要精确分析计算的底层硬件设施投资，成本太高。超声波定位技术在数码笔上已经被广泛利用，而海上探矿也用到了此类技术，室内定位技术还主要用于无人车间的物品定位。

3. 射频识别（RFID）室内定位技术

RFID 定位的基本原理是，通过一组固定的阅读器读取目标 RFID 标签的特征信息（如身份 ID、接收信号强度），同样可以采用近邻法、多边定位法、接收信号强度等方法确定标签所在位置。射频识别室内定位技术作用距离很近，但它可以在几毫秒内得到厘米级定位精度的信息，且由于电磁场非视距等优点，传输范围很大，而且标识的体积比较小，造价比较低。但其不具有通信能力，抗干扰能力较差，不便于整合到其他系统之中，且用户的安全隐私保障和国际标准化都不够完善。射频识别室内定位已经被仓库、工厂、商场广泛使用在货物、商品流转定位上。

4. 蓝牙室内定位技术

蓝牙室内技术是利用在室内安装的若干个蓝牙局域网接入点，把网络维持成基于多用户的基础网络连接模式，并保证蓝牙局域网接入点始终是这个微微网(piconet)的主设备，然后通过测量信号强度对新加入的盲节点进行三角定位。蓝牙室内定位技术最大的优点是设备体积小、短距离、低功耗，容易集成在手机等移动设备中。只要设备的蓝牙功能开启，就能够对其进行定位。蓝牙传输不受视距的影响，但对于复杂的空间环境，蓝牙系统的稳定性稍差，受噪声信号干扰大，且蓝牙器件和设备的价格比较昂贵。蓝牙室内定位主要应用于对人的小范围定位，如单层大厅或商店。现在已经被某些厂商开始用于 LBS 推广。

5. Wi-Fi 室内定位技术

Wi-Fi 定位技术有两种：一种是通过移动设备和三个无线网络接入点的无线信号强度，通过差分算法，来比较精准地对人和车辆进行三角定位。另一种是事先记录巨量的确定位置点的信号强度，通过用新加入的设备的信号强度对比拥有巨量数据的数据库，来确定位置（"指纹"定位）。Wi-Fi 定位可以在广泛的应用领域内实现复杂的大范围定位、监测和追踪任务，总精度比较高，但是用于室内定位的精度只能达到 2m 左右，无法做到精准定位。由于 Wi-Fi 路由器和移动终端的普及，定位系统可以与其他客户共享网络，硬件成本很低，而且 Wi-Fi 的定位系统降低了射频(RF)干扰可能性。Wi-Fi 定位适用于对人或者车的定位导航，可以用于医疗机构、主题公园、工厂、商场等各种需要定位导航的场合。

6. ZigBee 室内定位技术

ZigBee 室内定位技术通过若干个待定位的盲节点和一个已知位置的参考节点与网关形成组网，每个微小的盲节点之间相互协调通信以实现全部定位。ZigBee 是一种新兴的短距离、低速率无线网络技术，这些传感器只需要很少的能量，以接力的方式通过无线电波将数据从一个节点传到另一个节点。作为一个低功耗和低成本的通信系统，ZigBee 的工作效率非常高。但 ZigBee 的信号传输受多径效应和移动的影响都很大，而且定位精度取决于信道物理品质、信号源密度、环境和算法的准确性，造成定位软件的成本较高，提高空间还很大。ZigBee 室内定位已经被很多大型的工厂和车间人员在岗管理系统所采用。

7. 超宽带室内定位技术

超宽带定位技术是一种全新的、与传统通信定位技术有极大差异的新技术。它利用事先布置好的已知位置的锚节点和桥节点，与新加入的盲节点进行通信，并利用三角定位或者"指纹"定位方式来确定位置。超宽带通信不需要使用传统通信体制中的载波，而是通过发送和接收具有纳秒或纳秒级以下的极窄脉冲来传输数据，因此具有 GHz 量级的带宽。由于超宽带定位技术具有穿透力强、抗多径效果好、安全性高、系统复杂度低、能提供精确定位精度等优点，前景相当广阔。但由于新加入的盲节点也需要主动通信使得功耗较高，而且事先也需要布局，使得成本还无法降低。超宽带室内定位可用于各个领域的室内精确定位和导航，包括人和大型物品，如汽车地库停车导航、矿井人员定位、贵重物品仓储等。

除了以上提及的 7 种室内定位技术，还有基于计算机视觉、图像、磁场及信标等定位方式，但是目前大部分还处于开发研究试验阶段，暂没有成熟精确的产品投入市场。从目前来看，蓝牙、Wi-Fi、超宽带室内定位是最有可能普及于 LBS 的三种方式：Wi-Fi 室内定位有着廉价简便的优势，但在能力表现上不够强；而蓝牙室内定位各项指标较为平均；超宽带室内定位有着优秀的性能但成本较高，而且现阶段因为大小功耗等，无法很好地与手机等移动终端融合，暂不利于普及。但不管是哪种方法，未来的室内定位技术必定会随着物联网的发展越来越精确，越来越普及。在保证安全和隐私的同时，室内定位技术也将会与卫星导航技术有机结合，将室外和室内的定位导航无缝精准地衔接。

2.6　实时动态定位技术集成

2.6.1　GPS 与惯性测量融合技术

GPS 卫星的发射功率约为 20W，卫星离用户的距离却超过 20000km，因此，GPS 卫星的信号是非常微弱的，其信号强度通常要比噪声强度低 3～4 个数量级。GPS 信号易受外界因素的影响，在城市高层建筑区、隧道、桥下和森林等处用 GPS 定位不可避免地会出现信号失锁及多路径效应，这些均对 GPS 的应用产生了负面影响。另外，随着用户对导航、定位精度要求的不断提高，单独的 GPS 系统很难完成精确定位。利用车辆里程表和惯导系统(陀螺)通过航位推算方法得到的定位精度虽然不高，但可以在 GPS 接收机无法工作时加以补充，同时可以在一定程度上改善 GPS 的定位精度。GPS 与航位推算系统相互补充，能够形成一个较为稳定的汽车导航定位平台。尽管微型惯性测量组合消除了传统陀螺的漂移，但是因为惯性导航系统在本质上是利用航位推算原理，积分运算的误差积累是不可避免的。所以，不断追求高精度的定位导航应用领域，对 GPS 等系统具有更强的依赖性，仍将采用组合导航方式。这种组合系统通常采用传统的 Kalman 滤波方法将多个传感器的导航信息融合在一起，使得组合系统的精度、稳定性能、容错性能等各项性能指标均优于两个子系统单独工作时的性能。

定位定姿系统是 IMU/DGPS 组合的高精度位置与姿态测量系统(POS)，利用装在飞机上的 GPS 接收机和设在地面上的一个或多个基站上的 GPS 接收机同步而连续地观测 GPS 卫星信号。精密定位主要采用差分 GPS 定位(DGPS)技术，而姿态测量主要是利用惯性测量装置(IMU)来感测飞机或其他载体的加速度，经过积分运算，获取载体的速度和姿态等信息。

GPS 与惯性测量组合系统的关键技术主要有如下几点。

(1)GPS 接收机技术，主要是高效、低成本的器件技术；GPS 信号的干扰与抗干扰技术，包括 GPS 接收机的干扰与抗干扰技术、加密与解密技术、精度补偿技术等。

(2)惯性测量技术，包括：各种新型惯性传感器技术，如激光陀螺、光纤陀螺、半球谐振陀螺，以及各种微机电制造技术的研究；微型惯性测量模型建立与误差分析，特别对于采用新型微型固体电路的陀螺和加速度计的微型惯性测量，其误差特性与传统的惯性元件存在较大差别，误差模型的建立将是一个新的课题。对微型惯性测量的误差特性进行分析研究，建立精确的误差模型，是保证组合系统模型精确性的关键。在误差分析的基础上，才能建立 GPS 与微型惯性测量系统精确的模型。

(3)GPS 与微型惯性测量融合技术，包括 Kalman 滤波器配置、误差估值技术等。传统的

Kalman 滤波方法由于对干扰信号统计特性有严格要求，在实际应用中受到一定限制。为了使未来的低成本组合系统对各种应用环境具有更强的鲁棒性，对各种鲁棒融合估计方法进行深入研究，得到各种鲁棒估计方法的递推表达形式，从算法的适时性、鲁棒性、稳定性等角度与传统的 Kalman 滤波方法进行仿真比较，为组合系统选择最适合的融合算法。

（4）组合系统故障检修、故障隔离和系统重构方法的研究：未来的导航系统，要求不但在一般情况下具有良好的精度和稳定性，而且应当具有一定的智能性和容错性，在个别传感器出现故障时，才能够具有适时而良好的故障检修、隔离和系统重构性能、保证整个系统总体性能的稳定性。

卫星定位系统与航位推算系统相互补充，在一定程度上改善了 GPS 的定位精度，形成一个较为稳定实时的定位平台。

2.6.2　GPS 与通信基站定位集成

移动通信基站定位与 GPS 集成可以提高定位平台精度，消除 GPS 的信号失锁及多路径效应。在 GPS 辅助定位技术中，蜂窝网络通过 GPS 辅助信息，确定移动台位置。GPS 辅助定位技术有移动台辅助定位和移动台自主定位两种方式：①移动台辅助 GPS 定位是将传统GPS 接收机的大部分功能转移到网络上实现。网络向移动台发送短的辅助信息，包括时间、卫星信号多普勒参数和码相位搜索窗口等。这些信息经移动台 GPS 模块处理后产生辅助数据，网络收到这些辅助信息后，相应的网络处理器能估算出移动台的位置。②自主 GPS 定位的移动台包含一个全功能的 GPS 接收器，具有移动台辅助 GPS 定位的所有功能，以及卫星位置和移动台位置计算功能。使用该方式定位时，所需的数据比移动台辅助 GPS 定位方式多，这些数据通常包括时间、参考位置、卫星星历和时间校验等参数。如需更高的定位精度，可利用差分 GPS（DGPS）信号。

1. A-GPS 定位

1）A-GPS 定位原理及过程

将 GPS 与通信网结合起来，可实现一种精度高、定位快的 A-GPS 定位。其基本思想是建立一个 GPS 参考网络，该网络与移动通信网相连，通信网的移动台内置一个 GPS 接收机。通信网将 GPS 参考网络产生的辅助数据如差分校正数据、卫星运行状况传送给移动台，并将通信网数据库中移动台的近似位置或小区基站位置传送给移动台。移动台得到这些信息以后，根据自己所处的近似位置和当前的卫星状态，可以很快地捕获到卫星信号。图 2.14 给出了A-GPS 定位系统的基本结构。其中，A-GPS 定位系统主要分三个部分。

（1）GPS 参考接收网。在一定区域内的一个或若干个已知点上设置 GPS 接收机，并以此作为基准站，连续跟踪观测视野内所有可见的 GPS 卫星，将测量到的 GPS 辅助信息记录下来，通过一定传输方式发送至蜂窝移动网络。

（2）定位系统。定位系统接收 GPS 参考接收网络发送的 GPS 导航电文，然后结合网络其他信息，加工成 GPS 定位辅助信息。一旦本区域内有定位请求发出，定位中心即可根据定位需求，发送相应的 GPS 定位辅助信息。

（3）内嵌 GPS 接收机的移动台。装有 GPS 接收机的移动台，接收 GPS 辅助信息，依照移动台辅助型定位和自主型定位过程，完成定位计算功能。

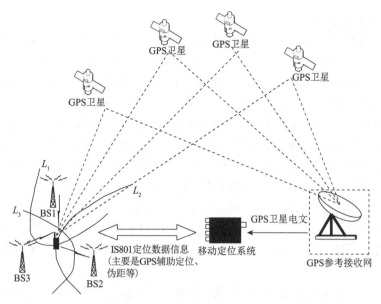

图 2.14　A-GPS 定位法图示

2）A-GPS 定位精度

一般而言，如果移动台处于开阔的环境中，如城郊或乡村，多径干扰和遮挡影响可以忽略，定位精度能够达到 10m 左右甚至更优；如果移动台处于城区环境，无遮挡并且多径干扰不严重，定位精度将在 30～70m；如果移动台在室内或其他多径干扰和遮挡严重的区域，移动台将难以捕获到足够的卫星信号，A-GPS 将无法完成定位。

3）A-GPS 定位响应时间

A-GPS 定位的冷启动定位响应时间为 10～30s。传统的 GPS 接收机开机工作时，需要 GPS 导航电文的信息，而完整的 GPS 导航电文长达 37500bit，需要 13.5 分钟才能传递完，这会导致 GPS 测量的冷启动定位时间很长，而 A-GPS 定位因为网络能够提供 GPS 导航电文等信息，所以冷启动定位时间显著缩短。正常工作状态，A-GPS 的定位响应时间为 3～10s。

A-GPS 定位中因为网络能够向移动台提供 GPS 捕获辅助、灵敏度辅助等信息，移动台的卫星捕获和跟踪性能将得以提高，伪距测量的速度和质量都能够得以改善，所以定位响应时间也比传统的 GPS 接收机有所改善。

A-GPS 的优点是定位精度高，理论上可达到 5～10m。缺点是网络改造较大、投入高，且现有移动台均不能实现 A-GPS 定位方式，需要更换具有 GPS 接收机功能的移动台，移动终端成本增加。由于美国政府拥有对 GPS 的控制权，GPS 的可靠性也存在隐患。而且在城区和建筑物内，GPS 定位的有效性也大大降低。

当 GPS 卫星个数满足定位条件（大于等于 4），同时 AFLT 也能满足定位条件时，可以根据一定权重对两种方法的位置计算结果进行挑选，实现较优性能组合；当 GPS 卫星个数不满足定位要求（小于 4），而移动台所属参考基站覆盖半径较小时，可以直接采用 CellID 定位；当 GPS 卫星个数等于 3，同时定位业务对位置的高度精度要求不高时，可以采用移动台所属参考小区的平均高度作为移动台位置高度，从而减少定位计算算法所需的方程个数，此时可采用高度辅助信息+3 个卫星伪距混合定位算法完成定位计算；当 GPS 卫星少于 4 个时，而 AFLT 能提供导频相位测量，此时系统还可以采用 GPS 伪距测量+导频相位测量相结合的混合定位算法。

2. GPSOne 定位技术

GPSOne 定位技术实际上又是一种应用和改善 GPS 技术的方案。GPSOne 结合了 GPS 卫星信号和 CDMA 网络信号进行混合定位。当终端能够接收到 GPS 卫星信号时采用 GPS 定位方式，当终端在室内或者接收卫星信号不好的环境时采用 CDMA 基站接收的辅助 GPS 卫星信号实现辅助定位，满足室内室外的全覆盖定位。

GPSOne 技术系统本身就是建立在联通的 CDMA 无线网络基础上的系统，基于 GPSOne 定位技术的应用系统无须再建设基站网络系统。目前 GPSOne 的定位精度达到了 5～50m，完全可以使用户知道他们的确切位置，并可以同时上传和下传定位地点的数据，无须另外的通信通道，利用无线运营商的网络和位置服务商的 GIS，实现企业级应用。

移动通信基站定位和 GPS 集成由两部分系统协同工作完成，它包括 GPS 系统及用户终端设备。通过卫星、地面通信网络、定位服务器和用户手机的协同工作得以实现。

(1)定位请求(用户主动发起定位，或者由另外一方触发定位请求)由 CDMA 网络发送给本地定位服务器。

(2)本地定位服务器通过基站回应手机，告知该手机应该联络哪几个定位卫星。

(3)手机从定位卫星直接获取定位数据，并将该数据通过基站传送回本地定位服务器。

(4)本地定位服务器将卫星定位数据与手机邻近基站所传递的位置信息结合计算经纬度等信息。

GPSOne 定位技术是在改进 GPS 定位技术的不足之处而推出来的系统，比之单纯的 GPS 定位技术具有如下特点：①精度高。在较好的条件下，定位精度能达到 5～50m。②定位时间短。完成一次定位只需几秒到几十秒时间。③适用范围广。无论在视野开阔的野外还是高楼林立的市中心，无论室外还是室内，以及许多其他传统定位方式无法正常工作的环境下都能成功地实现定位。④终端集成度好。定位功能集成在 CDMA 核心芯片中，支持 GPSOne 定位技术的手机或终端，与普通 CDMA 手机在尺寸、耗电及成本方面均无大的差别。用户凭借具备 GPSOne 定位功能的 CDMA 终端，注册所需的定位服务，即可享受高精度位置服务。

3. 室内外一体化无缝定位

普通用户大多数应用场景是在大型建筑物中进行定位导航，如人们在火车站、地下停车场、地铁、办公楼、商场(这些场所能够提供绝大多数人的衣食住行)活动时，需要一种能够像卫星导航一样快捷准确的定位系统。最大的瓶颈是室内几乎无法使用卫星导航定位。室内外一体化无缝定位系统在任意空间内均能收到导航信号，并且随着用户进、出房间等独立空间，导航结果不会发生跳变。

为了能让用户在室内外移动时进行无缝定位，需要做两点工作：一是在布设室内信号发生器时，在建筑物外围也布设足够的信号发生器，确保在接近建筑时就接收到 3 个以上的室内导航信号。二是在当前的普通 GPS 接收机上做一些改进就可以实现支持这种室内导航系统的用户机。新的用户机除了具备 GPS 接收机所有功能外，还需要不间断地对室内导航信号进行搜索捕获；一旦接收到的室内导航信号数量超过了 3，就采用室内信号的定位结果。这样，当用户将要走进建筑物的时候，就已经开始使用室内导航系统，同时卫星导航也可以正常使用，如果需要让定位结果不跳变，可以设计一个针对两种导航系统定位结果的平滑算法。

第3章 数字通信技术

地理信息服务需要一套无缝的信息传输系统，高效而可靠地传递地理信息。现代信息传输系统有无线移动通信和有线网络通信两个规模相近的主要分支。数据通信是通信技术和计算机技术相结合而产生的一种新的通信方式，利用 GSM、GPRS/CDMA 数据传输、无线数传电台等公用和专用系统实现空间数据的双向实时移动通信；移动通信和计算机网络系统集成能把数据传递到世界的每个角落。本章主要介绍数字通信、移动数字通信技术和网络通信技术三个部分。

3.1 数 字 通 信

数字通信系统通常由用户设备、编码和解码、调制和解调、加密和解密、传输和交换设备等组成。发信端来自信源的模拟信号必须先经过信源编码转变成数字信号，并对这些信号进行加密处理，以提高其保密性；为提高抗干扰能力需再经过信道编码，对数字信号进行调制，变成适合于信道传输的已调载波数字信号并送入信道。在收信端，对接收到的已调载波数字信号经解调得到基带数字信号，然后经信道解码、解密处理和信源解码等恢复为原来的模拟信号，送到信宿。

3.1.1 数字通信概念

简单讲，通信是指由一地向另一地进行消息（message）的有效传递。通信的目的是传递消息，消息具有不同的形式，如语言、文字、数据、图像、符号等。消息以信号的形式在系统中进行传输。信号是消息的载荷者，在电信系统里，载荷者为"电"，消息被载荷在电信号的某参量上，如电压、电流或电波等物理量（进一步还可以是该物理量的幅度、相位或频率等）。此时的信号为电信号，习惯上简称为信号。传输电信号的通信系统为电信通信系统，常简称为通信系统。通信是信号与系统的集合，是利用电子等技术手段，借助电信号（含光信号）实现从一地向另一地进行消息的有效传递。

1. 通信系统

通信系统是完成通信这一过程的全部技术设备和传输媒介。

1）通信系统模型

通信系统的一般模型，如图 3.1 所示。

图 3.1　通信系统的一般模型

2）通信系统组成

通信系统由以下几部分组成。

（1）信息源和收信者，根据信息源输出信号的不同可分为模拟信源和离散信源。模拟信源输出连续幅度的信号；离散信源输出离散的符号序列或文字。模拟信源可通过抽样和量化变换为离散信源。由于信息源产生信息的种类和速率不同，因而对传输系统的要求也各不相同。

（2）发送设备，发送设备的基本功能是将信源和传输媒介匹配起来，即将信源产生的消息信号变换为便于传送的信号形式，送往传输媒介。变换方式多种多样，在需要频谱搬移的场合，调制是最常见的变换方法。对于数字通信系统来说，发送设备常常又可分为信道编码和信源编码。信源编码是把连续消息变换为数字信号；而信道编码则是数字信号与传输媒介匹配，提高传输的可靠性或有效性。发送设备还包括为达到某些特殊要求所进行的各种处理，如多路复用、保密处理、纠错编码处理等。

（3）传输媒介，从发送设备到接收设备之间信号传递所经过的媒介。有线和无线均有多种传输媒介。传输过程必然引入干扰。媒介的固有特性和干扰特性直接关系变换方式的选取。

（4）接收设备，接收设备的基本功能是完成发送设备的反变换，即进行解调、译码、解密等。它的任务是从带有干扰的信号中正确恢复出原始消息来，对于多路复用信号，还包括解除多路复用，实现正确分路。

3）通信方式

按消息传送的方向与时间，通信方式可分为单工通信、半双工通信及全双工通信三种，如图 3.2 所示。

按数字信号排序，可将通信方式分为串序传输和并序传输，如图 3.3 所示。

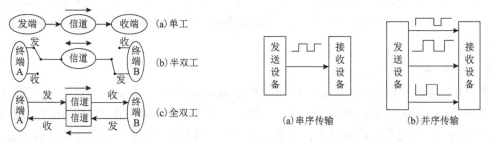

图 3.2　按消息传送的方向与时间分　　　　　图 3.3　按数字信号排序分

4）通信系统分类

通信系统按所用传输媒介的不同可分为两类：①利用金属导体为传输媒介，如常用的通信线缆等，这种以线缆为传输媒介的通信系统称为有线电通信系统。②利用无线电波在大气、空间、水或岩、土等传输媒介中传播而进行通信，这种通信系统称为无线电通信系统。光通信系统也有"有线"和"无线"之分，它们所用的传输媒介分别为光学纤维和大气、空间或水。

通信系统按通信业务（即所传输的信息种类）的不同可分为电话、电报、传真、数据通信系统等。信号在时间上是连续变化的，称为模拟信号（如电话）；在时间上离散、其幅度取值也是离散的信号称为数字信号（如电报）。模拟信号通过模拟-数字变换（包括采样、量化和编码过程）也可变成数字信号。通信系统中传输的基带信号为模拟信号时，这种系统称为模拟通信系统；传输的基带信号为数字信号的通信系统称为数字通信系统。

2. 模拟通信系统

模拟通信是指在信道上把模拟信号从信源传送到信宿的一种通信方式。由于导体中存在电阻，信号直接传输的距离不能太远，解决的方法是通过载波来传输模拟信号。载波是指被调制以传输信号的波形，通常为高频振荡的正弦波。这样，把模拟信号调制在载波上传输，则可比直接传输远得多。一般要求正弦波的频率远远高于调制信号的带宽，否则会发生混叠，使传输信号失真。

模拟通信系统通常由信源、调制器、信道、解调器、信宿及噪声源组成。模拟通信系统中两种重要变换：一是消息转变为原始电信号（基带信号）；二是调制信号（基带信号）转变为已调信号（频带信号）。调制的功用：①提高频率，便于辐射；②频率分配；③实现频分复用；④改善系统性能，噪声背景下的信号传输。

模拟通信的优点是直观且容易实现，但保密性差，抗干扰能力弱。由于模拟通信在信道传输的信号频谱比较窄，为了充分利用通信信道、扩大通信容量和降低通信费用，很多通信系统采用多路复用方式，即在同一传输途径上同时传输多个信息，通过多路复用使信道的利用率提高。在模拟通信系统中，将划分的可用频段分配给各个信息而共用一个共同传输媒质，称为频分多路复用。

3. 数字通信系统

数字通信是用数字信号作为载体来传输消息，或用数字信号对载波进行数字调制后再传输的通信方式。它可传输电报、数字数据等数字信号，也可传输经过数字化处理的语声和图像等模拟信号。

数字通信系统通常由用户设备、编码和解码、调制和解调、加密和解密、传输和交换设备等组成。发信端来自信源的模拟信号必须先经过信源编码转变成数字信号，并对这些信号进行加密处理，以提高其保密性；为提高抗干扰能力需再经过信道编码，对数字信号进行调制，变成适合于信道传输的已调载波数字信号并送入信道。在收信端，对接收到的已调载波数字信号经解调得到基带数字信号，然后经信道解码、解密处理和信源解码等恢复为原来的模拟信号，送到信宿。数字通信系统的一般模型如图 3.4 所示。

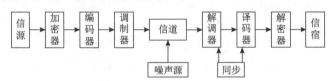

图 3.4　数字通信系统的一般模型

与模拟通信相比，数字通信具有许多突出优点。

（1）抗干扰能力强。电信号在信道上传送的过程中，不可避免地要受到各种各样的电气干扰。在模拟通信中，这种干扰是很难消除的，使得通信质量变坏。而数字通信在接收端是根据收到的"1"和"0"这两个数码来判别的，只要干扰信号不是大到使"有电脉冲"和"无电脉冲"都分不出来的程度，就不会影响通信质量。

（2）通信距离远，通信质量受距离的影响小。模拟信号在传送过程中能量会逐渐发生衰减使信号变弱，为了延长通信距离，要在线路上设立一些增音放大器。但增音放大器会把有用的信号和无用的杂音一起放大，杂音经过一道道放大以后，就会越来越大，甚至会淹没正常的信号，限制通信距离。数字通信可采取"整形再生"的办法，把受到干扰的电脉冲再生成原来没有受到干扰的那样，使失真和噪声不易积累。这样，通信距离可以达到很远。

（3）保密性好。模拟通信传送的电信号，加密比较困难。而数字通信传送的是离散的电信号，很难听清。为了密上加密，还可以方便地进行加密处理。加密的方法是，采用随机性强的密码打乱数字信号的组合，敌人即使窃收到加密后的数字信息，在短时间内也难以破译。

（4）通信设备的制造和维护简便。数字通信的电路主要由电子开关组成，很容易采用各种集成电路，体积小、耗电少。

（5）能适应各种通信业务的要求。各种信息（电话、电报、图像、数据及其他通信业务）都可变为统一的数字信号进行传输，而且可与数字交换结合，实现统一的综合业务数字网。

（6）便于实现通信网的计算机管理。数字通信的缺点是数字信号占用的频带比模拟通信要宽。一路模拟电话占用的频带宽度通常只有 4kHz，而一路高质量的数字电话所需的频带远大于 4kHz。但随着光纤等传输媒质的采用，数字信号占用较宽频带的问题将日益淡化。数字通信将向超高速、大容量、长距离方向发展，新的数字化智能终端将产生。

3.1.2　数字通信技术概述

数字通信是指在信道上把数字信号从信源传送到信宿的一种通信方式，也可以说是通信的数字化。各个频段、各种用途的数字通信虽然千差万别，但归纳起来，采用现代通信技术构成的典型的数字通信系统包括数字信号形成、调制与解调、同步系统、收发信机和信道。信号的处理和变换部分，包括信源编码与解码、加密与解密、信道编码与解码、多路分解与合成、扩频与解扩、多址技术等。

1. 数字信号形成

数字信号形成主要是把源信息，如文字或模拟信息变换成适应数字系统处理和传输的数字符号。技术上包含字母编码、抽样、量化、脉冲编码调制。变换以后则形成基带或低通信号。字母编码是把文字信息如英文字母用二元比特流来表示，常用的有 ASCII 码和 E-BCDIC 码，从而变成数字格式，然后变换成多元的数字符号和相应的多元波形，以利于基带传输。对于模拟信息如语声，则先按照抽样定理抽样，抽样频率至少为信号上限频率的两倍。量化则是把模拟信号无限多可能的连续值用有限多可能的离散值来代替。这些有限的离散值通过脉冲编码调制变换成各种类型的 PCM 波形。选用哪一种波形取决于是否包含直流分量、定时信号的提取、差错检测和所需带宽等因素。对于噪声干扰下基带信号的传输，在接收端可用最大似然接收机、匹配滤波器或相关检测器进行信号检测。如果传输通带不能满足奈奎斯特定理的要求，则会出现信号波形的流散，产生码间串扰。对于数字通信经常研究的问题之一，即如何消除码间串扰，一般可采用脉冲整形以减少所需带宽，也可采用横向滤波器或各种自适应均衡技术。

2. 信源编码与解码

信源编解码的目的在于把所形成的数字信号在一定比特率下增加其信噪比，或者在一定信噪比下减少比特率。换句话说，即尽量减少信源的多余度，用最少的比特来传送信息。信源编码的基本方法有两类：一类是匹配编码，它根据信源中各元素的出现概率不同，分别给予不同长短的代码，使代码长度与概率分布相匹配，代码的平均长度比较短，数码也就少了，如 Huffman 编码；另一类是变换编码，它是把信源从一种信号空间变换成另一种信号空间，然后对变换后的信号进行编码。

3. 加密与解密

为了保证数字信号与所传信息的安全，一般应采取加密措施。数字信号比模拟信号易于加密，且效果好。这是数字通信突出的优点之一。仙农曾论证了绝对保密（perfect secrecy）的条件是一次一密，且密钥的长度不小于明文的长度。这样的加密方法在实际应用上有很大困难，特别是对多目标用户，密钥分配就难以解决。20 世纪 70 年代以来，由于社会需求日增，密码学有了很大的发展。可以说，美国国家标准与技术研究院(原美国国家标准局，National Bureau of Standard，NBS)颁布的数据加密标准(DEs)和 Diffie、Hellman 提出的公钥体制是其发展的两个里程碑。DEs 属于块加密，它将明文先分组，然后与密钥用代换及转换的方法"充分搅拌"。由于多次搅拌，虽然密钥较短，但密码分析者也不易将其破译。经 NBS 三次审查，决定可以用到 1992 年。公开密钥体制的特点是加密密钥与解密密钥不同，加密密钥可以公开，解密密钥则加以隐蔽，知道了加密密钥也难以推出解密密钥，对密文不易破译。公钥体制是建立在一类难解的、求逆困难的数字问题上的。现已提出多种算法：Hellman 和 Diffie 提出的算法基于离散对数求逆问题，Adleman、Shamir、Adleman 提出的 RSA 体制是利用大素数难以进行因式分解；Merkle 和 Hellman 的算法建立在背包问题基础上。目前，有报道称背包体制已可破译，因而有效的还是 RSA 体制。数据通信网的加密解密问题，如数字签名、认证、密钥的管理及分配等问题正引起人们越来越大的注意。

4. 信道编码与解码

数字信号在信道传输时，由于噪声、衰落及人为干扰等，会引起差错。仙农曾证明如果信源的速率低于信道容量，可采用编码和解码的方法，以任意小的差错概率在有噪声的信道上传输信息。数十年来许多编解码方法被提出，以减小比特差错概率或者减小所需的比特能量与干扰功率谱密度之比。编解码带来的好处是以带宽的增加为代价的。采用大规模集成电路可实现运算量大、体积小、重量轻的编解码器，从而可获得 8dB 的性能改善。信道编码的一类基本方法是波形编码，或称为信号设计，它把原来的波形变换成新的较好的波形，以改善其检测性能。编码过程主要是使被编码信号具有更好的距离特性，即信号之间的差别性更大。属于这类的编码有双极性波形、正交波形、多元波形、双正交波形等。另一类基本方法是结构化序列，在信息码外引入一定代数结构的冗余码，用以检出或纠正所发生的差错。这类编码方法可获得与波形编码相似的差错概率，但所需带宽较小。这一大类编码方法，又可分为分组码和卷积码。线性分组码中一个子类是循环码，它可用反馈移位寄存器来实现，易于检错和纠错，是一种很有效的编解码方法。目前，分组码中著名的有汉明码、格雷码、BCH码、RS 码等。卷积码的主要特点是有记忆特性，所编成的码不仅是当前输入的信息码的函数，而且与以前输入的信息码有关。卷积码的译码算法有多种序列译码、门限译码、Viterbi 最大似然译码，以及反馈译码等。为了纠正成片突发差错，采用交织的方法将其转变为随机差错。可以分组交织或卷积交织。此外，Viterbi 采用译码的卷积码为内码，以 RS 码为外码的级连码，可以达到仅离香农(Shannon)理论极限 4dB。

5. 多路及多址技术

在一个多用户系统中，为了充分利用通信资源和增加总的数据库的吞吐量，可以采用多路或多址技术。二者都是对多用户合理有效地分配通信资源。但前者是用户要求固定分配或慢变化地分享通信资源，后者则为远程或动态变化地共享资源，以满足每一用户的需要。基本的方法有频分、时分、码分、空分和极化波分。所有这些方式的共同点是各用户信号间互不干扰，在接收端易于区分，它们都是利用信号间互不重叠，在频域、时域、空域中的正交性或准正交性。其中，频分和时分是经典的，码分则是利用在时域或频域及其二者的组合编码的准正交性。空分和极化波分，则是在不同空域中频率的重用和在同一空域中不同极化波的重用。在实际系统中，又多为这些多路和多址技术的组合，如 TDM/TDMA、FDM/FDMA 等。随着卫星通信网、信包无线通信网、局域计算机通信网的应用和发展，又出现了名目繁多的随机存取多址技术，如 ALOHA 及其各种变形、轮询技术，以及 SPADE、CSMA/CD、Token-Ring 等，它们多适用于突发信息传输的系统。这些多址技术又称为各种算法和协议，它们的性能主要表现在系统传输信息的吞吐量和时延上。目前，各种通信方式和网络所采用的多址技术的研究方兴未艾，在理论和实用上都是数字通信中十分重要的研究领域。总的原则还是针对不同情况采用不同的多路/多址方式及其各种组合，以达到最佳的资源共享。

除了上述五个主要技术问题外，还有调节与解调技术、扩展频谱技术、同步系统、数字通信收发信机及数字信号在多径衰落信道传输的分析等问题。

3.1.3　数字通信分类

目前，数字通信在短波通信、移动通信、微波通信、卫星通信及光纤通信中都得到了广泛的应用。

1. 数字短波通信

短波通信是波长在 10～100m，频率范围 3～30MHz 的一种无线电通信技术。短波通信发射电波经电离层的反射才能到达接收设备，通信距离较远，是远程通信的主要手段。电离层的高度和密度容易受昼夜、季节、气候等因素的影响，所以短波通信的稳定性较差，噪声较大。但是，随着技术进步，特别是自适应技术、猝发传输技术、数字信号处理技术、差错控制技术、扩频技术、超大规模集成电路技术和微处理器的出现和应用，使短波通信进入了一个崭新的发展阶段，同时短波通信的设备使用方便、组网灵活、价格低廉、抗毁性强等固有优点，仍然是支撑其战略地位的重要因素。短波是唯一不受网络枢纽和有源中继体制约的远程通信手段，具有抗毁能力和自主通信能力。在山区、戈壁、海洋等地区，超短波覆盖不到，主要依靠短波。

2. 数字移动通信

移动通信(mobile communications)是沟通移动用户与固定点用户之间或移动用户之间的通信方式。通信双方有一方或两方处于运动中。包括陆、海、空移动通信。采用的频段遍及低频、中频、高频、甚高频和特高频。移动通信系统由移动台、基台、移动交换局组成。若要同某移动台通信，移动交换局通过各基台向全网发出呼叫，被叫台收到后发出应答信号，移动交换局收到应答后分配一个信道给该移动台并从此话路信道中传送一信令使其振铃。

移动通信的种类繁多。按使用要求和工作场合不同可以分为：①集群，集群移动通信，也称大区制移动通信。它的特点是只有一个基站，天线高度为几十米至百余米，覆盖半径为 30km，发射机功率可高达 200W。用户数约为几十至几百，可以是车载台，也可以是手持台。它们可以与基站通信，也可通过基站与其他移动台及市话用户通信，基站与市站有线网连接。②蜂窝，蜂窝移动通信，也称小区制移动通信。它的特点是把整个大范围的服务区划分成许多小区，每个小区设置一个基站，负责本小区各个移动台的联络与控制，各个基站通过移动交换中心相互联系，并与市话局连接。利用超短波电波传播距离有限的特点，离开一定距离的小区可以重复使用频率，使频率资源可以充分利用。每个小区的用户在 1000 以上，全部覆盖区最终的容量可达 100 万用户。③卫星，卫星移动通信。利用卫星转发信号也可实现移动通信，对于车载移动通信可采用赤道固定卫星，而对手持终端，采用中低轨道的多颗星座卫星较为有利。④无绳电话。对于室内外慢速移动的手持终端的通信，则采用小功率、通信距离近的、轻便的无绳电话机。它们可以经过通信点与市话用户进行单向或双方向的通信。

3. 数字微波通信

通常把频率为 300MHz～300GHz 的射频信号称为微波信号。利用微波作为载体的通信称为微波通信。模拟微波通信是基于频分复用技术的一类多路通信体制,主要用来传输模拟电话信号和模拟电视信号。数字微波通信是基于时分复用技术的一类多路数字通信体制。可以用来传输电话信号,也可以用来传输数据信号与图像信号。数字微波通信具有两大技术特征:①它所传送的信号是按照时隙位置分列复用而成的统一数字流,具有综合传输的性质。②它利用微波信道来传送信息,拥有很宽的通过频带,可以复用大量的数字电话信号,可以传送电视图像或高速数据等宽带信号。由于微波电磁信号按直线传播,数字微波(模拟微波也如此)通信可以按直视距离设站(站距约 50km),因此,建设起来比较容易。特别在丘陵山区或其他地理条件比较恶劣的地区,数字微波通信具有一定的优越性。在整个国家通信的传输体系中,数字微波通信也是重要的辅助通信手段。

4. 数字卫星通信

在地面上用微波通信系统进行的通信,因是视距传播,平均每 2500km 假设参考电路要经过每跨距约为 46km 的 54 次接力转接。例如,利用通信卫星进行中继,地面距离长达 1 万多千米的通信,经通信卫星 1 跳即可连通(由地至星,再由星至地为 1 跳,含两次中继),而电波传输的中继距离约为 40000km。卫星通信就是利用人造地球卫星作为中继站来转发无线电波,从而实现两个或多个地球站之间的通信。

卫星通信系统由卫星和地球站两部分组成。卫星通信的特点是:①通信范围大。②只要在卫星发射的电波所覆盖的范围内,任何两点之间都可进行通信。③不易受陆地灾害的影响(可靠性高)。④只要设置地球站电路即可开通(开通电路迅速)。⑤同时可在多处接收,能经济地实现广播、多址通信(多址特点)。⑥电路设置非常灵活,可随时分散过于集中的话务量。⑦同一信道可用于不同方向或不同区间(多址连接)。

5. 数字光纤通信

电通信是以电作为信息载体实现的通信,而光通信则是以光作为信息载体而实现的通信。光纤通信,就是利用光纤来传输携带信息的光波以达到通信的目的。光纤即光导纤维的简称。光纤通信是以光波作为信息载体,以光纤作为传输媒介的一种通信方式。

从原理上看,要使光波成为携带信息的载体,必须对之进行调制,在接收端再把信息从光波中检测出来。构成光纤通信的基本物质要素是光纤、光源和光检测器。在发送端首先要把传送的信息(如话音)变成电信号,然后调制到激光器发出的激光束上,使光的强度随电信号的幅度(频率)变化而变化,并通过光纤发送出去;在接收端,检测器收到光信号后把它变换成电信号,经解调后恢复原信息。

光纤除了按制造工艺、材料组成及光学特性进行分类外,在应用中,光纤常按用途进行分类,可分为通信用光纤和传感用光纤。传输介质光纤又分为通用与专用两种,而功能器件光纤则指用于完成光波的放大、整形、分频、倍频、调制及光振荡等功能的光纤,并常以某种功能器件的形式出现。

光纤通信具有频带极宽、通信容量极大、传输损耗小、保密性好不易被窃听,以及能抗电磁干扰且体积小重量轻等一系列优点,已在国内外得到极大发展和应用。

3.2 移动数字通信

移动通信，指移动体之间或移动体与固定体之间的通信，即通信中至少有一方可移动。常见的移动通信系统有无线寻呼、无绳电话、对讲机、集群系统、蜂窝移动电话(包括模拟移动电话、GSM 数字移动电话等)、卫星移动电话等。移动通信经历了近 100 年的发展，特别是近 10 年来，其发展速度惊人。移动通信从最初的单电台对讲方式发展到现在的系统和网络方式；从小容量到大容量；从模拟方式到数字方式。可以说，现代的通信是当代电子技术、计算机技术、无线通信、有线通信和网络技术的产物。

3.2.1 移动通信分类与特点

1. 移动通信分类

移动通信的种类繁多。按使用要求和工作场合不同可以分为：

(1)集群移动通信，也称大区制移动通信。早期移动通信系统都采用大区制场强覆盖区，它的特点是只有一个基站，一个基站覆盖很大的服务区，半径 30～50km。这使得基站、手机的发射功率要很大，基站的发射功率高达几十到几百瓦，且要很高的天线塔。用户数约为几十至几百，可以是车载台，也可以是手持台。它们可以与基站通信，也可通过基站与其他移动台及市话用户通信。大区制系统的特点是：整体覆盖范围小、频道数目少(容量小)、移动台体积大，特别是用户密度高，业务量大时，整个系统根本无法满足用户要求。

(2)蜂窝移动通信，也称小区制移动通信。为了提高系统容量，有效利用频率资源，现代移动通信在场强覆盖区的规划上多采用小区蜂窝结构。它的特点是把整个大范围的服务区划分成许多小区，每个小区设置一个基站，小区覆盖半径小，一般为 1～20km，所以可用较小的发射功率实现双向通信，负责本小区各个移动台的联络与控制，各个基站通过移动交换中心相互联系，并与市话局连接。若干个小区构成大面积的覆盖，利用超短波电波传播距离有限的特点，离开一定距离的小区可以重复使用频率，使频率资源可以充分利用。采用这种方法，可以对无限广大的地域进行覆盖，从而提高了频谱的利用率。每个小区的用户在 1000以上，全部覆盖区最终的容量可达 100 万用户。

(3)卫星移动通信。利用卫星转发信号也可实现移动通信，对于车载移动通信可采用赤道固定卫星，而对于手持终端，采用中低轨道的多颗星座卫星较为有利。

(4)无绳电话。对于室内外慢速移动的手持终端的通信，则采用小功率、通信距离近的、轻便的无绳电话机。它们可以经过通信点与市话用户进行单向或双方向的通信。

2. 移动通信的特点

因为移动通信系统允许在移动状态(甚至很快速度、很大范围)下通信，所以，系统与用户之间的信号传输一定得采用无线方式，且系统相当复杂。移动通信的主要特点如下。

(1)信道特性差。由于采用无线传输方式，电波会随着传输距离的增加而衰减(扩散衰减)；不同的地形、地物对信号也会有不同的影响；信号可能经过多点反射，会从多条路径到达接收点，产生多径效应(电平衰落和时延扩展)；当用户的通信终端快速移动时，会产生多普勒效应(附加调频)，影响信号的接收。并且，因为用户的通信终端是可移动的，所以这些衰减和影响还是不断变化的。

(2)干扰复杂。移动通信系统运行在复杂的干扰环境中，如外部噪声干扰(天电干扰、工业干扰、信道噪声)、系统内干扰和系统间干扰(邻道干扰、互调干扰、交调干扰、共道干扰、多址干扰和远近效应等)。如何减少这些干扰的影响,也是移动通信系统要解决的重要问题。

(3)多普勒效应。运动中的移动台所接收的信号频率将随运动速度而变化,产生不同的移频(多普勒效应),从而造成接收点的信号场强不断变化。

(4)有限的频谱资源。考虑无线覆盖、系统容量和用户设备的实现等问题,移动通信系统基本上选择在特高频 UHF(分米波段)上实现无线传输,而这个频段还有其他的系统(如雷达、电视、其他的无线接入),移动通信可以利用的频谱资源非常有限。随着移动通信的发展,通信容量不断提高,因此,必须研究和开发各种新技术,采取各种新措施,提高频谱的利用率,合理地分配和管理频率资源。

(5)用户终端设备(移动台)要求高。用户终端设备除技术含量很高外,对于手持机(手机)还要求体积小、重量轻、防震动、省电、操作简单、携带方便;对于车载台还应保证在高低温变化等恶劣环境下也能正常工作。

(6)要求有效的管理和控制。由于系统中用户终端可移动,为了确保与指定的用户进行通信,移动通信系统必须具备很强的管理和控制功能,如用户的位置登记和定位、呼叫链路的建立和拆除、信道的分配和管理、越区切换和漫游的控制、鉴权和保密措施、计费管理等。

3.2.2 移动通信技术

移动通信已成为现代综合业务通信网中不可缺少的一环,它与卫星通信、光纤通信一起被列为三大新兴通信手段,已从模拟技术发展到了数字技术阶段。

1. 信令技术

信令是移动台与交换系统之间、交换系统与交换系统之间相互传送的地址信息、管理信息(包括呼叫建立、信道分配和保持信息、拆线信息,甚至计费信息等)及其他交换信息。

信令也称为信号方式,是建立通话所必需的非业务信号。信令的主要作用是采用模拟或数字的方式来表示控制目标和状态的信号和指令,对各种呼叫进行控制和管理,保证各个用户能够实现正确的接续和通信。它是移动通信系统内实现自动控制功能的关键,也是网络和系统通信与对讲机点对点或多机通播通信的最根本区别。在对讲机通信中,无须传送任何形式的信令,只要调谐到同一频率的任何一部对讲机都能随时讲话,并能随时接收到其他任何对讲机发来的信息。它们工作在一种无须进行交换的、无序的自然状态。而无线网络和系统的通信方式就不同了。它必须采用信令技术,信道由系统控制器统一进行控制和管理。任何移动台发送信息时,必须通过信令向系统控制器发出请求,经系统控制器统筹协调,发出许可接续信令后方可获得信道,进行通信。也就是说,通过信令的传送和交换能实现灵活多样却井然有序的双方私密通信或组群通信。这样就使有限的频率资源能得到最大限度地利用。

无线通信系统中的很多信令都与有线通信系统中的信令相同或相似,尤其是移动通信系统中基地台与无线控制器之间、无线控制器与有线交换机之间的信令,通过音频控制线传送,与公用电话网中的有线信令几乎完全相同。

信令的主要功能如下。

(1)状态标志信令:如信道忙闲标志,用户摘机、挂机标志,用户可用状态(是否开机,是否繁忙)标志等。

(2)拨号信令:主要是主叫用户发送的被叫用户地址码。

(3)控制信令:使控制器或移动台按信令规定做出相应的反应,如进入或退出通话信道、信道排队、转换控制信道或进入故障弱化方式等。

随着移动通信的广泛使用，移动通信网络不断扩大，用户容量迅猛增加，网络对信令的要求越来越高，数字信令技术能较好地满足网络运行的要求，尤其对于覆盖区域很大的多系统网络来说更是十分重要的。

2. 信道控制技术

信道控制技术指的是多信道共用技术。多信道共用技术是目前无线通信，尤其是移动通信中为提高信道利用率而普遍采用的技术。大区制移动通信系统都采用多信道共用的体制。网内大量用户共享若干无线信道。如果只有一个信道，在一定时间内只能由一个用户使用，其他用户只好等待（信道忙）。如果有两个信道，则有两种方案分配：一种是固定指配，即把全体用户划分为两组，一组用一个信道；另一种是动态支配，全体用户都有权使用两个信道。当第一信道被占用时，用户转用第二空闲信道，即用户带到空闲信道的机会就增加了。以此类推，如果多个信道可共用，用户带到空闲信道的机会就更多，这就是多信道动态指配的优点。不过，如果按这种方案组成的系统，当信道被占满时，系统会出现"呼而不应"现象。为了保证少数或极少数用户"通行无阻"，必须给这些用户一些"权利"，如优先等级。

实现多信道动态指配是一个复杂系统。首先，必须"确知"哪个信道处于空闲状态；其次，必须具有自动转换到系统任意一个空闲信道上的能力。当一个移动通信系统已经分配到 n 个信道并开通后，用户必须自动、高效地选用这 n 个空闲信道。目前实现方法很多，有中心控制或无中心控制、有依赖控制器或利用手持机、有集中控制或分散控制。

3. 多址方式

多址技术广泛应用于无线通信。简明地说，多址技术主要解决众多用户如何高效共享给定频谱资源的问题。目前已经发展了多种多址技术，按照信号的不同参量，多址通信可分为基本的频分多址（frequency division multiple access，FDMA）、时分多址（time devision multiple access，TDMA）、码分多址（code division multiple access，CDMA）和空分多址（space division multiple access，SDMA）。

1）频分多址

频分多址（FDMA）是把通信系统的总频段划分成若干个等间隔的频道分配给不同的用户使用，这些频道互不交叠，其宽度应能保证传输一路话音信号，且相邻频道之间没有超出允许的串扰信号。对一个通信系统，对给定的一个总的频段，划分成若干个等间隔的频道（又称信道），每个频道分配给不同的用户使用。信道的划分要注意几点：相邻频道之间无明显串扰、每个频道宽度能传输一路信息、收发信息之间要留一段保护频带，防止收发频率干扰。一般情况下，将高频段作为移动台的接收频段，因为信号方向是从基站到移动台，接收信道又称前向信道。将低频段作为移动台的发射频段，信号方向是从移动台到基站，所以发射信道又称反向信道。

FDMA 制式的优点是技术比较成熟和易于与模拟系统兼容。缺点是系统中同时存在多个频率的信号，容易形成互调干扰，因此通信质量较差，保密性较差，系统容量小。

2）时分多址

时分多址（TDMA）是通信技术中基本的多址技术之一，在 GSM 移动通信系统中被采用。时分多址技术是把时间分割成周期性的帧（frame），每一帧再分割成若干个时隙向基站发送信号，在满足定时和同步的条件下，基站可以分别在各时隙中接收到各移动终端的信号而不混扰。同时，基站发向多个移动终端的信号都按顺序安排在预定的时隙中传输，各移动终端只要在指定的时隙内接收，就能在多路的信号中把发给它的信号区分并接收下来。

时分多址系统中有一个关键的问题是系统的"定时"问题。要保证整个时分多址系统有条不紊地工作，包括信号的传输、处理、交换等，必须要有一个统一的时间基准。要解决上述问题，很容易想到的方法是系统中的各个设备内部设置一个高精度时钟，在通信开始时，进行一次时钟校正，只要时钟不发生明显漂移，系统都能准确定时。GSM 系统的定时采用的是主从同步法，即系统所有的时钟均直接或间接从属于某一个主时钟信息。主时钟有很高的精度，其时钟信息以广播的方式传送到系统的许多设备，或以分层方式逐层传送给系统的其他设备。各设备收到上层的时钟信号后，提取出定时信息，与上层时钟保持一致，这个过程又称为时钟锁定。

3）码分多址

在码分多址（CDMA）通信系统中，不同用户传输信息所用的信号不是依据频率不同或时隙不同来区分，而是用各自不同的编码序列来区分。如果从频域或时域来观察，多个 CDMA 信号是互相重叠的，接收机用相关器可以在多个 CDMA 信号中检出其中使用预定码型的信号，其他使用不同码型的信号因为和接收机本地产生的码型不同而不能被解调。

码分多址的特点有降低频谱密度、很强的抗干扰能力、保密通信能力、抵抗移动通信系统的多径效应和实现精确测距。

CDMA 的一个主要缺点是通信有效性远低于 FDMA 和 TDMA。它的频带利用率低，因而通信容量也较低。

4）空分多址

空分多址（SDMA）技术是利用空间分割构成不同的信道。例如，在一颗卫星上使用多个天线，各个天线的波束射向地球表面的不同区域。这样，地面上不同地区的地球基站，即使在同一时间使用相同的频率进行工作，也不会彼此形成干扰。

4. 通信保密技术

移动通信技术的出现使人们在很大程度上实现了不受时间和空间的限制，能随时随地交换信息。保密就是对信息进行伪装，使得任何未经授权者无法了解其内容。待伪装的信息称为明文，进行伪装的过程称为加密，加密后的信息称为密文。而加密者使用的一套规则称为加密算法，通常算法的操作是在一组密钥的控制下进行的。密文合法的接收者称为收信人。收信人借助于密钥，用与加密相反的算法将密文恢复成明文，这个过程就称为解密或脱密。密文的非法接受者称为窃听者，窃听者一般并不掌握密钥。在不掌握密钥的条件下，从密文推出明文的过程就称为破译。通信保密系统的模型如图 3.5 所示。

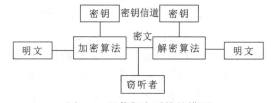

图 3.5 通信保密系统的模型

研究通信保密的理论称为密码学。它研究的主要对象是数据通信保密。密码学包括两部分内容：一部分是加密算法的设计和研究；另一部分是密码分析，即密码的破译技术。

3.2.3　集群通信系统

计算机技术的发展与应用，给通信技术带来革命性变化。数字频率合成、数字信令和微机控制技术应用，将从一对一对讲机的形式、同频单工组网形式、异频单（双）工组网形式到单信道一呼百应及进一步带选呼的系统，发展到多信道自动拨号系统，成为多信道用户共享的调度系统，也称集群通信系统。

1. 集群通信基本原理

集群通信由中央控制器集中控制和管理系统中的每个信道，并以动态方式迅速把空闲信道分配给发起呼叫的用户，通话完成后又将该信道收回给等待的用户使用。因此，该系统极大地提高了频道使用率。另外，当系统内部用户相互通信时，不必接入公网；只有当用户的一方为公网用户时，系统才接入公网。其用户群呈树状，由数个用户组成一小组，数个小组组成一队，通常一个集群通信系统可提供数十个队的服务。

2. 集群通信网络结构

集群通信系统的网络为星型结构，便于调度中心对各移动台进行指令传输。同时，网络覆盖采用大区或中区制。集群通信系统主要由以下几部分组成：调度台（调度系统中的移动台）、交换控制中心（负责信道的动态分配并监视系统的通话状态）、基地台（发射和接收无线电信号，并将其传回交换控制中心）和移动台（提供用户通话的终端设备，包括车载台或手持机）。

在集群网络系统建设时，一般先建基本系统单区网，然后将多个基本系统相互连接成局域网。基本系统可为单基地台或多基地台，基本结构可分为单交换中心的单基地台网络结构和单交换中心的多基地台网络结构。

在控制方面，集群系统分为集中控制方式和分散控制方式。前者的系统中控制信号传输由一个专用的频道传输，其速度较快，同时，具有集中控制的系统控制器，功能齐全，适用于大、中容量多基地台网络；后者则是在每个频道中既传输控制信号又传输语音信号，只有在频道空闲时才传输控制信号，节省了一个专用信道，但接续速度慢，不需要集中控制器。因此，其设备简单且成本低，适用于中、小容量的单区网。

集群通信系统通常包括诸如群组呼叫、紧急呼叫、发起或接收与公网之间的呼叫等多种呼叫功能。同时，具有为用户提供可靠的通信信道、快速建立通话、优先等级划分、动态重组等功能，尤其是在执行紧急任务时，这些功能更显重要。

在移动台识别系统中，每个移动台均有 1 位识别码，控制中心对通话的移动台具有识别能力，以监控系统的通话状况；群组呼叫控制中心可同时呼叫系统内所有用户或者对特定的群组进行群呼通话；紧急呼叫，在紧急情况下即使所有频道都被占用，系统仍可让用户取得信道做紧急呼叫用；限时装置，由于集群系统以调度为主，通话时间不宜过长，为免频道占用过久，可设定最长发射时间进行通话时间的限制；动态重组，系统可按特殊需求在控制中心输入动态重组计划，将不同通话群组人员编于同一通话群内，一旦任务发生，以无线遥控方式激活重组计划执行任务，任务完毕后可恢复原有编组；忙线排列，当信道全部被占用时，控制中心将发起呼叫用户置入"等待名单"中，一旦有空闲信道，立即自动通知该用户开始呼叫；优先排序分级，控制中心可将系统中的每个用户划分优先等级，不同等级的用户具有不同的使用权限；自动回叫，当被叫遇忙或不在覆盖范围内时，系统将记录此状况，在被叫通话完毕或重新回到系统时通知被叫回呼；遗失禁用，移动台遗失时，系统可遥控此移动台使其无法使用。

3. 集群通信的特点

集群通信系统的特点如下。

(1)共享频率。将原来配给各部门专有的频率加以集中，供各家共享。

(2)共享设施。由于频率共享，就有可能将各家分建的控制中心和基站等设施集中合建。

(3)共享覆盖区。可将各家邻近覆盖区的网络互连起来，从而获得更大覆盖区。

(4)共享通信业务。可利用网络有组织地发送各种专业信息为大家服务。

(5)分担费用。共同建网可以大大降低机房、电源等建网投资，减少运营人员，并可分摊费用。

(6)改善服务。由于多信道共享，可调剂余缺、集中建网，可加强管理、维修，因此提高了服务等级，增加了系统功能。

(7)具有调度指挥功能。

(8)兼容有线通信。

(9)智能化、微机软件化，增加了系统功能。

(10)具有控制、交换、中继功能。

集群通信的主要特点是实现了信道的动态分配，以有限的频率资源为更多用户服务，提高了频率利用率。其优点是：专网专用，便于管理，组网灵活方便；可靠性高，防破坏和抗干扰性能好；实时动态监控性及信息传输一致性强；营运费用低。不足之处：覆盖范围有限，移动目标只能在一定区域内活动；网络建设费用较高。因此，集群通信适合于调度指挥频繁的特种用途。

4. 模拟集群通信

模拟集群通信是指它采用模拟话音进行通信，整个系统内没有数字制技术，后来为了使通信连接更为可靠，不少集群通信系统采用了数字信令，使集群通信系统的用户连接比较可靠、连通的速度有所提高，而且系统功能也相应增多。因此，模拟集群通信系统中，实际上信令是数字的。

5. 数字集群通信

集群通信的发展经历了从模拟到数字的转变。数字集群系统就是采用数字通信技术的集群通信系统。20 世纪 90 年代中期随着数字技术的发展，集群通信系统已经开始向第二代的数字技术发展，其频谱利用率比模拟系统大为提高，且具有更大的容量。为了进一步提高频率使用率，集群通信系统出现了将多个集群系统结合在一起统一管理，共享频道和信道，共享覆盖区域，通信业务共担费用等朝着公众使用的方向发展。数字集群通信系统在各个环节上都采用数字处理技术，除了数字信令外，其中最重要的是多址方式、话音编码技术、数字频率调制和数字相位调制技术等。

数字集群是现今专用无线通信的主体，它同属移动通信范畴，与公众及全球移动通信相比较，其一系列特殊功能，特别是在调度功能及网络结构与安全控制等方面有独有的特征与复杂性，其中不少特种功能非通常公众移动通信系统所具有，或其简单增强扩充即能具有，或者对特种专用部门特种强烈要求也难相适应；而且快速接入响应，集团组群用户的有效指挥、联络、调度及其半双工、单工为主的运作方式是其最主要的特征。它的应用需求有很广泛的专用覆盖面，因而与公众移动通信相对应。它在国家与全球社会生活中有不可缺少的重要作用。

集群通信系统从运营方式上可分为专用集群系统和共享集群系统。专用集群系统是仅供某个行业或某个部门内部使用的无线调度指挥通信系统。系统的投资、建设、运营维护等均由行业或部门内部承担，早期的集群系统大多属于这一类型。共享集群系统是指物理网由专业的电信运营企业负责投资、建设和运营维护，供社会各个有需求的行业、部门或单位共同使用的集群通信系统。它具有资源利用率高、单位成本低廉、网络覆盖和运营质量好、可持续发展能力强、用户业务可自行管理等诸多优点，是集群通信运营体制的发展方向。

3.2.4　蜂窝移动通信

蜂窝移动通信的核心概念是频率复用，即多个用户共享一组频率，同时多组用户在不同的地方仍使用该组频率进行通信，从而大大地提高频率的利用率，使系统容量大大增加，以有效地利用频率资源。但伴随而来的是技术实现上的复杂性，主要包括以下几个方面：①小区的规划。②越区切换技术。③漫游技术。④无线信道资源管理和网络管理。

1. 蜂窝移动通信技术

1) 数字化与语音编码技术

(1) 数字化：数字化是当代通信技术发展的总趋势，在数字通信中，信息的传输是以数字信号的形式进行的。在移动通信系统中，最基本的业务是传递话音。对于话音的传递来说，在发送端必须将模拟话音信号变为数字话音信号，通过射频电路调制后发射出去；在接收端通过相应的解调电路将数字话音信号还原成模拟话音信号。数字通信与模拟通信相比有许多显著优点：①数字信号传输性能好，能提供高质量服务。②用户信息保密好。③能提供多种服务，包括话音与非话音服务。

(2) 语音编码技术：模拟话音信号变为数字信号涉及语音编码技术。众所周知，在数字移动通信系统中，频率资源非常有限。对 GSM 系统来说，收信频段在 935～960MHz，若语音编码的数字信号速率太高，会占用过宽的频段，无疑会降低系统容量。若语音编码的速率过低，又会使话音质量降低，所以采用一种高质量低速率的语音编码技术是非常关键的。对欧洲的 GSM 系统来说，采用的是一种称为规则脉冲激励——长期预测的语音编码方案（RPE-LTP）。

语音编码技术有波形编码、参量编码和混合编码三种类型。

波形编码是在时域上对模拟话音的电压波形按一定的速率抽样，再将幅度量化，对每个量化点用代码表示。解码是相反过程，将接收的数字序列经解码和滤波后恢复成模拟信号。波形编码能提供很好的话音质量，但编码信号的速率较高，一般应用在信号带宽要求不高的通信中。脉冲编码调制（PCM）和增量调制（ΔM）常见的波形编码，其编码速率在 16～64kbit/s。

脉冲编码调制有如下三个步骤：①抽样。抽样定理：对一个时间上连续的信号，若频带限制在 Fm 内，要完全恢复原信号，必须以大于或等于 2Fm 的频率进行抽样。例如，一般话音的频率为 300～3400Hz，如要完全不失真恢复话音信号，抽样频率至少为 6800Hz，为保险起见，一般取 8000Hz。②量化。模拟信号经抽样后在时间上是离散的，但其幅度的取值仍是连续的，为了使模拟信号变成数字信号，还必须将幅度离散化，即将幅度用有限个电平来表示，实现样值幅度离散化的过程称为量化。量化犹如数学上的四舍五入，即将样值幅度用规定的量化电平表示。③编码。将模拟信号抽样量化再编码成数字代码，称为脉冲编码调制（PCM）。64kbit/s 的 PCM 是最成熟的数字语音系统，主要用于有线电话网，它的话音质量好，可与模拟语音相比，其抽样速率为 8kHz，每个抽样脉冲用八位二进制代码表示，每一路标准话路的比特率为 8000×8 = 64kbit/s。对无线传输系统来说，由于频带的限制，必须采用低速高质的编码技术。

参量编码又称声源编码，以发音模型作基础，从模拟话音提取各个特征参量并进行量化编码，可实现低速率语音编码，达到 2～4.8kbit/s。但话音质量只能达到中等。

前面所述的波形编码的话音质量较高，技术实现上也较简单，但其速率较高。这意味着信号所占频带较宽，严重影响系统的容量，不能应用于频率资源有限的无线通信系统。为提高系统容量，必须采用低速高质的语音编码方法。人们对语音的研究发现，提取出语音信号的特征参量进行编码，而不是对语音信号的时域波形本身编码，可以大大降低编码信号的速率，这种语音编码方式称为参量编码。参量编码的基础是语音信号特征参量的提取与语音信号的恢复，这涉及语音产生的物理模型。为提取特征参量作语音分析，利用了语音信号的平稳特征，即认为语音在 10～20ms 的时间内其特征参数不变。这样，可将实际语音信号划分为 10～20ms 的时间段，对每个段内分别进行参量提取。参量编码可达到很低的速率，但其语音质量较差，主观评定等级低于 3 分。

混合编码：是将波形编码和参量编码结合起来，既有波形编码的高质量优点又有参量编码的低速率优点。其压缩比达到 4～16kbit/s。GSM 系统的规则脉冲激励——长期预测编码（RPE-LTP）就是混合编码方案，这是近年来发展的一类新的语音编码技术。在这种编码信号中，既含有语音特征参量信息，又含有部分波形编码信息，其编码速率达 8～16kbit/s，语音质量可达到商用话音标准。进行混合编码的器件称为语音编码器。其输入信号是模拟信号的 PCM 信号，对移动台来讲，抽样速率为 8000Hz，采用 13 比特均匀量化，则速率为 8000×13 = 104kbit/s。在编码器中，编码处理是按帧进行的，每帧为 20ms，即对 104kbit/s 语音数据流取 20ms 一段，然后分析并编码，编码后形成 260bit 的净话音数据块，编码后的速率为 260bit/20ms = 13kbit/s。

2）信道编码

无线信道的环境是很恶劣的，如果语音编码之后的 13kbit/s 净话音数据流直接调制后送入无线信道，那么会受到各种干扰而丢失许多有用的信息，因为这些净话音数据本身对干扰不具有纠错能力。而信道编码可以解决这一问题，信道编码是一门专门的技术，其作用在于改善传输质量，克服无线信道上的各种干扰因素对有用信号产生的不良影响。具体来讲，是对有用信号（原始数据）附加一些冗余信息，这些增加的数据位是从原始数据计算产生的，这个过程称为信道编码；而接收端利用这些冗余位检测出误码并尽可能予以纠正，这个过程称为信道解码。

信道编码的方式有以下三种：①块卷积码，主要用于纠错，具有十分有效的纠错能力。②纠错循环码，主要用于检测和纠正成组出现的误码，常与前一种方法混合使用。③奇偶码，最简单的、普遍使用的检测误码的方法。

GSM 移动台的信道编码：前面讲到的语音编码后的语音数据流为 13kbit/s，即每 20ms 为 260bit 的数据块，每个数据块的 260 位中，根据重要性不同，分成三类，其中，50 位称为 Ia 类话音数据；132 位称为 Ib 类话音数据；78 位称为 II 类话音数据。对 Ia 类数据采用循环冗余码（CRC）来保护，形成 53 位数据，这 53 位数据和 132 位 Ib 类数据一起采用 1/2 卷积码来保护，形成 378 位数据，而 78 位 II 类数据不加保护，则经信道编码后的数据扩展到 378+78 = 456 位，即编码后的话音数据速率变为 456bit/20ms = 22.8kbit/s。

3）交织

在无线信道中，差错（干扰）出现的概率是突发性的，且带有一定的持续性，并不是随机的。而目前还没有一种有效的编码方法可以克服几个相邻位的连续误码，只有误码随机出现时，才能执行较好的纠错功能。解决方法是把连续的话音比特流交错排列形成新的比特流，在传输信道中，即使出现突发性待续差错，在接收端将受到干扰的比特流恢复排列后，这些突发差错会分散形成随机差错，从而得以纠正。GSM 交织编码器的输入码是 20ms 的帧，每帧含 456 位，每两帧（40ms）共 912 位，按每行 8 位写入，共写入 114 行，输出时按列进行，每次读出 114 位。若在传输中受到突发性干扰，经去交织译码后，则将突发差错变成随机差错。

4）加密

GSM 的数据传输有一个很大的优点，就是对传输的数据加密。一个简单的加密过程是通过一个伪随机比特序列与普通突发脉冲的 114 个有用比特作"异或"操作实现的，伪随机列由突发脉冲信号和事先通过信令方式建立的会话密钥得到。解密通过相同的操作，因为与相同的数据"异或"两次又得到原始值。这里给出一个简单的例子：原始数据，01001011010……；密钥，10010110101……；加密数据，11011101111……；解密数据，01001011010……。

5）多址方式

在蜂窝移动通信系统中，有许多用户要同时通过一个基站和其他用户进行通信。因此，存在这样的问题：怎样从众多用户中区分出是哪一个用户发出的信号，以及用户怎样识别出基站发出的信号中哪一个是给自己的。这个问题的解决方法就是多址技术。

信号的特征表现在这样几个方面：信号的工作频率、信号出现的时间、信号具有的波形。根据这三种特征，相对应的有三种多址方式，即频分多址（FDMA）、时分多址（TDMA）、码分多址（CDMA）。

在实际应用中，还包括这三种基本多址方式的混合方式，如 GSM 系统采用的就是 FDMA/TDMA 多址方式。

6）数字调制技术

前面讨论过的话音信息（控制信息也一样）是经模/数转换、语音编码、信道编码、交织、加密、时帧等过程形成的脉冲数据流。这些基带数据信号含有丰富的低频成分，不能在无线信道中传输，必须将数字基带信号的频谱变为适合信道转输的频谱，才能进行传输，这一过程称为数字调制。

数字调制是以正弦高频信号为载波，用基带信号控制载波的三个基本参量（幅度、相位、频率），使载波的幅度、相位、频率随基带信号的变化而变化，从而携带基带信号的信息。相对应的三种调制方式是最基本的数字调制方式，称为幅度键控（ASK）、频率键控（FSK）和相位键控（PSK）。

对相同频率的基带数据，采用不同的调制方式可以使调制后的频谱的有效带宽不同，而无线系统的频谱资源非常有限（如 GSM 系统每个信道频谱宽度为 200kHz），所以采用何种调制技术使得调制后的频谱适合无线信道的有限带宽要求是非常重要的，在泛欧的 GSM 系统规范中，采用的是 GMSK（最小高斯滤波频移键控）调制技术，这种调制方式使得调制后的频谱的主瓣宽度窄、旁瓣衰落快，对相邻信道的干扰小，其调制的速率为 270.833kbit/s。

2. GSM 系统

GSM 全名为 global system for mobile communications,中文为全球移动通信系统,俗称"全球通",是一种起源于欧洲的移动通信技术标准,是第二代移动通信技术,其开发目的是让全球各地可以共同使用一个移动电话网络标准,让用户使用一部手机就能行遍全球。从运行规模来看,国内目前使用最为广泛的蜂窝方式为以 TDMA 体制为核心的 GSM 网。

1)GSM 系统结构

GSM 系统由三个分系统组成,即移动台、基站子系统(BSS)、网络子系统(NSS)。

(1)移动台。移动台是 GSM 系统中的用户设备,可以是车载型、便携型和手持型。移动台并非固定于一个用户,系统中的任何一个移动台都可以利用用户识别卡(SIM 卡)来识别移动用户,保证合法用户使用移动网。移动台也有自己的识别码,称为国际移动设备识别号(IMEI)。网络可以对 IMEI 进行检查,如关断有故障的移动台或被盗的移动台,检查移动台的型号许可代码等。GSM 移动台不仅能完成传统的电话业务、数字业务,如传输文字、图像、传真等,还能完成短消息业务等非传统的业务。

(2)基站子系统(BSS)。基站子系统包含了 GSM 数字移动通信系统的无线通信部分,它一方面通过无线接口直接与移动台连接,完成无线信道的发送和管理;另一方面连接到网络子系统的交换机。基站子系统可以分为两部分:一是基站收、发台(BTS);二是基站控制器(BSC)。BTS 负责无线传输,BSC 负责控制和管理。

(3)网络子系统(NSS)。网络子系统分为六个功能单元,即移动交换中心(MSC)、归属位置寄存器(HLR)、拜访位置寄存器(VLR)、鉴权中心(AUC)、设备识别寄存器(EIR)、操作与维护中心(OMC)。

移动交换中心:MSC 是网络核心,它具有交换功能,能使移动用户之间、移动用户与固定用户之间互相连接。它提供了与其他的 MSC 互连接口和与固定网(如 PSTN、ISDN 等)的接口。MSC 从三种数据库——归属位置寄存器、拜访位置寄存器、鉴权中心取得处理用户呼叫请求所需的全部数据,MSC 也根据最新数据更新数据库。

归属位置寄存器:归属位置寄存器是系统的中央数据库,它存储着归属用户的所有数据,包括用户的接入验证、漫游能力、补充业务等。另外,HLR 还为 MSC 提供关于移动台实际漫游所在的 MSC 区域的信息(动态数据),这样使任何入局呼叫立即按选择的路径送到被呼用户。

拜访位置寄存器:VLR 存储进入其覆盖区的移动用户的全部有关信息,它是动态用户数据库,它需要与有关的 HLR 进行大量数据交换。如果用户进入另一个 VLR 区,那么在 VLR 中存储的数据就会被删除。

鉴权中心:AUC 存储保护移动用户通信不受侵犯的必要信息。因为空中接口易受到侵犯,所以在 GSM 系统规范中要求有保护移动用户不受侵犯的措施,如用户的鉴权、传输信息加密等,而鉴权信息和密钥就存储在 AUC 中。

操作与维护中心:OMC 是网络操作者对全国进行监控和操作的功能实体。

设备识别寄存器:这个寄存器存储有关移动台设备参数的数据库,EIR 实现对移动设备的识别、监视、闭锁等功能。

2)GSM 的信道

在 GSM 系统规范中,对总的频谱划分成 200kHz 为单位的一个个频段,称为频段,而对每一个频隙，允许 8 个用户使用，即从时分多址方式来看，每个时帧有 8 个时隙(time slot)，每个时隙的长度为 BP = 15/26 = 0.577ms，而每一个时帧长度为 15/26×8 = 4.615ms。这里所讲的时隙长度是 GSM 规范定义的，而移动台在无线路径上的传输的实际情况又是怎样的呢？

3)GSM 的时帧结构

GSM 的时帧结构有 5 个层次，分别是高帧、超帧、复帧、TDMA 时帧和时隙。时隙是构成物理信道的基本单元，8 个时隙构成一个 TDMA 时帧。TDMA 时帧构成复帧，复帧是业务信道和控制信道进行组合的基本单元。由复帧构成超帧，超帧构成高帧，高帧是 TDMA 帧编号的基本单元，即在高帧内对 TDMA 帧顺序进行编号。

1 高帧 = 2048 个超帧 = 2715648 个 TDMA 帧，高帧的时长为 3 小时 28 分 53 秒 760 毫秒。高帧周期与加密及跳频有关，每经过一个高帧时长会重新启动密码与跳频算法。

1 个超帧 = 1326 个 TDMA 帧，超帧时长为 6.12s。

复帧有两种结构，一种用于业务信道，其结构形式是由 26 个 TDMA 帧构成的复帧；另一种用于控制信道，其结构为 51 个 TDMA 帧构成的复帧。

1 个 TDMA 帧 = 8 个时隙，其时帧长度为 4.615ms，1 个时隙长度为 0.577ms，在时隙内传送数据脉冲串，称为突发(Burst)，一个突发包含 156.25 位数据。

4)GSM 业务功能

GSM 系统能提供多种服务，允许多种业务类型，包括以下业务。

(1)话音服务。这是 GSM 系统提供的最主要的业务。这种服务允许 GSM 用户与其他 GSM 用户或其他固定用户双向通话。

(2)数据业务。在开始制定 GSM 系统方案时就把数据业务作了全面的考虑。因为数字业务的应用越来越广泛，GSM 系统的数字业务包括大部分为固定电话用户和 ISDN 用户提供的数字业务，由于移动信道的局限性，在信号速率和容量方面受到一定的限制。

(3)短信息服务。这是一种类似寻呼的业务。它不仅可以从系统中得到短信息，也能实现 GSM 用户之间的短信息传递，主要有点对点短信息业务和短消息小区广播。

GSM 系统可在特定的地区向移动台发送广播信息，GSM 技术规范中对这些信息不设地址也不加密，任何移动台只要有这一业务功能就能接收并对信息进行解码。

3. GPRS

现有的 GSM 网络已经很好地解决了人们对通信及时性的要求，但在数据传输方面则显得束手无策。这主要是由于其采用的是电路交换的通信方式，最明显的缺点就是无线资源被大量占用，即使是在没有数据传送时，该无线资源也无法用于其他用途。GPRS 突破了 GSM 网只能提供电路交换的思维方式，只通过增加相应的功能实体和对现有的基站系统进行部分改造来实现分组交换，可以说是 GSM 的延续。GPRS 和以往连续在频道传输的方式不同，是以封包(packet)式来传输的，因此使用者所负担的费用是以其传输资料单位计算的，并非使用其整个频道，理论上较为便宜。

1)GPRS 网络结构

GPRS 采用了与 GSM 同样的无线调制标准、同样的带宽、同样的调频规则和同样的 TDMA 帧结构，这一切都昭示着现有的 GSM 网络可以很容易地提供 GPRS 业务，也就是 2.5 代移动通信系统。当然，新业务的引进必然会有新设备的采用。GPRS 网络构建在 GSM 网络基础之上，须对原有的 GSM 网络子系统和无线子系统的设备及功能进行增强。在网络子系统中增加两个节点：GGSN（网关 GPRS 支持节点）和 SGSN（服务 GPRS 支持节点）。此外，还利用 GPRS 用户数据和路由信息增强 HLR 和 VLR 以支持移动性管理与路由管理。在无线子系统中增强 BSS 的功能以支持用户数据的传送，增强了 GSM 业务信道和控制信道的种类，以支持 GPRS 的多种业务。GPRS 采用 FDMA 和 TDMA 复用方式。临近小区频道复用采用 FDMA，频道中采用 TDMA。1 个 TDMA 帧中分成 8 个时隙，每个时隙对应 1 个物理信道。8 个时隙的无线信道可以由多个用户共享，并根据语音和数据业务的需要动态分配。GPRS 还定义了几种无线信道编码方案，允许每个用户比特率从 9.6kbit/s 增加到 160kbit/s 以上。

GPRS 是一项高速数据处理的技术，它以分组交换技术为基础。用户通过 GPRS 可以在移动状态下使用各种高速数据业务，包括收发 E-mail、进行 Internet 浏览等。GPRS 是一种新的 GSM 数据业务。它在移动用户和数据网络之间提供一种连接，给移动用户提供高速无线 IP 和 X.25 服务。GPRS 采用分组交换技术，每个用户可同时占用多个无线信道，同一无线信道又可以由多个用户共享，从而资源被有效地利用。GPRS 技术 160kbps 的极速传送几乎能让无线上网达到公网 ISDN 的效果，实现"随身'携带'互联网"。使用 GPRS，数据实现分组发送和接收，用户永远在线且按流量、时间计费，迅速降低了服务成本。GPRS 是一组新的 GSM 承载业务，在有 GPRS 承载业务支持的标准化网络协议的基础上，GPRS 可提供以下一系列交互式业务：①点对点无连接型网络业务（PTP-CLNS）；②点对点面向连接的数据业务（PTP-CONS）；③点对多点业务（PTM）。

GPRS 还能支持用户终端业务、补充业务、GSM 短消息业务和各种 GPRS 电信业务。

2）GPRS 网络特点

目前，GPRS 的设计可以在一个载频或 8 个信道中实现捆绑，将每个信道的传输速率提高到 14.4kbps。因此，GPRS 方式的最大速率是 115.2kbps。GPRS 的发展第二步是通过增强数据速率将每个信道的速率提高到 48kbps，因此第二代的 GPRS 实际速率为 384kbps。GPRS 传输数据具有实时性强、通信费用低等优点。GPRS 有以下特点。

（1）实时在线：GPRS 是按 GSM 标准定义的封包交换协议，可快速接入数据网络，它在移动终端和网络之间实现了"永远在线"的接续。

（2）按量计费：GPRS 使用创新的计费计价系统将使现在的按时收费过时，其收费方式是按实际传送的数据流量的多少计算费用，与时间无关。在国内 GPRS 覆盖的地方都可以实现 GPRS 的自动漫游，且用户漫游不加收漫游费，从而使每位用户的服务成本更低。

（3）快捷登录：具有 GPRS 功能的终端启动就能够自动连接到 GPRS 网络，连接时间一般是 3～5s，缩短了用户访问网络时间。

（4）高速传输：GPRS 采用信道捆绑和增强数据速率改进实际高速接入网络。

对于 GPRS 业务，每一用户能够同时占有多个无线信道，同一信道又可以由多个用户所共享，为手机或移动终端用户提供在线服务。GPRS 根据用户接收或发送数据的字节数来计费，而不考虑通信时长，因此它将更能为用户所接受。运营商也发现这是一个协调无线资源和收费模式的一个最优方案。

总之，GPRS 可提供 Internet、多媒体、电子商务等业务；可应用于运输业、金融、证券、商业和公共安全业；PTM 业务支持股市动态、天气预报、交通信息等实时发布。另外，还能提供种类繁多、功能强大的以 GPRS 承载业务为基础的网络应用业务和基于 WAP 的各种应用。

4. CDMA

CDMA 与 GSM 一样，也属于移动通信系统的一种。它是根据美国标准(IS-95)而设计的频率在 900～1800MHz 的数字移动电话系统。这是一种采用 spread spectrum 的数字蜂窝技术。与使用 TDM(time division multiplexing)的竞争对手(如 GSM)不同，CDMA 并不给每一个通话者分配一个确定的频率，而是让每一个频道使用所能提供的全部频谱。CDMA 对每一组通话用拟随机数字序列进行编码。

CDMA 是基于扩频通信的一种多址方式，它在通信中用不同的地址码来区分不同地址目标的信号。其基本原理是：利用自相关性比较弱的周期性码序列作为地址信息(称为地址码)，用它对用户信息扩频。经过反向信道传输后，在接收端以本地产生的已知的前述地址码为参考，根据相关性的差异对收到的所有信号进行鉴别，从中将地址码与本地码完全一致的宽带信号解扩还原为窄带而选出，其他与本地码无关的信号则仍保持或被扩展为宽带信号而滤去。

CDMA 以扩频技术为基础，因此它具有扩频通信所固有的优点。

1) 抗干扰能力强

CDMA 采用宽带传输，将有用信号和干扰信号频谱能量都加以扩散，在接收端利用 PN 序列的相关特性进行相关处理，对有用信号频谱能量压缩集中。干扰和噪声因与 PN 码不匹配而被抑制，因此大大提高了信噪比，具有很强的抗干扰能力。

2) 抗多径衰落

CDMA 可提供多种形式的分集，如接收时间分集、频率分集、空间(路径)分集等，大大降低了多径衰落。CDMA 将信号能量扩展到很宽的频带中，从而得到频率分集；时间分集可通过使用交织和纠错编码来达到最大效果；空间(路径)分集可通过软切换、rake 接收机等来实现。

3) 安全保密性高

CDMA 在低功率谱密度下传输，有用信号功率比干扰信号功率低得多，信号仿佛淹没在噪声之中，具有较强的防截获能力。另外，CDMA 采用 PN 码调制，不掌握发射信号的 PN 码规律，要进行解扩是很困难的。这些都体现了 CDMA 安全、保密的特点。

4) 通话容量大

CDMA 使用的新技术拥有很大的优势，它的扩展频谱提供的容量比其他数字技术所提供的至少高 3 倍以上。CDMA 的语言编码器使用最新的数字语言编码技术，保证了在消除背景噪声的同时提供高质量、高清晰度的语言通话服务。这种语言编码算法，还提供更高的安全性和保密性。CDMA 网络使每个蜂窝覆盖面积增大，因此与其他的系统相比，CDMA 系统需要的蜂窝站点和基站的数目更少，载波安装、启动和维护的费用明显减少，从而使每个用户得到更大的利益。CDMA 还能使用户更容易享受各种增值业务，如传真、数据、国际互联网、先进的留言功能、呼叫识别和呼叫等待等。此外，几个 CDMA 生产厂家联合开发了新一代宽带 CDMA 技术，这将满足用户对多媒体及其他一些先进功能的不断增长的需求。

5) 系统容量的灵活配置

这与 CDMA 的机理有关。CDMA 是一个自扰系统，所有移动用户都占用相同带宽和频率。例如，将带宽想象成一个大房子，屋里的空气可以想象成宽带的载波，进入这个大房子所有的人使用完全不同的语言(不同的语言作看不同的编码)讲话，就会产生相互干扰。在保持能听清对方谈话的前提下，房间的谈话人数和谈话声音大小存在反比关系。如果能控制住用户的信号强度，在保持高质量通话的同时，就可以容纳更多的用户。

6）通话质量好

CDMA 系统话音质量很高，声码器可以动态地调整数据传输速率，并根据适当的门限值选择不同的电平级发射。同时，门限值根据背景噪声的改变而改变，这样即使在背景噪声较大的情况下，也可以得到较好的通话质量。另外，CDMA 系统采用软切换技术，"先连接再断开"，这样完全克服了硬切换容易掉线的缺点。

7）CDMA 业务

从业务角度来看，CDMA 系统从服务的角度出发，为用户提供了更加丰富、多样且应用灵活方便的业务。按照 CDMA 的规范，交换子系统应能向用户提供终端业务、承载业务、补充业务三类业务。用户终端业务是在用户终端协议互通基础上提供终端间信息传递能力的业务，该类业务包括电话业务、紧急呼叫业务、短消息业务和语音邮箱业务等。

3.2.5　卫星移动通信

移动用户之间或移动用户与固定用户之间，利用通信卫星作为中继站进行通信。利用地球静止轨道卫星或中、低轨道卫星作为中继站，实现区域乃至全球范围的移动通信称为卫星移动通信。它一般包括三部分：通信卫星，由一颗或多颗卫星组成；地面站，包括系统控制中心和若干个信关站（即把公共电话交换网和移动用户连接起来的中转站）；移动用户通信终端，包括车载、舰载、机载终端和手持机。用户可以在卫星波束的覆盖范围内自由移动，卫星传递信号，保持与地面通信系统和专用系统用户或其他移动用户的通信。与其他通信方式相比，卫星移动通信具有覆盖区域大、通信距离远、通信机动灵活、线路稳定可靠等优点。卫星移动通信系统的应用范围相当广泛，既可适用于民用通信，也适用于军事通信；既适用于国内通信，也可用于国际通信。

1. 卫星移动通信系统分类

1）按应用环境分类

卫星移动通信按应用环境可分为地面、空中和海上，即陆地卫星移动通信系统（LMSS）、航空卫星移动通信系统（AMSS）和海事卫星移动通信系统（MMSS）。

（1）陆地卫星移动通信系统（LMSS）。陆地卫星移动通信电波的传输，会遇到各种物体，经反射、散射、绕射到达接收天线时，已成为通过各个路径到达的合成波。各传输路径分量的幅度和相位各不相同，造成合成信号起伏很大，形成多径衰减。电波经建筑物、树木等障碍物的衰减，影响信号的正常传输。

（2）航空卫星移动通信系统（AMSS）。航空卫星移动通信由于飞机飞行速度快，信号载波有较大的多普勒频移。飞机机动飞行时，可能造成较大的多径反射干扰或信号遮挡。

（3）海事卫星移动通信系统（MMSS）。海事卫星移动通信的传输，有来自近处的正常反射波镜面反射，也有来自前方较广范围的非正常反射波和杂射波。

2）按卫星轨道分类

按系统采用的卫星轨道可分为同步轨道（GEO）、非同步轨道卫星通信系统。非同步轨道又可分为高轨道（HEO）、中轨道（MEO）和低轨道（LEO）系统。

GEO 系统技术成熟，成本相对较低。LEO 系统具有传输时延短，路径损耗小，易实现全球覆盖及避开同步轨道的拥挤等优点。MEO 则兼有 GEO、LEO 两种系统的优缺点。但是

GEO 无法实现个人手机的移动通信，解决这个问题可以利用 MEO 和 LEO 的通信卫星。LEO 轨道高度仅是 GEO 的 1/20～1/80，其路径损耗通常比 GEO 低数十分贝，所以，发射功率是 GEO 的 1/200～1/2000，传播时延仅为 GEO 的 1/75，这对实现终端手持化和达到话音通信所要求的时延是非常必要的。MEO 和 LEO 卫星距离地面只有几百千米或几千千米，它在地球上空快速绕地球转动，是非同步地球卫星，这种卫星系统是以个人移动通信为目标而设计的。为保证在地球上任何一点均可实现 24 小时不间断通信，必须精心配置多条轨道及大量具有强大处理能力的通信卫星，这样一个庞大而复杂的空间系统要实现稳定可靠的运行，涉及技术和经济上的一系列难题，需要统筹考虑加以解决。

2. 卫星移动通信系统技术

1）宽带卫星通信技术

ATM 是有线网络宽带通信的主要技术，新一代卫星移动通信系统把 ATM 结构作为传输模型，而所用的卫星通常具有多点波束和星上处理能力，透明转发的卫星网络和有星上处理能力的卫星系统都可以与 ATM 网络结合使用。

宽带卫星 ATM 网络具有以下特点：覆盖面广；可适应灵活的路由和业务需求；利用卫星的点对多点和多点对多点连接能力，快速建立 ATM 网多点到多点的应用，为大量用户提供有效的连接；卫星网络可以作为地面光纤 ATM 网络的备份，在地面网出现故障或拥塞时，确保路由畅通，提高系统的传输可靠性；结合各类接入手段，卫星 ATM 网络可以适应不同比特率用户的系统接入。星上处理（OBP）技术应用于 ATM 卫星通信系统，其主要目的是为 VSAT 地球站提供单跳连接。基带 OBP 具有信号放大、频率转换、解调、解复用、检错、纠错、转换寻址和控制信息等功能，可以提高链路的性能及有效性，增加容量，降低费用。

TCP/IP 是为地面网络设计的，用于卫星信道时会出现长时延、较高的差错率、前/反向信道非对称等问题。因此，必须对 TCP/IP 协议进行一系列的扩展改进，如帧结构改进、选择性 ARQ、选择性 ACK、前向 ACK、ACK 拥塞控制、TCP 报头压缩、ACK 压缩与紧凑化、窗口尺寸设计等；RFC 扩展建议可克服长时延、大窗口、效率下降、信道容量的非对称性及性能起伏。在卫星链路起始端设置网关，将 TCP/IP 协议转换成适合卫星信道的算法，可在卫星段采用与卫星链路特性匹配的传输协议，并通过 TCP/IP 协议网关与 Internet 和用户终端连接。

2）星上处理技术

星上处理技术主要包括表面声波（SAW）滤波信道化技术和快速开关切换技术，全数字化快速傅里叶变换的信道化、路由分配和波束成形技术，低功耗 A/D、D/A、射频固态功率放大及信号再生技术，Butler 矩阵放大及其相组合的波束成形、信号缓存、路由分配、频率转换等射频功率动态分配和软件无线电控制技术；采用低功耗的专用集成电路（ASIC），包括低电压的 CMOS 组件和高密度的多芯片集成，以及模块化的单元设计，使得部件的尺寸、质量和功耗最小；移动用户终端处理技术，实现任意形式用户终端与用户终端之间的 TDMA 时隙分配及任意波束、频率与时隙之间信号快速灵活的交换与通信；以及有效的星间链路技术、热耗散技术、高效率太阳能电池、大功率器件、相控阵天线、多点波束天线等。

随着宽带传输业务、IP 业务和个人 PC、个人通信漫游业务需求的日益高涨，星上处理技术和交换技术越来越多地应用在通信转发器的设计中。其典型的代表包括美国的 ACTS 卫星、THRUYA 卫星及印度尼西亚的 ASES 亚洲蜂窝移动卫星等。

3) MDPC 多址方式

在卫星通信系统中,通常采用的多址方式有 FDMA、TDMA、MF-TDMA、SDMA、CDMA 及这几种多址方式的组合。在卫星移动 ATM 网络中,要根据网络结构及所要传输的业务性质来选择多址方式,以获得更高的效率。为提高宽带卫星移动通信系统的容量和服务质量,必须开发新的传输和调制技术。目前,宽带 CDMA(W-CDMA)和 OFDM/TDMA 技术已成功应用于地面多媒体系统,这两种技术在移动多媒体通信与非 GEO 卫星通信中也被看好。

采用 MDPC/PDMA/DAMA/DBOD 多址方式的技术体制,即按需分配的多目的单载波,包分多址,载波按需分配,载波速率自适应调整。它是在 SCPC/DAMA 多址方式的基础上改进的更加先进合理的卫星通信技术体制,尤其适合卫星移动通信使用。

MDPC 多址方式不需要使用控制信道,而是直接使用已建业务信道进行信道申请,通过扩大载波带宽而不是新建载波的方式实现通信,即两个端站间的通信还是通过两个单载波(发收各一)实现,只不过此时按需要增加了两个单载波带宽。这时的载波为 MCPC(多路单载波)。当该端站(起始站)需要与另外一个新端站(目的站)通信时,使用已建的业务信道进行信道申请,该端站到新端站的业务还是使用原来的发载波,带宽按需要进行增加,而新端站到该端站的业务通过新建的收载波实现,即该端站与新端站通信只需要增加一个收载波(SCPC 方式时需要增加两个载波,发收各一),此时的载波为 MDPC(多目的地单载波)。通过这种方式,每个端站使用的带宽可以根据业务量的变化按需要自动调整。

该技术体制的主要特点有:信道的申请分配按系统设置自动实现,业务信道完全按实际业务需要建立;初始建立为 SCPC 信道,随着业务种类和业务量增加或需要同时与之通信的站数增加,载波自动变为 MDPC 载波,速率也随着业务量增大而逐渐增加(可达 8Mbps);业务信道为连续载波方式,便于系统加密;遇到遮挡卫星链路中断后,载波重新捕获快;业务传输恢复的时间短,具有应用进程断点保护功能;卫星信道的通道效率在现有系统中最高,IP 包的传输效率高;在极端恶劣环境下的系统生存能力强,最恶劣时也能保障 1 路话音(12kbps)以确保通信不中断。

4) 天线波束成形与智能天线技术

现代天线波束成形、多点波束蜂窝结构及智能天线技术,是实现高密度、多重频率再利用并大幅度提高频谱利用效率的最有效途径,与多址连接技术一起使用,可有效提高上、下行,特别是下行通信能力。这也是第三代移动通信改进系统性能及 4G/5G 发展的重要手段,是 3GTD-SCDMA 方案的核心技术,目前正扩展成 TDD、FDD 全面开发应用。研制开发出稳定性、快速收敛性等性能优良的控制算法是其关键,应特别注意探讨 TDD 及 FDD 模式下双向智能天线的系统结构与优良算法。对 L/S 和 Ka 等高频段蜂窝结构覆盖的星上天线的智能控制、空中结构展开及自适应大范围调整覆盖能力等,是实现系统有效频率多重再利用与适应性的重要途径。

通信卫星天线的发展,经历了从简单天线(标准圆或椭圆波束)到赋形天线(多馈源波束赋形到反射器赋形)和为支持个人移动通信而研制的多波束成型大天线。目前,全球波束仍采用圆波束,区域通信大多采用双栅、正交、单馈源、反射器赋形的天线设计,这种天线技术已应用于大多数通信卫星。而为支持个人移动通信研制的多波束成型大天线,目前也已投入使用,主要应用的卫星有 THURYA 卫星和 ASES 卫星。

5）用户终端的小型化

用户终端的发展方向是小型化。个人卫星通信的一个主要要求就是达到用户终端手持化，而手持终端的价格和重量是涉及个人卫星通信能否普遍使用的两个重要因素。Ka/V 频段的新卫星将采用甚小微型终端式超小孔径终端，与目前的 VAST 不同，这些终端将为固定和移动的用户提供动中通信，用户终端的价格很低，便于普及使用。传输技术将以 IP 为主，不断降低用户的使用费用。只有卫星移动通信使用费用低到可与地面通信使用费用相竞争时，才能被广大普通用户所接受。

6）抗雨衰和 QoS 保障技术

目前，宽带卫星移动通信系统主要采用 Ka 频段，而 Ka 与 Ku 频段的卫星系统相比，系统容量高、终端尺寸小、性能价格比具有明显优势，可方便个人用户的使用。同时，降雨对信号的衰减对波长 1～1.5m 的 Ka 频段更为严重，由于波长和雨滴的大小相仿，雨滴将使信号发生畸变。为解决这一问题，可采用自适应功率控制、自适应数字编码和信号畸变的校正技术。目前，Ka 频段的自适应控制技术，主要采用 FEC 码率及调制状态速率自适应可变技术，改变其功率处理能力，实现雨衰对抗，而未用整体的路由分集技术。另外，多点波束跳越扫描覆盖也是一种现实可行的方法。

宽带卫星移动通信系统为了获得并保持期望的 QoS，应进行控制和监督，将 QoS 管理技术应用于交互式通信的开始（静态功能）和交互通信的过程（动态功能）。静态功能包括对 QoS 要求的定义、协商、接入控制及资源预留，动态功能则包括对 QoS 的测量、整理、保持、重新协商、匹配和同步。

在 ATM 卫星网络中，采用星上处理技术并把多路 IP 数据合并为单条 VC 时，QoS 管理器就把 IP 业务数据按等级划分开，以充分利用带宽。为了解决宽带卫星系统下行链路效率低的问题，把通信路由功能从地面中央设备转移到空间卫星上，将来自许多突发用户的通信业务在到达卫星下行链路发射机之前进行组合，以提高链路效率，为更多的用户提供更多可用的按需带宽和更好的服务质量。

3. 卫星移动通信系统特点

卫星在空中起中转站的作用，即把地球上行站发送来的电磁波放大处理后再返送回地面接收站。地面接收站则是卫星系统与地面公众网的接口。地面用户通过接收站与通信卫星组成一个完整链接。卫星通信的主要优点是通信范围大（每个卫星覆盖地球 127°，有 3 颗卫星就能实现全球通），基本不受地形的影响，建设卫星地面接收站快，可用于不同方向和不同地区的通信。

同地面蜂窝移动通信一样，卫星通信的多址技术也有频分、时分、码分等几种形式。使用 FDMA 技术的过程中，为了降低卫星转发器的非线性而形成的交调干扰，要避开一部分频带不用，同时要用卫星功率进行"补偿"，这样就浪费了卫星功率和频带等宝贵资源。TDMA 可以克服交调现象，但又面临着同步问题，由于卫星通信地面站安装在运动物体上，运动物体迅速移动，要实现移动地面站往卫星同步地发射信号显然很困难。CDMA 使用不同的扩频序列，相互间影响较小，频带重复利用率高。

与传统的点对点定向传输的卫星通信不一样，卫星移动通信是一点对多点的全向性传输，因此必须采用扩频技术提高抗多径干扰能力。CDMA 以扩频技术为基础，具有扩频通信所固有的抗干扰能力强、抗多径衰落、安全保密性好等优点，而且其隐蔽性好、多址访问灵活、对非正交系统不需要系统的同步、与同频通信系统之间的相互干扰小、对多普勒频移不敏感等优点，与其他的多址方式(TEMA、FDMA)相比，CDMA 系统的以下特性更适合于移动卫星通信系统。

(1)语音激活持续时间的利用。人类讲话的特征对 CDMA 方式有利。人类话音激活持续期即话音激活概率为 35%。在 CDMA 中，所有用户共用一个无线信道，当用户分配的信道不再讲话时，在单一 CDMA 无线信道内的所有其他用户信道会由于干扰减少而得益。因此，利用话音作用周期性的特点可降低 65%相互干扰，增大近 3 倍系统容量。这种现象的利用是CDMA 技术所独有的。

(2)用扇形天线来提高容量。在 FDMA 与 TDMA 中，每一小区可采用扇形化来降低干扰，提高通信质量。但因为每一扇形区要平分原小区的信道，所以扇形化对系统容量增加所起的作用很小。在 CDMA 中，采用扇形化降低干扰来提高系统容量，理论上无线容量的增长与扇区数增长呈线性关系，那么通过在 3 个扇形区引入 3 个无线系统，与一个小区一个无线系统相比就可以获得 3 倍的系统容量。

(3)柔性容量。在 CDMA 中，当系统容量达到饱和时，还可以适当地增加少量用户，不过这是以通信质量稍有变坏作为代价而获取的，在这种情况下增加的用户容量称为软容量。而 FDMA 和 TDMA 系统却没有这种能力。总的来说，采用 CDMA 方式的系统容量比采用FDMA 和 TDMA 方式的系统容量要大得多。

(4)无须频率管理或分配，扩容方便。在 FDMA 和 TDMA 中频率管理往往是一项关键性的工作，甚至为了减少实时干扰，还需实行动态频率管理。在 CDMA 中，由于只有一个公共无线信道，不需要频率管理，也无须动态频率分配。由于 CDMA 各小区使用相同频率，不必像 FDMA 那样进行频率配置，当系统扩展时，不用为适应新的频率安排而对现有系统进行改造，很大程度上方便了系统的扩容。

(5)软越区切换。FDMA 和 TDMA 的过区切换都是在中断后切换。CDMA 则是在中断前切换，因为每一小区采用同一 CDMA 无线系统，仅有的差别是代码序列，所以当移动用户从一个小区到另一小区时不需要从一个频率切换到另一个频率，这被称为软越区切换。

(6)CDMA 中没有保护时间。在 TDMA 中，时隙间需要保护时间，保护时间占有一定比特的时间周期，而在 CDMA 中不存在保护时间。因此在相同的速率下，CDMA 传送的信息量比 TDMA 高。

(7)更适合于衰落信道。多径效应引起的快衰落严重地影响着移动通信无线信号传输的可靠性。在 CDMA 系统中，因为应用了扩频技术，就有了抗多径效应的固有特性，当多径延时大于伪随机噪声序列的一个码元周期时，多径信号间相关系数很小，从而多径信号对系统性能的影响就很小。所以，CDMA 系统具有抑制多径干扰的能力。

(8)不需要均衡器。在 FDMA 和 TDMA 中，传输速率远高于 10kbit/s 时，需要一个均衡器以减少由时延扩展引起的码间干扰。而在 CDMA 中只需要一个相关器代替接收机中的均衡器，来对扩频信号解扩，而相关器比均衡器简单且可靠。

(9)与窄带用户共享用户频带。宽带 CDMA 信号的功率谱密度低，对同一频带内的其他窄带系统干扰很小。同样，这些窄带信号被 CDMA 系统中的用户接收后，由于扩频处理增益的作用被抑制，也不会对 CDMA 用户形成明显干扰。当然，要真正实现共存，协调和周密的设计是必须的，甚至需要采用干扰抑制技术。

（10）适合于微小区和建筑物内部的通信。CDMA 蜂窝系统由于能有效地降低人为干扰、窄带干扰、多径干扰的影响，能克服由时延扩展造成的码元间干扰，可采用软切换的越区切换及无须频率管理和分配，所以是一种极其适合于微小区和建筑物内部通信的技术体制。

（11）设备简单。在 CDMA 蜂窝系统中，所有用户共享一个无线信道，每个基站或扇区只需要一个无线电台，因而既可降低成本又节省了设备空间，并且便于安装。

最近几年来移动数字电话及数据通信网，尤其是 ATM 宽带数据通信网发展很快，人们同样希望发展移动宽带数据网。中国幅员辽阔，并且由于某些地区地形的特点（高山、沙漠等地区，人口较为稀少的地区），建立有线地面通信网络不经济甚至不可行，而卫星移动数据网将有助于这种问题的解决。

4. 卫星移动通信系统优势

利用卫星传送 Internet 业务主要有两种方式，即卫星广播传送方式和一般性提供 Internet 下行链路的方式。用卫星提供数据广播业务，卫星通信所具有的优势也就体现出来。卫星通信的最大优势是实现对地面的完全覆盖，而且自身就是一种广播系统，能够直接通过地面的接收设备连接到用户终端，而且系统成本与距离无关，设备的布设简单。除此之外，利用卫星传送 Internet 业务还有以下优势。

1）易于实现 IP 多播

Internet 业务中有很大的业务量是一发多收的。Internet 网传统的解决办法就是重复发送同一文件来实现，这样会对网络带宽资源和通信速率造成极大的浪费，这个弊病在发送大文件的时候越发突出。而随着 Internet 业务的不断开展，许多新兴的应用如复制数据库和 Web 站点信息、视频会议、远程教学等越来越受到用户的欢迎，而这些业务要重复发送所占据的带宽不仅影响网络的正常运行，而且会对用户的使用造成负面的影响。新的 Internet 多播（multicast）协议允许数据单次发送到多个目标来克服这个问题。卫星网络固有的广播能力和多址连接能力在这方面应用极大地简化了 IP 多播，有利于装备多播网络协议。与地面电路不同，卫星将信息发给多个目的地所要求的带宽与发送到一个地点所需的带宽是同样大的，同时接收机数量也不受限制。

2）易于实现 IP 推送技术

传统的 Internet 传送方式是用户通过上行链路发出申请，网络将所需的信息通过下行链路送到用户的计算机上，而其他的用户也许在同一时间发出同样的申请和获取相同的信息。这样的工作过程有两个特点：一是相同的信息在很相近的时间内在网络上传送，因此出现了 Internet 的新发送忙时"推送"技术，推送就是把一个用户所要求产生的普遍的数据流广播给多个点；二是用户是主动的，这种主动也许是定期发生的，因此如果做到网络变为主动的，那么对用户来说就是定制了信息更新这一功能，以后不用再发送申请。卫星无所不在的覆盖能力和广播特性正好符合这两点要求。

卫星通信也有一些缺点：同步卫星离地球 36000 多千米，信号往返 70000 多千米，信号有延迟；频率 10GHz 的信号以上受雨雪天的影响；卫星通信还受太阳活动影响，如日凌、太阳黑子和卫星蚀等。

3.2.6　无线通信网络比较

集群移动通信、蜂窝移动通信和卫星通信的优缺点比较见表 3.1。

表 3.1　无线通信网络比较

	优点	不足	适用范围
集群移动通信	专网专用，便于管理；组网灵活方便；可靠性高，防破坏和抗干扰性好；实时动态监控性及信息传输一致性强；营运费用低；具备话音调度功能	覆盖范围有限；网络建设费用较高	在一定区域内活动的业务需求，如调度指挥频繁的出租车、公交车、救护车、消防车、邮政车等特种车辆
蜂窝移动通信	覆盖范围大，系统容量大；投资小，工程周期短；维护简单，无须建立专用的通信网，数据传输速度快、可靠性高	实时性及传输的质量一致性较差；因短消息的收费等问题，其营运成本高	在较大区域内活动，同时对数据量要求不高的业务需求，如对实时性及传输的一致性要求不高的物流车辆；不需要语音调度及频繁调度显示的车辆
2.5G通信网络	覆盖范围更广；系统容量实际比 GSM 大 4～5 倍；投资小、维护简单；传输的速度快；可靠性高(包含 CDMA、GPRS)	处于过渡时期网络覆盖相对较低	传输的数据量较大；对实时性要求较高的业务需求，如图像的传输
卫星通信	无缝覆盖，覆盖面广；通信距离长，通信线路稳定；通信频带宽，容量大；适于陆地、海上和空中移动式应用	前期投资大；时延较大，静止轨道卫星传输时延可达 270ms，中、低轨道卫星的传输时延较小些，小于 100ms	可作为陆地移动通信的扩展、延伸、补充和备用，尤其适用于边远地区、农村、山区、海岛、灾区，以及远洋舰队和远航飞机等陆地通信不易覆盖的地区

3.3　网络通信技术

网络通信技术(network communication technology，NCT)是指通过计算机和网络通信设备对图形和文字等形式的资料进行采集、存储、处理和传输等，使信息资源达到充分共享的技术。

通信网是一种由通信端点、节(结)点和传输链路相互有机地连接起来，以实现在两个或更多的规定通信端点之间提供连接或非连接传输的通信体系。通信网按功能与用途不同，一般可分为物理网、业务网和支撑管理网三种。

物理网是由用户终端、交换系统、传输系统等通信设备所组成的实体结构，是通信网的物质基础，也称装备网。用户终端是通信网的外围设备，它将用户发送的各种形式的信息转变为电磁信号送入通信网路传送，或将从通信网路中接收到的电磁信号等转变为用户可识别的信息。用户终端按其功能不同，可分为电话终端、非话终端及多媒体通信终端。电话终端指普通电话机、移动电话机等；非话终端指电报终端、传真终端、计算机终端、数据终端等；多媒体通信终端指可提供至少包含两种类型信息媒体或功能的终端设备，如可视电话、电视会议系统等。交换系统是各种信息的集散中心，是实现信息交换的关键环节。传输系统是信息传递的通道，它将用户终端与交换系统及交换系统相互连接起来，形成网路。传输系统按传输媒介的不同，可分为有线传输系统和无线传输系统两类。有线传输系统以电磁波沿某种有形媒质的传播来实现信号的传递。无线传输系统则是以电磁波在空中的传播来实现信号的传递。

业务网是疏通电话、电报、传真、数据、图像等各类通信业务的网路，是指通信网的服务功能。按其业务种类，可分为电话网、电报网、数据网等。电话网是各种业务的基础，电报网是通过在电话电路加装电报复用设备而形成的，数据网可由传输数据信号的电话电路或专用电路构成。业务网具有等级结构，即在业务中设立不同层次的交换中心，并根据业务流量、流向、技术及经济分析，在交换机之间以一定的方式相互连接。

支撑管理网是为保证业务网正常运行,增强网路功能,提高全网服务质量而形成的网络。支撑管理网中传递的是相应的控制、监测及信令等信号。按其功能不同,可分为信令网、同步网和管理网。信令网由信令点、信令转接点、信令链路等组成,旨在为公共信道信令系统的使用者传送信令。同步网为通信网内所有通信设备的时钟(或载波)提供同步控制信号,使它们工作在同一速率(或频率)上。管理网是为保持通信网正常运行和服务所建立的软、硬系统,通常可分为话务管理网和传输监控网两部分。

网络通信技术是通信技术与计算机技术相结合的产物。计算机网络是按照网络协议,将地球上分散的、独立的计算机相互连接的集合。连接介质可以是电缆、双绞线、光纤、微波、载波或通信卫星。计算机网络具有共享硬件、软件和数据资源的功能,具有对共享数据资源集中处理及管理和维护的能力。

3.3.1　通信网络结构

常用的网络拓扑结构有三种。它们是环形网、总线形网络和星形网。

1. 环形网

环形网是使用一个连续的环将每台设备连接在一起。它能够保证一台设备上发送的信号可以被环上其他所有的设备都看到。在简单的环形网中,网络通信中任何部件的损坏都将导致系统出现故障,这样将阻碍整个系统正常工作。而具有高级结构的环形网则在很大程度上改善了这一缺陷。

环形网络通信的一个例子是令牌环局域网,它的传输速度为 4Mbit/s 和 16Mbit/s,这种网络通信结构最早由国际商用机器公司(International Business Machines Corporation,IBM)推出,但被其他厂家采用。在令牌环网络通信中,拥有"令牌"的设备允许在网络通信中传输数据。这样可以保证某一时间内网络中只有一台设备可以传送信息。

2. 总线形网络

总线形网络使用一定长度的电缆,也就是必要的高速网络通信链路将设备连接在一起。设备可以在不影响系统中其他设备工作的情况下从总线中取下。总线形网络中最主要的实现就是以太网,它已经成为局域网的标准。连接在总线上的设备通过监察总线上传送的信息来检查发给自己的数据。当两个设备在同一时间内发送数据时,以太网上将发生碰撞现象,但是使用载波侦听多重访问/碰撞监测(CSMA/CD) 协议可以将碰撞的负面影响降到最低。

3. 星形网

星形网的组成通过中心设备将许多点到点连接。在电话网络通信中,这种中心结构是PABX。在数据网络通信中,这种设备是主机或集线器。在星形网中,可以在不影响系统其他设备工作的情况下,非常容易地增加和减少设备。

3.3.2　数据通信模型

国际标准化组织(International Standards Organization,ISO)提出过一个体系模型,它常被用来说明数据通信协议的结构及功能。这个体系模型称为"开放系统互连(open system interconnect,OSI)参考模型"(图 3.6),这个模型为讨论通信问题提供了共同的依据,而由这个模型定义的名词和术语,在数据通信领域中被广泛使用并得到了一致的认同。OSI 参考模型共有七层(layer),每一层分别定义了数据通信的各种功能。当相互合作的应用程序通过网络传送数据时,经过每一层都表示执行了一种功能。

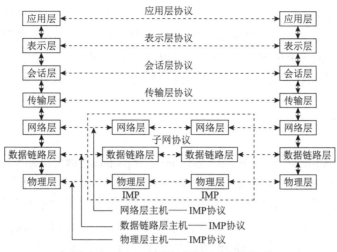

图 3.6　ISO/OSI 开放系统互连参考模型

由图 3.6 可知，这些协议像一堆积木，彼此堆叠在一起。这个结构常被形象地称为"堆栈"（stack），或是"协议堆栈"。每一层并不是只能定义一种协议。它所定义的，可能是由任意多个协议执行的一种数据通信功能。因此，每层可能包含多个协议，而每个协议都提供一项适合该层功能的服务。例如，文件传输协议和电子邮件协议都为用户提供服务，而两者都是应用层的一部分。每个协议与它的"对等实体"（peer）通信。"对等实体"，是指远程系统中对等层次上的同种协议，换句话说，本地的文件传输协议是远程文件传输协议的对等实体。对等层次的通信必须标准化，通信才能够成功。在抽象层次上，每一协议只关心与对等实体的通信，而不关心它的上层和下层。

OSI 是一种分层的体系结构。从逻辑功能看，每一个开放系统都由一些连续的子系统组成，这些子系统处于各个开放系统和分层的交叉点上，一个层次由所有互连系统的同一行上的子系统组成，如图 3.6 所示。例如，每一个互联系统逻辑上由物理电路控制子系统、分组交换子系统、传输控制子系统等组成，而所有互联系统中的传输控制子系统共同形成了传输层。

分层的基本思想是每一层都在它的下层提供的服务基础上提供更高级的增值服务，而最高层提供能运行分布式应用程序的服务。这样，分层的方法就把复杂问题分解开了。分层的另外一个目的是保持层次之间的独立性，其方法就是用原语操作定义每一层为上层提供的服务，而不考虑这些服务是如何实现的，即允许一个层次或层次的集合改变其运行的方式，只要它能为上层提供同样服务就行。

3.3.3　网络通信协议

为计算机网络中进行数据交换而建立的规则、标准或约定的集合计算机网络采用层次性的结构模型，将网络分成若干层次，每个层次负责不同的功能。每一个功能层中，通信双方都要共同遵守相应的约定，把这种约定称为协议。网络协议就像网络通信中的共同语言，保证着通信的顺利进行，多种协议组合在一起成为协议体系，它们负责保证传输的通畅。网络通信协议由三个要素组成：①语义，解释控制信息每个部分的意义。它规定了需要发出何种控制信息，以及完成的动作与做出什么样的响应。②语法，用户数据与控制信息的结构与格式,以及数据出现的顺序。③时序,对事件发生顺序的详细说明。可以形象地把这三个要素描述为:语义表示要做什么,语法表示要怎么做,时序表示做的顺序。常见的协议有TCP传输控制协议、SCTP简单流传输协议,以及UDP用户数据报协议。这些协议各有特点。TCP和SCTP协议都是面向连接的,保证了数据的可靠传输,但是处理复杂,效率不高,占用资源较多。

1. 传输层协议

1) TCP协议

TCP/IP协议(transmission control protocol/internet protocol)称为传输控制/网际协议,又称网络通信协议,这个协议是Internet国际互联网络的基础。TCP/IP是网络中使用的基本的通信协议。虽然从名字上看TCP/IP包括两个协议,传输控制协议(TCP)和网际协议(IP),但TCP/IP实际上是一组协议,它包括上百个各种功能的协议,如远程登录协议、文件传输协议和电子邮件协议等,而TCP协议和IP协议是保证数据完整传输的两个基本的重要协议。通常说,TCP/IP是Internet协议簇,而不仅仅是TCP和IP。

(1) TCP/IP协议体系的层次。TCP/IP协议是一个四层协议,包括链路层、网络层、传输层和应用层,结构如图3.7所示。

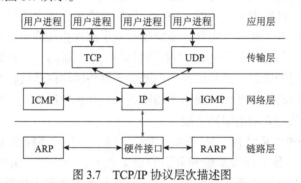

图3.7   TCP/IP协议层次描述图

链路层也称作数据链路层或网络接口层,处在TCP/IP协议模型的最底层,它为上一层(网络层)提供服务。链路层通常包括操作系统中的设备驱动程序和计算机中对应的网络接口卡,它们一起处理与电缆(或其他任何传输媒介)的物理接口细节。该层包含的协议有:ARP(地址转换协议)和RARP(反向地址转换协议)。功能有:接收由IP层传递过来的IP数据报进行封装,从而组装成物理帧,然后通过物理网络进行传送;接收来自物理网络上的物理帧,从中分离出IP数据报,然后把它提交给IP层。

网络层也称为互联网层,负责分组在网络中的活动,包括IP协议(网际协议)、ICMP协议(Internet互联网控制报文协议)及IGMP协议(Internet组管理协议)。网络层负责相邻计算机之间(点到点)的通信。它提供的服务有:①接收来自TCP层的分组数据,封装成IP数据报,同时填充IP数据报的报头(header),然后进行寻径并把它发送到合适的网络接口。②处理和分析从网络链路层上传的IP数据报,去掉报头,根据数据报是否发放到本机来进行接收或进行进一步的传送,如果以本机为目的地址,要根据其中的分组协议类型而发送到传输层的不同协议中。③处理路径、流量控制和拥塞的问题。

该层主要为两台主机上的应用程序提供端到端的数据通信,它分为两个不同的协议:TCP(传输控制协议)和UDP(用户数据报协议),这两种协议各有各的用途,前者可用于面向连接的应用，后者则在及时性服务中有着重要的用途。传输层提供的服务有：①格式化信息流。②提供可靠的传输，这是通过使用回传确认消息来实现的。③解决识别不同应用程序的问题，这是通过引入端口号的方法来解决的。

（2）TCP/IP 协议的体系结构。关于怎样使用层次模型 TCP/IP 虽然没有一致的约定，但通常把它视为比 OSI 七层模型少几层的结构。大部分 TCP/IP 的模型，都定义为 3～5 个功能层的协议体系。就像 OSI 模型一样，当数据被送到网络时，沿堆栈向下传送。而当收到网络来的数据时，沿堆栈向上传送。当数据由应用层沿堆栈向下传往底层的物理网络时，TCP/IP 的四层结构就说明了数据处理的方式。堆栈中的每一层都加入控制数据以确保传送正常。这些控制数据称为"报头"（header），它们被放在传送数据的前面。每一层都把上一层传来的所有信息视为一般数据，并在那些信息前面加上自己的报头。这种动作称为"封装"（encapsulation），见图 3.8 的说明。当收到数据时，动作刚好相反。每一层把信息传递给上层以前，先剥去它的报头。当信息沿堆栈向上回流时，从下层收到的信息，都被解释成为"报头"加"数据"。

每一层都有自己独立的数据结构。理论上，各层都不知道它的上层和下层所用的数据结构。但实际上，每一层的数据结构都设计得与邻层所用的数据结构相容，以增加数据传输的效率。当然，每层仍有自己的数据结构及说明此结构的专门用语。图 3.9 表示 TCP/IP 传送数据时，TCP/IP 不同层次对数据所使用的名称。使用 TCP 的应用程序称数据为"流"（stream），但使用用户数据包协议（UDP）的应用程序则称数据为"报文"（message）。TCP 把数据称为"数据段"（segment）。而 UDP 称它的数据结构为"分组"（packet）。互联网层将所有数据视为区块，称为"数据报"（datagram）。TCP/IP 使用不同形态的底层网络，每一种对它所传送的数据，可能都有一个独特的专用术语。大部分网络称传送的数据为"分组"或"帧"（frame）。在图 3.9 中，将假设网络传送的数据称为帧。

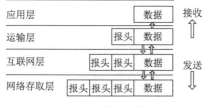

图 3.8　数据封装

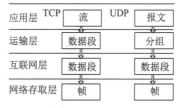

图 3.9　数据结构

（3）TCP/IP 传输控制协议。TCP/IP 协议组中存在的两个基本数据服务是：字节流服务和数据报服务，使用字节流的协议将信息看作一串字节流进行传输。协议不管要求发送或接收数据的长度和传送数目，只是将数据看作一个简单的字节串流。如果应用程序需要可靠性高的数据传输方式，那么可以采用传输控制协议（transmission control protocol，TCP），它是一个可靠的、面向连接的、字节流（byte-stream）协议。TCP 使用称为"确认重传"（positive acknowledgment with retransmission，PAR）的机制提供传输的可靠性。简单地说，一个使用 PAR 的系统，除非"听"到远程系统"说"数据已经安全抵达，否则就重新发送数据。

TCP 是面向连接的协议。它在通信的两台主机间，建立"端点对端点"的逻辑连接。在数据传送之前，两端点间交换控制信息已建立对话，称为"握手"。相互合作的 TCP 模块间交换数据的单位称为"数据段"（图 3.10）。TCP 用"数据段报头"（segment header）第四个字

"标志"字段里的适当位来设置数据段的控制功能。

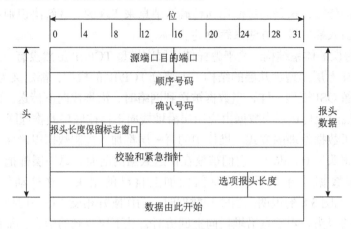

图 3.10　TCP 数据格式

　　每一数据段含有一个校验和,接收者用它来验证数据是否受损。如果收到的数据段没有损坏,接收者传回"确认"(acknowledgment)给发送者。如果数据段有损坏,接收者就把它丢弃。一段时间之后,由于发送端没有收到"确认"的回应,TCP 模块将会重新传送数据。TCP 使用的握手方式称为"三段式握手"(three-way handshake)。图 3.11 表示三段式握手的最简单形式。开始连接时,A 主机传送给 B 主机一个数据段,设置了同步序号(synchronize sequence number,SYN)位。这个数据段告诉 B 主机,A 希望建立连接,以及 A 使用的数据段起始序号(序号是用来保持数据的适当顺序的)。B 主机用设置了 ACK(acknowledgment)及 SYN 位的数据段回应 A。B 的数据段向 A 确认收到了 A 的数据段,同时告知将使用的起始序号。最后,A 主机再传送一个数据段给出通知 B 已收到数据段,接着开始传送真正的数据。

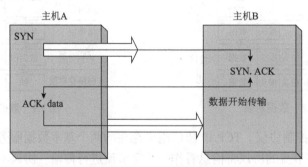

图 3.11　三段式握手

　　经过这个交换步骤之后,主机 A 的 TCP 确知远程 TCP 正在运作并准备接收数据。连接一旦建立,数据就开始传送。当相互合作的模块传送完数据时,它们用包含"没有数据(FIN)"位的数据段,再来一次三段式握手,以结束连接。这就是提供逻辑连接的两系统间端点对端点的数据交换。

　　TCP 把所传送的数据视为连续不断的字节流,而非个别独立的分组。因此,TCP 小心维护字节传送和接收的顺序。TCP 数据段头中的"顺序号码"(sequence number)及"确认号码"(acknowledgment number)两个字段,就是用来改变字节顺序的。

　　TCP 的标准并不规定每个系统都以特定号码开始计算字节，每个系统只要选一个开始的数字即可。为保证数据流的正确性，连接的每一端都必须知道另一端的起始号码。连接的两端借着握手交换 SYN 数据段，使字节计数系统同步。SYN 数据段中的顺序号码字段含有的是"起始序号门"（initial sequence number，ISN），这是字节计数系统的起点。出于安全考虑，ISN 应该采用随机数字，但通常还是用 0。

　　每个数据字节从 ISN 起依序编号。开始传送真正的数据时，每个字节的序号是 ISN + 1。数据段头中的顺序号码指明该数据段的第一个数据字节在整个数据流中的顺序位置。例如，如果数据流中的一个字节的序号是 1(ISN=0)，而且已经传送了 4000 个字节，那么，目前数据段中的第一个数据字节就是第 4001 个字节，顺序号码是 4001。

　　确认数据段(ACK)执行两种功能——确认及流量控制。确认功能通知发送者已收到多少数据，以及还能接收多少。确认号码就是远程收到的最后一个字节的顺序号码，是所有已确认字节的总数。TCP 标准并不需要对每一个分组逐个确认。例如，如果第一个传送的字节编号是 1，而且已成功地收到 2000 个字节，则确认号码就是 2001。

　　图 3.12 显示起始号码为 0 的 TCP 数据流。接收系统已经收到并确认了 2000 个字节，所以目前的确认号码是 2001。接收者还有足够的缓冲区空间再接收 6000 个字节，所以它通告的窗口是 6000。发送者目前正在传送的是，顺序号码从 4001 开始的 1000 个字节的数据段。虽然从第 2001 个字节起，发送者还没有得到确认，但只要仍在窗口范围内，就继续传送。如果传送者填满了窗口，而之前传送的数据在等待一段适当的时间以后仍然没有得到确认，它就从第一个未确认的字节开始重新发送这些数据。

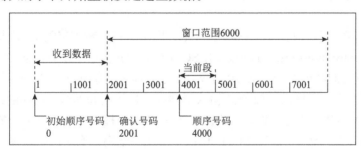

图 3.12　TCP 数据流

　　在图 3.12 中，如果没有进一步的接收确认，传送者就从第 2001 个字节开始重传。这种做法可以保证网络远程那端确实收到数据。TCP 也负责把 IP 接收到的数据传递给正确的应用程序。数据要交给哪一个应用程序，由一个 16 位的数字标明，这个数字称为"端口号码"。源端口及目的端口的号码都包含在数据段报头的第一个字中，把数据正确地传进及传出应用层，是运输层的重要服务项目。

　　2) UDP 协议

　　在 TCP/IP 网络通信中，基于用户数据包协议(user datagram protocol，UDP)的网络通信是一种面向无连接的服务。它以独立的数据包形式发送数据，在正式通信前不必与对方先建立连接，在不关心对方计算机状态的情况下直接向接收方发送数据是一种不可靠的通信协议。UDP 协议是面向非连接的网络数据协议，不提供正确性检查，也不保证各数据包的发送顺序。因此，可能出现数据的重发、丢失等现象，并且不保证数据的接收顺序。

（1）UDP 协议的优点：系统开销小，速度快，效率高。正是由于 UDP 协议不关心网络数据传输的一系列状态，使得 UDP 协议在数据传输过程中，节省了大量的网络状态确认和数据确认的系统资源消耗，大大提高了 UDP 协议的传输速度，而且 UDP 无须连接管理，可以支持海量并发连接。如果能在充分利用 UDP 协议优势的前提下，充分保证 UDP 通信的可靠性，将使网络通信系统的性能得到极大的提高。

应用过程中，UDP 协议在一次交易中往往只有一来一往两次报文交换。假如为此而建立连接和撤除连接，系统开销庞大。在这种情况下，即使因报文损失而利用 UDP 协议重传一次数据包，其开销也比面向连接的传输小很多。对绝大多数基于消息包传递的应用程序来说，基于帧的通信比基于流的通信更为直接有效，为应用部分解决系统冗余和任务分担等问题提供了极大的可能性和可操作性。

（2）UDP 协议的缺点：①非连接性。UDP 协议的非连接性突出的表现是运行在服务器和运行在客户端的两个程序不用建立任何连接，只以收、发数据包作为通信方式，数据包以分离的形式传送，每个数据包有独立的源地址和目的地址。UDP 协议这种非连接性，在数据包的传输过程中不能保证对方一定能收到，也不能保证收到正确的报文次序。②弱可靠性。UDP 协议弱可靠性主要体现在两个方面：首先是协议逻辑链路的可靠性无法保证，UDP 协议在发送时并不知道逻辑链路是否正常，从而造成数据丢失的情况；其次是数据传输的弱可靠性，在数据传输过程中，网络状况的问题有可能使其中一些数据包不能到达目的地，而 UDP 协议没有数据包确认机制，当数据包丢失的时候发送方不能感知，不能进行重发，因此在具体的设计中要自己控制其数据传输的可靠性，如引入"确认重传"和"超时重发"机制。

3）SCTP 协议

为了克服 TCP 协议存在的某些局限。IETF 提出了一套新的传输消息机制——流控制传输协议（stream control transmission protocol，SCTP）。SCTP 协议不仅有许多 TCP 协议的特性，而且比 TCP 协议更健壮更安全，SCTP 协议是面向连接的传输协议，支持多路径和多流，提供了消息的定界功能，还提供类似 TCP 协议增强的流量控制和拥塞控制功能，以及安全的关联建立。同时，SCTP 协议是一种单播协议，不支持 IP 组播和广播，其本身的包结构也不可避免地存在一定系统开销。所以，SCTP 协议并不能完全满足实时网络或集群系统内部通信的要求。

4）协议比较

采用任何一种 TCP 协议或是 SCTP 协议，都会占用系统大量的资源，对系统的性能和健壮性产生较大的影响。因为 UDP 面向的非连接性，协议中也没有端到端流量控制功能，协议开销较小，所以 UDP 多被选来支持实时应用。如果在同一网络环境下同时采用 TCP 和 UDP 两种协议，由于两种协议设计的目标不同，当发生网络拥塞和资源争用时，UDP 数据流与 TCP 数据流之间将互相影响。

UDP 在争用网络资源时对 TCP 的影响涉及网络拥塞控制机制。而网络拥塞控制又可分为网络方和主机方的行为。对于这种划分的原因，还要从 Internet 的服务模型方面来看。Internet 是一种尽力传递的网络，也就是说，它不针对个别数据流提供服务质量上的承诺，同等对待所有的数据包。这种服务模型具体表现在路由器中对数据包的调度和缓冲区的管理上。一般的服务策略是先来先服务，对于数据包缓冲也是共享同一个系统缓冲区。这样，就造成网络不能区分一对主机间的数据流，更不能区分同一主机间的多个不同的数据流。因此，网络不能进行有针对性的拥塞控制。所以，拥塞控制的任务就要由网络外部来承担。

除了网络本身的拥塞控制能力之外，主机也可以进行端到端的拥塞控制，即流量控制。这种控制是针对特定数据流的，这正是网络拥塞控制所不具有的。但同时，它也存在弱点。主机在进行拥塞控制时不像网络能获得全局的拥塞信息，它只局限在本主机和与之通信的对方主机的情况，而且也不能保证全网采用相同的拥塞控制方法。

为了实现端到端的拥塞控制，要求 Internet 上有统一的控制机制，这正是 TCP 协议的作用。也就是在这一点上，因为以 UDP 为基础的应用的拥塞控制机制自身不统一，更与 TCP 的不同才造成了 UDP 在争用网络资源时对 TCP 的影响。

UDP 协议是一种面向无连接的传输层协议，它的设计目的是在 IP 层之上提供多路复用。因为是无连接的，协议中也没有端到端流量控制功能，所以协议开销较小。正因如此，UDP 多被选来支持实时应用，而这些应用对于流量控制的策略也是不固定的。这就可能导致对 TCP 流的影响，而 UDP 数据流的带宽使用情况受 TCP 流的影响不大。这是由于 UDP 数据流是恒定比特速率的，没有端到端的流量控制。因此，不论网络是否拥塞，都不会改变发送速率。而 TCP 流则不同，发生拥塞（出现丢包）时，马上将发送窗口变为最小重新开始，而且窗口大小的阈值也成倍减小，而重新启动后，TCP 数据流仍然受到 UDP 数据流的极大影响，数据传输率仍然处于较低的水平。结果是在局域网这类拥塞信息反馈迅速的环境中，会使得带宽被 UDP 占据，TCP 流持续拥塞。因为 TCP 减小窗口的速率比增大得快，所以它的发送窗口将被维持在较小的水平上。

2. 应用层协议

严格地说，应用层不属于 TCP/IP 协议的模型。应用层的主要任务是提供给计算机网络用户一些常用的网络应用程序，如电子邮件应用程序（SMTP）、浏览器（HTTP）、文件应用程序（FTP、GRIDFTP）等。这些应用程序使用了传输层或者还有 IP 层所提供的服务原语。因此从一定角度上来讲，它是受限于 TCP/IP 协议的，所以也把它作为协议模型的一部分。

1）HTTP 协议

超文本传输协议（hypertext transfer protocol，HTTP）是万维网 www（world wide web）的基础。它是一个简单的协议，客户进程建立一条同服务器的 TCP 连接，然后发出请求并读取服务器进程的响应，服务器进程关闭连接表示本次响应结束。HTTP 协议由于其简捷、快速的方式，适用于分布式和合作式超媒体信息系统。

HTTP 协议具有以下主要特点：①支持客户/服务器模式。客户向服务器请求服务时，只需要传送请求方法和路径。请求方法常用的有 GET、HEAD、POST，每种方法规定了客户与服务器联系的类型不同。HTTP 协议简单，使得 HTTP 服务器的程序规模小，因而通信速度快。②灵活。HTTP 允许传输任意类型的数据对象，传输的类型由 Content_Type 加以标记。③无连接。每次连接只处理一个请求，服务器处理完客户的请求，并收到客户的应答后，即断开连接。采用这种方式可以节省传输时间。④无状态。HTTP 协议是无状态协议。无状态是指协议对于事物处理没有记忆功能。缺少状态意味着如果处理需要前面的信息，则它必须重传，这样可能导致每次连接传送的数据量增大，而在服务器不需要先前信息时它的应答就较快。

HTTP 是一种请求/响应式的协议。一个客户机与服务器建立连接后，发送一个请求给服务器，请求的格式是：统一资源标识符（URI）、协议版本号，后面是类似 MIME 的信息，包括请求修饰符、客户机信息和可能的内容。服务器接到请求后，给予相应的响应信息，其格式是：一个状态行包括信息的协议版本号、一个成功或错误的代码，后面也是类似 MIME 的信息，包括服务器信息、实体信息和可能的内容。

2）FTP 协议

FTP 协议是专门用于文件数据传输的协议，它遵循 RFC959，目标是促进文件共享（包括计算机程序和数据）；鼓励直接或通过程序使用远程计算机；可靠有效地传输数据。RFC959 定义的文件传输协议被 RFC2228、RFC2640、RFC2773 等更新。其中，RFC2228 是 FTP 的安全扩展；RFC2640 对 FTP 进行了国际化；RFC2773 是用 KEA 和 SKIPJACK 对文件传输加密。SFTP 使用加密方式传输认证信息和数据，如果对网络安全性要求更高，则可以使用 SFTP 代替 FTP，但它的传输效率比普通的 FTP 要低得多，通常用于传输小型敏感数据。

由文件传输协议（FTP）提供的文件传送是将一个完整的文件从一个系统复制到另一个系统中。要使用 FTP，就需要有登录服务器的注册账号，或者通过允许匿名 FTP 的服务器来使用。FTP 最早的设计是用于两个不同的主机，这两个主机可能运行在不同的操作系统下、使用不同的文件结构、可能使用不同的字符集。FTP 支持有限数量的文件类型（ASCII、二进制等）和文件结构（面向字节流或记录）。

FTP 与 HTTP 应用不同，它通过两个 TCP 连接传送一个文件，这两个连接分别为控制连接和数据连接。服务器以被动的方式打开 FTP 的端口 21，等待客户连接，客户则以主动方式打开 TCP 端口 21 来建立连接。控制连接始终等待客户与服务器之间的通信。该连接将命令从客户传给服务器，并传回服务器的应答。因为命令通常是由客户键入的，所以 IP 对控制连接的服务特点就是"最大限度减小延迟"。另一种连接是数据连接，它是传输数据的全双工连接。传输数据可以发生在服务器与用户之间，也可以发生在两个服务器之间。因为该连接用于传输目的，所以 IP 对数据连接的服务特点就是"最大限度提高吞吐量"，并且它不用整个服务时间都存在。所以，FTP 的主要功能如下：①提供文件的共享（计算机程序/数据）；②支持间接使用远程计算机；③使用户不因各类主机文件存储器系统的差异而受影响；④可靠且有效地传输数据。

3）BBFTP 协议

BBFTP 是一个传输大型文件的 FTP 软件，同时它也是基于 FTP 协议的一种新的数据传输协议。它能在高性能终端个人电脑之间可靠地传输和存储数据，尤其用来优化传输大型文件（超过 2GB），因为 BBFTP 实现了 RFC1323（TCP 高性能扩展）中定义的"大窗口"，使之更适合传输大文件，而不适合用来传输小文件。

4）SOAP 协议

简单对象访问协议（simple object access protocol，SOAP）是一种轻量的、简单的、基于 XML 的协议，它被设计成在 Web 上交换结构化的和固化的信息。SOAP 可以和现存的许多因特网协议和格式结合使用，包括超文本传输协议（HTTP）、简单邮件传输协议（SMTP）、多用途网际邮件扩充协议（MIME）。它还支持从消息系统到远程过程调用（RPC）等大量的应用程序。SOAP 使用基于 XML 的数据结构和超文本传输协议（HTTP）的组合定义了一个标准的方法来使用 Internet 上各种不同操作环境中的分布式对象。

SOAP 协议是一种在松散的分布式环境中用于点对点之间交换结构化和类型信息的简单的轻量协议，SOAP 是计算机之间交换信息的一个通信协议，它与计算机的操作系统或编程环境无关。在 SOAP 中 XML 用于消息的格式化，HTTP 和其他的 Internet 协议用于消息的传送。

SOAP 为信息交换定义了一个消息协议。SOAP 的一部分说明了使用 XML 来描述数据的一些格式。SOAP 的另外一部分定义了一个可扩展的消息格式，用于方便地使用 SOAP 消息格式描述远端程序(RPC)，并且和 HTTP 协议进行捆绑(SOAP 消息也可以通过其他协议交换，但是目前的说明仅仅定义了和 HTTP 协议捆绑的内容)。SOAP 已经成为万维网联盟(W3C)推荐的 WebService 间交换的标准消息格式。

SOAP 有以下几个特点。

(1)SOAP 使用简单。客户端发送一个请求，调用相应的对象，然后服务器返回结果。这些消息是 XML 格式的，并且封装成符合 HTTP 协议的消息。因此，它符合任何路由器、防火墙或代理服务器的要求。

(2)SOAP 不需要任何对象模型，也不需要通过其他的通信实体来使用对象模型。在避免对象模型的基础上，SOAP 将大部分对象功能(如初始化代码和垃圾堆积)留给客户端和服务器端工作的底层，同时其他功能(如信号编辑)则可以留给 SOAP 综合已有的应用程序和底层结构来完成。

(3)SOAP 可以使用任何语言来完成，只要客户端发送正确 SOAP 请求(也就是说，传递一个合适的参数给一个实际的远端服务器)。SOAP 没有对象模型，应用程序可以捆绑在任何对象模型中。

在 SOAP 中，双方使用 SOAP 消息来实现请求/响应通信。SOAP 消息是一种从一个发送者到一个接收者的单向传输，所有消息都是 XML 文档，它们具有自己的模式，也包括对所有元素和属性的正确的命名控件。

虽然这种传输方式是一种完全跨异构平台进行数据传输的方式，但是这种方式存在两个方面的问题：一方面，在这种方式中，SOAP 消息是一种基于 XML 的文档消息，无法直接保存二进制数据，因此需要将二进制数据转化为字符数据才能够将数据封装在 SOAP 消息中。另一方面，在接收到数据之后，又需要将字符转化为二进制数据。编码、解码过程需要一定的时间。同时，将二进制数据转换为字符数据会增加一定的数据量。例如，采用 Base64 编码方式在最坏的情况下会增加近 33% 的数据量。这两方面的开销都会损耗数据传输的性能。

5)GridFTP 协议

网格文件传输协议(grid file transferprotocol，GridFTP)是一个独立于底层架构的通用协议，它不仅使用 GSI 和 Kerberos 技术来提供安全保障，而且为实现高性能、可靠与断点续传等要求提供了各种传输特征。GridFTP 完全兼容 FTP，在 FTP 的基础上，GridFTP 及基于其上的工具集为网格数据传输提供了如下特征。

(1)网格大多运行在广域网环境中，这就需要更高的带宽。使用多个 TCP 流(并行传输)可以更充分地利用并提高传输带宽。而 GridFTP 中修改了 RETR 指令以使它可以指定 TCP流的数目，同时引入了 EBLOCK(extended block)模式(包括 8 位标志符、64 位长度、64 位偏移量和数据)，以支持并行传输、部分传输和带状传输。

(2)窗口大小是 TCP/IP 中获取最大带宽的关键参数，针对不同的网格环境、文件大小和文件集类型应该设置不同的值。使用最优的 TCPbuffer/Window 大小可以有效地提高数据传输性能。GridFTP 增加的新指令 SBUF 和 ABUF，就是分别用来手工指定和使用某种算法自动调整 TCPbuffer/Window 大小。

(3)安全认证是网格计算的重点和难点。Globus 中 GSI(grid security infrastructure)使用 PKI、X.25 和 SSL 作为整个安全系统的基础，分为授权、双重认证、私有通信、安全私钥、代理和单一系统登录部分，建立了非集中管理的，包括多个不同组织的安全系统。而 GridFTP 支持 GSI 和 Kerberos 认证，以满足用户控制不同层次上的数据完整性及保密性设定的要求。

大规模的分布系统拥有大量的数据集，在存储服务器间进行第三方控制的传输是很有必要的。用户可以启动和监控两台服务器间的数据传输，为使用多点资源提供了保障，而且无须进行数据中转。GridFTP 在原有 FTP 标准第三方传输的功能上添加了 GSSAPI(generic security service API)安全机制。

许多时候网格计算只需要文件中的部分数据或者一个数据子集，FTP 和 HTTP 协议只支持从某一偏移量开始到整个文件末的传输，而 GridFTP 使用 ERET、ESTO 等命令可支持部分文件传输。同时，网格的特殊性也使得连接状况较难预测，因此传输中断后的恢复必不可少，而 GridFTP 保留了 FTP 协议中的断点续传功能。

带状(striped)传输使用多个 TCP 流来传输分布在多个服务器上的数据，因为在网格中数据往往会分布在多存储点上，这样就可以大大增加客户端传输带宽，提高速率。GridFTP 使用扩展的 RETR 指令，并有分区和分块两种策略来进行带状传输，SPAS、SPOR 命令可分别用来设置被动和主动模式。

但是在实际应用时，GridFTP 并不具备跨越所有异构环境进行数据传输的能力。主要体现在 GridFTP 在某些情况下无法顺利地跨越防火墙进行数据传输。一方面由于 GridFTP 设计上的原因，基于 GridFTP 发送的数据在通过某些防火墙时存在丢失连接等问题；另一方面，网格的组成者和使用者来自地理上分布的机构或组织，各机构或组织出于安全的考虑通常都会设置防火墙，并采取不同的防火墙策略。在这种情况下，可能由于防火墙配置造成 GridFTP 传输的数据无法通过。例如，防火墙被配置为只允许特定协议的数据通过，其他协议的数据就会被过滤掉。通过防火墙接入网格的主机由于权限的限制通常也无法修改防火墙的配置。鉴于网格环境下有跨越防火墙进行数据传输的实际需求，而采用 GridFTP 又无法满足这种要求，为了完整地解决跨异构平台数据传输的问题，就需要解决跨防火墙数据传输的问题。

在应用层，对各类数据传输采用 GridFTP 协议是比较理想的。GridFTP 协议可以通过采用并行数据传输，动态改变 TCPbuffer/Window 大小来实现数据的高速传输。但是，事实上由于以下等多种原因，其各个方面的优越性能并不会得到充分发挥。

(1)TCPbuffer/Window 大小。TCPbuffer/Window 大小的调整对数据传输的效率有一定的影响。如果 TCPbuffer/Window 设置太大，就会造成更多的编码、解码时间，以及更大的内存消耗。在使用单一传输服务实例时，意味着更多的闲置时间；如果 TCPbuffer/Window 设置太小，就会增加传输的次数，同样会降低传输的性能；如果采用了数据压缩机制，TCPbuffer/Window 的大小将直接影响数据的压缩效果；TCPbuffer/Window 的大小同样会影响并行数据传输的数据传输效率。

(2)并行数据传输。GridFTP 引入了并行数据传输，通过建立多对数据通道来提高传输的性能。这是因为 GridFTP 是在 TCP 的基础上实现的，TCPsocket 的吞吐量受到 TCPbuffer/Window 大小的限制。典型的 TCPbuffer/Window 的大小是 64K，这对于高速的网络接口来说太小了。为了更多地利用资源，使用并行传输，就可以达到提高性能的目的。GridFTP 允许同时建立几对数据通道采用并行流的方式来传输单个文件，以提高系统的传输性能。然而，并行传输也带来了问题：服务器端的数据通道都是通过同一个物理网络接口，这就限制了数据传输的速率。这是因为现在的操作系统可以支持动态改变 TCPbuffer/Window 的大小，可以通过控制通道设置 TCPbuffer/Window 大小到 1GB，但是传输仍然有可能被其他的因素减慢。在拥挤的网络环境中，网络原因、软件原因、路由器的策略选择和拥塞控制策略，使得 TCP 连续发生丢包。这个时候，由于自动恢复机制，TCP 的慢启动过程会使得传输的速率减慢。通过使用并行可以在连接发生拥塞的时候，获得更多的资源。而这种情况发生的时候比较少，但在广域环境中还是可能发生的。并行传输带来的最直接的问题是它对网络资源的占用不受限制，很可能造成网络的拥塞，尤其是在多用户对服务器进行并发访问时，这类问题显得更加突出，且出现的概率尤其频繁。

对于同一物理的网络接口，并行传输确实能提高一些性能，但是这种提高受到网络的物理限制，并不能够充分利用资源，并且并行传输的性能提高是有限的，更加容易造成网络的拥塞。所以在地理信息服务系统中，对于大数据文件的传输过程，并行数据传输机制的使用对数据服务器硬件环境和软件要求是非常苛刻的，否则对系统的稳定性和健壮性的影响将很大。

(3) 条状数据传输。并行数据传输在地理信息服务中的局限性主要是所有的数据通道都使用同一个物理网络接口。而 GridFTP 中的条状数据传输机制则可以在多台机器间建立传输通道。与并行数据传输的不同之处是，传输的被动方可以是多台主机，监听在不同的机器上而不是同一台主机。因为主机在地理上是分布式的，使用各自独立的网络接口资源，所以传输的性能可以得到显著提高。而这种结构的实现还依赖于如何实现服务的分布，在各个条状数据传输之间完成协同的工作及中央的存储控制。可以利用复制(replica)来对数据进行分布存储及对各个存储资源进行控制，实现逻辑文件到物理地址的映射，利用 GridFTP 的条状数据传输来提高数据传输的性能。

第 4 章 地理信息服务模式

地理信息服务的目标是让任何人在任何时间任何地点获取任何空间信息。传统地理信息服务主要表现两个方面：一是提供地球上任意点的空间坐标；二是提供区域乃至全球的各种比例尺地图。随着遥感、地理信息系统和全球卫星定位系统的广泛应用及移动和网络通信技术的迅猛发展，地理信息服务步入数字化、网络化、集成化和智能化的新阶段。地理信息服务从传统的国防建设、国民经济建设应用拓宽到大众公共服务和个人出行生活，促进了现代地理信息服务产业的蓬勃发展，特别是网络地图和移动导航已经成为人们出行必需的地理信息产品。

4.1 基础地理信息服务模式

基础地理信息是我国国家空间数据基础设施（national spatial data infrastructure，NSDI）的重要组成部分，是国家经济信息系统网络体系中的一个基础子系统。近年来，随着信息化测绘的快速发展和应用需求的推动，基础地理信息产品的形式和应用模式也发生了重大变化。连续运行卫星定位服务综合系统（continuous operational reference system，CORS）成为大地平面控制基础地理信息服务的主要形式，大地水准面精化模型与 CORS 系统的结合彻底改变了传统高程测量作业模式，基于网络的地理信息公共服务平台成为 4D 产品服务的重要形式。

4.1.1 基础地理信息

基础地理信息是各类地理信息用户的统一空间载体，面向社会方方面面，应用面宽，具有极高的共享性和社会公益性，其数字化信息源的数量和质量直接影响一个国家地理信息系统技术应用的广度和深度，关系国家的信息自主权，是一个国家信息化程度和实力的重要标志。

1. 基础地理信息界定

基础地理信息主要是指通用性最强，共享需求最大，可以为所有行业提供统一的空间定位和进行空间分析的基础地理单元，主要由地理坐标系格网，自然地理信息中的地貌、水系、植被及社会地理信息中的居民地、交通、境界、特殊地物、地名等要素构成。其具体内容也同所采用的地图比例尺有关，随着比例尺的增大，基础地理信息的详细程度和位置精度越来越高。基础地理信息的承载形式也是多样化的，可以是各种类型的数据、卫星像片、航空像片、各种比例尺地图，甚至声像资料等，目前的主要形式有大地控制点信息数据库和 4D 产品数据库。大地控制点信息数据库包括各等级平面控制点信息数据库、各等级水准点信息数据库和重力信息数据库等；4D 产品数据库包括数字线划图（DLG）、数字栅格图（DRG）、数字正射影像（DOM）和数字高程模型（DEM）。

2. 基础地理数据生产

基础地理数据一般由政府测绘地理信息主管部门负责生产。

3. 基础地理数据更新

基础地理信息变化监测和实时更新将成为基础地理信息保障的基本任务。基础地理信息数据的更新在时间上可分为快速动态实时更新(增量式)和区域大面积定期更新(版本式)两种模式。快速动态实时更新可满足经济建设数据现势的要求,区域大面积定期更新可满足社会对基础地理信息数据全要素、高精度的要求。

4. 基础地理数据服务

基础地理数据服务作为基础性、公益性事业,为经济建设、国防建设和社会发展提供了基础地理信息资源保障,也为测绘事业开拓全方位社会化服务奠定了基础。基础测绘管理体制和运行机制不断完善,基本建立了较为完整的测绘基准体系,积累了比较丰富的遥感影像,测制了系列基本比例尺地形图,建成了一批基础地理信息数据库,基础地理信息资源的覆盖范围不断扩大,数量不断增长,内容不断丰富,质量不断提高。基础地理信息服务包括:①提供多比例尺模拟和数字地图;②提供国家天文大地网、GPS 网、重力网、大地水准面等多精度空间基准成果;③提供测绘成果档案服务;④提供处理后的多分辨率航空、卫星遥感影像、基础地理空间矢量数据、地名数据和数字高程模型数据等基础地理数据产品;⑤基础地理数据网络服务。

4.1.2　基础地理数据产品

基础地理信息数据库是存储和管理全国范围多种比例尺、地貌、水系、居民地、交通、地名等基础地理信息的数据库,包括栅格地图数据库、矢量地形要素数据库、数字高程模型数据库、地名数据库和正射影像数据库等。国家测绘局(2011 年更名为国家测绘地理信息局)1994 年建成了全国 1∶100 万地形数据库(注:含地名)、数字高程模型数据库,1∶400 万地形数据库等;1998 年完成全国 1∶25 万地形数据库、数字高程模型和地名数据库建设;1999年建设七大江河重点防范区 1∶1 万数字高程模型(DEM)数据库和正射影像数据库;2000 年建成全国 1∶5 万数字栅格地图数据库;2002 年建成全国 1∶5 万数字高程模型(DEM)数据库,并更新了全国 1∶100 万和 1∶25 万地形数据库;2003 年建成 1∶5 万地名数据库、土地覆盖数据库、TM 卫星影像数据库。现正在建立全国 1∶5 万矢量要素数据库、正射影像数据库等。各省正在建立本辖区 1∶1 万地形数据库、数字高程模型数据库、正射影像数据库、数字栅格地图数据库等,并正在进行省、市级基础地理信息系统及其数据库的设计和试验研究。

1. 数字线划图数据库

数字线划图数据库是将国家基本比例尺地形图上各类要素包括水系、境界、交通、居民地、地形、植被等按照一定的规则分层、按照标准分类编码,对各要素的空间位置、属性信息及相互间空间关系等数据进行采集、编辑、处理建成的数据库。根据国家基础地理信息系统总体设计,国家级地形数据库的比例尺分为 1∶100 万、1∶25 万和 1∶5 万三级。省级地形数据库的比例尺分为 1∶25 万、1∶5 万和 1∶1 万三级。

1) 全国 1∶400 万地形数据库

全国 1∶400 万地形数据库,是在 1∶100 万地形数据库基础上,通过数据选取和综合派生的。数据内容包括主要河流(5 级和 5 级以上)、主要公路、所有铁路、居民地(县和县级以上)、境界(县和县级以上)及等高线(等高距为 1000m)。数据分为 6 层。

2) 全国 1∶100 万地形数据库

全国 1∶100 万地形数据库的主要内容包括:测量控制点、水系、居民地、交通、境界、地形、植被等。该数据库利用 1：100 万比例尺地形图分版二底图作为数据源，执行《国土基础信息数据分类与代码》(GB/T 13923-1992)国家标准。

3)全国 1：25 万地形数据库

全国 1：25 万地形数据库分为水系、居民地、铁路、公路、境界、地形、其他要素、辅助要素、坐标网及数据质量等 14 个数据层。

该数据库按地理坐标和高斯-克吕格投影两种坐标系统分别存储。

4)全国 1：5 万矢量要素数据库

全国 1：5 万矢量要素数据库是由水系、等高线、境界、交通、居民地等大类的核心地形要素构成的数据库，其中，包括地形要素间的空间关系及相关属性信息。该数据库采用高斯-克吕格投影，1980 西安坐标系和 1985 国家高程基准，按 6°分带。

2. 数字高程模型数据库

数字高程模型数据库是空间型数据库。它是将定义在平面 X、Y 域(或理想椭球体面)按照一定的格网间隔采集地面高程而建立的规则格网高程数据库。它可以利用已采集的矢量地貌要素(等高线、高程点或地貌结构线)和部分水系要素作为原始数据，进行数学内插获得；也可以利用数字摄影测量方法，直接从航空摄影影像采集。其中，陆地和岛屿上格网的值代表地面高程，海洋区域内的格网值代表水深。

1)全国 1：100 万数字高程模型数据库

全国 1：100 万数字高程模型数据库利用 1 万多幅 1：5 万和 1：10 万地形图，按照 $28''.125 \times 18''.750$(经差×纬差)的格网间隔，采集格网交叉点的高程值，经过编辑处理，以 1：50 万图幅为单位入库。原始数据的高程允许最大误差为 10～20m。利用原始数据内插国内任一点高程值的中误差评价，高山地区中误差为 70m；中、低山中误差为 41m；丘陵地区中误差 20m；平原地区中误差 1m。全国 1：100 万数字高程模型的总点数为 2500 万点。

2)全国 1：25 万数字高程模型数据库

派生全国 1：25 万数字高程模型的原始数据包括等高线、高程点、等深线、水深点和部分河流、大型湖泊、水库等。采用不规则三角网模型(TIN)内插获得全国 1：25 万数字高程模型，以高斯-克吕格投影和地理坐标分别存储。高斯-克吕格投影的数字高程模型数据，格网尺寸为 100m×100m。以图幅为单元，每幅图数据均按包含图幅范围的矩形划定，相邻图幅间均有一定的重叠。地理坐标的数字高程模型数据，格网尺寸为 3″×3″，每幅图行列数为 1201×1801，所有图幅范围都为大小相等的矩形。

3)1：5 万数字高程模型数据库

1：5 万数字高程模型利用全数字方法生产，航摄比例尺及其空三加密精度指标按照 1：5 万 DEM 生产有关规范执行。全国 1：5 万 DEM 格网形式为 25m×25m，存储格式为 ArcInfo GRID。采用 6°分带的高斯-克吕格投影，1980 西安坐标系和 1985 国家高程基准。

3. 数字栅格地图数据库

数字栅格地图数据库是空间型数据库。它是已经出版的地图经过扫描、几何校正、色彩校正和编辑处理后，建成的栅格数据库。该数据库可管理 DRG 的数据目录，支持数据分发。库体中存储和检索的最小单位一般是图幅，可按图幅/区域进行管理。

1：5 万数字栅格地图数据库是现有 1：5 万模拟地形图的数字形式。扫描输入 400～600dpi，按地面分辨率 4m 输出，按照 1：5 万地形图分幅存储，存储格式为 TIFF(LZW 压缩)。

全国 1：5 万 DRG 数据库在空间上包含 19000 多幅 1：5 万地形图数据，覆盖整个国土范围 70%~80%。

4. 数字正射影像数据库

正射影像数据库是空间型数据库。它是由各种航空航天遥感数据或扫描得到的影像数据经过辐射校正、几何校正，并利用数字高程模型进行投影差改正处理产生的正射影像，有时附之以主要居民地、地名、境界等矢量数据而构成的影像数据库。影像可以是全色的、彩色的，也可以是多光谱的。影像数据可以采用压缩方式存储以节约存储空间。其比例尺系列与地形数据库一致。

1：5 万数字正射影像数据库是将扫描数字化的航空像片的影像数据，经逐像元进行几何改正，按照标准 1：5 万图幅范围裁切和镶嵌生成的数字正射影像集而构建的空间影像数据库。其影像数据是按照 1：2.5 万地形图的精度进行生产，地面分辨率为 1m，同时具有地图几何精度和影像特征的图像。

5. 地名数据库

地名数据库是空间定位型的关系数据库。它是将国家基本比例尺地形图上各类地名注记，包括居民地、河流、湖泊、山脉、山峰、海洋、岛屿、沙漠、盆地、自然保护区等名称，连同其汉语拼音及属性特征，如类别、政区代码、归属、网格号、交通代码、高程、图幅号、图名、图版年度、更新日期、X 坐标、Y 坐标、经度、纬度等录入计算机建成的数据库。它与地形数据库之间通过技术接口码连接，可以相互访问，也可以作为单独的关系型数据库运行。

1) 全国 1：25 万地名数据库

全国 1：25 万地名数据库是一个空间定位型的关系数据库，其主要内容是 1：25 万地形图上各类地名信息及与其相关的信息，如汉语拼音、行政区划、坐标、高程和图幅信息等。

该数据库设计了地名信息、行政区划信息、图幅信息、图幅与政区关系、地名类别对照、行政区划与政区代码对照六个表。前四个表为基本信息表，后两个表为辅助信息表。

2) 全国 1：5 万地名数据库

全国 1：5 万地名数据库以最新版的 1：5 万地形图作为基础工作图，采用内业与有重点的实地核查相结合的地名更新方法，充分利用民政部门提供的全国及省级行政区划简册、地名录(志)、地名普(补)查图等地名资料，以及最新的测绘成果，进行了全国范围建制村以上地名数据的核查与采集。共核查、采集 1：5 万地形图地名数据 500 多万条，数据量为 1.2GB，更新地名近 140 万条，占全部地名的 26.4%。数据库中县以上地名数据的现势性达到 2002 年年底，街道办事处、镇、乡及建制村达到 2000 年年底，其中，9 个省份采用 2001 年撤乡并镇后的资料。

6. 土地覆盖数据库

土地覆盖数据库是利用全国陆地范围 2000 年前后接收的 Landsat 卫星遥感影像采集的，共计 752 幅(1：25 万分幅)，数据量约为 12GB。土地分 6 个一级类和 24 个二级类，采用 6°带高斯投影，包括栅格和矢量两种数据格式。数据库采用基于 ORACLE8i 的 ArcSDE 和 ArcMap 平台进行管理，可满足检索、查询、浏览和分发服务的需求。

7. 遥感影像数据库

航天航空影像数据库是利用各种航天航空遥感数据或扫描得到的影像数据为数据源而设

计构建的空间影像数据库，其具有多时间分辨率、多光谱分辨率、多空间分辨率、多灰度分辨率等特征。

1）航空影像数据库

航空影像数据库的内容包括航片扫描影像库、航片预览影像库、航片定位数据库和航摄文档参数数据库。数据库包括我国 20 世纪 50 年代以来航空摄影资料，扫描精度不低于 4μm。

2）卫星影像数据库

卫星影像数据库就是利用遥感卫星对地观测的影像数据源，经加工处理、整合集成而形成的空间影像数据库。TM 卫星正射影像数据库业已建成，其数据源为 Landsat7 卫星 ETM+ 传感器所获取的 15m 分辨率的全色影像数据和 30m 分辨率的多光谱影像数据，共包括覆盖全国陆域范围的 522 景影像。SPOT 卫星正射影像数据库数据源为 SPOT 全色波段数据（10m 分辨率）的覆盖全国陆域（除新疆和西藏的少数荒漠地区）的卫星影像数据。

4.1.3 基础地理数据服务

基础地理数据不断拓展服务的深度和广度，实现了从提供单一的纸质地图到提供多样化数字测绘产品、地理信息应用和现代测绘技术服务的转变，服务领域已经渗透到经济社会发展的各个方面，为科学管理与决策、重大战略实施、重大工程建设、能源资源节约、生态环境保护、突发公共事件应急处置、国防和军队信息化建设等提供了可靠、适用、及时的保障，大力推动了测绘成果的广泛利用，有力促进了智能交通、移动定位等现代服务业的发展。测绘在管理社会公共事务、处理经济社会发展重大问题、提高人民群众生活质量等方面发挥着越来越重要的作用。

国家基础地理信息服务部门以地理信息服务的数字化、产业化模式为目标，通过对不同技术手段获取的基础地理信息进行采集、编辑处理、存储，建成多种类型的基础地理信息数据库，并建立了数据传输网络体系，为国家和省（自治区、直辖市）各部门提供了基础地理信息服务。它是一个面向全社会各类用户、应用面最广的公益型地理信息服务。目前，向用户提供数字化的基础地理信息产品主要常见的两种方式有：①向专业的机构（规划、地质、水利、林业、农业、旅游、土地等）提供基础地理信息数据产品的数据文件；②将基础地理信息数据通过 Internet 向专业的机构用户分发。

网络的分发服务是国家及地方基础地理信息中心或测绘资料管理部门实现地理数据开发、信息发布及基础地理信息相互网上交换等管理功能。根据地理信息管理和服务的需要，利用大型数据库技术、WebGIS 技术及网络技术，将地理信息数据（如各种比例尺的 4D 数据、大地测量成果、地名数据库、专题地理数据及数据产品等），通过 Internet 面向用户提供空间地理信息查询和地理数据及产品信息发布。根据用户对象的不同，基础地理信息服务内容的级别有以下几种。

（1）国家级地理信息中心与重点省级基础地理信息中心用户服务系统的互联，使全国用户能快速准确地查询到所需的数据及获取方式。

（2）各省级地理信息中心的网络互联，各省份之间基础地理信息数据的横向流通，使各省能互相了解对方基础地理信息数据的生产及更新情况。

（3）省级地理信息中心与政府决策部门及全省各主要基础地理信息资料使用单位之间实现网络互联，用户可通过 IC 认证方式进行查询检索。信息中心管理员及时对数据进行维护更新。

(4) 其他一般用户的网上资料查询检索。只提供地理信息数据的名称、数量、提供方式等。

由于基于网络的基础地理信息服务涉及大量保密数据和非公开资料，必须保证"数据安全"。这在实现上需要结合多种技术手段来完成。首先，需要严格划分出保密数据资料和非保密可公开的数据资料，并在元数据中进行明确记录，对两种类型的数据资料采取不同的存档管理方案。另外，还需要防范恶意访问造成的网络安全问题。除开发通过系统实现用户注册、身份认证及其他以后可能实行的电子商务的有关操作外，还需要开发专门的功能获取各种用户及地理信息产品的客户关于提供服务的意见和建议，并使这些意见和建议能够在改进服务、开拓新的服务领域、开发和创新产品方面发挥积极作用。

4.1.4　连续运行参考站系统

随着 GPS 技术的飞速进步和应用普及，它在城市测量中的作用已越来越重要。利用多基站网络 RTK 技术建立的连续运行卫星定位服务综合系统(CORS)已成为城市 GPS 应用的发展热点之一。连续运行参考站系统可以定义为一个或若干个固定的、连续运行的 GPS 参考站，利用现代计算机、数据通信和互联网(LAN/WAN)技术组成的网络，实时地向不同类型、不同需求、不同层次的用户自动地提供经过检验的不同类型的 GPS 观测值(载波相位，伪距)、各种改正数、状态信息及其他有关 GPS 服务项目的系统。

1. 系统组成

CORS 系统是卫星定位技术、计算机网络技术、数字通信技术等高新科技多方位、深度结晶的产物。CORS 系统由基准站网、数据处理中心、数据传输系统、数据播发系统、用户应用系统五个部分组成，各基准站与数据处理中心间通过数据传输系统连接成一体，形成专用网络。系统包括用户信息接收系统、网络型 RTK 定位系统、事后和快速精密定位系统及自主式导航系统和监控定位系统等。

1) 基准站网

基准站网由控制区域内均匀分布的基准站组成，负责采集 GPS 卫星观测数据并输送至数据处理中心，同时提供系统完好性监测服务。

2) 数据处理中心

系统的数据处理中心，用于接收各基准站数据，进行数据处理，形成多基准站差分定位用户数据，组成一定格式的数据文件，分发给用户。数据处理中心是 CORS 的核心单元，也是高精度实时动态定位得以实现的关键所在。中心 24 小时连续不断地根据各基准站所采集的实时观测数据在区域内进行整体建模解算，并通过现有的数据通信网络和无线数据播发网，向各类需要测量和导航的用户以国际通用格式提供码相位/载波相位差分修正信息，以便实时解算出流动站的精确点位。

3) 数据传输系统

各基准站数据通过通信专线传输至数据处理中心，该系统包括数据传输硬件设备及软件控制模块。

通信分两个层面：一个是基准站到数据处理中心的通信；另一个是数据处理中心到移动站的通信。基准站到数据处理中心的通信，因为数据量大，距离远，而且传输速度和传输的稳定性要求比较高，所以一般都采用专线。数据处理中心到移动站的通信就是数据处理中心发给客户的改正数据，因为在永久基准站旁边不存在电台，而且从数据处理中心到移动站的距离很远，城市中的各种电磁干扰也很大，所以现在有两种数据传输方式可供选择：

一种是 GSM 电路交换方式，由数据处理中心给出一个统一的电话号码，并且有一个拨号服务器可以同时接收多个电话同时拨入，在客户端通过一个开通了数据传真业务的 GSM 模块拨通数据处理中心的电话后，就可以实时得到改正数据了。

另一种是无线连接，也叫分组交换方式，通俗地说就是上网，用户的 GSM 模块开通了 GPRS 或者 CDMA 的上网功能，数据处理中心给出固定的一个 IP 地址和 Port 端口号。除此之外，数据处理中心还给出一个或者多个节点(mount point)，用户通过访问该节点就可以实时得到改正数据。该通信规则遵循 NTRIP 协议。

4）数据播发系统

系统通过移动网络、Internet 等形式向用户播发定位导航数据。

5）用户应用系统

用户应用系统包括用户信息接收系统、网络型 RTK 定位系统、事后和快速精密定位系统，以及自主式导航系统和监控定位系统等。按照应用的精度不同，用户服务子系统可以分为毫米级用户系统、厘米级用户系统、分米级用户系统、米级用户系统等；而按照用户的应用不同，可以分为测绘与工程用户(厘米、分米级)、车辆导航与定位用户(米级)、高精度用户(事后处理)、气象用户等几类。与传统的 GPS 作业相比，连续运行参考站具有作用范围广、精度高、野外单机作业等众多优点。

2. 系统性能指标

CORS 系统彻底改变了传统 RTK 测量作业方式，其主要优势体现在：①改进了初始化时间，扩大了有效工作的范围；②采用连续基站，用户随时可以观测，使用方便，提高了工作效率；③拥有完善的数据监控系统，可以有效地消除系统误差和周跳，增强差分作业的可靠性；④用户不需架设参考站，真正实现单机作业，减少了费用；⑤使用固定可靠的数据链通信方式，减少了噪声干扰；⑥提供远程 Internet 服务，实现了数据的共享；⑦扩大了 GPS 在动态领域的应用范围，更有利于车辆、飞机和船舶的精密导航。系统性能指标如表 4.1 所示。

表 4.1　系统性能指标

项目	内容		技术指标	
系统精度	实施方式		水平精度	高程精度
	RTK 实时定位	20km 以内	10mm+1ppm	20mm+1ppm
		20～40km	20mm+1ppm	40mm+1ppm
		40～50km	50mm+1ppm	80mm+1ppm
		50～100km	亚米级	亚米级
	静态事后差分定位		≤5mm	≤10mm
	变形观测		3～5mm	6～10mm
	导航		≤5m	≤10m
服务领域	导航		提供高精度导航定位的信息	
	测量		提供静态、后差分、RTK 的数据服务	
兼容性	导航		RTCM-SC104V2.X	
	差分		RTCMv2.X 格式	

注：1ppm=$1×10^{-6}$。

3. 系统数据流程

系统作业流程与数据流程如图 4.1 所示。

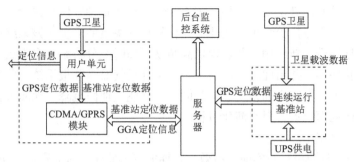

图 4.1 系统作业流程与数据流程

(1) 基准站连续不间断地观测 GPS 的卫星信号获取该地区和该时间段的"局域精密星历"及其他改正参数，按照用户要求把静态数据打包存储并把基准站的卫星信息送往服务器上指定位置。

(2) 移动站用户接收定位卫星传来的信号，并解算出地理位置坐标。

(3) 移动站用户的数据通信模块通过局域网从服务器的指定位置获取基准站提供的差分信息，然后输入用户单元 GPS 进行差分解算。

(4) 移动站用户在野外完成静态测量后，可以从基准站软件下载同步时间的静态数据进行基线联合解算。

4. CORS 服务应用

随着国家信息化程度的提高及计算机网络和通信技术的飞速发展，电子政务、电子商务、数字城市、数字省区及数字地球的工程化和现实化，需要采集多种实时地理空间数据。因此，中国发展 CORS 系统的紧迫性和必要性越来越突出。几年来，国内不同行业已经陆续建立了一些专业性的卫星定位连续运行网络，为满足国民经济建设信息化的需要，一大批城市、省份和行业正在筹划建立类似的连续运行网络系统。一个连续运行参考站网络系统的建设高潮正在到来。

1) 取替测量控制点

CORS 的建立可以大大提高测绘的速度与效率，降低测绘劳动强度和成本，省去测量标志保护与修复的费用，节省各项测绘工程实施过程中约 30% 的控制测量费用。由于城市建设速度加快，对 GPS-C、D、E 级控制点破坏较大，一般在 5~8 年需重新布设，至于在路面的图根控制更不用说，一两年就基本没有了，各测绘单位不是花大量的人力重新布设，就是仍以支站方式，这不但保证不了精度，而且造成人力、物力、财力的大量浪费。随着 CORS 基站的建设和连续运行，就形成了一个以永久基站为控制点的网络。所以，可以利用已建成的 CORS 系统对外开发使用，收取一定的费用，收费标准可以根据各地的投入和实际情况制定，当然这一点上更多的是社会效益。

2) 城市信息基础设施建设

CORS 系统仅是一个动态的、连续的定位框架基准，通过建设若干永久性连续运行的 GPS 基准站，提供国际通用格式的基准站站点坐标和 GPS 测量数据，可在城市区域内向大量用户同时提供高精度、高可靠性、实时的定位信息，并实现城市测绘数据的完整统一，这将对现代城市基础地理信息系统的采集与应用体系产生深远的影响。

它不仅可以建立和维持城市测绘的基准框架，还可以全自动、全天候、实时提供高精度空间和时间信息，及时地满足城市规划、国土测绘、地籍管理、城乡建设、环境监测、防灾减灾、交通监控、矿山测量等多种现代化信息化管理和决策的需求。该系统还能提供差分定位信息，开拓交通导航的新应用，并能提供高精度、高时空分辨率、全天候、近实时、连续的可降水气量变化序列，并由此逐步形成地区灾害性天气监测预报系统。此外，CORS 系统可用于通信系统和电力系统中高精度的时间同步，并能就地面沉降、地质灾害、地震等提供监测预报服务，研究探讨灾害时空演化过程。

3）高精度变形观测

CORS 可以对工程建设进行实时、有效、长期的变形监测，对灾害进行快速预报。CORS 项目完成将为城市诸多领域，如气象、车船导航定位、物体跟踪、公安消防、测绘、GIS 应用等提供精度达厘米级的动态实时 GPS 定位服务，这将极大地加快城市基础地理信息的建设。

4）城市三维测量

城市三维测量是城市信息化的重要组成部分，并由此建立起城市空间基础设施的三维、动态、地心坐标参考框架，从而在实时的空间位置信息面上实现城市真正的数字化。CORS 建成能使更多的部门和更多的人使用 GPS 高精度服务，它必将在城市经济建设中发挥重要作用，由此带给城市巨大的社会效益和经济效益是不可估量的。它将为城市进一步提供良好的建设和投资环境。

4.2　政务地理信息服务模式

4.2.1　政务地理信息

地理信息是国家重要战略信息资源，是不可或缺的信息化基础软设施，在政府管理决策、新兴产业发展、人民生活改善等方面发挥着越来越重要的作用。随着政府管理决策科学化、国家经济与社会发展信息化及和谐社会建设的不断推进，各级政府部门和社会公众对权威、可靠的地理信息服务的需求与日俱增，迫切要求实现全国多尺度、多类型地理信息资源的综合利用与在线服务。

政府管理决策科学化迫切需要加强地理信息资源的综合开发利用。地理信息在我国空间布局规划、公共突发事件处置、综合减灾与风险管理等方面发挥了重要作用，并呈现出日益广阔的应用前景。无论是政府管理决策科学化，还是综合减灾与风险管理及公众服务，均需要综合地利用从宏观、中观到微观的多类型地理信息。目前我国地理信息资源总量虽然不断增加、质量不断提高，但各地区的地理信息数据资源存在条块分割、封闭管理现象，尚不能互联互通，整体上开发不足、利用不够、效益不高，相对滞后于信息基础设施建设，不能有效满足各级政府管理决策科学化的迫切需要。

政府机构、专业部门、企业在获取基础地理信息数据之后，还要进行较为复杂的集成处理，致使其业务化应用系统建设的周期长、成本高、技术复杂。为此，越来越多的用户希望测绘部门转变传统的地理信息服务方式，提供"一站式"在线地理信息服务和便捷高效的二次开发接口，以切实地加快跨区域多尺度地理信息集成服务能力，降低专业应用系统构建的技术难度与经济成本，有效地提高地理信息应用的能力和水平，促进地理信息更加深入广泛的应用。

由于基础地理信息属于保密信息，长期以来测绘部门只能以离线方式向广大用户提供纸质地图和基础地理数据。受保密制度的制约，无法实现网上在线服务，地理空间信息资源跨部门、跨区域共享困难，无法满足防灾减灾、突发事件处置等应用对地理信息快速获取与集成应用的需求，直接影响我国信息化建设进程。为此，在国家基础地理信息的基础上，对保密地理要素进行处理，融合了政务信息及其他相关专题信息，建立了可以跨部门、跨行业数据共享、交换与更新的政务地理信息产品、标准规范、管理体制、运行机制和安全支撑体系，实现了地理信息资源的互联互通，为政府部门、企事业单位和社会公众提供了权威、准确、现势的地理信息服务，以满足政府管理、市政建设和社会发展的各项需求。

政务地理信息突破传统观念、行政体制、管理模式、技术手段等多方面因素的制约，按照统一标准整合中央政府部门、各地方政府部门及许多相关单位，建立健全了相关的政策法规，明确了各部门在政务地理信息共享平台运行和维护中的责任和义务。覆盖全国的 1∶400 万、1∶100 万、1∶25 万、1∶5 万基本比例尺地理空间数据库建在中央，由国家测绘地理信息局统一管理和维护，而 1∶1 万、1∶2000 乃至更大比例尺的地理空间数据库由各省、市分别建设，独自管理。

基于政府电子政务专网，分级建设政务地理信息平台，通过建立有效的地理信息共享机制，实现政务地理信息的分级建设、维护与服务共享，即国家级平台维护、管理宏观层面的政务地理信息，省市级平台维护、管理微观层面的政务地理信息，平台间基于政务地理信息服务共享标准和规范，提供服务级共享，实现平台间不同尺度、不同范围政务地理信息的互相调用，从而减少平台间数据库内容的重叠度，打破信息孤岛。

4.2.2 政务地理框架数据

1. 政务地理框架数据来源

政务地理框架数据是平台服务的数据主体，如图 4.2 所示。其是针对社会经济信息空间化整合和在线阅览标注等网络化服务需求，依据统一技术标准和规范，对现有基础地理信息

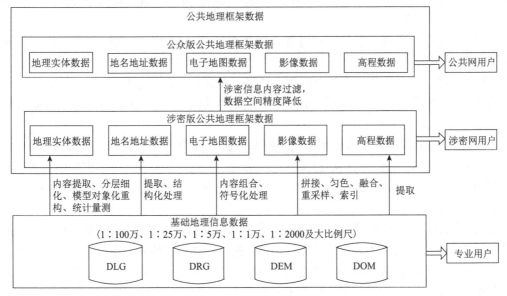

图 4.2 政务地理框架数据来源

数据进行一系列的加工处理形成的以面向地理实体、分层细化为重要特征的数据，包括地理实体数据、地名地址数据、电子地图数据、影像数据、高程数据五类。

基础地理信息数据既是政务地理框架数据的主要数据源，也可直接提供给有关专业用户或特殊用户使用。

为了有效地服务政府、企业和公众，需分别制作涉密版与公众版两个数据集。涉密版数据须在涉密网环境下使用并提供在线服务。公众版数据是依据国家有关规定，采用特定技术进行涉密信息内容过滤、空间精度降低等处理，用于在非涉密网环境中提供在线信息服务。

2. 政务地理框架数据构成

政务地理框架数据主要包括地理实体数据、地名地址数据、电子地图数据、影像数据、高程数据五类。

1）地理实体数据

地理实体数据是根据相关社会经济、自然资源信息空间化挂接的需求，对基础地理信息数据进行内容提取与分层细化、模型对象化重构、统计分析等处理而形成的。其采用实体化数据模型，以地理要素为空间数据表达与分类分层组织的基本单元。每个要素均赋以唯一性的要素标识、实体标识、分类标识与生命周期标识。通过这些标识信息能够实现地理要素相关社会经济、自然资源信息的挂接，还能够灵活地进行信息内容分类分级与组合，并实现基于要素的增量更新。

地理实体数据包括基本地理实体和扩展地理实体两类。其中，基本地理实体包括境界与政区实体、道路实体、铁路实体、河流实体、房屋院落实体、重要地理实体等。扩展地理实体由各级节点及信息基地根据具体情况定义并整合加工。

各类实体的最小粒度应与相应基础地理信息数据所采集的最小单元相同，如1：5万比例尺政区与境界实体的最小粒度应至三级行政区（市辖区、县级市、县、旗、特区、林区）及相应界线；1：2000及大比例尺的境界与政区实体的最小粒度至四级行政区（区公所、镇、乡、苏木、街道）及相应界线。

（1）境界与政区实体：包括行政境界及其所围区域。行政区域实体按不同级别行政单元划分，包括国家、省（自治区、直辖市、特别行政区）、地区（地级市、自治州、盟）、县（市辖区、县级市、自治县、旗、自治旗、特区、林区）、乡（区公所、镇、苏木、民族乡、民族苏木、街道）等；行政境界是行政区域的边界，每个行政境界实体由相邻行政区域单元定义。

（2）道路实体：按道路名称划分，以道路中心线表达，即将具有同一名称的道路的中心线定义为表示该道路的实体。所有道路实体构成连通的道路网。不同尺度数据集中的所有道路都需以中心线表达，并构成连通的网络。对于源数据中没有名称的道路，按其中心线的最小弧段定义实体。

（3）铁路实体：按铁路名称或专业编号划分，以铁路中心线表达，即将具有同一名称或专业代码的铁路中心线定义为表示该铁路的实体。所有的铁路实体构成连通的铁路网。不同尺度数据集中的所有铁路都需以中心线表达，并构成连通的网络。对于源数据中没有名称或专业代码的铁路，按其中心线的最小弧段定义实体。

（4）河流实体：按河流名称划分，以河流骨架表达，即将具有同一名称的河流的骨架线定义为表示该河流的实体。所有河流实体构成连通的水网。不同尺度数据集中的所有河流都需以中心线表达，并构成连通的网络。对于源数据中没有名称的河流，按其骨架线的最小弧段定义实体。

(5) 房屋院落实体：主要基于 1∶2000 及大比例尺基础地理信息数据提取，用于挂接电子政务应用中的基于机构代码的法人单位基础信息、基于居民身份标识码的人口基础信息等。其中，房屋实体定义为表示能够独立标识的房屋外轮廓的封闭多边形；院落实体定义为表示单位、小区等院落外轮廓的封闭多边形。

(6) 重要地理实体：指国土 (含海域) 范围内具有重要地理信息的自然和人文地理实体，如著名山峰、河流、长城等。主要用于关联这些实体的位置、高程、深度、面积、长度、趋势、变化率等重要属性信息数据等。

2) 地名地址数据

地名地址数据以坐标点位的方式描述某一特定空间位置上自然或人文地理实体的专有名称和属性，是实现地理编码必不可少的数据，是专业或社会经济信息与地理空间信息挂接的媒介与桥梁。

地名地址信息以地址位置标识点要素来表达。现实世界任一地理实体均可以利用地名地址信息 (地址位置标识点) 来实现其地理定位。通过地址匹配，与某一地理实体相关的自然与社会经济信息 (如法人机构、POI、户籍⋯⋯) 可以挂接到地址位置标识点上，也可以通过地址位置标识点的地理实体标识码实现与相关地理实体的关联。同一地理实体可以抽象为不同类型的多个要素，其均继承该地理实体的地名地址信息。

地名地址数据必须包含标准地址 (地理实体所在地理位置的结构化描述)、地址代码、地址位置、地址时态等信息，还需包括与其相关的地理实体的标准名称 (根据国家有关法规经标准化处理，并由有关政府机构按法定的程序和权限批准予以公布使用的地名)、地理实体标识码等信息。

3) 电子地图数据

电子地图数据是针对在线浏览和标注的需要，对矢量数据、影像数据、高程数据进行内容选取组合所形成的数据集。经符号化处理、图面整饰后可形成重点突出、色彩协调、符号形象、图面美观的各类地理底图，用于在线浏览、专题标图，也可供用户下载后打印输出或作为文档插图。

电子地图数据包括线划地图数据、影像地图数据两类。线划地图数据以矢量数据与高程数据组合而成；影像地图数据以航空、航天遥感影像为基本内容，叠以适当的矢量要素。除制作符合统一技术规范的基本电子地图外，各节点或信息基地可根据其实际情况与需求制作扩展底图，如各类旅游图、人口图、房地产图等。

4) 影像数据

影像数据是指面向网络地图服务需求而处理形成的地表影像、建筑物纹理、立面街景数据。其中，地表影像采用最新时相的各类遥感数据，经过正射纠正、拼接、匀色、融合、影像金字塔建设等处理，可与地理实体数据配置形成影像地图，或与 DEM 结合构成三维地形景观。

构筑物纹理和立面街景数据是采用激光扫描仪、CCD 数码相机等获取的构筑物和街景表面影像，可与三维构筑物模型结合形成三维城市景观。

5) 高程数据

高程数据是描述地形及构筑物高程或高度信息的数据，其主要表现形式为数字高程模型 (DEM) 数据和三维构筑物模型。其中，数字高程模型用一组有序数值阵列描述地面高程信息，可作为工程建设土方量计算、通视分析、汇水区分析、水系网络分析、降水分析、蓄洪计算、淹没分析、移动通信基站分析的基础，也可与影像数据集成形成三维地形场景。三维构筑物模型是对构筑物三维体特征的描述，可与构筑物表面纹理、DEM 及影像数据集成，形成三维城市景观。

3.数据资源建设与维护更新

"政务服务平台"采用"共建共享，协同更新"机制，按照主节点、分节点、信息基地三级进行数据资源建设、分布式数据存储管理与维护更新。

1) 数据资源建设

依据"政务服务平台"统一技术规范，主节点、分节点、信息基地分别对本区域基础地理信息数据进行内容提取与分层细化、模型对象化重构、符号化表现、安全保密处理等一系列加工处理，形成相应的涉密版和公众版政务地理框架数据。

主节点数据主要以 1：5 万及小比例尺基础地理信息数据为数据源；分节点主要以 1：1 万比例尺数据为数据源，对于个别 1：1 万比例尺数据未全面覆盖的省份，可采用 1：5 万比例尺数据作为补充；信息基地主要以 1：2000 及大比例尺数据为数据源。

为了切实推进地理信息共建共享，鼓励和支持交通、规划、土地、房产、水利、林业、农业等专业部门加工和提供相应的政务专题地理数据，通过"政务服务平台"的服务接口向用户提供服务。

2) 数据管理

平台各级节点和信息基地依据统一技术规范分别对各自的数据进行管理与维护。涉密数据与非涉密数据以物理隔离的方式分开管理，分别基于涉密网、公开网进行服务。

各级节点和信息基地在对本级数据进行管理时，应针对自身数据特点和平台服务的需求，有针对性地建立数据库和相应的管理系统，并实行用户权限管理、数据库备份与恢复策略，以保障数据的安全使用。

3) 数据更新

平台数据更新采用应急更新、日常更新两种模式。

（1）应急更新：在突发事件或应急情况下，采取多种技术手段与方式，快速获取事件发生地点或相关区域的航空航天影像数据、地面实测数据及相关专题数据，提取变化信息并更新政务地理框架数据，及时向平台用户提供最新信息服务，满足应急救灾与风险管理需求。

（2）日常更新：依托于基础地理信息数据日常更新计划，利用其更新信息及时更新政务地理框架数据，其关键是建立基础地理信息数据与政务地理框架数据一致性维护机制与专用软件工具。城市大比例尺数据的更新可与建设工程的竣工验收结合起来。

4.2.3　政务地理信息网络服务

1. 平台总体构架

图 4.3 给出了政务服务平台总体构架，主要由数据层、服务层和运行支持层等组成。

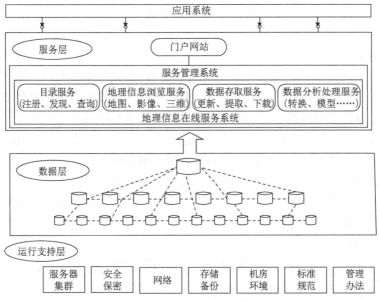

图 4.3　政务服务平台总体构架

1）数据层

主体内容是政务地理框架数据，包括电子地图数据、地理实体数据、地名地址数据、影像数据、高程数据等。其是在多尺度基础地理信息数据的基础上，根据在线浏览标注和社会经济、自然资源信息空间化挂接等需求，按照统一技术规范进行整合处理，采用分布式的存储与管理模式，在逻辑上规范一致、物理上分布，彼此互联互通，并以"共建共享"方式实现协同服务。

2）服务层

服务层主要包括平台门户网站、服务管理系统、地理信息基础服务软件系统、二次开发接口库。门户网站是政务服务平台的统一访问界面，提供包括目录服务、地理信息浏览、地理信息数据存取与分析处理等多种服务，并通过服务管理系统实现统一管理。

普通用户主要通过门户网站获得所需的在线地理信息服务，专业用户则可通过调用二次开发接口，在平台地理信息上进行自身业务信息的分布式集成，快速构建业务应用系统。

3）运行支持层

运行支持层主要包括网络、服务器集群、服务器、存储备份、安全保密系统、计算机机房改造等硬环境和技术规范与管理办法等软环境。

2. 平台服务与管理模式

"政务服务平台"一方面直接向各类用户提供权威、可靠、适时更新的地理信息在线服务，另一方面通过提供多种开发接口鼓励相关专业部门和企业利用平台提供的丰富地理信息资源开展增值开发，以满足多样化的应用需求。

其服务对象主要包括政府、公众和企业三大类用户，每类用户又可依据使用方式分为一般用户和开发人员。其中，政府用户可通过涉密网络获得基于涉密版数据的服务，也可通过公开网络获得基于公众版数据的服务；公众和企业用户可以通过公开网络获得基于公众版数据的服务。

服务层向政府、公众提供地图浏览、地名查询定位、专题信息加载、空间分析等在线地理信息服务，并向专业部门和企业提供标准服务接口，支持其基于平台资源开发专业应用系统。

1）服务层构成

按照面向服务架构（service-oriented architecture，SOA）的基本思想和方法，服务层设计考虑了服务使用方、服务提供方和服务中介三个基本角色。服务使用方是指直接使用在线地理信息服务的各类普通用户和通过标准接口调用服务的各类专业系统开发人员；服务提供方是参与平台建设并提供在线服务的全国各级地理信息服务机构，负责处理各类地理信息数据资源并建立和运行各类具有标准接口的在线服务系统；服务中介是负责服务注册中心和门户网站的部署、运行和维护的机构，由平台的运行管理机构担当。

服务层由四个主要部分组成，包括门户网站系统、支持系列互操作接口规范的二次开发接口库、地理信息服务基础软件及平台管理软件，如图 4.4 所示。

（1）门户网站系统：为普通用户提供访问平台功能的入口，实现包括地图浏览、地名查找、地址定位、地名标绘、空间查询、数据查询选取、数据提取与下载等功能。

（2）二次开发接口库：为专业用户提供调用平台各类服务的浏览器端的二次开发函数库，实现对地理信息服务基础软件各类功能的封装。

（3）地理信息服务基础软件：实现地理信息数据的组织管理、符号化处理、地理信息查询分析、数据提取等功能，并可通过符合 OGC 规范的互操作接口进行调用。

（4）平台管理软件：实现服务的注册、查询、组合、状态监测、评价，以及对用户认证、授权管理。

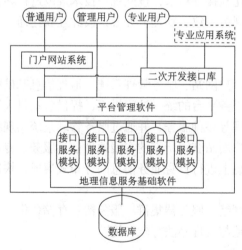

图 4.4　地理信息政务服务平台服务层构成

2）门户网站系统

门户网站是"政务服务平台"服务的总界面、总窗口，是普通用户使用"政务服务平台"各类服务的入口。

门户网站向用户提供地图浏览、地名查找、地址定位、空间查询、地名标绘、数据查询选取、数据提取与下载等服务。还为各类用户提供服务注册、服务查询、用户注册、用户登录、服务运行状态检测等多种运行管理功能的访问界面，以及平台使用帮助信息，如各类服务的接口规范、应用开发接口（API）文本及开发模板、代码片段和相关技术文档资料。

3) 二次开发接口库

二次开发接口库的用户是专业应用系统开发人员，主要通过接口调用平台提供的基本功能。二次开发接口以支持浏览器端开发为主，需要支持现有比较成熟的开源 Javascript 接口库，或设计并实现基于 Javascript 的浏览器端开发接口库。随着其他浏览器端开发技术的不断发展，应适时设计开发相应的接口库，以支持多种应用系统的开发。

4) 地理信息服务软件

地理信息服务软件除具备基本的 GIS 数据输入、处理、符号化及按照指定格式输出的功能外，还应具备正确响应通过网络发出的符合 OGC 相关互操作规范的调用指令的能力，支持地理信息资源元数据服务、地理信息浏览服务、数据存取服务和数据分析处理服务的实现。

(1) 地理信息资源元数据(目录)服务。地理信息资源元数据服务又称为目录服务。具体实现包括地理信息数据、服务及其他相关资源的元数据采集、注册、汇集，在此基础上提供地理信息资源的查询、发现，以及对服务资源的聚合或组合。

实现元数据服务的软件需符合 OGCCSW 规范。目前，我国已经建立了基于 OGCCSW 规范的全国测绘成果目录服务系统，实现了国家和省级节点的互联。"政务服务平台"的元数据(目录)服务应以此为基础实现。

(2) 地理信息浏览服务。实现以二维及三维地图为主要表现形式的地理信息浏览。二维地图浏览是为用户提供对预先编制的线划地图、影像地图的浏览服务。实现二维地图服务的基础软件必须支持 OGCWMS 规范，此外还可以根据需要选择或制定基于 SOAP 和 REST 的接口，为开发用户提供更多的选择。

三维地图服务为用户提供由遥感影像、DEM 构建的三维地形场景浏览，以及城市范围内以三维建筑物模型和纹理构建的三维城市景观、城市立面街景浏览。三维服务需要开发专门的客户端软件，支持直接读取通过 WMS 接口发布地图服务。

(3) 数据存取服务。提供数据操作、地理编码等直接访问平台数据的服务。数据操作服务支持对平台数据层中经共享授权的数据的直接远程操作，包括数据查询、数据库同步、数据复制、数据提取等。实现数据操作的服务基础软件必须支持 OGC 的 WFS、WCS 规范，也可根据实际需要选择其他通用 IT 标准。

地理编码可以把包括地名、通信地址、邮政编码、电话号码、车牌号码、网络地址属性的信息定位到地图上，从而把大量广泛存在的社会经济信息空间化。支持地理编码服务的基础软件应支持 OGC 的相关规范。

(4) 数据分析处理服务。数据应用分析包括常用政务空间分析方法，如缓冲区分析、叠加分析等，也包括统计数据制图服务、空间查询统计、空间数据对比、统计分析与图表、地形分析等面向应用领域的一些常用功能。往往只有构造复杂应用和其他服务的应用系统开发人员才会使用。实现数据分析处理服务的基础软件必须遵循 OGC 的 Web 处理服务(web processing service，WPS)规范。

5) 平台管理系统

实现平台主节点、分节点、信息基地协同服务，必须要按照一致的技术方法和流程对服务和用户进行管理。各级地理信息服务机构需要制作符合平台要求的服务内容、部署各类符合标准接口规范的服务软件系统来实现服务发布。还要通过服务管理系统完成服务注册，并对自己发布的服务进行访问权限控制和管理。平台运行管理机构通过服务管理系统对平台中各类注册服务和注册用户实现综合管理，包括对服务注册信息审核、用户信息审核、用户权限管理、服务状态监测及用户行为审计等。对服务的管理依托多级服务注册中心进行，主节点、分节点与信息基地采用星形拓扑连接方式。各服务注册中心负责所辖区域网络内服务的分级注册、服务状态监控、服务组合，并向上级服务注册中心汇集注册信息。对用户的管理采用分布注册、集中认证和分布授权的方式，用户可以按行政归属在任何服务节点或信息基地进行注册，其注册信息统一集中存放于平台主节点。通过统一认证中心的身份和权限认证，用户即可在全国范围实现单点登录。对特定服务访问权限的申请和获取，由该服务的提供者在本地处理。

平台管理系统服务注册管理系统、用户管理系统和服务代理系统，支持服务管理者实现服务注册、用户管理和服务代理。其是统合所有在线服务并形成一个有序运行整体的核心，在满足单点要求的同时，还必须能够通过联通各个节点的管理系统形成一个分布式、一体化的平台整体管理系统。

(1)服务注册管理系统：是所有平台服务的"黄页"系统，它部署在服务注册中心，依据地理信息服务元数据规范对各个地理信息服务进行登记注册，并对这些服务进行横向拼接、纵向连接，从而形成覆盖全国、分布维护的全国地理信息服务。服务提供者在服务注册中心注册 Web 服务描述信息，服务使用者通过服务注册中心查找服务描述、接口描述、服务的绑定位置描述等注册信息。

服务注册管理系统需支持服务元数据采集、服务元数据自动有效性检查、服务元数据提交(服务注册)、服务元数据自动更新、服务状态监测、同类型服务自动组合与复合服务自动注册、在线服务运行情况的统计分析等。必须基于 OGCCSW 规范建立，分别在主节点和分节点部署，并实现主节点到分节点的星形连接。

主节点通过与分节点注册管理系统的同步实现注册信息的获取，存储全国的服务注册信息；各分中心存储所在行政区的服务注册信息，并可以通过接口调用获取主中心的服务注册信息建立备份服务。

(2)用户管理系统：主要实现用户认证和授权管理。在主节点建立用户管理中心，存储并管理所有注册用户的信息，并通过向各个分中心提供用户注册接口实现分布式的用户注册和单点登录。用户身份认证采用广域网统一认证平台实现，在统一授权管理体系建成之前，用户授权管理系统遵循 PMI 互联互通相关标准规范自行建立，以实现分布授权。

用户管理系统功能包括用户注册、单点登录、用户认证、用户授权、用户活动审计、用户活动日志，以及用户使用服务情况统计分析、使用计费等功能。

用户管理系统在对用户进行分类的基础上，采用 SOA 的方法，基于 LDAP 协议开发，部署在主节点和分节点，主节点和分节点之间采用星形连接，并互为镜像。主节点的服务器为主服务器，分节点的服务器为从服务器。

(3)服务代理系统：是服务使用者和服务之间的桥梁，在服务路由和服务质量信息收集上发挥关键作用。

虽然用户可以通过服务注册中心查找和绑定服务，但由于各节点与信息基地提供不同地域的地理信息服务，用户若想获得全国范围的完整资源就需要多次查询注册中心并动态组合所需要的服务，这将给用户带来沉重的负担。另外，由于服务的分布和自治特点，服务运行质量信息的获取也须通过相对集中的方式进行。

服务代理系统对用户和服务之间的重要信息进行中转,从而可以获得关于服务的可访问性、可靠性、性能及用户评价等关键的质量信息。用户只需要与一个界面打交道即可获得若干个相互关联的服务。

服务代理系统可以与服务注册中心部署在一起,也可以以软件库的形式实现,按需下载到用户端,并提供标准的访问接口供用户的应用系统调用。服务代理系统的开发须遵循平台对服务注册、用户管理、服务质量信息等规范。

3. 运行支持层

1)运行支持层构成

运行支持层是地理信息政务服务平台建设与运行的底层基础。图 4.5 给出了运行支持层的总体结构,主要包括网络系统、存储备份系统、服务器集群系统、安全保密系统等物理环境,以及技术规范与管理办法等软环境。

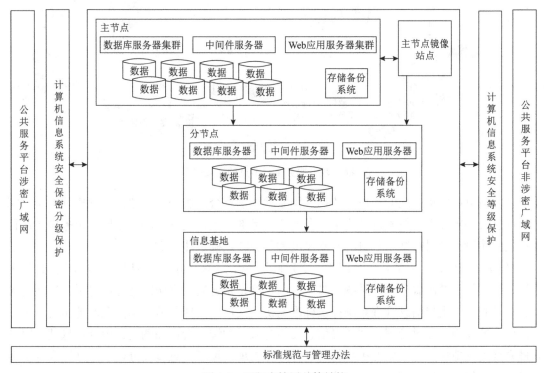

图 4.5　运行支持层总体结构

其中,网络系统用于联通分布在主节点、分节点、信息基地等服务提供部门和应用部门;存储备份系统实现对数据的在线集成优化管理、异地容灾存储备份;服务器集群系统用于支持各类用户对海量空间地理信息的大规模并发持续访问和协同应用;安全保密系统从物理安全、运行安全、信息安全保密和安全管理四个层面进行计算机信息系统分级保护和等级保护建设,实现全网统一的安全保密监控与管理。技术规范包括数据规范、服务规范、运行支持规范、应用规范等。管理办法规定了平台建设与运行需遵守的法律法规与机制。

"政务服务平台"由分布在全国各地的主节点、分节点和信息基地组成。主节点、分节点和信息基地三级节点分别依托国家、省(自治区、直辖市)、市(县)地理信息服务机构建设和运行，具有相同的三级技术架构。节点间通过网络实现纵横向互联互通，形成一体化的地理信息服务资源，向用户提供在线地理信息服务。图 4.6 给出了主节点、分节点和信息基地的连接关系。

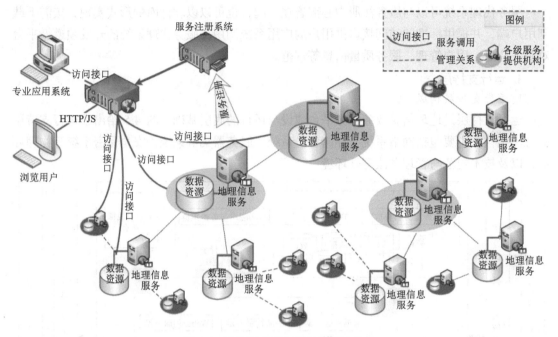

图 4.6　政务服务平台节点的连接关系

各级节点和信息基地的建设需依据《国家地理信息公共服务平台建设专项规划》《国家地理信息公共服务平台技术设计指南》及相应的标准规范，组织开展数据层、服务层、运行支持层的建设，同时需结合各自的空间尺度和服务特色确定建设重点。

(1)主节点建设。一是开发并部署"政务服务平台"门户网站、总体服务与用户信息管理系统、地理信息基础服务软件系统。其中，门户网站是普通用户访问地理信息平台功能的入口；总体服务与用户信息管理系统提供标准的访问接口，支撑分节点和信息基地实现分级服务注册管理及用户注册管理，并负责信息交换与服务的统一管理和调度；地理信息基础服务软件系统提供地理信息数据的组织管理、符号化处理、地理信息查询分析、数据提取等功能及符合互操作规范的调用接口，支持在线服务的发布。

二是根据在线服务的需要，以 1∶5 万及小比例尺基础地理信息数据为基础，进行内容提取等整合加工，形成相应尺度的政务地理框架数据集，并对其进行持续管理维护与更新。

三是建设与主节点规模相适应的数据存储和服务软硬件环境、网络环境、安全保密体系，并实现与国务院应急办、防总、国家减灾委等相关政府部门及各分节点的联通。

(2)分节点建设。一是部署分节点地理信息基础服务软件系统；二是以 1∶1 万基础地理信息数据为主要基础，整合加工并管理维护相应尺度的政务地理框架数据；三是建设本级节点软硬件、网络、安全保密系统，实现与主节点、本区域相关政府部门及信息基地的联通。各分节点可以直接利用国家级门户网站，也可根据需要建立本级门户网站，展示本区域及相关信息基地的数据资源和服务功能。

分节点可以利用平台提供的统一访问接口在自己的门户网站建立服务注册和用户注册、用户登录等用户界面，实现服务、用户信息的分级注册和用户单点登录、用户权限授权等管理功能。

(3) 信息基地建设。一是部署信息基地地理信息基础服务软件系统；二是以 1∶2000、1∶1000、1∶500 等基础地理信息数据为基础，整合加工并维护管理相应尺度的政务地理框架数据；三是建设本级节点软硬、网络、安全保密系统，实现对本区域政务基础地理信息资源的存储管理，实现与分节点及本区域相关政府部门的联通；四是作为主节点的信息基地，为平台提供现势性强的大比例尺数据资源，并负责其更新与维护。

信息基地可以直接利用主节点或分节点门户网站，也可根据需要建立信息基地的门户网站，展示本区域地理信息政务服务平台提供的数据资源和服务功能。

信息基地可以利用平台提供的统一访问接口在其门户网站建立服务注册和用户注册、用户登录等用户界面，实现服务、用户信息的分级注册和用户单点登录、用户权限授权等管理功能。

2) 网络系统

"政务服务平台"使用国家投入运行的广域网物理链路，遵循相关广域网管理规章，构建涉密与非涉密两套广域网络，二者均包括纵向和横向网，拓扑结构相似。纵向网络联通国家、省、市(县)测绘部门，国家基础地理信息中心作为主节点，省、市(县)级相关地理信息服务机构作为分节点、信息基地，构成三层网络架构，主节点拥有纵向网络的技术管理职责。其中，涉密纵向网络构成测绘业务网。横向网络联通测绘部门与相应层次的政府、专业部门，每个层次的节点为同一级别，各自分别建设接入网络系统，互不隶属，是单层网络架构。

3) 存储备份系统

主节点、分节点与信息基地需要构建专门的存储区域网(SAN)以实现海量地理信息的存储备份。其中，主节点与分节点主要包括光纤交换机、磁盘阵列、磁带库、管理服务器等设备，以及数据库管理和地理信息等系统软件；信息基地主要包括光纤交换机、磁盘阵列、磁带机、管理服务器等设备，以及数据库管理和地理信息等系统软件。

主节点配置异地存储备份系统，由广域联网系统、本地主站和(跨省)异地站点组成。采用异步数据远程复制技术，进行基于数据块或字节级别的远程数据存储备份。本地和异地站点软硬件配置相同。

4) 服务器系统

各级节点和信息基地配置符合"政务服务平台"业务需求的高性能、高可靠的服务器。"政务服务平台"服务器系统包括数据库服务器、中间件服务器和 Web 应用服务器三类。主节点、分节点、信息基地峰值并发用户数分别不少于 500、100、50，远距离访问地理信息服务的时间等待限制在 4～5s 以内，互操作和信息加载的服务等待时间不能超过 15s，平均每个用户(按照标准的 GIS 桌面用户考虑)每分钟访问能够显示 6～8 次地理信息图形/图像。

主节点配置本地及同城镜像服务器集群，提供负载均衡和灾难情况下的服务快速迁移。分节点服务器需配置本地双机热备份系统，保障异常宕机情况下的服务快速迁移。有条件的信息基地可以配置双机热备系统。

5) 安全保密系统

"政务服务平台"广域网必须按照国家安全保密管理部门相关标准和规定要求部署身份鉴别、访问控制、防火墙、入侵检测、防病毒、数据加密、安全审计、介质管理等安全保密产品。

涉密广域网从物理、网络、主机、存储介质、应用、数据六个层面建立安全保密防护系统，防护范围包括各节点广域网络接入部分(DMZ)和数据生产加工区(涉密局域网)。涉密区域配置安防(门禁监控报警)消防设备，在广域网环境下配置 CA/RA 认证系统，在广域网接入链路安装国家指定的加密机设备，在安全域边界设置防火墙，在服务器和主机上部署病毒防护系统、主机监控与审计系统及漏洞扫描系统，针对关键网络和应用设置网络入侵检测系统。对外服务区域接入边界加装入侵防护设备，购置安全保密检查工具为网络节点内定期检查系统泄密隐患提供技术手段。

非涉密广域网安全系统从物理、网络、主机系统、应用、数据五个层面建立安全防护系统，防护范围包括各节点广域网络接入部分(DMZ)和数据生产加工区(局域网)。在广域网环境下配置 CA/RA 认证系统，安全区域配置安防(门禁监控报警)消防设备，在安全域边界设置防火墙系统，在服务器和主机上部署病毒防护系统，针对关键网络和应用设置网络入侵检测系统。对外服务区域接入边界加装入侵防护设备，购置安全漏洞扫描工具定期检查系统脆弱性。

6) 标准规范

在测绘与地理信息标准体系框架下，在引用现有国家、行业标准的基础上，面向"政务服务平台"具体情况，制定相应的技术规范，包括数据规范、服务规范、应用规范、其他规范等(详见附录 B)。

(1)数据规范。为保证各类数据资源的共享与集成服务，需要制定系列政务地理框架数据规范，包括《地理信息公共服务平台数据规范　第 1 部分：矢量数据》(DB51/T 1936—2014)、《地理信息公共服务平台数据规范　第 2 部分：地理实体数据》(DB51/T 2280—2016)、《地理信息公共服务平台数据规范　第 3 部分：地名地址数据》(DB51/T 2281—2016)、《地理信息公共服务平台地理实体与地名地址数据规范》(CH/Z 9010—2011)、《地理信息公共服务平台电子地图数据规范》(CH/Z 9011—2011)。一些需要遵守的现行国家或行业技术标准与规范将作为规范性引用文件纳入这些制定的规范中。

(2)服务规范。为了实现多级互联，保证各个节点提供的服务能够协同提供统一的服务，需要规定或制定相应的服务技术规范，包括《地理信息公共服务平台通用规范》(DB44/T 1564—2015)、《地理信息公共服务平台数据接口规范》(DB51/T 1934—2014)、《地理信息公共服务平台服务接口规范》(DB51/T 1935—2014)等。

(3)应用规范。包括地理信息政务服务平台用户指南、地理信息政务服务应用规范。

(4)其他规范。平台建设与运行维护需要遵循的其他技术标准与规范，包括数据脱密处理技术规定，以及平台应具备的环境条件(软件、硬件、网络等)、应具备或遵守的安全保密措施等。

4.3 公共地理信息服务模式

日新月异的城市建设使居民对自己居住的城市越来越陌生，纵横交错的城市道路、形态各异的立交桥和新建的楼堂馆所，使人们出门不得不经常查看地图，大众化地图应用的客户群体不仅包括驾车者，还包括步行者；不仅需要驾车路径规划，还需要公交换乘路线规划；不仅需要在确定目的地后进行如何到达目的地的行走规划，还需要在时间和资金约束条件下规划出行的目的地。因此，地图的内容必须涵盖普通百姓的各种需求，仅靠传统的政府和军事测绘部门进行地图生产与服务已经无法满足公众需要，为此，国家主管部门批准一些企业拥有电子地图生产资质，这几家公司基本完成了全国的无缝连片覆盖地图测绘，主要商业模式是以卖数字地图产品和地理信息服务为主。

4.3.1 公众地理信息服务模式概述

公众地理信息服务包括地理信息服务数据采集、更新管理系统、电子地图数据编辑系统、网络地图服务系统和各种类型的位置服务软件，形成变化地理信息的发现、甄别分析、外业采集、加工处理、位置服务电子地图生产、网络分发服务和服务应用的一体化网络平台。随着公众地理信息服务发展，其任务由建立地理信息数据库转变为数据库的维护和更新，地理信息获取由静态转为动态，侧重动态监测和实时更新。

1. 基于大众标记的变化地理信息发现

地理信息变化频繁，及时发现和更新需要投入巨大的人力物力，传统测绘采用地毯式外业普查方法，存在投资大、成本高、周期长等问题。应采用多渠道进行地理信息变化发现，提高地理信息变化数据的获取效率并降低成本。地理信息变化发现的渠道归为三大类：①多源地理信息数据对比；②用户意见反馈；③大众标记。多源地理信息数据对比是发现地理信息变化的重要手段。数据对比发现的结果一方面可直接作为内业数据加工，另一方面可以作为外业数据采集的依据；用户有着利益关系，积极反馈地理信息数据存在的问题，这些问题是地理信息变化发现的重要渠道；采用大众标记模式，公众可成为提供地理信息变化的重要渠道，这些地理信息变化发现的结果大致可以分为两类：一类是带有空间位置的信息，可用 GIS 工具进行表达、标记和存储；另一类是利用文字描述记录地理变化信息，没有具体的空间位置。

相同或不同类型的地理信息变化发现渠道都可能对同一发生变化的地理要素进行记录，这样对于地理变化信息来说就具备了多源的特性，需要对这些信息进行清洗、甄别、集成和融合。在公众地理信息服务数据产品生产流程中，将这些多源的地理信息变化数据进行有效的利用，可以有效地利用变化数据对地理信息数据进行更新。

2. 变化地理信息采集内外业一体化

传统测绘生产主要有外业和内业两大生产工序：外业生产主要从事野外地理信息的采集和地物属性判读等工作，内业生产是工作人员在室内从事地图编辑和加工工作。随着技术的进步及经济社会发展的需要，测绘生产模式发生了重大变革。新的数据获取、处理及制图技术的广泛应用，使得内外业的界限越来越模糊，呈现出内业向外业拓展，外业向内业延伸的发展态势，推动了内外业一体化的发展进程。

传统地理信息数据生产过程中，内业数据加工周期较长，而且很多工作是对外业采集到的数据重新理解和解析，因此，从对实际地理环境状况的理解程度和地理信息数据的表达精度来说，由外业人员负责更多的数据采集工作会减少内业人员对外业采集数据的解读工作，避免数据表达的多义性问题，遇到问题迅速解决，节约时间和资金。

一体化内外业信息采集贯穿于整个地理信息服务的各个环节，构建完整的数据（信息）链，涉及外业施测，电子记录，数据处理，成果传输、移交、归档等一系列过程的一体化管理，提供简洁的流程控制管理，方便且实用的信息与数据处理工具，完整的信息记录与检索方法，严密的质量控制体系，安全的数据传输与移交，规范的报告文档，符合要求的成果并归档。

数据采集内外业一体化是资源的优化带来管理的简化，数据采集与处理的"傻瓜化"带来信息标准化，流程的规范化带来效率的最大化。

3. 变化地理信息实时增量式更新

地理信息数据的现势性是制约公众地理信息服务发展的瓶颈，随着经济的快速发展，现实地理要素的变化日新月异，传统的地理信息数据更新模式已经远远不能满足地理信息服务发展的现势性需求，存在电子地图生产和应用平台分离、离线版本式更新速度慢、服务成本高的技术状况。因此，针对发生变化的地理要素的增量式地理信息更新方式成为解决这一问题的最佳途径。

地理信息增量式更新服务是基于时态数据库和移动网络通信技术，整合版本式导航地理信息生产与服务流程（信息收集、外业采集、内业数据编辑加工、逻辑检查、格式转换、数据出品与发布），构建地理变化信息的发现、分析甄别、采集、加工、处理、存储和发布服务一体化的增量式更新服务模式、技术、软件、质检和标准体系，为社会公众提供高精度、大范围、近实时的地理信息服务，来提高数据的现势性和降低生产及应用成本。整合版本式地理信息生产与服务的产业链，构建实时信息反馈与增量更新体系，主要包括：地理变化信息发现采集、地理变化信息分析融合甄别、外业数据采集、内业产品生产、网络分发和应用开发等阶段，实现地理信息的动态更新、移动位置服务终端的位置服务数据在线增量式更新和位置服务电子地图网络服务实时发布。

4.3.2 公众地理信息服务框架

公众地理信息服务涉及地理信息变化的发现与认证、变化信息的快速采集与处理、变化增量更新产品及时发送服务到客户终端应用，是一个复杂的系统工程，需要研究增量式更新的服务模式、技术方法、软件工具、质检手段和标准体系。

公众地理信息服务模式是地理信息数据母库和产品库合二为一，即首先形成网格化的地理空间数据组织方式，对每次采集后的地理数据进行加密，然后直接修改网格化的地理数据产品。通过整合版本式地理信息数据生产与服务的产业链，构建实时信息反馈与增量更新体系，主要包括：地理变化信息发现采集、地理变化信息分析融合甄别、外业数据采集、内业产品生产、网络分发和应用开发六个阶段。六部分联系紧密，构成了公众地理信息服务闭环模式（图 4.7）。

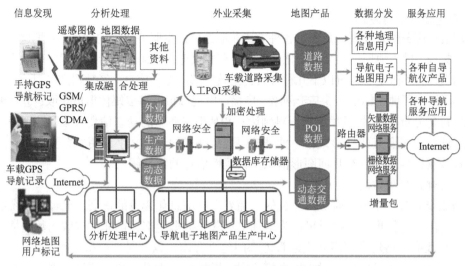

图 4.7 公众地理信息服务模式框架

图 4.8 对地理信息服务模式中的六个部分进行了基本的功能任务界定。在变化地理信息发现部分需要通过不同的手段，如用户反馈、数据比对、网络电子地图标记等多种渠道获取发送变化的位置服务数据；将地理信息服务数据整理后提交至数据甄别部门进行地理信息服务变化数据的甄别，数据甄别需要通过数据的清洗、数据融合和数据分析，最后根据变化数据结果制定地理信息服务变化数据采集计划；外业数据采集部门根据数据采集计划采用步调采集和车调采集的方式进行数据采集；数据外业采集后将数据交由数据制作部门进行数据分层制作；数据制作完成后将数据形成地理信息服务电子地图产品并利用最新电子地图数据对网络电子地图进行数据更新，与此同时，还需要完成增量更新包的制作并向用户发送增量更新变化信息，根据用户的请求向用户提供增量更新包。地理信息服务应用软件根据增量更新包和数据更新规则自动更新版本式地理信息服务数据。

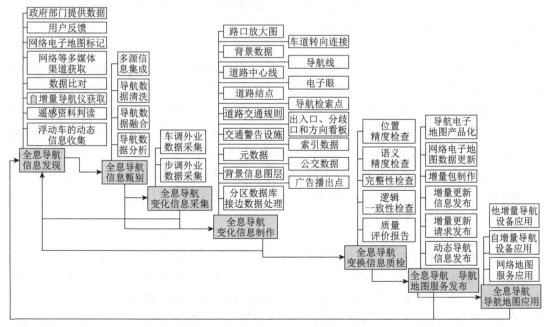

图 4.8 公众地理信息服务阶段功能图

1. 变化地理信息发现

地理信息服务信息发现就是通过各种方式获取地理信息服务要素的信息，并把这些数据或信息进行整理。因为地理信息服务变化信息消息获取渠道是多源的，所以技术实现途径上也是多渠道的设计，不限定于通过以下几种方式：①政府部门提供信息；②数据产品对比；③用户反馈；④网络电子地图标记；⑤基于网络、广播、电视和报纸等多媒体渠道获取；⑥导航仪获取；⑦最新高分辨率航片/卫片遥感资料判读；⑧基于浮动车的动态信息收集。地理信息服务数据发现的结果主要有两种形式：一种是按照规范格式的只有文字说明的数据记录；另一种是按照标准规范格式的具有几何图形信息及其属性信息的数据图层。

1) 政府部门提供信息

道路建设和管理是由政府部门完成的，随着政府信息化建设的进展，已经由传统的纸质管理上升为电子化管理，这样就可以为地理信息服务数据生产提供非常有效的数据情报，因此可考虑与政府道路建设部门和交通管理部门建立合作，以及时地获得道路、POI、动态信息及地理信息服务增量信息。对于地理信息服务增量，因为道路竣工测量数据是保密的，所以地理信息服务增量发现的结果只需要一个道路说明和该道路的一个草图（规范的数据格式）。此外，政府部门会不定期发布动态路况信息、全国高等级道路信息变更说明，这些数据可作为地理信息服务信息发现的数据源。

2) 数据产品对比

通过数据对比进行地理信息服务发现是非常有效的方式，一般包括导航仪数据测试比对、立交桥比对、路名比对、POI 比对、乡镇点比对等。导航仪数据测试对比主要是在室内通过模拟机对不同公司的地理信息服务数据产品进行测试，发现与本公司数据不同的地理信息服务；对于立交桥的对比，主要通过收集最新的卫星影像图和市场地理信息服务产品的数据进行综合比对；路名比对主要是与市场地理信息服务产品数据之间的道路名称比对；乡镇点比对是通过收集乡镇点信息资料后与公司已有数据中的乡镇点数据进行对比分析，形成比对清单。利用数据比对方式获取的地理信息服务变化信息同样需要按照规范格式进行整理，作为地理信息服务变化信息甄别的数据基础。

3) 用户反馈

用户会在地理信息服务电子地图使用过程中发现数据与现实不一致的问题，部分用户会将不一致的信息传递给公司的客户服务中心。目前较常用的有两种方式：一种是直接打电话或 E-mail 给客服中心对地理信息服务变化信息进行说明；另一种是利用地理信息服务电子地图用户信息反馈平台进行地理信息服务差异说明，如中导网上的道道通地理信息服务电子地图用户信息反馈（http：//map.zdor.cn/map/ddt.php）。基于这两种方式的用户反馈，应建立专门的客户问题管理系统，用于对用户反馈问题的答复、整理和汇总。对于以上两种用户反馈信息，地理信息服务发现部门需要对这些反馈按照规范的数据格式进行记录和整理，为后续的地理信息服务甄别提供基础数据。

4) 网络电子地图标记

互联网地理信息服务处于起步和推广阶段，近年来发展势头迅猛，比较有影响力的如Mapbar、Mapbac、365ditu、Go2map 等，都为大众生活提供了较好的地图在线服务，但这些地图服务网站普遍缺乏成熟的营利模式和进一步的发展空间，地图更新速度较慢。人们可以通过构建网络电子地图网站，将公司最新的地理信息服务数据在网站上及时更新，在提供位置查询、公交查询等基础功能的同时提供网络电子地图标注的功能，使用户在享受地图Web 服务和 LBS 服务的同时，主动标注、提交变化的地理信息服务要素信息。网络电子地图标记的结果需要存储为规范的矢量数据格式，为后续的地理信息服务变化信息甄别提供基础数据。

5) 基于网络、广播、电视和报纸等多媒体渠道获取

更新的数据源一方面要依赖基础信息源和用户进行信息的收集，同时需要自主地进行信息的收集，这就要求有专门的队伍通过网络、广播、电视和报纸等多渠道进行地理信息服务变化信息的收集和整理。在这些渠道中，网络是获取信息最主要的方式。利用网络进行数据搜集的手段有：首先是通过搜索引擎如百度进行关键字搜索；其次是通过交通、交警、建设局、公路局、发改委等专业网站和门户网站及新闻网站进行相关内容搜索；再次是对交通、汽车有关的网站，城市社区 BBS 和 QQ 群等网上资源进行所需信息的收集。通过这些多媒体渠道获得的地理信息服务需要按照规范的数据格式进行记录和整理，为后续的地理信息服务甄别提供基础数据。

6) 导航仪自动记录和标记

在地理信息服务终端上开发增量记录功能，实现信息变化的自动记录，由用户通过无线传输网络主动将发生变化的消息和内容传递到服务中心，服务中心记录按照规定格式将这些变化数据进行整理，作为地理信息服务甄别工作的数据基础。

7) 最新高分辨率航片/卫片遥感资料判读

获取最新高分辨率航空/航天遥感图像资料，使用图像识别技术，辨识地理信息服务，形成规范化的分析结果资料图层，为地理信息服务甄别工作提供数据基础。

2. 变化地理信息甄别

地理信息服务数据甄别是对地理信息服务数据进行整理和分析，其结果既可以为外业数据采集制定合理的外业采集计划，又可以作为内业数据直接加工制作的基础数据。在动态信息数据处理时，其结果也可直接作为产品数据服务于地理信息服务应用。地理信息服务数据甄别过程主要进行地理信息服务数据清洗、地理信息服务数据融合和地理信息服务数据分析三个主要内容。

1) 地理信息服务数据清洗

地理信息服务数据发现过程中会获取或收集到大量的重复数据,这些数据不免存在错误,因此在地理信息服务数据融合和分析前，必须对这些数据进行清洗，以去除大量的数据噪声,提高数据分析的工作效率和工作质量。数据清洗从名字上也看得出就是把"脏"的"洗掉"。因为地理信息服务数据是面向地理信息服务变化要素主题的数据集合，这些数据从多个数据源中获取而来，这样就避免不了有的数据是错误的，有的数据相互之间甚至可能存在冲突，这些错误的或有冲突的数据显然是不能用的，称为"脏数据"。按照一定的规则把"脏数据""洗掉"，这就是数据清洗。地理信息服务数据清洗的任务是过滤那些明显不符合要求的数据，将过滤后的结果交给地理信息服务数据分析部门。不符合要求的数据主要是不完整的数据、错误的数据、重复的数据三大类。

2) 地理信息服务数据融合

在地理信息服务数据发现阶段中，不同的地理信息服务数据发现渠道都可能对同一地理信息服务要素进行记录，这样对于地理信息服务数据来说就具备了多源、多尺度的特性，要

解决该类问题，多源、多尺度地理空间数据融合技术是关键。它要解决的是来自不同部门、不同规格、不同尺度的空间地理信息服务数据，如何根据地理信息服务的需要将有用的信息集成到地理信息服务电子地图数据库中，实现资源的共享和优化利用。要达到的目标是提高生产效率、提高数据内容的现势性和准确度。采用的方法主要是多源数据间的相互验证和分析、数据挖掘和自动综合等。多源、多尺度地理空间数据融合技术将解决空间基准统一、编码统一、数据模型统一等问题，关键是在充分理解各编码体系中每一编码的定义基础上，利用动态制作对应配置表技术，解决一对一、一对多、多对一的数据参照关系。一对一、多对一等关系比较好解决，特别在一对多的情况下，需要利用要素的关联属性，实现不同编码体系的空间数据融合。

3）地理信息服务数据分析

地理信息服务数据经过数据清洗和数据融合后需要参考各种数据进行地理信息服务变化数据的分析工作，将各个渠道得到的地理信息服务数据进行分析后应得到三个类型成果。

(1)直接作为可用数据。该类型数据具备较精确的位置信息，经过数据分析人员甄别后可直接作为更新结果使用，可直接将该类数据提交给内业数据制作部门进行地理信息服务数据的制作，也可直接进行发布。

(2)作为外业指引信息。该类型数据是经过数据分析中心人员分析甄别后确认为地理信息服务正确，但并无准确位置记录的信息，将该类数据进行整理后统筹考虑数据外业采集的任务，制定外业数据采集计划对该类数据进行分批采集。

(3)不被采用的信息。该类型数据是经过数据分析中心人员分析甄别后确认该信息属于虚假信息或正在生产过程中数据，因此不予以采用的信息，此类信息需明确不采用的原因。

3. 变化地理信息采集

根据地理信息服务数据甄别分析结果，需要制定地理信息服务变化数据采集计划。外业数据采集部是根据数据分析后的作业任务和计划，利用车行定位打点采集、徒步纸图调绘方式采集作业区内的道路、POI、交通规制、电子眼和方向看板等地理信息服务要素数据，并对所采集的数据按照规范要求的格式和方法进行数据的整理。采集方式大概分为车调采集和步调采集两种，车调采集和步调采集分别负责各自的地理信息服务要素种类的数据采集。该步骤与目前多数地理信息服务数据公司的外业数据采集流程基本一致，但在未来数据采集任务中需不断对外业数据采集软件进行完善，以提高软件的便捷性和可用性，降低数据采集周期。

(1)数据生产计划制定。根据地理信息服务数据评价结果确认需要进行外业采集的数据，根据总体计划和用户需求制定数据外业采集计划作为外业数据采集的作业指引。数据生产计划大体上可分为批次计划和专项计划，批次计划是根据交通变化数据内容统筹考虑集中安排外业数据采集任务，而专项计划主要是针对临时性数据需求，所指定的具有较强针对性数据采集而制定的计划。

(2)车调外业采集。车调外业数据采集是利用车调外业数据采集软件采集道路轨迹和道路相关的信息点，如交通规制、方向看板等。在POI比较稀疏的区域，车调外业采集人员也会对一些POI进行采集。

(3)步调外业采集。步调外业数据采集是利用步调外业数据采集软件采集POI位置点和相关信息。

4. 地理信息服务数据生产

经过整理后的外业数据首先提交至国家测绘地理信息局进行加密处理，然后送至内业数据制作部门进行制作。在数据制作过程中，需根据电子地图数据产品进行数据分层制作，在考虑不同数据层制作时序不冲突的前提下并行处理不同的数据图层，最后制作数据层之间关系，填充相关字段完成位置服务电子地图全部数据图层的制作。图 4.9 为内业数据制作的基本步骤。

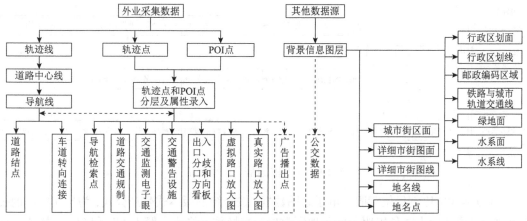

图 4.9　位置服务电子地图内业制作

根据各个图层之间的关系需要对相关各个图层中的属性进行整理和修改，该项工作主要依靠工具进行集中处理，各图层之间的关系如图 4.10 所示。

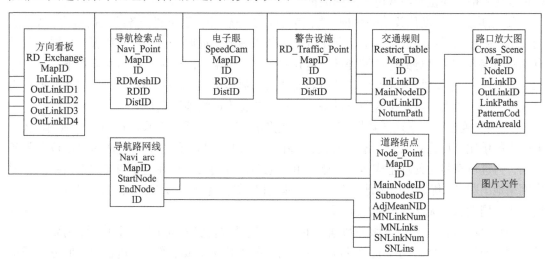

图 4.10　位置服务数据中各图层之间的关系

5. 地理信息服务质检

传统版本式数据生产有一套完整的质检体系保证位置服务电子地图产品质量。位置服务电子地图增量更新服务减少了传统版本式数据生产与服务环节，必须改变传统的数据生产质检体系，建立适合地理信息服务的质检方法。

6. 地理信息服务发布

地理信息服务地图数据产品主要有四种：一是版本式单比例尺位置服务电子地图数据；

二是增量式多尺度位置服务数据；三是多尺度栅格电子地图数据；四是增量更新包(图4.11)。这三种数据都将包含动态地理信息服务，其数据由地理信息服务信息发现处理而获取。动态地理信息服务发布的内容主要包含：路况，分为拥堵、缓慢、畅通三种，分别使用红、黄、绿三种颜色的线段进行表示；交通限制条件，如施工、限行等，使用带图标的POI表示。

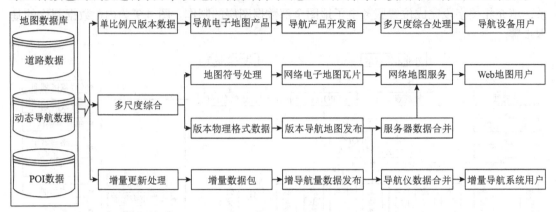

图4.11　地理信息服务数据产品

(1)版本式单比例尺位置服务电子地图数据。按传统的版本式生产模式，为导航仪厂商提供单比例尺通用版本式位置服务电子地图数据，交换数据格式一般为Mif和Shape格式。导航仪厂商加工处理成位置服务数据格式，提供给位置服务软件使用。因每个导航仪厂商产品功能不同，位置服务数据格式也不相同，所以每个导航仪厂商有自己的产品标准，这里只提供标准交换格式的位置服务电子地图数据。

(2)增量式多尺度位置服务数据。直接为位置服务软件提供位置服务的数据格式。从单比例尺位置服务电子地图数据库中，利用可视化分级参数，提取多比例尺位置服务数据，通过自动制图综合方法进行数据压缩处理，达到图形化简结果，同时为了提高检索效率，建立各种索引文件。最后转换成导航仪软件所需要的内部数据格式(如Bin格式)。用户在这里分为两大类：第一类为增量式位置服务设备用户；第二类为网络地图用户。

(3)多尺度栅格电子地图数据。对于网络地图服务来说，需要多尺度栅格电子地图。从当前版本的单比例尺位置服务电子地图数据库中，通过自动制图综合方法生成多尺度位置服务数据，再进行符号化处理生成多尺度栅格电子地图，分割成瓦片并建立四叉树索引结构，提供网络地图服务。优点是网络地图服务查询速度快，缺点是多尺度栅格电子地图生成时间长，所以更新周期长，无法实现增量更新。

(4)增量更新包。当位置服务数据发生变化并完成位置服务电子地图制作后，需要将变化的数据按照规范的格式制作成增量包，以供用户利用其在原版本数据上进行位置服务电子地图的增量更新。

增量更新包和增量式多尺度位置服务数据结合完成位置服务电子地图的增量更新。

4.3.3　公众地理信息应用服务

公众地理信息服务广泛应用于资源调查、环境评估、灾害预测、国土管理、城市规划、邮电通信、交通运输、军事公安、水利电力、公共设施管理、农林牧业、统计、商业金融等几乎所有领域。

目前，公众地理信息服务应用范围主要有三个方面：一是为移动目标 GPS 导航和跟踪监控服务；二是为公众服务的基于网络地图的各种信息查询系统；三是以数字地图为基础的各种电子政务、电子商务(物流)、数字城市、科学研究与管理系统。

应急响应。解决洪水、战争、核事故等重大自然或人为灾害发生时，如何安排最佳的人员撤离路线、并配备相应的运输和保障设施的问题。

基础设施管理。城市的地上地下基础设施(电信、自来水、道路交通、天然气管线、排污设施、电力设施等)广泛分布于城市的各个角落，且这些设施明显具有地理参照特征。它们的管理、统计、汇总都可以借助 GIS 完成，而且可以大大提高工作效率。

商业与市场。商业设施的建立充分考虑其市场潜力。例如，大型商场的建立如果不考虑其他商场的分布、待建区周围居民区的分布和人数，建成之后就可能无法达到预期的市场和服务面。有时甚至商场销售的品种和市场定位都必须与待建区的人口结构(年龄构成、性别构成、文化水平)、消费水平等结合起来考虑。地理信息系统的空间分析和数据库功能可以解决这些问题。房地产开发和销售过程中也可以利用 GIS 功能进行决策和分析。

归纳起来，地理信息服务应用平台主要两个：一个是位置服务终端平台；另一个是网络平台。

1. 位置服务终端平台应用

位置服务用户通过无线网络将地理信息服务包从网络服务器下载至移动位置服务终端，终端通过约定的增量更新规则将增量更新包与版本式位置服务数据进行合并形成新的本地位置服务数据文件，合并过程中需要修复索引文件和拓扑关系，更新后的地图数据完全支持位置服务系统。

2. 网络平台应用

通过约定的更新规则，在网络电子地图服务器上将地理信息服务包在版本位置服务数据基础上进行更新，并同时维护道路网络拓扑关系，以保证网站电子地图服务网站数据的实时性和准确性。

4.4　移动目标定位服务模式

当前，人们对信息的需求越来越强烈。位置和时间是信息的基本属性，寻找某个人、某个地点，常常耗去人们大量的精力。因此，随着社会发展，生活节奏的加快，节省时间、提高效率已经成为一种很普遍的追求，实时位置信息因此也成为人们最渴求的信息之一。另外，空间定位技术和移动通信技术的迅速发展也使快捷传递人们的实时位置信息成为可能。在市场和技术双重驱动之下，通过 GPS 和无线通信网络集成的移动终端，确定移动用户的实时地理位置，同时提供用户需要的与位置相关的信息服务，基于位置的服务随之发展起来。

从广义上来说，只要向用户提供与位置信息有关的服务就可以称为位置服务。在这个意义层次上，传统的车辆导航与监控导航产业也可以纳入位置服务的范畴中。从狭义上来说，LBS 特指面向个人的无线移动定位服务(personal wireless location services)。根据 LBS 终端能力的不同，位置服务可以分为两种类型：第一种是终端功能比较有限(如手机、低档 PDA)，服务类型主要限于无线浏览和查找地理信息(以文字和图片的形式显示)；第二种是终端具有导航功能(如高档 PDA、车载导航终端)，服务类型在传统的个人和车辆导航之外，增加了和服务器的交互功能，如可以动态获得最新的交通信息等。由于手机终端的巨大数目，第一种服务类型具有更大的商业潜力，也是移动运营商定位业务的主要形式；第二种服务类型是传统导航产业的增强，前景同样看好。当然位置服务的应用决不限于导航和地理信息浏览，可以说"空间信息的应用只限于人类的想象力"。

4.4.1　系统组成与流程

1. 系统组成

LBS 系统融合了 GPS 卫星定位/北斗卫星定位/伽利略定位技术、Internet 技术、无线通信技术、智能交通技术、物联传感技术、云计算技术等。一个完整的 LBS 系统由四部分组成：实时定位系统、移动通信网络、移动智能终端和位置服务中心，如图 4.12 所示。

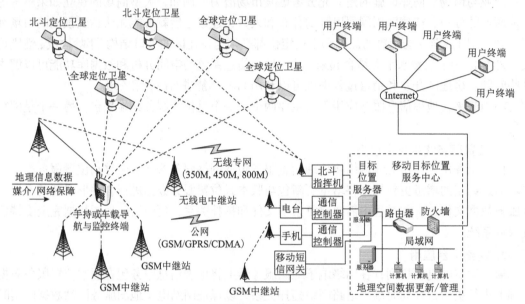

图 4.12　基于位置地理信息服务示意图

1) 实时定位系统

实时定位系统包括全球卫星定位系统、通信基站定位和室内定位系统三个部分。空间定位技术是整个 LBS 系统得以实现的核心技术，这一部分正在不断地完善中，移动运营商可以选用某种定位技术或者组合定位技术，来获得适当的定位精度，开展位置服务。

2) 通信网络

通信网络是连接用户和服务中心的，要求实时准确地传送用户请求及服务中心的应答。通常可选用 GSM、CDMA、GPRS 和 CDPD 等无线通信手段，在此基础上依托 LBS 体系发展无增值服务。另外，国内已建成的众多无线通信专用网，甚至有线电话、寻呼网和卫星通信、无线局域网、蓝牙技术等都可以成为 LBS 的通信链路，在条件允许时可接入 Internet 网络，传输更大容量的数据或下载地图数据。

3) 移动智能终端

移动智能终端是用户唯一接触的部分，手机、PDA 均有可能成为 LBS 的用户终端。但是在信息化的现代社会，出于更完善的考虑，它要求有完善的图形显示能力，良好的通信端口，友好的用户界面，完善的输入方式(键盘控制输入、手写板输入、语音控制输入等)，因此 PDA 及某些型号的手机成为个人 LBS 终端的首选。

4）位置服务中心

位置服务中心是定位服务系统的核心。负责与移动智能终端的信息交互和各个分中心（位置服务器、地理信息服务）的网络互连，完成各种信息的分类、记录和转发及分中心之间业务信息的流动，并对整个网络进行监控。中心平台在逻辑上可以分为商务应用、位置服务、地理服务和监控应用用户终端。商务应用负责和用户的交互及用户管理；地理服务应用负责根据用户的地理位置响应或者主动发布地理信息服务。

2. LBS 系统工作的主要流程

用户通过移动终端发出位置服务申请，该申请经过移动运营商的各种通信网关以后，为移动定位服务中心所接受；经过审核认证后，服务中心调用定位系统获得用户的位置信息（另一种情况是，用户配有 GPS 等主动定位设备，这时可以通过无线网络主动将位置参数发送给服务中心），服务中心根据用户的位置，对服务内容进行响应，如发送路线图等，具体的服务内容由内容提供商提供（图 4.13）。

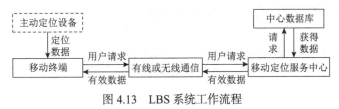

图 4.13　LBS 系统工作流程

4.4.2　自主定位导航服务

自主定位导航服务一般有三种：便携式导航仪、车载导航仪和智能手机。

1. 便携式导航仪

便携式导航仪由硬件、导航软件和导航数据三个部分组成：

1）便携式导航仪硬件

便携式导航仪硬件通常由 GPS 模块、数据处理模块、数据存储模块和显示模块组成。GPS 模块用来接收全球定位卫星所传递的定位信息，实时解算定位坐标。显示模块用来显示位置路况等视频图像信息，可选用 LCD、CRT 或 TV 显示。数据处理模块为导航仪的核心，必须体积小，集成度高，功耗低，处理能力强，操作简单便捷。目前较多使用嵌入式操作系统，如 WindowsCE 和嵌入式 Linux、Android 等。根据外业使用的频繁性及环境复杂性的要求，它必须可靠性高，且扩展性和兼容性要好。数据存储模块主要存储导航地理信息（导航电子地图）。

2）电子导航地图

电子导航地图（electronic map），即导航地理信息数据，是利用计算机技术，以数字方式存储和查阅的地图。电子导航地图可以非常方便地对普通地图的内容进行任意形式的要素组合、拼接，形成新的地图。可以对电子导航地图进行任意比例尺、任意范围的绘图输出。非常容易进行修改，缩短成图时间。可以很方便地与卫星影像、航空照片等其他信息源结合，生成新的图种。可以利用数字地图记录的信息，派生新的数据，这是普通地形图不可能达到的表现效果。

电子导航地图主要是用于路径的规划和导航功能上的实现。电子导航地图从组成形式上看，由道路、背景、注记和 POI 组成，当然还可以有很多的特色内容，如 3D 路口实景放大图、三维建筑物等，都可以算作电子导航地图的特色部分。

3) 定位导航软件

定位导航软件是能提供实时定位、电子导航地图存储、显示、分析导航地理数据功能的软件。从功能表现上来看，导航软件需要有定位显示、索引、路径计算、引导的功能，通过 GIS 与 GPS 集成，一般定位导航系统具有以下功能。

(1)定位功能：GPS 通过接收卫星信号，准确地定出其所在的位置，误差在 10m 以内。

(2)地图显示：包括漫游和缩放、空间书签及确定当前 GPS 的中心位置；为识别属性而进行的数据查询、超级链接显示及属性定位。

(3)量算功能：地图距离、面积、方向量测。

(4)导航功能：选择行车路线的起点和终点，导航系统根据当前位置和交通情况，提供最优的行车路线；如果前方遇到路口或者转弯，系统提前以语音的方式提醒。

(5)提示功能：内置道路安全属性信息(如红绿灯、超/限速路段、事故危险区域等)，便携式导航仪会及时以语音和图表的形式提醒前方路段安全属性信息，避免违反交通规则，有效防止交通事故。

(6)显示航迹：有效、实时地记录行驶经过的路线。

(7)电子地图：覆盖全国的各大城市及本地道路信息。

2. 车载导航仪

城市的快速发展和交通道路的日益复杂，人们常因不熟悉道路而迷路，从而延误时间。车载导航系统不仅能够准确地提供一条通往目的地的行车路线，而且使得车辆能够避开拥挤的道路，明显改善交通拥堵状况。现在一般的中高档车上导航系统已不再是选项，而成了标准设备。随着这项技术的不断发展及服务的不断完善，越来越多的人将会享受到 GPS 所带来的便捷。

车载导航仪与便携式导航仪类似，由硬件、导航软件和导航数据三个部分组成。

1) 车载导航仪硬件

导航软件运行的硬件平台主要由嵌入式计算机、触摸式液晶显示器、GPS 接收器、压电振动陀螺仪、车速感应器、硬件扩展接口等组成。车载传感器通常包括测量转弯速率的陀螺仪、输出电子速度脉冲的测速计及测量方向的罗盘。这些数据被用来进行航位推算，以便确定车辆相对道路的运动。当 GPS 遭受偶然的干扰，如坏天气影响、隧道和建筑物遮挡、超宽带无线电通信干扰等时，采用航位推算导航(如惯性传感器)或辅助定位技术作为 GPS 信号丢失时的补偿，以使导航系统功能连续。

高档汽车增加通信、RFID 传感器、摄像头图像处理等装置，车辆可以完成自身环境和状态信息的采集，通过互联网技术，所有车辆可以将自身的各种信息传输汇聚到中央处理器，通过计算机技术，这些车辆的信息可以被分析和处理，从而计算出不同车辆的位置、速度和最佳路线信息及实时路况，这些信息构成了巨大的交互网络。

2) 车载导航仪软件

除了具备便携式导航仪功能外，结合网络通信，车载导航仪增加了如下服务。

(1)测速：通过 GPS 对卫星信号的接收计算，可以测算出行驶的具体速度，比一般的里程表准确很多。

(2)显示航迹：如果去一个陌生的地方，去的时候有人带路，回来时怎么办？不用担心，

GPS 带有航迹记录功能，可以记录下用户车辆行驶经过的路线小于 10m 的精度，甚至能显示两个车道的区别。回来时，用户启动返程功能，可以顺着来时的路顺利回家。

（3）导航功能：使用者在车载 GPS 导航系统上任意标注两点后，导航系统便会自动根据当前的位置，为车主设计最佳路线。另外，它还有修改功能，假如用户不小心错过路口，没有走车载 GPS 导航系统推荐的最佳线路，车辆位置偏离最佳线路轨迹 200m 以上，车载 GPS 导航系统会根据车辆所处的新位置，重新为用户设计一条回到主航线的路线，或是为用户设计一条从起点到终点的最佳线路。

（4）转向语音提示功能：车辆只要遇到前方路口或者转弯，车载 GPS 语音系统就会提示用户转向等语音提示。这样可以避免车主走弯路。它能够提供全程语音提示，驾车者无须观察显示界面就能实现导航的全过程，使得行车更加安全舒适。

（5）防盗功能：防盗是指车主离开汽车，停泊的车辆遭遇偷盗、毁坏、移动时，车辆通过自身的监控系统向监控中心发出警报，并自动与车主手机联系、电话报警等。

（6）紧急援助功能：当车辆被劫持或车主被抢时，轻触紧急报警按钮。监控中心接警后，被抢劫车辆的位置、速度和运行方向等状态会自动在电子地图上直观显示出来。监控中心配合警方对车辆进行实时监控、启动监听装置监听车内动静、锁定车辆位置、反控熄火、发出声光报警、保护车主安全。

（7）调度管理功能：监控中心可以主动了解机动车的地理位置及其具体信息，因此调度人员可根据机动车驾驶员的要求进行引路功能，指导机动车选择最佳路径行驶。

（8）网络查询功能：安装本系统的车主可以通过电脑在 Internet 上进行网络查询，车主即使远隔重洋，只要在网上登录输入用户名和密码，即可查询车辆的实时位置和状态，并可通过计算机对车辆进行控制。

（9）热线服务功能：车主通过遥控器上的"热线"与车辆注册地的监控中心联系，可享受到很多增值服务，如紧急候车、加油、导航、票务、酒店订座、订房等。

随着物联网技术在交通系统领域的应用深入，车联网能够实现智能化交通管理、智能动态信息服务和车辆控制一体化，实现车与车、车与路、车与人、车与传感设备等交互，通过车与车、车与人、车与路互联互通实现信息共享，收集车辆、道路和环境的信息，并在信息网络平台上对多源采集的信息进行加工、计算、共享和安全发布，根据不同的功能需求对车辆进行有效的引导与监管，以及提供专业的多媒体与移动互联网应用服务。

3. 智能手机导航

智能手机（smartphone）是一个微型计算机，具有独立的操作系统，可以由用户自行安装第三方服务商提供的程序，通过此类程序来不断对手机的功能进行扩充，并可以通过移动通信网络来实现无线网络接入。

1）智能手机定位功能

智能手机具备 GPS 定位功能，通过卫星直接将位置和时间数据发到用户手机。当人们在室内或者反射卫星信号的建筑群中无法精确定位时，Assisted GPS 可以解决这个问题。现在运营商可以通过蜂窝网络或者无线网络来发送这些数据，这能使 GPS 启动时间从 45s 缩短到 15s 或者更短。Synthetic GPS 使用计算能力来提前几天或几周预测卫星的定位，不需要一个可用的数据网络和传递卫星信息的时间，通过缓存的卫星数据，手机能够在 2s 内识别卫星位置。

运营商已经知道如何在没有 GPS 的情况下，应用 CellID 的技术，来确定用户正在使用的 Cell 基站，使用基站识别号码和位置的数据库，运营商就可以知道手机的位置，以及它们与相邻基站的距离。这种技术更适用于基站覆盖面广的城市地区。

Wi-Fi 与 CellID 定位技术有些类似，但更精确，因为 Wi-Fi 接入点覆盖面积较小。实际上有两种方法可以通过 Wi-Fi 来确定位置，最常见的方法是 RSSI（接收信号强度指示），利用用户手机从附近接入点检测到信号，并反映到 Wi-Fi 网络数据库。使用信号强度来确定距离，RSSI 通过已知接入点的距离来确定用户距离。

目前，大多数智能手机配有三个惯性传感器：罗盘（或者磁力仪）来确定方向；加速度计来报告用户朝那个方向前进的速度；陀螺仪来确定转向动作。这些传感器可以在没有外部数据的情况下确定位置，但是只能在有限时间内，经典实例就是行驶到隧道时：如果手机知道用户进入隧道前的位置，它就能够根据行驶速度和方向来判断位置。这些工具通常与其他定位系统结合使用。

2）智能手机导航功能

智能手机可以实现在线导航和离线导航。

智能手机在线上网，利用支持网络浏览器的手机通过 WAP 协议，同互联网相连，从而达到网上导航的目的。手机在线导航具有方便、随时随地的优点，使用已经越来越广泛，逐渐成为现代生活中重要的上网方式之一，不过需要支付流量费用。

智能手机离线导航同便携式导航一样。使用时将导航软件和导航数据从网上下载安装，其余的操作及实时导航都不会耗费流量。但要及时更新手机内存卡上的导航地图数据，以免旧版的地图错误而导致错误信息。

因为我国大部分城市处于建设阶段，随时随地都有可能冒出新的建筑物，所以，电子地图的更新也成为众多消费者关心的问题。如果遇到一些电子地图上没有的目标点，只要用户感兴趣或者认为有必要，可将该点或者新路线增加到地图上。这些新增的兴趣点，与地图上原有的任何一个点一样，均可套用电子地图查阅等功能。

4.4.3　移动目标监控服务

移动目标监控系统是以 GIS 与 GPS 技术相结合为基础的综合应用系统，它与移动终端设备、无线通信链路一起，形成一个完备的车辆定位、跟踪系统。移动目标监控服务必须具备 GPS 终端、传输网络和监控平台三个要素，这三个要素缺一不可。目前已广泛应用于商业运输、物流配送、企业车队、汽车租赁、智能交通、工程机械、船舶航运、应急指挥、抢险施救、军警安监、智慧城市等领域，并且满足老人监护、儿童定位、宠物跟踪、财产监管、车友互联等需求。

1. 无线数据链路

无线数据传输是整个车辆调度系统中的重要组成部分，其选择方案包括以下几种。

（1）公网设备，如 GSM、CDMA、CDPD（无线数据公网）。

（2）集群通信，如公安上用的 350M、800M 集群系统。

（3）常规电台，采用专用信道和无线 MODEM。

2. 移动目标监控终端

终端是车辆监控管理系统的前端设备，市场上有车载和手持两种类型产品。车载终端一般隐秘地安装在各种车辆内，对该车辆进行位置及相关状态检测监控。

GPS 监控终端由计算机模块、GPS 接收模块和通信模块三个部分组成。天线和可选配件组成，其中，主机模块和天线构成了车载终端的基础部分，其他设备(如摄像头、通话手柄、汽车防盗器等)各种外接选配，主机上留有数据接口，可根据需要选择外接设备和传感器，以实现附件的功能要求。主要功能可实现实时定位，探测经纬度、时间、行进方向和速度。

系统基本功能：

(1)车辆定位。调度中心可以随时查询网内车辆位置、车辆是否出城、车辆是否在行驶、是空载还是有客等信息。

(2)通话调度。车辆上的车载电话只能拨打调度中心电话，采用单键拨号。为保护电话的隐私性，使用附微型麦克风的单耳机接听调度中心来电。调度中心可以拨打网内车辆的车载电话，发布调度语音信息。

(3)报警控制。当车辆发生意外时，司机可以触发隐蔽开关实行报警，5 秒钟后，监控中心将对车辆进行跟踪控制，并将车辆的位置信息传送到 110 勤务中心，由 110 指挥中心的巡逻车对出事车辆进行跟踪。

(4)Internet 在线查询功能。车主可以通过 Internet 进行网上查询，输入用户名及密码，即可查询到车辆的实时位置和状态，并可对车辆进行远程或异地控制。

(5)手机查询车辆。通过手机可以查询车辆的位置并可进行连续跟踪定位，手机上的矢量地图随车辆的移动自动漫游，同时可以根据地物模糊或精确查询地理位置。

(6)车辆管理。调度中心可以对车队入网车辆进行日常管理，如车辆的出车情况、车况状态、乘载率、客人统计分布图及车辆的行驶里程等。

(7)轨迹记录与重放。所有车辆行驶轨迹均实时上传到调度中心，并永久记录在计算机中供管理人员随时查询。所有车辆每天形成一个以天为单位的轨迹记录文件，每天零点开始新的轨迹文件记录。轨迹文件可以随时查询和回放(动态回放或静态回放)。

3. 移动目标监控中心

移动目标监控中心，也称位置服务中心，主要由 GIS 服务器、用户服务器、定位服务器、通信服务器、其他服务器和监控软件组成。

(1)GIS 服务器。GIS 服务器是监控系统的主要部分，利用存储在空间数据库中的电子地图数据，可以实现诸如电子地图操作、空间数据检索、地理分析等一系列功能。将移动目标定位数据与 GIS 服务器的数据进行匹配，使移动目标可以快速准确地在系统中确认，实现导航及调度功能，并且根据 GIS 服务器的相关信息为用户提供各种各样的服务内容。根据系统需求的不同，GIS 服务器可以是一个简单的 COM 控件，也可以是一个功能强大的 WebGIS 服务器。地图数据是监控区域中具有一定精度的三维坐标的集合，不仅为移动目标监控系统提供了背景数据，而且是 GIS 服务器的基础数据，可以为移动目标监控提供更加复杂完整的分析判断功能，使监控系统锁定目标可以快速准确地在系统中加以定位，实现导航、调度和指挥等功能。同时可以根据 GIS 系统功能定义为用户提供各类空间信息服务，提高整个系统的功能和效率。

(2)用户服务器。用户服务器存放用户信息，可按用户、按区域和按时间检索用户终端的位置坐标。用户存储的涉及用户商业机密的数据，也包括移动目标的行驶路线规划定位数据等。

(3)定位服务器。定位服务器用于确定移动目标的三维坐标。目前主要采用的定位方式包括 GPS 定位、手机定位、有线通信定位等。移动目标位置服务平台通过移动服务终端获取多源位置轨迹数据进行有效的管理和发布。主要功能有：

位置轨迹数据融合处理。平台接收来自各种通信平台传送的各种实时动态空间定位系统所获取的移动目标的定位信息，并通过逐级处理和融合，形成统一的移动目标位置轨迹数据。

位置轨迹数据存储管理。位置轨迹数据具有空间和时间四维特征。为了对移动目标的准确位置、时间、速度和状态等移动目标参数进行有效的管理和快速查询，往往采用时态数据模型对其描述，在时态数据库管理系统的支持下对其进行管理。

分布式多级用户的分发。位置服务中心是双向工作的，服务中心将位置信息通过数字通信发往服务对象的终端接收设备，必要时中心可遥控终端接收设备，甚至直接操纵移动目标，从而有效地进行调度和管理，关键是按不同级别授权建立分级分发机制和一个多级网络化的移动目标位置轨迹数据分发体系。

(4)通信服务器。人们利用稳定的通信系统可以全面、实时和动态掌握移动目标的位置信息和环境信息等态势，对应急调度的成功显得尤为重要。通信服务器是整个系统的枢纽部分，负责移动端与监控端之间的通信联系，通常的通信方式有 GSM 网、GPRS、CDMA、CDPD、集群、电台等。目前，主流的方式是采用 GPRS 和 GSM 网。通信服务器负责接收和解析 GPS 车载硬件终端传回的数据，负责控制 GPS 车载硬件终端与通信控制中心信息的方式及频率，如遇紧急情况控制 GPS 车载硬件终端采取更可靠更实时的通信方式，也可以发送指令。

(5)其他服务器。移动目标监控系统中一般还涉及认证服务器、Web 服务器、APP 服务器等。

(6)监控软件是基于终端位置数据和地理信息服务平台，与用户业务内容密切相关的应用软件，是远程超视距指挥和监控管理平台，是 GIS 监控业务处理终端。位置服务不仅需要可靠的终端，地理信息服务平台也起着决定性的作用，就像移动通信一样，如果没有通信基站网络，再好的手机也没有用。位置服务平台的核心是地理信息服务，地理信息服务平台包括高精度和大范围地理空间数据及地理信息系统软件两个部分。地理信息服务平台有两种模式：一是台式桌面 GIS；二是网络 GIS。GIS 实现地图的基本操作(放大、缩小、平移、实时测角度、测距离、鹰眼、图层操作)与路径规划分析。

4. 移动目标监控功能

移动目标监控终端集成了 GPS、GIS、无线通信、分布式数据库、互联网等技术实现对移动目标定位、监控、遥控和服务等功能。

1)车辆监控

位置查询：当监控中心发出立即命令之后，GPS 终端及时上传车辆、人或宠物的位置信息(包括经度、纬度、方位角、速度、卫星数等信息)及状态信息，当时的车辆是怎样的状态等信息，在监控中心的电子地图上可以看到车辆、人或宠物所在的直观位置。

状态查询：行驶状态(行驶在线、停车在线、离线、报警)、车牌号、上报时间、车速、经纬度、当日里程、驾驶员身份信息、地理位置描述等。监控中心可通过无线网络对车辆、人或宠物进行远程监控，可以提供对老人、小孩及宠物的跟踪服务，具有老人、小孩遇到突发事件时的求救等功能。

车辆操作：跟踪车辆、查看历史轨迹、抓拍照片、查看抓拍到的照片、发送短消息等。

控制功能：锁车限速、遥控熄火、遥控器失效、解除、设防、复位、呼叫。

参数远程修改功能：用户在使用过程中若需对若干参数进行修改，可远程通过监控中心用短消息进行修改。

2）历史轨迹

车辆历史数据统计查询功能和车辆轨迹回放功能。实现对车辆所行驶的历史路线进行查询和回放，由此可加强车队对特殊运输车辆所行驶路线的监管。历史轨迹的明细数据，展示各个点的历史轨迹详情。

3）区域管理（电子围栏+路线管理）

选择需要创建的区域类型，如矩形、多边形、原型、线路，创建围栏或线路。围栏或线路保存后，对绑定的车辆进行编辑，当车辆超出规定的行车范围时，车台将向监控中心发出越界提示，以便监控中心采取相应措施。

4）查询统计

车速分析：用于管理员对车辆进行车速分析。设置超速值、持续时间，点击查询，即可查询到指定车辆，在指定时间，车速超过指定车速，并且超过指定时间的车辆信息。

里程统计：常用于物流车队管理、驾驶员的里程考核，可查询指定车在指定时间段的里程信息。

行车统计：常用于驾驶员的行车工时考核。选择指定时间，设定筛选速度和持续时间，查询出车辆速度大于指定值的运行时间表。

停车统计：物流车队管理停车统计，选择指定时间，设定停车的持续时间，查询出停车时间大于设定值的车辆信息。

5）联合救援服务

GPS 终端设备设置三个功能键，当按下这三个键中的任意一个时，电话自动接通该键定义的电话号码所在单位，同时向监控中心发送一次定位信息。

意外故障处理：当车抛锚路边时，只要按一下手柄按钮通知为用户服务的救援机构，救援机构会立即知晓用户的情况，包括位置等信息，从而快速为用户提供所需的服务。

意外事故处理：如果用户的车突遇车祸，信号自动报给产品，产品会将车辆现场的具体位置通知 110、120、122、999，并立即联系用户的投保公司或按用户事先的确定通知家人或亲友，协助用户在第一时间准确判断，妥善处理。

紧急服务：偶遇不可抗力时间或自认为身处危险时，用户只要轻触紧急服务按键，位置信息就会立刻显在运营服务商的监控屏幕上，并且优先安排专人处理当事人的事件，接通车内监听电话并联系最近的服务者，传达用户的确切位置和需求。

6）增值服务

油量明细分析：GPS 终端安装油感传感器，并且标定完毕后，可实现油量曲线的分析功能。

油耗统计：通过对车载终端采集上报的各种数据进行建模分析，汇总成油耗报告，包括发动机油耗、加油报告、异常油量报告、油感曲线、油箱标定等，可以查看车辆油气耗使用情况，为燃料的精细化管理提供数据基础。

加油报告：选择车辆、时间范围，查询车辆加油报告。报告包含车牌、组织、加油量、初始油量、结束油量、发生时间、位置等信息。

异常油量报告：选择车辆、时间范围，查询车辆异常油量报告。报告包含车牌、组织、异常油量、初始油量、结束油量、发生时间、位置等信息。

7) 不良驾驶行为分析

驾驶行为管理主要是系统对车辆的各项行为数据根据一定规则进行处理，得到的一系列数据报告在此展示。通过报告，可以直观了解司机的驾驶行为情况。支持查看不良驾驶行为的详情。具体支持的行为项目如下：超速、严重超速、过长怠速、急刹车、急加速、超转行驶、停车立即熄火、低油量行驶、冷却系统异常、停车状态踩踏油门、长时间刹车、长时间踩离合、粘离合、发动机异常熄火、机油油温异常、猛踩油门、燃油温度过高、空挡滑行、冷车启动、电瓶电压高、电瓶电压低、充电电压低、充电电压高。

第5章　地理空间数据更新与管理

地理空间数据是地理信息的重要载体，是地理信息服务的重要内容。正确的分析与决策需要用现势准确的地理数据。地理信息服务的主要任务由初期的地理信息数据库建设转变为数据库的更新和维护，保持地理空间数据的现势性是地理信息服务的基础日常工作，利用实地测量、航空像片、遥感图像、最新出版的地图、外业观测成果等文本资料维护更新地理信息数据产品。为了在一定的范围内获得最佳秩序，保证地理信息服务产业链之间、地理信息服务产业链生产的产品(数据、软件系统)之间可以互联互通，更好地保证服务质量，必须所有的产品执行统一的管理。

5.1　地理数据更新处理

地理数据是地理信息服务的基础，高质量地理信息服务要求地理数据具有良好的现势性。这种现势性需求对地理信息获取由静态转为动态，侧重动态监测和实时更新。从地理信息数据表达形式的角度，将地理信息数据产品分为地理矢量数据、数字正射影像数据、数字遥感影像数据、数字高程模型数据、数字栅格地图数据、数字表面模型数据和三维地物模型数据七种类型。地理空间数据的来源不同，数据存在的类型和格式不同，数据的获取与处理方法也是不同的。

5.1.1　数字影像正射改正

数字正射影像图是地理信息产品中的重要一员。它是对航空(或航天)像片进行数字微分纠正和镶嵌，按一定图幅范围裁剪生成的数字正射影像集，同时具有地图几何精度和影像特征的图像。它是利用数字化自动摄影测量系统生产的一种新的数字化测绘产品，在生成正射影像的同时，还可以得到数字地面高程数据、等高线图，生成该区域内三维景观图等。

1. 数字正射影像

数字正射影像图是以航摄像片或遥感影像(单色/彩色)为基础，经扫描处理并经过逐像元进行辐射改正、微分纠正和镶嵌，按地形图范围裁剪成的影像数据，并将地形要素的信息以符号、线画、注记、公里格网、图廓(内/外)整饰等形式添加到该影像平面上，形成以栅格数据形式存储的影像数据库。数字正射影像的分幅、投影、精度和坐标系统与同比例尺地形图一致，图像分辨率一般介于400～250dpi。DOM可作为独立的背景层与地名注名、坐标注记、经纬度线、图廓线公里格、公里格网及其他要素层复合，制作各种专题图。

数字正射影像图在计算机上可局部放大，具有良好的判读性能与量测性能和管理性能，具有精度高、信息丰富、直观逼真、获取快捷等优点，可从中提取自然资源和社会经济发展的历史信息或最新信息，为防治灾害和公共设施建设规划等应用提供可靠依据，并派生出新的信息和产品；还可以为地形图的修测和更新提供良好的数据和更新手段；也可作为地图分析背景控制信息评价其他数据的精度、现实性和完整性。

因为获取制作正射影像的数据源不同，以及技术条件和设备的差异，数字正射影像图的制作有多种方法，主要包括下述三种。

(1)全数字摄影测量方法，建立立体模型采集 DEM，继而进行数字影像微分纠正。利用数字摄影测量系统来实现，即对数字影像对进行内定向、相对定向、绝对定向后，形成 DEM，按反解法做单元数字微分纠正，将单片正射影像进行镶嵌，最后按图廓线裁切得到一幅数字正射影像图，并进行地名注记、公里格网和图廓整饰等。经过修改后，绘制成 DOM 或刻录光盘保存。

数字摄影测量法包括内定向、相对定向、绝对定向、编辑等视差线生成 DEM，数字微分纠正即正射影像镶嵌、图幅裁切 DOM 等。相应技术流程如图 5.1 所示。

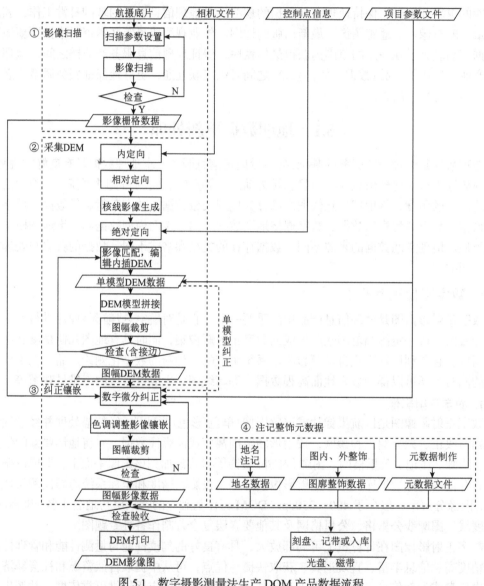

图 5.1 数字摄影测量法生产 DOM 产品数据流程

▱为文件或成果框；□为作业步骤框；⌐⌐为工序框

(2)单片数字微分纠正，利用已有的 DEM，进行单片数字影像微分纠正。如果一个区域内已有 DEM 数据及像片控制成果，就可以直接使用该成果数据 DEM，其主要流程是对航摄负片进行影像扫描后，根据控制点坐标进行数字影像内定向，再由 DEM 成果做数字微分纠正，其余后续过程与上述方法相同。

单片微分纠正系统主要包括数字影像的内定向、影像外方位元素的解算、DEM 的导入、数字影像的重采样及正射影像镶嵌、图幅裁切生成 DOM 等(图 5.2)。

(3)正射影像图扫描。若已有光学投影制作的正射影像图，可直接对光学正射影像图进行影像扫描数字化，再经几何纠正就能获取数字正射影像的数据。几何纠正是直接针对扫描变换进行数字模拟，扫描图像的总体变形过程可以看做是平移、缩放、旋转、仿射、偏扭、弯曲等基本变形的综合作用结果。

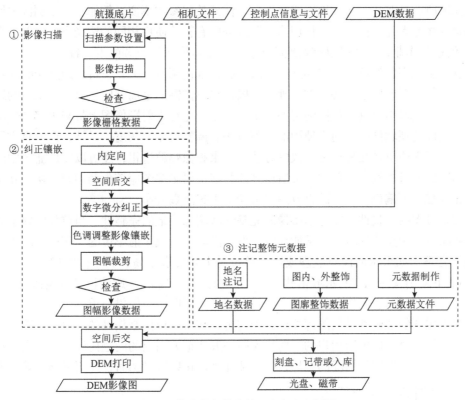

图 5.2 单片数字微分纠正生产流程框图

⬭为文件或成果框；▭为作业步骤框；⬚为工序框

2. 正射影像图评价

评价 DOM 的指标主要有精度、清晰度、完整性、准确性和实时性等。

在正射影像图上，精度主要反映在像对之间的镶嵌误差、图幅之间的接连差是否超过一定的限度、影像是否存在局部模糊、影像是否重影、地物是否扭曲变形(主要看大房屋的边线和直线道路)等。出现这些问题的原因是多方面的，一般外业所作控制点的精度会直接影响绝对定向的精度，而定向精度(包括内定向、相对定向、绝对定向)达不到要求，会导致像对间和图幅间存在拼接差。另外，航片扫描分辨率低也会影响拼接精度，但是分辨率太高，不但要求较大的计算机硬盘空间，而且会影响成图的速度和效率。所以，选择扫描分辨率也很重要，一般，分辨率大小与成图比例尺和航摄比例尺关系较大。对于航摄比例尺为 1:3.5 万，要做 1:1 万的数字正射影像，扫描分辨率为 25μm 便能达到成图要求。如果 DOM 存在地物扭曲、影像局部模糊和重影，排除原始影像因素以外，多半是所使用的 DEM 精度不高、作业人员编辑不够所致。

清晰度是人们对正射影像的第一感觉，是评价正射影像的最关键因素。清晰度的问题主要体现在影像模糊，色调、饱和度较差，像对间镶嵌边缘反差和灰度明显不一致，产生这些问题的最主要原因是航摄质量与扫描质量。数字摄影技术还没有大量运用到航空摄影中来，目前生产单位所使用的数字影像都是经过原始胶片的晒印和扫描所获得的，这一次次的转换必会影响最后数字正射影像图的质量和精度。航摄是进行正射影像图生产的开端，因此，它与最后成图的影像关系最大，晒印和扫描的重要性也非同小可。无论航摄、晒印或者扫描，应尽量保证所有的航片一次性地完成，而且要保证某些参数不变。例如，一个测区内原始底片的明暗度相差无几，扫描时应该使这个测区的所有航片使用相同的透光率、反差、亮度、Gamma 值进行作业，这样可以有效地防止最终成果镶嵌边缘色调的不一致。

一旦发生数字影像色调、饱和度很差或镶嵌边缘色调不一致，也可以通过 Photoshop 数字图像处理软件对影像进行必要的处理。一般，在影像镶嵌之前就应该对每一像对的影像进行处理，使它们基本上具有相同的反差和灰度，以避免在正射影像图上带来更多的边缘不一致现象。图像处理软件中，通常使用的调整方法有调整反差、灰度，另外，调整直方图、灰度曲线、色彩平衡也是几种行之有效的方法。如果影像颗粒过粗，还可以使用滤镜中的平滑功能提高影像的可视效果。总之，最后得到的数字正射影像图应该色调均匀，灰度和反差适中，像元细腻、不偏色，影像的直方图尽可能呈正态函数分布。

正射影像图的完整性主要包括影像的完整性和图廓注记的完整性。当航片资料不够，大片落水或缺少控制点成果时，很可能导致影像不满幅，造成正射影像的不完整。对于因落水导致的不完整，如果水面没有纹理或用图单位对水域要求不高，为了使影像完整，可以在 Photoshop 下复制其他地方的水域粘贴于此，并进行实时复制。图廓注记通常包括图名、坐标系、图号、成图时间、制作单位、结合表等，或者由用图单位提供要求。

正射影像图的准确性是指图廓注记准确与否。在生产单位制作好的正射影像图通常经过几道验收，所以最后提供给用户的正射影像图一般注记方面出的问题比较少。现实性指影像所反映的信息与现在实际情况的差异，应保证在生产正射影像图时，使用最新的航摄资料。

5.1.2　数字遥感影像处理

卫星遥感成像一般采用图形扫描成像方法，是依靠探测元件和扫描镜对目标物体以瞬时视场为单位进行的逐点、逐行取样，以得到目标物的电磁辐射特性信息，形成一定谱段的图像。虽然遥感影像几何精度没有航空摄影(中心投影)几何精度高，但遥感卫星数据时效性好、覆盖范围大、成本相对低廉，利用遥感图像处理软件直接对遥感卫星图像产品进行几何纠正，从而制作系列数字遥感影像图，以满足不同行业的需要，是一种相对低廉又行之有效的技术手段。社会的迅速发展要求测绘部门能够快速准确地对基础地理信息数据(信息)进行更新，但传统的测绘技术方法无法满足此要求，利用高分辨率遥感卫星修测基础地理信息数据提供了解决这一问题的新途径。

1. 数字遥感影像处理

遥感图像处理是对遥感图像进行辐射校正和几何纠正、图像整饰、投影变换、融合、镶嵌、裁剪、特征提取、分类及各种专题处理等一系列操作，以达到预期目的的技术。遥感影像处理流程如图 5.3 所示。

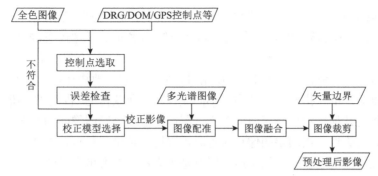

图 5.3　遥感影像处理流程框图

1）影像纠正

遥感影像不是瞬间扫描而是用连续扫描的方法取得图像数据的。由于卫星的运动，扫描行并不垂直于运动轨迹方向，在扫描一幅图像的时间内地球自转一个角度而使图像扭歪。在给定视场角下，扫描行两侧的像元对应的地面面积比中间的大，地球的曲率更加大了这一误差。卫星的姿态变动和扫描速度不匀也使图像产生畸变。这种畸变无法用精确数学模型描述，一般影像几何纠正分系统纠正、控制点纠正和正射改正三种。

（1）系统纠正。根据已知的仪器参数及遥测的卫星轨道和姿态参数进行图像的几何纠正。

（2）控制点纠正。系统纠正后的几何精度仍不能满足要求，则需要用地面控制点来进行图像的几何精纠正。几何精纠正数学模型采用多项式（二阶）。因为遥感图像上存在倾斜和高程误差，高程对点位精度影响较大，所以在选择地面控制点时应注意这些点的点位高程一致。控制点的数量一般 10～15 个为宜。在几何纠正后的影像上均匀选取 15 个检查点检查影像几何纠正情况。遥感影像的纠正过程中，X 残差、Y 残差及均方根中误差（root mean square，RMS）都控制在 1 个像素之内，很好地满足了几何精度纠正要求；如果纠正的精度超过标准，则重新选择控制点，重新输入进行几何纠正，直至达到需要的精度为止。经过控制点精纠正，图像的几何精度可达到均方误差在半个像元以内。

考虑地球曲率的影响，控制点坐标最好是平面坐标，先按地图投影的公式将控制点地理坐标转换成平面坐标，再进行遥感图像的几何精纠正，以保证精度。当比例尺较大时，常用地图投影的几何形状差别较大。经过控制点纠正遥感影像后，才可能进行地理量算和分析，才能知道地物的确切位置。

（3）正射改正。经过控制点纠正，遥感图像上仍然存在高程误差，在没有正射改正的情况下，一般不能用于测绘地形图。根据影像的成像原理和构象方程，利用成像的物理模型对影像进行严密的正射改正。例如，SPOT5 影像是由线阵列 CCD 传感器推扫成像，每条扫描线上是中心投影，对整景影像来说是多投影中心的中心投影影像。采用物理模型纠正时首先恢复影像的成像模型，然后利用数字高程模型根据成像模型来纠正投影差，最后得到精校正影像。

2）图像融合

图像融合是对多遥感器的图像数据和其他信息处理的过程。该过程能够提高图像数据处理后的精确度，并丰富图像信息，如高分辨率的全色图像和低分辨率的多光谱图像的融合，融合后图像兼具高空间分辨率和多光谱的特征。图像融合的目的是提高图像空间分辨率、改善图像几何精度、改善分类精度、增强特征显示能力、提高变化监测能力等。图像融合包含了数据配准、融合方法的选择、全色数据的处理和多光谱数据的处理等关键技术。将全色影像和多波段影像进行融合，图像融合是将低空间分辨率的多光谱影像或高光谱数据与高空间分辨率的单波段影像重采样生成一幅高分辨率多光谱影像遥感的图像，再按更新区域范围裁剪。

(1)图像配准。在多种遥感图像复合使用时，应当使同一地物在各图像上处于同一位置，这称为图像配准。配准是指同一区域内以不同成像手段所获得的不同图像图形的地理坐标的匹配。图像配准与几何精纠正有相似的含义。图像配准指遥感图像间的配准，可以是不带有地理参考坐标系的影像，当两幅图像较接近时可以用计算机进行自动配准。几何纠正是遥感图像与地理控制点的配准。几何纠正后的影像是带有地理参考坐标系的影像。图像配准是图像融合技术中非常关键的一步，直接影响着融合影像的最终结果。图像配准过程与前面介绍的几何纠正的过程相同。

(2)融合方法的选择。应用于遥感卫星影像的常用融合方法有多种(表 5.1)。

表 5.1 遥感卫星影像融合的常用方法

	运算复杂度	纹理损失量	色彩改变量	调整工作量	备注	调整工作量
HIS变换	***	**	***	**	适用于平坦地类简单地区，注意全色图像匀光，提升植被及山地亮度。仅限 3 个多光谱波段参与运算，融合影像只能含 R、G、B 三个波段	运算简单容易实现 信息损失少
主分量变换法	****	*	****	****	能够充分利用多光谱各波段的信息，但需投入大量精力进行色彩调整。融合影像只能含 R、G、B 三波段	信息损失少
加法	**	**	**	**	山区效果好，不限运算波段数，但相加运算需考虑抑制强相关性，避免产生过强的局部反差和过多的突变色块。融合影像可以是多通道	运算简单容易实现
加权相乘法	**	***	*	***	不限运算波段数，但需对高分辨率图像做较强的锐化，融合前尽可能提升全色和多光谱数据的亮度。融合影像可以是多通道	运算简单容易实现 融合色调好

3) 图像整饰处理

图像整饰处理是提高遥感图像的像质以利于分析解译应用的处理。灰度增强、边缘增强和图像的复原都属于图像的整饰处理。

图像增强的目的是增强局部反差突出纹理细节，并尽可能降低噪声。卫星图像的像元虽然可以用 256 个灰度等级来表示，但地物反射的电磁波强度常常只占 256 个等级中的很小一部分，使得图像平淡而难以解译，天气阴霾时更是如此。为了使图像能显示出丰富的层次，必须充分利用灰度等级范围，这种处理称为图像的灰度增强。

常用的灰度增强方法有线性增强、分段线性增强、等概率分布增强、对数增强、指数增强和自适应灰度增强六种：①线性增强，把像元的灰度值线性地扩展到指定的最小和最大灰度值之间；②分段线性增强，把像元的灰度值分成几个区间，每一区间的灰度值线性地变换到另一指定的灰度区间；③等概率分布增强，使像元灰度的概率分布函数接近直线的变换；④对数增强，扩展灰度值小的像元的灰度范围，压缩灰度值大的像元的灰度范围；⑤指数增强，扩展灰度值大的和压缩灰度值小的像元的灰度范围；⑥自适应灰度增强，根据图像的局部灰度分布情况进行灰度增强，使图像的每一部分都能有尽可能丰富的层次。图像增强调整影像灰度值分布范围，改善视觉效果，以消除蒙雾和提高亮度为主，但注意不要损失影像的高亮区信息。

高通滤波用于对全色影像进行锐化处理，以增强纹理细节。纹理特征增强目前主要采用 3×3、5×5、7×7 模板等，逐个模板推移扫描每个像元进行增强处理，但增强纹理会带来不必要的噪声，所以模板的尺寸不宜过大。实践表明，用 3×3 模板增强的效果较好。影像纹理较好地区宜采用中心值为 5 的算子，其真实感、层次感较好，产生的噪声较低。而影像质量较差或平坦地区宜采用中心值为 9 的算子，虽然其锐化强烈，但产生的噪声较高，真实感、层次感较弱，边缘和线状地物扩散现象较严重。

4）镶嵌和裁剪

影像镶嵌（mosaicking）是指将两幅或多幅数字影像（有可能是在不同的摄影条件下获得的）拼在一起，构成一幅整体图像的技术过程。由于地图的分幅与遥感图像的分幅不同，当两者配准时总会遇到一幅地图包含两幅以至四幅遥感图像的情况。这时需要把几幅图像拼接在一起，这称为图像镶嵌。在镶嵌时，应尽可能选择成像时间和成像条件接近的遥感图像，以减轻后续的色调调整工作。由于这些图像可能是在不同日期经过不同处理后得到的，简单的拼接往往能看出明显的色调差别。两幅图像，无论怎样进行处理，都会存在两幅图像的亮度差异（两副相邻图像季节相差较大时，特别严重），特别是在两幅图像的对接处，这种差异有时比较明显，为了消除两幅图像在拼合时的差异，有必要进行重叠区的亮度镶嵌。根据图像重叠部分具有相同的灰度平均值和方差的原则调整各图像的灰度值，以及利用自然界线（如河流、山脊等）拼接在边界而不是简单的矩形镶嵌，这样可使镶嵌图无明显的接缝。

在实际工作中，经常需要根据研究工作范围对图像进行分幅裁剪，按照实际图像分幅裁剪的过程，可以将图像分幅裁剪分为两种类型：规则分幅裁剪，不规则分幅裁剪。规则分幅裁剪是指裁剪图像的边界范围是一个矩形，通过左上角和右下角两点的坐标，就可以确定图像的裁剪位置，整个裁剪过程比较简单。不规则分幅裁剪是指裁剪图像的边界范围是任意多边形，无法通过左上角和右下角两点的坐标确定裁减位置，而必须事先生成一个完整的闭合多边形区域，针对不同的情况采用不同的裁剪过程。

2. 数字影像图的评价

评价数字影像图的主要指标有精度、清晰度和现势性等。

1）精度

在正射影像上，精度主要反映在是否存在相对之间的镶嵌误差、图幅之间的接边差是否超过一定的限度、影像是否存在局部模糊、影像是否重影、地物是否扭曲变形等问题上。常见的几种误差来源：纠正控制点错误、DEM 异常或者错误、人为选点错误或者纠正方法选择错误。

2）清晰度

清晰度包括纹理特征和光谱信息，纹理特征能正确表达土地利用类别与边界，光谱信息主要是指影像色彩接近自然真彩色。一般情况下最后得到的数字正射影像图应该色调均匀，灰度和反差适中，像元细腻、不偏色、影像的直方图尽可能呈正态函数分布，一旦影像出现偏色、锐化过度、颗粒过大等情况，通常使用 Photoshop 软件来调节。

3）现势性

现势性指影像所反映的信息与现在的实际情况的差异。因此在生产正射影像图时，应使用最新的卫星影像。

5.1.3　数字高程模型更新

数字高程模型是用一组有序数值阵列形式表示地面高程的一种实体地面模型，描述区域地貌形态的空间分布，包括高程在内的各种地貌因子，如坡度、坡向、坡度变化率等因子在内的线性和非线性组合，其中，DEM 是零阶单纯的单项数字地貌模型，其他如坡度、坡向及坡度变化率等地貌特性可在 DEM 的基础上派生。它是通过野外地形测量、摄影测量相似立体模型直接采集（包括采样和量测）、LiDAR 直接测量的 DSM 数据、地形图等高线，然后进行数据处理或内插而派生的产品。根据不同的技术条件和不同的精度要求，有不同的 DEM 获取技术方案。

1. 摄影测量法

摄影测量是 DEM 数据采集最有效也是最常用的方法之一。摄影测量的采集方法如下。

1）全数字摄影测量法

数字自动摄影测量法可采用自动采样的方法完成 DEM 数据的采集，无须太多人工干涉，只有在水域森林覆盖地区和房屋密集的城区等特殊区域，才需要一些简单的人工干预和人工编辑，所以它已成为获取 DEM 的主要仪器设备，加快了 DEM 的获取和更新速度。

2）人机交互式的混合采样法

利用数字摄影测量工作站进行人机交互式的混合采样法，就是采用计算机自动相关和人工交互相结合的方法，这种方法因为增加了人工干预和编辑的功能，所以能获得比较可靠、精度较好的 DEM。

数字摄影测量立体模型是空间数据采集最有效的手段，它具有效率高、劳动强度低等优点。利用计算机辅助系统可进行人工控制的采样，即 X, Y, Z 三个坐标的控制全部由人工操作；利用解析测图仪或机控方式的机助测图系统可进行人工或半自动控制的采样，其半自动的控制一般由人工控制高程 Z，而由计算机控制平面坐标 X, Y 的驱动；利用自动化测图系统则是利用计算机立体视觉代替人眼的立体观测。在人工或半自动方式的数据采集中，数据的记录可分为"点模式"与"流模式"，前者是根据控制信号记录静态量测数据，后者是按一定规律连续性地记录动态的量测数据。

具体有两种作业模式：一种是人工直接切准标准格网点，直接生产 DEM，此方法精度最好，但相当耗时；另一种是人工测绘等高线和地形特征点，通过内插获得 DEM。这种方法可以更详细、更有效地描述地貌形态。

（1）沿等高线采样。在地形复杂及陡峭地区，可采用沿等高线跟踪的方式进行数据采集，而在平坦地区，则不宜采用沿等高线采样。沿等高线采样可按等距离间隔记录数据或按等时间间隔记录数据方式进行。当采用后者时，由于在等高线曲率大的地方跟踪速度较慢，因而采集的点较密集，而在等高线较平直的地方跟踪速度较快，采集的点较稀疏，所以只要选择恰当的时间间隔，所记录的数据就能很好地描述地形，又不会有太多的数据。

（2）规格格网采样。利用解析测图仪在立体模型中按规则矩形格网进行采样，直接构成规则格网 DEM。当系统驱支测标到格网点时，会按预先选定的参数停留一短暂的时间（如 0.2s），供作业人员精确量测。该方法的优点是方法简单、精度较高、作业效率也较高；缺点是特征点可能丢失，基于这种矩形格网 DEM 绘制的等高线有时不能很好地表示地形特征。

（3）沿断面扫描。利用解析测图仪或附有自动记录装置的立体测图仪对立体模型进行断面扫描，按等距离方式或等时间方式记录断面上点的坐标。因为量测是动态地进行，所以此种方法获取数据的精度比其他方法要差，特别是在地形变化趋势改变处，常常存在系统误差。该方法作业效率是最高的，一般用于正射影像图的生产。对于精度要求较高的情况，应当从动态测定的断面数据中消去扫描的系统误差。

(4)渐近采样。为了使采样点分布合理，即平坦地区样点较少，地形复杂地区的样点较多，可采用渐近采样的方法。先按预定的比较稀疏的间隔进行采样，获得一个较稀疏的格网，然后分析是否需要对格网加密。判断方法可利用高程的二阶差分是否超过给定的阈值；或利用相邻三点拟合一条二次曲线，计算两点间中点的二次内插值与线性内插值之差，判断该差值是否超过给定的阈值。当超过阈值时，则对格网进行加密采样，然后对较密的格网进行同样的判断处理，直至不再超限或达到预先给定的加密次数(或最小格网间隔)，再对其他格网进行同样的处理，如图 5.4 所示。

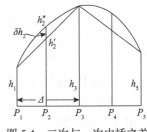

图 5.4　二次与一次内插之差

已经记录了间距为 Δ 的 P_1, P_3, P_5，三点高程 h_1, h_3, h_5。P_2 点二次内插高程 h_2'' 与线性内插高程 h_2' 为

$$h_2'' = \frac{1}{8}(6h_3 + 3h_1 - h_5)$$
$$h_2' = \frac{1}{2}(2h_3 + h_1) \tag{5.1}$$

两者之差 δh_2 为

$$\delta h_2 = \frac{1}{8}(2h_3 - h_1 - h_5) \tag{5.2}$$

若 T 为一给定阈值，当 $\delta h_2 > T$ 时，应在中间补测 P_2 与 P_4 两点。由 h_1, h_3, h_5 计算的二阶差分为

$$\Delta^2 h = \frac{1}{\Delta^2}(h_1 + h_2 - 2h_3) \tag{5.3}$$

也是地面是否平坦的一个测度，同样可以作为是否加密采样的判断依据。这种在量测过程中不断调整取样密度的采样方法的优点是使得数据点的密度比较合理，合乎实际的地形；缺点是在取样过程中要进行不断的计算与判断，且数据存储管理比简单矩形格网要复杂。

(5)选择采样。为了准确地反映地形，可根据地形特征进行选择采样，如沿山脊线、山谷线、断裂线进行采集及离散碎部点(如山顶)的采集。这种方法获取的数据尤其适合于不规则三角网 DEM 的建立，但显然其数据的存储管理与应用均较复杂。

(6)混合采样。为了同时考虑采样的效率与合理性，可将规则采样(包括渐近采样)与选择采样结合起来进行，即在规则采样的基础上进行沿特征线、点的采样。为了区别一般的数据点与特征点，应当给不同的点以不同的特征码，以便处理时可按不同的合适的方式进行。利用混合采样可建立附加地形特征的规则矩形格网 DEM，也可建立沿特征附加三角网的Grid-TIN 混合形式的 DEM。

上述方法均是基于解析测图仪或机助测图系统利用半自动化的方法进行 DEM 数据采集，现在还可以利用自动化测图系统进行完全自动化的 DEM 数据采集，此时可按像片上的规则格网利用数字影像匹配进行数据采集。若利用高程直接解求的影像匹配方法，也可按模型上的规则格网进行数据采集。

2. 数字地形测量

大面积地形图的测绘基本上采用航空摄影测量的方法，但对面积较小的或者精度要求高的大比例尺地形图，一般采用地形测量。利用 GPS、全站仪或经纬仪配合袖珍计算机在野外进行观测获取地面点高程数据，进而通过高程差值，获取区域的 DEM 数据。此方法一般服务于工程设计与施工。

大比例尺地形图测绘方法主要采用全站仪测图及 GPS RTK 测图的数字测图方法。GPS RTK 测图方法与全站仪测图类似，只是利用 GPS RTK 代替全站仪。全站仪测图有数字测记和电子平板两种作业模式。数字测记模式是利用全站仪与电子手簿(或全站仪内存卡)组成的数据采集系统进行数据采集，内业利用图形编辑软件进行数据处理，制作数字地形图；电子平板模式是全站仪与便携式计算机(或掌上电脑)、数据处理软件组成数字测图系统，其工作过程是通过全站仪采集的数据实时传输到便携机，现场编辑制作数字地形图，具体生产流程及参考标准如图 5.5 所示。

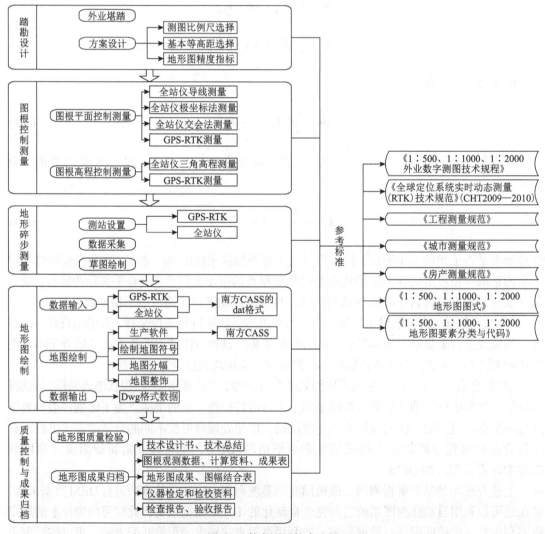

图 5.5　数字测图技术流程

大比例尺地形图测绘过程主要包括：①踏勘与设计。在踏勘的基础上编制设计书、生产实施方案。②图根控制测量。在基本控制网的基础上布设、连测图根控制点(简称图根点)。③地形碎部测量。利用图根控制点测量地形碎部点的位置、高程及其属性数据。④地形图绘制。根据碎部测量获得的地形数据编绘地形图。⑤质量控制与成果归档。

1)地物点地貌点的测定

地貌点的测绘：①山顶，尖山顶、圆山顶、平山顶。②山脊，尖山脊、圆山脊、台阶状山脊、分歧脊。③山谷，尖底谷、圆底谷、平底谷。④鞍部，窄短鞍部、窄长鞍部、平宽鞍部。⑤盆地，特点与山顶相似，高低相反。⑥山坡，在坡度变化处立尺。⑦梯田坎和陡坎，坎顶方向变化处立尺，量坎高(比高)。⑧斜坡，坡顶和坡底方向变化处立尺。⑨特殊地貌，与测绘地物方法相同。

2)等高线的手工勾绘

(1)连接地性线。实线连成山脊，虚线连成山谷，随碎部点的测定随时连接，如图 5.6 所示。

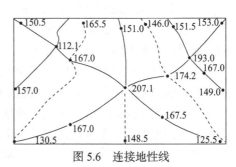

图 5.6 连接地性线

(2)求等高线通过点。等高线通过点前提是相邻点等坡度，用等比例内插。在两相邻地貌特征点间按高差与平距成正比关系求出等高线通过点，通常用目估内插法来确定等高线通过点，也可用三角尺丈量地貌特征点间距，配合目估内插；目估内插时应先内插计曲线通过点并用粗点标示，再内插首曲线通过点并用细点标示，如图 5.7 所示。

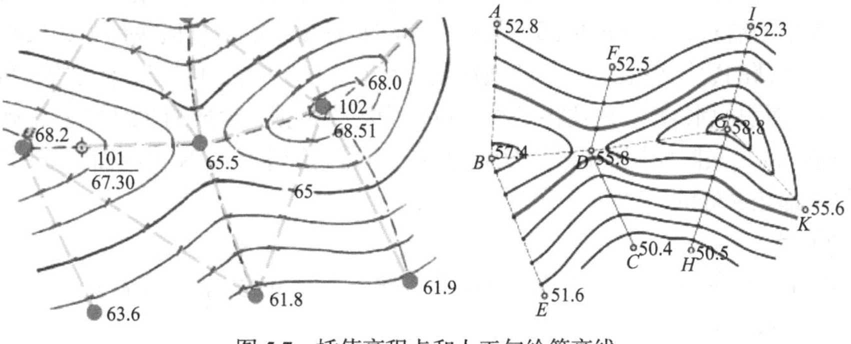

图 5.7 插值高程点和人工勾绘等高线

(3)勾绘光滑曲线。根据等高线的特性，把高程相等的点用光滑曲线连接起来，形成等高线，如图 5.6 所示。等高线的手工勾绘在用光滑曲线连接高程相等的内插点时应充分考虑等高线的特性，如等高线与地性线应保持正交等。

(4)地形图的拼接。采用分幅测图时，为了保证相邻图幅的拼接，每幅图的四边均须测出图廓线外 5mm。拼接时将相邻两幅的相应图边，按坐标格网叠合在一起进行拼接。

(5)等高线的整饰，按规定每隔四条基本等高线加粗一条计曲线，并在计曲线上注记高程。高程注记的字头应朝向高处，但不能倒置。在山顶、鞍部、凹地等坡向不明显处的等高线应沿坡度降低的方向加绘示坡线。

3) 等高线的自动绘制

(1) 不规则三角网 (TIN) 的建立, 由离散高程点数据构建 TIN 网, TIN 建立时应考虑地性线信息, 这样在构建 TIN 时就会将地性线的相邻点直接构造为三角形的一条边。

(2) TIN 的编辑, 因现实地貌的多样性和复杂性, 自动构成的 TIN 与实际地貌往往不太一致, 这时可以通过修改三角网来修改这些局部不合理的地方。三角网的编辑主要包括删除三角形、增加三角形、删除三角形顶点、增加三角形顶点、相邻三角形公共边互换等。

(3) 等高线的自动追踪, 设定等高距, 基于编辑后的 TIN 进行等高线的自动追踪。

(4) 等高线的自动注记, 主要包括等高线的注记、等高线的切除 (穿注记、穿建筑物、穿陡坎、穿围墙等的切除)。

3. DEM 的内插

从外业测量或现有地形图采集的等高线通过内插生成 DEM。从等高线到 DEM 的转换有两种方法: 一种是 DEM 内插方法; 另一种是先将数字等高线的特征点构建 TIN, 在 TIN 基础上通过线性和双线性内插构建 DEM。

DEM 内插方法很多, 主要有整体内插、分块内插和逐点内插三种。整体内插的拟合模型是由研究区内所有采样点的观测值建立的。分块内插是把参考空间分成若干大小相同的块, 对各分块使用不同的函数。逐点内插是以待插点为中心, 定义一个局部函数去拟合周围的数据点, 数据点的范围随待插位置的变化而变化, 因此又称移动拟合法。

TIN 将离散点连接成覆盖整个区域且互不重叠、结构最佳的三角形, 实际上是建立离散点之间的空间关系。不考虑地形因素情况下, 在平面上离散点构建 TIN 的最佳结构是 Delaunay 三角网。地形离散数据不是相互独立的, 它们之间存在着一定的相互约束关系, 如山脊线、沟坎等, 在三角网的构建过程中, 离散点构建 TIN 不能正确地表达复杂的地形地貌, 也就不能满足实际应用的需求, 因此这种部分数据点存在某种联系的数据区域称为约束数据域, 把约束数据分为外部的边界约束、内部的地性线约束 (如山脊线、山谷线、沟坎等) 和内部的多边形约束 (如大面积的水域)。往往将等高线也作为约束数据, 生成的 TIN 才能正确地表达地表的复杂关系, 满足实际应用的需要。实践证明, 由等高线生成 TIN 再内插获取的格网 DEM 的精度和效率都是最好的。

4. 其他方法

采集 DEM 数据的方法还有很多, 如采用 GPS、干涉雷达、激光测高仪、激光探测及测距系统 (LiDAR) 技术等。

对以上各种方法, 使用野外实测高程对它们的精度进行试验和比较。试验表明: 采用 GPS、干涉雷达、激光测高仪、激光探测及测距系统 (LiDAR) 技术获得的 DEM 精度最好, 不过此方法费用高又耗时, 所以一般用于获得工程用的高精度 DEM; 解析摄影测量方法和扫描等高线内插得到的 DEM 精度也比较好, 加测地形特征点线的交互式数字摄影测量法要比不加测地形特征点线的全数字自动摄影测量法精度要高。但效率最高的还是全数字自动摄影测量法。

5. DEM 数据交换标准

我国 DEM 数据交换标准如表 5.2 所示。国家级的 DEM 虽然以栅格形式存储, 但不宜直接采用 TIFF 或 BMP 文件, 所以须定义 DEM 的数据交换格式。数据文件包含文件头和数据体两部分。文件头分两类数据: 一类是基本的必需的数据; 另一类是扩充的附加信息。附加部分可以省略。文件头的基本组成单元是项目, 格式为 "项目名: 项目值", 每个项目单独占一行。DEM 数据体采取从北到南、从西到东的顺序，并以 ASCII 码的方式存储。

表 5.2　我国 DEM 数据交换格式标准

项目名	对项目值的说明
DataMark	中国地球空间数据交换格式——DEMs 数据交换格式(CNSDTF-DEM)的标志。基本部分，不可缺省
Version	该空间数据交换格式的版本号，如 1.1。基本部分，不可缺省
Unit	坐标单位，K 表示千米，M 表示米，D 表示以度为单位的经纬度，S 表示以度分秒表示的经纬度(此时坐标格式为 DDDMMSS.SSSS，DDD 为度，MM 为分，SS.SSSS 为秒)。基本部分，不可缺省
Alpha	方向角。基本部分，不可缺省
Compress	压缩方法。()表示不压缩，1 表示游程编码。基本部分，不可缺省
Xo	左上角原点 X 坐标。基本部分，不可缺省
Yo	左上角原点 Y 坐标。基本部分，不可缺省
DX	X 方向的间距。基本部分，不可缺省
DY	Y 方向的间距。基本部分，不可缺省
Row	行数。基本部分，不可缺省
Col	列数。基本部分，不可缺省
ValueType	高程值的类型。基本部分，不可缺省
HZoom	高程放大倍率。基本部分，不可缺省。设置高程的放大倍率，使高程类数据以整数存储，如高程精度精确到厘米，高程的放大倍率为 100
Coordinate	坐标系，G 表示测量坐标系，M 表示数学坐标系。基本部分，缺省为 M
Projection	投影类型。附加部分
Spheroid	参考椭球体。附加部分
Parameters	投影参数。根据不同的投影有不同的参数表，格式不做严格限定，但必须在同一行内表达完毕。附加部分
MinV	格网最小值。附加部分。这里指乘了放大倍率以后的最小值
MaxV	格网最大值。附加部分。这里指乘了放大倍率以后的最大值

5.1.4　地理矢量数据更新

随着地理信息应用领域的迅速扩大，对地理信息的现势性要求也越发强烈。地理信息数据的现势性反映了该数据对地理信息现状的反映程度。地理空间数据信息的现势性是地理信息服务的灵魂，它远远高于几何精确性。各级比例尺的数据库逐步建成后，马上就面临进一步的数据更新工作。地理信息数据更新手段多种多样，主要是以测绘技术为基础，采用不同测量设备和处理方法。常用方法有大比例尺实地测图和航空摄影测量直接测量获取、地图扫描数字化和人工数字化录入获取；中小比例尺地理矢量数据也可通过遥感图像修测，还可通过对大比例尺数据缩编制作。

1. 实地地面测量

实地测量是利用电子经纬仪、光电测距仪、全站型电子速测仪、GPS RTK 技术等先进测量仪器和技术对地球表面局部区域内的各种地物、地貌特征点的空间位置的获取与处理方法，实地地面测量实现大比例尺地面数字测图任务，包括地面地形空间数据进行采集、输入、编辑、成图、输出整个过程。

2. 航空摄影测量

大比例尺地形图测绘须采用立体测图技术。利用摄影测量的外业调查、地形地物和数字高程模型的获取方法，实现地物三维数据获取。立体测图获取地理矢量数据采用"先内后外"的成图方法进行生产，即利用航片和基础控制成果，进行野外像片控制测量，根据外业像控成果进行空三加密，在全数字摄影测量系统中恢复立体模型，采集居民地、道路、水系、地貌等地形要素，以图幅为单位回放纸图，进行野外调绘与补测。内业根据外业调绘成果和立体测图数据，对矢量数据进行编辑，保存分层建库数据，再进行数字地形图（制图数据）编辑，提交数字地形图成果。

1）矢量数据采集

数字线划图数据采集以图幅为单位进行，按《基础地理信息要素分类与代码》要求，每个要素对应一个代码，每个代码为一层，以图幅为单元存放一个文件。

三维立体采集影像上所有可见的地物要素，原则上由内业定位、外业定性。内业立体测图以定位为主，内业对有把握并能判准的地物、地貌要素，用测标中心切准定位点或地物外轮廓线准确绘出，不得遗漏、变形和移位，按规定图层赋要素代码。同时，用适当的符号表示立体下识别的地物，即在内业可以判定的其性质的情况下对其进行适当的归类。对把握不准的要素（包括隐蔽地区、阴影部分）只采集可见部分，由于云、烟、高大建筑物及其他地物遮挡而无法测出的区域准确测出区域范围，并明确标注，地物未采集或不完整处用红线圈出范围，由外业实地进行定位补调。

点要素采集重点应注意符号的定位位置，测标中心务必切准点状地物中心位置。线要素采集在立体下判断出不同的地物应使用相应的线型符号表示。注意线的类型的使用，线段链上点距应设置合理，既要保证曲线的光滑和真实，又不能使数据失真。闭合的面要按多边形采集，较大的面域要注意保证线的连接和高程值的合理。对于高低层次不同的面状地物，原则上最高处地物封闭采集，低层地物依附于高层地物采集，共用部分立体下不需要重复采集，由外业人员补测。每个像对的测绘面积原则上不得超过基本控制点连线外 1.5cm。而对于数据接边，地物平面位置和等高线接边较差一般不得大于平面、高程中误差的 2 倍，最大不得大于 2.5 倍。误差超限时要查找原因，不得盲目强接。

数字线划图数据采集以图幅为单位进行，按《基础地理信息要素分类与代码》要求，每个要素对应一个代码，每个代码为一层，以图幅为单元存放一个文件。图幅间的接边应保证线状要素合理、完整、无缝地连接。

2）质量检查

立体测图数据检查主要包括空间参考系、位置精度、属性精度、完整性、逻辑一致性、表征质量和附件质量的检查。

（1）空间参考系检查。涉及大地基准、高程基准和地图投影三个方面。大地基准主要检查平面坐标系统是否符合要求；高程基准主要检查高程基准是否正确使用；地图投影主要检查地图投影参数是否正确使用，地图分幅和内图廓信息是否正确和完整。

（2）位置精度检查。主要涉及地形地物的平面和高程精度。平面精度检查内容包括平面位置中误差、控制点坐标、地物几何位移和接边误差；高程精度检查内容包括高程注记点的高程误差、等高线高程中误差、控制点高程和等高距是否正确。

（3）属性精度检查。主要包括分类代码和属性正确性的检查。分类代码主要检查地形地物分类代码是否正确使用、是否接边；属性正确性主要检查属性值是否正确使用。

（4）完整性检查。主要检查地图基本要素是否完整，地形地物要素是否遗漏。

（5）逻辑一致性检查。主要检查概念一致性、拓扑一致性和格式一致性。

（6）表征质量检查。主要检查几何表达、地理表达、符号、注记和整饰等。

（7）附件质量检查。主要检查元数据、质量检查记录、质量验收报告和技术总结的完整性、正确性。

3. CAD 数据转换

地图数据和地理数据存在很大差别。地图数据是面向人类视觉的可视化数据，地图数据强调数据可视化，采用"图形表现属性"的方式，忽略了实体的空间关系，而地理信息数据主要通过属性数据描述地理实体的数量和质量特征，是面向计算机系统的分析型数据。地图数据和地理数据都是带有地理坐标的数据，是地理空间信息两种不同的表示方法，地图数据和地理信息数据所具有的共同特征就是地理空间坐标，统称为地理空间数据。

AutoCAD 的图形编辑功能较强，具有较强的排版和制图能力，所以我国大比例地形图一般测图成果和缩编成果为 CAD 格式数据。但 CAD 数据和 GIS 数据在数据模型方面存在很大差异，两种软件描述的数据不能共享。在地理信息服务时往往需要将 CAD 数据转换成 GIS 数据。

由于 CAD 数据和 GIS 数据根本区别在于使用目的不同，CAD 主要偏向于制图和表达，而 GIS 更强调解决空间问题。应用目的的不同也导致了数据组织方式的不同。两种数据不能实现完整自动转换，要么会造成属性数据的丢失，要么不能实现符号的转换，也不能实现 CAD 数据与 GIS 数据的语义转换。

由于数据自动转换方法不能保证数据的完整性，不可避免人工编辑、整理、检查，浪费了大量的人力物力。

转换流程如图 5.8 所示，数据处理软件可采用 ArcGIS、MapInfo、MapGIS、SuperMap 等成熟地理信息数据编辑工具。对于矢量形式的数据，需进行拓扑化处理、拼接处理、实体化处理等重组工作，以适应信息时代应用要求，如图 5.8 所示。

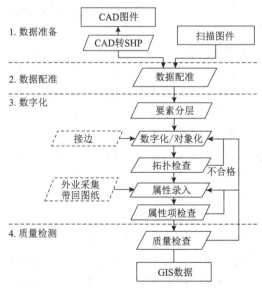

图 5.8　CAD 数据转换为地理数据的技术流程

（1）数据准备：该阶段主要是收集测绘成果、调绘数据和其他资料，利用 FME、ArcGIS

等软件将 CAD 数据转换为 GIS 的 shp 或其他格式数据。

（2）数据配准：利用 ArcGIS、MapInfo、MapGIS 等软件的配准工具配准数据。

（3）数字化：建立地理要素图层模板，将转换过来的数据分层；按门类对象化地理要素，并做相应的拓扑检查。依据要素图层模板借助收集到的资料录入属性数据。

（4）质量检查：依据《1∶500、1∶1000、1∶2000 地形图质量检验技术规程》执行。

4. 地图数字化

地图数字化是重要的地理数据获取方式之一。地图数字化，即将传统的纸质或其他材料上的地图（模拟信号）转换成计算机可识别的图形数据（数字信号），是将地图图形或图像的模拟量转换成离散的数字量的过程，以便进一步计算机存储、分析和输出。其主要种类有手扶跟踪数字化和扫描数字化。手扶跟踪数字化是用数字化仪对地图表达地理要素的几何形态特征点逐点进行采集（称手按数字化），将地图几何坐标转换为矢量数据的过程；扫描仪数字化是用光电扫描数字仪对纸质地图逐行扫描，将纸质地图转变为点阵数字图像（栅格数据）。地图矢量化就是把栅格数据转换成矢量数据的处理过程。主要处理过程包括地图几何处理、几何匹配、数据压缩、多边形拓扑关系自动生成和数据质量检查等。

5. 遥感图像修测

在更新系统中，经影像与矢量数据图叠加配准后，便可以采用屏幕数字化的方式进行变化地物（主要是居民地、道路、水系、植被等）的更新（增、删、减等）。

（1）建筑物的更新。建筑物是大比例尺地形图中的主要地物，因此，对建筑物的更新是地形图更新工程中一个相当重要的部分。因为工作区范围内的建筑物多为农村的四点平房，并不存在太多的边界线遮掩问题；所以在遥感影像上对建筑物的识别比较简单。但是，因为楼房及工厂棚房与平房在遥感影像中并没有很明显的区别，所以，对这些地物的判读必须由外业调绘人员到实地调查完成。

（2）道路的更新。因为铁路及高速公路的形状规则、特征明显，所以通过遥感影像很容易进行判读。但是对于等级公路、等外公路、大车路等，只能做大概的判断，由外业人员进行调绘处理时再做必要的补充。

（3）水系的更新。按形状划分，水系大致可分为两种类型：线型水系（如河流、沟渠）、非线型水系（如湖泊、池塘）。线型水系的更新：根据水与河岸在影像上呈现的色调不同，可以容易地确定水涯线的位置，然后利用屏幕数字化的方式直接进行更新。非线型水系的更新：区域范围内存在大量的池塘，依据这个经验，首先对区域范围内的池塘进行分类；经过后续的外业调绘发现，对池塘的判读准确率是相当高的。

（4）植被的更新。植被主要包括耕地、林地、草地等。一般不能从影像中判读植被的类型，往往结合外调对植被类型进行判读。

（5）外业调绘及补测。更新地理矢量数据时，影像上无法判读的地物必须借助外业调绘进行确定。通过外业调绘对室内解译成果进行验证，对线状地物宽度实地量测，对新增地物的名称注记进行实地调查。调绘过程中主要进行两部分的工作：①不确定地物的调绘。很多相似的地物仅通过影像图是很难判读的，如平房与棚房、围墙具体界限、果园与林地等。对于这部分内容一定要到现场亲自调查以确定其类型，尤其是对于植被类型，要以地类界进行详细的划分。②属性数据的调绘补充。其调查内容可分为以下几种：楼房的层数、企事业单位的名称、村名、公路名称及等级、河渠名称及走向等。

补测是基础地理矢量数据更新中相当重要的部分,起着数据补充的重要作用。在实际操作过程中两种情况进行了补测:①用户未提供矢量化地形图的地区,无法选择控制点,需要补测一些控制点。②地物变更范围比较大,选择控制点比较困难,无法选择足够控制点,或者所选控制点精度达不到要求。对所有需要补测的地区均采用 GPS 和全站仪进行补测,并把所有结果都记录在线划图上。将外业调绘和补测的修改、新增和变化地物的信息添加到地理矢量数据中,通过编辑处理形成用户需要的最终成果。

随着遥感技术的发展,遥感将步入一个能快速、及时提供多种对地观测数据的新阶段。遥感图像的空间分辨率、光谱分辨率和时间分辨率都会有极大的提高,将是地理信息主要数据源,尤其是与全球定位系统技术的发展及相互渗透,其运用会越来越广泛。

6. 大比例尺缩编

地图最重要、最基本的特征是以缩小的形式表达地面事物的空间结构,这个特征表明,地图不可能把地面全部事物毫无遗漏地表示出来,地图上所表示的地面状况是经过概括后的结果。地图和实际地面相比,是缩小的。地图上所表现的地面景物,从数量上看是少的,从图形上看是小了、简化了的,这是因为地图上所表现的内容都是经过取舍和化简的。这种把实地景物缩小或把原来较详细的地图缩成更小比例尺地图时,根据地图用途或主题的需要,对实况或原图内容进行取舍和化简,以便在有限的图面上表达出制图区域的基本特征和地理要素的主要特点的理论与方法,称为地图综合(地图概括)。

在传统地图学中,制图综合的主要任务是从基础比例尺数据派生出更小比例尺的数据,实现不同比例尺下地理空间信息的表达。多比例尺空间数据不管来源如何,都是按照制图综合的原理逐步缩小比例尺的。将一个特定尺度下的地理实体转换到另一个尺度下,转换的结果必然带来地理实体表达内容的变化。

地理数据缩编流程(图 5.9)总体上可分为数据准备和数据编辑两个阶段。

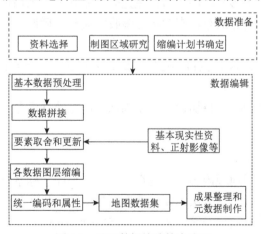

图 5.9　地理数据缩编技术流程

1)数据准备阶段

在数据准备阶段,首先要针对目标比例尺数据收集资料,如缩编的基础地理信息数据集、遥感数据、航测数据、道路数据、勘界资料、有关铁路、政区、重大工程等现实性强的资料和其他资料。

以基本资料为基础，结合补充资料和参考资料，从整体上了解区域的地理概况和基本特征。研究的主要内容为：①居民地的分布特点和密度差别，居民地平面图形的基本特征及行政意义等；②道路的等级、通行情况、分布特点和密度差别、道路附属设施的分布情况；③各级境界状况，特别是国界、省界有无待处理的问题；④水系的结构特征及河网密度，湖泊类型及分布特点，运河、沟渠等人工水系物体的分布状况；⑤海岸类型，岛、礁、航海设施分布特点，海底地貌的形态特征；⑥陆地地貌的类型及形态特征；⑦有特殊文化、历史或经济价值的地物和国家重大工程项目的分布情况；⑧其他要素的分布情况。通过分析研究，针对编绘作业的需要，写出区域地理特征的简要说明。

编制缩编计划，根据资料情况、图幅的难易程度等因素确定缩编技术方法。对于困难类别较高的图幅，应确定是否制作综合参考图；对于卫星及航空影像、DOM 室内判绘采集和外业核调新增地物，以及勘界、交通、水利、地名等现势资料应确定其补充至图上的方法。根据目标比例尺建立缩编原则和各图层需抽取、整合、综合的要素及标准。

2) 数据编辑流程

(1) 基本数据资料预处理。将数据按照成图比例尺的图幅范围进行坐标转换、数据拼接；建立目标比例尺的地理参考系统，并做相应的投影变换。对于纸质地形图资料，应预先进行扫描，矢量化后再进行坐标转换和拼接处理。

(2) 地形数据的取舍与概括。根据第(1)步建立的地形数据的综合指标和设计书的要求进行地形数据的选取和图形的概括，根据补充、参考资料进行要素的修改和补充。

大比例尺地图数据用于缩编时，应注意在保持几何形状不失真的情况下进行光滑处理。要素取舍时，为了更准确地把握取舍尺度，可将与成图比例尺相同的 DRG 数据放在数据下面作为背景参考对照。

(3) 地形数据接边。相邻图幅的地形数据应进行接边处理，包括跨投影带相邻图幅的接边。接边内容包括要素的几何图形、属性和名称注记等，原则上本图幅负责西、北图廓边与相邻图廓边的接边工作，但当相邻的东、南图幅已验收完成时，后期生产的图幅也应负责与前期图幅的接边。

(4) 编码统一和属性入库。根据目标比例尺的数据要求统一要素代码，为缩编后的地理要素录入其他属性。

(5) 成果整理和元数据制作。将缩编后的基础地理信息数据汇总，逐幅检查地图数据质量，编写相应的元数据库。

5.1.5　数字栅格地图生成

数字栅格地形图的地图地理内容、外观视觉式样、平面坐标系统及大地基准与同比例尺地形图一样。数字栅格地图更新方法主要有地形图扫描数字化法和矢量数据符号化法两种。矢量数据符号化是地理矢量数据经符号化处理(自动化地图制图、计算机制图)生成；地形图扫描数字化是将现有纸质、胶片等地形图经扫描、几何纠正、图像处理及数据压缩处理，彩色地图经色彩校正后，使各幅图像的色彩基本一致，形成在内容、几何精度和色彩上与地形图保持一致的栅格数据。DRG 数据是模拟产品向数字产品过渡的产品，可作为背景参照图像与其他空间信息进行参考与分析，可用于地图的数据采集、评价和更新，还可用于数字正射影像图、数字高程模型等数据集成，派生出新的信息，制作新的地图。

1. 地形图扫描数字化法

地形图扫描数字化法生产 DRG 应满足下列技术要求：根据图面要素复杂程度，特别是等高线密度选择扫描分辨率，一般以 400dpi 光学分辨率进行扫描，但最低不应小于 300dpi。栅格图像经过定向校正后，内图廓点、公里格网点的坐标与其理论值偏差不应小于比例尺所要求的精度。图像处理后，图面应无明显噪声、斑点，线条与注记清晰；RGB 色彩模式符合有关规定。

在 DRG 数据制作过程中，应按要求进行以下相关文件的制作：元数据采集，采用相关软件按有关规定要求录入元数据项。

按规定格式填写图历簿，图历簿内容包括图幅数字产品概况、资料利用情况、采集过程中主要工序的完成情况、出现的问题、处理方法、过程质量检查、产品质量评价等。

生产单位将 DRG 成果提交验收前，对 DRG 数据的质量进行检查，消除可能存在的质量缺陷。

2. 地理矢量数据符号化处理

DLG 数据的符号化应按相应比例尺地形图图式要求进行。DRG 数据应保持数字线划图数据的标称精度。按相应比例尺地形图图式建立符号库，利用符号库对 DLG 数据按要素进行符号化，并按图式表示要求作压盖处理。对不适当的注记位置、字体类型与大小进行编辑；对要素之间不合理的位置关系进行协调处理，对其他不符合图式要求的内容进行编辑。

将矢量数据格式转换为栅格数据格式，保存其坐标定位信息，转为 GeoTiff 文件。在 DRG 数据制作过程中，应按要求进行以下相关文件的制作；元数据采集，采用相关软件按规定要求录入元数据项；按规定格式填写图历簿，图历簿内容包括图幅数字产品概况、资料利用情况、采集过程中主要工序的完成情况、出现的问题、处理方法、过程质量检查、产品质量评价等；编写技术总结。

生产单位在将 DRG 成果提交验收前，对 DRG 数据的质量进行检查，消除可能存在的质量缺陷。检查 DRG 的图面内容是否完整，矢量数据符号化是否符合相应比例尺地形图的图式要求；检查内图廓点、公里格网点坐标与其理论值偏差是否在限差范围内。

5.1.6　数字表面模型获取

数字表面模型（digital surface model，DSM）是物体表面形态以数字表达的集合，是指包含了地表建筑物、桥梁和树木等高度的地面高程模型。与 DEM 相比，DEM 只包含了地形的高程信息，并未包含其与地表信息，DSM 是在 DEM 的基础上，进一步涵盖了除地面以外的其与地表信息的高程。DSM 是将连续地球表面形态离散成在某一个区域 D 上的以 X_i、Y_i、Z_i 三维坐标形式存储的高程点 $Z_i\left((X_i,Y_i)\in D\right)$ 的集合，其中，$\left((X_i,Y_i)\in D\right)$ 是平面坐标；Z_i 是 (X_i,Y_i) 对应的高程。DSM 往往通过测量直接获取地球表面的原始或没有被整理过的数据，采样点往往是非规则离散分布的地形特征点。特征点之间相互独立，彼此没有任何联系。

1）激光雷达测量构建数字表面模型

机载激光雷达集成了 GPS、IMU、激光扫描仪、数码相机等光谱成像设备。其中，主动传感系统（激光扫描仪）利用返回的脉冲可获取探测目标高分辨率的距离、坡度、粗糙度和反射率等信息，而被动光电成像技术可获取探测目标的数字成像信息，经过地面的信息处理而

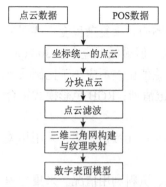

图 5.10　机载激光雷达点云构建
　　　数字表面模型的技术路线

生成逐个地面采样点的三维坐标,最后经过综合处理得到沿一定条带的地面区域三维定位与成像结果。激光雷达测量主要应用于基础测绘、城市三维建模和林业应用、铁路、电力等领域。常见的用于机载点云数据处理的商业软件包括 Terrasolid、QTModeler。

机载激光雷达测量数据处理技术路线如图 5.10 所示。

(1)数据融合。机载激光扫描点云数据通过与 POS 数据联合解算,实现坐标的地理配准,从而将点云数据统一到同一坐标系下。

(2)数据分块。对大规模点云数据,将数据进行分块并建立索引。通过分块将点云数据划分到不同的瓦片文件中,利用索引实现分块数据的快速检索。

(3)点云滤波。针对不同需要,根据反射强度、回波次数、地物形状或结合影像、地形图等多源数据对点云数据进行人工分类和程序自动分类,通过人工滤波和程序自动滤波去除点云数据中的噪声,保留有效数据。

(4)三维三角网构建与纹理映射。构建地形和地物的三维数字表面模型。基于分块点云数据,构建分块三维三角网。利用适当的方法对生成的三维三角网进行平滑,平滑后的三角网应尽量保留地物的视觉几何特征。在此基础上,实现模型的纹理映射,生成视觉逼真的数字表面模型。

2)倾斜摄影测量构建数字表面模型

基于多角度观测的倾斜摄影测量技术(oblique photography technique)是新一代的摄影测量技术,主要包括倾斜摄影数据获取技术和数据处理技术。倾斜摄影测量技术的数据获取部分一般由多个倾斜摄影相机和一个垂直摄影相机构成,并与 GPS 接收机、高精度 IMU 高度集成。摄影相机用来提供影像信息,GPS、IMU 则分别提供位置和姿态信息。

倾斜摄影测量影像的处理软件主要有美国 Pictometry 公司推出的 Pictometry 倾斜影像处理软件,其能够较好地实现倾斜影像的定位测量、轮廓提取、纹理聚类等功能。法国 Infoterra 公司的像素工厂(pixel factory)作为新一代遥感影像自动化处理系统,Street Factory 子系统可以对倾斜影像进行精确的三维重建和快速的并行处理。此外,徕卡公司的 LPS 工作站、AeroMap 公司的 Multi Vision 系统、Intergraph 公司的 DMC 系统等,都陆续开发了针对倾斜摄影的量测、匹配、提取、建模等模块。

倾斜摄影测量系统三维建模的主要目标是,基于多角度倾斜相机摄影数据获取系统飞行拍摄的影像、拍摄时同步记录的 POS 数据、相机参数等数据,进行必要的加工处理,建立基于机载多角度倾斜摄影影像的三维测量系统,处理流程如图 5.11 所示。

(1)多视影像匹配。影像匹配是摄影测量的基本问题之一,多视影像具有覆盖范围大、分辨率

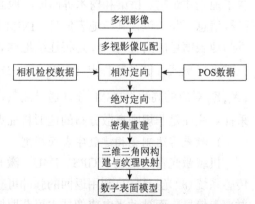

图 5.11　倾斜摄影测量构建数字表面模型

高等特点。在匹配过程中充分考虑冗余信息，利用特征提取与匹配算法快速准确获取多视影像上的同名点坐标。结合 POS 系统提供的多视影像外方位元素，采取由粗到精的金字塔匹配策略，在每级影像上进行同名点自动匹配。

（2）相对定向。通过特征点自动提取与多视影像的自动匹配，解算影像的相对位置和姿态关系，实现航摄影像的自动相对定向。建立连接点和连接线、控制点坐标、GPU/IMU 辅助数据的多视影像自检校区域网平差的误差方程，通过联合解算，确保平差结果的精度。

（3）绝对定向。多视影像相对定向生成自由网模型，利用地面采集的控制点坐标将自由网模型转换至地面测量坐标系下。

（4）密集重建。根据自动空三解算出来的各影像外方位元素，分析与选择合适的影像匹配单元进行特征匹配和逐像素级的密集重建，并引入并行算法，提高计算效率。

（5）三维三角网构建与纹理映射。构建地形和地物的三维数字表面模型。基于分块点云数据，构建分块三维三角网。利用适当的方法对生成的三维三角网进行平滑，平滑后的三角网应尽量保留地物的视觉几何特征。在此基础上，实现模型的纹理映射，生成视觉逼真的数字表面模型。

5.1.7　三维地物模型建模

1. 模型分类

考虑模型的精细程度和建模方法，三维模型内容可分为两部分：侧重几何表达的城市三维模型和建筑信息模型（building information model，BIM）。侧重几何表达的城市三维模型多由 3DMax 软件直接进行建模，对地物的属性信息不进行描述或者较少。而 BIM 多通过 Revit 等软件描述，地物的属性描述较多。

1）建筑物三维矢量数据模型

从建筑物表达层次出发，此部分数据可细分为四个层次的数据：白模、分层分户的白模、精模和包含室内的精模。

（1）白模。区域内三维模型几何表现程度要与现状吻合。区域内建筑物的高度、位置准确，外围轮廓正确，模型没有纹理贴图或者纹理贴图仅起到美化作用，但与实际建筑物不符。区域内道路、水系的主体需建模，其附属设施可做简化。此类数据的建模区域主要包含违章建筑、市郊和"城中村"中的平房。图 5.12 为白模区域内建筑物、道路的基本表现，建筑物轮廓表现较为简单，道路也仅包含主体模型。

（2）分层分户的白模。在白模基础上，区域内每幢建筑物模型需通过唯一关键字与楼盘表进行挂接。楼盘表以二维表格进行表达，记录建筑物的物理状态信息（包括每套房屋面积、户型、层数、用途）和权属信息。此类数据的建模区域主要包含已经列入拆迁计划的市郊、城中村等。数据主要满足拆迁管理需求。

（3）精模。在分层分户的白模基础上，区域内建筑物几何细节将进行精确建模，同时进行纹理的添加。道路及其附属设施、水域及附属设施等也需进行精细化建模。此类数据的建模区域主要包含城市的建成区。此类数据是城市三维模型的主体，可满足城市的精细化管理与分析要求。

图 5.13 为精模区域的建筑、路网、绿化等的基本表现，要求楼顶结构、楼群密度、楼体间距、楼体高度、楼体特征和色彩都要清晰、准确。

图 5.12　白模区域内建筑物、道路的基本表达　　图 5.13　精模区域的建筑、路网、绿化等的基本表达

（4）包含室内的精模。在精模基础上，区域内建筑物的室内环境将进行精细化建模，模型的几何和纹理都要和建筑内部的各种设施高度吻合。在可视化时，建筑物可以"步行进入"。此类数据的建模区域主要包含重点建筑或标志性的大型公共场所（如大型商场、剧院、体育场馆、车站）等。此类数据可满足对室内环境的表达与分析要求。图 5.14 为某标志性商场室内的精细模型，需对室内的走廊、楼梯等进行精确描述与表达。

2）建筑信息模型

建筑信息模型（BIM）是以建筑工程项目的各项相关信息数据作为模型的基础，进行建筑模型的建立，通过数字信息仿真模拟建筑物所具有的真实信息。它具有可视化、协调性、模拟性、优化性和可出图性五大特点。BIM 的内涵不仅是几何形状描述的视觉信息，还包含大量的非几何信息，如材料的材质、耐火等级、传热系数、表面工艺、造价、品牌、型号、产地等。实际上，BIM 就是通过数字化技术，在计算机中建立一座虚拟建筑，对每一个建筑信息模型进行编码（图 5.15）。

 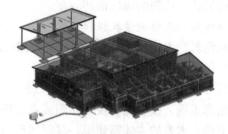

图 5.14　室内环境建模与表达　　　　　　　图 5.15　BIM 数据建模与表达

BIM 的文件格式要求是主流的 BIM 平台格式，包括 Autodesk 的 Revit 格式、Bentley 格式或 Nemetschek 的 ArchiCAD 格式。

2. 建筑物三维矢量数据模型获取

1）方案选取

目前，城市三维模型常用的建模方法有航空摄影测量、依图而建和激光扫描（LiDAR）三种。

（1）航空摄影测量建模方法。航空摄影测量技术与其他方法相比比较成熟，有许多现成的软件和算法可以直接应用，但其数据源受限制，要实现完全自动化比较困难。当前，倾斜摄影测量技术也成为城市三维建模的重要手段，它颠覆了以往正射影像只能从垂直角度拍摄的局限，通过在同一飞行平台上搭载多台传感器，同时从一个垂直、四个倾斜等五个不同的角度采集影像，将用户引入了符合人眼视觉的真实直观世界。但倾斜摄影测量技术获取的仅为地物的高程信息，缺乏地物对象描述。

（2）依图而建建模方法。依图而建方法主要是根据已有的数据资料进行建模，如地形图、建筑物立面图等，优点是可以获得形式多样的数据资料，根据不同的需求选择不同的算法。但由于没有统一的标准，不同需求就需要不同的算法，工作比较烦琐，且构建的模型外轮廓粗糙、不美观，数据精度比较低。

（3）激光扫描（LiDAR）建模方法。激光扫描是最近几年才开始发展的直接测量的三维建模方法，其特点是技术含量高、模型三维坐标精度高并且实现自动化的可能性较大，但是仪器设备昂贵、算法复杂。

LiDAR 系统主要分为两大类：机载 LiDAR 系统和地面 LiDAR 系统，其中，地面 LiDAR主要以车载 LiDAR 为主。机载 LiDAR 与航空摄影测量有共同的特点，需要使用航空平台进行数据采集，它是目前基于 LiDAR 进行城市三维模型获取的主要手段。但受限于其观察视角和数据分辨率，基于机载 LiDAR 重建的建筑物模型都缺少建筑物立面信息。而基于车载LiDAR 可完成道路两侧城市场景和建筑物立面的数据采集。因此，车载 LiDAR 与机载 LiDAR常集成使用，共同完成对城市三维模型的建模。

以上三个建模的方法都有其优缺点。基于城市三维模型需满足城市精细化管理和高精度位置信息应用分析的要求，宜采用多种数据源和多种技术手段相结合的方式来进行三维模型的构建，将建筑物细化到每栋楼房的层和户，实现道路、水域等地物的精细化建模，使其满足城市管理与分析的应用需求。具体建设方案如图 5.16 所示。

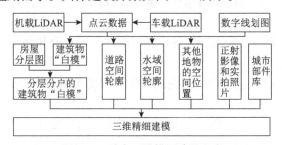

图 5.16　城市三维模型建设方案

2）建设流程

建设流程主要包含：数据采集、数据处理、模型制作、纹理制作、效果制作、数据合成、评价与验收、数据更新维护八个步骤（图 5.17）。

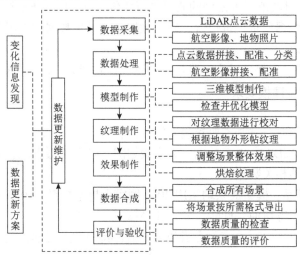

图 5.17　城市三维模型建设的工艺流程

（1）数据采集。数据采集主要包括几何数据和纹理数据的采集。几何数据的采集基于机载 LiDAR 和车载 LiDAR 获得点云数据，其主要流程包括测线设计、地面基站设计及检校场选择。纹理数据则以航空影像和人工、车载拍摄为主，获得建筑物顶面纹理、建筑物侧面、道路等地物纹理。

（2）数据处理。主要包含以下两个内容：①点云数据处理。基于 LiDAR 系统采集的原始数据包括：点云数据、惯性导航仪数据、GPS 数据。采集后，需对原始数据进行点云数据定位、定向、检校、坐标转换等预处理。然后，对机载 LiDAR 和车载 LiDAR 获取的点云数据进行配准与融合，提高三维空间的描述精度。经过融合后的地物数据都在同一层。结合分类处理，可将不同地物分类显示在不同层中，分离建筑物、杆塔、植被等要素，以便于后续三维模型的制作。②航空影像数据处理。包括影像拼接、颜色调整、图面修改、数据接边、影像裁切、影像检查、成果整理等一系列工作，最终可获取正射影像，以便于从影像获取建筑物顶面纹理。

（3）模型制作。制作时首先在已有数字线划图进行地物线框的勾画，通过 LiDAR 点云数据进行几何修正，并结合房屋分层图、城市部件等数据，完成建筑物、道路等模型的几何制作。

（4）纹理制作。纹理来源主要有两种：①通过人工或车载全景摄影设备利用数码相机进行实际野外采集，如建筑物所需的侧面纹理；②通过提供的卫星影像或者航片获取，如建筑物顶部纹理。

将所得到的纹理数据进行校正，处理成正射图片。针对公共设施和一些多次使用的纹理建立纹理库，方便建模使用。

（5）效果制作。效果制作包括烘焙贴图的制作及调整模型整体效果，使三维模型更加真实美观，可视性强。

烘焙就是将阴影、材质、灯光，使用贴图的方式贴附到模型上，其好处是可以在处理大场景的时候加快处理速度，不用再计算灯光阴影等，而只计算材质，节约 CPU 资源，满足大规模场景显示需要。

（6）数据合成。在所有制作过程完成之后，需要将模型、纹理等所有数据进行合成，形成最终的模型效果，并将场景模型与属性信息进行对接，按所需格式导出。

（7）评价与验收。对城市三维模型的质量进行评价，判定数据质量结果，判定三维模型场景整体效果，并编写数据质量评价报告，确定数据是否满足数据建设规范。不满足质量要求的三维模型需进行修改。

（8）数据更新维护。为保证城市三维模型的正确性和现势性，对数据进行更新维护。

3. 建筑物三维模型建模要求

1）基本要求

城市三维模型制作时，其基本要求包含以下内容。

（1）模型数据源：LiDAR 点云数据、数字线划图、航空正摄影像、实景照片、房屋分层图、城市部件库及其他相关数据。

（2）模型空间参照系：模型成果均采用 2000 国家大地坐标系、1985 国家高程基准。坐标必须准确，提交成果不得扭曲、旋转、放大和平移。

（3）模型的坐标值（X、Y、Z）应与点云数据的值保持一致，模型各组成部分相对位置应真实准确。

（4）模型成果统一采用 3DMax 制作，成果提供原始 3DMax 文件，制作单位统一以"米"为计量单位。

（5）所有模型中心点定义统一，可定义在各自外围合的中心或模型基底中心。

（6）模型不得有漏缝、共面、交叉点、废点等现象，模型与模型之间不得出现共面、漏面和反面。

（7）模型表现：夏季日景效果。

（8）白模制作时，忽略建筑物细部结构、突出其外轮廓和屋顶，可采用白盒子或加简单屋顶的方式进行制作，其面数应控制在 300 以内。

（9）楼盘表需对楼幢、房屋信息进行详细描述。楼幢信息应包含楼幢性质、开竣工年份、总层数、总面积等内容。房屋信息应包括土地信息、房屋面积（建筑面积、套内面积）、结构、用途、坐落等。

2）纹理制作要求

纹理制作要求如下。

（1）纹理图像应色调均匀、自然美观，反映材质的图案、质感、颜色及透明度等实际情况，禁止使用纯色或近似纯色、过亮、过暗色调的纹理贴图。

（2）必须对模型的面数、段数、曲面进行精简优化，模型间不得出现闪面、重面、漏面和反面，删除模型之间的相交面及底面。

（3）纹理拼接过渡自然，不得有漏缝、重面、交叉点、废点等现象。

（4）所有建筑物及景观均要求提供烘焙和非烘焙两套数据，模型烘焙必须按照要求使用统一的灯光标准。

（5）纹理中影响美观的人、树影、杂物等需去除。

（6）整个区域范围内整体色调应保证一致，尤其是同一小区内类似建筑纹理必须一致，色调协调。白色墙面的深灰、浅灰、灰白三类明度贴图采用公共纹理库的贴图素材，明度最亮不能超过灰白贴图，最深不能超过深灰贴图。

（7）纹理数据应统一到一致的文件格式。其格式可采用 JPG 或 PNG。

（8）纹理尺寸最好为正方形，保存分辨率为 72，品质为 8，透明纹理格式采用 TGA 或 PNG 格式，禁止使用其他格式纹理。

（9）单位尺寸严格采用 2 的 N 次幂，使用 16×16～512×512，特殊情况下使用 1024×1024，长宽比不宜过大，过大则对模型面进行分割，单独贴图。同等效果尽量使用尺寸小的纹理。

（10）贴图绝对禁止纹理拉伸、半截窗、楼层比例不符、纹理模糊、漏面缺面、法向问题、纹理不对齐、贴图不合理、怪异等问题。

（11）贴图处理时要保留原贴图质感，减少处理贴图时造成的重复感，含特殊元素，如门牌、机动车等不允许重复。

（12）所有纹理的镜面属性和光泽度都应该定为零。

（13）所有的模型和贴图依照规范进行命名，不能有重名的文件。

3）烘焙要求

三维模型的烘焙要求主要如下。

（1）所有建筑物及景观均要求烘焙，透明纹理（树、栏杆等）不需要烘焙但需赋予双面材质。

（2）烘焙某一建筑物或景观时要求摆放其附近建筑物，以表达相互之间的阴影关系，增强真实感。

(3)烘焙后纹理上的阴影方向必须正确。

(4)如出现个别建筑因纹理明度过高或过低造成烘焙后纹理曝光或黑暗的情况,应立即调整贴图明度,再重新进行烘焙,直至光影效果正常。

(5)展开贴图坐标后,需手动调节使有效纹理最大化显示,尽量减少各纹理之间排列空隙来增加纹理实际使用率,以使纹理在有限的贴图尺寸中最高像素显示。

(6)烘焙后文件格式为 DDS。

(7)对于较复杂模型或纹理要求较高的模型,其烘焙过的纹理图片张数可增加,但不宜超过 4 张,烘焙纹理在模型纹理通道 1 上。保证烘焙后纹理的清晰度。

4. BIM 数据的建模要求

BIM 数据的建模标准主要如下。

(1)BIM 数据的制作应符合国际工业基础类(industry foundation class,IFC)标准。

(2)模型空间参照系:模型成果均采用 2000 国家大地坐标系、1985 国家高程基准,制作单位统一以"米"为计量单位。坐标必须准确,提交成果不得扭曲、旋转、放大和平移。

(3)模型外形主要结构应表达清楚,准确并且完整。

(4)模型自身尺度、比例准确。常规尺寸需统一按照施工图和相应的蓝图进行严格制作。

(5)建筑部件必须根据相应类别建造(墙、楼板等)。

(6)应控制模型面数,在不影响模型自身表现效果的前提下,可采用纹理表现模型的细部结构。镂空细节非常多的模型,宜采用透明贴图对模型进行优化。

(7)模型的摆放应以地形图为依据,合理设置摆放位置。

(8)使用具有实际尺寸、材料、类型代码及性能标准的实际部件创建每一个构件。

(9)不同的构件创建时应作相应的区分,如使用适当的名称和颜色。

(10)当构件尺寸小于指定尺寸时,如小于 100mm 的构件不需要进行建模。

(11)必须对每一层建筑物的建筑构件分别进行建模。

(12)如果用多个工具来模拟某些构件,则该构件应按类别分组并进行标识。

(13)模型贴图应准确反映出建模物体的实际高程、形状、纹理质感、色彩、亮度及明暗关系。

(14)建筑物表现应真实无误,贴图应准确反映出建模物体的高度、形状、纹理质感、色彩及明暗关系。

(15)纹理的像素尺寸应该是 2 的 N 次方(2, 4, 8, 16, 32, 64, 128, 256, 512, 1024)。在贴图清晰程度可以接受的情况下,尽可能小,保存时保证分辨率为 72,保存品质为 8。

5.2　地理信息数据管理

5.2.1　地理矢量数据管理

基础空间数据管理系统是维护和管理基础空间数据库而建立的一个数据管理系统,首先实现各子库的空间数据和属性数据一体化管理,同时提供《数字城市地理空间信息公共平台技术规范》(CH/Z9001—2007)中要求的数据提取、数据扩充和数据重组等功能。其次实现数据在子库之间流通的功能,保障数据在遵循相关国家标准的前提下,为政府部门、普通大众服务,充分实现数据的最大价值。再者,提供数据的周期性更新和备份功能,确保数据的现势性和安全性。

系统采用分布式数据库架构，在数据层采用数据库分库存储各比例尺的空间数据，建立空间数据引擎，在此基础上开发基础地理信息数据管理系统(图 5.18)。

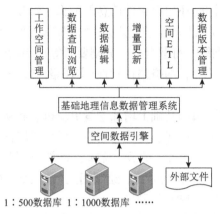

图 5.18　地理空间数据管理系统架构

1. 工作空间管理

工作空间管理提供对工作空间的管理维护功能。主要功能包括：登录分布式数据库、创建物理工作空间、创建逻辑工作空间、增加数据层、数据图层变更、维护工作空间、删除工作空间。还包括数据库存储空间管理、内存监控、计算监控等。

增量更新管理：以时空数据库理论为基础，设计增量更新模式，包括要素生命周期设置、增量编辑标签和版本标签；功能包括添加增量更新模式、创建增量更新时空数据库、启动增量更新、暂停增量更新、终止增量更新。

2. 数据查询浏览

数据查询浏览模块提供图层目录树的浏览、查询和修改，还可以查看相应的元数据信息。

(1)库体信息查询：以数据库目录的方式提供数据库子库信息查询浏览功能，可查询子库数据表数、总数据量和单表数据量。查询子库的模式(schema)信息，包括数据库之间的关联关系。

(2)数据查询浏览：数据查询浏览提供树形的目录组织方式，以标准的 GIS 查询浏览功能查询浏览系统中全部图层的空间、属性及元数据信息。数据浏览显示分为空间数据显示、属性数据显示两种，空间数据显示实现物理图层的加载显示，而属性数据显示则以表格、表单的形式来呈现。显示时以数据编目为导航，按系统管理平台所定义图层信息加载空间数据，并按已定义的符号化方案显示地图。数据统计功能，提供总量、平均值等功能。

(3)查询浏览工具：在地图区提供标准 GIS 浏览、选择功能、查询、测量、输出打印等工具条功能。

(4)地物代码管理：实现系统所有地物代码字典表的管理，对地物代码进行增加、删除、修改及查重等。

(5)符号库管理：显示当前符号库中的全部符号信息，按点、线、面、注记分类查阅，可按符号的名称及分类查询定位。提供对符号名称、分类信息的修改，以及符号的重新设置。

(6)元数据管理：实现元数据的结构定义、编辑审批、查询统计及应用管理等。

(7)数据字典管理：可以查阅系统中的全部字典表，并对字典表的内容进行管理。

3. 数据编辑

数据编辑模块提供对空间矢量数据的直接编辑，以及高级编辑功能。编辑不仅包括空间图形的创建、修改、删除，同时还包含属性信息的编辑、修改功能。

主要编辑功能包括：编辑目标(指定图层及地物)选择，要素合并拆分，要素镜像、缩放、旋转、对齐，线操作(延长到线、打散合并、分割要素等)，节点操作(添加、修改、删除)，绘制图元(点、线、面、弧、圆)，网络路径管理(实现路径数据的生成、更新及维护等)。

4. 增量更新

增量更新是在原有数据编辑的基础上增加增量更新机制和功能。对于要素集增量更新，主要功能包括增量式空间图形的创建、修改、删除，增量式属性信息的编辑、修改功能。还包括增量式要素合并拆分，要素镜像、缩放、旋转、对齐，线操作(延长到线、打散合并、分割要素等)，节点操作(添加、修改、删除)，绘制图元(点、线、面、弧、圆)，网络路径管理(实现路径数据的生成、更新及维护等)等。

对于图层和数据集的更新采取版本式管理机制，参见下文。

5. 数据质检

数据质检模块提供各类地理空间数据几何图形和属性的质检功能。主要功能包括几何图形精度、拓扑检查；要素属性精度、要素编码规范化、属性输入完整性检查；要素间关联关系检查。

6. 数据装载

数据采集入库提供对符合采集标准的外部数据成果进行入库管理，并针对入库过程中的日志进行记录。提供采集标准管理、数据采集及采集记录管理、采集日志查阅功能。

数据表基本操作，如创建表、修改表、删除表、创建索引、重建索引、删除索引等。

数据装载功能，如不同格式、不同尺度的批量数据入库功能；支持数据集、批量数据表、单表数据的装载功能。

数据抽取功能，在数据表、记录、字段等不同层次上实现数据的抽取功能形成新的数据(集)。

数据转存功能，支持数据在基础地理信息数据库、政务地理信息数据库和公众服务数据库间自动关联匹配和流通。

数据出库功能，支持单表、数据集、子库三个层次的数据导出功能，数据格式支持四种以上(access、shp、mapinfo-tab、mid/mif)。

增量数据抽取功能，依据版本或增量标记抽取不同图层、不同范围的增量数据。

7. 数据版本管理

数据版本式更新首先需要为基础地理信息数据库不同门类的数据更新工作建立数据更新工作流，通过工作流实现不同数据库下数据更新的自动化。版本管理和更新规则是数据更新的前提。

数据版本管理：为基础地理信息数据库不同门类的数据在统一的时间参考系统下建立版本管理机制。以表(图层)、数据集为单位将被更新的数据(集)进行备份形成历史版本，并实现空间数据部分的历史数据管理，可以按一个图层为整体，查阅历史情况、维护历史信息，也可查询数据集的历史变更信息。

版本式更新规则管理：数据更新规则包含了源数据到目标数据的提取、转换、更新等规则。启用更新规则后可以监控源数据的变换情况，只要源图层或是源数据集发布数据修改，就能提醒用户查阅相应的更新修改情况。建立不同数据库下不同数据门类的数据更新规则库。

数据更新管理：建立不同数据集（表）更新的工作流，实现数据更新的自动化。更新之前需要对目标图层或数据集进行历史版本的记录及备份，并在更新操作完成之后形成更新记录。建立工作流管理元数据。

5.2.2　地理栅格数据管理

随着遥感技术的迅猛发展，全球范围内获取的航空航天遥感影像数据（如航空摄影像片、卫星遥感像片、地面摄影像片等）的数量正在呈几何级数增长，这使得对覆盖全球的多维海量遥感影像数据进行高效管理的难度不断加大，如何有效地存储这样的海量数据，实现多比例尺、多时相影像数据的集成统一管理，并与原有的矢量要素数据集成到不同应用领域，已成为地理信息产业建设进程中迫切需要解决的一个难题。一方面，传统文件方式下的栅格数据存储受操作系统文件大小的限制、无法处理大数据量的情况已越来越制约栅格数据的应用；另一方面，处理海量数据的关系数据库技术已经比较成熟，依赖关系数据库系统的巨大数据处理能力来存储包括影像数据在内的空间数据的呼声也越来越高。地理栅格数据的高效管理就显得十分重要。空间数据库是一种对地理栅格数据管理的有效方式。地理栅格元数据是描述地理栅格数据的数据，赋予了地理栅格数据语义上的信息，与地理栅格数据同等重要。

1. 地理栅格数据概述

地理栅格数据实质上可用多维矩阵来表达，其与普通图像的主要区别在于地理栅格数据包含地理参照信息。空间参照系统（spatial reference system，SRS）作为栅格元数据的一部分，包含了关于地理参照的信息，而地理参照的实质是确定两种坐标系统（栅格坐标系和实地坐标系）之间的映射关系。栅格坐标系描述的是像元的行列位置。实地坐标系是地理栅格数据所特有的，描述的是栅格空间下的像元通过坐标变换投射到的实际地理坐标。地理参照确定的是两种坐标空间内点的对应关系，即由栅格坐标值可算得实地坐标值，反之亦可。二者间的转换方式主要有仿射变换和地面控制点变换。

栅格数据的基本数据结构是像元矩阵，对于多波段栅格影像，该像元矩阵有三个维度，即"行-列-波段"。波段是个物理概念，可以视为对同一栅格数据集中不同物理属性的表述。图 5.19 说明了栅格数据的三个维度。

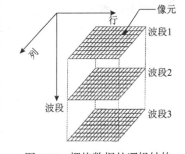

图 5.19　栅格数据的逻辑结构

像素深度定义了像元数值的存储长度。栅格数据的基本数据结构决定了栅格数据可被分块（blocking）。另外，大幅影像数据的存储、处理与传输均存在很大不便，分块便成了处理海量栅格数据的一种有效的解决方案。分块其实是采用"分治"的思想，将大的栅格数据集切分成规则的小数据子集，这些数据子集在本质上与原栅格数据集是相同的。对于尺寸不足分块，可用零值（或其他设定值）补齐成完整块。栅格分块是空间数据库内的基本操作单元，地理栅格数据的存取访问都是基于这些分块的。数据库内对这些栅格分块的索引由＜波段号，行块号，列块号＞组成。

2. 地理栅格数据文件

虽然文件系统存储方式在数据的安全性与并发访问控制方面存在致命的缺陷，但该方式数据模型简单，易于使用，仍是栅格数据最普遍的存储方式。应用最广泛的图像格式是GeoTIFF(geographically registered tagged image file format)。GeoTIFF 利用了 Aldus-Adobe 公司的 TIFF(tagged image file format)的可扩展性。TIFF 是当今应用最广泛的栅格图像格式之一，它不但独立而且提供扩展。GeoTIFF 在其基础上加了一系列标志地理信息的标签(Tag)，来描述卫星遥感影像、航空摄影相片、栅格地图和 DEM 等。

不管栅格数据采用何种文件格式存储，其基本组织结构和 GeoTIFF 类似，即通过文件目录的方式管理数据或数据在文件存储中的偏移量。通过目录组织栅格数据可以简化数据访问的步骤，提高数据读取的效率，但栅格数据文件本身是一种二进制文件格式，文件目录并不能从本质上解决读取栅格数据内容的复杂性及开发栅格数据服务的复杂性。因此，越来越多的厂商和研究机构将目标转向数据库管理系统，以寻找更遍历的海量栅格数据存储和管理解决方案。

3. 地理栅格数据元数据

在地理栅格数据库中，地理栅格元数据用于空间计算、数据组织和存储，对地理栅格数据的管理起着基础性和关键性的作用。

1) 地理栅格元数据模型

地理栅格元数据模型是对地理栅格元数据内容、结构和数据类型的描述，它描述了地理栅格元数据内容，对其进行结构组织及数据类型严格规范。Oracle GeoRaster 采用一个集成的栅格数据模型来处理栅格数据类型，它是基于组件的、逻辑分层的和多维的。栅格中的核心数据是一个多维的栅格单元矩阵，每个单元是矩阵的一个元素，它的值称为单元值，矩阵有多个维，每个维一个单元深度和一个大小。单元深度为每个单元的值的数据大小，它适用于所有单元。这种核心的栅格数据集可以进行分块，用于优化存储、检索和处理。栅格数据按逻辑分层，核心数据为对象层，包含一个或多个逻辑层。除了核心的单元矩阵外，栅格数据对象有与之关联的特定元数据。图 5.20 说明了 GeoRaster 中栅格数据层与波段的关系，波段是物理上的概念，而层是逻辑上的概念，每一个波段的波段号加 1 就是层号，GeoRaster 在栅格数据的存储上是按照波段进行组织的。

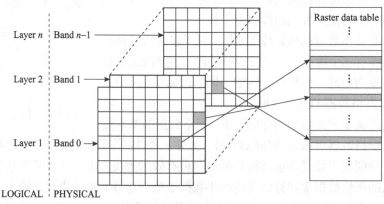

图 5.20　GeoRaster 中栅格数据层与波段的关系

栅格元数据描述了一个多维的栅格数据，每个层还拥有独立的元数据。GeoRaster 中的元数据详细地描述了栅格数据的属性、组织及其存储信息，包含七个方面的内容。

(1) Object Information：包含用户定义的 ID、描述和版本信息的元数据等。

(2) Raster Information：包括单元深度、维度、块大小、交叉类型、压缩类型和关于金字塔的信息等元数据。

(3) Spatial Reference Information：包含地理参照所需的信息，这些信息中定义了通用多项式模型、空间分辨率、坐标参考点等。

(4) Temporal Reference Information：包含时间参照所需的信息，包括时间分辨率、开始时间、结束时间等。

(5) Band Reference Information：是对波段的相关参考信息描述，包括波段参考、空间扩展等数据项。

(6) Layer Information：层信息包含与 GeoRaster 对象中每一逻辑层相关的元数据，它包含多个子组件。层信息元数据的主要子组件包括用户定义的层 ID、伸缩系数、bin 函数、RGB 色图、灰度查找表、统计数据和直方图、NODATA 值和值范围，以及位图掩码。值属性表可用于维护存储于每层中的值的信息，表名称可在层信息元数据中注册。每一层（包括对象层）可以有一个与之关联的位图掩码，该掩码可在层信息元数据中注册。

(7) Source Information：关于数据源的描述信息。

GeoRaster 定义了一个比较全面的可扩展的地理栅格元数据模型，提出了层的概念，并且对栅格的时间参照有了支持。在实际应用中，GeoRaster 地理栅格元数据模型能够满足用户的需求，但目前一部分数据项还未使用，如栅格的时间参照等。

2) 地理栅格元数据特点

从地理栅格元数据模型中可以看出，地理栅格元数据具有如下特点。

(1) 元数据覆盖面广：元数据涵盖了数据生产、数据存储、数据分发、数据特征等方面的信息，既描述了栅格数据集信息，也描述了单个栅格对象信息。

(2) 元数据数据项复杂：地理栅格元数据的数据项分为必选项、可选项和条件选项。

(3) 元数据项呈现层次性：栅格数据的多波段性，使栅格元数据呈现层次性，一个栅格数据对应多个栅格波段元数据。

(4) 元数据应用范围广：在实际应用中，一部分地理栅格元数据用于描述栅格数据集的信息，如栅格数据集的标识信息和数据质量信息等，用户通过这部分信息可以了解和获取到栅格数据；一部分地理栅格元数据用于描述栅格信息资源的相关信息，如分发信息和引用负责信息等，用户通过这部分信息可以了解到怎样获取和在哪里获取栅格数据；还有一部分地理栅格元数据用于描述单个栅格对象信息，如波段和像素深度等，这部分元数据主要用于栅格的空间操作。

(5) 元数据不断更新：当元数据应用于不同的领域时，便具有特定的元数据。

随着新应用的产生，就会出现新的元数据。因此，元数据需要不断进行更新。

3) 地理栅格元数据管理

地理栅格元数据是描述地理栅格数据的数据，对它的管理是地理栅格数据管理的关键技术之一，在地理栅格数据的管理中发挥着至关重要的作用。栅格中的核心数据是一个多维的栅格单元矩阵。栅格数据按逻辑分层，核心数据称为对象层或 0 层，包含一个或多个逻辑层（或子层）。每个栅格数据对象都有与之关联的特定元数据，由包含以下信息的组件组成：对象信息、栅格信息、空间参照系信息、日期和时间（时间参照系）信息、光谱（波段参照系）信息及每层的层信息。

栅格数据的管理和存储，采用了分块分波段存储的方式。栅格元数据则存储在其中的五个表中。

(1) 栅格列表 (RASTER_COLUMNS Table)：存储了栅格列 (rastercolumns) 元数据，描述了栅格列相关信息，包含了 astercolumn_id、database_name、srid 等数据项。

(2) 栅格数据表 (Raster Table)：存储了栅格 (raster) 元数据，描述了栅格相关信息，包含了 raster_id、raster_flags 等数据项。

(3) 波段表 (Raster Band Table)：存储了波段 (band) 元数据，描述了波段相关信息，包含了 rasterband_id、sequence_nbr、band_width 等数据项。

(4) 栅格分块表 (Raster Blocks Table)：存储了块 (blocks) 元数据，描述了栅格分块的相关信息，包含了 rasterband_id、Rrd_factor、Row_nbr 等数据项。

(5) 栅格波段辅助表 (Raster Band Auxiliary Table)：存储了栅格辅助 (raster auxiliary) 元数据，描述了栅格可选的元数据信息，如颜色表 (colormap)、统计信息 (statistics) 等。

采用关系表的形式对地理栅格元数据进行管理，对地理栅格元数据进行了一个比较全面的描述，地理栅格元数据存储在不同的系统表中，可以较好地实现地理栅格元数据的管理。

4. 地理栅格数据库管理

目前，地理栅格数据的管理主要有三种模式：基于文件系统的模式，基于关系型数据库+空间数据引擎的模式和基于扩展关系 (对象关系) 型数据库的模式。

1) 栅格数据存储方式

对栅格数据而言，无论是描述地形起伏的 DEM 数据，或是具有多光谱特征的遥感影像数据，都可根据用户的需求按照以下两种方式进行组织。

(1) 栅格数据集 (Raster DataSet)。用于管理具有相同空间参考的一幅或多幅镶嵌而成的栅格影像数据，物理上真正实现数据的无缝存储，适合管理 DEM 等空间连续分布、频繁用于分析的栅格数据类型。因为物理上的无缝拼接，所以，以栅格数据集为基础的各种栅格数据空间分析具有速度快、精度较高的特点。图 5.21 给出的是由 DEM 数据镶嵌而成的栅格数据集示例。

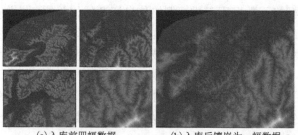

(a) 入库前四幅数据　　　　　(b) 入库后镶嵌为一幅数据

图 5.21　栅格数据集镶嵌示例

(2) 栅格数据目录 (Raster Catalog)。用于管理有相同空间参考的多幅栅格数据，各栅格数据在物理上独立存储，易于更新，常用于管理更新周期快、数据量较大的影像数据。同时，栅格目录也可实现栅格数据和栅格数据集的混合管理，其中，目录项既可以是单幅栅格数据，也可以是地理数据库中已经存在的栅格数据集，具有数据组织灵活、层次清晰的特点。图 5.22 给出的是 DEM 数据的目录管理形式示例。

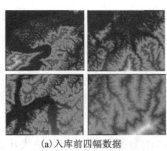

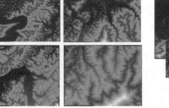

(a) 入库前四幅数据　　　　　　　(b) 入库后采用目录管理

图 5.22　栅格数据目录管理示例

2) 栅格数据存储内容

针对上述两种存储方式，栅格数据存储内容由栅格数据集和栅格目录组成。

（1）栅格数据集。从物理存储组织上看，栅格数据集由两大类信息组成，如图 5.23 所示。

栅格数据信息包括栅格数据相关的几类描述信息。

基本信息：记录栅格数据包括版本、像元类型、传感器类型、行/列数、地理范围、空间参考在内的各种公共基本信息，伴随栅格数据集的创建而存在。

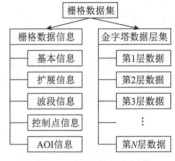

图 5.23　栅格数据集结构

扩展信息：记录不同栅格数据各自的特定信息（如各种图像注释信息），考虑这类信息数目及大小都不确定，因此采用目录项的方式进行管理，以便随时扩充。

波段信息：记录多波段数据的各种统计值（如最值、均方差等）、直方图统计、灰度查找表等信息，以便栅格数据快速显示及分析使用。

控制点信息：记录用于栅格数据几何校正及投影变换的多套控制点集。

AOI 信息：记录栅格数据 AOI（area of interest）信息。

（2）金字塔数据层集。栅格数据集的物理存储采用"金字塔层-波段-数据分块"的多级索引机制进行组织。金字塔层-波段索引表现为栅格数据在垂直方向上多尺度、多波段的组织形式，金字塔层-数据分块索引表现为栅格数据在水平方向上多分辨率、分块存储的组织形式。基于这种多级索引结构，在使用栅格数据进行分析时可快速定位到数据分块级，有效地提高栅格数据存取速度，如图 5.24 所示。

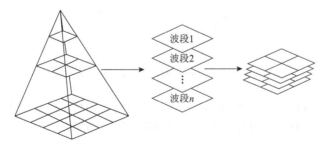

图 5.24　栅格数据集的多级索引结构

金字塔层。用于管理具有相同空间分辨率的一层栅格数据。通常栅格数据的金字塔层是为了在显示过程中自动适配合适分辨率的数据、减少绘制数据量以提高显示速度而建立的。

这里笔者认为还应赋予每层金字塔/空间分辨率0的概念，给金字塔层索引赋予实际的地理含义，使用户可根据需求定制不同分辨率的金字塔层，不仅用于提高栅格数据的显示速度，还可基于特定金字塔层进行空间分析或操作。

波段。管理相同金字塔层内不同波段的相关统计和注释信息。当使用不同金字塔层进行显示或分析操作时，可直接使用相关统计信息进行处理。同时，在定位数据分块进行存取操作时，它也是金字塔层和数据分块之间的衔接。

数据分块。对相同金字塔层、相同波段内的数据按照一定分块大小进行分块存储。Tiles结构（即空间分块索引结构）是一种比较适合栅格数据处理的存储方法。其优点体现在：①对栅格数据浏览显示时，其屏幕的可见区域只是整个数据中的一个小矩形区域，采用数据分块管理的方法，就可以减少数据的读盘时间；②分块管理利于栅格数据的压缩，因为栅格数据具有局部相关性；③分块管理利于数据库管理，当采用分块方式管理栅格数据时，数据分块可以与关系型数据库中的记录进行很好的对应，使得利用商用数据库管理海量栅格数据也成为可能。

（3）栅格目录。栅格数据目录是基于栅格数据集的一种逻辑组织结构，用于管理具有相同空间参考、相同像元信息的多个栅格数据，因此，其物理存储结构相对栅格数据集而言较为简单，具体如图5.25所示。

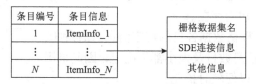

图5.25　栅格数据目录结构

由此可见，栅格数据目录实际上是对栅格数据集的一种"引用"管理，并不真正存储数据；而栅格数据集既可以从属于某个栅格目录，又可游离于栅格目录而独立存在。

（4）栅格数据库。通过对上述两种存储方式的研究，可以进一步总结出在地理数据库中，栅格数据的三层存储组织结构（图5.26）。

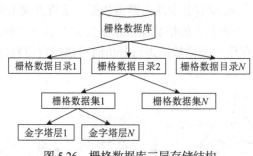

图5.26　栅格数据库三层存储结构

一个栅格数据库可包含若干栅格目录，每个栅格目录物理上独立组织；栅格目录可包含若干栅格数据集；栅格数据集可包含若干金字塔数据层，体现纵向上多分辨率的格局。

3）栅格数据存储实现

（1）本地文件存储实现。在很多中小型应用中，人们需要在本地文件方式下对栅格数据进行一些分析处理，如数据转换、控制点采集等预处理操作，如果单个栅格文件（如影像数据）

的大小超过了目前操作系统环境下 2G 文件大小的限制，将无法完成上述操作。

因此，在本地文件方式下有效地组织栅格数据，顺利实现大数据量文件的处理，就显得尤为重要。为此，笔者设计了一种针对单文件的多目录分层组织管理的方法，较好地解决了上述问题。其基本原理为：按照目录结构进行数据文件组织，首先根据金字塔层的个数进行多目录组织，然后针对每层金字塔采用存储桶技术进行组织，根据数据量大小进行多文件管理。图 5.27 给出名为 DEM 的栅格数据集的存储结构。

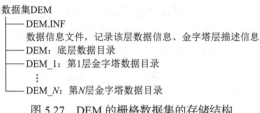

图 5.27　DEM 的栅格数据集的存储结构

通过这种数据组织方法，栅格数据集在本地文件方式下的存储不再受任何限制，能够快速有效地完成各种分析处理。

(2) 商用数据库存储实现。如何有效地利用现有的大型商用数据库实现对海量栅格数据的存储管理，一直是国内外 GIS 软件所关注的问题。目前现有的 GIS 软件中已有不少成功的案例（如 ArcGIS SDE 的 Raster）。同时，一些大型商用数据库为存储空间数据所开发的 SDO（spatial data object）引擎中也将栅格数据的管理引进，如 Oracle 10G 中新推出的 GeoRaster 对象，可以实现对 2D/3D 栅格数据及其元数据的统一存储与管理。商用数据库中栅格数据的存储结构如图 5.28 所示。

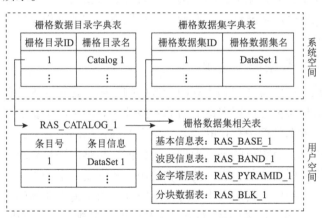

图 5.28　栅格数据的数据库存储结构

在数据库中，栅格数据存储分为系统空间和用户空间两部分。其中，系统空间负责栅格数据相关数据字典表的维护，用户空间才真正存放栅格数据。这种层次组织，既能体现栅格数据库中的数据管理层次，又能保证不同用户栅格数据存储及访问的独立性。

第 6 章　多源地理数据集成与融合

多源地理空间数据集成与融合的目的就是通过统一的技术标准和方法，把物理上分散分布的地理数据资源进行整合，提高地理数据更新效率，提升地理数据质量，向广大用户提供多尺度的地理信息服务。集成是指通过使用各种数据转换工具，把不同主题、格式、比例尺、多投影方式或大地坐标系统的地理空间数据在逻辑上或物理上有机集中，使其成为地理信息服务系统可以识别的数据形式，其核心保留着原来的数据特征，屏蔽了数据源数据模型的异构性，可透明地访问多源异构地理空间数据，从而实现地理信息的共享；融合是为了特定的应用目的，将同一地区不同来源的空间数据，以不同的方法提高物体的几何精度，重组专题属性数据，派生高质量地理空间数据。地理空间数据集成与融合不是孤立的两个过程，集成是融合的基础，融合是在集成基础上的进一步发展。

6.1　多源地理空间数据

随着空间信息技术应用扩展，基础地理信息生产部门所生产的基础地理信息数据产品很难满足不同行业的业务需求，使得行业部门不得不依据本部门特点和应用目的进行数据生产，造成了同一地区同一比例尺的物体被不同的部门、按不同标准、不同数据模型、格式和软件重复采集，引发了空间数据的主题、语义、时空、尺度的不同及数据模型与存储结构的差异等，导致了地理数据的多样性。跨专业、跨地区多尺度地理信息资源快速集成与融合成为迫切需要解决的问题。

6.1.1　多源地理空间数据产生根源

多源地理空间数据产生有客观和主观两个方面的原因。客观原因是现实世界的自身复杂性和模糊性，人类对现实世界认识表达能力的局限性及观测手段存在的误差，计算机对地理对象表达的局限性和数据处理中存在的误差。主观原因包括两个方面：一方面，测绘业务部门受人力和物力的限制，所提供的基础地理空间数据产品难以满足要求；另一方面，高精度地理空间数据是国家的保密产品，它的传播和使用的范围受一定的限制。地理信息应用部门不得不根据自己的特定的应用目的采集地理空间数据。由于地理实体的不确定性、人类认识表达能力的局限性、测量误差、数字化采集误差及地理空间数据在计算机中表达的局限性等，不同的数据获取手段（遥感或实地勘测）、不同的专业领域数据、不同的比例尺、不同的获取时间和使用不同软件系统所获取的同一地区的地理空间数据存在着差异。这种同一地区多次获取的地理空间数据称为多源地理空间数据。

1. 地理对象的变化和模糊性

空间物体或现象的变化和模糊是自然界的两个固有属性。它们直接影响着人类对空间物体或现象的准确表达。地理对象不确定性主要表现在空间形态的不确定性和语义描述（描述参数变量）的不确定性。

客观世界是个非线性及多参数的复杂巨系统。客观世界的复杂性是造成客观世界不确定性的主要原因之一。空间物体或现象的变化和模糊是自然界的两个固有属性，它们直接影响着人类对空间物体或现象的准确表达。地理对象不确定性主要表现在空间形态的不确定性和语义描述(描述参数变量)的不确定性。

空间形态的不确定性是指地理对象的形态、几何位置和分布随着时间的变化。空间物体或现象的变化过程千差万别，它们在空间和时间上的表现形式或者为连续或者为离散，一般这些连续或者离散现象表现为随机性和模糊性。语义描述的不确定性问题比空间的不确定性问题复杂得多。

模糊性是由于事物本身概念就没有明确含义，一个对象是否符合这个概念难以确定。这种模糊性导致事物描述的不确定性。各个自然地理带之间，如不同的气候带、不同的植物带之间都具有渐变的、逐步过渡的特征，大多数情况下不存在明显的分界线。例如，草原的范围并不总是确定的，而是向森林或沙漠区域逐渐移动。土壤单元的边界、植被类型的划分是模糊的，人类活动范围也具备明显的不确定性特征。城市与乡村之间的划分具有明显的不确定性。地理空间上的水域边界线有明显的四维特征(水域高度随着时间变化)。

地理对象自身不确定性不仅带来了地理对象空间位置和形态的误差，而且不同方法、不同时间对地理对象的获取，不同操作人员往往会得出不同的划分结果。

2. 人类认知能力的局限性

在自然界和人类社会中，客观变化的事物不断地呈现出各种不同的信息。信息是对客观存在的反映，不以人的主观意识为转移；信息又是人类对客观世界的认知，是认识主体所感知或所表述的事物运动的状态与方式，泛指人类社会传播的一切内容。由于客观世界的复杂性和人类认知的局限性，获取符合客观实际的信息是人类最基本的渴望。人类的认知能力取决于社会生产力发展水平、个体受教育程度、个体经验的丰富度和掌握信息量的多少。人类社会是在不断地发展变化的，人类对客观世界的认知也是逐渐深化的。与客观世界的复杂性相比，人类的认知能力依然非常有限。

地球是一个非常复杂的系统，地球表层所发生的许多空间现象，相对于人的认识来说具有模糊性的特点。对于许多自然过程产生的原因，目前仅限于种种假设，尚处于一种模糊的状态。例如，人类对地球上石油分布、储量的认识，地球板块运动的认识等，都有待于进一步研究。为此地学研究分了许多学科，每个学科研究内容和业务隶属范围相对界定，如地学分为地质学、地理学、海洋学、大气物理、古生物学等学科。地球表面自然现象和人文现象不同学科有不同的理解和解释，表现为同一个地理实体在几何形态上是一致的，面对不同的应用存在不同的属性，往往按照应用主题的要求，突出而完善地表示与主题相关的一种或几要素，内容侧重于某种专业应用。这不仅仅表达内容取舍，还存在描述方式的选择，如用文字和数字描述事物或用图像来描述地理现象。地理数据只能用一种方式、从某一个(些)侧面或角度描述地理事物的属性特征，建立一个覆盖全域的地理空间数据库不可能也不现实。

3. 人类表达能力的局限性

人类在认识自然、改造自然活动中，学会了用语言、文字和图形科学地、抽象概括地反映自然界和人类社会各种现象的空间分布、组合、相互联系及其随时间动态变化和发展的过程。但人类对地理对象的认知表达能力是局限的。对于空间物体或现象来说，空间是基础，语义描述是内涵，是地理实体的纵深描述，它包含了各个地理实体中的社会、经济或其他专题数据，是对地理实体专题内容的广泛、深刻的描述。在地理现象定性描述过程中，普遍存在不精确的术语。例如，这个小镇"附近"是什么，河的南面"适合"于农业耕作；在土地利用类型分类过程中，某一块土地可以作为小麦用地，但随着季节的转变，也可作为棉花用地，因此这种分类本身就是不确定的；同一块土地上既种植了某种作物，又种了另一种作物，这就是地理现象分布具有的多义性，也带来了对地理对象语义描述的误差。

对地理实体或现象的语义描述往往采用空间实体的变量和空间实体的属性来表达。随空间实体的延展而变化的地理现象（变量）是空间实体的变量，相反，不随空间实体的延展而变化的地理现象是空间实体的属性。空间实体变量的例子，如河流的深度、水流的速度、水面宽度、土壤类型等；空间实体属性的例子，如河流的名称、长度，区域的面积，城市人口等。空间实体变量是对作为其定义域的空间实体的局部描述，而空间实体属性则是对其全局的描述。

空间和时间是现实世界最基本、最重要的属性。空间、语义和时间是地理对象的三个基本特征，是反映地理对象状态和演变过程的重要组成部分。由于技术手段、人力和资金的限制及满足社会需求等，地理信息的采集往往是某一时刻的静态信息，不能表达地理对象随时间连续变化的时态。地图对地理对象的空间和语义表述较好，但仅能表达地理信息采集时的瞬间状态，关于地理对象随时间连续变化信息的描述表达目前存在许多困难。以至于同一个地理对象在不同时间采集会获得不同结果，造成地理信息之间的差异。

4. 计算机表达能力的局限性

地理现象以连续的模拟方式存在于地理空间，随着将计算机引入地图学，人们把地理实体数字化，将其表示成计算机能够接受的数字形式。人们用数据表达地理信息时，往往先用地图思维将地理现象抽象和概括为地图，然后进行数字化转变，成为地理空间数据。地理空间数据代表了现实世界地理实体或现象在信息世界的映射，是地理空间抽象的数字描述和离散表达，是描述地球表面一定范围（地理圈和地理空间）内地理事物的（地理实体）位置、形态、数量、质量、分布特征、相互关系和变化规律的数据。

1）计算机对地理对象表达方法

地理现象以连续的模拟方式存在于地理空间，为了能让计算机以数字方式对其进行描述，受地图思维的影响，必须将其离散化，用离散数据描述连续的地理客观世界。

（1）地理对象的多模式表达。计算机地理对象表达有两种模式：一是表达场分布的连续的地理现象；二是表达离散的地理对象。

离散对象的矢量数据表达也有两种方法：一是基于图形可视化的地图矢量数据。地图矢量数据是一种通过图形和样式表示地理实体特征的数据类型，其中图形指地理实体的几何信息，样式与地图符号相关；二是基于空间分析的地理矢量数据。地理矢量数据主要通过矢量空间数据描述地理实体的形态和属性表数据描述地理实体的定性、数量、质量、时间，以及地理实体的空间关系。空间关系包括拓扑关系、顺序关系和度量关系。地图矢量数据和地理矢量数据是地理信息两种不同的表示方法，地图矢量数据强调数据可视化，采用"图形表现属性"方式，忽略了实体的空间关系；而地理矢量数据主要通过属性数据描述地理实体的数量和质量特征。地图矢量数据和地理矢量数据所具有的共同特征是地理空间坐标，统称为地理空间数据。与其他数据相比，地理空间数据具有特殊的地球空间基准、非结构化数据结构和动态变化的时序特征。

　　连续分布地理现象的栅格数据表达也有三种不同侧面：一是利用光学摄影机获取的可见光图像数据，包含了地物大量几何信息和物理信息；二是运用传感器/遥感器对物体的电磁波的辐射、反射特性的探测的数据；三是反映地形起伏变化的高程数据。

　　数字表面模型(digital surface model，DSM)是指物体表面形态以数字表达的集合。DSM采样点往往是不规则离散分布的地表的特征点(点云)。数字表面模型获取有两种：一种是倾斜摄影测量；另一种是激光雷达扫描。点云构建曲面一般用不规则三角形数据结构(triangulated irregular network，TIN)，根据区域的有限个点云将区域划分为相等的三角面网络。

　　三维地物同二维一样，也存在栅格和矢量两种形式。地物三维表达是地物几何、纹理和属性信息的综合集成。三维模型内容可分为三个部分：侧重实体表面的三维模型、侧重于建筑属性的建筑信息模型(building information modeling，BIM)和侧重三维实体内部模型。侧重实体表面的三维模型是矢量数据和栅格数据的组合。地物三维的几何形态用矢量描述，地物三维的表面纹理是栅格数据表达。三维地物模型描述建筑模型的"空壳"，只有几何模型与外表纹理，没有建筑室内信息，无法进行室内空间信息的查询和分析。BIM 是以建筑物的三维数字化为载体，以建筑物全生命周期(设计、施工建造、运营、拆除)为主线，将建筑生产各个环节所需要的信息关联起来，所形成的建筑信息集。三维实体内部构模方法归纳为栅格和矢量两种形式。矢量结构采用四面体格网(tetrahedral network，TEN)，将地理实体用无缝但不重叠的不规则四面体形成的格网来表示，四面体的集合就是对原三维物体的逼近。栅格结构将地理实体的三维空间分成细小的单元，称为体元或体元素。为了提高效率，用八叉树来建立三维形体索引。三维实体模型常常以栅格结构的八叉树作为对象描述其空间的分布，变化剧烈的局部区域常常以矢量结构的不规则四面体精确地描述其细碎部分。

　　(2)地理对象的多尺度表达。尺度一般表示物体的尺寸与尺码；有时也用来表示处事或看待事物的标准。尺度是地理学的重要特征，凡是与地球参考位置有关的物体都具有空间尺度。在地理学的研究中，尺度概念有两方面的含义：一是物体粒度或空间分辨率，表示测量的最小单位；二是范围，表示研究区域的大小。人们认知世界、研究地理环境时，往往从不同空间尺度(比例尺)上对地理现象进行观察、抽象、概括、描述、分析和表达，传递不同尺度的地理信息，这就需求多种比例尺地理数据的支撑。尺度变化不仅引起地理实体的大小变化，通过不同比例尺之间的制图综合，还会引起地理实体的形态变化和空间位置关系(制图综合中位移)的变化。在不同尺度背景下，地理空间要素往往表现出不同的空间形态、结构和细节。实现对地理要素的多尺度表达，概括起来有三种基本方法：其一是单一比例尺，地理信息仅用一种比例尺的地理空间数据表达，其他比例尺的地理空间数据从中综合导出，缺点是当比例尺跨度较大时，实现综合导出难度大；其二是全部存储系列比例尺地理空间数据，问题是多种比例尺地理空间数据更新维护困难；其三就是前两种方法的折中，维护少量基础比例尺地理空间数据，由此构建系列比例尺地理数据。

　　(3)地理对象的多形态表达。地球表面物体在地理空间场中维度延伸，地物形态决定了空间物体具有方向、距离、层次和地理位置等。早期利用二维地图表达地理物体，无法真实表达三维地理空间。三维地物映射到平面而形成曲线和平面，只能将地理物体抽象为点状、线状和面状几何形态。人们用数据表达地理信息时，三维地理世界抽象成曲面和立体，形成了地物几何表面表达的三维模型和地物实体内部表达的模型。地理数据的多态特性主要表现为：①同尺度下不同地理实体按轮廓形态特征可分为点状分布特征、线状形态特征、面状轮廓特征、立体三维外表形态和三维内部分布特征；②同一地理实体在不同尺度下表现为点、线、面、体四种形态。地理信息多尺度的表达引发地理信息的多态性。地理对象不同形态有不同的属性特征、形态特征、逻辑关系和行为控制机制等的描述方法，不同形态地理对象有不同的生成、消亡、分解、组合、转换、关联、运动和表达等的计算与操作方法。

(4)地理对象的多时态表达。地理实体和地理现象本身固有空间分布、空间变化和类聚群分三个基本特征。地理现象的分布规律包括时间上的分布规律和空间上的分布规律，地理多时态描绘了空间对象随着时间的迁移行为和状态的变化。地理数据时态表达分为三类：一是时间作为附加的属性数据，这种方法以关系数据模型为实现基础；二是基于对象模型描述地物在时间上的变化，变化也通常被认为是事件的集合；三是基于位置的时空快照表达，地理数据记录的只是这个不断变化的世界的某一"瞬间"的影像。当地理现象随时间发生变化时，新数据又成为世界的另一个"瞬间"，犹如快照一般，如遥感图像。地理信息的多时态表达主要表现为：①地理物体随时间空间形态变化，空间形态变化主要表现为地理实体的形状、大小、方位和距离等空间位置、空间分布、空间组合和空间联系的变化；②地理物体随时间属性性质变化；③地理物体随时间形态和属性变化；④地理物体随时间灭亡或重组。

(5)地理对象的多主题表达。地球是一个非常复杂的系统，为此地学研究又划分为许多学科，建立非常全面的描述多学科的地理空间数据库是非常困难的，往往是一种地理数据只能从某个专业、某(些)侧面或角度描述地理事物的属性特征。属性则表示空间数据所代表的空间对象的客观存在的性质。这些属性不仅存在表达内容的取舍，还存在描述方式的选择，如用文字和数字描述事物或用图像来描述地理现象。专题地理数据是根据应用主题的要求突出而完善地表示与主题相关的一种或几种要素，内容侧重于某种专业应用。地理信息的多主题表现为同一个地理实体在几何形态上是一致的，面对不同的应用存在不同的属性。

2)计算机表达能力的局限性

(1)计算机对地理对象的抽样表达。空间物体以连续的模拟方式存在于地理空间，为了能以数字的方式对其进行描述，必须将其离散化，即以有限的抽样数据表述无限的连续物体。空间物体的抽样不是对空间物体的随机选取，而是对物体形态特征点的有目的的选取，抽样方法根据物体的形态特征的不同而不同，抽样的基本准则是力求准确地描述物体的全局和局部的形态特征。

基于对象的数据表述是将点离散为点，线状物体离散为折线，区域映射成多边形线段的有序排列。基于场的数据表述是将连续的地球高程表面离散成不规则三角形或格网高程矩阵，连续的地球表面离散成不同分辨率(格网)灰度或颜色图像，不同比例尺的地图扫描成不同分辨率的图形。地理空间数据的抽样性导致了空间数据采样存在许多不确定性因素，会产生各种误差。这样空间实体的复原是不可能的，相同的空间实体重复采集也存在着差异。

(2)不同数据模型对地理对象的近似表达。数据模型是用不同的数据抽象与表示能力来反映客观事物的，有其不同的处理数据联系的方式。它是描述数据库的概念集合。这些概念精确地描述了数据、数据关系、数据语义及完整性约束条件。通常数据模型由数据结构、数据操作和完整性约束三部分组成。地理空间数据模型是空间数据库中关于空间数据和数据之间联系逻辑组织形式的表示，是计算机数据处理中一种较高层的数据描述。空间数据模型是有效地组织、存储、管理各类空间数据的基础，也是空间数据有效传输、交换和应用的基础，它以抽象的形式描述系统的运行与信息流程。由于人们对地理对象的事物认识不同，所设计的地理空间模型也不相同。每一种空间数据模型以不同的空间数据抽象与表示来反映客观事物，有其不同的处理空间数据联系的方式和不同的空间数据组织、存储、管理和操作方法。

5. 地理数据获取的不确定性

为了达到对客观世界的认知，人们必须借助于一定的设备来观测地理空间物体。历史上，望远镜的发明推动了测量学的发展，望远镜的应用大大提高了人们观测地物的精度。人们对地观测经历了地面、航空和航天三个阶段，对地观测的精度也不断提高。

1) 地理对象观测的误差

空间位置不确定性主要由测量误差引起。观测手段局限及误差干扰，如测不准原理等，引起一切测量结果都不可避免地具有不确定性。

空间位置采集误差是指按常规的 RS、GPS 测量及大地测量、工程测量方法获取位置的过程中所产生的误差。空间位置采集的精度也可称为直接测量（直接采集的方法）的精度。Burrough 在 1988 年曾较为系统地分析了 GIS 中的误差，他将误差分为：①明显误差；②源于自然或原始量测值的误差；③源于数据处理的误差。按经典的测量误差理论，这些测量数据可分为随机误差、系统误差和粗差三种。

空间位置采集中的误差源有观测误差和控制误差。控制误差主要指从已有的控制点进行数据采集时，由控制点位置的不确定性而产生的一系列误差，实际上这类误差也是由上一级的观测误差造成的。而观测误差的产生，原因很多，有的甚至还很复杂，概括起来有以下三方面。

(1) 仪器误差。测量工作都是使用测量仪器进行的。因为每一种仪器只具有一定限度的精度，所以观测值的精度受到了一定的限制。例如，在用只有厘米刻画的普通水准尺进行水准测量时，就难以保证在估读厘米以下的尾数时完全正确无误。同时，仪器本身也有一定的误差，如水准仪的视准轴不平行于水准轴、水准尺的分划误差等。因此，使用这样的水准仪和水准尺进行观测，就会使水准测量的结果产生误差。同样，经纬仪、测距仪甚至 GPS 测量仪器的误差也会使三角测量、导线测量的结果产生误差。

(2) 测量人员的误差。因为测量者的感觉器官的鉴别能力有一定的局限性，所以在仪器的安置、照准、读数等方面都会产生误差。同时，测量者的工作态度和技术水平，也是对观测成果质量有直接影响的重要因素。

(3) 外界条件。观测时所处的外界条件，如温度、湿度、风力、大气折光等因素都会对观测结果直接产生影响。同时，随着温度的上升或下降、湿度的大小、风力的强弱及大气折光的不同，它们对观测结果的影响也随之不同，因而在这样的客观环境下进行观测，就必然使观测的结果产生误差。

测量结果等描述数据的模型只能是客观实体的一种近似和抽象。需要说明的是，通常情况下误差的大小并不能直接衡量地理空间数据质量的优劣，对于只含有随机误差的数据，人们一般用精度的概念来衡量，即精度高是指小误差出现的概率大，大误差出现的概率小；精度低是指小误差出现的概率小，大误差出现的概率大。数据的精度反映了数据误差的离散程度。

2) 计算机数据处理误差

计算机数据处理引起的误差主要表现在两个方面：第一，计算误差，如结尾误差和舍入误差；第二，数据处理模型误差。计算机处理数据时位数的取舍不同等过程会引入计算误差。

有研究表明，此项误差一般较小，通常可以忽略不计。在空间数据处理过程中，数据处理模型容易产生误差的几种情况是：①坐标变换；②栅格矢量或矢量栅格转换处理；③拓扑空间关系处理；④数据叠加匹配操作；⑤数据可视化表达；⑥数据分类分级处理；⑦数据自动综合处理；⑧数据格式转换；⑨数据属性转换与合并等。

3) 空间数据操作产生的误差

空间数据的操作有许多种，其中叠加分析就是一种重要的操作。叠加分析时往往会产生拓扑匹配、位置和属性方面的质量问题。其次，在 GIS 的查询操作时，往往会涉及长度、面积等参数，当这些参数有误差时，必定会对其操作的结果产生影响，这实际上是误差的传播问题，操作的次数越多，其误差的累计也会越大。

地形图数字化(无论是手扶跟踪式数字化还是扫描后矢量化)目前仍是 GIS 基础数据的一个重要来源方式，地形图数字化采集数据的方法也可称为间接采集的方法。数字化地图是建立空间数据的基础工作之一，它往往也是建立 GIS 的"瓶颈"。数字化地图的质量和精度，直接影响 GIS 的应用效果。由于数字化地图具有廉价、便捷等特点，它是目前矢量空间数据获得的主要方法之一。众所周知，数字化过程中，会产生各种各样的误差，数字化地图带有的这些误差，会在 GIS 中传播，从而使 GIS 的分析和决策产生偏差甚至错误。无论是手扶跟踪式数字化的成图方式还是扫描后矢量化的成图方式，均可产生误差。从目前人们研究的情况来看，一般数字化能达到的精度是 0.1~0.3mm(图上精度)，此项精度的大小同样与地图的比例尺有关。若再加以细分，可划分为数字化仪的误差(仪器误差)、操作员引起的误差(测量人员的误差)和操作方式及条件产生的误差(外界条件)。

6.1.2　多源地理空间数据表现形式

人类对现实世界认识表达能力有限，专业和应用目的不同，人员素质不同，对地理事物或现象的认识不同，表达也各异，应用部门应用目的不同，以至于地理空间数据生产部门提供的数据不能完全满足用户需求，使得用户不得不根据本部门特定的应用目的进行数据生产，从而导致了所生产的数据的来源多种多样。由于缺少统一的标准，空间数据往往采用特定的数据模型和特定的空间数据存储格式，引发了空间数据的多语义性、多时空性、多尺度性、存储格式的不同及数据模型与存储结构的差异等，使得不同的业务部门之间数据很难共享，造成项目工程成本很难下降(据统计，数据占工程成本的 70%)。

广义上讲，多源空间数据可以包括多数据来源、多数据格式、多时空数据、多比例尺(多精度)、多语义性几个层次；狭义上讲，多源空间数据主要是指数据格式的多样式，包括不同数据源的不同格式及不同数据结构导致的数据存储格式的差异。多源，指空间数据内容丰富、来源广泛、形式多样、结构各异和量纲不一的特性。内容丰富，空间实体和现象都可以用空间数据表示；来源广泛，地图数字化、观测与实验、图表、遥感手段、GPS 手段、统计调查、实地勘测、现有系统都可以是空间数据的来源；形式多样，数字、文字、报表、图形和图像都可以是空间数据的形式；结构各异，数据模型的差异、支撑软件平台的差异导致数据结构的差异；量纲不一，空间数据既有定量数据，又有定性的文字描述。

基于地理对象表示方法的空间矢量数据主要表现为地理实体的几何(定位)特征(地理实体的位置、形状、大小及其分布)、属性(定性)特征(实体的数量、质量和时间)和实体间的空间关系特征。地理实体的计算机矢量表示差异主要表现为三种形式。

1. 地理空间数据属性差异

地理空间数据的属性差异主要表现在对于同一个地理信息单元，在现实世界中其几何特征是一致的，不同地理空间数据解决问题的侧重点不同，会存在不同属性，对应着不同的编码、不同属性项个数、不同属性项类型和不同属性值。不同的应用部门对地理现象有不同的理解，如气象、地质、农业、水利、土木等地学部门与经济社会部门对地理信息有不同的分类分级和数据定义，即使属性名称相同，也可能采用不同分类分级表达。

2. 地理空间数据模型差异

地理空间数据模型差异主要表现在计算机表达、处理和存储地理空间数据的方式方法不同。不同地理空间数据模型采用不同的数据抽象与逻辑描述来反映客观事物，有不同的处理空间数据联系的方式。不同软件采用不同的空间数据模型与数据格式，对地理数据的组织有很大的差异。应用部门通常根据本部门的特定情况采用不同的数据建模方法，不仅表现数据结构上的差异，也表现数据处理软件功能上的差异。这使得在不同 GIS 软件系统间的数据交换困难。

3. 地理空间数据坐标差异

地理空间数据的坐标差异主要表现在地理空间数据的空间基准不同、坐标系不同、精度不同。

地理空间数据有着不同的坐标参考体系和不同的投影方式。坐标参考体系涉及参考椭球、坐标系统、水准原点，有 1954 年北京坐标系、1980 年国家大地坐标系、新 1954 年北京坐标系（整体平差转换值）和 GPS 接收机采用的坐标系统 WGS84。

地理空间数据的投影方式有等角圆锥投影、高斯-克吕格投影和墨卡托投影等，如大于或等于 1：50 万系列比例尺地形图的高斯-克吕格投影、1：100 万比例尺的等角圆锥投影、海图的墨卡托投影及一些无投影的数字地图。为了保证空间数据的一致性、兼容性或可转换性，必须统一空间基准。

精度不同的主要原因是获取地理空间数据的方法多种多样，包括来自现有系统、图表、遥感手段、GPS 手段、统计调查、实地勘测等。这些不同手段获得的数据精度都各不相同。地理空间表达尺度不同，不同的应用需要采用不同尺度对地理空间进行表达，不同的观察尺度具有不同的比例尺和不同的精度。

6.2　多源地理空间数据集成

集成（integration）的意思是指通过结合分散的部分形成一个有机整体。由于空间数据集成的说法很多，根据其侧重点可分如下几类：①GIS 功能观点认为数据集成是地理信息系统的基本功能，主要指由原数据层经过缓冲、叠加、获取、添加等操作获得新数据集的过程。②简单组织转化观点认为数据集成是数据层的简单再组织，即在同一软件环境中栅格和矢量数据之间的内部转化或在同一简单系统中把不同来源的地理数据（如地图、摄影测量数据、实地勘测数据、遥感数据等）组织到一起。③过程观点认为地球空间数据集成是在一致的拓扑空间框架中地球表面描述的建立或使同一个地理信息系统中的不同数据集彼此之间兼容的过程。④关联观点认为数据集成是属性数据和空间数据的关联，如美国环境系统研究所公司（Environmental Systems Research Institute，ESRI）认为数据集成是在数据表达或模型中空间数据和属性数据的内部关联。数据集成不是简单地把不同来源的地球空间数据合并到一起，还应该包括普通数据集的重建模过程，以提高集成的理论价值。地球空间数据集成的定义是：对数据形式特征(如格式、单位、分辨率、精度等)和内部特征(特征、属性、内容等)作全部或部分的调整、转化、合成、分解等操作，其目的是形成充分兼容的数据集(库)。

多源地理空间数据集成是把不同来源、格式、比例尺、多投影方式或大地坐标系统的地理空间数据在逻辑上或物理上有机集中，从而实现地物实体的空间基准、数据模型、语义编码、属性的分类分级和数据格式的统一。其实现方式是通过各种数据转换工具，把多种来源的地理空间数据转换成为系统可以识别的数据形式；其核心任务是屏蔽数据源数据模型的异构性，使互相关联的异构数据源集成到一起，提供用户对数据的统一访问接口；其目的是实现地理空间信息的共享。

6.2.1　地理空间数据模型的集成

空间数据模型是对现实空间中地理要素的几何形状和属性信息，以及地理要素之间关系的描述，它建立在对地理空间的充分认识和完整抽象的地理空间认知模型(或概念模型)的基础上，并用计算机能够识别和处理的形式化语言来定义和描述现实空间中的地理实体、现象及其相互关系。GIS 以地理空间认知为桥梁，在对地理系统进行模拟的过程中，对现实世界的地理现象进行逐步抽象，通过具有不同抽象程度的空间概念来实现。因为地理空间信息的复杂性和人们认知地理空间的方法不同，对系统的抽象步骤产生一定的差别，或者不同部门对地理空间世界的不同侧面感兴趣，所以按照自己的认识和思维建立了不同的模型。数据源多种多样，其对应的数据模型也有多种。从根本上来说，数据无法实现集成是因为 GIS 系统支持的空间数据模型不同。要想实现多源空间数据集成，必须对空间数据模型集成理论进行研究。空间数据模型集成是指将两种或者两种以上的不同数据模型集成到一种新的数据模型，这种新的数据模型应能最大限度地包容原数据模型，然后将不同数据模型的数据向新的数据模型转换。常用的空间数据模型集成方式有简单数据模型与简单数据模型集成、简单数据模型与复杂数据模型集成、复杂数据模型与复杂数据模型集成。要实现地理空间数据模型的集成，必须对现有的空间数据模型有一个深刻认识。

1. 典型空间数据模型

不同空间数据模型采用不同的数据抽象与逻辑描述来反映客观事物，有不同的处理空间数据联系的方式。近年来，人们对 GIS 空间数据模型和数据结构进行了大量研究，随着地理信息系统理论、计算机技术、数据库理论和技术等的不断发展和成熟，GIS 空间数据模型有如下几种。

1)地图数据模型

地图数据模型通常按图层组织空间数据，一个图层可以包括不同几何类型的要素。不带属性或者通过属性扩展将属性放在数据库中，一般根据图形对象的 ID 来读取图形对象相对应的属性数据。每一层中的数据可以用来反映一个专题下的空间对象，如河流、道路和建筑等，也可以用来反映一种数据类型，如线对象、面对象和标注等。地图数据模型的分层结构能有效支持对空间对象分类存储，但是它对空间对象所需属性信息缺乏支持。如道路，除了具有空间坐标信息之外，可能还有道路名称、路面类型、车道数目、速度限制和路况等信息，而这些信息正是 GIS 分析应用中所需的。

AutoDesk 公司的 AutoCAD、Bentley 公司的 MicroStation、AdobeIllustrator 和 FreeHand 等绘图软件广泛应用于采集、存储和地图的生产。与传统的手工制图方式相比，无疑提供了有效的手段。对于这些软件来说，其数据主要为地图生产服务，强调数据的可视化特征。采取"图形表现属性"方式，地物的数量和质量特征用大量辅助符号表示，包括线型、粗细、颜色、纹理和文字注记等。这些数据以相应的图式、规范为标准，依然保留着地图的各项特征。因此，这些数据模型属于地图数据模型。

尽管地图数据模型有许多优点，但由于缺乏对属性信息的描述，它不适合进行空间数据的分析。正如刚才提到的，地图数据模型中空间对象按照专题进行组织，这些对象也都使用了统一的空间坐标系统，但是这些对象之间的关系无法有效的表达。在制图系统中可以表示出两条道路在几何上是相交的，但对于一个道路网络，它无法表示所有的道路如何构成一个交通网络。在表示面对象时，可以存储线来表示面的边界，但无法描述这些线以何种关系形成面。规划决策者需要了解的一些信息，往往是需要分析现有空间对象的关系才能获得的，如在一个建筑附近有什么? 或在一个范围内有什么? 因为其数据结构中没有存储空间关系信息，地图数据模型难以回答类似的问题。

2) 拓扑关系数据模型

早期的商品化 GIS 软件大多采用以"结点-弧段-多边形"拓扑关系为基础的数据模型，称这种数据模型为拓扑关系数据模型。拓扑关系数据模型以拓扑关系为基础组织和存储各个几何要素，其特点是以点、线、面间的拓扑连接关系为中心，它们的坐标存储具有依赖关系。拓扑关系数据模型的数据文件一般由多个文件(或一个文件包括多个部分)组成，一部分文件存储节点和标识点信息，一部分文件存储弧线信息，一部分文件存储多边形信息; 多边形由弧线构成，并指定了标识点; 弧线构成多边形，并记录了起始终止节点和左右多边形等信息。

与地图数据模型相比，拓扑关系数据模型提供了对空间对象之间空间关系的支持。这种数据间的空间拓扑关系不再仅仅简单描述空间对象的位置信息和几何信息，空间对象的拓扑信息还能够描述线和线之间如何连接、一个面的边界如何构成及一个区域是否连续等，这些都有利于进行空间分析。在拓扑关系数据模型中，空间对象不再是简单的点、线串，而是结点、线(弧段)、面(多边形)。结点表示线的端点或交点。每一个结点有唯一的 ID，并且有一个坐标 (x,y) 定位。线也使用唯一的 ID 来标识。在几何上，线是由一组坐标点表示的，一个线上更多坐标点能更精确地描述这条线。面是由一条或多条线组成的封闭区域，并且通过区域内的一个质点标记。

这种模型的特点是: 除结点外，每个空间对象都由更基本的对象组成。只有结点的坐标被实际存储，其他复杂对象的坐标实际上是逻辑构成的，任何复杂对象都能分解为一组结点及其拓扑关系的定义。点、弧段和多边形坐标信息存储具有依赖关系。

该模型的主要优点是数据结构紧凑，拓扑关系明晰。数据结构中已经存储了要素之间的拓扑关系信息，进行与拓扑相关的分析和操作时具有较高的性能; 并且一个弧段可以被多个多边形引用，而真正的坐标值只存储一次，数据冗余少。但该模型也有不足，主要表现在:

(1)对单个地理实体的操作效率不高。因为拓扑数据模型面向的是整个空间区域，强调各几何要素之间的连接关系，没有足够重视具有完整、独立意义的地理实体作为个体存在的事实，所以增加、删除、修改某一地理实体时，将会牵涉一系列文件和关系数据库表格，不仅使程序管理工作变得复杂，而且会降低系统的执行效率。

(2)难以表达复杂的地理实体。复杂地理实体由多个简单实体组合而成，拓扑数据模型的整体组织特性注定了它不可能有效地表达这一由多个独立实体构成的有机集合体。

(3) 难以实现快速查询。在该模型中，地理实体被分解为点、线、面基本几何要素存储，凡涉及独立地理实体的操作、查询和分析都将花费较多的 CPU 时间。

(4) 局部更新困难，系统难以维护与扩充。由于地理空间的数据组织和存储是以基本几何要素(点、弧段和多边形)为单元进行的，系统中存储的复杂拓扑关系是 GIS 工作的数据基础，当局部实体发生变动时，整层拓扑关系将随之重建，因而这样的系统在维护和扩充方面需要更多精力，并且易出错。

3) 面向实体数据模型

面向实体数据模型以独立、完整、具有地理意义的实体为基本单位对地理空间进行表达。在具体组织和存储时，可将实体的坐标数据和属性数据分别存放在文件系统和关系数据库中，也可以将二者统一存放在关系数据库中。面向实体数据模型在具体实现时采用面向对象的软件开发方法，每个对象(独立的地理实体)不仅具有自己的各种属性(含坐标数据)，而且具有自己的行为(操作)。对象的坐标存储之间(尤其是面与线的坐标存储)不具有依赖关系，这是它与拓扑关系数据模型的本质不同。该模型很好地克服了拓扑关系数据模型的缺点，具有实体管理、修改方便、查询检索和易于空间分析的优点，更重要的是它能够方便地构造用户需要的任何复杂地理实体，而且这种模型符合人们看待客观世界的思维习惯，便于用户理解和接受。同时，面向实体的数据模型具有系统维护和扩充方便的优点。

例如，MapInfo 是以实体结构为基础对各种要素进行编码的。在其空间数据模型中，点(结点)由坐标对来定义；线(弧或链)由一系列有序点坐标对来定义；面(多边形)或区域的边界以自身闭合的线确定。点、线、面等各种实体的几何位置坐标有可能被表示两次以上。各种要素属性表不存放任何拓扑关系信息。

这种数据模型的最大优点是保持了地理要素的完整性，数据结构简单，便于软件系统设计和实现。这种模型是当今流行 GIS 软件采用较多的数据模型，但也有缺点：

(1) 面状要素的公共链存储两次，这不仅可能造成共享公共链的几何位置不一致，而且无法管理共享公共链的面状要素之间的空间关系。这种重复数据存储方式很难进行地理分析。

(2) 拓扑关系需临时构建。由于面向实体数据模型是以地理实体为中心的，并未以拓扑关系为基础组织，存储地理实体，表达地理空间，因此拓扑关系并不是一开始就存在，而是在需要时才临时导出各种拓扑关系，这需要消耗一定的系统资源和时间。

(3) 动态分段、网络分析效率降低。在结点-弧段-多边形拓扑关系链中，显式的拓扑表有4 个：结点-弧段表、弧段-结点表、弧段-多边形表和多边形-弧段表。基于这 4 个关系表，就能直接查找任意结点、弧段和多边形的拓扑属性，便于进行动态分段、网络分析等与拓扑有关的分析，基于拓扑数据模型的 GIS 可以很方便地做到这一点。而面向实体数据模型由于要根据需要临时构建拓扑关系，自然会使拓扑查询和分析的效率降低。

4) 面向对象数据模型

面向对象的方法起源于面向对象的编程语言，它以对象为最基本的元素来分析问题、解决问题。客观世界由许多具体的事物、抽象的概念和规则等组成。可以将任何感兴趣的事物、概念统称为"对象"，面向对象技术的出发点是尽可能地按照人们认识世界的方法和思维方式来分析和解决问题。计算机实现的对象与真实世界具有一一对应关系，无需作任何转换，这使面向对象方法更易于为人们所理解、接受和掌握。所以，面向对象方法有着广泛的应用前景。面向对象数据模型的特点有：

（1）它具有丰富的语义、描述复杂对象的功能和数据抽象技术等，这使得它更能真实地模拟现实世界且容易被人理解。

面向对象的方法为系统模型的建立提供了分类、概括、联合、聚集四种语义抽象技术和继承、传播两种语义抽象工具，使得人们可以建立自然的、充分表示现实世界的空间信息概念模型。通过多种语义抽象机制，可以采用与人们在科学认识模型中一致的方式表示空间信息，并以此来建立空间数据模型。这种模型既可以表达人们对空间现象的概念体系，按照人们自然思维方式中的分解和抽象机制来表示空间信息的结构和相应的各种复杂对象，又可以支持较完备的空间关系集的表示。

（2）从整体论的角度出发考虑地理空间，除了要研究对象的几何位置及拓扑关系外，还要重视研究对象间的语义关系，时间、属性、空间属性在对象里面处于同等重要地位。

ESRI 公司 ArcGIS 系统 Geodatabase 数据模型是一种面向对象的数据组织管理模型，采用面向对象的思想与方法组织管理数据。由于目前面向对象数据库技术不成熟，只能将面向对象的空间实体存储于对象-关系数据库中，空间实体需要将其属性与规则分解后才能存储，因而 Geodatabase 数据模型仅是一种逻辑模型，它仅在代码级实现了面向对象，实际上是建立在数据库管理系统（database management system，DBMS）之上的统一的、智能化的空间数据库。它采用面向对象技术将现实世界抽象为由若干对象类组成的数据模型，每个对象类都有属性、行为和规则，对象类间又有一定的联系，按层次组织地理数据对象，并存储在要素类、对象类和要素集中。总的来说，Geodatabase 是一种全新的空间数据模型。常用 GIS 数据模型比较见表 6.1。

表 6.1　常用 GIS 数据模型比较分析

数据模型类型	数据组织方式	属性数据	拓扑数据	缺点
AutoCAD	按层组织数据，一个图层可以包含不同类型的几何对象	无属性或者通过属性扩展连接属性数据库	无	本质是数字制图模型，不是 GIS 数据模型
MapInfo	按图层组织空间数据，一个图层可以包含不同几何类型的图像对象	每个图层对应一个属性表结构，属性数据和空间数据分别存储在一对文件中	无	对于同一图层的不同几何类型，其属性信息相同，不太合理
ArcView	按照图层组织空间数据，一个图层只能包含一种几何类型	每个图层对应一个属性文件，属性文件和坐标文件通过索引文件联系起来	无	同一图层不能包含多种几何类型
ArcInfo	基于地理信息的地理拓扑关系原理，分图幅、按要素层组织数据	属性数据采用关系数据库结构，通过标识码与空间数据连接	有	点-面拓扑关系没有表示
MapGIS	按实体类型划分图层	属性信息与空间信息存储在同一文件中	有	同一图层只能包含一种数据类型的数据
SuperMap	采用 SDX+5 空间数据引擎，按层组织数据	空间属性和属性数据可以分别存储在文件中，或者分别存储在空间数据库和关系数据库中	有	提供多种空间数据引擎管理不同的空间数据库。数据引擎管理比较复杂

2. 集成空间数据模型设计

集成空间数据模型对现实世界地理实体及相互关系进行抽象，建立若干以地理区域为界的认识地理空间的窗口，即数据区域，数据区域包含若干数据块。每个数据块包含若干地理要素层，每个要素层之间在数据结构和组织上相对独立，数据更新、查询、分析和显示操作以要素层为基本单位。地理要素层包含若干地理要素，地理要素又可分为简单要素和复合要素，地理要素是地理实体和现象的基本表示，在数据世界中地理要素包括空间特征（几何元素）和属性特征，简单要素表示为点要素、线要素和面要素。复合要素是表示相同性质和属性的简单要素和复合要素的集合。数据区、数据块、数据层、要素层及地理要素构成一个层次地理数据模型。采用矢量形式表示地理空间实体及相互关系，数据模型结构见图6.1。

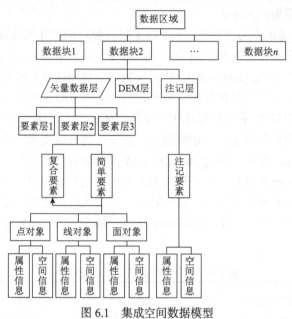

图 6.1　集成空间数据模型

1）集成空间数据模型组成

第一层为数据区域，它是要描述数据的整体。处理的地理实体的全部相关信息组成数据区，数据区是所研究区域或者一项 GIS 工程所涉及的范围，如一个城市、一个省或者一个国家。第二层是数据块，数据块的大小可根据应用需要确定，其边界可以是规则的，也可以是不规则的。每个数据块包含矢量数据层、DEM 层、注记层，它们构成第三层。第四层是矢量地理要素层，地理要素按照一定分类原则组织在一起，形成不同的要素层。通常情况下，一个地理要素层定义一组地理意义相同或者相关的地理要素。同类型的地理要素具有相同的一组属性来定性或者定量描述它们的特征。例如，河流可能具有长度、流量、等级、平均流速等属性。每个要素层之间在数据组织和结构上是相互独立的，数据更新、查询、分析、显示等操作以要素层为基本单位。第五层为地理要素，是组成要素层的基本单元。要素层包括若干个地理要素，地理要素又可分为基本要素、复合要素和注记要素。地理要素是地理实体和现象的基本表示，在数据世界中地理要素包括空间特征和属性特征。复合要素表示相同性质和属性的基本要素或复合要素的集合。第六层是地理要素的基本表现形式，即点状对象、线状对象、面状对象。

2）集成空间数据模型数据结构

现实世界中空间实体异常复杂，但从面向对象的角度来看，通常可以把空间数据抽象为点、线、面三种简单的地物类型。在数据结构中，属性信息的数据类型较多，通常有数值型、字符串、布尔型及日期型等。在 MFC 类库中，COleVariant 类是一个包含数据类型丰富的类，在点、线、面数据结构中可以定义一个 COleVariant 类型数组，来实现属性数据动态扩展。

3) 集成空间数据模型特点

数据模型是对客观事物及其联系的数据描述，可以说没有一种数据模型是十全十美的。一方面，任何一种数据模型都不能表示一切地理现象，都有局限性；另一方面，数据模型越复杂，表示的地理现象也就越丰富，但是程序就会相对复杂，系统性也会受到影响。

在集成数据模型中，空间数据是按块、分要素进行存储和管理的。集成数据模型具有以下几方面的特点。

(1) 兼容性强。集成数据模型采用层次结构组织数据，保持了常见数据模型的层次特点，而且层次结构简单，理解和使用都比较容易。同时，集成数据模型采用的是非拓扑结构的形式，利用面向对象的整体目标操作来实现属性和几何数据的一体化管理，更好地满足多源数据集成的功能要求。因为多源数据集成涉及的数据量比较大，拓扑关系数据模型对于进行局部的空间数据编辑和处理，以及小数据量的分析运算比较有效。当管理大型空间数据时，因为拓扑关系数据模型是按照对象的几何特征(点、线、面)组织的，表达对象之间的各种关系就必须用复杂的指针来表示，必然会造成效率低下，利用无拓扑的数据模型就比较方便。同时，非拓扑数据模型对现实世界的表达更为自然。

(2) 数据分块。考虑 GIS 数据量较大，采用在空间上分块，在垂直方向分层机制来进行组织。数据块是数据组织的基本单元，也是数据操作和数据应用的基本单元，一个数据块中，地图要素的数据描述是完整的。数据块的大小可根据应用需要确定，可以依据地理实体的某个地理特征把数据区分成若干块，区域边界可以是规则的，也可以是非规则的。以数据块为基本单位分别进行数据录入和存储管理，打破了图幅的概念，更符合实际的用图需要，也有效解决了地球空间信息与有限的计算机资源之间的矛盾。

(3) 面向对象概念的引入。集成数据模型的实现以地理要素对象作为最基本的要素单元，每个地理要素对象都是属性数据和空间数据的一体化存储。集成空间数据模型在内存中构建了完整的地理要素对象，数据的存储和地理信息系统数据操作的整个过程中都采用了面向对象思想对地理数据进行管理和操作。面向对象具有封装性、继承性、开放性和可扩展性等性能，不仅使得数据操作简单，也使得增删空间对象、扩充各种新的数据类型变得很灵活。

(4) 数据类型丰富。为了集成数据结构不同的空间数据，集成数据模型不仅考虑了常见矢量数据的存储和管理，而且设计了对 DEM 数据的存储，还可以在继续开发和研制过程中不断扩充数据模型，如实现图像数据与其他类型数据的存储和管理操作。

地理数据模型融合是指将两种以上的不同数据模型融合成一种新的数据模型，这种新的数据模型应能最大限度地包容原数据模型，然后将不同数据模型的数据向新的数据模型转换。因此，数据模型融合的关键在于新的数据模型的设计。新的地理数据模型设计时必须处理好地理物体整体性和可分析性、空间位置与属性的关系及连续的地理空间的分层与分幅造成的空间关系割断的矛盾。

6.2.2　地理空间数据坐标基准转换

多源、多比例尺数据集成的坐标系到底采用哪一种方式呢？一些文献认为大型 GIS 采用圆柱投影比较理想，因为它的经纬线形状在全球范围呈正方形格网分布，可提供全球范围的定位框架，支持全球 GIS 的无缝拼接与显示。但是圆柱投影把椭球体的地球投影到同一个平面上，精度很差，离赤道越远变形越大，是一种夸张的表示方法。数字地图的地图投影系统与模拟地图的地图投影系统并没有本质的差别，它们都作为空间信息定位的基础。但模拟地图数学基础主要表现在建立地图的经纬线网和直角坐标格网上，并以此框架填充地图内容；而数字地图数学基础表现在数字地图要素的每个点均定位于某个投影系统中，或定位于某种地球椭球面上。

1. 坐标系的统一

坐标系的统一是数据格式转换的基础，也是数据集成的基础。地面上任一点的位置，可以采用不同的坐标系来表示。在讨论坐标系统之前，首先回顾常用的坐标系类型。

1) 坐标系类型

常用的坐标系有地心坐标系、参心坐标系和地方独立坐标系等。以总地球椭球为基准的坐标系，称为地心坐标系。以参考椭球为基准的坐标系，称为参心坐标系。无论地心坐标系还是参心坐标系均可分为空间直角坐标系和大地坐标系两种。

(1) 地心坐标系。凡是以地球质心为坐标系原点的地球坐标系，统称为地心坐标系。WGS84 坐标系理论上是一个以地球质心为坐标原点的地心坐标系。地心坐标系包括地心大地坐标系和地心直角坐标系。

大地坐标系又称为地理坐标系，是指由赤道和经线为基准圈的球面坐标系。地球椭球体表面上任意一点的地理坐标，可以用地理纬度 B、地理经度 L 和大地高 H 来表示。地心空间直角坐标系定义是：原点 O 与地球质心重合，Z 轴指向地球北极，X 轴指向格林尼治子午面与地球赤道的交点，Y 轴垂直于 XOZ 平面并与 XZ 轴构成右手坐标系。任意一点的位置都可以用 (X,Y,Z) 坐标系来表示，它们是与地心大地坐标系相对应的。

(2) 参心坐标系。以参考椭球为基准的地球坐标系，称为参心坐标系；在局部范围内参心坐标系的建立与参考椭球的设置紧密相关，它包括椭球的大小、形状(椭球的几何元素)的确定，椭球定位(椭球中心位置的确定)和定向(椭球坐标轴方向的确定)。参心坐标系主要特点是它与参考椭球体的中心(即参心)有密切关系。参心坐标系主要包括参心空间直角坐标系和参心大地坐标系。

各个国家或地区，为了测绘地图和进行工程建设，都建立适合本国的地理坐标系，使得在本国或者一定范围内地球椭球体表面与大地水准面达到最佳符合。选择一定元素的参考椭球，对参考椭球进行定位和定向，获得大地原点的大地起算数据和基准面，就建立了一个国家坐标系。我国国家坐标系有 1954 年北京坐标系和 1980 年西安坐标系。

1954 年北京坐标系采用克拉索夫斯基椭球参数，它的原点不在北京，而在苏联的普尔科沃。1980 年西安坐标系是在 1954 年北京坐标系的基础上，按照椭球面同似大地水准面在我国境内最为密合、椭球短轴平行于地球地轴的方向、起始大地子午面平行于格林尼治平均天文台起始子午面的椭球定位条件，采用 IUGG-1975 椭球体建立起来的。其椭球原点在西安。

(3) 地方独立坐标系。我国采用高斯投影，在该投影中，除中央子午线没有长度变形外，其他位置上的任何线段，投影后均产生长度变形，而且离中央子午线越远变形越大。通常通过分带投影(我国规定采用 6°带或 3°带)以限制长度变形，但是对于城市、工矿等工程测量，若直接在国家坐标系中建立控制网，有时会使地面长度的投影变形较大，难以满足应用的目的。基于实用、方便和科学的目的，通常采用自选的中央子午线、自选的计算基准面，即采用独立平面坐标系。

2) 坐标系转换

采用不同的参考椭球和定位定向建立的坐标系，均可以转换为空间直角坐标。因此不同的参心坐标系之间的坐标转换，以及地心坐标系和参心坐标系之间的坐标转换，归根到底都是不同的空间直角坐标系之间的换算。如果已知两个不同的空间直角坐标系相应于某个转换模型的转换参数，只需要按照相应的转换模型计算，即可完成坐标的转换。但如果并不知道两个坐标系的转换参数，而只是已知两个坐标系中部分公共点的坐标，则先根据这些已知的公共点在两个坐标系中的坐标，依据最小二乘原理求出坐标系间的转换参数，然后利用所求得的转换参数对两个空间直角坐标系进行坐标转换。

2. 投影变换

地图投影，就是将椭球面上的大地坐标、大地线的方向和长度，以及大地方位角按照一定的数学法则，用下面方程式表示：

$$\begin{cases} x = F_1(B,L) \\ y = F_2(B,L) \end{cases} \tag{6.1}$$

式中，(B,L) 为椭球面上某一点的大地坐标；而 (x,y) 为该点投影到平面上的直角坐标。这里所说的平面，通常称投影平面。式 (6.1) 表示了椭球面上一个点同投影平面上对应点之间的解析关系，称为坐标投影方程。函数形式 F_1,F_2 确定后，椭球面上每个点的大地坐标投影平面上各对应点的直角坐标就一一确定了。地图投影的实质是建立地球椭球面和平面之间点的一一对应函数关系。选取的地球椭球体不同，坐标系就会有差异，函数不同，投影方式也不相同。不同来源的空间数据可能有不同的投影方式。

1) 投影分类

地图投影的种类很多。最常用的分类方式有：

(1) 按投影的变形性质分类。根据地图投影中可能引入变形的性质，可分为等角投影、等面积投影和任意投影三种。

(2) 根据投影面及其位置分类。在地图投影中，首先将不可展地球椭球面投影到一个可展的曲面上，然后将该可展曲面展开成为一个平面，得到人们所需的投影。通常采用的可展曲面有圆锥面、圆柱面、平面，相应的可以得到圆锥投影、圆柱投影、方位投影。

(3) 根据投影面与地球轴向的相对位置分类。根据投影面与地球轴向的相对位置分为正轴投影(投影面的中心轴与地轴重合)、斜轴投影(投影面的中心轴与地轴斜向相交)、横轴投影(投影面中心轴与地轴相互垂直)。

2) 地图投影变换方法

地图投影变换主要是研究从一种地图投影点的坐标变换为另一种地图投影点的坐标的理论和方法，实质是建立两个平面场之间点的一一对应关系。地图投影变换常用方法有三类：第一类是解析变换法，这种方法是找出两投影间坐标变换的解析计算公式。由于采用的计算方法不同，又可分为反解变换法、正解变换法。第二类方法是数值变换法。第三类方法是数值解析变换法。

(1) 反解变换法：根据原有地图投影的方程反解出原投影点的地理坐标(经度和纬度)，再代入新的投影方程中求得该点在新投影下的直角坐标，也称间接变换法，即 x、$y \to \varphi$、$\lambda \to X$、Y。

(2)正解变换法：直接确定原有地图投影下点的直角坐标与新投影下相应直角坐标的联系，也称直接变换法，即 $x、y \rightarrow X、Y$。

(3)数值变换法：原投影的解析式不知道，或不易求出两投影之间坐标的直接关系，采用多项式数值逼近的方法，建立两个投影之间的直接关系，进行投影点的坐标变换，如二元三次多项式为

$$\begin{cases} X = a_{00} + a_{10}x + a_{01}y + a_{20}x^2 + a_{11}xy + a_{02}y^2 + a_{30}x^3 + a_{21}x^2y + a_{12}xy^2 + a_{03}y^3 \\ Y = b_{00} + b_{10}x + b_{01}y + b_{20}x^2 + b_{11}xy + b_{02}y^2 + b_{30}x^3 + b_{21}x^2y + b_{12}xy^2 + b_{03}y^3 \end{cases} \tag{6.2}$$

(4)数值解析变换法：已知新投影方程式，而不知道原投影方程式时，可采用数值变换方法，求出原投影中点的地理坐标 $\varphi、\lambda$，再代入新投影解析式中求得新投影下直角坐标。

3. 高程基准的统一

常用高程系统主要有大地高系统、正高系统、正常高系统。大地高系统是以椭球面为基准的高程系统。大地高的定义是：由地面点沿通过该点的椭球面法线到椭球面的距离，通常以 H 表示。正高系统是以大地水准面为基准的高程系统。由地面点并沿铅垂线到大地水准面的距离称为正高，通常以 H_g 表示。正高实际上是无法严格确定的，所以为了实用方便，采用正常高系统。与正常高相应的基准面，通常称为似大地水准面。因此，也可以说正常高系统是以似大地水准面为参考面的高程系统。

正常高系统为我国通用的高程系统，我国有两套高程基准：1956 年黄海高程基准和 1985 年国家高程基准，不可避免地存在着基于两种高程基准的空间数据并存的现象。因此，需要统一数据的高程基准。

6.2.3 多源地理空间数据集成方法

数据是 GIS 系统的"血液"，实现多格式数据的集成一直是 GIS 研究的热点，也是地理空间信息服务所要完成的主要工作。空间数据集成方法有三种：一是数据格式转换方法；二是基于直接访问模式的互操作方法；三是基于公共接口访问模式的互操作方法。

1. 数据格式转换方法

格式转换模式是传统数据集成方法。在实际操作中，数据格式的转换必然造成数据内容的损失，而且它是一种被动的数据处理方法，即出现一种流行的数据格式就要做一种转换软件模块连入系统，对于非主流 GIS 系统的数据也不能达到有效地支持。

格式转换模式就是把其他格式的数据经过专门的数据转换程序进行转换，变成本系统的数据格式，这是当前 GIS 软件系统共享数据的主要方法。数据转换的核心是数据格式的转换。基于数据通用交换标准的数据交换，尽管在格式转换过程中增加了语义控制，但其核心仍是数据格式转换，一般的，数据格式转换采用以下三种方式。

1)直接转换——相关表

在两个系统之间通过关联表，直接将输入数据转换成输出数据。这种方法是针对记录逐个地进行转换，没有存储功能，因此不能保证转换过程中语义的正确性。

2)直接转换——转换器

另一种转换方法是通过转换器实现，转换器是一个内部数据模型，转换器通过对输入数据的类型及值按照转换规则进行转换，得到指定的数据模型及值，与使用关联表相比，它具

有更详细的语义转换功能，也具有一定的存储功能。在软件设计时，往往将转换器设计成中间件(图 6.2)，以便于系统集成。

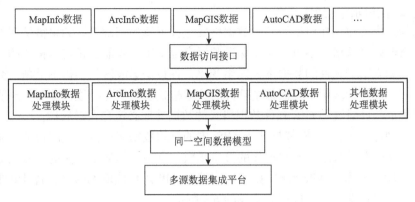

图 6.2　基于中间件的数据集成流程

3)基于空间数据转换标准的转换

无论采用关联表还是采用转换器进行直接转换，它仅仅是两系统之间达成的协议，即两个系统之间都必须有一个转换模型，而且为了使另一个系统和该系统能够进行直接转换，必须公开各自的数据结构及数据格式。为此，可采用一种空间数据的转换标准来实现地理信息系统数据的转换，转换标准是一个大家都遵守、并且很全面的一系列规则。转换标准可以将不同系统中的数据转换成统一的标准格式，以供其他系统调用。为了实现转换，数据的转换标准必须能够表示现实世界空间实体的一系列属性和关系，同时它必须提供转换机制，以保证对这些属性和关系的描述结构不会改变，并能被接收者正确地调用。同时它还应具有以下功能特点：处理矢量、栅格、网格、属性数据及其他辅助数据的能力；实现的方法必须独立于系统，且可以扩展，以便在需要时能包括新的空间信息。许多 GIS 软件为了实现与其他软件交换数据，制订了明码的交换格式，如 ArcInfo 的 E00 格式、ArcView 的 Shape 格式、MapInfo 的 Mif 格式等。通过交换格式可以实现不同软件之间的数据转换。数据转换模式的弊病是显而易见的，由于缺乏对空间对象统一的描述方法，从而使得不同数据格式描述空间对象时采用的数据模型不同，因而转换后不能完全准确地表达原数据的信息，经常造成一些信息丢失。

空间数据转换标准(spatial data transformation standard，SDTS)包括几何坐标、投影、拓扑关系、属性数据、数据字典，也包括栅格格式和矢量格式等不同的空间数据格式的转换标准。许多软件利用 SDTS 提供了标准的空间数据交换格式。目前，ESRI 在 ArcInfo 中提供了 SDTSImport 及 SDTSExport 模块，Intergraph 公司在 MGE 产品系列中也支持 SDTS 矢量格式。SDTS 在一定程度上解决了不同数据格式之间缺乏统一的空间对象描述基础的问题。但 SDTS 目前还很不完善，还不能完全概括空间对象的不同描述方法，还不能统一为各个层次及从不同应用领域为空间数据转换提供统一的标准，也还没有为数据的集中和分布式处理提供解决方案，所有的数据仍需要经过格式转换才能进到系统中，不能自动同步更新。

现有 GIS 数据大多是以商业软件如 AutoCAD、MapInfo、MapGIS、ArcInfo 等数据格式存储的，这些商业软件数据模型各不相同，在实现互异的数据模型与统一空间数据模型的映射，集成数据模型互异的多源空间数据过程中，以动态链接库的形式将要集成的多源空间数据分为独立的数据处理模块，这些数据处理模块以类的形式出现，即每个类是一种数据类型的处理模块，在类中实现该种数据类型数据的读取、存储管理等操作。

2. 基于直接访问模式的集成方法

直接访问同样要建立在对要访问的数据格式充分了解的基础上，如果被访问的数据的格式不公开，就非破译该格式不可，还要保证破译完全正确，才能真正与该格式的宿主软件实现数据共享。如果宿主软件的数据格式发生变化，各数据集成软件不得不重新研究该宿主软件的数据格式，提供升级版本，而宿主软件的数据格式发生变化时往往不对外声明，这会导致其他数据集成软件对这种 GIS 软件数据格式的数据处理必定存在滞后性。

如果要达到每个 GIS 软件都与其他 GIS 中的空间数据库进行集成的目的，需要为每个 GIS 软件开发读写不同 GIS 空间数据库的接口函数，这一工作量是很大的。如果能够得到读写其他 GIS 空间数据库的 API 函数，则可以直接用 API 函数读取 GIS 数据库中的数据，减少开发工作量。直接数据访问互操作模式如图 6.3 所示。

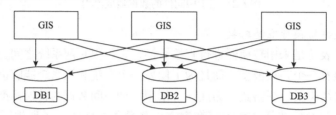

图 6.3　基于数据库直接访问模式的集成方法

此外，许多软件开发商正在着手研究解决数据共享的新模式。有些厂商认为，由于一般的 GIS 数据具有一些空间数据的通性，因此可以定义一个包含各种属性的元数据文件。在此基础上，采用面向对象的思路，利用 C++语言对继承、封装、多态性和抽象基类的支持，定义一个包含纯虚函数、不可实例化的抽象基类，这个基类应具备 GIS 空间数据读写的基本接口。各 GIS 软件提供一个从这个抽象基类派生的类来实例化抽象基类，在这个派生类中完成其定义的数据格式文件中数据的读写工作。在新的模式中，不管 GIS 空间数据是以文件方式存储还是以数据库方式存储，都将空间数据以数据库的方式管理；在定义好面向抽象 GIS 数据格式的抽象基类和统一接口的基础上，由各 GIS 软件厂商完成存取自己格式数据的子类的动态链接库(类似于 ODBC 中各数据库系统的驱动程序)，实现厂商一次编程，其他开发者拿来就用，省却了大量的重复劳动，加快了开发进程。

3. 基于公共接口访问模式的互操作方法

伴随着客户机/服务器体系结构在地理信息系统领域的广泛应用及网络技术的发展，数据交换方法已不能满足技术发展和应用的需求，而数据(GIS)的互操作则成为数据共享的新途径。数据互操作为多源数据集成提供了崭新的思路和规范，它将 GIS 带入了开放的时代，从而为空间数据集中式管理、分布式存储与共享提供了操作的依据。OGC 标准将计算机软件领域的非空间数据处理标准成功地应用到空间数据上，但是它更多地采用了 OpenGIS 协议的空间数据服务软件和空间数据客户软件，对于那些已经存在的大量非 OpenGIS 标准的空间数据格式的处理办法还缺乏标准的规范。从目前来看，非 OpenGIS 标准的空间数据格式仍然占据已有数据的主体，而且非 OpenGIS 标准的 GIS 软件仍在产生大量非 OpenGIS 标准的空间数据，继续使用这些 GIS 软件和共享这些空间数据成为 OpenGIS 标准需要解决的问题。

　　数据互操作规范为多源数据集成带来了新的模式,但这一模式在应用中存在一定局限性:首先,为真正实现各种格式数据之间的互操作,需要每种格式的宿主软件都按照统一的规范实现数据访问接口,这在一定时期内还不现实。其次,一个软件访问其他软件的数据格式是通过数据服务器实现的,这个数据服务器实际上就是被访问数据格式的宿主软件,也就是说,用户必须同时拥有这两个 GIS 软件,并且同时运行,才能完成数据互操作过程。最后,即使以后新建的 GIS 软件都支持 OpenGIS,现有的 GIS 软件生产出来的空间数据也要转化到 OpenGIS 标准。如果采用 CORBA 或 JavaBean 的中间件技术,基于公共 API 函数可以在因特网上实现互操作,而且容易实现三层体系结构。它的实现方法与前面类似,但增加了一个中间件,如图 6.4 所示。

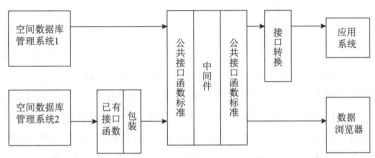

图 6.4　基于 CORBA 或 J2EE 体系结构的空间数据互操作的接口关系

　　通过国际标准化组织(如 ISO/TC211)或技术联盟(如 OGC)制定空间数据互操作的接口规范,GIS 软件商开发遵循这一接口规范的空间数据的读写函数,可以实现异构空间数据库的互操作。对于分布式环境下异构空间数据库的互操作而言,空间数据互操作规范可以分为两个层次:

　　第一个层次是基于 COM 或 CORBA 的 API 函数或 SQL 的接口规范。通过制定统一的接口函数形式及参数,不同的 GIS 软件之间可以直接读取对方的数据。它有两种实现可能,一种是 GIS 软件的数据操纵接口直接采用标准化的接口函数;另一种是某个 GIS 软件已经定义了自己的数据操纵函数接口,为了实现互操作的目的,在自己内部数据操纵函数的基础上,包装一个标准化的接口函数。基于 API 函数的接口是二进制的接口,效率高,但安全性差,并且实现困难。基于 API 函数的空间数据互操作规范接口关系如图 6.5 所示。

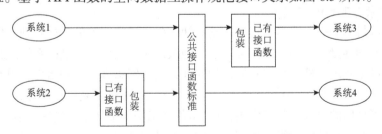

图 6.5　基于 API 函数的空间数据互操作规范接口关系

　　第二个层次是基于 http(Web)XML 的空间数据互操作实现规范。它是基于 Web 服务的技术规范,它读写数据的方法也是采用分布式组件,但它用 XML 进行服务组件的部署、注册、并用 XML 启动、调用,客户端与服务器端的信息通信也是采用遵循 XML 规范的数据流。数据流的模型遵循空间数据共享模型和空间对象的定义规范,即可用 XML 语言描述空间对象的定义及具体表达形式，不同 GIS 软件进行空间数据共享与操作时，将系统内部的空间数据转换为公共接口描述规范的数据流(数据流的格式为 ASCII 码)，另一系统读取这一数据流进入主系统并进行显示。基于 XML 的互操作规范的实现方法可能有两种形式：一种是将一个数据集全部转换为 XML 语言描述的数据格式，其他系统可以根据定义的规范读取这一数据集导入内部系统。这种方式类似于用空间数据转换标准进行数据集的转换。另一种是实时读写转换，由 XML 语言或采用 SOAP 协议引导和启动空间数据读写与查询的组件，从空间数据库管理系统中实时读取空间对象，并将数据转换为用 XML 语言定义的公共接口描述规范的数据流，其他系统可以获取对象数据并进行实时查询，达到实时在线数据共享与互操作的目的。基于 XML 互操作规范接口的数据流是文本的 ASCII 码，容易理解和实现跨硬件和软件平台的互操作。它可以用于空间信息分发服务和空间信息移动服务等许多方面。目前基于 http(web) XML 的空间数据互操作是一个很热门的研究方向，涉及的概念很多，主要包括 Web 服务的相关技术。OGC 和 ISO/TC211 共同推出了基于 Web 服务(XML)的空间数据互操作实现规范 Web Map Service、Web Feature Service、Web Coverage Service，以及用于空间数据传输与转换的地理信息标记语言 GML。基于 XML 的空间数据互操作实现方式规范如图 6.6 所示。以上两种空间数据互操作模式，基于 API 函数的互操作效率是较高的，基于 XML 的互操作适应性是最广的，但效率可能是较低的。基于 API 函数的互操作系统往往用于部门级的局域网中，而基于 XML 的互操作系统一般用于跨部门跨行业地区的互联网中。

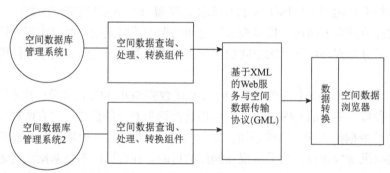

图 6.6　基于 XML 的空间数据互操作实现方法

4. 组件技术实现 GIS 互操作

组件是指被封装的一个或多个程序的动态捆绑包，具有明确的功能和独立性，同时提供遵循某种协议的标准接口；一个组件可以独立地被调用，也可以被别的系统或组件所组合。组件的标准接口是实现组件重用和互操作的保证，用不同语言开发的组件可以在不同的操作平台、不同进程间"透明"地完成互操作。这使得开发者能更方便地实现分布式的应用系统，方便快捷地将可复用的组件组装成应用程序，组件技术把构架从系统逻辑中清晰地隔离出来，可以用来分析复杂的系统，组织大规模的开发，而且使系统的造价更低。组件技术对于提高软件开发效率、减轻维护负担、保证质量和版本更新有非常重要的意义，组件技术已成为当今软件工业发展的主流。

在分布计算环境中实现 GIS 互操作，关键在于把现有的 GIS 功能分解为互操作的可管理的软件组件，每个组件完成不同的功能。根据应用可将其划分为数据采集与编辑组件、图像处理组件、三维组件、数据转换组件、地图符号编辑/线性编辑组件、空间查询分析组件等。各个 GIS 组件之间，以及 GIS 组件与其他非 GIS 组件之间主要通过属性、方法和事件交互，如图 6.7 所示。

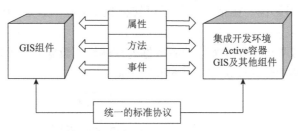

图 6.7　GIS 组件与集成环境及其他组件之间的交互

属性(properties)：指描述组件性质(attributes)的数据。方法(methods)：指对象的动作(actions)。事件(events)：指对象的响应(Responses)。属性、方法和事件是组件的通用标准接口，由于其是封装在一定的标准接口，因而具有很强的通用性。图 6.7 中，统一的标准协议是组件对象连接和交互过程中必须遵守的，具体体现在组件的标准接口上。这种技术是建立在分布式的对象组件模型基础之上的，在不同的操作系统平台有不同的实现方式(如 OMG 的 CORBA、Microsoft 的 DCOM)。OGC 规程基于的组件连接标准是目前占主导地位的 OMG 的公共对象请求代理构架(CORBA)、Microsoft 的分布式组件对象模型(distributed component object model，DCOM)及结构化查询语言(structured query language，SQL)等用来规范组件的连接和通信。OGC 开发的 GIS 技术规范，遵守其他的工业标准，体现了其不只是为了各个 GIS 之间的数据共享，更重视使地理信息能为非 GIS 领域所访问。

组件小巧灵活，还具有自我管理的能力。其不但顺应了软件发展趋势，还可以通过可视化的软件开发工具方便地将 GIS 组件和其他组件集成起来，实现无缝连接和即插即用，共同协作，形成最终的 GIS 应用。对于非 GIS 专业人员而言，可以容易地通过对 GIS 组件的利用，将 GIS 功能嵌入应用程序中，大大提高了开发的效率及 GIS 应用。GIS 的互操作组件特别有利于 GIS 专业人员的是，他们不必要再开发支持专用的开发软件或数据库，而是将更多的精力集中于 GIS 的"G"(地学应用)，从而使 GIS 产品达到更高的层次。

6.2.4　多源地理空间数据集成系统

在统一空间数据模型和数据集成技术基础上，多源空间数据集成平台系统，实现了在同一平台下对多源空间数据的集成及其他操作。地理数据加工平台用来进一步对数据进行处理，包括地理空间数据的裁剪、拼接、图形编辑、拓扑重组、投影转换、坐标系转换、格式转换等功能。裁剪是在以地理经纬度构成的矩形窗口内，对地理空间数据进行精确裁剪。拼接是将裁剪后相邻的多幅图同一层数据或多层数据合并在一起，形成某一地理区域的地理空间数据。图形编辑提供对地理目标的增加、删除、修改等功能。经过上述裁剪和拼接后形成的地理空间数据，没有整体的拓扑关系。为了满足应用系统的需求，必须进行拓扑重组，最终得到具有拓扑关系的地理区域范围的地理空间数据。投影转换支持应用系统常用的几种投影转换，其中包括高斯-克吕格投影、等角圆锥投影、双标准纬线等角圆锥投影、墨卡托投影。坐标系转换支持应用系统常用的几种坐标系转换，其中包括旧 1954 年北京坐标系、新 1954 年北京坐标系、1980 年西安坐标系、2000 年坐标系，系统可在这几种坐标系之间进行转换。

　　数据格式转换可实现常见的数据格式之间的转换。矢量地图数据可转换到 MapInfo 的 MIF/MID 格式、ArcInfo 的 E00/ShapeFile 格式、AutoCAD 的 DXF 格式等存在的矢量地图数据文件上，正射影像、栅格地图数据可转换到 BMP、TIF、GIF 等格式存在的图像数据文件上。

　　多源空间数据集成平台主要功能模块有数据处理模块、数据显示模块、视图操作模块、空间查询模块、数据格式转化模块等，如图 6.8 所示。

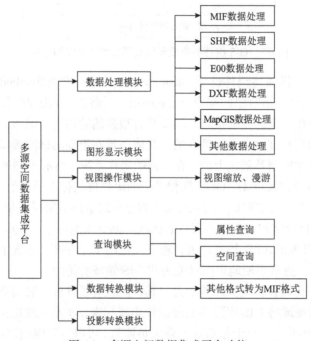

图 6.8　多源空间数据集成平台功能

　　1）多源数据的集成

　　系统实现了常用的 GIS 数据格式的直接访问。具体来说，实现了 MapInfo 的交换格式（*.MIF、*.MID）、ArcView 的数据格式（*.SHP）、ArcInfo 交换格式（*.E00）、MapGIS 的明码格式、AutoCAD 交换格式（*.DXF）数据的处理。

　　2）视图的基本操作

　　对图形进行漫游、放大、缩小时采用位图管理操作，这样既能大大提高程序效率，图形也不会出现明显的闪烁。

　　3）空间查询

　　查询模块通过空间对象查询其属性信息，通过点选、区域选等操作找到要查询的空间实体，然后遍历存储链表，取出空间实体对应的属性信息，并以消息对话框列表的形式显示出来。

　　4）数据转换模块

　　每层都有固定的空间信息和属性信息。系统转换时，保持原有图层不变，实现图层到图层的转换。既可以实现单个图层的转换，也可以通过元文件实现整个图幅中所有数据层的转换。

　　多源空间数据集成平台建立在通用空间数据模型基础上，实现了不同格式数据的直接访问，具有直接、快速的优势。数据映射流程如图 6.9 所示。

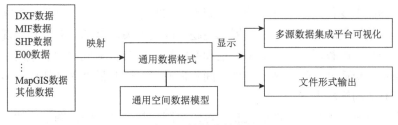

图 6.9　数据映射流程

运用通用空间数据模型，解决以往数据转换时存在的许多问题。当系统需要打开某种数据源时，调用读取该数据源的动态链接库，数据在内存中转换为应用系统 GIS 平台所支持的数据格式和模型，供应用系统直接在内存中处理数据。若需要将数据写成别的数据格式，直接在内存中将数据根据转换配置完成该操作，这种方法无须通过复杂的工作就可以将多种数据源转成另一种数据格式。采用动态链接库技术，可以非常方便地直接将各类 GIS 或 CAD 数据集成到一个 GIS 平台下进行综合应用。

与 MapInfo 软件平台相比较，MapInfo 平台除了自身数据格式(*.TAB)外，只能直接访问矢量数据中的 SHP 格式。多源空间数据集成平台可以直接访问多种矢量格式。使用 MapInfo 通用转换器工具，也必须把其他数据的格式转换成 MapInfo 的交换格式，再导入其内部格式进行显示，需经过两个转换过程。而多源空间数据集成平台就比较直接。通用空间数据模型的数据结构采用属性动态扩展的方式，能使属性无损地转换。多源空间数据集成过程采用中间件的方式，屏蔽多源空间数据的异构性，使 GIS 用户能透明地获取所需的地理数据。采用动态链接库技术，使得系统具有良好的扩展性。但通用空间数据模型中只有点、线、面、注记四种数据类型，圆弧、圆、椭圆、圆角矩形等数据类型通过算法转换为点、线、面类型，转换过程中数据精度可能有所降低。

6.3　多源地理空间数据融合

多源地理空间数据融合是研究地理信息的本质，找出科学表达地理空间信息的方法，探索不同学科和部门表达地理空间实体的共性和差异，从不同数据源、不同数据精度和不同数据模型的地理空间数据中抽取所需要的信息，按照用户新的应用需求构建新的空间数据的地理空间矢量数据集成理论和方法，这不仅能降低地理数据的生产成本，加快现有地理信息的更新速度，而且对提高现有地理空间数据质量也具有重要的意义。

6.3.1　地理矢量数据融合

随着地理空间技术在各行各业日益广泛的应用，现势性好、精度高、范围广和多种比例尺的地理空间数据需求增加。现势性好要求实时获取地理空间数据，局部地区的地理信息实时更新最简单最有效的手段是差分 GPS 支持下的外业调查方法，区域性的地理空间数据实时更新一般采用航空摄影测量方法。不管采用哪种更新方法，都要消耗一定的人力、物力和财力。

人们迫切需要不同部门的地理空间数据共享，尽可能减少地理空间数据生产费用。但是，随着社会的发展和人们对客观事物认识的不断深化，各行各业对地理空间数据的需求也在不断地改变。地理空间数据的需求变化必然引起地理空间数据的内容和形式的改变。可以说，地理空间数据的需求变化是绝对的，地理空间数据的共享是相对的。满足新的需求需要，生产新的地理空间数据是地理信息产业发展的主题。问题的关键是如何充分利用现有的空间数据资源，降低地理空间数据的生产成本。地理空间数据融合是降低地理数据的生产成本，加快现有地理信息更新速度，提高现有地理空间数据质量，同时最大限度地提高多源地理空间数据利用率最有效的解决方案。

多源地理信息融合不是一个新的概念，可以追溯到常规制图中地图编绘的一个过程。在编制新地图时，地图工作者首先要收集各种地理信息资料，主要包括各种地图资料、统计数据、野外测量成果、航空像片、卫星遥感影像、地理调查资料、地理文献，以及各种地理数据等。编图时必须对所用的资料进行选择和整合处理。对地图资料进行选择时的一般要求是比例尺和投影适合新编图的要求，内容满足新编图的要求，资料现势性强、地理适应性好、精度可靠、使用方便等。地图资料整合的内容包括，资料数据的裁切和拼接，地图投影、比例尺的转换，不同符号系统之间的转换处理，参数单位之间的转换处理，数据编码和格式的转换，数据分类分级处理，资料比例尺与新编比例尺相差较大时的标描处理，地图内容和专题内容的转换处理等。多源地理空间数据融合是在计算机技术环境下，常规制图资料处理与整合基础上的进一步发展。根据数据的来源，空间数据融合可分为矢量数据融合和栅格数据融合，以及矢量与栅格数据之间的融合。不同的数据融合有着不同的处理技术。

地理数据融合的目标是生成一个新的质量更高的地理数据，新的地理数据集继承了两个源地理数据的优点，如高的点位精度、好的现势性、丰富的属性信息等。地理空间矢量数据融合包含两个方面：一是空间上的几何位置的配准和协调，提高地理实体的位置精度；二是语义上重新对物体的分类、分级进行组合，制定更加合理的分类分级方法，实现属性数据的转换或融合。

1. 地理要素编码的融合

对地理要素编码进行融合，首先体现在对物体的分类、分级的统一上。物体的分类、分级统一主要解决两种数据源由于分类、分级所采用的方法和分类、分级的详细程度不同所产生的差异。其次，要对地理要素编码进行融合，还要统一编码表示方法。这就需要研究出一种兼顾两种编码方案优点的新的要素属性编码方案，这种方案应能在基本上保持对已有编码体系的兼容性，又能克服它们所存在的缺点。

物体的分类、分级融合主要解决两种数据源由于分类、分级所采用的方法和分类、分级的详细程度不同所产生的差异。空间数据中对物体的分类、分级主要体现在地理要素属性的编码。例如，数字地图将要素分成测量控制点、独立地物、居民地、交通运输、管线和垣栅、境界和政区、水系、地貌、土质、植被等10类。海图则将要素分成测量控制点、陆地方位物、地貌、水系、居民地、交通运输、管线和垣栅、海洋/陆地、水深/底质、港口设施、助航设备、碍航物、近海设施、航道、区域界线、服务设施、水文/磁要素、图幅索引、数据档案、英文注记、图面配置等21类。可见，海图对海部要素作了更详细的分类。即使在分类相同时，两者对要素属性描述的详细程度也不相同，如数字地形图中依河流长度对河流分了10级，而数字海图则不对河流作分级处理；数字海图中对航标作了十分详细的表示，而数字地图中则只作概略的表示。显然，两者在要素分类上都存在一些问题。

解决分类分级融合问题的关键是预先制订出统一科学的要素编码标准。新的地理要素分类和编码突破了数字地图一种符号、一个编码和地图比例尺的限制，对地理信息进行分类和分级，彻底摆脱了地图比例尺和种类的影响，充分利用地理要素属性丰富表达力。显然，为制订出这样一个具有权威性的通用标准，必须打破条块分割的不利局面，统一协调通力合作。

地理信息集成是一个交流过程，交流中不仅涉及数据值本身，还涉及数据的语义和含义。在某些特定的 GIS 应用中，可能会用不同术语来描述相同概念，或者用相同术语描述不同概念，因而导致语义不一致。

(1)语义异构的原因。从现实世界到概念世界的抽象过程中，不同领域的专家因为其自身领域背景的影响，对相同的地理现象往往会产生不同的认知，不同领域的概念系统各自相对独立并且隐含在各个地理信息系统之中，为领域内用户默认，其他领域的用户往往无法理解甚至误解这些领域内约定俗成的概念，这是出现语义异构的根本原因。具体可以分析为：①从现实世界到概念世界的投影导致语义异构。当从现实世界通过命名抽象到概念世界时，由于人们对世界认知及所遵循的政策法规、行业特征和习惯的差异，不同领域的研究者对同一地理现象观察和描述时侧重于对象不同的侧面，从而得到不同的概念世界，形成语义异构。②把维度世界投影到不同项目世界时又把一个完整的地理信息系统世界分割为对应于各个应用的部分，进一步扩大了各个应用之间的语义差异。因此，不同行业的地理信息系统对同一个概念的语义解释往往有很大的差别。③抽象分析过程和形成的结果没有被地理信息系统记录下来。来自概念世界的概念体系在地理信息系统中没有被显式和形式化地保存下来，没有稳定的、不随具体的地理信息系统应用变化的映射关系。因此，不能从一个项目世界去理解另一个项目世界，也就无法解决不同项目世界的集成和互操作问题。

(2)语义转换的方法。在数据集成过程中，通过语义互操作使 GIS 语义保持一定程度的准确性、完整性和一致性，以达到更为有效的 GIS 语义共享，使地理信息资源更为有效地利用。地理信息语义的复杂性，使语义互操作成为 GIS 数据集成中的一个难题。许多研究者都在探讨 GIS 语义集成和互操作问题，并提出了不少解决方法。例如，语义交换补充模型，强调不同 GIS 数据模型之间的微妙差异；知识表示方法，通过精确表示异构数据库中数据模型语义的方法来处理 GIS 语义的不一致问题；元数据调解器方法，从描述地理信息的元数据出发来理解语义，并结合人工智能技术的元数据调解器来自动识别和处理 GIS 语义冲突。目前，理论上实现 GIS 语义互操作的方法有三种：①在建立公共模式的基础上提供一种机制，使用户能按统一形式(如双方使用统一的语义模型来表达语义)表达查询要求并获取数据，如全局概念模式等。②借助中间机制(如语义转换机制)处理信息，使用户能用自身语言来形式化查询要求，而且无须考虑对方因素即可获取正确处理，如上下文语义转换器、查询转换器等。③基于本体的方法，它将地理信息系统看做是可以互操作对象的容器，并通过容器与用户进行交流，从中抽取满足用户需求的信息，同时提出通过多元本体进行对象之间的映射各自理解对象的数据库模式和数据语义。

下面对建立公共模式和基于本体的方法语义集成进行介绍。

1)建立公共模式

对地理要素重新分类分级，统一进行编码是建立公共模式进行语义集成的一种方式。地理要素的语义表示用数字化描述就是编码，地理要素语义的集成就是地理要素编码的集成。由于不同数据源其数据生产是独立的，对物体的分类分级各不相同，即使分类分级近似，由于其编码长度和表示法不同，也存在一定的转换工作量。对地理要素编码进行集成，首先体现在对物体的分类分级的统一。

分类应当遵循科学性、系统性、可扩性、实用性、兼容性的原则，选择合适的分类方法。从理论上来说，一个系统对同一空间实体的编码应该是唯一的，实际上由于不同领域视角不同，对同一空间实体编码并不一样，甚至会出现不同空间实体具有相同编码的情况，这些编码放在同一系统中，就会出现空间实体标识的严重问题。物体的分类、分级统一主要解决两种数据源由于分类、分级所采用的方法，以及分类、分级的详细程度不同所产生的差异，主要表现在以下几个方面：①不同的信息源使用多种术语(词汇)表示同一概念；②同一概念在不同的信息源中表达不同的含义；③各信息源使用不同的结构来表示相同(或相似)的信息；④各信息源中的概念之间存在着各种联系，但因为各信息源的分布自治性，这种隐含的联系不能体现出来。

对地理要素编码进行集成，还要统一编码表示方法。提供一个统一的空间实体编码是多源空间数据集成的必要条件。研究出一种兼顾两种编码方案优点的新的要素属性编码方案，这种方案要求既能兼容已有编码体系，又能克服它们所存在的缺点。兼容性可以通过相应的转换机制实现，即能方便地将旧的编码转换到新的编码系统中，原有编码的缺点则可以通过对新编码的合理设计来克服。新的编码方案应能更加科学地体现出要素的分类特点，使要素分类更加合理；应能充分提供对每一要素属性作详尽描述的能力，保证要素属性描述的完备性。

2) 基于本体的方法

本体概念起源于哲学领域，是人类对自然界"存在论"的一种哲学观点，它意味着知识和知晓。本体是概念模型的明确的规范化说明。在计算机领域引入本体的目的在于获取、描述、表达相关领域的知识，提供对该领域知识的共同理解，确定该领域内共同认可的词汇，并从不同层次的形式化模式上给出词汇和词汇相互关系的明确定义。由此可知，基于本体的空间信息共享和互操作，即通过本体这一技术获取、描述和表达空间信息领域的知识，实现不同个人、部门之间对空间信息知识的共同理解，在此基础上实现空间信息的共享和互操作。

语义网的提出和本体概念的引入为信息系统的语义共享提供了新的方法。空间信息本体是从语义和知识层次上实现空间信息共享的重要途径，是整个空间信息共享的核心。构建概念及关系尽可能丰富、描述清晰、符合构造规则和标准的空间信息本体，是实现语义化空间信息共享的重要前提。

基于本体的数据集成方法中，本体被用作信息源语义的直接描述。一般情况下，存在三种方法，即单本体方法、多本体方法和混合本体方法。

(1) 单本体方法。单本体方法采用一个全局本体对应于各分布、异构数据源，作为所有数据源的通用语义模型，即所有用户归入一个信息集团，共享统一的知识库，各个数据源的数据映射到本体概念上，这样用户只需要通过对语义(本体的概念)的操作，不必直接操纵异构的数据源就实现了基于语义的数据集成和操作。单本体信息集成方法的体系结构如图 6.10(a) 所示。

(2) 多本体方法。为克服单本体信息集成方法的弊端，引入多本体信息集成方法。在多本体信息集成方法中，每个数据源对应于一个局部本体，不同局部本体间建立映射关系，即整个系统被分割成不同的信息集团，集团内部共享本地本体系统，而系统集成通过各个本地本体系统的集成实现。多本体信息集成方法的体系结构如图 6.10(b) 所示。

(3) 混合本体方法。单本体信息集成方法中信息系统各个部分联系密切，不能动态和开放地反映人们对世界的不同观点；多本体的信息集成方法满足了动态和开放的要求，但各个本体之间的耦合脆弱，不易集成。为此，提出了综合两者优点，弥补两者缺点的方法——混合本体方法。混合本体信息集成方法的体系结构如图 6.10(c)所示。

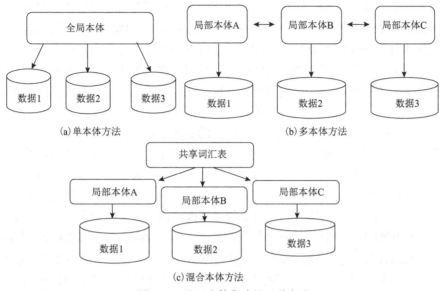

图 6.10　基于本体集成的三种方法

2. 地理要素几何位置的融合

由于数据获取时采用的数据源不同，比例尺不同，作业员的个人素质有差异，以及更新的时间不同，同一地区的数据经常存在着一定的几何位置差异。为了有效地利用这些有差异的几何位置数据，需要对几何位置的融合问题进行比较深入的探讨。几何位置融合是一个比较复杂的过程，需要用到模式识别、统计学、图论及人工智能等学科的思想和方法。几何位置融合包括两个过程：一是实体匹配，找出同名实体；二是将匹配的同名实体合并。实体的匹配是指将两个数据集中的同一地物识别出来。匹配的依据包括距离度量、几何形状、拓扑关系、图形结构、属性等。

同名实体的匹配和识别技术是数据融合中的关键技术。在数字摄影测量领域，人们对模式识别和同名像点匹配已经进行了大量的研究，但矢量数据中实体识别和匹配的研究还不多。矢量数据同名实体的匹配和数字摄影测量同名像点的匹配有一些共同之处，因此可以借鉴数字摄影测量中已有的一些算法和思路。但是，矢量数据中同名实体的匹配与栅格图像库又有很大的不同，主要表现在地理空间矢量数据语义信息丰富，拓扑关系复杂及匹配时还要考虑可能存在的几何形状和位置差异。匹配算法是依据实体的空间信息及属性信息判断实体之间差异的大小，除了解决一对一的同名实体的识别，更困难的是如何解决一对多、多对一、多对多实体的识别。根据识别对象的不同特点，如何从众多的匹配方法中选择最合适的方法进行匹配，也是需要解决的难点问题。本书重点分析和讨论了各种同名实体匹配算法，包括几何匹配、语义匹配及匹配策略。

地理空间矢量数据融合是一个比较复杂的过程，包括几何位置的融合和属性数据的融合。融合应包括两个过程：一是实体匹配，找出同名实体；二是将匹配的同名实体进行几何位置与属性数据的融合。

1) 同名实体的匹配和识别

同名实体指两个数据集中反映同一地物或地物集的空间实体, 同名实体在不同来源的地图中通常都存在着差异, 这种差异是制图误差, 是受不同应用目的或不同人的解释差异及制图综合等的影响而产生的。同名实体的识别或匹配就是通过分析空间实体的差异和相似性识别出不同来源图中表达现实世界同一地物或地物集, 即同名实体的过程。简而言之, 实体匹配是判断两个实体是否相同或者相似, 同时给出两者相似度的过程。一般步骤为: 调整图中的每一点, 先确定其在参照图中的候选匹配集, 里面包含若干个可能匹配的实体, 选取实体的某些空间信息作为筛选候选匹配集的指标依据, 这些指标将最为相似的实体确定为匹配实体。例如, 现有两幅不同来源存在一定差异的图, 图 A 的实体集为 $\{A_1, A_2, A_3, \cdots, A_n\}$, 图 B 的实体集为 $\{B_1, B_2, B_3, \cdots, B_m\}$。两幅图的实体个数可能并不相等, 实体匹配的目的就是确定其中一幅图的实体在另一幅图中对应的同名实体。它是地理空间矢量数据融合的关键技术之一。多数算法未考虑非一对一匹配的情况, 而这种情况是客观存在的, 由于比例尺的不同, 采集的要求不同, 一对多、多对一、多对多实体的匹配和识别也是必须解决的问题, 可以依据空间实体的表达实现对同名地物的匹配。由于矢量空间数据语义信息丰富, 拓扑关系复杂及匹配时还要考虑几何形状和位置差异, 矢量空间数据匹配的途径主要包括三种: ①几何匹配, 通过计算几何相似度来进行同名实体的匹配, 其中, 几何匹配又分为度量匹配、拓扑匹配、方向匹配; ②语义匹配, 通过比较候选同名实体的语义信息进行匹配; ③组合匹配, 在匹配过程中, 往往单一方法的匹配难以达到理想的匹配效果, 而将几种方法联合起来进行匹配。

2) 地理空间矢量数据几何位置融合

对相同坐标系和相近比例尺的数据而言, 由于技术、人为或数据转换等, 数据的表示和精度会有差别, 为了有效地利用这些有差异的几何位置数据, 需要对不同数据源的几何位置数据进行融合。对同名实体的几何位置进行融合, 首先要对数据源的几何精度进行评估, 根据几何精度, 融合应分两种情况进行讨论: 如果一种数据源的几何精度明显高于另一种, 则应该取精度高的数据, 舍弃精度低的数据; 对于几何精度近似的数据源, 应该分点、线、面来探讨融合的方法。点状物体的合并较为简单, 面状物体的融合主要涉及边界线的融合, 可参照线状物体的合并进行。线状物体的融合可采用特征点融合法和缓冲区算法。

3) 地理空间矢量数据属性融合

地理要素数据属性的差异通过地理要素语义融合来消除。在两个不同数据集中的同一个地理实体, 不仅有不同的几何形状差异, 也有不同的属性结构和语义描述方法。例如, 道路在车辆导航数据中被描述为编码、名称、等级、路面、车道、中间隔离带、行驶方向、设计行驶速度等, 同样一条道路在地形图上被描述为编码、名称、等级、路面、桥梁、涵洞和路堤坡度等。

为了完善新数据的属性, 往往综合利用多种数据源补充属性项和属性值。如果新数据所需要的属性在不同的数据源中存在, 可通过两个数据源中同名地理实体的匹配和识别将同名实体识别出来, 再采用数据融合的方法进行属性的补充和完善。这样, 通过数据融合就使得一个数据集在保持原来特点的基础上在某些质量指标上得到了提高, 如现势性、属性信息和数据完整性等。

属性融合往往和几何位置的融合结合起来进行, 在进行几何位置融合的同时, 按照数据融合的目的从两种数据源中抽取所需的属性组成新的属性结构，按照语义转换方法对属性值进行转换。融合后新数据不仅改变了属性结构，也从两个数据集中继承了属性内容。

6.3.2　栅格数据的融合

多源遥感图像融合指一个对多源遥感器的图像数据和其他信息的处理过程，它着重于把那些在空间或时间上冗余或互补的多源数据按一定的规则(或算法)进行运算处理，获得比任何单一数据更精确、更丰富的信息，生成一幅具有新的空间、波谱、时间特征的合成图像。多源遥感图像融合不仅仅是数据间的简单复合，而强调信息的优化，以突出有用的专题信息，消除或抑制无关的信息，改善目标识别的图像环境，从而增加解译的可靠性，减少模糊性(即多义性、不完全性、不确定性和误差)、改善分类、扩大应用范围和效果。

在实际应用中，栅格图像数据之间的融合目前最常用的有以下几种。

1. 遥感图像之间的融合

遥感图像之间的融合主要包括不同传感器遥感数据的融合和不同时相遥感数据的融合。来自不同传感器的信息源有不同的特点，如用 TM 与 SPOT 遥感数据进行融合既可提高新图像的分辨率，又可保持丰富的光谱信息；而不同时相遥感数据的融合对于动态监测有很重要的实用意义，如洪水监测、气象监测等。

1) 图像融合的过程

融合方法一般采用图像处理的方式，经过图像配准、图像调整、图像复合等环节，透明地叠加显示各个图层的栅格图。具体过程如下。

(1) 图像配准。各种图像由于各种不同原因会产生几何失真，为了使两幅或多幅图像所对应的地物吻合，分辨率一致，在融合之前，需要对图像数据进行几何精度纠正和配准，这是图像数据融合的前提。

(2) 图像调整。为了增强融合后的图像效果和某种特定内容的需要，进行一些必要的处理，如为改善图像清晰度而做的对比度、亮度的改变，为了突出图像中的边缘或某些特定部分而做的边缘增强(锐化)或反差增强，改变图像某部分的颜色而进行的色彩变化等。

(3) 图像复合。对于两幅或多幅普通栅格图像数据的叠加，需要对上层图像做透明处理，才能显示各个图层的图像，透明度就具体情况而定。在遥感图像的处理中，由于其图像的特殊性，它们之间的复合方式相对复杂而且多样化，其中效果最明显、应用最多的是进行彩色合成。

2) 图像融合的方法

遥感图像融合方法主要包括小波变换法、穗帽变换法、贝叶斯估计法、专家系统、神经网络法、模糊集理论等。根据融合图像对信息的处理方法，将图像融合分为三个层次，处于基础层次的像素级融合、处于中间层次的特征级融合，以及处于最高层次的决策(符号)级融合。目前研究主要集中在像素级和特征级融合方面，而在决策级融合方面的研究相对较少。

(1) 像素级融合。像素级融合是遥感图像融合的基础层次，是在图像特征提取之前影像数据的直接融合，而后对融合的数据进行特征提取和属性说明。这种融合中对各类遥感数据的每一个像素通过各种代数运算，将各类遥感数据的像素进行直接融合，经过处理分析再提取地物的特征信息。像素级融合要求将多个传感器置于同一平台上以达到传感器在空间上精确配准，从而达到像素间严格对应的目的。像素层的图像融合方法是一种低层次的融合，保留了尽可能多的信息，精度比较高，提供了其他两个融合层次(特征层和决策层)不具备的细节特征。像素级图像融合一般有基于空间域和基于变换域的方法。基于空间域的图像融合的方法有逻辑滤波器法、加权平均法、数学形态法、图像代数法、模拟退火法，基于变换域的图像融合的方法有金字塔图像融合法、小波变换图像融合法。另外，还有色彩变换法、主分量变换法、颜色归一化变换、合成变量比值变换等方法。

（2）特征级融合。特征级融合方法的研究，即首先对遥感影像数据进行空间配准及特征提取，然后对特征进行融合，再根据融合结果进行属性说明。多个图像传感器在相同位置报告类似特征时，可以增加特征实际出现的似然率并提高测量特征的精度。目前采用的方法有贝叶斯（Bayes）决策法、人工神经元网络等，特征级图像融合对于基于图像的目标识别、身份认证等均具有重要的意义。

（3）决策级融合。决策级融合是最高层次上的融合，首先对遥感影像数据进行空间配准，采用大型数据库和专家判决系统模拟人的分析、推理、识别、判决过程对图像信息进行特征提取和属性说明，然后对特征信息和属性进行融合。这种方法是多源信息层面的融合，具有很强的容错性。目前常用的方法有基于知识的融合算法、D-S 证据推理算法、模糊推断算法及人工神经元网络等。决策级融合与特征级融合的区别在于，特征级融合是将遥感图像的特征提取出来后通过各种算法直接融合成新的图像；决策级融合则是在提取出特征后，融合出新的地物，然后将这些地物信息组合成为新的遥感图像。

3）方法比较

像素级融合能得到尽可能多的信息，提供其他融合层次所不能提供的细微信息。由于对每一个像素都进行换算，就导致了处理的传感器数据量大、处理时间较长、效率十分低下。而且像素级融合对传感器信息的配准有很高的要求，图像最好要来源于一组同质的传感器，使得数据的收集受到了很大限制，没有经过选择就直接进行换算，融合使得它不能够实现对图像的有效理解和分析，同时对存在的不确定性、不完全性或不稳定性的传感器信息，没有办法纠错，抗干扰能力差。

特征级融合将图像所含信息的特征进行提取，对信息进行客观地压缩，使得图像有利于实时处理，但是在压缩提取的过程中不可避免地会出现部分信息的丢失，这就使得融合后图像的细微部分信息不全。

决策级融合的数据信息的数量大大减少，对通信及传输要求降低，只要求原图像中具有地物的数据信息，不需要传感器是同质的。决策级融合过程中能够对一个或若干个传感器数据的干扰通过适当的融合方法予以消除，而且由于前期在数据选择的时候进行了充分地分析，能够全方位地反映目标及环境的信息，满足不同应用的需要。三种融合层次的特点见表 6.2。

表 6.2　三种融合层次的特点

融合层次	信息损失	实时性	精度	容错性	抗干扰能力	工作量	融合水平
像素级	小	差	高	差	差	大	低
特征级	中	中	中	中	中	中	中
决策级	大	好	低	优	优	小	高

4）评价方法

采用多传感器图像融合方法，利用信息在多个测度空间的互补性可得到更多的有用信息。融合后的图像应保留原图像的重要细节，且不引入会影响图像后续处理的虚假信息，这就需要对融合的效果进行评判。对融合图像的效果进行评价是多源遥感图像融合的一个重要步骤，不同的评价方法、不同评价指标具有不同的物理意义。图像融合效果评价一般根据不同的融合目的有效选取评价方法，再根据评价方法选取评价指标。由于对不同类型的图像同一融合算法、同一图像感兴趣的部分不同，融合效果也不同。当前融合效果的评价还没有一个全面、客观和统一的标准。

图像融合效果评价方法主要有客观评价法和主观评价法。目视判别是一种最简单、最直接的评价方法，可直接根据图像融合前后的对比做出评价，但主观性较强。利用融合前后图像的统计特性和信息量，可客观地评价图像在融合前后的变化情况。一般在评价融合图像效果时，以视觉分析为主，定量分析为辅。

(1)客观评价。客观评价主要有基于信息量的评价、基于统计特性的评价、基于信噪比的评价、基于梯度值的评价、基于光谱信息的评价、基于模糊积分的评价和基于小波能量的评价。基于信息量的评价的主要指标有熵、交叉熵、相关熵、偏差熵、联合熵。基于统计特性的评价指标有均值、标准差、偏差度、均方差、偏差与相对偏差、相关系数、高频分量相关系数、平均等效系数、交互信息量、协方差等。

基于信噪比的评价有信噪比和峰值信噪比。基于梯度值的评价有清晰度、平均梯度和空间频率等。光谱信息的评价基于图像光谱分辨率而言，是对小波分解后的图像在水平、垂直、对角三个方向的空间分辨率的综合评价。模糊积分是基于模糊数学理论对融合效果的综合评价。基于小波能量的评价是对图像进行小波分解后，再对小波系数处理，然后重构得到融合图像，这种方法融合图像的效果评价可以采用小波系数平均能量的办法。

评价指标有提高空间分辨率、提高信息量、提高清晰度、比较融合方法、融合图像的光谱性质、降低图像噪声。一般为了去噪而融合采用基于信噪比的评价，为了提高空间分辨率而融合采用基于统计特性及光谱信息的评价方法，为了提高信息量而融合采用基于信息量的评价方法，为了提高清晰度而融合采用基于梯度及模糊积分和小波能量的评价方法。

(2)主观评价。主观评价法，也就是目测法。这种方法主观性比较强，对一些明显的图像信息进行评价直观、快捷、方便，对一些暂无较好客观评价指标的现象可以进行定性的说明。其主要用于判断融合图像是否配准，如果配准不好，那么图像就会出现重影，反过来通过图像融合也可以检查配准精度，判断色彩是否一致，判断融合图像整体亮度、色彩反差是否合适，是否有蒙雾或马赛克现象，判断融合图像的清晰度是否降低，图像边缘是否清楚，判断融合图像纹理及色彩信息是否丰富，光谱与空间信息是否丢失等。另外，还有单因素评价、模糊积分综合评价、D-S 证据理论综合评价、粗糙集理论的评价方法、加权求和法综合评价等方法用于图像融合评价。

2. 数字栅格地图之间的融合

地形图精度高、更新慢，更新费用高。而专题地图在一个专题内容上更新快，如交通图、城市旅游图，但其精度不高。地形图与专题地图之间的融合可以解决既要求高质量的定位精度又要求数据内容的现势性问题，同时降低了地形图更新费用。

数字栅格地图之间的融合另一个目的是更加了解该范围的地理环境情况，或者更全面地比较分析该地区各种资源的相互关系，对该地区不同内容的多种地图图像数据进行融合，如地形图和各种专业图像(如地质图、土地利用图、地籍图、林业资源状况图)等的融合、土地利用图和地籍图的融合等。

3. 遥感图像与数字栅格地图的融合

遥感作为一种获取和更新空间数据强有力的手段，能提供实效性强、准确度高、监测范围大、具有综合性的定位定量信息。而数字栅格地图精度很高，但往往存在时间上的滞后性。遥感图像与各种地图图像融合，可以将两者优势很好地集成起来进行互补，利用同一地区的数字栅格地图将遥感图像几何纠正，通过叠加分析从遥感图像的快速变化中发现变化的区域，再用来更新数字栅格地图和各种动态分析。

遥感图像与数字栅格地图的融合也是对遥感图像信息的补充。例如，遥感图像融合人文信息，如名称注记、行政区划、旅游古迹等，都是对遥感图像的弥补。

6.3.3 栅格数据与矢量数据融合

栅格数据与矢量数据两种格式数据可以很好地集成起来进行互补。一方面，遥感有助于解决矢量数据获取和更新的问题。可考虑将遥感中模式识别技术与地图数据库技术有机集成在一起，依据已建立的地图数据库中地理信息训练遥感信息的样本，完成相关要素的自动（或半自动）提取，并从中快速发现在那些地区空间信息发生的变化，进而实现地理信息数据的自动（半自动）快速更新，达到更新已有地图数据库中地理要素的目的。另一方面，矢量数据有助于遥感图像处理。由于矢量数据的精度较高，可对照选取两种数据的同名控制点，利用矢量数据将影像图纠正为正射影像图，将纠正好的影像图直接入库，直接作为地理底图使用。

栅格影像与线划矢量图叠加，遥感栅格影像或航空数字正射影像作为复合图的底层。线划矢量图可全部叠加，也可根据需要部分叠加，如水系边线、交通主干线、行政界线、注记要素等。这种融合涉及两个问题：一是如何在可视化中同时显示栅格影像和矢量数据，并且同比例尺缩放和漫游；二是几何定位纠正，使栅格影像上和线划矢量图中的同名点线相互套合。

如果线划矢量图的数据是从该栅格影像上采集得到的，相互之间的套合不成问题；如果线划矢量图数据由其他来源数字化得到，栅格影像和矢量线划就难以完全重合。遥感有丰富的光谱信息和几何信息，又有行政界线和其他属性信息，可视化效果很好。

第7章 多尺度地理空间数据编译

人类获取信息往往是以一种有序的方式，对认知对象进行各种层次的抽象，以不同的抽象程度描述现实世界。地理空间数据仅是地理现象某一时刻状态的映射，从不同角度、不同侧面和不同专业描述了复杂的地理世界，具有多模式、多尺度、多维形态、多时态变化、多主题属性描述和空间关系等特征。这些地理空间数据之间缺乏关联性，无法满足人们对地理环境宏观和微观思维连续性的需求。为此，人们对这些原始地理数据进行必要的内容提取与分层细化，将多比例尺的地理空间数据调节接近于连续式变化的多尺度数据，通过构建矢量数据和栅格影像的多尺度索引，建立宏观、中观和微观数据的多尺度关联，而且便于将标准地理数据(包括地形图、政区图、影像图等)处理成适于网络发布的多尺度服务数据，满足网络化发布与服务的要求。这种从原始地理数据到目标地理信息服务数据的一系列加工处理过程，称为地理信息服务数据编译。它是实现全球大区域多尺度地理信息资源快速集成与应用服务的关键技术。

7.1 地理矢量数据编译

地理矢量数据就是以面向对象的思维方式，把现实世界离散的地理现象和物体抽象为点、线、面、体四种形态的地理对象，其位置和形状在坐标系中用离散点$(X、Y)$坐标尽可能精确地表达这些地理实体，通过数据记录指针表示地理对象之间的关系。地理实体的点、线、面、体及其组合体的空间分布、空间联系和变化过程的表达有两种形式：一是基于图形可视化的地图矢量数据。它是一种通过图形和样式表示地理实体特征的数据类型，其中图形指地理实体的几何信息，样式与地图符号化表示相关。二是基于空间分析的地理矢量数据。它主要通过属性数据描述地理实体的定性特征、数量特征、质量特征、时间特征和地理实体的空间关系(拓扑关系)。空间关系指各地理实体之间的空间关系，包括拓扑空间关系、顺序空间关系和度量空间关系。地图矢量数据和地理矢量数据都是带有地理坐标的数据，是地理信息两种不同的表示方法，地图矢量数据强调数据可视化，采用"图形表现属性"方式，忽略了实体的空间关系；而地理矢量数据主要通过属性数据描述地理实体的数量和质量特征。地图矢量数据和地理矢量数据所具有的共同特征是地理空间坐标，统称为地理空间数据。与其他数据相比，地理空间数据具有特殊的数学基础、非结构化数据结构和动态变化的时间特征。

7.1.1 原始地理空间矢量数据组织

地理空间矢量数据包括基础地理数据、政务地理数据、专题地理数据和公共服务地理数据。

1. 基础地理空间矢量数据

基础地理空间矢量数据由国家测绘部门采集、维护和管理，具有一定的权威性，精度有保证，是地理信息服务数据的主要来源。目前，我国已经相继完成了基本比例尺地理矢量数据的建库工作。主要比例尺为 1∶400 万、1∶100 万、1∶25 万、1∶5 万、1∶1 万、1∶2000 和 1∶500 共 7 个比例尺。1∶400 万的全国概图数据按中国区域存储。1∶100 万、1∶25 万、1∶5 万、1∶1 万、1∶2000 和 1∶500 采用国标 GB/T 13989—2012 定义的分幅规则组织数据，以相应比例尺地形图的图幅为基础进行分块存储，横向上保证相邻图幅(数据块)之间的衔接，纵向上建立相邻比例尺数据垂直逻辑关联。

我国基本比例尺图幅命名均采用国标 GB/T 13989—2012 定义的图幅编号命名规则，其中，1∶100 万、1∶25 万、1∶5 万、1∶1 万、1∶2000 比例尺为 10 位，1∶500 比例尺为 12 位。每幅 1∶100 万地形图的编号由该图所在的行号与列号组合而成，图幅编号如 J50。比例尺 1∶25 万、1∶5 万、1∶1 万、1∶2000 和 1∶500 地形图均以 1∶100 万地形图为基础，组织规则如下。

(1)1∶100 万比例尺地形图图幅范围，从赤道起算，每纬差 4°为一行，至南、北纬 88° 各分为 22 行，依次用大写拉丁字母(字符码)A、B、C、…、V 表示其相应行号；从 180°经线起算，自西向东每经差 6°为一列。全球分为 60 列，依次用阿拉伯数字(数字码)1、2、3、…、60 表示其相应列号。

(2)每幅 1∶100 万地形图划分为 4 行 4 列，共 16 幅 1∶25 万地形图，每幅 1∶25 万地形图的范围是经差 1°30′、纬差 1°。

(3)每幅 1∶100 万地形图划分为 24 行 24 列，共 576 幅 1∶5 万地形图，每幅 1∶5 万地形图的范围是经差 15′、纬差 10′，图幅编号如 J50E0170。

(4)每幅 1∶100 万地形图划分为 96 行 96 列，共 9216 幅 1∶1 万地形图，每幅 1∶1 万地形图的范围是经差 3′5″、纬差 2′30″。

(5)每幅 1∶100 万地形图划分为 576 行 576 列，共 331776 幅 1∶2000 地形图，每幅 1∶2000 地形图的范围是经差 37.5″、纬差 25″。

(6)每幅 1∶100 万地形图划分为 2304 行 2304 列，共 5308416 幅 1∶500 地形图，每幅 1∶500 地形图的范围是经差 9.375″、纬差 6.25″。

基本比例尺地理矢量数据可以采用多数据库及其对应版本数据库的组织方式，首先按比例尺分库存储，分别建立 1∶400 万、1∶100 万、1∶25 万、1∶5 万、1∶1 万、1∶2000 和 1∶500 共 7 个根级别数据库，每个数据库中存储当前比例尺的所有图幅数据库元数据，并且根据其范围构建空间索引和根据图幅号构建字符串索引。基础地理数据存储逻辑结构如图 7.1 所示。

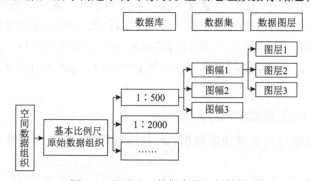

图 7.1　基础地理数据存储逻辑结构

2. 政务地理空间矢量数据

城市政务空间信息资源是指在城市电子政务、城市建设和城市管理过程中产生，并通过信息化手段进行处理的有价值的、数字化的空间信息。从使用类别上来分，城市政务空间信息分为两类(图 7.2)，第一类是基础地理空间信息。基础地理空间数据是城市地理空间信息系统建设的核心内容，其内容主要包括各种比例尺的(一般情况下主要为覆盖城市全境的 1∶1 万；覆盖核心城区 1∶2000；局部范围的 1∶500)遥感正射影像数据、行政区划、最小地理单元数据、道路数据、水体数据、建(构)筑物数据、数字高程数据及测量控制数据等。一般来说，使用比较广泛的城市基础地理数据有：①1∶1 万及 1∶2000 基础地形全要素数字线划图(DLG)数据；②1∶1 万及 1∶2000 数字高程模型(DEM)数据；③1∶1 万及 1∶2000 数字正射影像(DOM)数据。

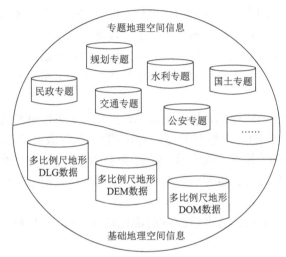

图 7.2　城市政务空间信息类型划分

第二类是专题地理空间信息。专题地理空间信息包括城市资源环境、社会经济、地理基础、自然灾害等领域业务运行数据，是由各个业务运行部门按照自身部门对地理空间信息系统标准与相关规范的要求，自行进行数据的加工、生产、建设的专业空间数据，常见的如民政局的地名地址数据、国土资源局提供的土地利用数据、规划局的规划红线及市政管线图数据、环保局的全市污染点源分布数据、大气污染监测点数据、水利局的水利设施及历年水雨情数据、交通局的市区公交线路与长途线路数据、房管局的产权产籍及房产档案管理数据和公安局的全市人口分布数据等。

政务地理空间矢量数据一般采用区域分幅，一个行政区域为一个完整数据集。

3. 导航地理空间矢量数据

电子导航地图是可以存储于导航设备上的地理信息数据，主要用于路径的规划和导航功能的实现。其核心是道路数据和检索数据，这两部分可以满足计算机路径规划的需要。另外两类数据都是为了辅助使用者驾驶、在地图中相对定位。为了数据组织的便利性和数据内容的扩展性，不同的图商和产品还要附加一些新的数据内容，如行政区划和要素名称词典等。导航电子地图一般采用与 GPS 定位结果一致的 WGS84 坐标系统(或进行一定的加密，如百度地图采用的火星坐标系统)，包括道路数据、背景数据、诱导数据及检索数据四大类，其基本要素是空间坐标、拓扑关系以及属性。

导航用的道路数据包括道路网数据本身及其拓扑关系，前者为道路网线段集合后者则为道路节点。道路网数据是导航地图的核心部分，详细描述了道路行车路线和路口交叉点的连通关系，是导航路径规划的依据，通常简称为导航线。导航道路路网组成行车的道路网络，因此跨水域的由渡口连接的轮渡线（水道线）也包含在内。导航道路一般由起点和终点两个点组成的线段表示。道路图层一般与1∶5万地形图的数据精度基本一致，但是并不严格遵循这一标准，而是面向实际导航应用需求，确定数据采集的密度和内容及表达方式。

道路的拓扑关系，这部分是与传统GIS数据最核心的区别，也是导航数据最有价值的地方。在传统GIS中，拓扑关系多用来进行数据检查、数据存储等，但是一般不直接存储。而导航中，核心的路径导航计算功能需要这一关键数据，但也不可能实时生成，拓扑关系都事先构建完成，这是导航数据生产中最耗费人力、物力和时间的步骤。

背景数据指的是在地图中用于辅助用户进行定位的数据图层，这部分数据与传统GIS的表示和表达完全相同，包括点、线、面三类元素。背景点包括一些著名的地标、地名及一些辅助性图标等。背景线主要有铁路、行政区划线、单线河等元素。面状地物则包括大海、大江大河、湖泊、绿地等。道路中心线图层是用于地图显示的道路数据，而不是导航用的计算数据。

道路数据一般基于中心线原则，用单线表示，但是对于单行道及其他信息如实时路况等的描述，往往不够方便。因此，一般对于比较宽的道路、高等级公路（如高速公路、国道等），以及交通流量较大的道路采用双向线表示，线段坐标的顺序和路线交通流方向一致，这样既可以实现双向行驶车辆的计算，也便于后期扩展，如增加路况信息、街景信息等。一般采用的原则如下。

（1）有中央隔离带的道路，这类道路一般都比较宽，分成双线表示也具有一定的理论依据。

（2）道路中央有双黄实线或者双虚线的主干道路，这类道路一般是比较宽的市内干路，虽然等级不高，但是交通流量比较大，而且，为了安全考虑，一般这类道路都设置了铁栅栏作为隔离，从表现形式上和两条道路更为接近。

（3）高速公路等高等级公路。

（4）其他情况。如果道路是上下线分离的，一般为双线，否则为单线。

在道路数据中，道路的等级也是导航数据中重点考虑的问题，如国道、省道、高速公路、主干路、县路、市级路、县路等。除了道路等级的重要信息外，还有一个信息也是需要重点考虑的，即道路的限制信息，这个信息一般在道路图层中以属性形式体现。

导航数据中，道路检索点又叫兴趣点（point of interest，POI）是重要的辅助信息，用于进行数据检索。它是数据点图层，表示地名信息，由于它通常是路径导航的起点或者终点，因此，是导航数据的核心内容。与传统的GIS地图相比，该数据不是以地物特征为划分依据的，而是以导航的应用为出发点，只要汽车能够到达的地方，都可以作为兴趣点。不严格区分地物的类别，也就是说，该图层不仅仅包含道路的、居民地的名字，还包括河流、湖泊、绿地，甚至如非常详细的商店、公司等的名字，可以说包罗万象。POI数据的最核心特征是有固定位置，并且该位置是与道路图层相关联的，也就是说，可以通过导航计算，使用户能够驱车到达该点或者附近。在导航数据中，除了上面的核心信息外，为了能够更好地提供导航应用服务，还有一些信息也是至关重要的，如语音播报信息、方向看板信息、河流绿地等背景信息。典型的数据包括：虚拟路口放大图、真实路口放大图、电子眼、详细市街图等。

7.1.2　地理数据多尺度编译

地理数据主要用于地理空间量算和地理空间分析。核心是保持地理数据空间关系的正确性。最理想的状态是全区域存储一个数据集，这样容易实现地理实体的完整性和空间关系的连续性。但是，地理数据的海量特征和复杂性，现有的计算机资源无法整体处理，必须分而治之，进行分层分块多尺度组织处理。建立多尺度或多比例尺地理数据的目的主要有两个：其一，是从服务内容的角度考虑，提供变焦数据处理能力，即随着观察范围的缩小，系统应提供类别更多、数量更大和细节更详细的信息；其二，是根据不同的应用和专业分析的需要，空间数据在纵向上或横向上均具备不同的空间分辨率，以满足不同精度空间量算和空间分析的要求。

1. 地理数据多尺度组织

地理数据多尺度组织解决海量地理数据与计算机内存和实时处理能力有限的矛盾，往往对大规模地理数据分块、分层及简化处理，构建一种多尺度地理数据模型。主要描述空间要素从精细到粗略的渐变过程。与制图综合不同的是，多尺度表达模型以地理空间数据为研究对象，从可视化角度来研究空间信息的变化情况，其受比例尺、制图区域地理特征及制图符号等因素的影响较小。此外，多尺度表达模型是用层次化的数据结构来记录空间要素随尺度变化的综合过程，而制图综合则是以物理文件的形式来记录对应某尺度综合后的地图数据。

地理数据多尺度表达模型的实现方案主要有如下两种。

（1）多尺度地理数据索引技术。该技术是针对大尺度的矢量数据，在不改变已有矢量数据的基础上，通过生成一种基于尺度的索引结构来描述空间要素随尺度变化的过程或结果。查询时，则根据视窗显示尺度和空间范围，快速检索出某尺度下某区域内的矢量数据。这种方式的优点是仅仅对原始数据构建索引，存储索引文件，而不产生新的数据；缺点则是提供服务时需要考虑数据的综合问题。

（2）多尺度地理数据存储结构。该结构不仅改变了原始地理数据的比例尺，依据比例尺也改变了地理数据的内容和地理数据分块大小。应用时，可通过地理数据块的重组或运算来得到某个尺度的地理数据表达。实际上就是利用已有尺度数据通过地图综合等过程人为生成多个尺度的数据，并且每个尺度的数据都独立存储，存在大量数据冗余，但是可以以空间换时间，在提供对外服务时，可以不用再考虑数据的综合问题。

一般而言，多尺度地理数据索引技术更擅长描述空间要素间的渐变过程，而多尺度地理数据存储结构则更擅长描述要素内的渐变过程。为了减少地理数据冗余，应尽量减少地理数据存储结构的级数。

无论采用哪种方式组织多尺度数据的服务，都必须解决数据的综合及索引两大问题。考虑数据服务时数据变化的渐进性及工作量，一般采用多尺度地理数据索引技术进行多源矢量数据服务。本节也是基于这样的思想组织数据的。

对于多尺度数据的管理，采用二级索引机制对空间数据构建索引提高访问效率，如图 7.3所示。

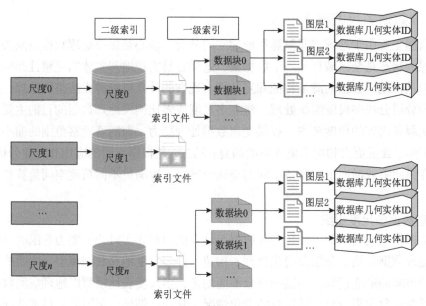

图 7.3　多尺度地理数据组织示意图

第一级索引为数据块的空间索引，借用线性四叉树索引结构和编码思想，进行改造后构建相互关联的索引文件。但是与传统四叉树结构不同的是，这里每个尺度对应四叉树的一个层次，而且是相互独立的。相似之处在于可以通过统一的算法由上级推算出下级的数据块编码，但每个级别存储的都是最终的数据，而不是像四叉树一样存储的是下一级或者最终叶子节点的地址。不同尺度的索引文件，存储于数据目录或数据库中。索引文件存储包含的数据块及内部的所有图层信息。图层信息里存储的不是直接的数据而是对应的当前尺度数据块里空间数据 ID。例如，要构建为 0、1、2 尺度三个尺度的矢量数据服务，需要分别构建三个对应的数据索引文件，它们之间相互独立，每个文件里存储的都是对应的数据块内部数据对应的数据库 ID。不同层次直接可以通过四叉树查询算法相互推算。

第二级索引则是对各个尺度对应的统一数据库进行空间索引及必要的属性索引，这主要是考虑数据库服务效率，如线性数据可以采用 R 树或者 R+树索引、点数据可以构建格网索引。第二级索引存在于空间数据库。

基于两级索引机制提供根据坐标点的矢量数据服务时其基本计算过程示例如下（需要提供的基本参数为点的坐标及需要的数据尺度）：①将点坐标进行必要的转换，与多尺度数据统一坐标系统；②根据提供的数据尺度，确定根数据库，得到对应的第一级索引文件或地址（如果所有有在同一个文件存储的话）；③根据坐标点和索引文件或地址，获取对应的数据块索引；④根据数据块索引，确定数据库中数据的 ID，根据 ID 访问相应尺度数据库即可。

基于范围和当前尺度访问矢量数据服务的过程与此类似，增加的工作主要是可能会有多个数据块返回，数据块之间的数据去冗余是此时需要考虑的问题。

2. 地理数据多尺度编译

地理矢量数据由于结构不统一、拓扑关系复杂，构建多分辨率模型比较困难。数据编译主要包括矢量数据内容抽取、分层，以及点、线、面矢量实体的简化、数据裁切分块等，由基本比例尺地理矢量数据编译地理信息服务数据的过程如图 7.4 所示。

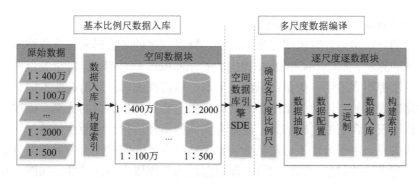

图 7.4　矢量服务数据编译过程

首先，根据服务的需求及相关的标准协议，确定各个尺度服务数据的比例尺或者空间分辨率，以及对应的数据块范围等相关设置。其次，根据测绘学编绘地图的基本原则，选择各个尺度比例尺最近的原始数据(等于或者大于当前尺度比例尺)，对每个尺度的每个数据块通过空间数据库索引技术获取对应的原始数据即数据抽取过程。再次，对抽取出来的数据进行配置，主要包括地图符号化配置、数据简化、地图综合等处理。最后，在此基础上，考虑保密性及传输，将数据的索引进行输出，以二进制文件形式存储至硬盘，同时将处理后的数据存储至空间数据库并构建数据库索引。

上述处理过程中，最核心的部分是数据配置。由于基础地理数据采用图幅分块，专题地理数据多采用分区域组织数据，这些原始数据的区域划分标准不同，大小不一致，依据地理信息服务需求，需要对原始数据进行重新分块处理。本书按照"先合并再分块"的原则，首先基础地理数据采用图幅合并，专题地理数据采用区域合并，然后按地理信息服务的标准格网再进行分块处理。

1) 地理数据的合并(拼接)

矢量数据的合并是将原始分块(区域)地理矢量数据拼接使其成为一幅完整的矢量数据。原来图块之间被分割裂开的对象也进行合并(包括几何合并和对应的属性合并)，在物理存储上也合成了一个整体，图块之间在物理上真正变成无缝。将这种物理上真正的无缝称为物理无缝，相应的对象合并过程称为物理接边，如图 7.5 所示。无论是建立逻辑无缝接边，还是建立物理无缝接边，原始地理矢量数据的空间关系发生变化，需要重新的拓扑关系自动处理，保证空间关系在空间上是连续的，同时修改相应的数据属性。

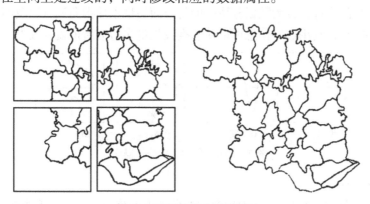

图 7.5　数据合并与物理接边

2）地理数据的分块

地理数据的分块本是计算机图形学的问题。针对二维的多边形窗口裁剪技术，图形学中也有比较成熟的算法，如 Cyrus 和 Berk 提出的 Cyrus-Berk 算法等，但对于矢量图形面数据的裁剪，这些算法都不太适用。矢量图形的裁剪与一般可视图形的裁剪有所不同，矢量图形是通过矢量数据来表达的，因此矢量图形的裁剪本质上是对矢量数据的分割。描述一个地理实体的矢量数据不仅包含它的坐标信息，还带有实体的属性信息，因而在裁剪过程中要考虑属性信息的继承关系。由于分块不可避免地切割了地理实体的完整性，矢量数据分块必须添加附加的信息来记录这些信息（拓扑关系），保留区域内地理要素的连续性。如图 7.6 所示，按照线矢量分块后与子块边界线的交点个数不同，可能存在 5 种情况。图 7.6（a）为分块后线矢量与子块边界线没有交点的情况；图 7.6（b）为分块后线矢量与子块边界线有一个交点的情况；图 7.6（c）为分块后线矢量与子块边界线有两个交点的情况；图 7.6（d）为分块后线矢量与子块边界线有三个交点的情况；图 7.6（e）为分块后线矢量与子块边界线有四个交点的情况。显然，在情况（b）、（c）、（d）、（e）下，线矢量均被分割为若干段。为了将线矢量的拓扑关系及相关属性继承下来，分块所涉及的新的矢量点的增加将作为分块操作的属性一起保存起来。为折线的每个特征点添加前驱指针和后继指针，以及指向分块的指针，并为数据分块中的每个线矢量添加指向该分块及线矢量上下左右邻域所在分块的指针，利用这些信息可以快速地定位折线所在分块。

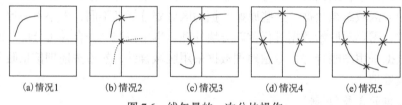

（a）情况1　　　（b）情况2　　　（c）情况3　　　（d）情况4　　　（e）情况5

图 7.6　线矢量的一次分块操作

如图 7.7 所示，按照面矢量分块后被划分成的区域数不同，可能存在四种情况。图 7.7（a）为分块后面矢量仍然位于同一数据分块的情况；图 7.7（b）为分块后面矢量位于两个子数据分块的情况；图 7.7（c）为分块后面矢量位于三个子数据分块的情况；图 7.7（d）为分块后面矢量位于四个子数据分块的情况。为了将面矢量的拓扑信息保存下来，分块所涉及的新的矢量点的增加将作为分块操作的属性一起保存起来。为多边形的每个特征点添加前驱指针和后继指针，以及指向分块的指针，并为数据分块中的每个面矢量添加指向该分块及面矢量上下左右邻域所在分块的指针，利用这些信息可以快速查找矢量多边形所覆盖的数据分块。

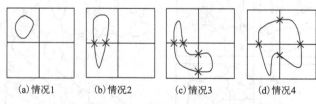

（a）情况1　　　（b）情况2　　　（c）情况3　　　（d）情况4

图 7.7　面矢量的一次分块操作

3）地理数据的分层

由于 GIS 应用目的的不同，原始地理数据的分层也不统一，标准也不相同，依据"综合-分解"思想，对原始地理数据进行重新划分。

对原始地理数据图层进行一系列这种操作可以生成不同细节层次的矢量图层,且任意两个矢量图层之间的关系均可由"综合–分解"操作集合唯一确定。

4) 地理数据的化简

空间尺度变化不仅引起地理实体的大小变化,还会引起地理实体的形态变化。在不同尺度背景下,地理空间要素往往表现出不同的空间形态、结构和细节。随着比例尺的减小,图面内容和结构都在发生着变化,它是真实世界的一种抽象表达,简洁性是其优势所在。这种简洁性处理过程其实就是地图制图综合的核心,也是多比例尺地理矢量数据处理的关键。

(1) 点矢量数据简化算法。点矢量可以表示独立房屋、独立大树、地名标注点等面积较小,只需考虑位置信息的地物。当点矢量分布较密集或者视点较远时,许多点矢量通过投影后可能位于屏幕上的同一个像素,如果不做简化而直接绘制,不仅将产生极大的资源浪费,而且会导致图形走样。点矢量数据简化算法一般采用最近距离算法。

(2) 线、面矢量数据简化算法。线矢量是 GIS 中大量存在的最基本的地理要素之一,线矢量是用一个有序的点集即折线表示的,可以用来代表公路、铁路、河流、桥梁、政区边界线、海岸线等重要地理实体。线矢量的简化就是确定折线上特征点的保留或者删除,必要时需要插入新的特征点,要求在最大限度减少数据量的同时尽量减少折线的形状变化。线简化的算法很多,如垂距算法、三角网格法、Douglas-Peucker 算法等。这些算法各有特点,但最具代表性且应用最广泛的当属 Douglas-Peucker 算法。

面矢量在 GIS 中可以表示水域、植被、矿产分布、行政区划分等要素,其边界即为线矢量,所以面矢量的简化可以在线矢量简化的基础上进行。

最后,特别说明的是,在数据配置时,需要对抽取的数据进行分块处理,此时可以采用逻辑上分割,通过一个数据块索引文件记录其对应的 ID 即可,而在物理上并不分割,本书就是采用这样的思路,所有数据块的数据则统一存储于对应的数据库中(或者文件中)。这样数据的 ID 会有大量冗余,但是数据的几何信息及属性信息没有冗余,而且也不必再进行数据物理切割的复杂过程。但是也有缺点,数据中的几何内容跨越多个数据块时,如一条道路很长跨越多个数据块,此时一方面是数据冗余,另一方面是在后续服务时,用户可能需要绘制多次该数据,从而降低渲染效率。因此,还可以采用第二种方式,即按照数据块大小对原始数据进行切割,计算虽然复杂些,但是对后期渲染影响较小。很显然,这种方式将导致数据库中数据的冗余及由切割带来的数据查询检索方面的影响。总之,根据数据的情况,如导航数据,道路图层一般较短,多是两个点组成的一段路,跨越的数据块不多,对后期渲染影响不大,可以采用逻辑上切割的方式;而如果数据跨越多个数据块时,则有必要采用物理分割的方式,同时对于数据的检索构建相应规则,以空间换取时间。

7.1.3 地图数据金字塔瓦片制作

现在越来越多的地理信息服务需要瓦片地图技术。瓦片地图由于采用了以"空间换取时间"的策略,预先将矢量数据转换成栅格地图,缓存于计算机中,读取静态的地图图片在客户端拼接浏览,从而可以快速地提供地图的服务。

1. 瓦片地图定义

互联网地图的内容分为两种：一种是栅格地图瓦片(tile)；一种是矢量地图瓦片。

1）栅格地图瓦片

瓦片地图是具有一定坐标范围的地图，按照固定的若干个比例尺(瓦片级别)和指定图片尺寸，将固定范围的某一比例尺下的地图按照指定的尺寸(通常为 128 像素 × 128 像素或者 256 像素 × 256 像素)，从区域地图的左上角开始，从左至右、从上到下进行切割若干行与列的正方形栅格图片，切图后获得的正方形栅格图片被形象地称为瓦片。瓦片以指定的格式

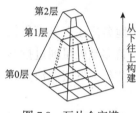

图 7.8　瓦片金字塔

保存成图像文件，按一定的命名规则和组织方式存储到目录系统中或是数据库系统里，形成金字塔模型的静态地图缓存。瓦片金字塔模型是一种多分辨率层次模型，从瓦片金字塔的底层到顶层，分辨率越来越低，但表示的地理范围不变，如图 7.8 所示。瓦片金字塔结构是在同一空间参照下，根据用户需要以不同分辨率进行存储与显示，形成分辨率由低到高、数据量由小到大的金字塔结构。

栅格瓦片地图的渲染技术已经成熟，其优点主要有显示效率高、方便传输等。缺点也很明显，体现在以下方面：占用服务器空间较大、很难完成像旋转、伪三维等交互显示功能、数据保密性差、相对来说较为死板等。

2）矢量地图瓦片

矢量地图瓦片是一种新颖的模式，地图数据以 Json 等格式分块地传输过去，在客户端或浏览器端利用前端框架将地图显示出来。在这个基础上，核心在于客户端的 GDI 技术及网页的 Canvas 技术。总体来说，矢量瓦片的数据传输量少，服务器压力小，方便渲染成各种各样的地图，这也是 Mapbox 首推 Mapbox GL，以及国内腾讯地图、超图等也开始推出并使用矢量瓦片服务的原因，而且现在移动端越来越多地使用矢量瓦片的技术。另外在导航时，有时候还需要将地图旋转成伪 3D 界面，这样矢量瓦片就具有很好的应用潜力。

2. 瓦片地面分辨率计算

1）金字塔结构层与瓦片数关系

金字塔是一种多分辨率层次模型，准确意义上讲，金字塔是一种连续分辨率模型，但在构建金字塔时很难做到分辨率连续变化，并且这样做也没有实际意义。因此，在构建金字塔时总是采用倍率方法。一幅地图的金字塔是一系列以金字塔形状排列的分辨率逐步降低的图像集合。金字塔的底部是待处理图像的高分辨率表示，而顶部是低分辨率的近似。当向金字塔的上层移动时，尺寸和分辨率就降低。

假设基础级 J，采用 2 倍率作为金字塔模型的基本倍率，该级瓦片数是 $2^J \times 2^J$ 或 $N \times N$ $(J = \log_2 N)$，所以中间级 J 的瓦片数是 $2^j \times 2^j$，其中，$0 \leqslant j \leqslant J$。完整的金字塔由 $J+1$ 个级别组成，由 $2^j \times 2^j$ 到 $2^0 \times 2^0$，但大部分金字塔只有 $P+1$ 级，其中，$j = J-P, \cdots, J-2, J-1, J$，且 $1 \leqslant P \leqslant J$。

2）全球金字塔模型每层每块经纬度范围

如果一幅地图的范围涵盖地球。规定全球地理坐标经度范围为[−180°，+180°]，全球地理坐标纬度范围为[−90°，+90°]，全球经纬度的比为 2∶1，所以每层的横向和纵向块数比也

为 2:1，这样就确保了每块地理坐标范围在横向和纵向上是相等的，在处理地形数据和纹理数据时面临的就是一个正方形，而不是一个不规则的四边形，从而大大简化了处理工作。

3) 全球金字塔模型每层地面分辨率(m/像素)

首先，规定每块图像的宽度和高度分别为(即经向和纬向点数)256 × 256(必须为 $2^n × 2^n$)。

根据数据的坐标参考系统不同，地面分辨率的单位也分为以度为单位和以米为单位两类。如采用上述的经纬度方式表示地面坐标，则每个级别的地面分辨率计算公式为 $R_x = R_y = 180° / 2^n / 256$，其中，$n$ 为金字塔层数，一般表示 0~32 的整数。

对于投影坐标系统的数据来说，因为不同投影计算坐标方式不一致，尤其很多投影还采用分带的策略，导致数据在表达全球信息时，很难实现无缝拼接(如 UTM 投影、高斯-克吕格投影等)。所以，在进行全球数据服务时，首先需要选择一个能够表达全球信息的投影，如标准墨卡托投影、Google 发起的 Web 墨卡托投影。

Web 墨卡托投影坐标系描述整个世界，赤道作为标准纬线，本初子午线作为中央经线，两者交点为坐标原点，X 轴向东为正，Y 轴向北为正。赤道半径为 6378137m，则周长为 $2 × π × r = 20037508.3427892$，因此，$X$ 轴的取值范围：[−20037508.3427892，20037508.3427892]。由墨卡托投影的公式可知，当纬度 ϕ 接近两极即 90°时，y 值趋向于无穷。因此，那些"懒惰的工程师"就把 Y 轴的取值范围也限定在[−20037508.3427892，20037508.3427892]，搞个正方形。作为服务的第 0 级数据，即此时全球只有一张瓦片，宽度和高度都是 256 像素 × 256 像素，对应的坐标范围为 (−20037508.3427892，−20037508.3427892) 到最大 (20037508.3427892，20037508.3427892)，而此时，对应的经度范围仍然是[−180°，180°]，而纬度范围则变成了[−85.05112877980659°，85.05112877980659°]。其空间分辨率为 $R_x = R_y = 20037508.3427892 × 2 / 256$m。以此类推，其他各个级别对应的分辨率为 $R_x = R_y = 20037508.3427892 × 2 / 256 / 2^n$，其中，$n$ 表示服务级别。准确来讲，上面的计算只是一个近似或者说是赤道附近的分辨率，对于其他地区，由于纬线圈的变形，实际上更为严格的计算公式如下：

$$R_x = \left(\cos(\text{latitude} × π / 180) × 2 × π × 6378137\right) / \left(256 × 2^n\right)$$

即首先计算当前纬度对应的真实长度，然后计算各个像素的宽度。

4) 全球金字塔模型瓦片地图比例尺计算

对于以度为单位的金字塔瓦片模型，因为在不同纬度上，同样距离对应的经纬度坐标不一致，所以，此时的瓦片各个点比例尺都不一致，因此难以以统一比例尺表达。

而投影坐标系统中，地图比例尺表示图上距离与实地距离的比值，两者单位一般都是米。在地面分辨率的计算中，由缩放级别可得到图片的像素大小，那么需要把其转换为以米为单位的距离，涉及 DPI(dot per inch)，暂时可理解为类似的 PPI(pixel per inch)，即每英寸代表多少个像素。$256 × 2^n$ / DPI 即得到相应的英寸，再把英寸除以 0.0254 转换为米。任意纬度圈对应的实地距离仍旧是

$$\cos(\text{latitude} × π / 180) × 2 × π × 6378137$$

因此，比例尺的计算公式为

scale $= 256 \times 2^n$ / screen DPI / 0.0254 / $(\cos(\text{latitude} \times \pi/180) \times 2 \times \pi \times 6378137) = 1 : (\cos(\text{latitude} \times \pi/180) \times 2 \times \pi \times 6378137 \times \text{screen DPI}) / (256 \times 2^n \times 0.0254)$

其实，Map Scale 和地面分辨率存在对应关系，毕竟都和实地距离相关联，两者关系：scale $=1 :$ resolution $\times$ screen DPI / 0.0254 meters/inch。

3. 地图数据比例尺选择

瓦片是将指定范围内由矢量地图数据绘制并符号化的地图，进行纵向分级和横向分幅，根据不同的比例尺等级，按照指定尺寸和指定格式进行切割，得到若干行和列的矩形图片库。全球金字塔模型中层与基础地图数据比例尺不可能一一对应。遵循层瓦片地图比例尺与地图数据比例尺相近的原则，选择相应的比例尺地图数据，如多尺度矢量服务数据可以根据其地面分辨率相应选取 1：5 万、1：1 万、1：5000、1：2000、1：1000、1：500 比例尺的数据，通过比例尺放大或缩小，使瓦片地图比例尺与地图数据比例尺相等，见表 7.1。

表 7.1　地图比例尺与源地图数据比例尺的对应关系

瓦片金字塔结构级别	地面分辨率/(m/像素)	地图比例尺	源地图数据比例尺
0	78271.52	1：295829355.45	1：100 万
1	39135.76	1：147914677.73	1：100 万
2	19567.88	1：73957338.86	1：100 万
3	9783.94	1：36978669.43	1：100 万
4	4891.97	1：18489334.72	1：100 万
5	2445.98	1：9244667.36	1：100 万
6	1222.99	1：4622333.68	1：100 万
7	611.5	1：2311166.84	1：100 万
8	305.75	1：1155583.42	1：100 万
9	152.87	1：577791.71	1：100 万
10	76.44	1：288895.85	1：25 万
11	38.22	1：144447.93	1：25 万
12	19.11	1：72223.96	1：5 万
13	9.55	1：36111.98	1：5 万
14	4.78	1：18055.99	1：1 万
15	2.39	1：9028.00	1：1 万
16	1.19	1：4514.00	1：5000
17	0.6	1：2257.00	1：2000
18	0.2986	1：1128.50	1：1000
19	0.1493	1：564.25	1：500

4. 地图数据内容的选择及符号化

1）瓦片地图内容的选择

不同级别下显示的矢量数据图层可以参考《地理信息公共服务平台电子地图数据规范》

(CH/Z 9011—2011)选择合适的图层并进行地图配置，如表 7.2 所示。

表 7.2　电子地图数据选择规则

尺度	要素内容	数据来源
尺度 0	水系(河流、沟渠、湖泊、水库、其他水系要素、水利及附属设施)、境界与政区(省级界线、地级界线、县级界线)、居民地(省级政府、地级政府、县级政府、乡级政府)、交通(高速公路、国道、省道、县乡道、主要街道、铁路、火车站、飞机场)、注记(省级政府、地级政府、县级政府、乡级政府、行政村、自然村、火车站、飞机场)、地貌、植被与土质	1∶5 万
尺度 1	水系(河流、沟渠、湖泊、水库、其他水系要素、水利及附属设施)、境界与政区(省级界线、地级界线、县级界线)、居民地(省级政府、地级政府、县级政府、乡级政府、行政村、古迹、遗址、休闲娱乐、景区等)、交通(国外一级公路、国外未分级的其他公路、高速公路、国道、省道、县乡道、机耕路、小路、主要街道、铁路、火车站、飞机场)、植被、注记(省级政府、地级政府、县级政府、乡级政府、行政村、自然村、火车站、飞机场)、地貌、植被与土质	1∶5 万
尺度 2	行政区划；面状房屋中的突出房屋、高层房屋、标志性建筑；国道、省道、县道、主干道、次干道、支路中心线、立交桥边线；铁路；主要河流、湖泊、水库等；面状植被；等高线中首曲线、计曲线；POI 中的市政府、区政府、公园、学校、村、机场、火车站、汽车站、医院等	1∶1 万
尺度 3	所有上个尺度含内容；面状房屋中的街区；次支路中心线；POI 中的政府机构、体育设施、大厦、商场超市、小区、金融机构、科研机构	1∶1 万
尺度 4	所有上个尺度包含内容；面状房屋中的普通房屋、棚房；胡同中心线；主要沟渠；POI 中的风景区、街道社区、地铁站名、宾馆饭店、文化娱乐等	1∶5000
尺度 5	所有上个尺度包含内容；所有面状房屋及居民地中的围墙、地下建筑物等附属设施；道路面及天桥、隧道、涵洞等附属设施；水系中的水闸、输水槽、滚水坝、拦水坝等附属设施；工矿建筑中的温室、游泳池、加油站、亭子等	1∶2000
尺度 6	所有 18 级包含内容；POI 中的工厂公司、普通桥名、博物馆、工业区等	1∶1000
尺度 7	除涉密外的所有地形图要素及可采集到的所有 POI 信息	1∶500

2)地图数据符号化

为了向用户提供色彩协调、符号形象、图面美观的视屏显示地图，需要设定不同显示比例下要素显示符号(包括要素及注记的样式、规格、颜色等)，详细细节可参考《地理信息公共服务平台电子地图数据规范》来配置地图，并根据具体需要做适当调整。配图文件可采用如下格式："ZWFW_DLG_2013"。

3)注记要素选择及符号化

选取若干矢量要素作为标注要素叠加在瓦片地图上以增强信息量，如水系、居民地及设施、交通、政区等图层的名称，以及政区的边界。标注要素图层选择规则如表 7.3 所示。

表 7.3　标注要素图层选择规则

要素分类	数据分层	几何类型	要素内容
水系	水系(面)	JHYDPL	面	水系名称
	水系(线)	JHYDLN	线	单线的河流、沟渠等
居民地及设施	居民地(面)	JRESPL	面	居民地名称
	居民地(点)	JRESPT	点	窑洞等
	工矿设施(点)	JRFCPT	点	工矿、农业、公共服务、名胜古迹、宗教设施等

要素分类	数据分层		几何类型	要素内容
交通	铁路(中心线)	JRAILN	线	铁路等
	公路(中心线)	JROALN	线	国道、省道、县道、乡道、其他公路、乡村公路等
	附属设施(点)	JTFCPT	点	车站、收费站、公开机场等
境界与政区	行政境界(线)	JBOULN	线	各级境界线
	区域界限(线)	JBRGLN	线	区域界线
地名	地名(点)	JPLNPT	点	自然地名、人文地名

电子地图配图可参照《地理信息公共服务平台电子地图数据规范》进行配置，配图文件的命名方式可采用"ZWFW_IMG_2013"的形式。地图的分级、瓦片数据组织与矢量电子地图类似，不再详述。

一般而言，矢量数据服务主要涉及的数据可以从基础比例尺矢量地形要素数据中的水系、居民地及设施、交通、境界与政区和植被与土质等获取，其中，植被与土质是部分选取，其他类型的全部选取。此外，添加一些与公众生活密切相关的餐饮、娱乐、金融等POI信息，以增强电子地图的信息量。

7.2　地理栅格数据编译

栅格数据包括栅格地图、卫星遥感影像、航空摄影测量获取正射影像(DOM)及其他专题影像。这里讨论遥感影像、正射影像及其他专题影像生成多尺度地理栅格数据的技术方法。

7.2.1　多源地理栅格数据

原始地理栅格数据主要有来自各类传感器的不同分辨率的遥感数据和利用航空摄影测量手段获取的(真)正射影像数据。

1. 遥感图像

遥感图像，或称遥感像片，是各种传感器所获信息的产物，是遥感探测目标的信息载体。成像方式包括摄影成像、扫描成像和微波雷达成像三种方式。摄影成像是通过成像设备获取物体的影像技术。传统摄影成像依靠光学镜头及放置在焦平面的感光胶片来记录物体影像。数字摄影则通过放置的焦平面的光敏元件，经光/电转换，以数字信号来记录物体的影像。扫描成像是依靠探测元件和扫描镜对目标物体以瞬时视场为单位进行的逐点、逐行取样，以得到目标物的电磁辐射特性信息，形成一定谱段的图像。微波成像雷达的工作波长为 $1mm\sim1m$ 的微波波段。因为微波雷达是一种自备能源的主动传感器和微波具有穿透云雾的能力，所以微波雷达成像具有全天时、全天候的特点。在城市遥感中，这种成像方式对于那些对微波敏感的目标物的识别，具有重要意义。

遥感数据的基本特征主要包括空间分辨率(spatial resolution)、光谱分辨率(spectral resolution)、辐射分辨率(radiant resolution)和时间分辨率(temporal resolution)。空间分辨率又称地面分辨率，后者是针对地面而言，指可以识别的最小地面距离或最小目标物的大小。前者是针对遥感器或图像而言的，指图像上能够详细区分的最小单元的尺寸或大小，或指遥感器区分两个目标的最小角度或线性距离的度量。它们均反映对两个非常靠近的目标物的识别、区分能力，有时也称分辨力或解像力。光谱分辨率指遥感器接受目标辐射时能分辨的最小波长间隔。间隔越小，分辨率越高。所选用的波段数量的多少、各波段的波长位置及波长间隔的大小共同决定光谱分辨率。光谱分辨率越高，专题研究的针对性越强，对物体的识别精度越高，遥感应用分析的效果也就越好。但是，面对大量多波段信息及它所提供的这些微小的差异，人们要直接地将它们与地物特征联系起来，综合解译是比较困难的，而多波段的数据分析，可以改善识别和提取信息特征的概率和精度。辐射分辨率指探测器的灵敏度——遥感器感测元件在接收光谱信号时能分辨的最小辐射度差，或指对两个不同辐射源的辐射量的分辨能力。一般用灰度的分级数来表示，即最暗—最亮灰度值（亮度值）间分级的数目——量化级数，它对于目标识别是一个很有意义的元素。时间分辨率是关于遥感影像间隔时间的一项性能指标。遥感探测器按一定的时间周期重复采集数据，这种重复周期，又称回归周期，它是由飞行器的轨道高度、轨道倾角、运行周期、轨道间隔、偏移系数等参数所决定的。这种重复观测的最小时间间隔称为时间分辨率。

1）国外主要遥感卫星

目前，国外主要遥感产品如下。

（1）Landsat 图像包括可见光、近红外和热红外在内的 7 个波段工作，MSS 的 IFOV 为 80m，TM 的 IFOV 除 6 波段为 120m 以外，其他都为 30m。MSS、TM 的数据是以景为单元构成的，每景约相当于地面上（185×170）km² 的面积，各景的位置根据卫星轨道所确定的轨道号和由中心纬度所确定的行号进行确定。

（2）SPOT 系列卫星是法国国家空间研究中心（Centre National D'Etudes Spatiales，CNES）研制的一种地球观测卫星系统，至今已发射 SPOT 卫星 1～6 号，1986 年已来，SPOT 已经接受、存档超过 7 百万幅全球卫星数据，提供了准确、丰富、可靠、动态的地理信息源。SPOT 携带两台相同的高分辨率遥感器 HRV，采用 CCD 电子式扫描，具有多光谱和全色波段两种模式。通过用不同的观测角观测同一地区，可以得到立体视觉效果，能进行高精度的高程测量与立体制图。可以制作 1：5 万的地形图。SPOT-1 地面分辨率全色波段为 10m，多波段为 20m；每一影像覆盖面积 60km×60km。SPOT-4 可以产生分辨率 10m 的黑白图像和分辨率 20m 的多光谱数据。SPOT-5 星上载有 2 台高分辨率几何成像装置（HRG）、1 台高分辨率立体成像装置（HRS）、1 台宽视域植被探测仪（VGT）等，空间分辨率最高可达 2.5m，前后模式实时获得立体像对。SPOT-6 卫星图像的分辨率可达 10～20m，在绘制基本地形图和专题图方面将会有更广泛的应用。

（3）QuickBird 卫星是目前世界上商业卫星中分辨率最高、性能较优的卫星。其全色波段分辨率为 0.61m，彩色多光谱分辨率为 2.44m，幅宽为 16.5km。

（4）GeoEye 卫星拥有达到 0.41m 分辨率（黑白）的能力，扫描宽度为 15.2km，还能以 3m 的定位精度精确确定目标位置。GoogleEarth、GoogleMap 等软件都使用了该卫星的地球照片。WorldView2 号卫星影像，能提供空间分辨率 0.5m 全色波段及全色增强，以及 2m 多光谱影像。

（5）IKONOS 是可采集 1m 分辨率全色和 4m 分辨率多光谱影像的商业卫星，同时全色和多光谱影像可融合成 1m 分辨率的彩色影像。

2) 我国主要遥感卫星

目前，我国常用的商业用途的遥感卫星主要是高分系列、资源系列和环境系列。高分系列包括"高分一号""高分二号""高分三号"；资源系列包括"资源三号""资源一号"02C；环境系列包括"环境一号"A、B。除此之外，最近还发射了"北京一号""吉林一号"等卫星。

(1)"高分一号"卫星是中国高分辨率对地观测系统的第一颗卫星，于 2013 年发射。GF-1 卫星搭载了 2 台 2m 分辨率全色，8m 分辨率多光谱相机，4 台 16m 分辨率多光谱相机。"高分一号"卫星的宽幅多光谱相机幅宽达到了 800km。

(2)"高分二号"卫星是我国自主研制的首颗空间分辨优于 1m 的民用光学遥感卫星，于 2014 年成功发射，标志着我国遥感卫星进入了亚米级"高分时代"。GF-2 卫星搭载有两台高分辨率 1m 全色、4m 多光谱相机，具有亚米级空间分辨率、高定位精度和快速姿态机动能力等特点，有效地提升了卫星综合观测效能，达到国际先进水平。

(3)"高分三号"是我国第一颗分辨率达到 1m 的 C 频段多极化合成孔径雷达(synthetic aperture radar，SAR)卫星，也是国内第一颗设计寿命达 8 年的低轨遥感卫星，于 2016 年发射升空。它能为长时间稳定提供数据支撑服务，可全天候、全天时监视监测全球海洋和陆地信息，能够高时效地实现不同应用模式下 1~500m 分辨率、10~650km 幅宽的微波遥感数据获取，为海洋环境监测与权益维护、灾害监测与评估、水利设施监测与水资源评价管理、气象研究等业务提供全新技术手段。

(4)"资源三号"卫星是我国首颗民用高分辨率光学传输型立体测图卫星，于 2012 年发射升空，填补了我国立体测图领域的空白，具有里程碑意义。ZY-3 卫星搭载了 4 台光学相机，包括 1 台地面分辨率 2.1m 的正视全色 TDICCD 相机、2 台地面分辨率 3.6m 的前视和后视全色 TDICCD 相机、1 台地面分辨率 5.8m 的正视多光谱相机。

(5)"资源一号"02C 卫星[其中，01 卫星为中巴地球资源卫星(CBERS)]曾经是我国民用遥感卫星多光谱相机分辨率最高的卫星，于 2011 年成功发射，当时填补了中国国内高分辨率遥感数据的空白。ZY-1 02C 卫星搭载两台 HR 相机，空间分辨率为 2.36m，两台拼接的幅宽达到 54km；搭载的全色及多光谱相机分辨率分别为 5m 和 10m，幅宽为 60km，从而使数据覆盖能力大幅增加，重访周期大大缩短。

(6)"环境一号"卫星是用于环境与灾害监测预报的对地观测系统，由两颗 2008 年 9 月发射的光学卫星(HJ-1A 卫星和 HJ-1B 卫星)和一颗 2012 年 11 月发射的雷达卫星(HJ-1C 卫星)组成。HJ-1A 光学有效载荷为 2 台宽覆盖多光谱可见光相机和 1 台超光谱成像仪，HJ-1B 光学有效载荷为 2 台宽覆盖多光谱可见光相机和 1 台红外相机，HJ-1C 有效载荷为合成孔径雷达，其中，HJ-1A 还承担亚太多边合作任务，搭载泰国研制的 Ka 通信试验转发器。HJ-1A 和 HJ-1B 双星在同一轨道面内组网飞行，可形成对国土 2 天的快速重访能力。

(7)"北京一号"小卫星及运营系统，是国家"十五"科技攻关计划和高技术研究发展计划(863 计划)联合支持的研究成果，同时被列为"北京数字工程""奥运科技(2008)行动计划"重大专项，是中国第一个由企业实施和运行的对地观测卫星项目。北京一号小卫星全重 166kg，在轨寿命为 5 年，卫星上装有 4m 全色和 32m 多光谱双传感器，其 32m/600km 幅宽的对地观测相机，是目前世界在轨卫星幅宽最宽的中分辨率多光谱相机，可实现对热点地区的重点观测，达到"想看哪儿就看哪儿"的目的。"北京一号"于 2005 年 10 月 27 日发射升空，两年多来平稳运行，已获取 4m 全色影像数据 300 多万平方千米，完成了 3 次全国基本无云的 32m 多光谱影像覆盖，并对重点地区进行了密集观测，为减灾救灾提供了数据支持。

（8）"吉林一号"商业卫星是中国第一套自主研发的商用遥感卫星组，由中国科学院长春光学精密机械与物理研究所研制，该卫星组于 2015 年 10 月 7 日发射。"吉林一号"光学 A 星是我国首颗自主研发的高分辨率对地观测光学成像卫星，具备常规推扫、大角度侧摆、同轨立体、多条带拼接等多种成像模式，地面像元分辨率为全色 0.72m、多光谱 2.88m。

2. 航空正射影像

正射影像是具有正射投影性质的遥感影像。原始遥感影像因成像时受传感器内部状态变化（光学系统畸变、扫描系统非线性等）、外部状态（如姿态变化）及地表状况（如地球曲率、地形起伏）的影响，均有程度不同的畸变和失真。对遥感影像的几何处理，不仅提取空间信息，如绘制等高线；也可按正确的几何关系对影像灰度进行重新采样，形成新的正射影像。

无人机航空摄影测量系统作为一项空间数据获取的重要手段，具有快速高效、机动灵活、精细准确、作业成本低、适用范围广、影像实时传输、高危地区探测等重要特点，在小区域和常规飞行困难地区快速获取高分辨率影像方面具有明显优势，弥补了航天遥感的不足。

7.2.2　地理栅格服务数据组织

影像数据最主要的特点是数据量大，通常一幅卫星影像的数据量约为数百 MB 到数 GB，由多幅影像融合及拼接处理生成的影像，其数据量大，对此类影像数据进行快速显示等操作将非常困难；最突出的问题是影像数据量在多数情况下大于计算机内存，也就是说，影像数据不可能同时全部放在内存中进行处理。在这种情况下，采用影像数据的分块和分层技术建立影像金字塔是解决这一问题的关键技术。

1. 栅格影像金字塔

影像金字塔结构是指在同一的空间参照下，根据用户需要以不同分辨率进行存储与显示，形成分辨率由粗到细、数据量由小到大的金字塔结构，如图 7.9 所示。影像金字塔结构用于图像编码和渐进式图像传输，是一种典型的分层数据结构形式，适合栅格数据和影像数据的多分辨率组织，也是一种栅格数据或影像数据的有损压缩方式。

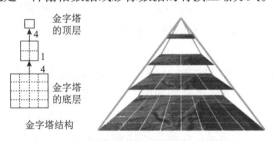

图 7.9　栅格数据金字塔结构示意图

从图 7.9 可以看出，从金字塔的底层开始每四个相邻的像素经过重采样生成一个新的像素，依此重复进行，直到金字塔的顶层。重采样的方法一般有以下三种：双线性插值、最邻近像元法、三次卷积法。其中，最邻近像元法速度最快，如果对图像的边缘要求不是很高，最适合使用该方法。三次卷积由于考虑的参考点数太多、运算较复杂等，速度最慢，但是重采样后图像的灰度效果较好。

每一层影像金字塔都有其分辨率，如放大(无论是拉框放大、还是固定比例放大)、缩小、漫游需要先计算该操作所需的影像分辨率及在当前视图范围内会显示的地理坐标范围，然后根据这个分辨率去和已经建好的影像金字塔分辨率匹配，哪层影像金字塔的分辨率最接近就用哪层的图像来显示，并且根据操作后当前视图应该显示的范围，来求取在该层影像金字塔上，应该对应取哪几块，然后取出来画上去就可以了。

单幅影像建立金字塔必需的参数有四个：块大小、0 层分辨率(即最低分辨率)、层数、层间采样系数或顶层分辨率(二者只需其一，可相互换算)。具备了这四个参数，金字塔的形状就能够确定下来，其中层次影响金字塔的高度，采样系数影响金字塔的倾斜程度，单幅影像建立金字塔后，其调度、显示、缓存等操作都只针对单个金字塔，不存在跨越多个影像操作问题，逻辑较简单，而对于多源影像库而言其金字塔建立的策略就变得相对复杂。

2. 多源地理栅格金字塔

影像数据库中可以存储多种来源的影像，多源影像的原始分辨率存在较大差异。因此，影像库对金字塔的要求和单幅影像的金字塔相比有很大不同。各影像源独立建立金字塔主要用于使系统支持单一来源海量数据的读写，实际上，构建金字塔任意大小的数据都可以通过很低配置的电脑进行浏览，它的构建不考虑影像本身的分辨率。而多源数据金字塔主要用于将大量数据通过固定的分辨率进行统一展示，基于统一的分辨率进行构建。

逻辑上，多源地理栅格数据采用多尺度的方式进行组织和提供服务，每个尺度规定一个固定空间分辨率，将所有影像数据通过空间分辨率统一构建金字塔，各个尺度的数据通过四叉树索引进行统一关联。物理上，将多尺度影像金字塔数据存储于文件系统中，每个尺度的金字塔数据对应一个文件夹，然后对每个尺度金字塔数据进行分块存储，分块的命名规则以所在尺度的行列号为基础，如第二行第三列分块命名为 02_03.png，行列号的起始点位于影像左上角，向右和向下分别为列和行方向的正方向。总体结构如图 7.10 所示。

当然，这种方式并不是唯一的，而且每个尺度文件夹下存在非常多的小文件，对于数据的拷贝移动非常不利，而且更容易产生大量磁盘碎片，不利于系统管理。因此，还可以将上述的小文件存储的数据库，以 BLOB 类型存储，通过数据库管理系统提供服务。除了解决上述问题外，还可以对数据提供更为精细的安全控制，因此，这也是一种常见的数据管理手段。

除此之外，还可以将每个尺度的文件存为一个单独的文件，如图 7.11 所示，即根据确定的分辨率，由多源数据生产一个该尺度的影像，为了读取方便，将数据进行分块，数据块的大小与上述方法一致，如 256 像素×256 像素，数据存储不再是以整幅影像的行为基准，而是以数据块为基准，如图 7.11 所示。在数据的物理文件中，文件头存储了各个分块对应的数据头指针及长度，紧接着头文件的是各个数据块的影像数据，这样，根据请求的坐标可以直接计算需要的数据块，然后根据头文件直接定位数据块并读取。

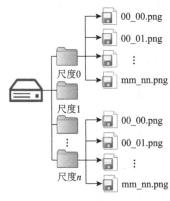

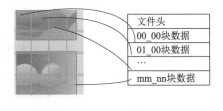

图 7.10　多尺度栅格数据服务组织示意图　　　图 7.11　某尺度数据块及物理存储结构

对于后两种数据组织方式，数据文件个数大大减少，便于数据的移动拷贝，但是对数据的访问效率会有一定程度的影响，尤其是后者，将存在严重的 I/O 瓶颈。而数据库存储数据块的形式由于需要经过数据库管理系统进行访问，同时对 BLOB 数据进行解析，效率会受到一定影响。

7.2.3　影像金字塔构建

影像金字塔的构建包括两大部分：独立金字塔构建及统一金字塔构建。前者不考虑空间分辨率的问题，直接构建本影像金字塔。后者则规定统一空间分辨率，然后根据多源数据的分辨率选择合适的数据构建该尺度金字塔。

(1)独立金字塔构建。多尺度影像独立构建金字塔，是指各影像按单幅影像的方式生成金字塔后对各个金字塔建立索引，索引中记录各金字塔的参数(金字塔层数、重采样方式及影像块的大小、原始分辨率)。由于参数差异，不同原始分辨率的影像建成的金字塔在层次、层间采样系数等方面必然各不相同，并且在相同层次上其分辨率也没有任何联系。独立金字塔的创建可以采用开源 GDAL(geospatial data abstraction library)库的工具。GDAL 是一个在 X/MIT 许可协议下的开源栅格空间数据转换库。它利用抽象数据模型来表达所支持的各种文件格式。它还有一系列命令行工具来进行数据转换和处理。

GDAL 提供对多种栅格数据的支持，包括 ArcInfo ASCII Grid(ASC)、GeoTiff(TIFF)、Erdas Imagine Images(IMG)、ASCII DEM(DEM)等格式。GDAL 使用抽象数据模型(abstract data model)来解析它所支持的数据格式，抽象数据模型包括数据集(dataset)、坐标系统、仿射地理坐标转换(affine geotransform)、大地控制点(GCPs)、元数据(metadata)、栅格波段(raster band)、颜色表(color table)、子数据集域(subdatasets domain)、图像结构域(image_structure domain)、XML 域(XML：domains)等。目前，GDAL 已广泛应用于遥感影像数据处理中，设计数据读取、图像变换、坐标换算、量化采样、编码压缩、配准分割等技术领域。基于 GDAL 构建影像金字塔模型，主要流程如下：①录入影像文件数据，进行 GDAL 引擎驱动注册，读取影像参数信息，包括原始数据的波段数、行高、列宽，进行仿射地理坐标转换。②计算影像金字塔层数，根据 2 倍率原则确定各层分块块数。③将原始影像进行重采样(针对不同需要可灵活采用图 7.10)，生成分辨率较低的影像，保存各层影像数据文件。④对各层影像数据进行分割，保存切片文件。⑤整合各层各块数据文件，建立影像金字塔索引机制，保存索引信息，检查影像分块图像数据是否正确，技术流程如图 7.12 所示。

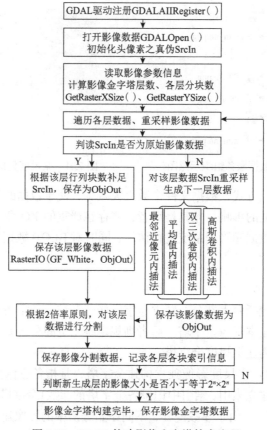

图 7.12　GDAL 构建影像金字塔技术流程

(2)统一金字塔构建。多尺度影像统一构建金字塔，是将不同影像转化到同一金字塔的不同层次上，进而生成统一的影像金字塔，如图 7.13 所示。这样，金字塔每层的影像都由与其分辨率最相近的遥感影像采样得到，最大限度上避免了因重采样导致的信息损失。

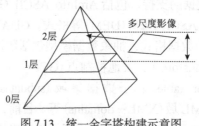

图 7.13　统一金字塔构建示意图

统一金字塔的构建，首先要确定金字塔层数及每层的分辨率，对于不同来源的影像根据其分辨率将其映射到此固定的金字塔上。在构建过程中，若出现多张影像在一个区域发生重叠的现象，选取分辨率与该层最相近的影像进行重采样，使影像信息的损失最小。

(3)统一金字塔构建的实现算法。多尺度影像金字塔的构建算法是在单一影像金字塔构建算法(图 7.14)基础上改进而来的。

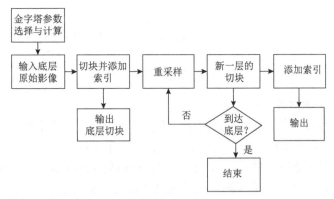

图 7.14　单一影像金字塔的构建算法

多尺度影像金字塔的构建算法主要在影像输入和重采样两个方面进行改进。

a.影像输入。输入原始影像时，由于存在不同分辨率的多张影像，需要为这些影像的空间范围、长宽、分辨率等信息建立索引，以方便重采样时调用。

b.重采样。与单一尺度影像重采样不同，多尺度影像金字塔构建时，需要在重采样之前判断是否存在其他尺度的影像与重采样范围有重合区域，然后分别进行不同的处理。具体过程为：①判断分辨率大于当前层次分辨率的其他尺度影像是否与重采样区域有重叠部分。若无，则直接利用上一层影像数据进行重采样；否则得到有重叠范围的影像索引。②通过索引中的影像得到重叠区域，处理过程中可能会得到多块重叠区域。重叠区域之外的影像，利用上一层金字塔影像进行重采样。③在各重叠区域之内，分别提取分辨率与当前分辨率最接近的影像作为重采样的原始影像，完成重采样。④重叠和非重叠区域的重采样结果合并得到利用多尺度影像进行重采样的结果。

目前，影像金字塔的构建主要有以下四种方法。

一是多分辨率数据源构建金字塔，即将多源、多分辨率、多时相数据建立为不同的图像工程并入库。但是，注意考虑数据真实性，通常采用将数据缩小的方式获取金字塔，而不是进行放大无中生有地创造出数据。

二是影像数据抽取构建金字塔，即除金字塔最底层数据是原始数据外，其他层的影像数据都是从底层抽取来构建金字塔。这种方式因为只存储了基础层的影像数据，与第一种方法相比，可以显著提高效率，所以现有的影像数据库研究大多采用这种方法。但因为其调用不同分辨率的影像需要动态地计算调用影像的范围，所以对硬件的要求比较高，而且需要进行实时重采样计算，效率低下，不利于网络传输和服务。

三是 Oracleinter Media 构建影像金字塔，利用 Oracleinter Media 的 OrImage 类提供的方法可以快速建立影像金字塔。

四是调用第三方库，如 GDAL 库。GDAL 是开源地理空间组织（Open Source Geospatial Foundation，OSGF）以开源的方式为栅格地理空间数据格式建立转换库，运行程序使所有支持的文件格式表达成一种简单的抽象数据模型。GDAL 库不仅支持多种栅格数据格式，而且能为栅格文件建立影像金字塔。ArcGIS 就是利用 GDAL 库建立影像金字塔的。

影像金字塔的构建算法可以比喻为一个"加工厂"，输入的是原始影像数据，输出的是金字塔数据块文件，如图 7.15 所示。不同的算法，最终的输出可能是完全一样的，但由于中间采取的"加工"方法不一样，那么在处理效率、可操作性、灵活性等方面将会存在很大的差别。

图 7.15　算法功能示意图

1. 传统算法构建栅格数据金字塔

在传统算法中影像金字塔的构建过程是：先将原始影像进行重采样生成较低分辨率的影像并保存为一个新的影像文件；然后对该影像文件进行重采样生成更低分辨率的影像，依次进行，直到完成预定的分层；最后对每层的影像进行切割并保存成切片文件。其算法流程如图 7.16 所示。需要说明的是，因为影像的数据量非常大，所以在生成新的一层影像数据时，一般需要多次加载前一层的影像数据才能完成。

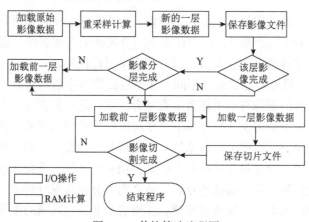

图 7.16　传统算法流程图

这种算法的计算过程可分为两个阶段：一是建立多级分辨率影像的分层阶段；二是对各层影像进行分片的切割阶段。显然，在由原始影像数据到生成最终切片文件的过程中，需要多次执行 I/O 操作（加载前一层影像数据或保存影像文件），这无疑会大大降低程序的执行效率。

按照图 7.15 的"输入-加工厂-输出"模型来分析，"加载原始影像数据"和"保存切片文件"分别对应"输入"和"输出"是必须执行 I/O 操作的，除此之外，其他的 I/O 操作均可理解为算法所做的"无用功"。

此外，如果能对算法中所用的参数（包括每次加载数据量的大小、切片文件的大小、金字塔分层数、重采样算法及参数设置等）进行灵活配置，算法的适应性和灵活性将会大大改善。因此，该算法还考虑了如下几个关键问题。

（1）采样密度：影像金字塔中第 N 层的多少个像素采样为第 $N+1$ 层的一个像素。采样密度越小，可以得到越连续的缩放效果，但对应金字塔分层数增多，数据冗余加大，占用更多磁盘空间。反之，采样密度越大，影像金字塔数据量越小，但缩放效果差。因而，在实际应用中，要综合考虑影像大小、实际需求、算法设计等多种因素，选择合适的采样密度。一般情况下，采样密度可取为 $N \times N (N = 2,3,4,\cdots)$。

（2）内存利用：合理有效地利用内存是算法成败的关键。影像数据是行列顺序存放的，因而在许多算法中，每次加载的数据常常取作几行或几列。由于处理的影像大小不同，则每次加载的数据量就不同。当数据量较大时，在内存小的计算机上算法无法运行；当数据量较小时，内存又得不到有效利用。因而，理想的做法是，算法根据具体运行计算机的内存大小来调整每次加载数据量的多少；在内存允许的情况下，尽可能加载多的数据量。本书的算法是根据最大允许的内存，自动判断每次加载数据量的多少。

(3)采样算法：常用的重采样算法主要有最邻近点、双线性插值、三次立方卷积等。

2. 剖分影像金字塔模型

剖分影像金字塔模型(subdivision image pyramid, SIP)分层时根据数据源情况采用不同的分层策略：如果只有一种分辨率的原始遥感影像，则其他层数据都由这层数据重采样得到；如果原始遥感影像有多种分辨率，则将这些影像数据直接作为相应层的数据，其他层数据由其重采样得到。所以，SIP 在分层时需考虑两方面的因素：一是确定现有的影像数据可以作为 SIP 中哪些层的数据；二是根据现有的影像数据产生其他层的数据。

基于以上考虑，SIP 的分层流程为：

(1)确定原始遥感影像层数，首先将原始最高分辨率的影像作为金字塔的最底层(第一层)，然后根据不同层之间的倍率关系，确定已有的其他分辨率影像数据所处的层数。

(2)将这种不是由重采样生成而是已有的原始遥感影像直接充当的金字塔层称为"既有层"，即如有关于同一区域的 0.5m 和 2m 两种不同分辨率的遥感影像，当用 0.5m 分辨率的遥感影像作为最底层并用 2 倍率建塔时，则第三层数据为 2m 分辨率，此时不用重采样后生成的数据，而是直接用原 2m 分辨率的遥感影像作为第三层，则原 2m 分辨率遥感影像所在的层即为"既有层"。

(3)将已有影像数据安放到相应层后，依照"就近取材"的策略，对原始数据进行循环重采样生成其他层数据。遇到"既有层"则将"既有层"数据直接作为该层影像，然后继续循环重采样生成下一层的数据。

(4)分层的终止依据是，当满足一定的设定条件时，则不再继续分层，否则一直分层到某一层的影像数据小于等于一个影像块为止。

7.2.4　栅格化瓦片影像数据

与矢量数据相比，栅格影像的服务相对比较简单，因为它不需要复杂的符号化配图等反复性的具有很强的主观性的步骤。在提供数据服务方面也比矢量数据研究的更为成熟，最重要的是，所有的系统平台所有的浏览器都对影像数据提供了极为成熟和良好的支持，因此，海量影像的服务研究具有先天优势。实际上，瓦片的概念最早就是用于海量影像数据的管理而提出的，随着 Google 地图的发布，瓦片的概念进一步发展为全球范围数据组织管理的基本单元。总之，在瓦片数据服务方面，影像具有先天优势，同时也是非常成熟的。

在全球尺度上，一般规定栅格数据的瓦片分块的起始点以从左上角点即经纬度−180°，90°开始，向东向南行列递增；瓦片分块大小 256 像素 × 256 像素；瓦片数据格式采用 PNG 或 JPG。第 0 尺度及全球范围内分为两个瓦片，瓦片的宽度和高度均为 180°，第 1 级将 0 级一分为四，总计 8 个瓦片，每个瓦片宽度、高度均为 90°，以此类推，每个级别瓦片个数为 $N = 2 \times 4^n$，相应的瓦片的范围为 $W = H = 180° / 2^n$，分辨率则为 $R_x = R_y = 180° / 2^n / 256$。其中，$n$ 为尺度，范围为 0~32。

为便于瓦片数据的交换，交换的瓦片数据文件采用统一的组织结构，数据的组织采用明码格式，采用数据集、层、行目录结构描述，具体结构如图 7.17 所示。具体计算规则与 7.1.3 节部分一致。其中，"影像瓦片数据集"为交换瓦片数据的根目录（一般为交换数据的名称），其下的目录为影像瓦片的金字塔层（目录名命名方式："L+层号"，L1、L2、L3、…），金字塔层目录下为该层的行为目录名（目录名命名方式："R+行号"，R1、R2、R3、…），行目录下为具体的瓦片数据文件（文件名命名方式："C+列号"，C1.png、C2.png、C3.png、…）。

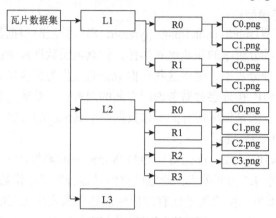

图 7.17　瓦片文件组织

影像数据处理过程如下。

（1）降低分辨率：按照《遥感影像公开使用管理规定（试行）》中公开使用的遥感影像空间位置精度不得高于 50m；影像地面分辨率不得优于 0.5m 的规定，将原始的 1∶1000 分幅影像数据地面分辨率批量降为 0.5m。

（2）投影转换：影像数据原始坐标系统为 CGCS2000，坐标单位为米，考虑投影转换后及后期保密处理影像产生变形，在进行投影转换之间，首先将数据进行重叠拼接，重叠率为各拼接块边缘各重叠一个图幅，拼接后进行投影转换至 CGCS2000，单位为度。

（3）黑/白边处理：影像数据经投影转换及保密处理后，产生黑/白边，为满足影像电子地图接边处透明的制作要求，按照数据范围面及影像分块界线，对影像数据进行裁切，裁切后影像无效区域 RGB 为（0，0，0）。

7.3　数字高程模型编译

在局部区域的数字高程模型（DEM）应用中，数据量只有几十兆或几百兆，数据的存储、管理和调度问题并不是十分突出，通常将这些数据直接存储在硬盘上，应用时完全载入内存中。但是随着应用区域扩展到全球范围，DEM 也随之迅速扩展至海量，任何高级的计算机硬件也无法完全将海量数据直接调入内存使用，必须采用纵向分层和横向分块的方法构建全球DEM 数据的金字塔模型，对全球海量 DEM 数据进行多分辨率处理。常用 DEM 表达方法有规则格网数字高程模型（GridDEM）和不规则三角形格网（TIN）两种。地形应用中多分辨率数据服务也分为规则格网（GridDEM）和不规则格网（TIN）两种方式。

7.3.1　GirdDEM 金字塔模型编译

1. GirdDEM 数据组织

GirdDEM 金字塔模型组织方式主要有两种：等间隔空间划分和等面积空间划分。

1) 等间隔空间划分

等间隔空间划分的典型代表是四叉树(quda tree，Q-T)算法，基本思想是用等经纬度间隔的面片对全球进行空间划分，同一层面片的经纬度间隔相等，相邻层面片的经纬度间隔倍率为 2(图 7.18)。它最初由 Kinger 和 Dyer 于 1976 年提出，后经 Smaet 进一步完善，目前已经得到了广泛应用。此方法虽然能够实现大规模数据的空间索引，但计算复杂，占用内存较多，实现起来难度较大。

2) 等面积空间划分

等面积空间划分的典型代表是椭球四叉树(elliposd quda tree，EQT)算法，它的基本思想是用等面积的面片对全球进行空间划分，同一层面片的面积相等，相邻层面片的面积倍率为 2(图 7.19)。

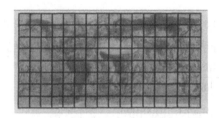
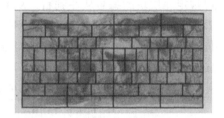

图 7.18　等间隔空间划分　　　　　　　图 7.19　等面积空间划分(等纬差)

上面两种空间划分方法各有优势和不足，等间隔划分法的算法比较简单，索引速度快，但因为是按照等经纬度划分，所以出现两极和赤道上的面片数相等。而实际上因为两极为子午圈的汇集处，所以分割出这么多的面片等于是数据冗余，但恰恰也正是这些冗余面片的存在，才使得相邻面片之间的接边问题变得简单起来。相反，等面积划分法是沿平行于子午圈和平行圈的方向，将地球椭球体的表面划分成许多四边形面片，且同一层中的面片具有相同的面积，其面积与地球上的实际面积相同。因此，在两极处的冗余面片较少，也正是这些较少的冗余面片，导致了接边难度大于前者。而且从文献给出的计算面片面积的公式也可以看出，等面积划分的运算量也要大于前者。

从两种空间划分方法(等间隔划分和等面积划分)的对比可以看出，二者互有优势，各有侧重。与等面积划分相比，等间隔划分的计算和索引方法更为简便快捷，虽然在两极处稍有冗余，但因为南北纬 70°到两极之间的地区属于人口极稀疏地区(关注率也较低)，高分辨率地形数据相对较少，所以冗余量并不是很大。正是这少许的冗余，给不同分辨率模型的接边提供了极大的方便。因此，综合考虑上述因素，选择等间隔划分方法对 DEM 金字塔模型进行分层分块处理。

逻辑上，规则格网 DEM 具体组织方案如下。

(1)规定全球地理坐标经度范围为[-180°，+180°]，全球地理纬度范围为[-90°，+90°]，此范围以外的坐标值均视为无效值。

(2)金字塔模型中的每一层对应一个层次细节级别，模型的分辨率越低，层次细节基本也越低。

(3)规定第 K+1 层的分辨率为第 K 层的 2 倍，这个 2 倍同时约束地形模型和纹理模型。

(4)规定第 0 层(最低分辨率层)以 36°为单位，将整个地理坐标划分成 5×10 正方形的小块，这主要是考虑与 1000m 空间分辨率的 GTOP30 数据的原始分块保持基本一致，同时修改为固定大小数据块，如图 7.20 所示。

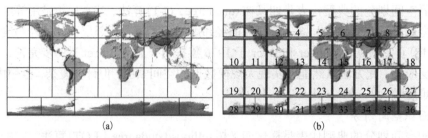

图 7.20　GTOP30 数据原始分幅(a)及统一大小后的数据分块方法(b)

(5)规定第 0 层之后的其他层，在第 0 层基础上一分为四，其他层以此类推。

(6)规定每层块的编号从左到右，从上到下。

(7)规定被加载的数据分辨率的级别由视点与区域的距离和最初设定的分块最小值(闭值)共同决定。当分块的值比闭值大时，加载数据的分辨率由视点与区域的距离决定(图 7.21)。

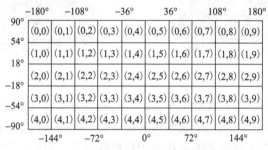

图 7.21　金字塔模型分层分块方案

在对 DEM 数据进行分块时，上边界和右边界会有残缺的数据块。遇到这种情况，采用的做法是对残缺的块设置标记，这样既能充分利用原始数据，又避免了对无效数据的存储，且在数据调度时避免无效数据读取。同时，一旦有后续数据进入，只需对残缺的数据块重新设置标记即可。这需要在块元信息中标注有效数据位置。这样也利于不完整块的绘制。

2. 数据命名

物理结构上，采用与栅格影像类似的结构，以文件系统存储，如图 7.22 所示。具体每个尺度数据命名规则如下。

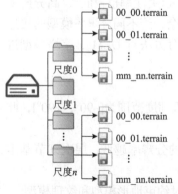

图 7.22　规则格网数据物理结构

(1)每个尺度的数据都存储于一个独立文件夹中，文件夹名称以层所在的层次命名，如第 0 层，则文件夹命名为 0。

(2)同一层内，即当前尺度的每个数据块的命名采用"行号_列号.terrain"的形式存储，大小采用 65 像素 × 65 像素，其中，64 像素 × 64 像素是有效数据，多出来的一行一列用于数据接边，文件中的数据采用 Float 形式表示，范围为 −10000.0～10000.0m，能够表达地面及海底地形。

依照上述规则，假如一个在第 5 层第 8 行第 20 列的地形数据块对应文件的相对访问路径为 "..\5\08_20.terrain"，系统在运行时，只要根据经纬度按照行列的计算公式：

$$行计算公式: \quad row = \left(abs(-90 - latitude)\%180\right)/tilesize$$

$$(7.1)$$

$$列计算公式: \quad col = \left(abs(-180 - longtitude)\%360\right)/tilesize$$

即可快速、准确定位所需的数据文件。式中, latitude 和 longitude 是某点的纬度和经度; tilesize 是在该分辨率级别下分块的大小。

类似地, 除了用文件系统表示规则格网的多尺度数据组织外, 也可以采用数据库及数据文件的形式, 其基本思想与 7.1.3 节中的描述一致, 此处不再赘述。

需要注意的是, DEM 是特殊的数据, 得到三维效果需要客户端进行解析数据后以三维形式进行渲染, 也就是说, 需要客户端提供特殊支持。

3. 编译工具

该工具将整合多源、异构、多时态的 DEM 数据, 在地理空间数据模型基础上构建多尺度的、分层分块的 DEM 金字塔数据集, 为地理信息应用与服务软件产品提供基础数据源。本系统的主要功能模块有:

(1) 数据接入与加载模块: 基于对本地或者空间数据库系统的访问, 该模块实现对多源、多时态、多尺度 DEM 数据的快速加载。

(2) 数据集成与融合模块: 该模块将实现系统已加载多源、多时态、多尺度 DEM 数据的集成与融合。

(3) 金字塔数据生成模块: 在地理空间数据模型基础上, 基于多尺度 DEM 的组织方法, 该模块将实现对 DEM 数据的快速分层分块处理, 并将处理后的数据进行本地输出。

7.3.2 TIN 结构的细节分层编译

多细节层次(levels of detail, LOD)技术指根据物体模型的节点在显示环境中所处的位置和重要度, 决定物体渲染的资源分配, 降低非重要物体的面数和细节度, 从而获得高效率的渲染运算。多分辨率 LOD 的基本思想是: 用不同的 LOD 表示一个三维场景, LOD 级别取决于可视区域与视点的关系, 并随着视点移动更新各个区域 LOD 的级别。

TIN 结构解决了规则格网结构的固定大小的问题, 对于地形变化不大的区域可以减少采样点, 而对于地形复杂地区则可以加密采样点, 是描述地形的有力工具, 也更为准确和精细。但是其缺点也很明显, 即三角网中的每个三角面片大小不一, 极不规则。如果用于生成 LOD 模型, 非常不利, 而规则格网 DEM 则可以很好地使用影像处理的方式完成。鉴于此, 在三角网构建 LOD 提供更准确精细的地形服务方面有很多算法相继推出。

基于不规则格网 LOD 技术的主要思想是: 对于地形简单的区域, 采用很少的不规则三角形绘制, 而对于地形复杂的区域, 则可以根据实际情形用更多的不规则三角形表示。也就是说, 采用基于视觉技术的 LOD 技术, 即距离视点不同距离的区域采用不同的细节层次表示, 并且随着视点的变化而作相应的变化。基于不规则格网的 LOD 技术主要应用于大规模地形实时绘制中, 对科学可视化、GIS、虚拟现实、飞行模拟、军事指挥与控制, 以及三维交互游戏等领域的发展有着重要的作用。多尺度 TIN 数据服务的核心技术难点在于如何进行 LOD 数据构建, 即如何简化 TIN, 以及如何对每个尺度内部的 TIN 进行数据分块。

1. 多尺度 TIN 数据简化

不规则格网的 LOD 技术分为静态的 LOD 技术、动态的 LOD 技术, 现在已经发展为静态与动态相结合的 LOD 技术。

1) 静态的不规则格网的 LOD 技术

静态的 LOD 技术，即与视点无关的 LOD 技术，它是通过对数据进行预先处理，根据需要产生几种一定的比例尺的模型。在实时显示时，依据一定的误差规则，调入相应比例尺的模型进行显示。

三角网的简化不仅与网的结构有关，还与三角网顶点的高程值有关。当前两种流行的简化途径：一种是在不改变原始数据的情况下，从中抽取点集构成多分辨率的三角网；另一种便是构造新点进行层次构建，最终达到简化三角网的目的。第一种计算出每个顶点和与它相邻的三角面的法向量，若顶点的法向量与相邻的每一个三角面的法向量的差在给定的范围内，则可删除该顶点。第二种基本思想是相邻点合并。如果相邻的两个点高程值差和两点的距离都在给定的范围内，则对这两个点进行合并，即删除两个点，加入一个新点，加入点的位置和高程值为原两个点的平均。根据给定的高程值差和两点的距离范围可以控制简化的程度，也可以分级简化。

静态的不规则格网的 LOD 技术方法简单，算法很容易实现，但是应用并不广泛，其根本原因就是在实时显示时没有连续性，因此产生了视觉上的"跳跃"现象。

2) 动态的不规则格网的 LOD 技术

针对静态 LOD 技术产生视觉上"跳跃"的原因，人们根据视觉原理，开始研究基于视点的 LOD 技术，即动态 LOD 技术。简单地说，动态 LOD 技术是依据视点的不同，对输入的数据进行动态的处理，以产生具有不同尺度的数据显示在屏幕上，达到视觉上的效果。

在实际应用中，动态的不规则格网的 LOD 往往采用一定的算法，实时生成另一分辨率的模型，实现真正的实时显示。数据的实时调度和实时处理，对于一般的计算机来说，调度和处理数据的时间过长，影响了数据实时显示时的帧速。人们不得不在计算机显示速度和数据处理后的精度上做一定的平衡，以便找到一个合理的结合点。其优点是没有数据冗余，能保证几何数据的一致性和视觉连续性；缺点是需要在线生成不同分辨率的模型，算法设计复杂，可视化速度慢。

渐进格网模型(progressive mesh, PM)算法通过一系列的顶点分裂(split)与合并(collapse)实现对原始模型的变换，从而构建不同分辨率的 LOD 模型。顶点邻近关系及顶点的分裂与合并操作是 PM 算法的基础。顶点的分裂是通过增加一个顶点到原 TIN 中，从而产生更精细的 TIN 模型；顶点的合并则是通过删除一个顶点，从而产生更简略的 TIN 模型。通过顶点的分裂与合并操作，得到一系列不同分辨率的层次模型。

PM 定义三角网模型 M 可以由二元组 (V, F) 表示，其中，V 是一个由三维欧氏空间的顶点 $\{V_1, V_2, \cdots, V_n\}$ 集合组成的单纯形；F 是由 (v_i, v_j, v_k) 组成的三角形集合，均按照同一方向排列(顺时针方向或逆时针方向)，用于描述顶点、边、面之间的拓扑关系；模型 M 中任意顶点 V_i 与其他顶点间的邻接关系是 F 中所包含顶点 V_i 的三角形集合；模型 M 中任意一条边 $E = \{v_i, v_j\}$ 的邻接关系是指顶点 v_i 和 v_j 的邻接关系的并集。据此可以推理：如果一条边只有一个邻接的三角形，则该边是边界边；否则，是内部边。0 维的单纯形 $\{i\} \in V$ 表示一个点；一维的单纯形 $\{i, j\} \in E$ 表示一条边；二维的单纯形 $\{i, j, k\} \in F$ 表示一个三角形，F 是所有的顶点组的集合。

设 M_0 表示最粗糙的格网，M_n 表示最精细的格网，则 $M_0, M_1, \cdots, M_n$ 表示从粗到细的一系列格网，M 表示 M_0 与 M_n 之间任意分辨率的格网。根据 PM 表达，M 可存储为最粗糙的格网 M_0 和一系列详细的变换记录信息，这些记录信息可以将格网 M_0 细化到各种需要的精度，或者初始精度 M_n，这些记录信息对应于顶点的劈开操作，顶点的劈开是通过增加一个顶点到三角网中去，从而产生进一步精细的模型；顶点的合并是指从顶点集合中删除一个顶点，从而能够生成较原始粗糙的模型。顶点的劈开或合并操作可以对原始模型产生一系列不同分辨率的层次模型。顶点劈开或合并操作的过程可以用下式描述：

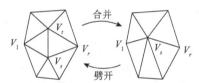

$$M_0 \xrightarrow[\text{合并}]{\text{分裂}} M_1 \xrightarrow[\text{合并}]{\text{分裂}} \cdots \xrightarrow[\text{合并}]{\text{分裂}} M_n = M$$

从上述过程可以看出，原始模型 M_0 的任意分辨率模型 M_i 可以通过一系列顶点的劈开或合并操作变换而来，无论是顶点的分裂还是合并，都意味着对模型的三角形数目和顶点的局部改变，如图 7.23 所示。

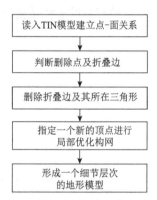

图 7.23　顶点的合并和劈开操作

为了保证不改变原始模型的拓扑结构，顶点分裂与合并遵循如下规则：①对于所有与顶点 V_t、V_s 相邻的点 V_i，(V_t, V_s, V_i) 是模型中的一个三角形；②若 V_t、V_s 都是边界上的点，(V_t, V_s) 必是模型的一条边界边；③若 V_t、V_s 都不是边界顶点，则模型的顶点数据必大于 4；若 V_t、V_s 是边界顶点，则模型的顶点数据必大于 3。

累进格网算法通过重复应用简单的边折叠操作来简化一个复杂的模型，该算法每一次选择多边形的一条边进行折叠，然后用单一的顶点替代，每一次简化操作移去一个顶点、三条边、两个三角形面。由于只对局部数据进行简化，大大缩短了处理时间。算法的基本流程如图 7.24 所示。

图 7.24　细节层次地形模型生成基本流程

（1）加入离散点数据，建立离散点数据索引。然后根据并依凸闭包插入算法建立狄洛尼初始三角网，并在建网的同时建立相邻三角形的拓扑关系。

（2）根据点与上述初始三角网之间的拓扑关系建立初始三角网中每个顶点与周围顶点及此顶点周围三角形的关系。

（3）计算每个顶点的折叠价值，并存储最小的边折叠价值和顶点位置坐标。

（4）比较所有顶点最小边折叠价值，依折叠价值由小到大进行排列，建立价值列表。

（5）依边折叠价值列表进行化简，首先判断折叠后是否会产生自交现象，若会则移到价值列表的下一个点进行判断。若不产生自交现象，则进行折叠操作，删去折叠点，并重新计算折叠点周围邻接点的折叠价值，逐一进行价值列表的排序。

（6）剩下的顶点数与要求保留的顶点数进行比较，若大于则返回到步骤（5），若小则退出循环，若代价列表到了末尾也退出循环。

　　没有被选取参与角点替代的采样点，被分配给包含它的四叉树叶子节点区域，作为待插入的采样点(整个地形区域边界附近的极少一部分点可能不会被包含于任一个叶子节点区域)。这样，就在没有引入插值点的情况下，建立了一个四叉树的空间索引结构。应用本书算法在某不规则地形采样点集上，构建了一个四叉树空间索引结构，四叉树节点区域是不规则的凸多边形区域，每个叶子节点包含若干不规则采样点(图 7.25)。

　　这里用一个二维数组来存储四叉树信息，以便可以快速地行列访问，从而实现快速地选

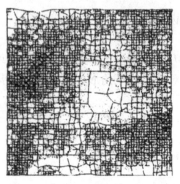

图 7.25　不规则点集的四叉树区域划分

取 LOD 。若树深为 N ，则数组的大小为 $\left(2^N+1\right)\times\left(2^N+1\right)$ 。这里的四叉树是非平衡的，数组的有些位置是无值的。

　　上一部分，本书在不规则采样点集上强加了一个受限的四叉树结构，目的就在于当距离视点足够远时，用四叉树节点区域的四个角点的三角划分就可以很好地表达地形，而不需要其他额外的点。这种情况下，就可以采用处理格网(grid)数据的方法，高效地抽取连续的细节层次。

　　本书采用受限四叉树三角剖分方法(restricted quadtree triangulation，RQT)。RQT 细分就是在细分过程中，为了消除 T 型裂缝的产生，强制约束邻接四叉树节点的层次差异不能大于 1。这种约束的一种有效的方法是应用依赖关系(图 7.26)。

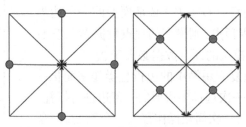

图 7.26　依赖关系图

　　在至顶向下的细分过程中，当当前节点(非叶子节点)已经满足近似误差的要求、不需要继续细分时，此节点的四个角点及其中心点被标识用于三角划分，同时，每个被选顶点在依赖图中相关联的顶点也被递归地标识用于三角划分。图 7.27(a)是非叶子节点的三角剖分，四个角点及其中心点一定被标识用于三角划分，边点有可能被标识用于三角划分。因为节点区域是不规则的多边形，如果是凹的[图 7.27(b)]，就会致使中心点和角点的连线跃出节点区域，从而导致三角形和三角形交叉的现象发生，所以要保证节点区域是凸多边形。

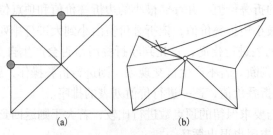

(a)　　　　　　　　　(b)

图 7.27　非叶子节点的三角划分

因为这里的四叉树是非平衡的，所以在处理叶子节点时，有别于常规的方法。如图 7.28 所示，在叶子节点的边的中点上，有可能有值，也可能无值。当细分到达叶子节点还没有满足误差要求时，叶子节点区域的四个角点及所有有值的边的中点被选择用于绘制，同时它们在依赖图中相关联的四叉树是一个二维数据结构。因为四叉树模型与矩形格网 DEM 坐标系有着天然的相似性，所以对于描述地形来讲，它是很理想的一种数据结构。

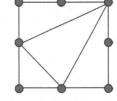

顶点也被选择，而叶子节点区域内部的三角划分不再采用受限四叉树三角剖分方法，而是采用如图 7.28 所示的局部三角划分方法，下一节将详细讨论叶子节点的三角划分与多分辨率表达。

在四叉树节点误差的选取上，作者采用了较为保守的做法，让节点区域中包含的所有不规则采样点的最大误差作为四叉树节点的误差，这样同时保证了在从基于四叉树的三角剖分转入点插入的过程中，误差是单调递减的。通常，四叉树节点的误差是在预处理阶段计算完成的，而在实时显示阶段，直接应用节点误差来判断当前节点是否需要继续细分。

图 7.28　叶子节点的三角划分

当细分到叶子节点还没有满足误差要求时，就需要把叶子节点区域中包含的不规则采样点应用于此多分辨率三角网中，直到满足误差要求或者没有可以应用的采样点为止。

通常采用顶点插入算法。此算法包含两个步骤:首先，应用基于递归分割的三角化方法得到叶子节点的初始三角网(图 7.29)。然后，依次搜寻最大误差点 p，插入当前三角网 T 中。

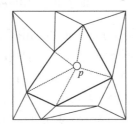

图 7.29　点插入前后三角网的变化

为了满足实时显示的要求，通常在预处理阶段完成顶点插入的过程，并记录下细化的信息，而在实时显示阶段，直接把细化信息应用于当前网格，以便快速地得到需要的细节层次。

如图 7.29 所示，插入点 P 时，会导致三角网局部的改变，这里可以用一个关系 $M=(T_1,T_2)$ 表示这一改变，表述为用一个三角形集合 T_2 替换掉影响区域中的三角形集合 T_1，这样点 P 就被应用于三角网中，三角网的分辨率也随之提高。同样，可以应用其逆操作顶点删除，降低三角网的分辨率，它可以用关系 $M-1=(T_2,T_1)$ 表示。同时，还要维护顶点插入(删除)的次序来保证在执行 M (或 $M-1$)时，三角形集 T_1 (或 T_2)已经存在于当前的三角网中。

在具体实现时，首先在预处理阶段，通过依次插入最大误差点 P，由 $p \to T_1$ 和 $p \to T_2$ 分别记录下 T_1 和 T_2 两个三角形集，并按照顶点插入的顺序对顶点排序；在实时绘制阶段，按照顶点的次序，对当前三角网执行顶点插入或顶点删除操作，即 M 操作或 $M-1$ 操作，得到叶子节点的任意分辨率的表达。

由于不规则采样点的分布是任意、不均匀的，通过上述过程得到的四叉树不一定是平衡的。为了在实时的 LOD 选取阶段，避免 T 型裂缝的产生，有必要限制邻接的叶子节点的层次差异不大于 1，即这里的四叉树是受限的。

2. TIN 的多尺度数据组织

逻辑上，不规则 TIN DEM 多尺度组织方案如下。

(1) 规定全球地理坐标经度范围为[−180°，+180°]，全球地理纬度范围为[−90°，+90°]，此范围以外的坐标值均视为无效值。

(2) 金字塔模型中的每一层对应一个层次细节级别，模型的分辨率越低，层次细节基本也越低。

(3) 规定第 $K+1$ 层的分辨率为第 K 层的 2 倍，这个 2 倍同时约束地形模型和纹理模型。

(4) 规定第 0 层（最低分辨率层）以 180° 为单位，将整个地理坐标划分成 2 个正方形的小块。

(5) 规定第 0 层之后的其他层，均采用在上一层基础上一分为四进行划分；数据块的个数计算公式为 $N = 2 \times 4^n$，相应地，每个数据块表示的范围计算公式为 $W = H = 180° / 2^n$。

(6) 规定每层数据块的编号统一从左到右，从上到下，如图 7.30 所示。

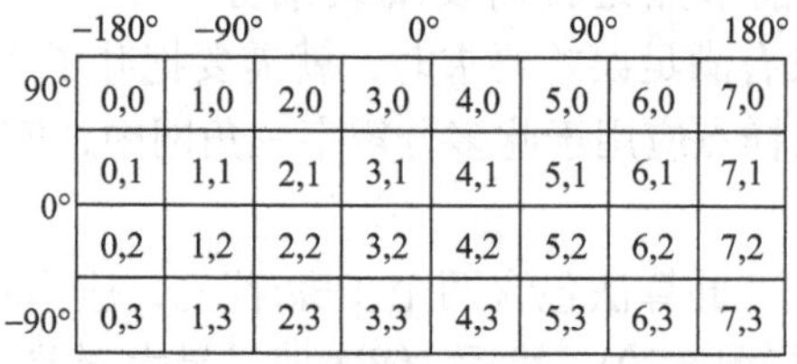

	−180°	−90°		0°		90°		180°
90°	0,0	1,0	2,0	3,0	4,0	5,0	6,0	7,0
	0,1	1,1	2,1	3,1	4,1	5,1	6,1	7,1
0°	0,2	1,2	2,2	3,2	4,2	5,2	6,2	7,2
−90°	0,3	1,3	2,3	3,3	4,3	5,3	6,3	7,3

图 7.30　金字塔模型分层分块方案

(7) 规定被加载数据的分辨率的级别由视点与区域的距离和最初设定的分块最小值（闭值）共同决定。当分块的值比闭值大时，加载数据的分辨率由视点与区域的距离决定。

与规则格网 DEM 类似的是，在对 DEM 数据进行分块时，上边界和右边界会有残缺的数据块，在不规则 TIN 的 DEM 表示中，这种情况更为常见而且更为严重。这里采用的做法是对残缺的三角片进行标记，同时记录其对应的位于当前范围以外的三角面片顶点坐标，这样既能充分利用原始数据，又避免了对无效数据的存储，且在数据调度时避免无效数据读取。

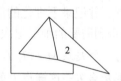

图 7.31　边界三角面片处理

同时一旦有后续数据进入，只需对残缺的数据块重新设置标记即可。同时，在客户端进行渲染时也需要对此进行特殊考虑。如图 7.31 所示，2 号三角面片有个顶点位于数据块之外，为了数据渲染的要求，存储完整的三角面片，即将数据块外部的数据同时存储于指定的边界区域，以保证数据的正确和接边完整。

3. 多尺度物理结构

物理结构上，采用与栅格影像类似的结构，以文件系统存储，如图 7.32 所示。具体每个尺度数据命名规则如下。

(1) 每个尺度的数据都存储于一个独立文件夹中，文件夹名称以层所在的层次命名，如第 0 层，则文件夹命名为 0。

(2) 同一层内，即当前尺度的每个数据块以二进制形式存储数据，数据块命名采用"行号_列号.tin"的形式存储。数据范围固定，如第 0 级由两个数据块，宽度和高度都是 180°，文件中的数据坐标采用 Float 形式表示，范围为–10000.0～10000.0m，能够表达地面及海底地形。数据文件格式如图 7.33 所示。

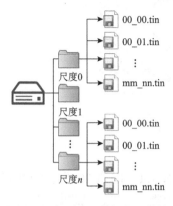

8字节	npatchno	nptno	面片及点个数
12×nptno字节	*xyz*		坐标点
12×npatchno字节	id0 id1 id2		三角形面片组成

图 7.32　规则格网数据物理结构　　　　　图 7.33　数据块物理结构

其中，文件最开始是两个四字节整数，分别存储当前数据块包含的三角面片个数及对应的顶点个数。紧随其后为每个点的经纬度及高度，均采用 Float32 类型存储，共计 12 字节，因此，点数据共占用 12×nptno 字节。然后，存储三角形面片对应的顶点在点数据中的序号，范围为 0～nptno-1。

依照上述规则，假如一个在第 5 层第 8 行第 20 列的地形数据块对应文件的相对访问路径为 "..\5\08_20.tin"。系统在运行时，只要根据经纬度按照行列的计算公式：

$$row = (lantitude - 90) / tilesize$$
$$col = (longitude + 180) / tilesize$$

(7.2)

即可快速、准确定位所需的数据文件。式中，latitude 和 longitude 是某点的纬度和经度；tilesize 是在该分辨率级别下分块的大小。

类似的，除了用文件系统表示规则格网的多尺度数据组织外，也可以采用数据库及数据文件的形式，其基本思想与 7.1.3 节中的描述一致，此处不再赘述。

需要注意的是，DEM 是特殊的数据，得到三维效果需要客户端进行解析数据后以三维形式进行渲染，也就是说，需要客户端提供特殊支持。

7.4　数字表面模型编译

数字表面模型是包含了地表建筑物、桥梁和树木的高度的地面高程模型。与数字高程模型相比，DSM 不仅表示地形起伏，还包括各种建筑物表面和植被覆盖情况，反映的是坐落于地面的所有物体表面特征。对 DSM 进行加工，去掉房屋、植被等信息，可以形成 DEM，即滤波处理，如图 7.34 所示。目前，DSM 一般来源为通过倾斜摄影测量获得的点云数据或机载激光扫描仪得到的激光点云数据。

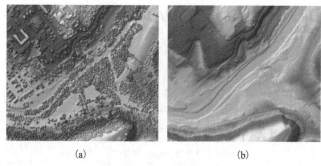

(a)　　　　　　　　　　　　(b)

图 7.34　DSM(a)及滤波后 DEM(b)对比

DSM 的制作过程：

(1)通过激光雷达采集点云数据生成 DSM。激光雷达技术(LiDAR)自 20 世纪 60 年代以来，已有 50 余年的发展历史。LiDAR 可分为机载和地面两大类，其中，机载激光雷达是一种安装在飞机上的机载激光观测和测距系统，可以量测地面的三维坐标。机载 LiDAR 是一种主动式对地观测系统，是 90 年代首先由西方国家发展起来并投入商业化应用的一门新兴技术。它集激光测距技术、计算机技术、惯性测量单元(IMU)/DGPS 差分定位技术于一体，该技术在三维空间信息的实时获取方面产生了重大突破，为获取高时空分辨率地球空间信息提供了一种全新的技术手段。目前，激光雷达已经成为提取空间高精度三维信息的有效手段。LiDAR 系统通过发射和接收激光脉冲能直接快速得到地表密集的高密度三维点坐标。采集完数据，经过处理生成 DSM 数据。

(2)运用数字摄影测量工作站采集矢量数据生成 DSM。自 20 世纪中叶摄影测量开始发展以来，到目前为止，已经经历了模拟、解析、数字三个发展阶段。如今，数字摄影测量正在国家基础建设中起着不可替代的作用。数字摄影测量是基于数字影像和摄影测量的基本原理，应用计算机技术、数字影像处理、影像匹配、模式识别等多学科的理论和方法，代替人眼的立体量测和识别，提取影像几何与物理信息。数字摄影测量工作站作为新兴的第三代摄影测量仪器，得到了越来越广泛的应用。目前，常用的全数字摄影测量系统主要有 Virtuo Zo 数字摄影测量工作站、数字摄影测量网格 DPGrid 及航天远景数字摄影测量工作站等。

(3)利用高分辨率卫星遥感影像立体像对生成 DSM。卫星遥感影像具有时效性强、成本低和观测范围广的优点。之前由于卫星传感器的限制，通过这一方法只能获取小比例尺的 DSM 数据，现在随着卫星传感器的发展，特别是 World-View3 卫星的发射成功，获取影像的精度也越来越高，因此这一方法可以用来获取更高精度的大比例尺 DSM。使用立体像对生成 DSM 的基本原理其实就是利用 RPC 模型建立影像获取瞬间像点与对应物点之间所存在的几何关系。一旦这种对应关系得到正确恢复，就可以从影像上严密地导出关于被摄目标物体上的信息。

(4)采用无人机低空摄影测量方法获取 DSM。无人机低空摄影测量以无人机为飞行平台，用高分辨率相机系统获取遥感影像，控制系统实现影像的自动拍摄和获取，实现航迹规划和监控、信息数据压缩和自动传输、影像预处理等功能。无人机低空摄影测量是具有高智能化程度、稳定可靠、作业能力强的低空遥感系统。无人机低空摄影测量，获取影像后采用相关数据处理软件，即可得到 DSM 数据。

(5)采用倾斜摄影测量方法获取 DSM。倾斜摄影(oblique image)是指由一定倾斜角的航摄相机所获取的影像。倾斜摄影技术是国际测绘遥感领域近年来发展起来的一项高新技术,通过在同一飞行平台上搭载多台传感器,同时从垂直、倾斜等不同角度采集影像,获取地面物体更为完整准确的信息。由倾斜影像生成三维模型就是倾斜摄影建模,具有如下特点:①可以获取多个视点和视角的影像,从而得到更为详尽的侧面信息;②具有较高的分辨率和较大的视场角;③同一地物具有多重分辨率的影像;④倾斜影像地物遮挡现象较突出。针对这些特点,倾斜摄影测量技术通常包括影像预处理、区域网联合平差、多视影像匹配、DSM生成、真正射纠正、三维建模等关键内容。

7.4.1 多尺度数据逻辑组织

对于大规模三维三角网数据服务,构建多尺度数字表面模型以支持海量场景的浏览、漫游。逻辑上,三维三角网多尺度组织方法如下。

(1)规定全球地理坐标经度范围为[−180°,+180°],纬度范围为[−90°,+90°],此范围以外的坐标值均视为无效值。

(2)金字塔模型中的每一层对应一个层次细节级别,模型的分辨率越低,层次细节基本也越低。

(3)规定第 0 层(最低分辨率层)以 180°为单位,将整个地理坐标划分成 2 个正方形的小块。

(4)规定第 0 层之后的其他层,均采用在上一层基础上一分为四进行划分;数据块的个数计算公式为 $N = 2 \times 4^n$,相应的,每个数据块表示的范围计算公式为 $W = H = 180° / 2^n$。

(5)规定第 $K+1$ 层的分辨率为第 K 层的 2 倍,这个 2 倍同时约束地形模型和纹理模型。

(6)规定每层数据块的编号统一从左到右,从上到下。

(7)每层数据块除了描述其对应的三角网数据外,还存储三角面片对应的纹理,即材质信息。

(8)规定被加载数据的分辨率的级别由视点与区域的距离和最初设定的分块最小值(阈值)共同决定。当分块的值比阈值大时,加载数据的分辨率由视点与区域的距离决定。

数据分块具体过程(图 7.35):首先,将点云数据进行分块,每个分块存储为单个瓦片文件。其次,对每个点云瓦片文件,构建三维三角网,并根据预先设定的细节层次数,对三角网进行简化,将每层简化的三角网存储为单个三角网文件。三角网之间的拓扑关系也利用三角网表达,该三角网基于所有点云瓦片的凸包点集构建,在剔除分块内部三角形后将结果存储为三角网文件。

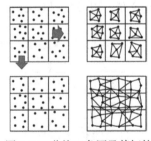

图 7.35 分块三角网及其拓扑关系的构建过程

7.4.2 多尺度数据物理结构

三维三角网数据采用文件系统的形式存储多尺度数据,如图 7.36 所示。所有数据存储于一个独立目录中,称为根目录,每个层次对应根目录下的一个子文件夹,每个尺度下的每个数据块对应该尺度下的一个子文件夹,文件夹中包括三个文件:OBJ 文件、MTL 文件及 JPG文件。

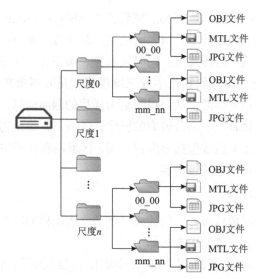

图 7.36　多尺度数字表面模型的分层分块数据组织

其中，OBJ 文件存储地物数字表面模型的三维三角网结构；MTL 文件存储材质和纹理映射信息；JPG 影像文件存储地物的真实纹理。三角网之间的拓扑关系也由 OBJ 文件存储。OBJ 文件由一行行文本构成，每行由关键字开头。常见的关键词包括：①顶点数据（vertexdata）；②v 几何体顶点（geometric vertices）；③v_t 贴图坐标点（texture vertices）；④v_n 顶点法线（vertex normals）；⑤v_p 参数空格顶点（parameter space vertices）；⑥元素（elements）：p 点（point）、l 线（line）、f 面（face）、curv 曲线（curve）、curv22D 曲线（2Dcurve）和 surf 表面（surface）。

MTL 文件包括材质的漫射（diffuse）、环境（ambient）、光泽（specular）的 RGB（红绿蓝）的定义值，以及反射（specularity）、折射（refraction）、透明度（transparency）等其他特征。JPG 保存模型的真实纹理数据，通过 MTL 文件定义的纹理映射关系将 JPG 文件中的纹理映射到几何模型上。

7.4.3　数据编译

多尺度数字表面模型构建的过程（图 7.37）如下。

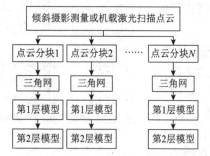

图 7.37　多尺度数字表面模型构建的技术路线

（1）点云分块。对大规模点云数据，将数据进行分块并建立索引。通过分块将点云数据划分到不同的瓦片文件中，利用索引实现分块数据的快速检索。

（2）三角网构建。构建地形和地物的三维数字表面模型。基于分块点云数据，构建分块三维三角网。利用适当的方法对生成的三维三角网进行平滑，平滑后的三角网应尽量保留地物的视觉几何特征。

（3）细节层次模型构建。在三角网基础上，构建细节层次模型，该过程分为几何简化和纹理简化。几何简化按需要设定影响多尺度数字表面模型构建的参数，包括每个瓦片文件的大小、每个瓦片文件存储的点数和细节层次数等。参数设定要求生成的各层次几何模型的细节几何特征依次递减，相邻层次几何模型的视觉过渡平滑连贯。针对每个分块，基于设定的参数，利用适当的几何简化方法建立层次细节模型，每个层次几何模型对应一个文件。纹理简化针对生成的细节层次模型，生成相应的纹理文件。为了压缩纹理数据量，采用适当方法将多个纹理合并为一个纹理文件。

基于对本地文件或者空间数据库系统的访问，多尺度数字表面模型服务数据的加载过程如下：对场景进行漫游和可视化时，首先根据视点和视线方向决定可见的分块；其次，根据预先设定的影响细节层次可见的参数，选择分块的适当细节层次，相应地加载 OBJ、MTL 和 JPG 文件。同时，加载存储分块之间拓扑关系的 OBJ、MTL 和 JPG 文件，最终实现场景的整体渲染。

7.5　三维地物模型编译

三维城市模型（3 dimensional city model，3DCM）是在二维地理信息基础上制作的一种三维模型，经过程序开发，已发展成为三维地理信息系统，可以利用该系统分析城市的自然要素和建设要素，用户通过交互操作，得到一种真实、直观的虚拟城市环境感受。

作为三维模型中的重要组成部分，现状建构筑物主要由两部分构成：一类是房屋、道路、人行天桥、桥梁、隧道、堤坝、公园、绿地、树木等地物要素；另一类是路灯、消防栓、井盖、公交车站等城市附属设施。现状建构筑物模型制作时耗费的工作量大、周期长，因此，在制作模型前应先根据精度要求进行选择，制作出不同的模型。

城市三维模型可以通过倾斜摄影测量、LiDAR 点云+影像及利用 3DS Max、Sketchup、Blender 等三维设计软件得到。

多尺度三维模型数据服务包括两个方面的处理：几何信息的简化及纹理影像数据的对应。几何模型的简化经典算法有 1992 年 Schroeder 等提出的顶点删除算法、1993 年 Hoppe 提出的能量函数优化法和 1997 年 Garland 提出的二次误差函数法。其中，Hoppe 提出的使用边折叠进行模型简化能够很好地构成连续过渡的 LOD 模型，本书建议采用此法，具体细节可以参考 7.2.2 节中的描述。

7.5.1　多尺度三维模型组织

由于城市三维模型的特殊性，具体组织方式与地形影像等空间数据有许多不同。城市三维模型在空间表达上主要包括纹理数据表达和几何数据表达，所以在构建三维模型多尺度结构时必须考虑两者的表达。城市三维模型的几何单元主要表达为三角形、顶点等几何数据，纹理单元则表达为图片与像素数据，城市三维模型金字塔的构建相应的也涉及几何数据和纹理数据。目前，三维几何数据的简化和纹理数据的简化都有较多的算法，但同时考虑几何与纹理的城市三维模型简化算法相对还不成熟，特别是涉及建筑物、城市设施等多种三维模型时。因此，城市三维模型金字塔的构建过程中，采用四叉树的基本思想建立基于多分辨率的金字塔结构的纹理库，以满足可视化的纹理映射需要，而对于几何数据部分则主要进行 LOD 层次的划分及分块处理，如图 7.38 所示。

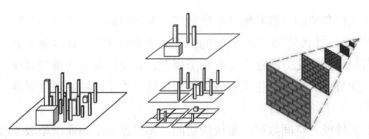

图 7.38　几何数据的分层分块及纹理数据的金字塔

1. 基于四叉树的数据组织

采用基于四叉树的方法——以集合和完全层次四叉树混合结构的数据组织模型，基于 WGS84 坐标参照系，按照经纬度将城市空间进行分割划分管理。构建规则如下。

(1)以城市或者区域为单位独立组织三维模型的 LOD 结构，并建立与整体地图数据的关联，如在哪个比例尺时开始显示三维模型。三维模型通常是利用大比例尺数据(如 1∶1000 或者 1∶500 地形图)制作的，除了底图外其他数据都由人工加工而来，因此，精度上难以衡量，而且目前三维数据在高度方向的精度不特别受关注，更多的时候是基于可视化的需求而确定其显示和数据组织方案。因此，本书即基于这一出发点，从可视化角度考虑城市三维模型的组织、与地图数据的关联及调度。

(2)将城市覆盖范围的经纬度的最大值和最小值形成的四边形包围框，在空间上沿经线和纬线分别均匀划分，形成经度和纬度跨度若干个相等的区域块，这些区域块形成一个格网状分布的块的集合。以此集合作为层次四叉树的第一层(顶层)，其中每一块都是一个完全层次四叉树的根节点。

(3)以第一层中每一块作为父节点，沿经线和纬线方向均匀划分，形成经度和纬度跨度相等的四个小区域块，将这四个区域小块作为子节点。分割后的所有子节点形成层次四叉树结构的第二层。然后以第二层中的块(结点)作为父节点，再同理分成四个小区域块作为子节点，形成层次四叉树的第三层，依次类推。这样形成的四叉树结构中的每一层均覆盖整个城市范围，每一层(顶层除外)中的块数(或节点数)都是其上一层块数(或节点数)的 4 倍。这样的划分很适合于建立格网型空间索引，且建立和维护都非常方便。在服务端，按以上完全层次四叉树的方式存储，根据完全层次四叉树的特性，空间被划分为分层的均匀格网状，对完全层次四叉树中的每一层中的节点块按空间格网进行行和列编号。通过利用节点块所在的层号、行号和列号对节点块进行空间编码。在客户端，维护一个与以上结构对应的完全层次四叉树，来组织调度和管理内存缓存中的模型数据。服务端的源数据与客户端本地缓存也有一一对应关系，数据的请求、调度和检索非常简单明了。

(4)建筑物按其所在的空间位置分布在层次四叉树结构不同层的各个节点块中，每个节点块覆盖的空间范围中可能会有多个建筑；一个块中的所有建筑物模型组成一个三维模型的集合，这样的集合构成了以顶层中的节点块为父节点的四叉树结构中的一个节点。每个集合中的建筑物模型的数量不宜多，可以设置一个数量上限，控制四叉树的层次，如城市中建筑物的密度越大，四叉树结构分的层数越多，反之则四叉树层数越少。

由于层次四叉树结构中每一层均覆盖整个城市区域，一个建筑物模型属于哪一层，就涉及如何分层的问题。通常的分层方法是每一层都有同一个模型的副本，按照模型的几何复杂度和纹理分辨率进行分层，建立 LOD 模型。这样容易产生数据冗余，增加数据存储空间和数据量，给网络传输带来更大的压力，但是可以减少模型实时化简带来的效率降低。

(5) 为所有模型单独建立白模数据作为最简化的数据版本，此时数据只有几何模型，而且图形尽可能采用简单的如立方体、正方体、多面体等，并且不包括纹理数据。

2. 数据分层

城市三维模型分层的数目需考虑城市建筑物密度和建筑物模型间体积的落差分布。在城市建筑物模型数量一定的前提下，划分的层数越小，每一块中的模型数就越多；划分层数越多，每一块中的模型数就越少。划分的层数太少则划分的粒度过大，模型管理、网络传输和绘制的负担大；划分的层数太多则四叉树的深度大，结点多，维护四叉树结构的开销大。根据实践经验，划分层数以 3～9 层为宜。

设置屏幕像素的分辨率阈值 P_0，当第 i 层模型在屏幕上成像区域的长度所占像素数目大于等于阈值 P_0 时，物体被绘制显示。显然，P_0 的最小值是 1。每一层中模型显示的时机应根据建筑物到视点的距离 s 来决定，在调度上不同的视点距离上显示不同的层。$\varPhi$、H 和 $P = P_0$ 均已知，确定了视点到层模型距离 s 的阈值，就可确定每层中模型的几何体积的阈值范围。第 i 层模型在屏幕上可见的距离阈值 l_i 可由如下公式确定：

$$l_i = (l_{\max} - l_{\min}) \cdot (n-i)/n + l_{\min}$$

其中，n 为完全四叉树的层数；$l_{\max}$ 为顶层模型可见的距离，一般取视景体的远截面距离值；$l_{\min}$ 为最底层模型可见距离，即视点到模型的距离小于 $l_{\min}$ 时，所有层(分辨率)的模型都绘制显示。$l_{\min}$ 可根据具体应用确定。

确定了 l_i 就可以得出第 i 层的模型的几何体积阈值 V_i：

$$k \cdot V_i^{1/3} = 2 \cdot p_0 \cdot l_i \cdot \tan(\varPhi/2)/H$$

另外，还需考虑人们的观察习惯——在人们心中有重要意义和特殊代表性(政治、经济、军事和文化等诸方面)的建筑物会被优先留意和搜寻。例如，人们观察北京时，会先找天安门这样的建筑物；到巴黎，会先注意埃菲尔铁塔在什么位置。因此，虚拟城市中的建筑物模型层的划分除了需要考虑模型的空间分辨率(几何体积)外，还应考虑建筑物的现实意义。几何体积大的建筑物和具有特殊现实意义的建筑物，应当优先绘制和显示，赋予更高的权重值。因此，建筑物的权重值 w 的设置根据建筑物模型的空间分辨率与建筑物在现实中的政治、经济、军事和文化等方面的实际意义相结合来赋值。

$$w = w_0 + k \cdot V^{1/3}$$

其中，w_0 为建筑物在现实中的重要性大小的权重值；k 为比例调节系数。于是，将分层的标准由体积 V 转化为根据建筑物模型的权重值 w 来划分。将公式 $k \cdot V_i^{1/3} = 2 \cdot P_0 \cdot l_i \cdot \tan(\varPhi/2)/H$ 进行转换，得到

$$w_i = 2 \cdot P_0 \cdot l_i \cdot \tan(\varPhi/2)/H$$

其中，w_i 为第 i 层模型的权重阈值。最后，模型划分的准则：当模型的权重 w 在区间 $[w_i, w_{i-1})$

时，则此模型应划分到第 i 层。

3. 数据分块

为了适应网络的传输和基于视点调度的需要，在上述多尺度数据分层基础上，设计了基于分块的存储方法。根据三维模型数据集的空间范围和多尺度层数，建立基于四叉树结构的索引，四叉树结构中每一层对应一个三维模型尺度，在同一尺度中，按照四叉树结构索引范围进行空间划分，一个四叉树结构块范围定义为一个数据文件，该文件存储重心坐标在该块内的三维模型数据。在此基础上，依据四叉树结构索引，将上述块文件合并成三维模型数据集文件，如图 7.39 所示。

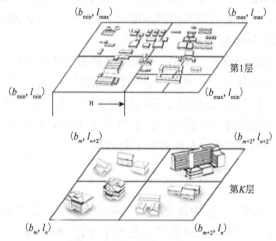

图 7.39　基于四叉树结构的分块组织与存储

层次四叉树每一层中所有节点块覆盖整个空间范围，并呈均匀格网分布。建筑物模型地理坐标的几何中心坐标 M_{center}(Latitude，Longitude)(按经纬度计算)落在哪个节点块覆盖的范围内，则该建筑物就归于这个块所代表的节点。确定建筑物模型的所属节点块的行列号的计算公式为

$$Row = INT((Latitude + x_0) \cdot 2(L_{max} - L) / Latitude_{span}$$
$$Column = INT((Longitude + y_0) \cdot 2(L_{max} - L) / Longitude_{span} \tag{7.3}$$

式中，Row 和 Column 分别为模型所在节点块在当前层中的行号和列号；$Latitude_{span}$ 和 $Longitude_{span}$ 分别为顶层节点块在纬度和经度方向上覆盖范围的跨度；L 为当前节点块的层号；L_{max} 为层次四叉树的层数；x_0 和 y_0 分别为城市覆盖范围的经纬度的最小值，$x_0 = 90.0, y_0 = 180.0$ 时，是全球范围统一分块编号；$INT(X)$ 为关于数 X 的取整函数。求得模型块所在的层号、行号和列号后，再对模型块进行空间编码，如 Morton 码编码等。

这种完全层次四叉树结构的模型检索方法：根据模型的经纬度坐标和体积可确定模型的所在层次四叉树中节点块的层号和行列号，求出其 Morton 码，找到对应的节点块，然后遍历节点块中模型集合，查找需要的模型。

7.5.2　纹理数据金字塔

1. 构建方法

采用小波变换进行纹理数据金字塔的构建。一幅纹理图像经过小波分解后，可以得到一系列不同分辨率的子图像，不同分辨率的子图像对应不同的频率。经过小波变换后，生成小波图像的数据量即小波系数，与小波变换前的数据量是相等的，由此，可以看出小波变换并不产生数据的压缩。

综合考虑压缩效率、编解码的时间，基于小波变化的纹理处理方案如下。

(1)数据预处理转换。图像一般为彩色图像，对于不为偶数的图像，进行边界镜像处理使数据长度和宽度都为偶数列。同时，对大的纹理影像进行分块处理。通常把图像 RGB 转换到 YCRCB 空间，对此空间进行小波变换，还原时进行 YCRCB 到 RGB 的反变换。

(2)小波函数的选取。在选择小波函数时，通常选择计算复杂度比较低、压缩效果较高的、数据恢复较好的小波。

(3)量化和编码。将子带的小波系数进行量化为量化处理，量化函数根据需要设定。为了达到任意水平渐现和抗干扰的目的，利用 SPIHT 算法对量化值编码。按不同的子带对小波变换系数的量化值分别进行编码。这样子带分成了小矩形块-编码块(code block)，每个块进行单独编码。

(4)渐进式纹理 LOD 构建。根据需要的 LOD 文件级数，对编码的文件可以采用纹理地理平面的重要性系数法或者二进制位平面比例法进行 LOD 级别划分构建 LOD 纹理。例如，三级纹理，基础纹理占数据量的 40%，流文件 LOD1 为 30%，流文件 LOD2 为 30%，写入文件并存储。当数据传输到客户端后，进行上述操作的逆过程就可得到不同级别的 LOD 渐进式图像。

2. 纹理存储方式

为了便于进行纹理数据的管理及便于在三维模型纹理映射时，进行有效调度和合理的分辨率确定，采用如下的数据结构，管理三维模型的纹理数据(表 7.4)。

表 7.4　三维模型的纹理数据结构

图像	影像的属性	空间位置	分辨率的级别	影像的尺寸	影像数据
图像 1	1	x_1, y_1, x_2, y_2	4	1024×1024	01010101…
图像 2	1	x_1, y_1, x_2, y_2	3	512×512	01010101…
⋮	⋮	⋮		⋮	⋮
图像 n	0	x_1, y_1, x_2, y_2	2	64×64	01010101…

从表 7.4 可以看出，纹理数据是由一些子块影像数据构成的，其中每一子块影像具有一定的属性特征。表 7.4 的右半部分表示与子块影像数据对应的属性特征，其由 5 个属性字段组成。其中，影像的属性字段用于描述该影像所对应的几何对象，1 表示地形部分，0 表示建筑物或其他对象的表面纹理；空间位置表示该影像被映射的范围；分辨率的级别表示在纹理映射时，该子块区域可供选择的分辨率数目，如分辨率级别 4 表示可以有 4 个不同分辨率的纹理供选择，其余依此类推；影像的尺寸表示该子块影像的高和宽；影像数据用于存储该子块影像最高分辨率时的影像数据。

7.5.3 数据编译

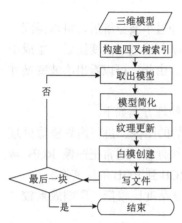

图 7.40 多尺度三维模型编译过程

多尺度三维模型编译过程如图 7.40 所示。首先对三维模型所在平面区域构建关于三维模型的平面外包矩形的四叉树索引，通过数据块中的模型个数及四叉树层次两个参数共同限制最终四叉树形态。

然后，逐数据块对三维模型数据进行模型简化，得到模型在各个层次的简化数据，简化完成后，相应更新纹理数据，使之与模型数据对应，每个层次的模型和纹理信息存储一份于磁盘，并通过文件夹进行区别。在模型简化完成后，单独构建数据块中的每个模型对应的白模，尽可能地以最简单的模型构建，并保存至磁盘。

第8章　地理信息网络服务平台

地理信息服务平台是地理信息数据及其采集、加工、交换、服务所涉及的政策、法规、标准、技术、设施、机制和人力资源的总称。针对政府、专业部门、企业和公众对地理信息资源综合利用、高效服务的需求，依托现有地理信息生产、更新与服务架构和运行的涉密与非涉密广域网物理链路，形成有效的分建共享、联动更新、协同服务的高效运维机制，通过计算机网络技术，建立地理信息网络服务平台。其目的是解决数据的分布式存储和集中共享的问题，消除因分级管理、各部门信息资源难以共享造成的信息孤岛，实现跨区域、多类型、多主题、多尺度地理信息数据资源集成应用，为政府各部门提供地理信息资源的方式从数据变为"一站式"在线地理信息服务。协同处理各项政务任务，实现海量数据的集中管理和面向大众服务，是地理信息大众化和社会化的重要服务方向。技术上主要有两种架构形式：C/S(客户端/服务器)和B/S(浏览器/服务器)。

8.1　地理信息服务平台架构

地理信息网络服务以地理空间数据为基础，以宽带网络为载体，以地理信息网络系统为工具，整合与空间信息有关的非空间信息，以各种信息终端为媒介，面向政府、公众、行业提供地理信息服务。其内容包括建立政务网、互联网地理信息应用服务系统、地理信息分发服务系统，向政府、行业部门及公众用户提供空间信息查询、浏览及专题信息集成应用服务与位置服务。其目的是在不同网络环境下，实现通过不同的技术手段及服务模式，为不同的用户提供基于网络的空间地理信息服务，即不同的用户享受不同的服务。

8.1.1　地理信息服务分布式方式

随着计算机网络的发展，基于C/S和B/S混合的分布式系统结构已经成为地理信息系统的发展趋势。GIS固有的特点，使得运行于网络上的分布式系统特别适合于构造较大规模的GIS应用，其应用表现在以下几个方面。

(1)数据的分布：在地理信息系统中，主要数据是空间数据，由于数据生产和更新的要求，常常需要存放在空间上分离的计算机上。

(2)应用功能的分布：GIS的功能组成了由空间数据录入到输出的一个工作流程，不同的人员由于其关注的信息不同，需要不同的GIS功能服务对数据进行处理，将应用分布在网络上就可以解决该问题。

(3)外设共享：外设的分布是服务分布的一种，由于许多GIS外设较为昂贵，如高精度平板扫描仪、喷墨绘图仪、大幅面数字化仪等，而通过分布式系统，可以实现这些设备的共享。

(4)并行计算：在地理信息系统中，许多模型具有较高的时间复杂性，利用分布系统可以实现并行计算，缩短计算时间。

在分布式的网络地理信息系统中，客户机和服务器分别由相应的软件、硬件及数据库组成，其组合可以按照数据和应用功能的分布分成五种，如表8.1所示。

表 8.1　地理信息网络服务平台的组合方式

组合方式	数据	应用功能
全集中式	中央服务器	中央服务器
数据集中式	中央服务器	客户端
功能集中式	客户端	中央服务器
全分布式	客户端	客户端
函数库分布式	客户端或者服务器	中央服务器存储，客户端动态连接执行

1. 全集中式

全集中式的地理信息系统把软件、数据库管理系统和数据库全部集中在中央服务器上，客户系统只负责用户界面功能，即获得用户指令并传递给服务器，显示查询结果，提供系统的辅助功能(图 8.1)。常用的客户设置有三种，第一种是以 X-server 为代表的，只负责表现逻辑的客户系统，所有的数据处理和运算均在服务器上执行，客户端由专门的 X 终端或者 X 模拟器通过 X 协议实现用户与服务器之间的通信；第二种是以 ArcView 为代表的客户软件系统，这类系统除了提供一般的用户界面以外，还具有相当强的分析和处理功能。ArcView 可以与ESRI 的 ArcInfo、与作为服务器的 SDE、Arcstorm，通过网络软件系统 NFS 或者网络 API 构成网络地理信息系统；第三种是目前在 WebGIS 上广泛采用的客户系统，用户界面功能由浏览器执行，WebGIS 在后面内容中将进一步描述。

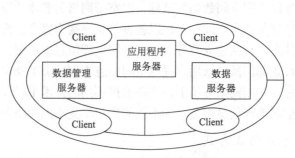

图 8.1　全集中式网络信息系统

2. 数据集中式

网络系统专门设置集中的数据存储和管理服务，网络的其他部分成为数据客户，它们一般都是带有一定功能的地理信息系统软件[图 8.2(a)采用网络文件系统，(b)采用数据库服务器]。简单的数据服务可以由网络软件系统(如 NFS)提供，大型的管理系统则需要功能完备和

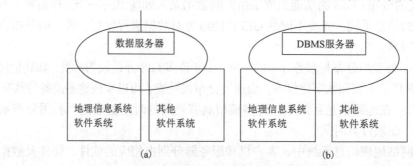

图 8.2　数据集中式地理信息系统组合模式

高性能的数据服务器，如 Arcstorm 和 Oracle。目前，许多数据库管理系统开始支持面向对象的数据模型，更加方便于空间数据的管理，以建立数据集中式的网络地理信息系统。

3. 功能集中式

与数据集中式相反，功能集中式的网络信息系统把绝大部分功能集中在一个或者几个容量大、性能高的服务器上，由它们负责所有的分析和处理，数据则分散到客户端存储和管理(图 8.3)。由于在大多数 GIS 应用中，数据量一般比较庞大，采用这种方式，会增加网络的传输量，从而降低整个系统的性能。

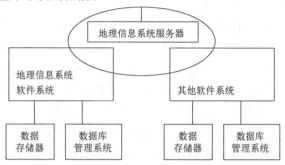

图 8.3　功能集中式的地理信息系统

4. 全分布式

全分布式就是指数据和程序可以不位于一个服务器上，而是分散到多个服务器，以网络上分散分布的地理信息数据及受其影响的数据库操作为研究对象的一种理论计算模型。传统的集中式 GIS 起码难以适用于两大类地理信息系统：第一类是大范围的专业地理信息系统、专题地理信息系统或区域地理信息系统。这些信息系统的时空数据来源、类型、结构多种多样，只有靠分布式才能实现数据资源共享和数据处理的分工合作。例如，综合市政地下管网系统，自来水、燃气、污水的数据都分布在各自的管理机构，对这些数据进行采集、编辑、入库、提取、分析等计算处理必须采用分布式，让这些工作在各自机构中进行，并建立各自的管理系统作为综合系统的子系统去完成管理工作。而传统的集中式提供不了这种工作上的必要性的分工。第二类是在一个范围内的综合信息管理系统。城市地理信息系统就是这种系统中一个很有代表性的例子。世界各国管理工作城市市政管理占很大比例，城市信息的分布特性及城市信息管理部门在地域上的分散性决定了多层次、多成分、多内容的城市信息必须采用分布式的处理模式。

很明显，传统的集中式地理信息系统不能满足分工明确的现代社会的需求，分布式地理信息系统的进一步发展具有不可阻挡的势头。分布式有利于任务在整个计算机系统上进行分配与优化，克服了传统集中式系统会导致中心主机资源紧张与响应瓶颈的缺陷，解决了网络GIS 中存在的数据异构、数据共享、运算复杂等问题，是地理信息系统技术的一大进步。

在全分布系统中，各个子系统具有完备的数据库、地理信息系统软件和其他应用软件，在网络中同时扮演客户和服务器的角色。各个子系统的软硬件环境和特性及拥有的数据都很可能不一样，同时又有很密切的联系和互补性。系统的集成，通过网络操作系统及各子系统提供的 API 实现。实现全分布式的网络地理信息系统，往往需要基于已有的系统平台进行二次开发，使它们能够相互协作。

5. 函数库服务器

传统的软件系统一般是静态的，为了提供更多的功能，系统变得越来越大。而实际上，对于每一个用户而言，通常只是需要有限的几个功能，这样就造成了系统资源的浪费。对于集中式系统而言，系统的扩大将加大中央服务器的负担，造成系统性能下降，而全分布系统实现又较为复杂。函数服务器把优化的功能函数存储在服务器上，通过网络按用户要求动态合成应用软件，并使其在客户机上运行。从而从根本上改变了传统的资源分配和软件运行及维护方式。基于分布构件模型（CORBA 或 DCOM）构造的软件系统可以在一定程度上实现函数库服务器。

8.1.2　地理信息服务计算环境

因为地理空间信息内容服务平台具有特定的复杂性和特殊性，其计算环境必须同时具备高效率、高性能、高弹性扩展、便于管理等能力，所以，该环境必须同时具备计算资源与计算能力的聚合与裂分特性，需要将云计算与 HPC（high performance computing）技术融合，以满足该平台的需要，对该平台形成有效支撑。高性能计算是计算机科学的一个分支，它致力于开发超级计算机，研究并行算法和开发相关软件。高性能集群主要用于处理复杂的计算问题，应用在需要大规模科学计算的环境中。高性能集群上运行的应用程序一般使用并行算法，把一个大的普通问题根据一定的规则分为许多小的子问题，在集群内的不同节点上进行计算，而这些小问题的处理结果，经过处理可合并为原问题的最终结果。由于这些小问题的计算一般是可以并行完成的，从而通过并行计算可以缩短问题的处理时间。高性能集群在计算过程中，各节点是协同工作的，它们分别处理大问题的一部分，并在处理中根据需要进行数据交换，各节点的处理结果都是最终结果的一部分。

在计算环境构建过程中，目前通常是将云环境与高性能计算环境分开搭建，各自独立提供服务、单独运维、独立开发，人为地将计算资源与计算能力割裂开来；由云环境提供资源整合裂分服务，提高整体服务效率；由高性能计算环境实现资源聚合，提高服务性能。因此在计算环境建设中，为保障地理空间信息内容服务平台所需的整体高效与高性能计算，提出云计算环境与高性能计算环境"三统一"的建设思想，即计算资源管理调度统一、运维管理统一、位置服务与 HPC 的服务开发环境统一，构建统一的云计算环境。

云是一种基于网络的支持异构计算设施和资源整合、流转的服务供给模型，可以实现资源的统一管理和按需分配、达到按需索取的目标，最终促进资源规模化、分工的专业化，有利于降低单位资源成本，促进网络业务创新，支撑数字郑州三维地理信息及应用服务系统的稳定、高效、安全的运行。而超级计算则为海量数据的融合与挖掘、智能分析、三维模型建立与渲染、三维推演等复杂应用提供了充足的计算能力的保障。基于云和超算技术，构建地理信息网络服务平台，地理信息服务平台及各局委专业应用、政府综合应用和公众服务。政府各部门的部门云、相关行业的行业云、公众网络构成，形成一个跨平台的、多层次、多架构的统一服务的综合性混合云。同时，中心云又由涉密云、政务云和公众服务云构成，各云服务内容和范围不同，但结构相似。

1. 网络架构

云计算环境是地理空间信息内容服务平台的私有云基础环境，充分利用计算资源统一管理、虚拟化技术、高性能计算技术、系统高可用、可扩展、差异性服务等优势为位置服务提供计算平台支持。该环境由计算资源池、服务器群集、HPC 群集、网络存储、广域网接入、负载均衡等部分构成。平台系统的网络架构（图 8.4）是多层次、多结构的各种云构成的混合云，采用以市级计算中心为中心云，在泛在网络的基础上，通过网络互联，融合各级政府部门的部门云(私有云或混合云)、各相关行业的行业云等,形成一个统一的混合云,构成一个统一的服务平台和共享平台;在为公众提供包括大规模计算在内的统一服务的同时,实现各部门和各行业的数据实时交换、业务协同服务,并为各级领导决策提供支持。同时,各部门云、各行业云也可以由不同级别的云混合构成,根据业务规范划分后接入不同层次的云。

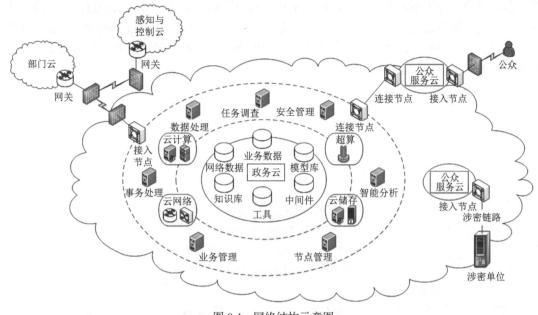

图 8.4　网络结构示意图

中心采用云+超算架构,通过虚拟化技术、高性能计算技术、海量存储和分布式存储等先进技术,对现有的资源和架构进行整合,并补充各种计算机资源和增加云操作系统,实现硬件资源、软件资源、数据资源和应用服务的统一管理、分配和部署,统一提供计算资源、存储资源、信息资源、应用服务,对社会各界提供基础设施服务、平台服务、应用服务。中心云是资源的整合平台,是开放数据的共享平台,是数据交换中心,也是统一的服务平台。该平台与各部门云、各行业云通过专用节点和数据处理(整合、交换)平台相连接,实现数据整合和业务协同服务。同时,其公众服务云对社会开放,通过 Internet 为社会提供统一服务。

所有涉密信息及涉密应用,由中心涉密云完成,涉密云虽然处于中心云中,但与其他云物理隔绝,且网络建设必须符合相应的保密规定,其与其他涉密单位的连接在遵循保密规定的前提下建立。

各部门、行业可以是私有云或者是混合云,其最具代表性的是不同级别的、具有统属关系的混合云,该种混合云必须在整合后,通过专设节点和符合中心云架构的数据交换平台,与中心政务云相连接,各混合云之间不直接互联却能够信息互通,所有独立业务在自身云内完成,并与中心政务云进行数据交换,业务协同等通过中心云由中心政务云服务平台(数据处理服务和协作服务)进行协调完成;信息发布等对外服务由中心公众服务云完成。

公众可使用各种终端设备和通信方式,通过 Internet,通过中心公众服务云享受智慧城市所提供的各种应用与服务。

2. 云网络连接

地理信息及应用服务平台主要承担基础数据、共享数据的存储,提供各部门、行业数据的整合、交换、共享,以及协同工作和决策支持等服务,同时对应用与服务进行整合和扩展,作为整体的公共窗口,为政府和公众提供服务。中心云架构采用多种云技术,以实现基础设施即服务、平台即服务和应用即服务。中心云分为涉密云、政务云和公众服务云三部分,涉密云与其他云物理隔绝,独立运维,政务云和公众服务云二者之间通过专用节点和服务平台进行数据交换,并为不同级别、不同层次的用户提供不同的服务。涉密云通过涉密链路与涉密单位连接。政务云设置专用节点,在其上运行数据服务模块和业务服务模块,承担与政府部门、行业等的数据交换和业务协同工作,各政府部门、行业等单位对外信息发布统一由中心公众服务云提供(图 8.5)。

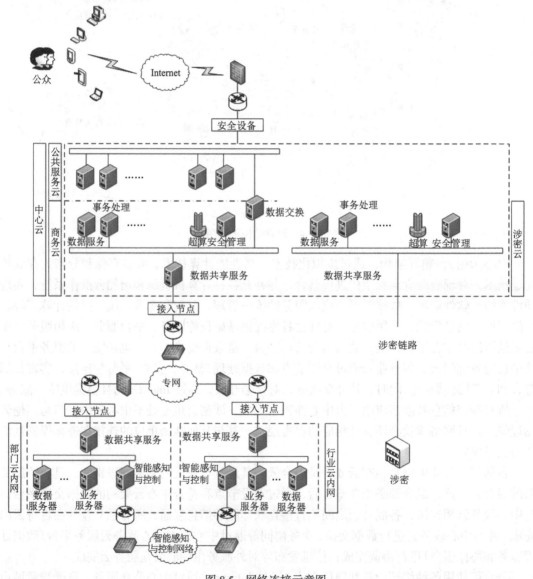

图 8.5　网络连接示意图

　　部门云和行业云可以是单独云,也可以是不同级别云构成的混合云,但是必须通过指定的数据共享服务处理后,通过专用接入节点,通过专网接入中心政务云。各部门云和行业云在原有基础上建立专用节点，增加与中心云体系架构一致的数据共享服务，在通过安全机制认可后接入中心政务云，实现与中心云的数据共享和实时交换。对外服务通过业务整合和流程重塑后，统一到中心公众服务云平台，在完成自身业务的同时，为中心云提供共享数据支撑，并从云中心获取相关信息，实现跨部门、跨行业的协同工作。同时增加专用节点，用于与智能感知和控制网络互联互通，建立符合中心云规范的感知、控制平台，以实现实时感知和实时控制。

3. 中心云体系框架

服务平台的重心是中心云，即数据中心，该中心采用云+超算架构进行构建，并使用多种云和超级计算技术，使其成为提供基础数据、共享数据存储的数据中心和为智慧城市统一提供服务的主要平台。其体系框架由支撑层、数据层、管理层、服务层、应用层构成。

在中心云体系构建中，最底层为支撑层。通过资源池化、服务器虚拟、分布式文件系统、分布式存储技术、负载均衡、虚拟网络覆盖、云备份等多种技术，先将所有计算机资源、网络资源等整合为一个统一的云平台的硬件支撑层，然后在该支撑的基础上部署相应的管理软件和智慧城市规范标准体系、安全体系中的底层模块，形成基础软件支撑，二者有机结合后形成云平台的支撑层，在支撑层完成资源整合的同时，实现设施即服务(IaaS)。

在支撑层基础之上，由基础数据库、整合后的共享业务数据、专业数据库及智慧城市所需的模型、知识、各种工具等构建数据层。在数据层构架中，可以通过虚拟化技术、云存储、分布式数据库等技术，根据需要将整个平台虚拟成若干子平台，在子平台上分别构架数据子集，由数据子集构成整个数据层，实现数据的标准化。

支撑层和数据层属于整个中心构架的基础，在此基础上构建整个公共管理平台，即管理层。管理层作为服务层和基础层的中间层，实现用户、业务、数据、数据交换、安全、认证等管理功能，既对支撑层和数据层进行管理，同时为服务提供支持，即将服务转换为对基础层的处理。

服务层：由信息系统所提供的服务构成，包括公共服务(针对部门、行业等)、决策支撑和公众服务(普通社会公众)，通过"逻辑集中，物理分散"的方式，通过标准统一的数据和管理，实现标准统一的服务。按云，则分别提供平台即服务和应用即服务(PaaS 和 SaaS)。

应用层为具体的服务应用。所有用户，包括各政府部门、科研单位、社会组织和社会公众，都统一通过应用层获取所需的应用与服务，体系中其他层次的存在与作用完全透明。

4. 云安全体系

在云平台中采用以下安全策略，以加强其安全性和稳定性。

物理隔离：根据国家相关规定和业务流程重塑的需要，将各种云的涉密云、政务云、公众服务云分开，进行物理隔离。数据共享、数据交换必须经过专用接入节点、专网和数据共享平台处理后进行。

区别化存储：根据国家相关规定和要求，各种数据进行分区域存储，在保障涉密数据安全的同时，提高所有信息的安全性。

容灾保障：数据备份，数据分布式存储、系统备份，采用两地三中心方式，保障数据应对自然灾害及突发事件。

系统安全强化和固化：在设备启动时建立以硬件为基础的可信任根，在提供虚拟化服务时不断从硬件层和虚拟化层采集数据，进行度量、检查、分析，形成评估报告，然后根据评估进行调度与服务，并根据评估报告调整资源配置。

通信链路的安全：在保障关键路径中链路正常通畅的同时，应保障公共电信线路的信息传输安全。

虚拟网络：将云资源和网络虚拟化分开，以保障能够聚合任意 2 个终端，从而保证通信网络的正常运行与畅通。

利用密码技术，采用国家主管部门批准采用的设备，为敏感信息提供传输。

建立基于 PKI 的统一信任体系，建立统一信任体系，为系统提供身份认证（人员、设备）、数字签名。同时，基于 PKI 技术实现统一授权管理和统一密钥管理。

智慧分析：对用户行为和服务过程等记录、检查、分析，并进行评估，调整管理策略和服务。

基于云平台架构地理信息服务的优势和应用如下。

(1)实现三维地理信息及应用服务平台统一和高效能。通过云操作系统的调度，向应用系统提供一个统一的运行支撑平台。同时，借助于云计算平台的虚拟化基础架构，可以有效地进行资源切割、资源调配和资源整合，按照应用需求来合理分配计算、存储资源，最优化效能比例。

(2)实现基础软硬件及应用的规模化管理。基础软、硬件管理，主要负责大规模基础软件、硬件资源及应用的监控和管理。为云计算中心的资源调度等高级应用提供决策信息，是云计算中心操作管理系统资源管理的基础。基础软件资源，包括单机操作系统、中间件、数据库等；基础硬件资源，则包括网络环境下的三大主要设备，即计算(服务器)、存储(存储设备)和网络(交换机、路由器等设备)；应用则包括了对外提供各种服务的所有软件系统和平台。管理中心可以对基础软件、硬件资源等所有应用进行统一管理和弹性调整，即可以实现所有资源和服务的状态监控和性能监控，能够对异常情况触发报警，提醒运维人员及时维护；又能够对基础软硬件资源和应用使用状况进行长期的统计分析，为高层次的资源调度和应用调整提供决策依据。

(3)实现对业务/资源的科学调度管理。云数据中心的突出特点是，具备大量的基础软硬件资源，实现了基础资源的规模化。可以提高资源的利用率，降低单位资源的成本。业务/资源调度中心可以实现资源的多用户共享，有效提高资源的利用率，且可以根据业务的负载情况，自动将资源调度到需要的地方。业务/资源调度中心是云数据中心操作系统的高级应用模式，也是云数据中心低碳、绿色地开展业务的必然要求。

(4)安全控制管理。在云计算环境下，基础资源的集中规模化管理，使得客户端的安全问题更多地转移到数据中心。从专业化角度看，最终用户可以借助云数据中心的安全机制实现业务的安全性，而不用为此耗费自己过多的资源和精力。云数据中心的安全控制，可以从基础软硬件安全设计、云计算中心操作系统架构、策略、认证、加密等多方面进行综合防控，保证云计算数据中心的信息安全。

(5)节能降耗，降低信息化运营总成本。云计算通过资源整合、统一管理和高效的资源流转，可以有效降低区域信息化的总体成本，从而降低信息化门槛，使得更多的单位和企业愿意通过信息化提高工作效率。云中心也通过资源集中和统一管理，降低了这些单位和企业的日常维护工作量，大量的工作都转移到后台由专业人员完成，从而有效降低了整体运维成本，同时为信息化企业提供了低成本扩张的可能性。

8.1.3　地理信息服务总体架构

地理空间数据服务系统以地理信息应用为核心，以大型 GIS 软件为平台、利用已经建成的政务网络资源，通过整合现有的基础地理信息数据资源和各部门专题资源，实现数据的共享服务，达到"系统共建、信息共享、发展共赢"的目标，实现多源、多尺度、多时态、海量异构空间信息的集成和各种专题信息的叠加、共享、应用，构建分布式地理信息共享与公共服务的应用环境。为国民经济与社会发展、政府决策、重大工程建设、社会各界提供全方位、多层次的地理信息服务，实现地理信息资源的充分共享和社会应用成本的最小化。

地理信息服务平台是一个公用性的服务平台，有着广泛的应用部门和需求。平台除了提供传统系统的静态功能模块以外，还支持不同部门、不同系统、异构 GIS 平台与公共服务平台的对接及二次开发需求，这就决定了公共平台在总体设计与实现上必须遵守标准化与开放性原则，遵循国家地理信息公共服务平台相关标准规范。在保护数据安全的前提下，满足专业用户的需求，将在地理上分布、管理上自治和模式上异构的数据源有机集成，在网格服务、宽带传输和超大规模数据存储等网格支撑环境基础上建立一个多层次的地理空间应用服务体系，为用户提供数据服务和功能服务，解决传统 GIS 无法跨平台、无法实现异构空间数据互操作、开发调试困难及资源共享等问题。

平台总体框架按照网络分布式多层体系结构，从结构上以基础地理空间框架数据库为基础，以分布式专题信息管理为基石，以网络化的地图与地理信息服务为表现形式，以政务网络为依托，形成地理信息有机的集成管理、信息共享和开放式应用，为各行业建立自己的专业地理空间信息共享服务系统做参考。按照平台的建设需求及建设目标，平台的总体架构是一种基于"4+2"模式的架构，主要由基础设施层、信息资源层、应用支撑层、应用层和标准规范五个部分组成，如图 8.6 所示。

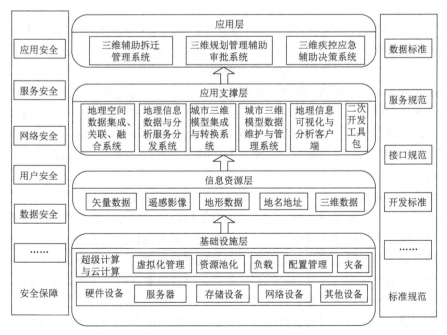

图 8.6　地理信息服务平台总体框架

　　平台采用面向服务架构的理念与方法，设计融共享服务提供方、使用方和管理方为一体的"公共服务平台"总体架构，实现基于统一注册和分级授权的服务组织模式与运营管理机制，完成地理信息资源与服务的管理调度及动态装配。

1. 基础设施层

　　基础设施层是建立在硬件设备之上的超级计算与云计算环境。硬件设备由服务器、存储设备、网络设备等构成。在硬件设备上构建超级计算与云计算环境，可增强海量数据处理和智能服务能力，满足信息资源整合、共享和多部门协同工作的需求。基础设施层通过资源池、虚拟化等技术实现硬件设备统一监控和管理，并提供负载、灾备、配置管理等功能。

2. 信息资源层

　　信息资源层主要包括多尺度矢量数据库、栅格数据库、TIN 数据库、增量更新数据库、缓存数据库、DEM 数据库、3D 建筑数据库。

　　(1) 多尺度矢量数据库：多尺度矢量数据服务。

　　(2) 多尺度栅格数据库：多尺度卫星影像、地形地图及瓦片地图等以影像形式存在的数据。

　　(3) 多尺度 TIN 数据库：构建了 LOD 的多尺度离散点云数据，以三角网产品形式存在。

　　(4) 多尺度增量更新数据库：提供基于时空数据库的导航数据增量更新包数据库。通过FTP 形式运行与内网或者公网及导航数据生产公司进行连接。

　　(5) 多尺度缓存数据库：存储缓存层生成的数据，提供基于内存的缓存层落地功能，存储缓存数据。

　　(6) 多尺度 DEM 数据库：多尺度规则格网 DEM 数据。

　　(7) 多尺度 3D 建筑数据库：构建了 LOD 的三维建筑物模型数据，包括两大类——建筑物的白模和精模。

3. 应用支撑层

　　应用支撑层即本项目中的城市三维模型服务平台。平台采用面向服务架构的理念与方法，集地理信息服务提供方、使用方和管理方为一体，通过门户系统实现用户登录、数据访问和功能调用，是整个项目数据、功能的集中展示中心。

　　缓存层是介于应用层和数据层之间的层次，提供数据库的缓存。因为 B/S 提供的服务是无状态而且多用户并发的不同会话之间信息无法共享，所以通过构建分布式的缓存群集，可以实现数据的共享。缓存群集的构建分为两大类，基于内存和基于硬盘。内存缓存数据在数据过期或者其他情况需要进行删除时，将一些公共数据进行落地，即存储到硬盘上，也就是数据层中的缓存数据库。

　　由于缓存通常是基于内存的，而且有时效性，当缓存过期或者内存不足时，缓存会自动进行内存清理。此时，如果将一些变化不大的数据进行物理缓存，即缓存落地，将在未来降低数据层的访问压力。因此，对于那些计算量很大、耗时较长，但是变化不频繁的数据，如导航路网的渲染结果、导航路径规划结果、街景轨迹结果等，可以进行落地，通过基于缓存过期抛出回调函数的策略处理这部分数据。另外，缓存机制一般采用的都是 Key-Value 的形式，因此这部分采用与之天然适合的 NoSQL 数据库：MongoDB。

　　应用支撑层向下与数据层和缓存层发生关系，提供数据引擎，包括矢量数据引擎、3D 数据引擎、栅格数据引擎等。向上提供供用户终端调用的各种接口。

利用平台提供的在线服务及二次开发等方式,可以面向政府、公众应用需求开发特定的应用系统。面向社会公众,可提供地图浏览、地名查询等直观的地理信息服务;针对政府部门,可实现平台地理信息与其专业应用信息的分布式集成,实现规划、应急指挥、信息加载、综合分析等决策支持服务。

4. 应用层

应用层,基于 SOA 思想,以 WebService 形式给用户提供网络地图数据服务和功能服务,并向下与数据层和缓存层发生关系,提供数据引擎,包括矢量数据索引引擎、矢量数据渲染引擎、栅格数据引擎、街景数据引擎等。向上提供供用户终端调用的各种接口。

(1)WMS 服务。网络地图服务,依据 OGC 标准,提供基于 Http 协议的网络地图服务,根据当前缩放等级、范围和比例尺,获取地图数据。

(2)TMS 服务。瓦片地图服务,依据 OGC 标准,将磁盘上事先缓存好的瓦片地图,提供基于四叉树算法的瓦片地图服务,根据当前缩放等级、屏幕范围和比例尺,获取瓦片地图。

(3)定位服务。基于浏览器获取当前经纬度的服务,包括基于客户端 IP 和 GeoLocation 对象两种方式进行城市级别粗粒度定位。

(4)天气服务。根据当前所处位置获取天气情况。

(5)DEM 引擎。根据当前视口范围和视角获取 DEM 数据,与影像和其他矢量等数据进行叠加。

(6)矢量数据引擎。根据指明的范围、缩放比例尺、图层获取矢量数据,渲染为图片或者以矢量形式(svg 或 JSON)返回到客户端。

(7)栅格数据引擎。根据指明的范围、缩放比例尺获取栅格影像数据。

(8)TIN 数据引擎。根据当前视口范围和视角获取离散点数据,与影像和其他矢量等数据进行叠加,支持线网模型和三角面片显示模式。

(9)3D 建筑数据引擎。根据当前视口和范围,以及缩放比例,提供建筑物的 3D 白模和精模数据。

(10)增量更新引擎。根据 FTP 地址增量更新文件夹情况,获取最新增量包并返回至客户端。

(11)路径规划引擎。分两种形式:根据输入的起点和终点名称,计算最短路径,当起点或者终点搜索结果不唯一时,提供用户交互式选择;根据地图上选择的两个点,计算路径。

用户层提供多种形式终端的服务接口,提供人机交互界面;提供基于多种浏览器的台式机客户端和移动端,支持智能手机、平板电脑等移动终端获取数据和功能服务。面向政府、企业和公众的信息服务层,各业务部门根据自身的业务需求,利用应用支撑层提供的服务接口进行二次开发,建立各自的业务系统。应用层与应用支撑层间属松散耦合,便于部门专题应用的开发、升级与扩展。

5. 标准规范

标准体系建设是一个广义的概念,它不仅指地理信息共享所需各项标准的研究、制定和实施,还包含确立统一的空间参照系统、建立统一的地理信息空间定位载体即共享平台等。标准与规范体系和管理法规与制度体系是在参考国家标准、部门标准、行业标准、地方标准及国际标准，采用直接引用和自行制定相结合的办法提供一套可供地理信息服务平台框架建设切实可行的标准和规范，用以平台顺利建设和信息的共享环境的形成。标准规范由数据规范、接口规范、服务规范和开发规范组成。

1) 数据规范

为保证各类数据资源的共享与集成服务，需要制定相应的公共地理框架数据规范，一些需要遵守的现行国家或行业技术标准与规范将作为规范性引用文件纳入这些制定的规范中。公共地理框架数据规范主要包括地理实体数据规范、地名地址数据规范、地图数据规范、高程数据规范和影像数据规范等。

地理实体数据规范：规定地理实体数据的定义、构成与表达方式，包括基本数据模型、要素和属性内容、数据分层及组织、实体及分类编码、几何表达与拓扑处理、数据集划分等。主要内容包括概念数据模型、信息编码、数据分层与命名、属性结构与值域。

地名地址数据规范：规定地名地址数据的分类、描述、编码及地理位置信息表达的规则与方法。主要内容包括地名地址数据的分类与唯一实体标识、描述规则、地理位置表达规则等。

地图数据规范：规定地理底图数据的内容组合规则，矢量数据、影像数据、地名地址数据的选取规则，以及可视化表达相关规定，包括坐标、投影、比例尺、各种要素的符号、注记、颜色等基本要求。

三维景观模型数据规范：规定数字高程模型、三维构筑物模型数据的处理、表达等技术要求。

影像数据规范：规定地面影像数据的处理(融合、拼接、勾色、金字塔建立)、构筑物纹理数据的获取及处理、立面街景数据的获取及处理、影像数据的存储。

行业专题数据规范：规定每类行业专题数据的规范，包括行业数据的命名规则、必有字段命名规则及行业数据采集要求等。

数据维护与更新规范：规定数据维护与更新的操作流程、数据版本控制要求、一致性维护要求等。

2) 服务接口规范

服务接口规范设计是指为了实现平台的多级互联，确保平台的各个节点能够协同提供统一的服务，需要制定的相应服务技术规范。其中，需要遵循的服务技术规范包括 WMS、WFS、WCS、WFS-G、WPS、CSW。

平台需要制定的服务技术规范包括基于服务器缓存的地图服务规范、平台服务元数据信息模型、平台服务的专题分类、平台服务发现接口规范、平台服务的服务质量评价方法、平台用户管理规范、平台服务节点建设基本技术要求、各类服务接口的浏览器端应用开发接口、平台应用分析功能开发技术要求等。

基于服务器缓存的地图服务规范：在保证与 WMS 规范兼容的基础上对 WMS 进行扩展，定义可以实现对服务器缓存方法自动识别和缓存地图进行访问的功能接口。

平台服务元数据信息模型：在《OGC Web 服务通用规范》和《ISO19119 地理信息服务》的基础上，结合现行国家标准《地理信息 元数据》及最新的《ISO19115 地理信息 元数据》的内容，根据平台中对各类网络服务的应用需求，按照 OGC Web 服务的要求，规定描述各类地理信息服务的信息模型。

平台服务的专题分类：针对地理信息服务不同于地理信息的特征，需要按照常用的分类依据规定可扩展的支持多分类依据的平台服务专题分类体系，并给出编码规则和代码，以支持服务的快速发现、聚合，并支持服务之间的语义组合。

平台服务发现接口规范：结合多种较为成熟的目录服务规范，根据平台提供服务的特点和运行机制，规定平台服务查询、选择服务的接口，同时规定支持地名搜索、语义搜索等功能的技术机制。

地图 API 接口规范：各类服务接口的浏览器端应用开发接口（API）规范，主要是 JavaScript、Flex、SilverLight 等类型的接口。其是对相关互操作规范接口的包装，以减少用户的开发工作量。平台应用分析功能开发技术要求：基于 WPS 规范，结合平台的特点，规定在 WPS 框架下实现各类应用功能（如模型计算、地形分析、空间统计、综合空间查询、数据挖掘等）的方法和要求，规定各个功能的描述文件的基本内容。

应用规范设计：制定包括《地理信息公共服务平台用户指南》《地理信息公共服务应用规范》。地理信息公共服务平台用户指南：介绍了平台的服务接口和使用说明，规定了用户注册时的注册内容、技术流程和用户认证时的方法、流程等。地理信息公共服务应用规范：规定专题地理信息与框架地理信息关联技术要求，专题地理信息加载、管理与扩展规范，应用系统开发技术规范等。

3）安全保障措施和制度

平台所承载的信息资源涉及大量涉密地理信息，因此，安全保障在平台建设中将占有重要的地位。从应用安全、服务安全、网络安全、用户安全、数据安全这几个方面同时入手，来建设安全保障措施和基本制度。

平台用户管理制度：规定平台用户的主要角色和各个角色的用户类别，以及用户使用平台功能的前置程序（如注册、申请、审批等）和事中要件（如身份认证、访问审计等）。

公共平台共享合作协议：对使用省级地理信息公共服务平台的单位部门签订的共享合作内容，明晰共享合作单位的责权利内容。

公共平台保密协议：对使用省级地理信息公共服务平台的单位部门签订的保密要求内容，明晰使用公共平台的单位部门必须遵守的保密要求。

平台服务的服务质量制度：确定评价平台各类服务的服务质量的指标体系和质量评价方法，作为对各类在线服务进行科学合理的质量评价的依据。

地理信息服务平台的总体框架是从地理信息系统的数据产品到生产应用的角度，提出平台建设所需具备的要素和要素之间的关联。地理信息服务平台的总体框架包括地理信息数据产品、数据及服务支撑、地理信息平台的应用三个层次要素，以及地理信息服务平台标准规范的支撑体系，在此总体框架中要素的上层对下层有依赖关系；纵向的标准规范支撑体系对三个横向层次要素具有约束关系。

8.2　地理信息服务平台功能

8.2.1　地理信息服务平台功能架构

按照服务层的系统构成，地理信息服务平台包含二维地理空间数据分析组件功能、地理信息服务平台三维地理空间数据分析组件功能、地理空间数据服务和 PC 版客户端功能（图 8.7）。

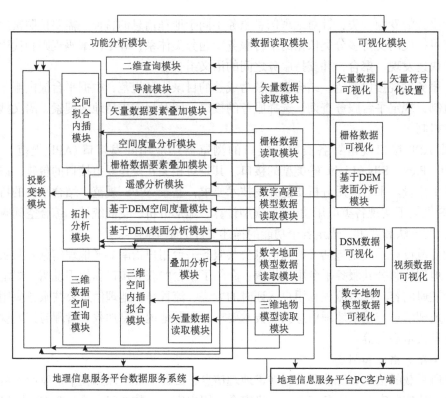

图 8.7　地理信息服务平台系统框架

1. 二维地理空间数据分析功能

在云计算环境中，实现面向二维地理空间数据的空间分析算法，为面向二维地理空间数据的功能服务分发奠定基础，支撑二维地理空间数据的高性能、快速分析，主要功能模块如图 8.8 所示。

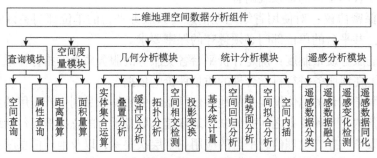

图 8.8　二维地理空间数据分析的主要功能模块

（1）查询模块。面向二维矢量数据、栅格瓦片数据、遥感影像数据等，基于空间、属性的自定义条件进行信息查询。①空间查询，提供基于点、矩形、任意多边形的空间查询方式，显示选中地物的属性。②属性查询，基于属性查询条件，快速搜索到符合条件的所有记录。

（2）空间度量模块。具有以下量算功能：①距离量算，量测二维空间场景中的两点间距离。②面积量算，量测二维空间场景中多边形的面积。

（3）几何分析模块。具有以下分析功能：①体集合运算，包含二维空间对象的交集、并集、差集等运算。②缓冲区分析，包含点、线、面等要素的缓冲区分析。③叠置分析，将不同主题的空间数据层进行叠置分析，从而产生一个新的空间数据层。④拓扑分析，对空间对象在空间位置上的相互关系进行分析，如节点与线之间、线与面之间、面与体之间的连接关系。⑤空间相交检测，对空间对象的相交性进行检测。⑥投影变换，对空间数据进行重投影运算。

(4)统计分析模块。具有以下分析功能：①基本统计量分析，对空间对象的六个基本统计量(平均数、众数、中位数、极差、方差、标准差)进行计算与分析。②空间回归分析，确定两种或两种以上变数间相互依赖的定量关系。③趋势面分析，利用数学曲面模拟空间对象在空间上的分布及变化趋势。④空间拟合分析，确定空间对象的拟合方程式。⑤空间内插，在已观测点的区域内估算未观测点的数据。

(5)遥感分析模块。具有以下分析功能：①遥感数据分类，基于遥感数据，进行不同地物类型的识别。②遥感数据融合，在统一地理坐标系中，基于多源遥感数据生成一组新的信息或合成图像。③遥感变化检测，基于不同时相遥感数据定量分析、确定地表变化的特征与过程。④遥感数据同化，将遥感数据与选择的动态模型预测值进行结合。

2. 三维地理空间分析

在云计算环境中实现三维地理空间数据的分析，为三维地理空间数据功能服务的分发奠定基础，支撑三维地理空间数据的高性能、快速分析，主要功能模块如图 8.9 所示。

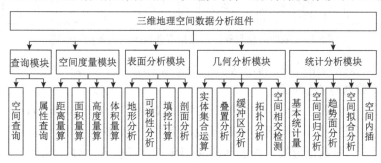

图 8.9　三维地理空间数据分析组件的主要功能模块

(1)查询模块。面向地形数据、三维模型等三维地理空间数据，基于空间、属性的自定义条件进行信息的查询。①空间查询，能够提供基于点、矩形、任意多边形的空间查询方式，显示选中地物的属性。②属性查询，可基于属性查询条件，快速搜索到符合条件的所有记录。

(2)空间度量模块。具有以下量算功能：①距离量算，量测在三维场景中两点间距离。②高度量算，量测在三维场景中的同一垂直方向上两点间距离。③面积量算，量测在三维场景中多边形的面积。④体积量算，量测在三维场景中地物对象的体积。

(3)表面分析模块。具有以下分析功能：①地形分析，包含面向三维地形数据的坡度、坡向、曲率分析。②可视性分析，包含通视分析、可视域分析、可视表面分析。③填挖计算，对填挖区域体积、面积进行计算。④剖面分析，包含地形剖面分析、建筑剖面分析。

(4)几何分析模块。具有以下分析功能：①实体集合运算，包含三维空间对象的交、并、差等。②缓冲区分析，包含点、线、面、体的缓冲区分析。③叠置分析，将不同主题的空间数据层进行叠置分析，从而产生一个新的空间数据层。④拓扑分析，对空间对象在空间位置上的相互关系进行分析，如节点与线之间、线与面之间、面与体之间的连接关系。⑤空间相交检测，对空间对象的相交性进行检测。

(5)统计分析模块。具有以下分析功能：①基本统计量分析，对空间对象的六个基本统计量(平均数、众数、中位数、极差、方差、标准差)进行计算与分析。②空间回归分析，确定两种或两种以上变数间相互依赖的定量关系。③趋势面分析，利用数学曲面模拟空间对象在空间上的分布及变化趋势。④空间拟合分析，确定空间对象的拟合方程式。⑤空间内插，在已观测点的区域内估算未观测点的数据。

3. 地理空间数据服务

在云计算环境中，面向地理信息用户提供基于地理空间数据的数据服务和功能服务，实现数据的快速分发和应用分析功能的快速调用，为面向地理空间数据的深层次应用奠定基础，主要功能模块如图 8.10 所示。

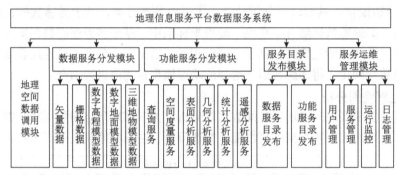

图 8.10　地理信息服务平台数据服务系统的主要功能模块

(1)地理空间数据调用模块。基于基础信息数据库管理系统提供的访问接口，该模块可实现对地理空间数据的动态加载。

(2)数据服务分发模块。依据地理信息服务平台的内容，基于 WebService 服务模式设计数据服务接口，实现多维、多时相、多尺度地理空间数据的快速分发，服务于数据共享与交换。功能包括：①矢量数据分发。基于 WebService 的服务模式，对数据进行封装，实现地理信息服务平台网内多尺度、多时相数字线划数据或数字线划数据抽取数据的分发。②栅格数据分发。基于 WebService 的服务模式，实现地理信息服务平台网内多尺度、多时相、包含不同信息栅格数据的分发。③数字高程模型数据分发。基于 WebService 的服务模式，实现地理信息服务平台网内多尺度、多时相数字高程模型数据的分发。④数字地面模型数据分发。基于 WebService 的服务模式，实现地理信息服务平台网内数字地面模型数据的分发。⑤三维地物模型数据分发。基于 WebService 的服务模式，对数据进行封装，实现地理信息服务平台网内多尺度三维地物模型数据的分发。

(3)功能服务分发模块。该模块将基于 WebService 服务方式对各类二维地理空间数据分析方法进行封装，服务于基于智能空间数据挖掘与分析。功能包括：①查询服务。基于 WebService 的服务模式，实现基于空间、属性的查询服务。②空间度量服务。基于 WebService 的服务模式，实现距离量算服务、面积量算服务等。③几何分析服务。基于 WebService 的服务模式，实现实体集合运算服务、缓冲区分析服务、叠置分析服务、拓扑分析服务、空间相交检测服务等。④统计分析服务。基于 WebService 的服务模式，实现基本统计量分析服务、空间回归分析服务、趋势面分析服务、空间拟合分析服务、空间内插服务等。⑤遥感分析服务。基于 WebService 的服务模式，实现遥感数据的分类服务、融合服务、变化检测服务、数据同化服务等。

（4）服务目录发布模块。基于地理信息服务平台提供的访问接口与元数据标准，在数据服务和功能服务分发时，将动态产生服务的目录信息，并发布于地理信息服务平台，支持用户对城市地理信息服务的搜索与调用。功能包括：①数据服务目录发布。对数据服务的元数据信息进行定义、封装与发布。②功能服务目录发布。对功能服务的元数据信息进行定义、封装与发布。

（5）服务运维管理模块。该模块实现数据服务和功能服务运维所涉及的服务管理与用户管理。功能包括：①用户管理。用户的增、删、改；权限的增、删、改；部门的增、删、改、禁用。②服务管理。服务的创建、配置、启动、暂停、停止、删除。③运行监控。数据流量监控、访问量及实时速度监控、调用用户监控、异常报警监控、历史访问情况统计监控。④日志管理。服务日志的查询、统计、分析。

4. 地理信息服务平台 PC 客户端

该客户端可独立程序运行于个人计算机（PC 机）上，通过对地理空间数据服务系统的访问接口，实现数据服务和功能服务的动态调用，实现地理空间数据的接入、可视化与分析。主要功能模块如图 8.11 所示。

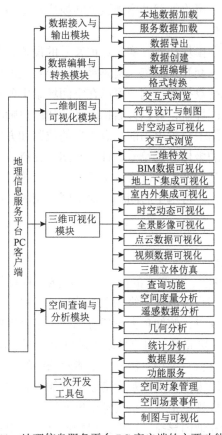

图 8.11　地理信息服务平台 PC 客户端的主要功能模块

1）数据接入与输出模块

基于地理信息服务平台、基础数据库管理系统的访问接口，该模块将实现对地理空间数据的动态接入与输出。功能包括：①本地数据加载。可实现对本地空间数据文件包括地理信息矢量数据、地理信息栅格数据、数字高程模型数据、数字地面模型数据、三维地物模型数据的动态加载。②服务数据加载数字地面模型数据。基于地理信息服务平台所提供的目录服务访问接口，该模块可实现对数据服务的搜索，并通过城市地理空间数据服务系统的访问接口，实现数据的动态加载，且数据加载后无几何和语义信息的丢失。③数据导出。支持制图排版，支持空间场景或特定数据图层的导出成指定格式的栅格图像或数据文件。支持三维地理空间数据的导出。支持空间场景的导出，可将其输出成指定格式的栅格图像，或将漫游路径输出成外部视频文件，支持 AVI 视频格式输出。

2) 数据编辑与转换模块

通过提供界面友好的工具，该模块可服务于二维地理空间数据的编辑与处理。功能包括：①数据创建。提供丰富的临时空间对象功能，包括创建数据图层、空间对象、注记对象等；提供丰富的三维空间对象功能，包括创建三维空间对象、动态空间对象、注记对象等。②数据编辑。可将加载的本地数据进行空间裁剪、空间对象的几何编辑或属性编辑，并可将编辑后的数据保存至本地磁盘。支持地形高程缩放因子的自定义设置。提供局部三维地形的交互式编辑。可将加载的本地数据进行三维模型的几何编辑或属性编辑，并可将编辑后的数据保存至本地磁盘。③数据转换。可将加载的本地数据转换成指定格式的数据。

3) 二维制图与可视化模块

该模块将提供专业的制图模块功能，实现数据符号的设置，并通过交互式浏览实现数据的快速可视化。功能包括：①交互式浏览。提供灵活、交互式的浏览漫游功能，具有灵活的运动控制模式，实现鼠标或键盘控制，用户可以在空间场景中前进、后退、左移、右移、左转、右转。支持指南针和地图导航，可以开启指南针，让用户随时知道自己所面对的方向。支持地图导航，可在鹰眼视图上显示出当前视点所在的位置和方向。还可以在小地图上设定热区，单击后快速到达指定的坐标。②符号设计与制图。支持点、线、面、标注等空间数据对象的符号设计与调整，可基于特定字段实现单值、范围、等级符号、点密度等专题地图的快速制作。③时空动态可视化。可基于时间轴，对不同时相的二维地理空间数据进行动态可视化表达。

4) 三维可视化模块

三维可视化模块功能包括：

(1) 交互式浏览。提供灵活、交互式的浏览漫游功能，具有灵活的运动控制模式，实现鼠标、键盘或游戏杆控制，用户可以在三维场景中前进、后退、左移、右移、左转、右转，改变行走方向，升高、降低视点，俯仰角大小任意确定。多种浏览方式，提供人行、飞行、定速巡航等浏览模式。设定游览路径，用户可以通过自定义视点位置、视线方向、视点高度、俯仰角大小及漫游速度任意进行三维场景漫游；还能对选中的建筑进行 360°的环绕浏览；支持自动漫游、手动漫游，可以模拟人沿景观大道欣赏两侧景观的过程，用户可以基于场景中已经存在的任意线条快速生成视觉走廊，沿视觉走廊漫游的过程中可以设定漫游速度、随意改变观察方向。支持指南针和地图导航，可以开启指南针，让用户随时知道自己所面对的方向。支持地图导航，可在鹰眼视图上显示出当前视点所在的位置和方向。还可以在小地图上设定热区，单击后快速到达指定的坐标。

(2) 三维特效功能。提供天气(雨、雪)、太阳、大气、动态水面、粒子特效，动态物体，骨骼动画等多种三维特效功能，增加三维场景的生动活泼性。

(3)BIM 数据的可视化。支持 BIM 数据的导入。可准确、无误地对 BIM 数据进行快速可视化。

(4)地上下集成可视化。能够对地表透明度进行设定,以便直观了解地下管线的分布情况;能进入地下浏览,显示地下空间三维场景(如地下管线、地铁等);能根据现有的地下管线二维矢量数据(含管径、埋深等属性信息),批量生成整个城市的三维地下管线场景。

(5)室内外集成可视化。采用室外场景与室内场景动态交互可视化技术,使室内外场景满足实时可视化显示的帧率要求,实现室内室外的一体化表达。当在室外漫游时,仅需绘制视域可见范围内的建筑结构模型,而对于建筑物内的细节物体模型不予绘制。当漫游进入室内时,应绘制当前建筑物内的潜在可见物体,并且根据当前视点所能看到的室外场景范围,选择并绘制可见范围内的室外、河流或市政设施等地物。

(6)时空动态可视化。可基于时间轴,对不同时相的三维地理空间数据进行动态可视化表达。

(7)LiDAR 点云数据的可视化。可对预处理后的真彩色点云数据直接进行三维表达。

(8)全景影像数据的可视化。支持全景数据的可视化,基于鼠标或键盘实现场景的平滑过渡。

(9)视频数据的可视化。可将视频数据与三维模型进行对接,在空间场景内实现视频数据的播放。

(10)三维立体仿真。可基于虚拟仿真设备,对空间场景进行三维立体显示。

5)空间查询与分析模块

通过调用地理空间数据服务系统的功能服务,该模块可实现对空间数据挖掘和分析,服务于数据的智能决策与分析。

(1)查询功能。可实现基于空间、属性的查询。空间查询能够为用户提供点选、框选、任意多边形选择、取消选择等选择方式,并且能显示选中地物的属性。①点选,用户可以点击某个目标进行选择。②框选,用户可以拉出一个矩形框对框内目标进行选择。③任意多边形选择,用户可以绘制一个任意多边形框对框内目标进行选择。④取消选择,用户可以在任何情况下取消对当前选集的选择,支持 ESC 键。

(2)属性查询。基于在属性搜索对话框中设置查询条件,系统能快速地搜索到符合条件的所有记录,并将查询结果显示在列表中,双击可以定位至该记录所对应的模型,并高亮显示模型。

(3)空间度量分析。基于二维地理空间数据功能服务的调用,实现距离量算、面积量算等。基于三维地理空间数据功能服务的调用,实现距离量算、高度量算、面积量算、表面积量算、体积量算等。

(4)几何分析。基于二维地理空间数据功能服务的调用,实现实体集合运算、缓冲区分析、叠置分析、拓扑分析、空间相交检测等。基于三维地理空间数据功能服务的调用,实现三维地形分析、可视性分析、填挖计算、剖面分析等。

(5)统计分析。基于二维地理空间数据功能服务的调用,实现基本统计量分析、空间回归分析、趋势面分析、空间拟合分析、空间内插等。基于三维地理空间数据功能服务的调用,实现实体集合运算、缓冲区分析、叠置分析、拓扑分析、空间相交检测等。

(6)遥感数据分析。基于二维地理空间数据功能服务的调用,实现遥感数据分类、融合、变化检测、数据同化等。

6)二次开发工具包

基于提供 SDK,地理信息用户可快速开发独立的应用系统或者进行地理信息服务平台系统的构建。SDK 提供的主要 API 包括:①数据服务 API,包括地理信息矢量数据、地理信息栅格数据、数字高程模型数据、数字地面模型数据、三维地物模型数据等地理空间数据接入。②功能服务 API,包括查询服务、空间度量分析服务、表面分析服务、几何分析服务、统计分析服务等功能服务接入。③空间对象管理 API,包括空间数据结构的封装、空间数据编辑处理等。④空间场景事件 API,包括空间场景的交互中侦听和触发的事件等。⑤制图与可视化 API,包括地图符号、空间场景可视化等。

5. 地理信息服务平台接口设计

基于平台的总体框架构成,平台的接口设计将包含以下部分:二维地理空间数据服务层接口设计、三维地理空间数据服务层接口设计、数据服务系统接口设计、PC 客户端接口设计。每个系统的接口设计将包含两部分:外部接口和内部接口。其中,外部接口主要用于说明本系统同其他系统间的接口关系;内部接口主要用于说明系统内部各模块间的接口关系。

1)二维地理空间数据分析组件接口

地理信息服务平台其他系统间的接口关系如图 8.12 所示。

二维地理空间数据分析组件 ↔ 地理信息服务平台数据服务系统:该接口通过与地理信息服务平台数据服务系统的交互,实现对二维地理空间数据服务系统内数据服务与功能服务的调用,定制相应的服务,并对相应的响应消息进行解析和可视化。

二维地理空间数据分析组件 ↔ 地理信息服务平台 PC 客户端:该接口通过与地理信息服务平台 PC 客户端的交互,实现对二维地理空间数据服务系统内数据服务与功能服务的调用,定制相应的服务,并对相应的响应消息进行解析和可视化。

内部接口仅存在于算法间的相互调用,模块之间无明确接口。

2)三维地理空间数据分析组件接口

三维地理信息服务平台其他系统间的接口关系如图 8.13 所示。

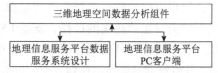

图 8.12　二维地理空间数据分析组件的外部接口　图 8.13　三维地理空间数据分析组件的外部接口
→表示接口关系　　　　　　　　　　　　　　　　　　→表示接口关系

三维地理空间数据分析组件 ↔ 地理信息服务平台数据服务系统:接口通过与地理信息服务平台数据服务系统的交互,实现对三维地理空间数据服务系统内数据服务与功能服务的调用,定制相应的服务,并对相应的响应消息进行解析和可视化。

三维地理空间数据分析组件 ↔ 地理信息服务平台 PC 客户端:接口通过与地理信息服务平台 PC 客户端的交互,实现对三维地理空间数据服务系统内数据服务与功能服务的调用,定制相应的服务,并对相应的响应消息进行解析和可视化。

内部接口仅存在于算法间的相互调用,模块之间无明确接口。

3)地理信息服务平台数据服务系统接口

该系统与地理信息服务平台其他系统间的接口关系如图 8.14 所示。

二维地理空间数据分析组件：接口通过与二维地理空间数据分析组件的交互，实现将组件内空间查询与分析算法基于 WebService 的封装，对组件发起处理分析请求，并接收、处理其响应信息。

三维地理空间数据分析组件：接口通过与三维地理空间数据分析组件的交互，实现将组件内空间查询与分析算法基于 WebService 的封装，对组件发起处理分析请求，并接收、处理其响应信息。

地理空间数据 PC 客户端：接口通过与地理空间数据 PC 客户端的交互，实现地理空间数据 PC 客户端对地理空间数据服务系统的数据服务与功能服务的调用，地理空间数据服务系统将接收、处理地理空间数据 PC 客户端的请求信息，产生相应的响应消息并发送至地理空间数据 PC 客户端。

系统各模块之间的内部接口关系如图 8.15 所示。

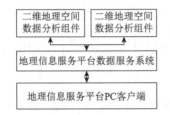

图 8.14　地理信息服务平台数据服务系统的外部接口
→表示接口关系

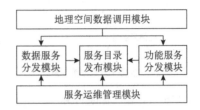

图 8.15　地理空间数据服务系统的内部接口
→表示接口关系

地理空间数据调用模块 → 数据服务分发模块：接口将地理空间数据调用模块载入的数据传递至数据服务分发模块，支持数据的分发。

地理空间数据调用模块 → 功能服务分发模块：接口将地理空间数据调用模块抽取、整合后的数据传递至功能服务分发模块，支持数据的挖掘与分析。

数据服务分发模块 → 服务目录发布模块：接口将数据服务分发模块调用时产生的服务元数据信息通过服务目录发布模块发布至政务信息交换平台或涉密信息交换平台，实现服务目录信息的分发。

功能服务分发模块 → 服务目录发布模块：接口将功能服务分发模块调用时产生的服务元数据信息通过服务目录发布模块发布至政务信息交换平台或涉密信息交换平台，实现服务目录信息的分发。

服务运维管理模块 → 数据服务分发模块：接口基于服务运维管理模块实现对数据服务的管理，实现服务的新增、修改、删除，并对服务的运行进行动态监控，以日志的方式记录服务的状态。

服务运维管理模块 → 功能服务分发模块：接口基于服务运维管理模块实现对功能服务的管理，实现服务的新增、修改、删除，并对服务的运行进行动态监控，以日志的方式记录服务的状态。

服务运维管理模块 → 服务目录发布模块：接口基于服务运维管理模块实现对服务目录的管理，在服务发生变更时实时将服务元数据变更信息通过服务目录发布模块发布至政务信息交换平台或涉密信息交换平台，实现服务目录的动态更新与维护。

4) 地理信息服务平台与 PC 客户端接口

地理信息服务平台其他系统间的接口关系如图 8.16 所示。

地理信息服务平台 PC 客户端 ↔ 二维地理空间数据分析组件：该口通过与二维地理空间数据分析组件的交互，实现将组件内空间查询与分析算法基于 WebService 的封装，对组件发起处理分析请求，并接收、处理其响应信息。

地理信息服务平台 PC 客户端 ↔ 三维地理空间数据分析组件：该口通过与三维地理空间数据分析组件的交互，实现将组件内空间查询与分析算法基于 WebService 的封装，对组件发起处理分析请求，并接收、处理其响应信息。

地理信息服务平台数据服务系统 ↔ 地理信息服务平台 PC 客户端：接口通过与二维地理空间数据服务系统的交互，实现对二维地理空间数据服务系统内数据服务与功能服务的调用，产生相应的服务请求，并对相应的响应消息进行解析和可视化。

插件各模块之间的内部接口关系如图 8.17 所示。

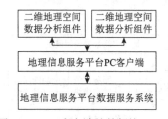

图 8.16　PC 客户端的外部接口
→表示接口关系

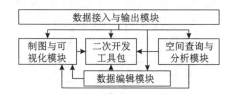

图 8.17　地理信息服务平台 PC 客户端的内部接口
→表示接口关系

数据接入与输出模块 → 制图与可视化模块：接口将数据接入与输出模块载入的数据服务传递至多维数据可视化模块，实现地理空间数据的可视化。

数据接入与输出模块 → 空间查询与分析模块：接口将数据接入与输出模块载入的数据服务传递至数据挖掘与分析模块，实现数据的挖掘与分析。

数据接入与输出模块 → 数据编辑模块：接口将数据接入与输出模块载入的数据服务传递至数据编辑模块，实现数据的几何与属性编辑。

数据接入与输出模块 → 二次开发工具包：接口将数据接入与输出模块的函数进行封装，以 API 接口的形式集成于二次开发工具包中，辅助电子政务系统和应用系统的开发。

多维数据可视化模块 → 二次开发工具包：接口将多维数据可视化模块的函数进行封装，以 API 接口的形式集成于二次开发工具包中，辅助电子政务系统和应用系统的开发。

数据查询与分析模块 → 二次开发工具包：接口将数据查询与分析模块的函数进行封装，以 API 接口的形式集成于二次开发工具包中，辅助电子政务系统和应用系统的开发。

数据编辑模块 → 二次开发工具包：接口将数据编辑函数进行封装，以 API 接口的形式集成于二次开发工具包中，辅助电子政务系统和应用系统的开发。

数据查询与分析模块 → 多维数据可视化模块：接口基于多维数据可视化模块实现数据查询与分析过程、结果的可视化表达。

数据编辑模块 → 多维数据可视化模块：接口基于多维数据可视化模块实现数据编辑过程、结果的可视化表达。

8.2.2　地理空间分析服务功能

功能服务主要是指基于 SOA 架构，对 GIS 空间分析的服务进行定制，其功能主要包括路径导航功能、TSP 路径规划功能、POI 搜索、通视功能、缓冲区分析、叠加分析、坡度坡向分析等。

1. 路径导航功能

城市交通道路的复杂性，固定意识的出行路径引发的严重交通堵塞，使出行者迫切需要获得正确的出行路径。因此，路径导航的效果是解决城市交通堵塞的重要方法，系统中针对运算速度和导航精度用两种不同的算法实现路径导航和路径规划功能。

1) A^* 算法

A^* 算法是启发式搜索算法的一种，启发式搜索是一种总是优先搜索那些具有特定信息的节点的算法，因为这些节点可能是到达目标的最好路径，其运算速度相对较快。

2) 蚁群算法

其计算相对 A^* 型算法复杂，时间较长，但通过迭代可以实现最短路径的最优规划方案，适用于路径规划的最短路径。

2. TSP 路径规划功能

TSP 路径规划主要用于城市内的物流配送。采用蚁群算法利用超算云平台的计算，处理迭代次数较多的复杂运算更加高效。数据选取包括：①导航线矢量数据；②导航点矢量数据；③POI 点属性数据；④动态交通数据。

3. POI 搜索

POI 作为地图表达的重要内容，承载着用户的目标搜索、属性查看、路线查询等功能，因此 POI 数据的空间定位精度、属性的丰富程度及表达的清晰程度直接影响着地图的质量与可用性。

4. 通视功能

通视分析是指以某一点为观察点，研究某一区域通视情况的地形分析。通视分析的基本内容有两个：一个是两点或者多点之间的可视性分析；另一个是可视域分析，即对于给定的观察点，分析观察所覆盖的区域。其中，可视域是从一个或者多个观察角度可以看见的地表范围。可视域分析是在栅格数据数据集上，对于给定的一个观察点，基于一定的相对高度，查找给定的范围内观察点所能通视覆盖的区域，也就是给定点的通视区域范围，分析结果是得到一个栅格数据集。

5. 缓冲区分析

缓冲区分析是指以点、线、面实体为基础，自动建立其周围一定宽度范围内的缓冲区多边形图层，然后建立该图层与目标图层的叠加，进行分析而得到所需结果。它是用来解决邻近度问题的空间分析工具之一。邻近度描述了地理空间中两个地物距离相近的程度。

6. 叠加分析

叠加分析是地理信息系统最常用的提取空间隐含信息的手段之一。地理信息系统的叠加分析是将有关主题层组成的数据层面，进行叠加产生一个新数据层面的操作，其结果综合了原来两层或多层要素所具有的属性。叠加分析不仅包含空间关系的比较，还包含属性关系的比较。

7. 坡度坡向分析

坡度、坡向是两个最基本的地形因子。基于 DEM 的坡度、坡向算法原理，每个格网点的坡度由相邻 8 个格网点计算而成高程的最大变化率即为该部分表面的坡度，坡向为用于计算坡度那条线的方向。

8.3　地理信息 Web 服务平台

B/S 模式有利于实现 GIS 数据的大众化服务功能，满足大众用户对于地图查询和定位的需求。由于采用浏览器形式浏览数据，对于用户而言客户端的成本很低，而且便于地理信息服务的推广和应用。因为浏览器本身的限制，客户端数据通常经过加密处理和栅格化处理，所以安全性可以得到保障。通过后台分布式服务器实现将在地理上分布、管理上自治和模式上异构的数据源有机集成，在网格服务、宽带传输和超大规模数据存储等网格支撑环境基础上建立一个多层次的地理空间应用服务体系，为用户主要提供数据服务，解决传统 GIS 无法跨平台、无法实现异构空间数据互操作、开发调试困难及资源共享等问题。

8.3.1　Web 服务总体架构

B/S 架构的服务平台软件架构一个最明显的特点就是平台运行于浏览器上，不同的浏览器直接兼容是该架构的一个重要方面。浏览器出于安全的考虑，一般都不允许对文件进行操作等可能会破坏主机的高级操作。因此，客户端的功能会有所限制，相对而言，功能很弱，基本上以显示数据为主，分析和数据的调度等复杂功能主要通过服务器端进行维护。随着浏览器功能的逐渐扩展，一些高级的功能如操作数据库(特定数据库如 IndexedDB 等)、绘图 Canvas、三维渲染 WebGL、多线程 WebWorker 等的出现，客户端的能力有所增强，具备部分数据渲染功能，因此，本平台服务端和客户端的分工采用如图 8.18 所示方式。服务端主要负责两大类功能：数据服务和功能服务。

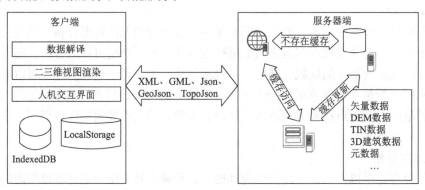

图 8.18　服务端和客户端功能总体关系图

数据服务负责提供多源、多尺度数据，考虑 B/S 架构的特殊性，数据需要转化为弱类型的结构，XML 或者 Json 格式或者其变形结构：GML、GeoJson、TopoJson。与上文架构一致，当服务端接到客户端请求时首先去缓存集群查询是否存在缓存数据，如果有则以 Json 或者 XML 格式返回，否则通过数据层进行数据的获取或者渲染，并更新缓存层。

功能服务主要负责通过网络将二三维数据的查询、分析等功能以 WebService 的形式提供给客户端，并与数据层和缓存集群进行交互实现功能处理。

客户端的总体任务为数据的浏览显示和人机交互接口。当数据通过网络进行传输回到客户端时，客户端进行数据的解析，利用客户端的 WebGL、Canvas 等功能进行数据的实时渲染，并结合客户端缓存 LocalStorage、IndexedDB 等相关技术实现三维复杂数据的客户端缓存，从而减轻网络压力。

8.3.2　Web 服务端功能

平台采用 SOA 的架构，通过 WebServices 模式实现数据分发。数据分发标准采用国际通用的 OGC 标准：WMS(web map service)，WFC(web feature service)，WCS(web coverage service)，以 XML 和 Json 形式(或其变种形式)发布。使跨区域(跨领域)不同来源的地理空间信息内容数据在逻辑上成为一个整体，实现不同数据的无缝调用和协同服务。

1. 数据发布

数据发布包括多尺度的矢量数据库、影像数据库、DEM 数据、TIN 数据及三维建筑模型数据。

(1)矢量数据发布：遵循 OGCWMS、TMS 标准，实现服务接口。按照分幅分块分层的思想将基础地理信息数据的矢量数据图层按照相应的配置进行符号化和建立索引结构后发布服务。

(2)影像数据发布：采用 OGCTMS 标准将投影后的影像构建索引，通过网络进行发布。

(3)DEM 数据发布：通过分布式、多层结构实现在网络上将 DEM 数据进行发布，包括基于栅格影像的形式。数据通过网络进行实时传输，结合客户端缓存进行部分数据的缓存。

(4)TIN 数据发布：通过标准的 Json 或者 XML 数据的形式将点云和纹理数据实时传输，结合客户端 WebGL 进行数据渲染，并结合客户端缓存进行数据缓存。

(5)三维建筑模型数据发布：将 3D 建筑物的模型和相关纹理数据按照 LOD 规则通过标准 XML 或者 Json 封装，通过网络实时传输结合客户端 WebGL 进行数据渲染，并结合客户端缓存进行数据缓存。

2. 数据标注

服务端负责将客户端提交的标注信息进行入库、分析及进行任务分发。

(1)标注分析：提供对来自网络客户端用户的标注进行相应分析，甄别真伪，确定标注的可用性，并进行记录入库。处理结果包括三种情况：真实可信，直接交给内业处理部门处理；错误信息，删除；部分可信，需要外业人员确认和采集准确位置及属性。

(2)标注入库：将经过管理人员审核的标注数据按照审核结果进行入库操作，并设置标记，将不同处理意见进行处理。

(3)标注采集任务分发：对标注分析结果中需要外业人员确认和采集的标注进行任务分发和记录。

3. 二维分析

Web 服务端提供基于空间数据二维空间分析功能，包括信息查询、量算，缓冲区分析，叠加分析，网络分析，空间信息分类，统计分析。

(1)信息查询、量算：包括基于空间位置(点、线、面)的查询、基于属性信息查询、地理 SQL 查询、属性信息查询等。量算包括质心量算、几何量算、形状量算。

(2)缓冲区分析：基于提供的点、线、面对象或者图层及距离进行周边地理查询。

(3)叠加分析：将有关主题层组成的数据层面，进行叠加产生一个新数据层面的操作，其结果综合了原来两层或多层要素所具有的属性。叠加分析不仅包含空间关系的比较，还包含属性关系的比较。叠加分析可以分为以下几类：视觉信息叠加、点与多边形叠加、线与多边形叠加、多边形叠加、栅格图层叠加。从数据类型将叠加分析分为矢量叠加、栅格叠加、DEM 叠加。

(4)网络分析：路径分析(寻求最佳路径)、地址匹配(实质是对地理位置的查询)及资源分配。

(5)空间信息分类：线状地物求长度、曲率、方向，对于面状地物求面积、周长、形状、曲率等；求几何体的质心；空间实体间的距离等。常用的方法有主成分分析法、层次分析法、系统聚类分析、判别分析等。

(6)统计分析：包括统计图表分析、密度分析、层次分析、聚类分析等。采用的方法有常规统计分析、空间自相关分析、回归分析、趋势分析及专家打分模型等。

4. 三维分析

三维部分的数据包括规则格网 DEM 和不规则三角网 TIN，以及 3D 建筑模型，不同的数据也对应不同的处理形式。三维空间分析除了包括二维 GIS 的分析功能外，还应包括针对三维空间对象的特殊分析功能。

地形分析，包括趋势面分析、坡度坡向分析、晕渲分析等。从地形分析的复杂性角度，可以将地形分析分为两类：一类是基本地形因子的计算；另一类是复杂的地形分析，包括通视分析、地形特征提取、水系特征提取、水文分析、道路分析等。这些地形分析的内容与地形模型是紧密相关的。不同结构的地形模型对应的地形分析方法也不同，如基于规则格网的地形分析与基于 TIN 的地形分析，以及基于等高线的地形分析在算法与处理上都不相同。

(1)空间查询，主要是指位置查询、距离量算、面积计算、体积计算、填挖方计算、两点可视性判断及可视域判断等。包括几何参数查询(空间位置、属性)、空间定位查询(点定位、面定位)、空间关系查询(邻接、包含、相离、相交、覆盖等)等。

(2)通视分析：通视分析是指以某一点为观察点，研究某一区域的通视、遮挡情况，形成通视、遮挡情况图，用图形表示出来。

(3)日照分析：基于某一点和特定的高度、方位角计算日照强度。

(4)空间量测：包括距离、质心、面积、表面积、体积等。

(5)叠置分析：基于三维数据的叠加分析，包括三维数据之间的集合运算和三维数据与二维数据的关系计算。

(6)缓冲区分析：三维数据的缓冲区分析都采用体的概念，包括点缓冲、线缓冲、面缓冲、体缓冲等。

(7)剖面分析：根据指定的切面，构建高度分布图，它是实现通视分析、日照分析阴影计算等的基础。

(8)空间统计分析：包括统计图表分析、密度分析、层次分析、聚类分析等。

8.3.3　Web 客户端功能

客户端功能主要集中在数据的解析和显示，以及人机交互方面，所有的操作均调用服务端提供的服务接口进行。总体功能架构如图 8.19 所示。

1. 数据加载

提供将服务端数据通过 WebService 的形式获取的功能。

2. 数据控制浏览

基于数据发布功能，在客户端浏览器中，提供二三维多源数据的浏览控制功能，提供二三维的动态切换和不同视角切换。

(1)视图模式切换：控制当前视图模式。包括二维显示、三维显示、二三维联动模式。

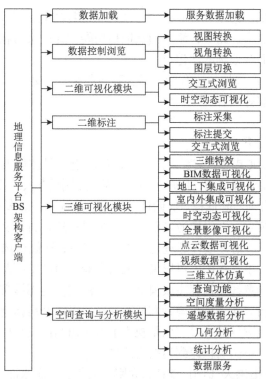

图 8.19　客户端功能

（2）图层控制：用来对地图中图层的状态和属性进行控制，实现对相应的图层的管理。包括矢量数据显示、影像数据显示和二者叠加显示。分别实现只显示矢量数据、只显示影像数据和将二者叠加显示，矢量数据位于影像数据的顶层。

（3）三维视角切换：提供用户选择特定视角进行三维透视浏览。

3. 二维可视化

提供二维数据显示的数据操作功能，主要包括鼠标和键盘操作。

（1）数据缩放：包括地图数据的放大和缩小两个操作，分别完成数据的放大和缩小显示。操作包括两种形式的缩放：单击缩放和拉框缩放。单击缩放是用户通过单击屏幕实现固定比例缩放，默认为 2 倍。拉框缩放则是用户在地图窗口按下左键，拖动，释放产生矩形框，系统自动根据当前拉框的宽度和高度与当前地图显示窗口的宽度和高度比例进行放大缩小，从而实现不固定比例的缩放。通过缩放，使用户能获取更详细或概要的地图信息。

（2）数据漫游：两种形式，通过按键实现和通过鼠标单击拖动实现。界面提供了东、南、西、北四个方向的漫游按钮，通过鼠标点击相应按键或者单击物理键盘上的上下左右按钮实现地图数据的四个方向移动。鼠标单击拖动则是在选择漫游按钮后，在地图显示区域内单击左键并拖动，地图数据将会自动根据鼠标上一个位置和当前左键弹起的位置进行平移。

4. 二维标注

主要提供基于多源数据的数据采集、分析及任务分发功能。用于提供数据的反馈机制和变化发现。

（1）数据标注采集：包括点状地物标注、线状地物标注及面状地物标注，分别提供用户添加 POI 点，输入相应的信息的功能；用户添加线状地物功能，以及数据相应信息，河流、铁路、道路及固定的沟、渠、路等；添加面状地物功能，并记录其相应属性信息。系统自动计算中心点位置，作为面状地物的注记点。

(2)标注提交：将用户添加的所有标注提交到服务端进行处理，记录用户标注的几何位置、属性信息、提交时间等内容。

5. 三维可视化

该模块的具体功能如下。

(1)交互式浏览：提供灵活、交互式的浏览漫游功能，具体如下：①灵活的运动控制模式，实现鼠标、键盘或游戏杆控制，用户可以在三维场景中前进、后退、左移、右移、左转、右转，改变行走方向，升高、降低视点，俯仰角大小任意确定。②多种浏览方式，提供人行、飞行、定速巡航等浏览模式。③设定游览路径，用户可以通过自定义视点位置、视线方向、视点高度、俯仰角大小及漫游速度任意进行三维场景漫游；还能对选中的建筑进行 360°的环绕浏览；支持自动漫游、手动漫游，可以模拟人沿景观大道欣赏两侧景观的过程，用户可以基于场景中已经存在的任意线条快速生成视觉走廊，沿视觉走廊漫游的过程中可以设定漫游速度、随意改变观察方向。④支持指南针和地图导航，可以开启指南针，让用户随时知道自己所面对的方向。支持地图导航，可在鹰眼视图上显示出当前视点所在的位置和方向。还可以在小地图上设定热区，单击后快速到达指定的坐标。

(2)三维特效功能：提供天气(雨、雪)、太阳、大气、动态水面、粒子特效，动态物体，骨骼动画等多种三维特效功能，增加三维场景的生动活泼性。

(3)BIM 数据的可视化：支持 BIM 数据的导入。可准确、无误地对 BIM 数据进行快速可视化。

(4)地上下集成可视化：能够对地表透明度进行设定，以便直观了解地下管线的分布情况，能进入地下浏览，显示地下空间三维场景(如地下管线、地铁等)，能根据现有的地下管线二维矢量数据(含管径、埋深等属性信息)，批量生成整个城市的三维地下管线场景。

(5)室内外集成可视化：采用室外场景与室内场景动态交互可视化技术，使室内外场景满足实时可视化显示的帧率要求，实现室内室外的一体化表达。当在室外漫游时，仅需绘制视域可见范围内的建筑结构模型，而对于建筑物内的细节物体模型不予绘制。当漫游进入室内时，应绘制当前建筑物内的潜在可见物体，并且根据当前视点所能看到的室外场景范围，选择并绘制可见范围内的室外、河流或市政设施等地物。

(6)时空动态可视化：可基于时间轴，对不同时相的三维地理空间数据进行动态可视化表达。

(7)TIN 数据的可视化：可对预处理后的真彩色点云数据直接进行三维表达。

(8)全景影像数据的可视化：支持全景数据的可视化，基于鼠标或键盘实现场景的平滑过渡。

(9)视频数据的可视化：可将视频数据与三维模型进行对接，在空间场景内实现视频数据的播放。

(10)三维立体仿真：可基于虚拟仿真设备，对空间场景进行三维立体显示。

6. 空间查询和分析

通过调用地理空间数据服务系统的功能服务，该模块可实现对空间数据挖掘和分析，服务于数据的智能决策与分析。

（1）查询功能：可实现基于空间、属性的查询。空间查询能够为用户提供点选、框选、任意多边形选择、取消选择等选择方式，并且能显示选中地物的属性。属性查询基于在属性搜索对话框中设置查询条件，系统能快速地搜索到符合条件的所有记录，并将查询结果显示在列表中，双击可以定位至该记录所对应的模型，并高亮显示模型。

（2）空间度量分析：基于二维地理空间数据功能服务的调用，实现距离量算、面积量算等。基于三维地理空间数据功能服务的调用，实现距离量算、高度量算、面积量算、表面积量算、体积量算等。

（3）几何分析：基于二维地理空间数据功能服务的调用，实现实体集合运算、缓冲区分析、叠置分析、拓扑分析、空间相交检测等。基于三维地理空间数据功能服务的调用，实现三维地形分析、可视性分析、填挖计算、剖面分析等。

（4）统计分析：基于二维地理空间数据功能服务的调用，实现基本统计量分析、空间回归分析、趋势面分析、空间拟合分析、空间内插等。基于三维地理空间数据功能服务的调用，实现实体集合运算、缓冲区分析、叠置分析、拓扑分析、空间相交检测等。

（5）遥感数据分析：基于二维地理空间数据功能服务的调用，实现遥感数据分类、融合、变化检测、数据同化等。

8.3.4　Web 服务二次开发

B/S 架构一般采用 Javascript 语言作为二次开发接口语言。基于该 SDK，用户可快速开发独立的应用系统或者进行地理信息服务平台系统的构建，如图 8.20 所示。

SDK 提供的主要 API 类型包括以下几个方面。

（1）数据服务 API：地理信息矢量数据、地理信息栅格数据、数字高程模型数据、数字地面模型数据、三维地物模型数据等地理空间数据接入。

（2）功能服务 API：查询服务、空间度量分析服务、表面分析服务、几何分析服务、统计分析服务等功能服务接入。

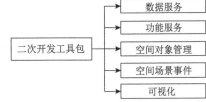

图 8.20　二次开发工具包总体结构

（3）空间对象管理 API：空间数据结构的封装、空间数据编辑处理等。

（4）空间场景事件 API：空间场景的交互中侦听和触发的事件等。

（5）制图可视化 API：地图符号、空间场景可视化等。主要 API 类有以下类型接口：①Map。用于地图的设置和显示，提供与网页元素的交互，实现地图的显示、定位、缩放、漫游、图层控制、控件控制等功能。②Layer。数据层的基类，提供地图数据的基础属性，是WMS、Vector 等的基类。WMS，根据 OGC 的 WMS 协议实现的地图在线服务类，继承自Layer，实现基于 WMS 协议的地图数据获取和显示。③WFS。根据 OGC 的 WFS 协议实现的地图在线服务类，继承自 Layer，实现基于 WFS 协议的地图数据获取和显示。④Vector。继承自 Layer，实现矢量地图数据的显示和控制，包括根据指定图层进行显示和按照指定的符号化规则显示矢量数据。⑤Image。继承自 Layer，实现影像数据的自定义获取、显示和控制。⑥Marker。提供标注信息的管理、显示，包括坐标和图标两个主要属性。

SDK 包括二维和三维两大部分，二维部分采用 OGC 简单几何实体类型继承关系模型(simple feature access，即 SFA 中的几何要素类关系图)，构建以下几何类型，用于客户端显示矢量数据。

8.4　地理信息移动服务平台

地理信息移动服务平台是以移动定位为支撑、地理信息网络服务为核心、无线网络为通信桥梁，以智能手机或平板电脑为移动终端，以地理数据采集、移动办公和出行应用为目标的综合系统。地理信息移动服务平台也成为继云 GIS 之后，地理信息产业关注的又一技术热点。同时，随着地理信息技术自身的发展，移动 GIS 也不再仅局限于 GIS 系统本身，而是延伸到了整个地理信息产业链，涉及数据采集、数据处理、平台软件、行业应用等多个层面，构成了移动地理信息的新生态。

8.4.1　移动服务平台架构

移动服务的客户端设备是一种便携式、低功能、适合地理应用，并且可以用来快速、精确定位和地理识别的设备。硬件主要包括掌上电脑(PDA)、便携式计算机、WAP 手机、GPS 定位仪器等。移动服务平台主要由移动定位、移动终端、无线互联网络、服务器(Web服务器、地图服务器和数据库服务器)组成。用户通过该终端向远程的地理信息服务器发送服务请求，然后接收服务器传送的计算结果并显示出来。移动服务的应用是基于移动终端设备的。便携、低耗、计算能力强的移动终端正日益成为移动 GIS 用户的首选，如图 8.21 所示。

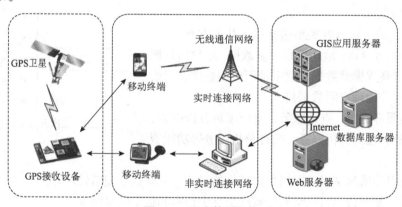

图 8.21　平台体系架构

1. 移动定位

在地理信息移动服务平台的整个系统中，移动定位是不可缺少的一部分，是基于位置服务功能实现的基础，其主要采用 GPS 定位技术与蜂窝无线网络技术。

2. 移动终端

移动终端作为地理信息移动服务平台的客户端，应以便携、低耗适合于地理应用的设备为载体。移动终端种类繁多，在实际应用中应根据需要进行选择，主要考虑以下几点。

(1)移动终端设备的扩展性和兼容性较强，以便定位设备和通信设备的集成，同时还可外接存储卡扩大其存储容量。

(2)移动终端在户外显示文字和图形的能力，以及工作环境对设备造成的破坏力。

（3）在选择移动终端设备时，要注意其系统配置，需要有相对大的内存容量、快速的处理速度及良好的系统软件。

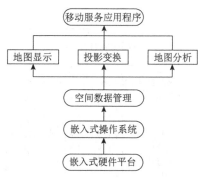

图 8.22　移动客户端系统架构

移动客户端是整个地理信息移动服务平台的核心，本质是一个嵌入式的微型地理信息系统。系统最底层是嵌入式硬件平台，上面一层是嵌入式操作系统；再上面一层是空间数据管理模块，主要负责本地空间数据的存储与索引、增量更新及对线地图数据的转换优化；紧跟的一层是对地图信息进行处理的模块，包括地图显示、地图分析和投影变换等子模块，这些功能模块是嵌入式地理信息系统提供服务的核心；最上面一层则是面向用户的嵌入式地理信息系统应用软件操作界面，如图 8.22 所示。

3. 无线互联网络

无线通信网络是连接用户终端和应用服务器的纽带，它将用户的需求无线传输给地理信息应用服务器，再将服务器的分析结果传输给用户终端。地理信息移动服务平台的移动互联网络主要有私人移动电台（private mobile radio，PMR）、基于蜂窝通信系统的 GSM/GPRS/CDMA 和基于局域网的接入技术，如蓝牙、无线局域网等。其中，以蜂窝通信系统应用最为广泛，其是地理信息移动服务平台运行的最主要的通信网络。

4. 服务器

地理信息移动服务平台的服务器是地理信息移动服务平台强大的后台服务机制，包含有 Web 服务器、GIS 应用服务器和数据库服务器。GIS 应用服务器是整个系统的关键部分，它提供大范围的地理服务，空间分析和图形及属性查询功能服务；具有强计算能力和处理超大量访问请求的能力；有数据更新功能，可及时向移动环境中的客户提供动态数据；以及对移动终端的调度管理及监控服务等。服务器具有以下主要特征。

（1）提供高质量地图、地理和属性查询、数据下载、地名字典、邻接分析、地理编码及传输服务等。

（2）能同时处理大量请求服务及可能具有的数以百万计的访问请求。

（3）由于移动计算发展迅速，很难预料将来的发展规模，服务器必须具有可扩展性能以保证系统的兼容性及扩展性。

（4）地理服务必须保证每时每刻都可获得，因此服务器必须稳定且可靠，使用成型的商业技术（如标准硬件），以及 GIS 和数据库管理系统（DBMS）软件配置。另外，数据库服务器是移动 GIS 数据的存储中心，主要负责管理数据，是应用服务器进行地理应用服务的数据来源。

8.4.2　移动服务平台功能

移动端软件系统包括卫星导航定位功能、移动数据采集功能、移动 GIS 办公及数据传输功能。地理信息移动服务平台主要功能如下（图 8.23）。

1. 卫星导航定位

描述卫星状态，辅助数据的采集，并对采集的数据及已有数据进行导航。

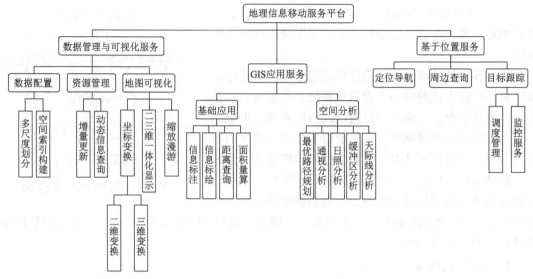

图 8.23　地理信息移动服务平台功能

2. 数据管理与可视化服务

(1)数据管理包括增量更新、空间索引构建、多尺度划分、动态信息查询、二三维一体化显示、坐标变换、缩放漫游等。

(2)GIS 应用服务：信息标注、信息标绘、距离量算、面积查询、缓冲区分析、日照分析、通视分析、天际线分析、最优路径规划等。

(3)基于位置的服务：定位导航、周边信息查询、目标跟踪等。

3. 移动数据采集

针对不同业务模式，数据采集功能有所侧重。例如，行业数据采集的不定期更新(管线资源、污染源信息等)及遥感影像纠正 GCP 坐标的采集，主要确定基础位置信息及简单属性。对于移动办公，还需要多媒体数据的采集(图像、录音、视频等)，丰富 GIS 属性，作为办公的凭证。数据传输包括数据上传与数据下载。采集数据后，现场工作人员将数据传送到信息中心的空间数据服务器上，同时服务器又可以将经过处理的有用数据传回移动 GIS 终端，以满足外出采集数据所必需的基本数据内容。

在地形复杂处，无法利用卫星定位系统获得点位坐标，可以利用外接设备的连接，辅助测量。同时，在不同的行业应用中，可以连接不同的传感器，进行行业数据的采集。

4. 移动 GIS 办公

(1)数据加载与输出。由于移动终端在性能上远低于个人计算机，对图形的缩放、查询、分析等功能的效率都比较低，此时需要设计适合移动终端的高效数据结构。遥感影像的处理利用影像金字塔算法，不同级别显示不同的内容，以提高显示速度；矢量数据可以通过数据分割，在移动终端中快速显示与编辑。将已有数据(遥感影像、矢量及其他历史数据)通过数据下载到移动终端，在野外进行数据的采集。通过叠加及分析，将数据进行更新。

(2)数据编辑。分为两类：已有点位坐标在野外进行属性的更新；保持原有属性，对坐标进行野外更新。

(3)空间分析与查询。查询待调查数据，距离分析提供了在地图上丈量距离的功能，通过确定哪些地图要素与其他要素相互接触或相邻，确定地图要素间邻近或邻接的功能。在 GIS 的空间操作中，涉及确定不同地理特征的空间接近度或邻近度的操作就是建立缓冲区。缓冲区分析就是在点、线、面实体(或称缓冲目标)周围建立一定宽度范围的多边形。缓冲区分析可以辅助调查及救灾工作的展开，以对受影响区域做出相应的处理措施，建立警示来疏散人群以免事故蔓延，预测灾害范围，及时防范以降低灾害损失。

5. 数据服务

移动端与服务器交互的数据主要有：基础地理信息数据、增量地理信息数据、位置信息数据、动态信息数据。

(1)基础地理信息数据。基础地理信息数据主要是指二维矢量与栅格数据、三维地物与地形数据。移动端存储容量有限，其内部基础地理信息数据分为离线数据与在线数据两大部分。其中，离线数据主要包含大尺度可概要描述地理空间的二维矢量与栅格数据、三维地物与地形数据。而在线数据，则是包含小尺度、可详细表达地理空间的二维矢量与栅格数据、三维地物与地形数据，由服务器实时提供。以上各类数据的数据结构，须符合嵌入式平台的显示要求，数据结构应尽量简单，例如，导航矢量数据只需包含几何数据及对应的名称属性、显示等级属性等内容，满足显示要求即可，格式主要为 BIN。而对于栅格位图数据，每张位图大小不应太大，一般为 64 像素×64 像素，格式主要为 JPG 或 PNG。

(2)增量地理信息数据。增量地理信息数据是对移动端中离线地理信息数据的更新，以保证数据的现势性，该部分数据主要由服务器端提供。

(3)位置信息数据。位置信息数据主要是指移动端提供的位置信息，通过该位置信息服务器可提供基于位置的服务。

(4)动态信息数据。动态信息数据主要由三部分组成：一是当移动端用于数据生产更新时，向服务端发送的更新数据；二是服务端向移动端用户发送的包含与人生活相关，又实时变化的非地理信息数据，如商场促销活动、影院电影场次等生活服务信息；三是由服务器向移动端发送的动态指令信息。移动端与服务器数据交互过程如图 8.24 所示。

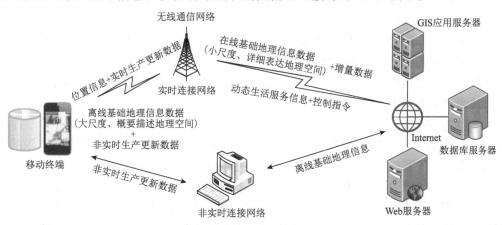

图 8.24　移动端与服务器数据交互

(5)服务交互。移动端与服务器的服务交互，主要是指服务器向移动端所提供的服务。服务器向移动端提供的服务有缓冲区分析、日照分析、通视分析、天际线分析、最优路径规划、定位导航、周边信息查询、目标跟踪等，如图 8.25 所示。

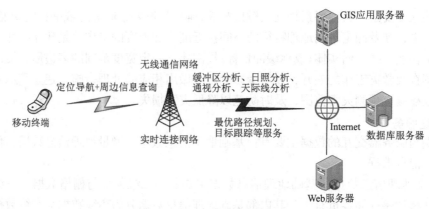

图 8.25　移动端与服务器服务交互

8.4.3　移动服务特点

移动 GIS 的客户端指的是在户外使用的可移动终端设备，其选择范围较广，可以是拥有强大计算能力的主流微型电脑，也可以是屏幕较小，功能受限的移动计算终端，如 PDA，还有今天人们常使用的智能手机等。在移动计算环境下选择通信手段时，要充分考虑以下几点。

1. 移动性

移动 GIS 摆脱了有线网络的限制和束缚，通过无线网络与服务器连接进行信息的交互，是桌面系统应用的扩展。在移动环境中，移动终端不仅可以在不同的地方联通网络，而且在移动的同时也可以保持网络连接。这种计算平台的移动性可能导致系统访问布局的变化和资源的移动性。

2. 服务实时性

移动 GIS 最大的特点就是数据的实时性。在移动过程中，把带有定位功能的 GPS 设备采集的位置坐标信息，通过无线网络提交给服务器处理，也可以及时接收服务器下发的数据。最常见的就是车载监控应用。

无线网络在不同的时间可用的网络条件(如带宽、费用、延迟及服务质量等)是变化多端的，与固定网络相比更容易出现网络阻塞故障，计算平台的可靠性较低。同时，由于移动终端的工作环境及便携性特点，比较容易受到磁场的干扰；与网络的断接状态不可预测，也给移动计算带来潜在的不可靠性。

3. 频繁断接性

固定服务器节点一般拥有强大的发送设备，而移动终端的发送能力是非常有限的，所以下行链路(服务器—移动终端)和上行链路(移动终端—服务器)的通信带宽与代价相差很大。移动终端在使用过程中，受使用方式、电源、无线通信费用、无线网络单元等因素的制约，一般不采用保持持续联网的工作方式，而是主动或被动地间歇性入网、断接。移动 GIS 终端经常会主动地接入(要求信息服务)或被动断开(网络信号不稳定等)，从而形成与网络间断性的接入与断开。这就要求移动 GIS 在不同情况下能随时重建连接，并且可独立运行。

4. 带宽和计算能力

与 Internet 相比，同时期无线网络的带宽总是相对较小，为了确保服务质量，移动 GIS

系统必须通过尽可能少的数据量来提供满足用户要求的服务。同时，移动终端的计算能力相对较弱；功率有限，显示屏小，内存有限。因此，移动 GIS 对数据的质量提出了更高的要求。

5. 支持数据源

随着移动终端功能的丰富（如摄像功能、拍照功能、文本编辑功能和 GIS 功能等），移动 GIS 所使用的信息也丰富起来，包括定位信息、文本信息、视频信息、语音信息、图像信息和图形信息等。移动 GIS 运行平台向无线网络的延伸进一步拓宽了其应用领域，移动用户需要的信息是多种多样的，任何单一的数据源无法满足所有的数据要求，这就需要对分布式数据源的支持。

6. 依赖性

通过无线网络进行通信的移动 GIS 受到网络覆盖的限制，因此移动 GIS 提供的服务也仅限于此空间范围内。同时，网络区域化管理界定出逻辑上的边界范围，形成层次化的管理空间。不同的管理域形成物理或逻辑上的位置，在其间进行的计算也必须考虑空间位置因素。此外，城市的高层建筑及野外陡峭山势、树林对 GPS 的通信都会产生极大的影响和干扰。这些特征是基于移动计算的 GIS 所具有的最基本的特点，是当今及将来移动 GIS 研究所涉及的主要问题和技术。

8.4.4　移动服务应用

1. 外业数据采集

在测绘领域，移动 GIS 主要应用于野外测量、外业数据采集等领域。野外测量方面，主要应用于 RTK 设备的手薄，实现相关的测量和放样计算：实现角度转换、距离换算、坐标换算、距离测量、角度测量、面积测量、填挖方测量等测量功能；实现线放样、道路放样等放样功能。外业数据采集，现已大范围地应用于测绘相关领域。在内业，基于遥感数据，勾绘出相关的基础矢量要素数据，最终按格网分发成移动终端可识别的数据。在外业，相关的操作人员对已有的内业数据进行空间和属性的核查、对错误的数据进行编辑修改、对缺少的数据进行外业数据采集。

2. 行业应用

现在移动 GIS 产品已广泛应用于电力、国土、林业、农业、水利、环保、城管、物流、交通等各领域。在行业中应用的典型业务有：地图浏览、地图定位、数据采集、属性记录、数据上传至服务器、轨迹记录、路线导航等。

例如，移动 GIS 在电力中的应用，主要是进行电力巡线，巡查的过程中，发现相关的电线或电力塔故障，记录下相关的位置、故障描述及照片，传送至后台服务器，管控中心即可根据故障安排相关的人员进行维修维护，维修人员可根据上报的数据导航至相关位置，并进行维修维护工作，维修的结果也可直接反馈至后台服务器。

这两年移动设备的软硬件都有了很大的发展，如网络定位技术、室内定位技术、网络通信技术、惯性定位技术、摄像头等。随着这些技术的发展，移动 GIS 在行业办公领域必将有越来越大的应用。

3. 大众应用

大众化的产品主要应用于生活相关的方面。现在移动 GIS 在大众领域最广泛的应用当属手机电子地图，手机电子地图产品包含了地图浏览、地图定位、周边地址查询、公交换乘、行车导航、步行导航、餐饮、住宿、娱乐等与生活相关的功能。移动 GIS 已深入百姓生活的方方面面，为人们的出行带来了相当大的便利。

随着移动互联网的发展，大众生活类的 APP 与移动 GIS 的结合越来越紧密。移动 GIS 在打车、购物、保险、旅游等大众应用领域也会有越来越多，越来越深入。

第9章 移动目标导航服务

移动目标导航服务是地理信息服务的重要模式之一，是解决人们"我在哪里"和"周围是什么"这两个基本问题的方法之一。把 GPS 应用到车辆导航，为汽车驾驶员指路，就成了车载导航系统，它是实时空间定位、高精度地理空间数据、嵌入式地理信息系统、微电子和移动通信等高新技术有机集成的产物。目前，各种尺度的导航电子地图已经覆盖全国。导航电子地图加工生产和更新已经基本形成产业。当前导航电子地图产品，已经从简单、基础的二维导航电子地图，全面向直观、真实的三维实景导航电子地图发展，高精度的导航产品成为汽车自动驾驶的重要组成部分。

9.1 移动目标导航概论

GPS 最早是为陆、海、空三大领域提供实时、全天候和全球性的导航服务，并用于海陆空力量的目标跟踪导航、指挥控制、战场机动、补给支援、火力协同、战场救援和保障精确打击等一些军事目的。随着其应用的扩展，现在还具有了船舶远洋导航和进港引水、飞机航路引导和进场降落、汽车自主导航、地面车辆跟踪、城市智能交通管理、紧急救生、个人旅游及野外探险、电力、邮电、通信等网络的时间同步、准确时间的授入、准确频率的授入等多种功能。随着微电子技术及计算机技术的迅猛发展，出现了体积小、重量轻、耗电量小、携带方便的嵌入式移动计算终端，其移动计算能力可以处理 GIS 的地理空间数据。GIS 计算复杂、数据量大，而在外业特定环境下的硬件资源受很多限制，必须对计算机硬件、操作系统和地理信息系统功能进行裁剪及对地理信息数据进行压缩处理并建立有效的空间索引机制。被裁剪的硬件、操作系统和地理信息系统软件称为嵌入式硬件、操作系统和嵌入式地理信息系统。利用 GPS 接收机的实时空间定位技术，可以组成 GPS+GIS 的各种自主定位导航系统。

9.1.1 导航终端硬件环境

硬件系统主要由四大部分组成：定位单元、信息处理单元、显示单元、导航数字地图，如图 9.1 所示。

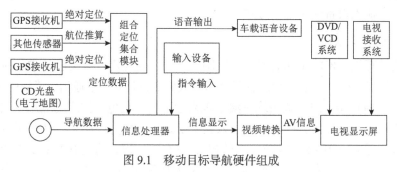

图 9.1 移动目标导航硬件组成

1. 定位单元

地理信息移动服务终端要有一个安全、可靠、稳定和动态的实时定位平台，而且要设备终端小型化。最近几年来，利用卫星定位系统实时定位精度达到 15～25m 水平，基本上满足了汽车定位的精度要求。为了提高实时定位精度，削弱 GPS 定位系统误差的影响，可以采用差分 GPS 定位技术。许多 GPS 生产厂商，为了提高 GPS 接收机的使用性能和精度，都积极地研究 GPS 与 GLONASS 相结合的双系统应用软件，已初见成效。GPS 与航位推算系统相互补充，将 GPS 系统接收卫星的定位数据和其他定位手段所获得的移动目标定位数据进行数据融合，产生新的地理位置坐标的数据，形成一个较为稳定的汽车导航定位平台。

2. 信息处理器

在汽车自动导航系统中，系统的核心是一个汽车信息处理器，它负责各种信息的处理，包括检测车辆运行、输入输出控制、完成车辆位置计算、电子地图显示、地图检索、查询等工作，从某种意义上说，它就是一个微型计算机系统。出于对使用环境的考虑，处理器对性能、可靠性、坚固性、兼容性、安全性等的要求很高，一般多采用嵌入式处理器。嵌入式系统一般由嵌入式微处理器、外围硬件设备、嵌入式操作系统及用户的应用程序等四个部分组成。与传统控制系统相比，嵌入式系统具有系统内核小、专业性强、系统精简、高实时性、多任务性、系统开发需要专门的开发工具和开发环境的特征，在工业控制、交通管理、信息家电等领域都有重要应用。

3. 信息存储设备

存储设备主要用于各类数据的存储，系统中的外部存储器用于存储地理信息和其他辅助导航信息，要求容量大、成本低，具有良好的抗震、抗电磁、防潮湿等性能。常用的有静态易失型存储器(RAM、SRAM)、动态存储器(DRAM)和非易失型存储器(ROM、EPROM、EEPROM、FLASH)三种，其中，FLASH 凭借其可擦写次数多、存储速度快、存储容量大、价格便宜等优点，在嵌入式领域内得到了广泛应用。在实用中一般采用 PCMCIA 卡、硬盘或CD-ROM 等。相比之下，CD-ROM 用得较多，这主要出于对系统的多媒体特征、海量数据、数据安全、易于交换数据、娱乐等的考虑。

4. 信息输出

为了对用户的行为做出反应和输出导航系统的处理结果，还需要一定的输入和输出设备。可视化显示设备可采用价格便宜的液晶 TV(但需要一个视频转换卡)，同时为了信息的多媒体输出，还可带有音响设备。

5. 信息输入

用户的指令输入设备使用遥控方式。

9.1.2　嵌入式操作系统

随着现代计算机技术的飞速发展和互联网技术的广泛应用，人类已从 PC 时代过渡到了以个人数字助理、手持个人电脑和信息家电为代表的 3C(计算机、通信、消费电子)一体的后PC 时代。后 PC 时代里，嵌入式系统扮演了越来越重要的角色，被广泛应用于信息电器、移动设备、网络设备和工控仿真等领域。嵌入式系统是以应用为中心，以计算机技术为基础，软硬件可裁减，适应应用系统对功能、可靠性、成本、体积、功耗有严格要求的专用计算机系统。嵌入式系统通常由嵌入式处理器、嵌入式外围设备、嵌入式操作系统和嵌入式应用软件等几大部分组成。嵌入式操作系统(embedded operating system，EOS)是指用于嵌入式系统的操作系统。嵌入式操作系统是一种用途广泛的系统软件，通常包括与硬件相关的底层驱动软件、系统内核、设备驱动接口、通信协议、图形界面、标准化浏览器等。嵌入式操作系统负责嵌入式系统的全部软、硬件资源的分配、任务调度，控制、协调并发活动。

1. 嵌入式操作系统产品

从 20 世纪 80 年代起，国际上就有一些 IT 组织、公司开始进行商用嵌入式操作系统和专用操作系统的研发。这其中涌现了一些著名的嵌入式操作系统，如 Microsoft 公司的 Windows CE 和 Wind River System 公司的 VxWorks 就分别是非实时和实时嵌入式操作系统的代表。采用商品嵌入式操作系统的好处是能得到比较好的技术支持。下面介绍几种常用的商品嵌入式操作系统。

1) VxWorks

VxWorks 是目前嵌入式系统领域中使用最广泛、市场占有率最高的嵌入式实时操作系统。它是美国 WindRiver 公司的产品，以其良好的可靠性和卓越的实时性被广泛地应用在通信、军事、航空、航天等高精尖技术及实时性要求极高的领域中，如卫星通信、军事演习、导弹制导、飞机导航等。美国的 F-16、FA-18 战斗机、B-2 隐形轰炸机和爱国者导弹，甚至 1997 年 4 月在火星表面登陆的火星探测器都使用了 VxWorks。它具有以下特性：①微内核结构(最小体积 < 8KB)；②微秒级中断处理；③高效的任务管理；④多处理器支持；⑤灵活的任务间通信；⑥符合 POSIX1003.1b 实时扩展标准；⑦支持 MS-DOS 和 RT-11 文件系统；⑧完全符合 ANSIC 标准；⑨支持多种体系结构的处理器，如 x86、i960、SunSparc、MotorolaMC68xxx、PowerPC、ARM 等。

2) pSOS

pSOS 是 ISI 公司研发的产品，现在 ISI 已经被 WinRiver 公司合并，pSOS 属于 WindRiver 公司的产品。它是世界上最早的实时系统之一，也是最早进入中国市场的实时操作系统。pSOS 是一个模块化、高性能、完全可扩展的实时操作系统，专为嵌入式微处理器设计，提供了一个完全多任务环境，在定制的或是商业化的硬件上提供高性能和高可靠性。它包含单处理器支持模块、多处理器支持模块、文件管理器模块、TCP/IP 通信包、流式通信模块、图形界面、Java、HTTP 等。可以让开发者根据操作系统的功能和内存需求定制成每一个应用所需的系统。开发者可以利用它来实现从简单的单个独立设备到复杂的、网络化的多处理器系统。

3) QNX

QNX 是加拿大 QNXSoftwareSystems 公司的产品，它是一个实时的、可扩充的、类似于 MACH 的微内核操作系统。它部分遵循 POSIX 相关标准，如 POSIX.1b 实时扩展。它提供了一个很小的微内核及一些可选的配合进程。其内核仅提供四种服务：进程调度、进程间通信、底层网络通信和中断处理，其进程在独立的地址空间中运行。所有其他操作系统服务都实现为协作的用户进程，因此 QNX 内核非常小巧(QNX4.x 大约为 12KB)，而且运行速度极快。这个灵活的结构可以使用户根据实际的需求，将系统配置成微小的嵌入式操作系统或包括几百个处理器的超级虚拟机操作系统。

4) PalmOS

PalmOS 是 Palm 公司研制的一种 32 位的嵌入式操作系统，它的操作界面采用触控式，差不多所有的控制选项都排列在屏幕上，使用触控笔便可进行所有操作。作为一套极具开放性的系统，开发商向用户免费提供 Palm 操作系统的开发工具，允许用户利用该工具在 Palm

操作系统的基础上编写、修改相关软件。Palm 操作系统最明显的优势还在于其本身是一套专门为掌上电脑编写的操作系统，在编写时充分考虑了掌上电脑内存相对较小的情况，所以 Palm 操作系统本身所占的内存极小，基于 Palm 操作系统编写的应用程序所占的空间也很小，通常只有几十 KB。PalmOS 在掌上电脑和 PDA 市场上占有很大的市场份额，它有开放的操作系统应用程序接口，开发商可以根据需要自行开发所需要的应用程序。Palm 在其他方面还存在一些不足，如 Palm 操作系统本身不具有录音、MP3 播放功能等，如果需要使用这些功能，就得另外加入第三方软件或硬件设备。

5）WindowsCE

WindowsCE 是微软消费电子设备操作系统的总称。它是一个抢先式多任务并具有强大通信能力的嵌入式操作系统，是微软专门为信息设备、移动应用、消费类电子产品、嵌入式应用等非 PC 领域而精心设计的战略性操作系统产品。其中，CE 中的 C 代表袖珍（compact）、消费（consumer）、通信能力（connectivity）和伴侣（companion）；E 代表电子产品（electronics）。WindowsCE 是 Windows 操作系统家族的最新成员，拥有它自己的系统结构，具备独立开发的内核和独一无二的设备驱动程序模型。WindowsCE 的图形用户界面相当出色，它具有模块化、结构化和基于 Win32 应用程序接口，以及与处理器无关等特点。WindowsCE 不仅继承了传统的 Windows 图形界面，并且在 WindowsCE 平台上可以使用 Windows95/98 上的编程工具、函数和同样的界面风格，使绝大多数的应用软件只需简单的修改和移植就可以在 WindowsCE 平台上继续使用。WindowsCE 内核较小，其模块化设计允许它对从掌上电脑到专用的工业控制器的用户电子设备进行定置。操作系统的基本内核需要至少 200KB。其优点在于便携性、提供对微处理器的选择及非强行的电源管理功能。缺点是速度慢、效率低、价格偏高、开发应用程序相对较难、实时性不好，只能用于对实时性要求不高的场合。

2. 开源嵌入式操作系统

商用的嵌入式操作系统在可靠性和对用户的技术支持上都有自己的优势。但是，这些专用操作系统均属于商业化产品，其价格昂贵；而且，由于很多时候它们的核心源代码都是不公开的，这使得每个系统上的应用软件与其他系统都无法兼容。这种封闭性还导致商业嵌入式系统在对各种设备的支持方面存在很大的问题，使得它们的软件移植变得很困难。现在，公开源代码的嵌入式操作系统越来越受到大家的欢迎，越来越多的公司在一定程度上加入了公开源码软件的阵营。

1）uC/OS

微内核 uC/OS 的 u，表示 micro，uC 就是指微控制器。其作者 J. Labrosse 将第 1 版的源代码发表在 1992 年的 *Embedded System Programming* 杂志上，当时引起了人们的注意。在此基础上，后来又推出了 uC/OS 的第 2 版，即 uC/OS-II。现在一般讲 uC/OS 都是指 uC/OS-II，但是仍在用 uC/OS 的也不少。目前，uC/OS 已经几乎被移植到了所有的微处理器/微控制器上。uC/OS 是一种免费公开源代码、结构小巧、具有可剥夺实时内核的实时操作系统。其内核提供任务调度与管理、时间管理、任务间同步与通信、内存管理和中断服务等功能。uC/OS 占用空间少、执行效率高、实时性能优良，且针对新处理器的移植相对简单，特别适合于小型控制系统。

2）Mach

Mach 是由 Carnegie Mellon University 在 20 世纪 80 年代后期研制的微内核操作系统，在

当时是很有代表性的。由于 CMU 的学术地位，以及源代码的公开性，这个系统在很长一段时间里对后来的微内核操作系统有着重要的影响。Mach 与 Unix，特别是 BSD 有着传承的关系。从结构上看，Mach 将文件系统等内容从内核中移到了外部，但是仍把设备驱动留在内核中。与 Unix 一样，Mach 的内核运行于系统空间，而应用程序则运行于用户空间。由于 Mach 是个微内核系统，其实时性比 Unix 有所改进，但实时性不强。后来 CMU 又继续研制了实时的 RT-Mach。

3）嵌入式 Linux

Linux 是一个类似于 Unix 的操作系统。它起源于芬兰一个名为 Linus Torvalds 的业余爱好，但是现在已经成为最流行的一款开放源代码的操作系统。很久以来，一直有人说 Linux 不适合用于嵌入式系统，可事实却是越来越多的嵌入式系统采用了 Linux。把 Linux 用于嵌入式系统，不是原封不动地照搬，而是充分考虑各种具体嵌入式系统的特点，有针对性地对 Linux 内核加以裁减、修改和补充。

随着 Linux 的迅速发展，嵌入式 Linux 现在已经有许多版本，包括强实时的嵌入式 Linux 和一般的嵌入式 Linux 版本。目前，对嵌入式 Linux 的开发主要集中在两个方向：一种思路是通过裁减的途径。因为嵌入式设备资源有限，对软件的规模有比较苛刻的要求，所以可通过开发符合原 Linux 接口标准的精简的 Linux 内核，并加强其可裁减性和可配置性，满足掌上电脑等方面的要求。另一条思路是在普通 Linux 操作系统的底层中加载一个非常精简的 RT-Kernel，处理实时任务，而原有的内核在运行时可以看作 RT-Kernel 的任务，而且相当于专用实时操作系统（RTOS）中优先级最低的任务，这可达到既兼容通常的 Linux 任务，又保证强实时性能的目的。

4）Android

Android 是一种以 Linux 与 Java 为基础的开放源代码操作系统，主要使用于便携设备。Android 操作系统最初由 Andy Rubin 开发，被谷歌收购后则由 Google 公司和开放手机联盟领导及开发，主要支持手机与平板。Android 由操作系统、中间件、用户界面和应用软件组成，是为移动终端打造的真正开放和完整的移动软件。

Android 采用了软件堆层（software stack，又名为软件叠层）的架构，主要分为三部分。底层 Linux 内核只提供基本功能。中介软件是操作系统与应用程序的沟通桥梁，并分为两层：函数层（library）和虚拟机（virtual machine）。Android 的中间层多以 Java 实现，并且采用特殊的 Dalvik 虚拟机（Dalvik virtual machine）。Dalvik 虚拟机是一种"暂存器形态"（register based）的 Java 虚拟机，变量皆存放于暂存器中，虚拟机的指令相对减少。Dalvik 虚拟机可以有多个实例（instance），每个 Android 应用程序都用一个自属的 Dalvik 虚拟机来运行，让系统在运行程序时可达到优化。Dalvik 虚拟机并非运行 Java 字节码（bytecode），而是运行一种称为 .dex 格式的文件。Android 使用 skia 为核心图形引擎，搭配 OpenGL/ES。Android 的多媒体数据库采用 SQLite 数据库系统。数据库又分为共用数据库及私用数据库。用户可通过 ContentResolver 类（Column）取得共用数据库。Android 应用程序以 Java 为编程语言，使接口到功能，都有层出不穷的变化。Android 的 Linux kernel 控制包括安全（security）、存储器管理（memory management）、程序管理（process management）、网络堆栈（network stack）、驱动程序模型（driver model）等。

3. 嵌入式操作系统特点

(1)系统内核小。由于嵌入式系统一般应用于小型电子装置，系统资源相对有限，所以内核较之传统的操作系统要小得多，如 Enea 公司的 OSE 分布式系统，内核只有 5KB。

(2)专用性强。嵌入式系统的个性化很强，其中的软件四种嵌入式操作系统的调度机制系统和硬件的结合非常紧密，一般要针对硬件进行系统的移植，即使在同一品牌、同一系列的产品中也需要根据系统硬件的变化和增减不断进行修改。同时，针对不同的任务，往往需要对系统进行较大更改，程序的编译下载要和系统相结合，这种修改和通用软件的"升级"完全是两个概念。

(3)系统精简。嵌入式系统一般没有系统软件和应用软件的明显区分，不要求其功能设计及实现上过于复杂，这样一方面利于控制系统成本，同时也利于实现系统安全。

(4)高实时性。高实时性的系统软件(OS)是嵌入式软件的基本要求。而且软件要求固态存储，以提高速度；软件代码要求高质量和高可靠性。

(5)多任务的操作系统。嵌入式软件开发要想走向标准化，就必须使用多任务的操作系统。嵌入式系统的应用程序可以没有操作系统直接在芯片上运行；但是为了合理地调度多任务、利用系统资源、系统函数及专用库函数接口，用户必须自行选配 RTOS(real-time operating system)开发平台，这样才能保证程序执行的实时性、可靠性，并减少开发时间，保障软件质量。

(6)需要开发工具和环境。嵌入式系统开发需要开发工具和环境。由于其本身不具备自主开发能力，即使设计完成后用户通常也是不能对其中的程序功能进行修改的，必须有一套开发工具和环境才能进行开发，这些工具和环境一般是基于通用计算机上的软硬件设备及各种逻辑分析仪、混合信号示波器等。开发时往往有主机和目标机的概念，主机用于程序的开发，目标机作为最后的执行机，开发时需要交替结合进行。

9.1.3　嵌入式地理信息系统

嵌入式地理信息系统是新一代地理信息系统发展的代表方向之一，它是运行在嵌入式计算机系统上高度浓缩、高度精简的 GIS 软件系统。嵌入式计算机系统是隐藏在各种装置、产品和系统(如掌上电脑、机顶盒、车载盒、手机等信息电器)之中的一种软硬件高度专业化的特定计算机系统，是计算机技术发展到后 PC 时代或信息电器时代的产物。它与台式 PC 机不同，嵌入式 GIS 基础内核要小，功能适用，文件存储量要小。而 GIS 空间数据包括图形数据、拓扑数据、参数数据及属性数据等，其数据量非常大，所需存储空间也应很大。所以，针对嵌入式设备的特点并结合 GIS 应用程序的需求要重新设计 GIS 平台。

1. 嵌入式 GIS 特点

嵌入式 GIS 的主要特点是"可裁剪"性，包括数据格式裁剪、功能裁剪和数据裁剪。不同的用户对兴趣点的要求不同，裁剪可顾及兴趣点内容的精确性、完整性。

开放——采用 SOA 架构，以服务的方式对外发布 GIS 矢量和栅格数据，实现了空间数据和 GIS 功能的分布式存储、维护、分发、聚合和共享。

标准——遵守 OGC 标准，实现了 GIS 共享与互操作，进一步提升了服务的透明性，隐藏了系统软硬件的差异及服务的具体实现细节。

集成——结合开放和标准的特点，实现与移动 MIS、移动 OA 等系统无缝集成，丰富了 3G、GIS、GPS 等新技术在各行业的广泛应用。

2. 嵌入式 GIS 系统结构

嵌入式 GIS 应用软件的系统结构将随着具体应用的不同而有所增加或裁剪，图 9.2 所示的体系结构是在研究和开发微型嵌入式 GIS 应用软件时所应该考虑的几个主要功能模块。

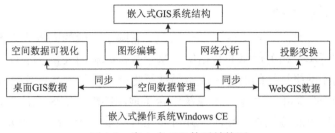

图 9.2　嵌入式 GIS 体系结构图

空间数据可视化包括地图浏览和地图渲染。地图浏览支持地图的放大、缩小、平移；地图渲染支持地图样式的配置、矢量要素的查询渲染；地图查询支持属性查询、空间查询，以及属性和空间的混合查询；要素编辑支持要素的添加、删除、修改，其中包括要素几何的节点编辑、属性编辑修改等；空间分析支持各种空间查询分析、网络分析；数据同步支持移动 GIS、WebGIS、桌面 GIS 的数据同步，及时获取更新过的最新数据；数据缓存支持瓦片的服务器缓存、瓦片更新、客户端缓存，以及矢量数据的本地缓存，实现离线或在线数据浏览；影像叠加支持遥感影像数据的叠加，并在其上采集、编辑数据；GPS 定位支持获取手机 GPS 定位数据，实现 GPS 定位监控；支持动态图层，在底图上叠加动态要素点，如 GPS 等动态刷新的点；扩展定制支持 GPS 语音导航，视频、图像等采集、显示、上传，与移动 MIS、移动 OA 的无缝集成，以及各种其他服务的组合。

3. 移动地理信息系统

移动地理信息系统(mobile GIS)是 GIS 在嵌入式系统基础上，面向专业领域的应用拓展，以移动互联网为支撑、以 GPS 智能手机为终端的 GIS 系统，是继桌面 GIS、WebGIS 之后又一新的技术热点，移动定位、移动 MIS、移动办公等越来越成为企业或个人的迫切需求，移动 GIS 就是其中的集中代表，使得随时随地获取信息变得轻松自如。它集成个人化计算机技术(PDA)、移动通信技术(GPRS/CDMA)、卫星导航定位 GPS 技术和互联网等技术，提高了 GIS 信息采集和数据处理的方便性和实时性，改变了地理信息的处理方式，使人们的工作与周围的世界连接。

移动嵌入式必然使用无线，只有无线才能移动，而移动必须小型化，因此，移动 GIS 必然建立在嵌入和无线的基础之上。但它不仅仅是随小型终端移动的 GIS 系统，也不是仅可以提供移动目标信息的 GIS 系统，更不是常规 GIS 的精简以便于能够在小计算机上实现的 GIS 系统，它是一个使用根本性不同的事例所构建的系统，与地理信息服务紧密联系在一起，是技术、信息、服务的集成，PDA 是移动 GIS 的理想平台。

移动嵌入式 GIS 系统设计立足于嵌入式设备特点，归纳提炼 GIS 最小功能集，在集成 GPS/GPRS 技术基础上实现移动目标定位和空间数据无线传输，具备初步的 LBS(基于位置的信息服务)功能，用户可以在任何时间任何地点获得基于定位信息的地理信息服务，能够将目标的位置和信息状态及时、直观地在电子地图上显示出来。在界面设计方面，充分考虑掌上电脑屏幕小、没有物理键盘等特点，力求界面设计简洁，操作方便；在数据库设计方面，科学地组织数据，解决海量存储与有限存储空间的矛盾，做到最大限度的资源、数据共享；在数据通信方面，解决数据回传和数据更新一系列问题，能够将目标的位置及时传送到监控中心，并接受监控中心的调度。

9.1.4　移动目标导航系统

移动目标导航系统是嵌入式 GIS 的一个特例，它除了一般的嵌入式 GIS 的内容以外，还包括了各条道路的行车及相关信息的数据库。这个数据库利用矢量表示行车的路线、方向、路段等信息，又利用网络拓扑的概念来决定最佳行走路线。地理数据文件（GDF）是为导航系统描述地图数据的 ISO 标准。汽车导航系统组合了地图匹配、GPS 定位来计算车辆的位置。地图资源数据库也用于航迹规划、导航，并可能还有主动安全系统、辅助驾驶及位置定位服务等高级功能。汽车导航系统的数据库应用了地图资源数据库管理。

移动目标导航系统是对移动目标实施自动动态导航的系统，分为自主定位导航和网络移动服务导航两种模式。

1. 自主定位导航系统

移动目标自主导航是利用内置的传感器确定车辆自身所处的相对位置和行驶方向，用数学分析的方法确定行车路径，并将该行车路径与内存电子地图上的道路进行比较，确定车辆在地图上所处的位置及到达目的地的方向和所余距离等，并在显示器上显示出来，从而起到导航和引导的功能。

嵌入式 GIS 是自主导航仪软件核心模块，在嵌入式 GIS 基础上开发自主导航仪软件。自主定位导航系统的基本和核心主要涉及 POI 检索、道路匹配、路径规划、路径引导、地图显示、偏航引导等基本过程。

2. 网络移动服务导航系统

自主定位导航系统的地理空间数据装在导航仪内，地理空间数据不能实时更新。为了解决这个问题，人们将自主定位导航系统和网络地理信息服务集成，导航终端硬件增加了通信系统（图 9.3），构建网络移动服务导航系统。通过 GPS、GIS 和数字通信的集成，利用数字通信传送导航数据，实现了地理信息服务的实时化。

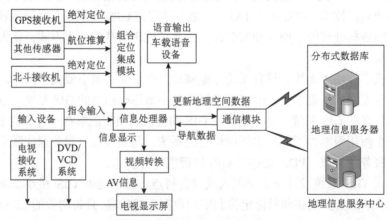

图 9.3　地理信息移动服务平台

对移动目标实施动态、实时和远距离控制与操作的关键是数字通信技术。在地理数据服务中心和移动目标之间，高效而可靠地传递数据等实时信息，需要一套无缝的无线通信系统。

地理信息服务中心通过通信系统实时传递地理数据。通信单元有两个作用：一是将定位单元获取的地理位置坐标的数据和移动目标自身的状态数据，按信令协议处理后，通过通信单元发送到监控服务中心。监控服务中心将移动服务终端的地理位置和状态数据与地理信息系统集成，实时掌握人们活动的位置和环境。二是解决地理信息移动服务终端的地理信息问题。

9.2   道路导航系统

道路导航系统是为移动目标道路导航的专用系统。它分为车载导航仪、便携式导航仪和智能手机等移动智能设备上的应用软件系统三种模式。它利用 GPS 卫星信号接收器将移动智能设备位置进行精确自主定位，并显示在导航电子地图上，用户设定目的地后，系统会自动计算出一条最佳路径，同时在行进过程中会有自动语音提示，帮助用户安全、快捷地到达目的地，通过本系统还可以查询各类生活信息。

9.2.1   导航地图数据

电子导航地图是可以存储于导航设备上的地理信息数据，主要用于路径的规划和导航功能的实现。导航电子地图是一类特殊的 GIS 数据，其数据结构、数据格式、计算规则等都是直接源于 GIS 理论，在电子地图的基础上增加了很多与车辆、行人相关的信息，导航电子地图是导航的核心组成部分，是否有高质量的导航电子地图直接影响整个导航的应用。

1. 导航地图数据构成

从功能表现上来看，电子导航地图需要有定位显示、索引、路径计算、引导的功能。电子地图主要由道路形状数据、背景数据、拓扑数据和属性数据、注记和 POI 构成，当然还可以有很多的特色内容，如 3D 路口实景放大图、三维建筑物等，都可以算做电子导航地图的特色部分，它们之间紧密衔接，共同为车辆导航应用提供服务。

为了数据组织的便利性和数据内容的扩展性，不同的图商和产品还要附加一些新的数据内容，如行政区划和要素名称词典等。导航数据基本组成如表 9.1 所示。

表 9.1   导航数据图层列表

序号	文件名称	内容	类型	类别
1	district_line	行政区界线	线	背景图层
2	district_area	行政区界面	面	背景图层
3	water_line	水系线	线	背景图层
4	water_area	水系面	面	背景图层
5	rail_line	铁路与城市轨道交通线	线	背景图层
6	green_area	土地利用与覆盖面	面	背景图层
7	gname_point	地名点	点	背景图层
8	gname_line	地名线	线	背景图层
9	post_area	邮政编码区域	面	背景图层
10	block_area	城市街区面	面	背景图层
11	3d_building	标志性建筑物立体模型	面	背景图层
12	DCM_Area	详细市街图面	面	背景图层
13	DCM_Line	详细市街图线	线	背景图层
14	Advance_Index	广告播出点	点	背景图层

续表

序号	文件名称	内容	类型	类别
15	Cent_line	道路中心线	线	背景图层
16	navi_arc	导航道路路网线	线	道路数据
17	node_point	道路结点	点	道路数据
18	spandbf	道路出入口、分岔口和方向看板	点	诱导数据
19	restrict_table	道路交通限制	点	诱导数据
20	rd_traffic_point	道路交通警告设施	点	诱导数据
21	navi_point	导航检索点	点	检索数据
22	dm_virtual	口虚拟路口放大图决定点	点	诱导数据
23	speedcam	交通监测电子眼	点	诱导数据
24	Dm_Real	真实路口放大图决定点	点	诱导数据
25	Intersection_Index	路口交叉点索引	点	检索数据
26	Address_Index	地址检索点	点	检索数据
27	Lane_Connection	路口车道转向与连接信息	点	检索数据

由于其特殊需要和实时导航的特点，导航电子地图数据与普通电子地图有若干不同，主要表现在以下几个方面：①数据结构是可计算的。②道路与信息点坐标精确。③可表示道路的拓扑关系，这部分是与传统 GIS 数据最核心的区别，也是导航数据最有价值的地方。由于在传统 GIS 中，拓扑关系多用来进行数据检查、数据存储等，但是一般不直接存储。而导航中，核心的路径导航计算功能需要这一关键数据，而且也不可能实时生成，所以一般拓扑关系都事先构建完成，这是导航数据生产中最耗费人力、物力和时间的步骤。④可表示道路的通行能力。⑤可表示交通管理信息。⑥可表示信息点的密集区域。

1）道路数据

导航用的道路数据包括道路形状数据、拓扑数据和属性数据。道路形状数据主要记录与道路相关的精确地理位置、路面形状、道路隔离带、相应的附属设施等。它必须准确如实地反映真实世界的具体情况，为其他类型的数据提供空间基础，其是电子地图与客观世界和各种导航应用功能相联系的纽带。拓扑数据定义了电子地图中各种地物间的相互关系，包括拓扑连接、拓扑相邻、拓扑包含等。拓扑数据的定义使电子地图中的各类数据在内涵上有了关联，使地图数据在语义和概念上更加完整，也更符合客观现实，为电子地图数据自身完备性检查、网络路径分析和实现交通信息处理提供了便利。属性数据记录各类地物除位置信息以外的数据。根据针对的地物不同，属性数据的组织结构也不尽相同。道路的属性数据则要记录道路名称、道面宽度、车道数据、通行级别等。随着导航应用需求的不断扩展，对属性数据完备性的要求也在不断提高，属性数据中包括的信息量及其准确度是评价当今业界领先的导航电子地图质量的重要依据之一。

道路网数据是导航地图的核心部分，其详细描述了道路行车路线和路口交叉点的连通关系，是导航路径规划的依据，通常简称为导航线。导航道路路网组成行车的道路网络，因此跨水域的由渡口连接的轮渡线（水道线）也包含在内。导航道路一般由起点和终点两个点组成的线段表示，其基本表结构如表 9.2 所示。

表 9.2　导航路网数据基本数据结构

序号	属性	类型	描述	值或值域
1	MapID	Integer	要素所在矩形分幅的网格号	
2	ID	Integer	唯一识别码	正整数
3	StartNode	Integer	开始结点号	正整数
4	EndNode	Integer	结束结点号	正整数
5	Name	Char[40]	道路名称	全角汉字字符串，缺省为空
6	AltName	Char[60]	道路别称	全角汉字字符串，缺省为空
7	DistIDs	Char[50]	道路穿越县以上行政区划的编码	多个行政区划编码时，以";"分隔
8	RoadFuncti	Integer	功能等级	见道路功能等级表
9	RouteLevel	Integer	经路层	见道路经路等级表
10	TrafficFlo	Integer	交通流方向	0=双向通行；1=正向通行；2=反向通行；3=双向均不可通行
11	RoadWidth	Integer	道路宽度	单位：m，双根导航线描述的道路，是单侧的宽度，否则为整个道路的宽度。未调查=−1
12	Length	Double	道路长度	单位：m
13	Material	Integer	道路材质	−1=未调查；1=沥青；2=混凝土(水泥)；3=土路；4=沙石；5=石板；6=鹅卵石、砖块
14	RoadCondit	Integer	道路平整度	−1=未调查；1=平整；2=不平整；3=未铺装路面
15	BeltType	Integer	隔离带类型	
16	BeltWidth	Integer	隔离带宽度	单位：dm(0.1m)，无隔离为0；未调查=−1
17	PosLane	Integer	正向车道数	实际车道数，未调查或单车道为1
18	NegLane	Integer	反向车道数	实际车道数，未调查或单车道为1
19	PosMinSpee	Integer	正向最低限速	最低限速值，单位：km/h。未调查为−1，无限速为缺省值0
20	NegMinSpee	Integer	反向最低限速	同上
21	PosSpeed	Integer	正向旅行速度	一般允许通行速度，单位：km/h。未调查=−1
22	NegSpeed	Integer	反向旅行速度	同上
23	PosMaxSpee	Integer	正向最高限速	最高限速值，单位：km/h。未调查=−1，无限速为缺省值260
24	NegMaxSpee	Integer	反向最高限速	同上
25	CarWidth	Integer	车辆宽度限制	单位：dm(0.1m)未调查=−1，缺省值
26	CarTall	Integer	车辆高度限制	单位：dm(0.1m)未调查=−1，缺省值
27	CarWeight	Integer	车辆载重量限制	单位：0.1t 未调查=−1，缺省值
28	CarLen	Integer	车辆长度限制	单位：dm(0.1m)未调查=−1，缺省值
29	FareRoad	Integer	道路收费	−1=未调查，缺省值；0=不收费；1=路段收费；2=过站收费；3=收费道路的免费路段
30	ParkSpace	Integer	停车位	−1=未调查，缺省值；1=临时停车位；2=长期停车位；3=无停车车位
31	ITSIDP	Integer	动态交通路段正向编码	9位十进制数编码，规则备注。未调查=−1
32	ITSIDN	Integer	动态交通路段反向编码	同上
33	Slope	Integer	坡度类型	下坡=−1；平坦=0，默认；上坡=1；只对城市内的匝道和高架路有效，对盘山公路无效
34	Crossable	Integer	行人横跨标志	1=可以 0=不可以，默认=0

其中，MapID 为当前道路要素所在的矩形分幅网格号，它来自对全国导航数据进行管理时构建的空间网格索引，和地图的分幅编号一样，与经纬度对应。从表中可以看出，道路的几何要素最重要的有两个点：起点和终点，分别与拓扑关系的表 node_point 对应，用于构建拓扑关系，也是在路径计算时道路网络的重要节点。

在道路数据中，道路的等级也是导航数据中重点考虑的问题，如表 9.2 中的属性字段 RoadFuncti 表示道路的级别，如国道、省道、高速公路、主干路、县路、市级路、县路等。但是因为道路等级基本上与其用途相关联，并未考虑导航应用，所以，客观上造成同等级的道路无法连通的尴尬境遇，也就是说，高速公路客观上并不总能构成闭合路段而实现全国连通，而是不同等级的道路联合起来构成闭合道路网络，从而实现全网络通行。为了解决这一客观问题，在数据生产时，引入了 RouteLevel 这一属性，用于对现实中的道路等级进行重新表达，达到相同 RouteLevel 级别的道路在几何上处于相互连通的状态，从而实现更合理的路径规划。RouteLevel 一般与功能等级相同，通过人为升高或者降低某一路段的级别来达到相同级别的道路相互连通的目的。道路经路等级如表 9.3 所示。

表 9.3 道路经路等级表

等级	Route Level	描述	
		城际道路	城市道路
一级	1	对全国性或国际性交通起重要作用的干线公路，包括所有的国际公路、高速公路和部分国道等	城市与外部交通的主要高等级道路，包括出入城高速公路、不限制外地车的城市快速路和环路
二级	2	对国内交通起主要作用的公路，包括全部国道和部分省道	城市内部交通使用的城市快速路、环路和横贯城区的主干道
三级	3	对省内交通起主要作用的全部省道和部分区域级干道性质的县道，以及连接省内各地级市和县城的主要道路	城市内部交通使用的全部主干道和部分次干道，包括各个城区之间的道路、内环线，以及连接城市主干道的道路
四级	4	县内连接各乡镇之间的乡道，包括连接较大居民聚落的道路	城市内部交通使用的全部次干道和连接骨干路网的城市支路
五级	5	乡镇里面的主要道路，以及连接各村级居民聚落的道路	全部城市支路和较宽的胡同、里巷道路
六级	6	乡镇、村落内可通车道路	城市内全部可公开通车的低等级路
七级	7	所有受限制的道路，包括只许特殊车辆通行的道路等	所有受限制的道路，包括私人道路、只许特殊车辆通行的道路和社区内部道路等
八级	−1	所有不能用于车行导航交通流关闭的道路	所有不能用于车行导航交通流关闭的道路，如步行街

道路数据一般基于中心线原则，用单线表示，但是对于单行道及其他信息如实时路况等的描述，往往不够方便。因此，一般对比较宽的道路、高等级公路（如高速公路、国道等），以及交通流量较大的道路采用双向线表示，线段坐标的顺序和路线交通流方向一致，这样既可以实现双向行驶车辆的计算，也便于后期扩展，如增加路况信息、街景信息等。除了道路信息外，还有道路的限制信息，这个信息一般在道路图层中以属性形式体现。主要表示的信息如图 9.4 所示。

通行限制

时间限制

其他条件限制
车种、限高、
限宽、限重、
限速

图 9.4 道路的限制信息

2) 道路检索点 (POI)

客观世界是各种各样的事物组成的，这些事物除了具有地理信息外，还具有特定的属性信息(如商场、加油站、学校等)。导航数据中，道路检索点又称兴趣点(POI)，是重要的辅助信息，用于进行数据检索。它是数据点图层，表示地名信息，由于它通常是路径导航的起点或者终点，因此是导航数据的核心内容。与传统的 GIS 地图相比，该数据不以地物特征为划分依据，而以导航的应用为出发点，只要汽车能够到达的地方，都可以作为兴趣点。不严格区分地物的类别，也就是说，该图层不仅包含道路的、居民地的名字，还包括河流、湖泊、绿地，甚至非常详细的商店、公司等的名字，可以说包罗万象。

但是无论如何，POI 数据的最核心特征是有固定位置，并且该位置与道路图层相关联，也就是说，可以通过导航计算，使用户能够驱车到达该点或者附近。

在导航数据中，比较典型的 POI 数据结构如表 9.4 所示。

表 9.4 POI 数据的典型结构

序号	字段	类型	描述	值或值域
1	MapID	Integer	要素属于矩形分幅的网格号	
2	ID	Integer	唯一标识别码	正整数
3	Type	Integer	对象类型编码	
4	RDMeshID	Integer	对应道路所在的网格号	
5	RDID	Integer	该点所对应道路路网弧段的 ID 号，该路段在 RoadMeshID 指出的网格内	
6	DistID	Integer	POI 所在地区的国家行政区划编码。细分至区县，当无区县资料时，全部赋市的编码	
7	Name	Char[80]	名称	汉字字符串，缺省为空
8	PYName	Char[240]	拼音	英文字符串，缺省为空
9	ENName	Char[240]	英文	英文字符串，缺省为空
10	ABName	Char[30]	简称	汉字字符串，缺省为空
11	PYAbName	Char[90]	简称拼音	英文字符串，缺省为空
12	AltName	Char[50]	俗称	汉字字符串，缺省为空
13	PYAltName	Char[150]	俗称拼音	英文字符串，缺省为空
14	Address	Char[100]	导航检索点地址	
15	Phone	Char[50]	电话号码	
16	Prefix	Integer	电话区号	
17	PostalCode	Integer	邮政编码	−1=未调查

序号	字段	类型	描述	值或值域
18	Level	Integer	重要性	−1=未调查
19	OnlyID	Char[30]	内部唯一标识	
20	Www	Char[100]	网址	英文字符串，缺省为空
21	x	Double	经度	
22	y	Double	纬度	

这些信息视为车辆导航中的辅助查询信息，该类信息在车载信息装置中应用在信息查询、地理实体定位及辅助导航。导航系统设计与开发部分使用的导航电子地图中该类图层包括：学校、体育、写字楼、邮件、银行、车站、居民小区、商业网点、科研机关、加油站、停车场、医疗机构、政府部门、酒店、企业公司等，这些信息按照行业进行分类，每个地图图层存储一类信息。

3）背景数据

背景数据指的是在地图中用于辅助用户进行定位的数据图层，这部分数据与传统 GIS 的表示和表达完全相同，包括点、线、面三类元素。背景点包括一些著名的地标、地名及一些辅助性图标等。背景线主要有铁路、行政区划线、单线河等元素。中心线图层是用于地图显示的道路数据，而不是导航用的计算数据，因此属于背景地图。面状地物则包括大海、大江大河、湖泊、绿地、行政区划、面状公共场所等现实意义上的背景信息，也包括各类与智能导航相关的实时交通信息。背景信息的提供优化了地图的显示，满足了实时网络路径分析的需要。

4）其他数据

在导航数据中，除了上面的核心信息外，为了能够更好地提供导航应用服务，还有一些信息也是至关重要的，如语音播报信息、方向看板信息、河流绿地等背景信息。典型的数据包括虚拟路口放大图、真实路口放大图、电子眼、详细市街图等。

2. 电子地图的种类

电子地图从数据格式上可以分为矢量地图和栅格地图。这里的矢量和栅格之分主要是针对道路形状数据和背景数据中与地物相关的部分而言，前者用于地图缩放、路径计算分析等场合，后者则主要用于固定比例尺地图的显示。同时，根据电子地图应用场合的不同，也可将其划分为车载导航地图、应用于监控跟踪的电子地图、用于导游目的的手持式电子地图、用于智能交通全局指挥调度的电子地图等。这些不同的划分也对应着不同的电子地图数据构成要求和技术要求，由此延伸出整个导航应用的完整体系。

3. 电子地图的技术要求

首先，导航用电子地图必须具有极高的精确性，包括地理位置数据的精确性和实际地物信息的准确性。与此同时，电子地图中各要素之间必须具有正确的拓扑关系和整体的连通性，使各地物在逻辑上和语义上能够正确地映射现实世界。这些条件是保证电子地图实际可用性的客观基础。

其次，导航电子地图必须提供完备的地物属性信息。一方面这是电子地图进行查询检索的需要，另一方面也是进行实际智能交通分析及相关导航应用的客观需要。例如，地图数据中需要有表达交通禁则的信息，以说明哪些路口禁止左转、禁止直行等，哪些路段在特定的时间段不许机动车通行或只许单行等，还需要有表达道路特质和运行情况的数据，以表明道路的材质、收费情况、允许哪些车辆类型通过等。这些属性信息与导航应用的需求密切相关，与一般意义上的电子地图有很大不同。

再次，在许多应用场合，如车载系统、手持式设备等环境下，硬件条件相对特殊，对导航电子地图的要求也相应地更加苛刻。电子地图数据必须在保证精度和信息量的情况下尽可能的精炼，同时其数据结构也必须更加符合嵌入式设备显示、运算和分析的要求。

最后，由于导航电子地图使用场合的特殊性，需要配以便捷高效的 GUI，以保证信息的快速获取和用户的安全，其中常常要用到语音、触摸屏、针对强光源的特殊着色等技术，并配合以视频、动画等相关数据来展现丰富的电子地图应用。

导航数据一般采用与 GPS 定位结果一致的 WGS84 坐标系统（或进行一定的加密，如我国的火星坐标系统），包括道路数据、背景数据、诱导数据及检索数据四大类，其基本要素是空间坐标、拓扑关系及属性。核心是道路数据和检索数据，这两部分可以满足计算机路径规划的需要。另外两类数据都是为了辅助使用者驾驶、在地图中相对定位。这些文件通常采用 GIS 通用格式文件，如 Shp、MID/MIF 等互换性较强的文件。

4. 导航数据标准

目前世界上最主要的导航电子数据标准/格式有以下几种：GDF（v3.0/4.0）、KIWI（v1.22）、NavTech（v3.0）。

1）GDF 格式

GDF（geographic data files）是欧洲交通网络表达的空间数据标准，用于描述和传递与路网和道路相关的数据。它规定了获取数据的方法和如何定义各类特征要素、属性数据及相互关系。主要用于汽车导航系统，也可以用在其他交通数据资料库中。GDF 格式已被 CEN（Central European Normalization）所认可，并已提交 ISOTC204/WG3，最新版本的 GDF4.0 极有可能被 ISO 采纳，而成为国际标准。

GDF 标准描述了导航数据的数据模型及逻辑模型，并且通常作为一个交换文件格式使用。

GDF 用 ASCII 编码，并以单一文件形式保存。每个 GDF 都被分为多个分区，分区包括信息单元与载体单元。信息单元包含载体单元中具体数据的信息，载体单元由 Volume 和 Album 组成，Volume 是基本的数据组织单位，被合成在 Album。由于 GDF 格式是纯文本格式，所以很少直接被大型地理相关应用程序所直接应用，通常需要先转换成更有效的文件格式。

GDF 对道路要素属性的定义非常全面，例如，仅对 Road 的定义中就包括了长度单位、道路材质、道路方向、建筑情况、自然障碍物、（高架）路面高度、平均时速、最高限速、最大承重等 20 多项，同时还定义了各种要素间的关系。但是，GDF 基于通用的而非特定应用的数据模型，往往并不直接作为与硬件相关联的电子地图数据，而是扮演了作为基础数据交换格式的角色。一些地图厂商的地图也使用 GDF 格式提供，如美国的 NAVTEQ、荷兰的 TeleAtlas、德国大众汽车公司等。

另外，GDF 还提供了评价电子地图数据质量及精度的标准和依据，使电子数据生产过程中的质量控制有据可循。任何公司都可生产 GDF 格式的数据，GDF 标准采用 ISO2859 质检规范，以保证所有 GDF 数据的质量精度。

2）KIWI 格式

KIWI 格式是由 KIWI-WConsortium 制定的标准，它是专门针对汽车导航的电子数据格式，旨在提供一种通用的电子地图数据的存储格式，以满足嵌入式应用快速精确和高效的要求。该格式是公开的，任何人都可使用。

KIWI 是将数据记录在 CD-ROM 或者 DVD-ROM 上的一种物理存储格式,作为一种输入格式由日本提交给 ISO,1996 年被赋予一个大洋洲鸟的名字(Kiwi 几维鸟)。该标准起源于日本,并在我国国内应用广泛。专门针对汽车导航的电子地图数据格式,旨在提供一种通用的电子地图数据的存储格式。支持地图数据快速索引,压缩数据量,并支持扩展。在结构上采用纵向分层、横向分块的原则,采取将数据物理存储和逻辑结构相结合的机制。直接与硬件和车载导航应用相关的电子地图格式,其各种特性都完全针对特定的导航应用需求而设计,不具有一般意义上的通用性。

KIWI 将地图数据分为两大部分,显示数据和导航数据。显示数据包括道路、水系、设施等数据;导航数据分作 POI 检索数据、道路规划数据(路链、路段、结点和交通规制数据)、路径引导数据。在模型定义上,KIWI 将地图显示数据划分出不同的比例尺显示等级,将道路规划数据划分为不同的经路等级,高层的经路采用路链(multi link)的方式。KIWI 按照分层、分块的结构来组织地图,各层的逻辑结构与其物理存储相联系。KIWI 采用由两条纬线和两条经线所围成的一个矩形地理区域为一个数据单元,基本单元是二次网格,一个二次网格尺寸是纬度 5′经度 7.5′,64 个二次网格构成一个一次网格,按照数据内容的多少进行统合和分割。在不同空间尺度上,KIWI 将数据分做 Parcel $\rightarrow$ Block $\rightarrow$ BlockSet 的方式进行管理。

KIWI 的特点是把用于显示的地图数据和用于导航的数据紧密结合起来,并将数据按照分块方式以四叉树的数据结构保存于物理介质中,不同用途的信息存在不同的块中,从而使数据适合于实时高效应用的要求,其中很多信息以 Bit 为单位存储,并以 Offset 量提取其索引。这也就是 KIWI 在技术上的目标,即加速数据的引用和压缩数据的量。

KIWI 最重要的特点是其将数据物理存储和数据逻辑结构相结合的优越的机制。KIWI 按分层结构来组织地图,并且这种层的逻辑结构与其物理存储也是相联系的,它可以做到在不同的 Level 层之间做快速的数据引用。因此,针对不同的应用目的或不同级别的用户,可以使用或提供不同抽象层次的数据。例如,对于导航应用提供精度相对较高的立交桥数据,而对于一般应用只需把立交桥表示为若干道路结点就行了。而这两份不同抽象等级的数据完全可以由同一份地图数据按要求提取生成。与此同时,采用了分层次的数据参考后,会使查询、路径分析、连通性分析等各种算法更加快速。

3)NavTech 的数据格式

NavTech 公司致力于生产大比例尺的道路网商用数据,包括详细的道路、道路附属物、交通信息等,这些数据主要用于车辆导航应用。NavTech 公司自有的商用地理数据库的数据格式是 SDAL(shared data access library),通过 SDAL 编译器,可以把一般的电子地图数据转换为 SDAL 格式,进而可以由 SDAL 程序接口调用 SDAL 格式数据用于各种车辆导航应用。

SDAL 格式本身提供了对地图快速查询和显示的优化,可提高路径分析和计算速度,并可存储高质量的语音数据为用户提供语音提示。SDAL 格式的标准也是公开的。

NavTech 还为导航应用提供了一套 NAVTOOLS 工具,可以较方便地进行基于 SDAL 格式数据的导航应用开发。NAVTOOLS 提供了地图显示、车辆定位、路径计算等多种功能。当然,也可直接由 SDAL 开发导航应用。

SDAL 是 NavTech 公司致力于生产大比例尺的道路网商用数据,包括详细的道路、道路附属物、交通信息等,这些数据主要用于车辆导航应用。SDAL 格式本身提供了对地图快速查询和显示的优化,可提高路径分析和计算速度,并可存储高质量的语音数据为用户提供语音提示。NavTech 公司自有的商用地理数据库的数据格式,需要通过 DAL 编译器,把一般的电子地图数据转换为 SDAL 格式,进而由 SDAL 程序接口调用 SDAL 格式数据用于各种车辆导航应用。格式采用划分数据包或数据块的形式来管理数据。数据包的类型包括空间数据包、非空间数据包和索引数据包。格式中主要用到几种主要的索引:KD 树空间索引、B 树索引、稠密索引、POI 多层索引。

　　GDF 与 KIWI 根本的不同在于出发点,从而导致物理存储格式 PSF 的不同。因此,在真实世界的抽象上,二者的差异仅是表达方式的差异,或没有规定到的差异,而不是本质上的冲突。GDF 仅定义了数据的组织和表达,而其物理存储格式仅从数据交换的角度规范性地采用了通用计算机数据传输的封装标准。相反,KIWI 的核心在于 PSF(physical store format)。GDF 与 KIWI 的差异主要反映在以下几方面:①GDF 不规定地图的比例尺;KIWI 规定了要素层级和相应的显示比例尺。②GDF 只规定了数据可以分块组织没有具体的分块规定;KIWI 不但规定了具体的平面上分块范围指标,而且强调数据块的统合和分割。③GDF 承认数据可以分块按图幅组织,但没有规定相邻图幅之间要素的数据关联关系;KIWI 在此方面对道路路网做了规定,必须具有跨网格道路数据的连接关系。④GDF 不单独规定显示用的地理名称,名称仅是作为实体的一个属性;KIWI 单独开辟一个要素层(显示文字),并且规定了显示文字的注记位置、注记方式(字头朝向、排列方式)和显示级别。⑤GDF 对平交路口或立交桥这样的地理实体,以路段集合的方式描述;在 KIWI 以复合结点的方式描述。

　　我国自 2000 年启动导航电子地图的标准化工作,目前,国内导航数据格式,主要集中在导航电子地图开发生产方面的系列标准如下:

　　(1)数据交换格式:《导航地理数据模型与交换格式》(GB/T 19711—2005),基于 GDF3.0 和 4.0,结合我国道路的实际情况在 2005 年颁布的推荐标准。

　　(2)数据处理:《车载导航地理数据采集处理技术规程》(GB/T 20268—2006)及《导航电子地图安全处理技术基本要求》(GB 20263—2006)。

　　(3)数据产品:《车载导航电子地图产品规范》(GB/T 20267—2006)。

　　(4)存储格式:《车载导航电子地图物理存储格式》(GB/T 30291—2013)及《个人位置导航电子地图物理存储格式》(GB/T 30292—2013)。

　　(5)质量规范:《车载导航电子地图数据质量规范》(GB/T 28441—2012)、《个人位置导航电子地图数据质量规范》(GB/T 28445—2012)、《导航电子地图检测规范》(GH/T 1019—2010)等。

　　(6)其他:《导航电子地图图形符号》《导航电子地图中文字库》《道路交通信息服务　道路编码规则》《基于网络的车载导航电子地图数据传输规范》等。

9.2.2　导航软件功能

　　导航软件实现了地图显示、信息查询、路径规划、常用地址、航迹管理、标注量算、报文管理、系统设置八项功能:①地图显示。提供地图选择、图层控制、显示模式、显示方式和漫游方式这五项功能。②信息查询。提供地物查询、常用地址查询、周边设施查询和输入坐标查询这四项功能。③路径规划。路径规划提供了出发地和目的地之间的路径规划功能,以及出发地与目的地之间设置经由地和回避地的功能。提供目标选取、目标点管理和规划管理三项功能。④常用地址。主要用于对常用地址进行各种操作。⑤航迹管理。主要用于对航迹记录进行各种操作。⑥标注量算。主要提供距离量算、面积量算、标注服务点、标注道路和标注面域这五项功能。⑦报文管理。提供新建、发信箱、收信箱、草稿箱、位置报文、目标位置、快捷报文和通信地址八项功能。⑧系统设置。提供了显示设置、道路匹配设置、路径规划条件设置、模拟导航设置、语音服务、数据同步、报警参数设置和串口参数设置这八项功能。

1. 导航数据模型

受硬件环境的制约，同时也由于嵌入式 GIS 的开发与具体应用紧密相连，导航数据模型呈现出许多与桌面型 GIS 的不同之处。最大的特点是导航数据采用了矢量数据分块的方式存储和管理数据，因为任意时刻屏幕显示的图形数据只是读入数据的一部分，所以适当减少非屏幕显示区域的数据，并不影响屏幕图形数据的显示。系统采用矢量数据分块的方法，将空间矢量数据分为 N 份，任意时刻 PDA 显示图形数据时候，只是读取部分图形数据以满足快速显示图形的要求和数据存储需要。

导航数据采用层次模型，模型把现实的地理空间（不管是连续的还是不连续的）映射为数据卷。在数据卷所对应的地理空间中，数据模型将连续的地理实体及相互关系进行离散和抽象，建立若干以地理区域为边界的认识地理空间的窗口，即数据集。一般来说，一个数据集对应的地理范围是一个图幅。一个图幅 F 是一个图形对象集合，即

$$F = \sum_{i=1}^{n} \text{object}\,(\text{object} \subset F) \tag{9.1}$$

用户在任意时刻只是浏览一幅图的一部分，即一幅图对象集合的一个子集，所以可以将一幅图按矩形分块方式划分成若干对象子集。每一数据块为一个格网，每个格网为一对象集合，可以含 0 至任意一个图形对象，第 2 行 2 列矩形格网包含一个线对象和一个面对象，所有格网组成一幅图。从整体来看，空间数据是按矩形分块方式进行存储管理的，而每个数据块的内容均是矢量数据。数据块是数据存储和管理的基本单位。

每个数据块包含若干地理要素层，每一要素层包括一组在地理意义上相关的地理要素。在要素层中的几何目标构成一个平面，并建立目标之间的拓扑关系。每个要素层之间在数据组织和结构上相对独立，数据更新、查询、分析和显示等操作以要素层为基本单位。

数据集、数据块、要素层和地理目标构成一个层次地理数据模型框架。在每一个数据块建立自己独立的拓扑关系，数据块之间通过经纬度或矩形分块建立邻接相关关系。

2. 道路导航功能模块

用户利用导航软件可以有效地使用道路信息。导航软件设计时，要处理好庞大的道路信息和有限的计算机资源之间的矛盾。在具体设计中把自导航软件分为以下几个模块，如图 9.5 所示。

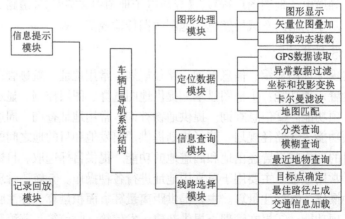

图 9.5　车辆自导航软件结构图

1）图幅数据的调度和管理

大区域、多图幅空间数据的调度、管理主要依据用户工作区的变化进行，其基本思想是根据用户工作的需要（如显示、空间查询等）和图幅的空间位置索引适时匹配，确定装载的图幅。为了获得系统较高的响应速度，图幅的装载与释放是动态进行的。按照图幅、图层和空间目标进行不同层次的管理图幅装载的过程如图 9.6 所示。

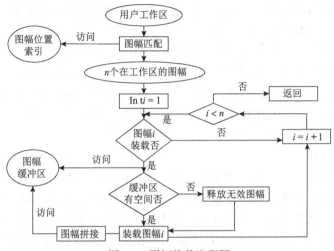

图 9.6　图幅装载流程图

图幅拼接时，分布于不同图幅的空间实体具有共同的几何特征，合并后其地理空间维数保持不变，几何特征参数进行累加，质量特征参数（要素属性）则保持不变，与其他地理实体的空间关系保持不变。具体拼接过程如图 9.7 所示。

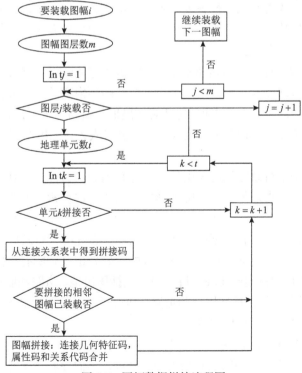

图 9.7　图幅数据拼接流程图

　　在图幅装载的同时进行拼接，并不是所有的图层都需要拼接(如只有点要素的层)，因此首先要确定需要拼接的图层。根据要拼接图层的某种地理单元(线和面目标)的完整性，如果是某一地理实体在一幅图内(m_nCovtionID=-1)，就正常进行，否则转入拼接程序。为了保证图幅拼接的顺序和不至于装载的图幅溢出图幅缓冲区，采取后拼接方法，即对于要拼接的相邻图幅如果没有在工作区之内或还没装进缓冲区，即不进行拼接。另外，要根据具体地理要素的不同特性确定拼接方法，如点状、线状、面状等在空间形态上具有不同的特征，在拼接上具有不同的具体实施方法。

　　按照上述的方法对图幅数据进行组织和管理，保证了工作区内的数据完整性和对数据的有效操作。当对工作区内某个地理实体进行检索时，首先根据要素索引表确定地理实体位于某个图幅，然后只需在本图幅内根据图幅内部的目标查询表检索出某个地理实体。当对空间目标进行修改时，若仅仅是几何位置变化，而组成结构和连接关系不变，则只需重建图的空间索引，否则需重建本幅图的拼接索引和要素索引。

　　2) 图形显示功能模块

　　图形显示模块提供了图形显示的基本功能，如图形的放大、缩小、漫游等功能。考虑车辆行驶时图形显示的连续性，采取栅格数据与矢量数据的混合方式，即屏幕显示时用位图显示，数据处理用矢量数据进行操作。这主要考虑位图显示速度不受比例尺的影响，可以叠加其他信息且图形效果更加生动美观等，还克服了当比例尺较小时屏幕更新较慢等问题。另外，大容量的外部存储设备如 CD-ROM 等为位图大数据量的存储提供了必要条件。

　　3) 信息查询功能模块

　　信息查询是车辆导航系统的一个重要功能，它是用户获得所需信息的一个必要手段。查询可分为分类别查询与不分类别查询，模糊匹配查询和精确匹配查询，分层查询等。分类别查询提供一种按照地理要素类别进行查询的手段，可以大大加快要素查询的速度。此外，系统还提供了模糊查询的功能，即把所有包含或被包含于用户输入数据的地名数据库的数据全部罗列出来，提供给用户自己选择。

　　对嵌入式 GIS 来说，查询功能是非常重要的。因为嵌入式设备屏幕较小，不可能像台式机一样显示大范围的地理要素。对于用户来说，要在图幅内漫游一圈来查找自己感兴趣的地理目标是非常费时费力的。而通过查询(包括对居民地、道路、服务设施的查询)，用户可以迅速找到并将目标定位在屏幕地图上。因此，有必要对嵌入式 GIS 矢量数据建立索引以支持查询功能。

　　系统建立了一种基于行政区划的索引机制。这是因为：目标，尤其是居民地目标是包含行政区划概念的，如河南省郑州市二七区下辖的小王庄。这种索引方式也是网上电子地图普遍采用的。

　　索引数据文件包括文件头和数据区。在文件头中，首先写入行政区的个数，每个行政区的名称及它在数据区的入口地址。在每个行政区的开始处记录有所有目标图层的入口地址。对于1:1万或更大比例尺的电子地图，目标图层包括居民地、道路和服务设施；对于比例尺小于1:1万的，目标图层只包括居民地和道路。通过每一目标图层的入口地址，系统能找到行政区内这一图层包含的所有目标信息。

　　4) GPS 定位数据处理功能模块

　　在 AVLN 中，实时获得车辆的位置是其核心功能。车辆导航系统要有一个稳定的定位结果，需要满足以下条件：①具有较高精度与可靠性的车辆单点一次连续定位；②高质量的数字地图；③完善的地图匹配算法。导航系统的定位数据主要通过导航仪的定位传感器获得，以前以使用惯性导航手段为主，随着卫星定位技术的不断发展和硬件价格水平的迅速下降，目前定位传感器主要以 GPS 接收机为主，车辆位置是通过 GPS 接收机按照单机动态绝对定位方法得到的。绝对定位通常是指在地球坐标系中，直接确定观测站相对于坐标系原点（地球质心）的绝对坐标的一种定位方法。它的原理是以 GPS 卫星和用户接收机天线之间距离（距离差）为基础，并根据已知的卫星瞬时坐标，来确定用户接收机天线所对应的点位位置。单点绝对定位一般至少需要同时观测四颗卫星。

绝对定位的优点是只需要一台接收机即可独立定位，数据处理相对简单，但是有定位精度较差、信号易受干扰等缺点，必须对得到的 GPS 定位数据进行加工处理，才能满足车辆导航的需要。

按照 GPS 定位数据与地理底图配准误差的产生及数据处理过程，可将误差分为四个部分：定位粗差、GPS 常规测量误差、GPS 定位测量结果坐标转换误差和投影变换误差，以及 GIS 数字地图平面误差。

从 GPS 接收机中直接得到的定位数据是以 WGS-84 坐标系为基础的，而定位工作是在当地坐标系中进行的，系统所使用的电子地图也都是以当地坐标系作为数学基础的，它们之间存在着投影变换和直角坐标转换问题。在 GPS 导航定位中要求立即给出当地的坐标，这就使转换工作显得尤其重要。一般根据坐标系的实际情况和换算的精度要求等因素综合选定换算模型。在实际应用中多采用布尔莎(M.Bursa)模型，其转换模型为

$$\begin{bmatrix} x \\ y \\ z \end{bmatrix}_{\text{new}} = \begin{bmatrix} \Delta X_0 \\ \Delta Y_0 \\ \Delta Z_0 \end{bmatrix} + \begin{bmatrix} 0 & \varepsilon_Z & -\varepsilon_Y \\ -\varepsilon_Z & 0 & \varepsilon_X \\ \varepsilon_Y & -\varepsilon_X & 0 \end{bmatrix} \begin{bmatrix} X \\ Y \\ Z \end{bmatrix}_{\text{old}} + (1+m) \begin{bmatrix} X \\ Y \\ Z \end{bmatrix}_{\text{old}} \tag{9.2}$$

其中，x, y, z 为转换后的空间直角坐标；X, Y, Z 为转换前的空间直角坐标；$\Delta X_0, \Delta Y_0, \Delta Z_0$ 为三个平移参数；$\varepsilon_X, \varepsilon_Y, \varepsilon_Z$ 为三个欧勒角，即三个旋转参数；m 为尺度变化参数（两个坐标系尺度之差）。

式(9.2)中共有 7 个转换参数：$\Delta X_0, \Delta Y_0, \Delta Z_0$，$\varepsilon_X, \varepsilon_Y, \varepsilon_Z$，$m$，此即布尔莎七参数变换公式。当 $\varepsilon_X = \varepsilon_Y = \varepsilon_Z = 0, m = 0$，即转换为三参数布尔莎公式。由于三参数公式没有考虑 3 个坐标轴转角及比例因子，会带来一定的舍入误差，根据实测结果，此误差可达到 10m。

大地直角坐标转换后，还需进行投影转换。这一般都有严密的公式，精度都比较高。值得说明的是，在实际应用中不宜利用仿射变换代替投影变换，否则也会带来较大的误差（可达到 30m）。

GPS 接收机动态定位性能的改善。将最优估计理论应用于 GPS 动态定位数据误差分析和估计，近几年来受到普遍关注，其中使用最广泛的估计理论是卡尔曼滤波方法。20 世纪 60 年代初，卡尔曼等提出了一种递推式滤波方法，它是一个不断地预测、修正的递推过程，因为它在求解时不需要存储大量的观测数据，可随时算得新的参数滤波值，便于适时地处理观测结果，所以卡尔曼滤波主要用于非线性动态数据的误差估计。随着定位技术的发展，它开始应用于 GPS 定位模型中，尤其在 GPS 绝对定位过程中显著地提高了 GPS 的定位精度。同时，当 GPS 接收机在短时间内接收不到信号或遇到信号异常时，还可以利用卡尔曼滤波预测

这些时刻的位置。

卡尔曼滤波的基本思想是根据历史的有效 GPS 定位观测值 $y_{(n)}(0 \leqslant n \leqslant t)$，将误差建立一个随机方程来估计这些误差状态，以此来适时修正状态 t 时刻的状态向量 $x_{(t)}$。在这一技术的应用中，关键是解决卡尔曼滤波器的发散问题，一般多采用 UDUT 分解法来解决这个问题。实际应用表明，这种算法能够减小计算工作量，提高解算速度。

寻求有效的算法提高 GPS 的定位精度与定位效率，并最大限度地减少或消除 GPS 定位的不连续性问题是一个值得探讨的问题。

5) 数据处理功能模块

车辆定位数据的处理主要是指对 GPS 数据的坐标转换和投影变换，异常导航数据的过滤等。GPS 定位数据处理主要分为以下几个模块。

(1) GPS 数据获取模块：通过导航仪的串口 (RS-232) 与 GPS 板进行数据交换，包括 GPS 板的初始化，GPS 板的打开和关闭，GPS 板状态的获得，GPS 机导航电文的获取和识别所需的信息等。

(2) 异常数据过滤模块：该模块的功能是综合利用各种手段过滤掉因为导航卫星失锁等而导致的异常电文。系统主要考虑了 GPS 板提供的 DOP 值（几何精度衰减因子，一般取 HDOP>4）及卡尔曼滤波对当前位置的误差估计值对异常值进行滤波。另外，为了加快过滤的速度和可靠性，预先给定一个车辆的行驶范围，当车辆定位位置超出预定范围时，即予以剔除。同时，在实际应用中，车辆的行驶速度是有一个上限值的，如在城市道路上车辆速度很少超过 200km/h 的（约相当于 60m/s），在考虑 GPS 误差的情况下，如果在预定的时间间隔内，车辆的行驶距离超过理论最大可能行驶的距离，即可判定此定位数据异常。综合利用以上各种手段，基本上可以得到比较正确的数据。对于被剔除掉的当前定位数据，可以用线性插值或曲线拟合的办法来弥补。

(3) 坐标转换和投影转换模块：包括 WGS84 到北京 1954 坐标变换，高斯投影正反解变换等。

3. 地图匹配模块

1) 地图匹配基本原理

为了降低 GPS 的定位误差对导航的影响，系统还要使用地图匹配的算法对汽车位置进一步修正。一方面，地图匹配技术能够保证当定位系统输出的数据偏离了数字地图的道路链时，可以找到最近的道路路段并把汽车位置修正到相对正确的位置。另一方面，地图匹配也可以用来平滑定位传感器或定位系统的噪声和改善电子地图的屏幕显示效果。

无论采取单点 GPS 定位、差分 GPS 定位或是 GPS 与航位推断系统相集成的定位系统，得到的实时定位数据都具有一定的误差，仍将难以满足车辆导航的需要。它一方面影响导航系统的视觉效果，如车辆偏离道路行驶；另一方面影响空间直接定位的结果，如街道交叉点的定位或某一查找目标的定位。由于矢量化电子地图的道路对象的地理位置是相对精确的，利用电子地图的地理数据对得到的车辆定位数据进行配准纠正，是可以相对提高当前定位数据的精度的，结合历史数据的地图匹配方法就是这种思想的体现。

地图匹配的基本思想是通过车辆的 GPS 航迹与电子地图上矢量化的路段相近匹配，寻找当前行驶的道路，并将车辆当前的 GPS 定位点投影于道路上。这样既保证了不会因为定位误差使车辆定位点偏离车辆当前行驶的道路，而且通过投影使车辆定位数据仅残留了定位误差在车辆前进方向上的径向分量，从而提高车辆的定位精度。

2) 地图匹配的算法

地图匹配的算法是曲线匹配原理和地理空间接近性分析方法的融合。曲线匹配算法的基本思想是：如果对一条曲线作任意数量的任意比例的分割，分割点都落在另一条曲线上，则两条曲线严格匹配。曲线匹配技术，就是计算一条曲线上相对均匀的某一数量分割点到参考曲线上的距离的平均值作为其到参考曲线的平均距离，将两条曲线平均距离的倒数作为匹配优劣的度量。空间接近性分析方法就是在已知的可能正确的地理数据集中，按照空间最接近的方法匹配当前定位数据。

地图匹配算法从原理上可以分为两个相对独立的过程：①寻找车辆当前行驶的道路(如果当前道路为已知，则可以省略这一步骤)；②将当前定位点投影到车辆行驶的道路上，其中寻找车辆当前行驶的道路是问题的难点和关键所在。其基本办法是按照曲线匹配的思想在车辆航迹的邻近区内搜索所有道路路段及其组合，把这些组合路线分别与车辆航迹求取匹配度量值，将取得最大匹配度量值的组合路线作为车辆当前行驶路线。算法的具体步骤如下。

(1) 初始定位：①获得车辆的当前定位数据 P_g。②取出该车辆 $N(N \geqslant 10)$ 点最近期定位数据记录，按时间顺序连接成曲线 1；取所有与 1 距离为 e (e 为预先设定的定位数据误差的平均值)的邻近区 Buffer$(1, e)$；搜索所有在 buffer$(1, e)$ 内的路段，载入集合 $S_{(r)}$。③在 $S_{(r)}$ 中搜索所有可能路线，与曲线 1 相匹配，求得最佳匹配路段作为当前运行路段 R。④记当前定位数据 P_g 在行车路线上的投影为当前定位点 P。

(2) 动态定位：①获得当前车辆定位数据 P_g，计算 P_g 与上一定位点的距离，作为车辆的行程 L。②从前一时刻定位点 P 开始，如果已知道路 R 的前进方向上的终止点在车辆行程距离 L 内，则当前行车路线不变，即 P_g 在 R 上的投影为 P，转入④；否则，说明前面有道路交叉，转入③。③作 P_g 到所有搜索到的路段的投影，记投影距离最短的路段为 R'；记 R' 为行车路线 R；考虑车辆大角度转弯时必须减速的实际情况，当在前进方向上 R 与 R' 的夹角小于 30°时，记 P_g 到 R' 上的投影为 P，否则，记搜索到的距离 P_g 最近的路段交叉口为 P。④判断 P 是否在 P_g 的邻近区 Buffer(P_g, e) 内，是则转入①，否则转入⑤。⑤转入初始定位的②。

初始定位主要用于系统开始启动时或当车辆方位失去控制时进行车辆的位置判断。动态定位一般用于车辆导航，在已知车辆行驶路线的情况下，此算法就比较简单了。它省去了路段的搜索过程，主要进行路口的判断和当前定位点到已知导航路线的投影点的计算。

3) 地图匹配算法的误差分析

曲线匹配的误差率，在保证一定定位精度的情况下，与实际的道路状况有很大关系。城市市区内密集道路和路口较多的情况，对匹配的可靠性影响较大。当两条平行的路线非常接近，恰好定位点持续地落在这两条路中间时，可能会出现行车路线的误判。同时，对数据量很大的道路网进行搜索，系统的运算量比较大。对于这种问题可采取的有效方法是对道路网进行分级管理，因为市区内的交通干道是车辆行驶的主要路线，在实现车辆路径定位时可以对主干道优先搜索，计算匹配度量，只有当匹配度量值超过一定的经验误差阈值时，才去搜索较低等级的道路。这一方面有效减少了判断失误，另一方面降低了地图搜索匹配的运算量。

对于定位点归结到已知道路路段的投影点，其实是对定位结果的实时校正，结果是消去了与道路垂线方向的误差分量，只遗留了沿道路路段方向的部分误差分量。在已知定位误差服从圆正态分布的前提下，可推导出沿道路路段方向的误差矢量分量的模的数学期望为 0.6366，即通过垂线改正，可进一步将 GPS 定位误差矢量分量减少为原误差矢量分量的 2/3 左右。

地图匹配模块分为初始位置定位匹配模块和导航时的匹配模块。初始定位模块采用曲线匹配的算法获得车辆当前所行驶的道路和位置（当车辆不在道路上时不能采用此方法，可以用一定时间内当前位置数据的平均值作为当前的定位数据）。在线路确定以后，位置数据与地图的匹配主要任务是完成 GPS 数据对当前行驶道路的投影。问题的关键就是对路口的判断和确定所要投影的道路路段。因为 GPS 定位数据的误差呈现缓慢漂移的特征，也就是说，在较短的时间内，由误差的影响所引起的位置偏差相对稳定，两个位置点间的平面距离较之于绝对位置的误差相对较小。所以在实际应用中，在匹配 GPS 的位置数据时，采用了绝对投影与位置推算相结合的办法来确定车辆的当前位置。

4. 最佳线路的选择

线路确定是 VANS 的一个重要的子功能。该功能的主要任务可以这样描述：在一个由道路边线限制的交通网络中，从给定的两个道路节点对之间选取节点到节点的线路，这条线路应是根据用户的需要在满足一定条件下的道路路段的集合。最佳线路不仅仅是地理意义上的两点之间的距离最短，还可以有其他的度量方式，如时间、费用、线路容量等。在车辆导航系统中，线路的规划一般包括时间最少的线路、通行最简单的线路、收费最少的线路等，也可以是上述几种方式的组合，实际应用中考虑最多的还是行驶时间最短线路的选择问题。无论是距离最短还是时间最快，它们的核心算法都是最短路径的算法，其差别仅仅在于在进行线路选择时赋予交通网络的链段的权值不同而已。当然，在 VANS 中，最佳线路的确定绝不是一个最短线路的计算问题，它还需要大量的辅助信息，包括道路网络拓扑数据和动态的交通信息等。

1) 最短路径算法概述

最短路径问题一直是计算机科学、运筹学、交通工程学、地理信息学等学科的一个研究热点，经典的图论与发展的计算机算法的有效结合使得新的最短路径算法不断涌现。据统计，目前提出的最短路径算法中，使用最多、计算速度较快，又比较适合于计算两点之间的最短路径问题的数学模型就是经典的 Dijkstra（迪杰斯特拉）算法。

经典 Dijkstra 算法的基本思想是：各种实际意义上的网络被抽象为一个图论中的有向或无向图，利用图的节点邻接矩阵记录点间的关联信息，同时认为两节点间的最短路径要么是两点之间直接相连，要么是通过其他已找到与原点的最佳路径的节点中转。其算法步骤为：定出源节点 P_0 后，一定能找出一个与之直接相连且路径长度最短的节点 P_1，P_0 到 P_1 就是它们之间的最短路径。把所有已经找到与源点 P_0 的最佳路径的所有节点都放入一个临时数组 L（中转点集）内，将 P_0、P_1 放入其中。再将其他各节点 P_k 与 P_0 直接相连的路径长度 P_1（若存在），与从此点经 P_1 点中转后到 P_0 的路径长度 PP_1（若 L 中存在其他的点且与 P_k 点直接相连，则同理设为 $(PP_2, PP_3, \cdots)$）作比较，取 P_1 与 PP_1（$PP_2, PP_3, \cdots$）之中长度最小的路径即为 P_k 点到 P_0 点的最短路径，将 P_k 点加入数组 L 内。如此不断进行比较，最终把所有点都加入临时数组 L 内，也就得到了各点到 P_0 点的最短路径。这里的路径长度不仅仅是通常意义上的地理概念上的距离，很可能是在具体应用中影响网络边的权值的多种因素的综合并数值化的结果。上述算法，还有很多不符合计算机运算和用户实际需要的地方，实际应用中各种最短路径的算法大多是基于以上思想的改进。对传统的 Dijkstra 算法的优化方法主要集中在以下几个方面。

通过设计计算机数据结构和利用运筹学方法，减少运算的复杂度和实际的计算机资源占用率。传统的 Dijkstra 算法中应用关联矩阵和邻接矩阵存储交通网络的节点与边的权值，会有大量的无效的 0 元素或 ∞ 元素。在此基础上进行运算，当图的节点数较多时，将占有大量计算机资源，这对于算法的程序实现造成了很大的困难。为此很多人提出了新的数据结构并改进算法来实现自己的目的，如最大相关边数的概念、最大邻接节点的概念，减少了无效的 0 元素或 ∞ 元素，降低了运算的时间复杂度。相邻节点低值扩散的路径搜索方法，基于四叉堆优先级队列及逆邻接表改进型 Dijkstra 算法也有效地提高了算法实现的效率。

从交通网络空间分布特性和方向入手，限制网络的搜索区域（即在保持一定置信度的基础上，达到减少实际装载的数据量和缩小路径搜索范围的目的）比较有效的方法之一就是采用角度优先的办法，也就是在进行计算时，根据路径搜索的起始节点和终止节点的距离和方位，计算出最佳路径的最有可能区域，以缩减所涉及的边和节点，大大减少运算的数据量。在实践中使用较多的另外一种方法是限制区域算法，区域可以是椭圆、矩形或多边形，从某种意义上说，这也是角度优先的一种变通或具体实现。交通网络越大，限制区域算法的优越性越明显。尤其在起始点或终止点之一位于网络中心区域，算法搜索范围可向多方向扩展时，更能体现出运算的效率。

从实际应用的角度出发，在路网数据库中考虑影响道路通行的各种因素，并据此改变路径搜索时的判断条件，可使计算出的结果更符合客观状况。显然，在城市交通中时间最短路径更有意义，但它较之于距离最短路径要复杂得多。交通网络的最短路径问题需要考虑的因素主要有：基本因素，即在一段时间内不会改变的道路状况和交通限制，如道路的宽度、车道数、方向、是否为单行道等；与时间相关的阶段性影响因素，如某条道路正在施工等；与时间相关的周期性影响因素，如上下班高峰期、节假日主干线的拥挤程度，它与上一因素的主要区别在于它的周期性和特定的时间段；不定因素（适时交通信息），如前方发生了交通事故、天气状况等。在综合考虑以上各种因素的基础上，使最后确定的路线比较符合客观状况和人们的实际需要。因为不同的因素和同一因素在不同的条件下对交通的影响程度并不一样，而且很多交通信息难以量化，所以对道路通行能力因子的模糊综合评判是一个现实而又难以解决的问题，虽然提出了一些统计意义或经验上的评判公式，但仍然缺乏实际应用上的量化指标。

2）路线选择的确定

在 AVLN 中的最佳路径选择中，考虑的仍然是时间最短路问题，实际操作中采取邻接节点算法。邻接点算法的基本思想是：取交通网络的最大邻接节点数作为矩阵的列，网络的节点总数作为矩阵的行，构造邻接节点矩阵来描述网络结构。对照邻接节点矩阵，把邻接节点矩阵中各元素邻接关系对应的边的权值填在同一位置上，构造相应的初始判断矩阵，利用这种结构可以有效地提高计算机算法实现的运算速度和减少实际的存储空间。

（1）弧段权值的确定。为了运算的方便，计算出路段的长度权值（单位既可以为 m，也可以为 s 或 min）。计算时，按照影响交通因素的性质不同，计算长度权值的公式如下：

$$L_i = S_i / V_i \times Q_i$$

其中，L_i 为该路段以时间为度量单位的长度权值；V_i 为在考虑道路的基本因素后得到的该路段的平均速度，其值可以用模糊综合评判的方法、统计学的理论或经验公式等得到，也可以在实际调绘的基础上人工指定。在实际应用中按照市政规定将道路分为不同的等级来描述道路的固有通畅程度，以此来确定道路的平均速度，市政规定的城市道路设计车速如表 9.5 所示。

表 9.5　城市道路设计车速规范

道路级别	快速路	主干路			次干道			支路		
		I	II	III	I	II	III	I	II	III
设计车速/ (km/h)	80, 60	60, 50	50, 40	40, 30	50, 40	40, 30	30, 20	40, 30	30, 20	20

Q_i 是考虑时间因素或突发因素时降低道路通行能力的因子，可称为阻尼系数，一般情况下 $Q_i \geqslant 1$。这些因素的具体权重一般按经验给出，通过把各种因素对行车时间的影响程度作比较，给出其对应长度权值的权重。按经验或实际实验对各种因素分类定权，并按其当时的影响程度分级，得到一固定初始数值。当这个因素得到满足时，就将这个因素所对应的权值动态装载进去。例如，正常情况下取 $Q_i = 1$，轻微交通事故 $Q_i = 1.2$；一般事故取 $Q_i = 10$；严重事故时导致交通中断，$Q_i = \text{MAX}$（程序内定的最大值）。另外，对于上下班高峰期等特殊时间段比较敏感的路段也可在特定的时间段改变其权值。夜间行车、天气状况等因素对每一条道路的影响都是相同的，可以不予考虑或乘以同一权值。

（2）弧段属性表的确定。弧段属性表存储的是路段的与路径选取有关的属性值或判断标志，有些属性要求在道路地理数据库中是本来具有的，如道路的等级、方向、是否为单行线等，有些是在程序运行时按照当时的交通状况临时加载的，如交通事故的等级或临时交通限制对交通的影响程度等。

（3）节点属性值的确定。不同的路口对行车的影响区别也很大，如路口是否有红绿灯、是否允许左或右转弯等，行车过程中必须要考虑它的阻碍因素。一般也是按经验区别不同的情况给出一个权值。

（4）节点表中关联弧段的确定。在节点的数据结构中加入节点的关联弧数及其弧段的索引号使得在算法实现时可以避开大量的无效运算。在利用邻接矩阵的表示方法中，即使两节点不直接相连接，也要执行路径最小值判断（因为它认为是距离为 $+\infty$ 的特殊连通）。利用节点的关联弧数来控制循环次数，虽然造成了一定的数据冗余（也都是一些整形的弧段索引号的冗余），但可以很有效地提高效率，这也是以空间换时间的一种手段。

在具体实现中，为了提高运算速度、降低存储空间，采取矩形区域限制搜索区域的方法。这主要是因为数据是以图幅为单位进行存储的，起点和终点确定以后，以起点和终点为对角线确定出一个矩形，只有与此矩形相交或被此矩形包容的图幅，其数据才被装载（若起点或终点位于搜索区域外侧图幅的外边缘附近时，可再多装载外侧相邻几幅图的数据）。这在保证路径搜索一定置信度的条件下，有效地提高了数据的装载速度和路径搜索的效率。

最佳路径分析是交通网络分析中一个非常重要的组成部分，目前，静态的最短路径分析已经比较完善，大多基于传统图论基础上的节点-弧段结构。显然，静态的最短路径算法因无法描述实时变化的交通信息，而越来越难以满足实际应用的需要，针对变化的交通特征，最短路径算法必须能够立即做出反应，适时地自动更新。同时，随着对反映交通信息的数据模型的研究，设计出更好地反映交通特征的数据结构并支持高效的最短路径算法，是以后交通网络分析中的一个重要方面。

5. 导航信息提示功能模块

系统导航信息提示功能是为帮助用户提供一个到达目的地的实用手段，主要提供在路口的转弯信息、道路附近的醒目标志物、目的地达到的信息等。为了方便用户的使用并且不影响车辆驾驶人员的正常工作，可以采用声音提示的办法。

导航系统能否广泛地得到推广取决于用户对其功能、可靠性、灵活性及价格的评价。通过模拟人们在线路指南中的知识和经验，就有可能在行进过程中给车辆驾驶人员一个比较合理的信息提示，使得系统更有实用性和贴近人们的生活，这主要是通过建立关于特定用途的规则和事实作为系统的知识库来实现导航信息提示的自动化的。

车辆导航要求对行驶中的车辆进行连续定位，实时计算车辆在行驶路线上的平面位置坐标，这是进行导航信息提示的基础。导航信息提示也就是指示车辆驾驶人员从当前位置到达所期望的目的地的一组指令列表，这些指令信息随着车辆位置的更新适时地提示给用户，尽管定位误差或判断的失误会使这组指令有可能与实际状况不尽一致。

1) 导航系统信息知识库概述

导航信息知识库主要用于在导航过程中任何给定的时刻提供给用户信息指令的输出类型、性质、方法等，它所需要的支持信息主要有：支持导航的地理数据库、道路的导航辅助信息、定位技术及其约束条件、行进的中转地与目的地等。要建立知识库，首先要决定知识库中的知识的类型和性质，这就需要一种方法对知识进行表达。知识的表达方法有很多种，经常使用的主要有：产生式规则(production rule)、逻辑(logic)、语义网络(semantic network)、框架(frame)、剧本(script)、面向对象、神经网络等。具体运用何种知识表达方法取决于给定用途中所要表达知识的形式和对知识的利用方式，也就是说，特定领域的特性、要求和环境是决定表示方法类型的首要因素。

产生式规则把知识表示成"行为-动作"对，表示方式自然、简洁。它是一种基于演绎推理的推理机制，在实践中的应用比较广泛。因为导航系统的每一条知识可以利用单个规则在知识库中很好地表达，所以，产生式规则能够在实际应用中较好满足需要。一个产生系统包括三个部分：一个规则库；一个特别数据库；一个解释器。产生规则是对"如果满足这个条件，那么采取这个行动"方式的一个陈述。数据库是能够反映现实世界的因素的集合，但对这些因素含义的解释很大程度上取决于它的特性。最后，还有一个解释器，它用来完成决定下一步执行哪一个生成式的特殊任务。规则解释器的最简单形式是一个选择执行环，其一般形式是

for(; ;){if<规则前提满足>then<引发动作>; break; }

它对照工作区的当前状况检核规则库中每个生产规则的"条件"部分。如果一个规则被采用，即工作区的当前内容满足其条件部分，则执行规则的行为部分——"引发"。选择工作通常是选取与当前数据库匹配的一条规则，因此该周期是一个认知-行为循环，或称为条件-行为循环。当采用的规则超过一条时，解释器选择其中之一执行。

总之，产生系统以循环方式运行。在每个周期中，解释器使用对照规则库中的规则考察工作存储区中内容的一种具体方法来寻找符合条件的一个行为加以引发。如果符合条件的行为不止一个，则选择其中一个。最后，引发这个产生式。

基于知识的产生式规则表达法建立导航信息知识库的步骤为：①获取知识。理解与提取

建立导航信息提示知识库所需要的知识。②建立规则库。将获得的每一条知识以一种规则的形式加以表达，采取一定的数据结构，分别实现规则的前提和结论部分。③规则解释器。确定规则的分组与优先顺序；当规则满足条件时，执行规则的行为部分；决定当规则都不满足时或满足条件的规则不止一条时采取的解决办法等。

每一条规则表示一个知识实体，利用面向对象的方法可以把规则定义成对象，把规则的结构及属于规则的推理定义成规则类，规则类生成的每一条规则对象成为规则链中的一个节点，一条完善的规则链组成一个知识库，对知识库的操作方法由规则类的成员函数提供。

要了解所需要的知识，必须知道具体用途的要求和性质。对于 VANS，系统实现的一个非常重要的约束因素就是要求系统实现的适时性。在实际应用中，可以按照规则的类型把规则分组处理。这样，当系统需要对规则集进行查询时，只需要对符合特定状态的一组规则集进行查询，而不必扫描规则集中的每一条规则来寻找符合条件的规则，可以节约系统大量查询规则的时间。

当系统运行需要进行导航信息的提示时，首先把知识库导入并进行初始化工作。然后扫描规则库寻找符合条件的规则，并置规则解释库于工作状态。当找到符合系统运行状态的规则时，规则解释器负责解释并引发相应的行为。因为导航系统是在适时动态环境下进行工作的，所以知识库的导入与导出也是动态进行的。当对知识库的操作完成后，还应该把知识库及操作过程中所占用的存储空间进行清理。

2）导航信息提示知识库的建立

导航信息提示知识库的内容与设计。VANS 的信息提示需要的知识一般包括以下几个方面：①道路两旁的标志物或具有特殊需要的地物需要提示否，以及提示的时刻、方式、内容；②路口到达时信息的提示，是否转弯，路口周围是否有标志物及其他的信息提示；③车辆是否偏离预定道路及偏离道路时的信息提示；④目的地是否到达，目的地周围的标志物及目的地即将到达，以及到达时的信息提示……

根据以上的论述可以建立如下形式的规则。

（1）IF 当前车辆位置距离某条道路最近点的直线距离小于 20mTHEN "现在车辆到达×××路"。

（2）IF 车辆在当前道路上，且距离下一交叉口的距离 500m（城市）时，THEN "到下一路口还有大约 500m"。

（3）IF 车辆在当前道路上，THEN 下一路口不需要转弯 and 距离 300m（城市）时，THEN "请在此路口直行"。

（4）IF 车辆在当前道路上，THEN 下一路口需要转弯 and 距离 400m（城市）时，THEN "请在此路口向左（右）转入×××路"。

（5）IF 目的地在当前道路上，THEN "请注意，目的地就在此路上"。

（6）IF 目的地在当前道路上，且差 30m 到达 THEN，"到达目的地还有 30m"。

因此，知识库的顺利执行还必须得到地理数据库的支持，与地理数据库有关的内容包括：①当前道路的名称、长度；②当前道路两边的标志物及其他有关的地物；③下一路口的名称及其附近的标志物；④目的地的位置、名称（如果有）、附近的标志物（如果有）；⑤距离交叉口、目的地、标志物的距离……

根据上述分析，建立如下的导航信息知识库的规则类结构。

```
classCRuleAviTipClass{
char*ruleName;                                    //规则的名字
intnPreConditionIndex;  //规则的前提条件索引号
intnFactIndex;                                   //规则的行为事实索引号
public：
RuleAviTipClass()；      //构造函数
～RuleAviTipClass()；//析构函数
boolQuery(CfactClass*fact，CfactClass*ResultFact)；//查询规则
char*GetName(){returnruleName；}//获得规则的信息内容
}
```

为了计算和存储的方便，把规则的条件和行为部分所涉及的概念(事实)分类存储在一起，用其内部的序号代替，事实的内部结构为

```
classCfactClass{
public：
intnNumber；                                      //事实的内部序号
char*Name；                                       //事实的内容；
boolblActive；                 //事实是否激活；
public：
char*GetName()；            //得到事实的内容
int                 GetNumber()；//得到事实的内部序号
}
```

3）导航信息提示知识库的推理机制

规则对象是知识的实体，它包括知识的存储和使用。系统在对 VANS 的导航信息提示知识库进行操作时，把推理机制与规则对象封装在一起，形成一个独立的知识单元。当然，在规则对象比较少的情况下，可以直接把事实放在规则集里，这样可以加快对知识库的操作过程。

随着微型嵌入式技术的迅猛发展，其产品也已经深入人们生活的每个角落，制造工业、过程控制、通信、交通、航空航天、军事装备等都成为嵌入式技术的应用领域。在嵌入式技术的基础上，结合网络通信技术、移动计算技术、卫星定位技术及地理信息系统技术，嵌入式 GIS 的开发平台和运行平台得到了相应的发展，实现了对移动目标的监控、管理、调度、查询和信息传输等功能，嵌入式 GIS 在智能交通系统等领域开始得到较为广泛的应用。

9.3　汽车自动驾驶系统

自动驾驶汽车(autonomous vehicles)又称无人驾驶汽车、电脑驾驶汽车，是一种通过电脑系统实现无人驾驶的智能汽车。依靠人工智能、视觉计算、雷达、监控装置、全球定位系统和高精度导航地图协同合作，让电脑可以在没有任何人类主动的操作下，自动安全地操作机动车辆。

9.3.1　汽车自动驾驶系统组成

汽车自动驾驶技术包括利用视频摄像头、雷达传感器及激光测距器来了解周围的交通状况，并通过一个详尽的地图（通过有人驾驶汽车采集的地图）对前方的道路进行导航。

1. 汽车自动驾驶系统硬件组成

1）激光雷达

车顶的"水桶"形装置是自动驾驶汽车的激光雷达，它能对半径 60m 的周围环境进行扫描，并将结果以 3D 地图的方式呈现出来，给予计算机最初步的判断依据。

2）前置摄像头

自动驾驶汽车前置摄像头：谷歌在汽车的后视镜附近安置了一个摄像头，用于识别交通信号灯，并在车载电脑的辅助下辨别移动的物体，如前方车辆、自行车或是行人。

3）左后轮传感器

很多人第一眼会觉得这个像是方向控制设备，而事实上这是自动驾驶汽车的位置传感器，它通过测定汽车的横向移动来帮助电脑给汽车定位，确定它在马路上的正确位置。

4）前后雷达

后车厢的主控电脑：谷歌在无人驾驶汽车上分别安装了 4 个雷达传感器（前方 3 个，后方 1 个），用于测量汽车与前（与前置摄像头一同配合测量）后左右各个物体间的距离。

5）主控电脑

自动驾驶汽车最重要的主控电脑被安排在后车厢，这里除了用于运算的电脑外，还有拓普康的测距信息综合器，这套核心装备将负责汽车的行驶路线、方式的判断和执行。

根据自动化水平的高低区分了四个无人驾驶的阶段：驾驶辅助、部分自动化、高度自动化、完全自动化。

（1）驾驶辅助系统（DAS）：目的是为驾驶者提供协助，包括提供重要或有益的驾驶相关信息，在自动驾驶汽车开始变得危急的时候发出明确而简洁的警告。

（2）部分自动化系统：在驾驶者收到警告却未能及时采取相应行动时能够自动进行干预的系统，如"自动紧急制动"（autonomous emergency braking，AEB）系统和"应急车道辅助"（emergency lane assist，ELA）系统等。

（3）高度自动化系统：能够在或长或短的时间段内代替驾驶者承担操控车辆的职责，但是仍需驾驶者对驾驶活动进行监控的系统。

（4）完全自动化系统：可无人驾驶车辆、允许车内所有乘员从事其他活动且无须进行监控的系统。这种自动化水平允许乘客从事计算机工作、休息和睡眠，以及其他娱乐等活动。

2. 高精度车辆定位技术

高精度的车辆定位技术是实现车道级路径引导的必要条件。GPS 是目前车辆导航领域应用最广的定位技术。民用 GPS 定位精度在 20m 左右，受卫星信号状况和使用环境等的影响，GPS 接收机存在不能正常接收卫星信号而无法定位的情况，从而影响车辆导航终端的应用稳定性。GPS 定位技术在定位精度方面和定位稳定性方面都无法满足车道级路径引导的需求。从提高 GPS 定位精度和定位稳定性的角度考虑，利用 GPS/DR 组合定位技术和虚拟差分定位技术，为实现车道级路径引导提供技术支持。

1）差分定位技术

根据差分 GPS 基准站发送的信息方式可将差分 GPS 定位分为三类，即位置差分、伪距差分和相位差分。这三类差分方式的工作原理是相同的，即都由基准站发送改正数，由用户站接收并对其测量结果进行改正，以获得精确的定位结果。所不同的是，发送改正数的具体内容不一样，其差分定位精度也不同。虽然应用差分 GPS 可以获得理想的定位精度，但是在车辆导航系统中建设和维护差分基准站需要投入大量的人力、物力和财力，建设大范围 GPS 基准站的费用太高。从车道级路径引导功能实施的经济性方面考虑，采用虚拟差分定位技术，能够获得厘米级定位精度。

虚拟差分定位技术也是有效提高车辆定位精度的方法之一，该技术不需要建立固定差分基站，也不需要向车辆导航终端发送定位修正参数，定位修正参数由车辆导航终端根据当前的行车状态进行估计。实现虚拟差分定位的一般方法是建立 GPS 点与导航电子地图中道路中心的关系，估计差分定位修正参数，因此虚拟差分定位技术需要与地图匹配技术结合。虚拟差分定位技术的一般流程如图 9.8 所示。

对于导航电子地图而言，道路上每一点的经纬度数据均可以通过一定算法计算得到，当车辆行驶在道路上时，一般情况下 GPS 定位点不会落在导航地图道路上，大多数情况下会落在半径为 20m 的误差圆内。

如图 9.9 所示，M 点为 GPS 原始定位点，$P_1, P_2, \cdots, P_n$ 为误差圆内道路中心线关键点，将 M 点与 $P_1, P_2, \cdots, P_n$ 相比较，就会得到 M 点与最近的 P_m 点，这一点就可以作为暂时的虚拟基准站，按照最简单的位置差分理论可得到误差修正值为

$$\begin{cases} \nabla X = X - X_m \\ \nabla Y = Y - Y_m \end{cases} \tag{9.3}$$

式中，X、Y 为车辆所处位置的实时测量坐标；X_m、Y_m 为 P_m 点坐标。通过修正车辆位置，虚拟差分方法提高了车辆定位的精度，进一步获得了满意的定位精度，GPS 定位误差从 15m 降低至 6m 左右。

图 9.8　虚拟差分技术一般流程

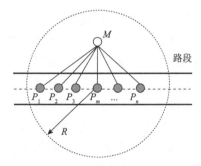

图 9.9　虚拟差分定位原理示意图

2) GPS/DR 组合定位技术

在城市路网中，车辆导航终端上的 GPS 接收信号机易受高楼、林荫道、高架桥、立交桥及隧道遮挡，定位精度和定位稳定性往往随着使用环境而变化。DR 一般由里程计和角速率陀螺仪两部分组成。DR 误差来源主要包括：

(1) 里程计误差。里程计是提供车辆行驶距离的传感器，其基本原理是：里程计传感器检测车辆变速箱转动轴的转角，然后将测得的转角乘上标度系数得到车辆行驶的距离，标度系数与车轮的半径成正比，因此车轮半径的变化必然造成车辆行驶路程计算的误差。影响车

轮半径变化的主要因素包括：车辆速度、轮胎压力和轮胎磨损等。此外，里程计测得的行驶距离还受车轮打滑和路面坡度变化等因素的影响。

（2）陀螺仪误差。用速率陀螺仪前一时刻的车辆行驶方向来推算当前车辆的行驶方向时，当前车辆的行驶方向必将引入前一时刻速率陀螺仪的漂移误差，形成了累积误差，它将随着时间的推移变得越来越大，容易产生误差累积，不能长时间应用。在 GPS 信号良好时，可用 GPS 接收机定位的车辆位置对 DR 的里程计和陀螺仪误差进行修正，在 GPS 信号较弱或遮挡现象严重时，可在短时间内采用 DR 定位设备，并对 GPS 定位进行修正。GPS/DR 组合定位技术不是简单的定位设备之间的切换，而是从信息融合的层面上将两者有机结合，取长补短，获得比单一设备更高的车辆定位精度。

9.3.2 车道级高精度导航地图

城市道路网络是车辆导航系统的基础信息之一，也是导航电子地图主要的研究对象。自动驾驶汽车利用传感器（如雷达、激光雷达、摄像头等）能够探测车辆周围情况，只对整个空间环境具有感知能力，但没有预测能力。高精度地图是自动驾驶的关键，核心功能是帮助汽车驾驶进行规划，提高汽车自动驾驶的预测能力。由于汽车导航和汽车自动驾驶功能不完全相同，对导航电子地图的模型抽象程度和地理信息应用程度存在不同。按照汽车导航和汽车自动驾驶对路径引导功能的不同要求，将路网抽象为道路级抽象和车道级抽象两类。道路级抽象将城市路网抽象为节点-路段结构，其中节点代表交叉口中点，路段表示道路中心线。忽略实际路网的道路宽度、交叉口范围和交通渠化。该抽象策略有利于道路级的路径计算和引导路径显示。车道级抽象将路网抽象为一组节点-路段结构，其中，路段表示实际车道中心线，两条平行相邻的路段间距为车道宽度。

1. 车道级导航电子地图路网抽象

车道级导航电子地图的抽象与表达方式决定了车道级动态路径规划和路径引导的数据使用复杂度。良好的数据表达模型和存储方式可以减少动态路径规划的时间，也有利于最优路径的查找和显示。为了使车道级导航电子地图不增加额外的存储空间，沿用传统道路级导航地图的路网抽象方法。这样既有利于原有路段及导航地图数据的组织和使用，又便于车道级导航电子地图的设计与制作。车道级导航电子地图的图层类型设置与道路级导航电子地图基本相同，即包括道路网、辅助查询和背景三个主要图层类型，其中，辅助查询类包含的图层与道路级导航电子地图完全相同；背景类图层增加了车道边界线图层，以保证路径引导显示更直观。道路网信息图层比道路级导航地图多加一个图层，即车道图层，将车道抽象为曲线，曲线位于车道中心线，曲线组成关键点顺序与车道行驶方向相同。在处理交叉口处各车道的连接关系上，与道路级电子地图交叉口抽象不同，车道级导航电子地图交叉口处各车道间存在极其复杂的连接关系，如果将每种连接都用曲线连接表示，就会大大增加电子地图的存储空间，而影响整个导航终端的使用效率，采取不处理的办法，即在交叉口处各车道间不增设连接线。

1）车道级导航电子地图交通信息表示方法

车道级导航电子地图除了车道图层外，其他图层的交通信息表达和存储格式与道路级导航电子地图相同。车道级导航电子地图将交通管制信息以车道为基础表达，如限速、限行、左转车道、直行车道等，驾驶员对行驶道路的选择转换为不同特征车道的选择。车道图层属性数据结构如表 9.6 所示。

表 9.6　车道图层属性结构表

	属性字段	说明	数据类型	取值范围
1	ID	车道 ID 编码	整型 (Int)	任意正整数
2	No	车道位置编码	整型 (Int)	不多于车道个数的整数，数字越小，表示具体道路中心线越近
3	Link	车道所属路段编码	字符型 (Char)	由路段两端交叉口编号组成的字符串
4	Direction	车道方向编码	整型 (Int)	0 或 1，0 表示车道方向与路段编号方向相反，1 表示与路段编号方向相同
5	Turning	车道转弯属性	字符型 (Char)	0，1，2，3 的一个或多个组合，其中 "0" 表示左转，"1" 表示右转，"2" 表示直行，"3" 表示调头
6	Width	车道宽度	浮点型 (Float)	单位：m。任意正数
7	Speed	车道限速	整型 (Int)	任意非负整数，如 "30" 表示限速 30km
8	Type	车型限行	整型 (Int)	0，1，2，其中 "0" 表示无限制，"1" 表示小型车，"2" 表示大型车

车道信息是通过车道所属路段信息和车道位于路段具体位置信息组合表达的，组合表达的方法可以确保车道表达的唯一性和全面性，同时提高了数据利用效率。以一个四路交叉口示意图（图 9.10）为例，说明车道信息的表达方法。

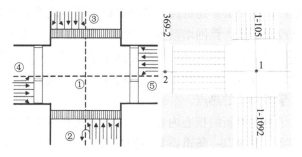

图 9.10　交叉口车道示意与车道级导航电子地图

图 9.10 中虚线表示道路中心线，其中，数字①表示交叉口节点编号，②、③、④、⑤表示与交叉口①相邻的交叉口编号。按照路段图层关于路段编码的说明，图下方南进口路段可以表示为 "1-2"，该路段右侧有 5 条车道，各车道对车辆转弯的规定不同，其中包括左转、右转、直行和调头四种信息。图中南进口各车道数据属性如表 9.7 所示。其中，车道 "247" 为小型汽车左转和调头专用车道，车道 "250" 为大型车左转车道。

表 9.7　交叉口①南进口各车道属性表

ID	No	Link	Direction	Turning	Width	Speed	Type
247	1	1-2	0	0，3	2.5	30	1
247	2	1-2	0	2	2.5	30	0
249	3	1-2	0	2	2.5	30	0
250	4	1-2	0	0	2.5	30	2
251	5	1-2	0		2.5	30	0

上述车道抽象和表达的方法，忽略了对车道间连通关系的描述。从实现车道级路径引导功能而言，在交叉口处将具有连通关系的车道连接在一起可以提高地图的直观性，降低导航软件路径显示模块的复杂程度，然而却增加了电子地图绘制的复杂程度和地图存储所占空间，反而不利于导航软件整体效率的提高。实际上在交叉口不设置车道连接线的条件下，也能实现最佳出行路线的显示。

2) 动态交通信息的表达与存储方法

支持车道级路径计算的动态交通信息包括车道交通流量、行程时间、速度、交叉口转向延误，以及因道路维修或紧急事件采取的临时关闭车道等。动态交通信息由车辆导航系统信息中心通过无线通信设备提供，因此不能直接存储在导航电子地图数据库中，通过车道 ID 编码建立动态交通信息数据文件与导航电子地图的关联关系。车道动态交通信息数据文件格式如表 9.8 所示。

表 9.8　车道动态交通信息数据表

ID	Time/min	Flow	Delay/min
247	2	300	0.5

3) 路网增量更新与拓扑重建

城市道路网组成和结构是随时间变化的实体，其中新建道路、道路翻修、交通管制调整等都会影响车辆导航电子地图的实用性。一般情况下，导航电子地图的更新频率为每半年一次，由导航电子地图生产厂家负责新建道路、道路翻修、道路改线和交通管制信息等主要基础地理数据的采集、修改和更新。路网增量数据存放在车辆导航系统中心端数据库中，导航终端用户根据需求下载地图增量数据并进行车载导航电子地图的更新和拓扑重建。导航数据的增量更新和拓扑重建效率直接影响车辆导航系统的实时性和实用性，因此导航终端软件地图更新技术一直是国内学者关注的热点。

路网更新是导航电子地图更新的核心内容，其中主要更新对象包括：交叉口、路段、车道及它们之间的相互关系。下面以一条道路某一侧车道维修封闭，对向车道改为双向通行情况为例讨论路网增量更新的逻辑表达方式。图 9.11 为维修封闭路段示意图，其中实心方块区域表示封闭车道，车道封闭导致该道路通行能力下降，产生了车辆通行的瓶颈。

为了准确表示这个交通现象，必须对原有电子地图进行增量更新和拓扑重建。本例中原来的路段对象"1-2"和属性，以及车道对象和属性均需要删除，取而代之将增加三个路段对象和其附属车道，原来路段两端交叉口对象"1"和"2"保留，同时增加两个新的交叉口对象。

地图增量更新数据既包含待删除对象数据，同时也包含新增加对象数据，本书设计地图增量更新数据文件格式，如表 9.9 和表 9.10 所示。

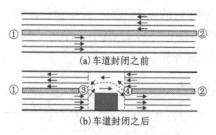

(a) 车道封闭之前

(b) 车道封闭之后

图 9.11　维修封闭路段示意图

表 9.9 更新地图待删除数据集文件格式说明

删除内容	说明	数据类型
OldLinks	待删除路段集合	路段 ID，整型
OldLanes	待删除车道集合	车道 ID，整型
OldNodes	待删除交叉口集合	交叉口 ID，整型

表 9.10 更新地图增量数据集文件格式说明

增量内容	说明	数据类型
NewNodes	新增交叉口数据集	用户自定义类型，包括交叉口 ID、经度、纬度
NewLinks	新增路段数据集	用户自定义类型，包括路段 ID、路段中心线关键点坐标向量集合 $\{(x_1,y_1),(x_2,y_2),\cdots,(x_n,y_n)\}$
NewLanes	新增车道数据集	用户自定义类型，包括车道 ID，车道中心线关键点坐标向量集合 $\{(x_1,y_1),(x_2,y_2),\cdots,(x_n,y_n)\}$

2. 车道级道路电子地图制作

高精度车道级道路电子地图是实现车辆自动驾驶的基础地理信息数据必要条件。利用无人机获取高分辨率航空影像，结合移动测量车采集三维激光扫描和全景数据，获取满足亚米级的自动驾驶要求的道路路网数据，包括车道数、车道宽属性数据等，按照导航电子地图的要求制作高精度的道路电子地图。

车道级道路电子地图制作流程主要包括移动测量数据采集、处理，车道数据及属性信息提取和车道电子地图制作等。

1）数据采集

测量系统集成了多个传感器，包括激光扫描仪、GPS、惯导 IMU、控制系统 PC、里程计（DMI）、相机等。从车载激光移动测量系统获取的高密度真彩色三维激光点云数据中可分辨车道分道线、停止线、人行横道线等细节信息，为提取道路路面信息提供了详细、充足的源数据。

车载移动测量系统（vehicle borne mobile mapping systems）作为一种先进的测量手段，不仅具有快速、不与测量物接触、实时、动态、主动、高密度及高精度等特点，而且能采集大面积的三维空间数据，获取建筑物、道路、植被等城市地物的表面信息。在道路上行驶的移动车载测量系统成为各行业关注的对象：它以汽车作为遥感平台，安装了高精度 GNSS 和高动态载体测姿 IMU 传感器。基于 GNSS/IMU 的组合定位定姿使车载系统具有直接地理定位（direct georeferencing，DG）的能力，实现了在测量区域内无须地面控制点就可以成图或扫描数据的功能。

根据作业当时的天气条件，调整相机参数，确保照片数据亮度和色彩能与激光点云匹配。参数设置完成后，启动流动站 GPS、PC、IMU 开始静态初始化工作，保持车辆 10min 以上静止不动，之后进行测量作业。作业过程中移动测量车行驶车速以所在车道允许的最低行驶速度为准，一般车速为 60km/h，避免以超车为目的的变道、提速。作业完成后，先关闭激光扫描仪，再关闭相机曝光，保持车身静止 10min，依次关闭 IMU、流动站 GPS、基站 GPS，结束工作。

2）内业数据处理

数据采集结束后，需要及时整理和处理数据，处理流程如图 9.12 所示。

POS 轨迹解算：利用车载 GPS/IMU 联合 CORS 基站差分解算测量车实时位置。

影像外方位计算：利用 POS 数据与相机的标定参数解算车载相机的影像外方位元素（每张影像的三维坐标和三个姿态角等信息）。

彩色点云解算：利用 POS 数据解算激光点云数据的三维坐标，配影像数据，输出 RGB 彩色点云。三维点云信息包含坐标信息、颜色信息、强度信息、回波信息、扫描线信息等其他相关信息。获取的点云平均点间距小于 10cm。彩色点云数据中包含了极为丰富的地理空间信息，如标牌、路灯、车道线、路边线等。在高密度的彩色三维点云数据上采集车道分道线、人行横道线、交叉路口停止线、交通信息灯等信息，这样既方便使用又能达到较高的空间几何精度。

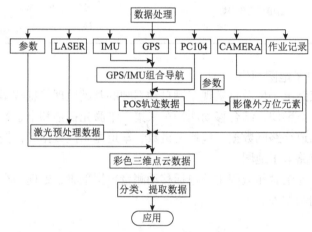

图 9.12　系统数据处理流程图

点云精度检验：为了验证车载激光三维点云数据精度是否满足车道导航数据的精度要求，使用 CORS-RTK 设备在道路路面选取较明显、易分辨的地物点（主要选择车道标示线及少量路灯作为精度检测点）。将实测的 RTK 控制点与三维点云数据相叠加，选取与控制点对应的同名点云，得到一组平面坐标数据，通过对该组数据进行差值比较和统计，得出车载激光三维点云数据测量精度误差。

车道数据及信息提取：车道数据提取是从彩色点云中采集和提取制作地图所需的车道线、安全岛、绿化带、里程桩、杆状物（路灯、摄像头、交通灯和指示牌等）、交通护栏等特征点线及相关属性（等级、材质、类型、宽度等）的信息。先自动提取特征点，再人工根据彩色点云检查修正，最后根据同步相机获取的高清影像提取相关属性信息，如车道名称、等级、类型、材质、宽度等。

车载移动测量系统精度高、速度快、数据丰富，完全能够满足道路各项基础地理信息数据获取的要求，可制作高精度的道路电子地图，甚至三维地图。将高精度的车道级电子地图与车辆实时定位技术结合，可以提高自动驾驶可靠性和实用性。

9.3.3 车道级地图的导航软件

导航的关键技术包括自身定位、路径规划和路径引导，对于智能车而言，实时定位作为智能车的关键技术本已受到极大重视，目前关于智能车的各种组合定位技术的研究已经取得了丰富成果。而路径引导，如语音或者图像进行路径提醒对于智能车而言并无作用。所以对于智能车的全局导航关键在于给定一个目的地，能够生成一条完全遵守交通规则的可行路径。全局路径规划，目的是在已知的环境中规划出最优路径，在动态交通路网中还需要考虑实时路况带来的影响，但是无论是距离最优、行驶时间最短路径或者其他最优对话，方法上基本都是基于加权有向图的搜索，其中的区别只是在于不同的权值选取方法。车道级路径规划关键在于构建车道级的加权有向图，而且车道级路径规划是基于车道网络，并且需要根据车道线等信息考虑换向调头等操作的可行性，相比普通车道级的路径规划数据量会大很多，所以算法的耗时也是在动态规划中需要考虑的问题。相比于道路级导航，车道级导航能够将引导的指令细化至车道层面，可以根据前方路口规划进行的操作和存储的车道线等信息进行提前换道，避免临时需要紧急换道造成事故风险及跨实线换道违反交通规则。

1. 车道级地图匹配技术

与一般的道路级地图匹配不同，车道级地图匹配要解决的问题是将车辆的定位坐标合理匹配到车辆当前行驶的车道上，由于相邻车道间距离较近且线形差异不明显，采用一般的地图匹配方法容易造成匹配错误。在对车道级地图匹配问题的描述基础上，研究待匹配路段筛选、车道匹配和匹配位置最优估计方法，通过对高程数据模型插值方法的分析，将高程信息引入车辆的定位过程，提高了三维电子地图中车道级地图匹配和路径引导的精确性和稳定性。

1) 车道级地图匹配基本思路

车道级地图匹配采用道路匹配和车道匹配两级匹配方法，首先完成道路级的地图匹配，即把车辆原始定位点 P 匹配至正确的路段上得到投影点 P_{f}。然后按照虚拟差分定位修正参数估计方法中定位投影点的调整方法，将匹配至路段的投影点 P_{f} 调整到车道上得到调整点 P_{r}；用虚拟差分的定位修正参数修正调整点 P_{r} 得到修正点 P_{c}。最后根据修正点 P_{c} 进行车道级地图匹配的车道筛选和最优位置估计。车道级地图匹配原理如图 9.13 所示，匹配流程如图 9.14 所示。

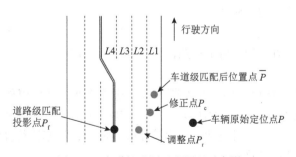

图 9.13 车道级地图匹配原理示意图

2) 误差区域确定

进行地图匹配的第一步是确定误差区域(即判断域)，以便从地图数据库中提取候选匹配道路的信息。一般按概率准则定义误差区域，即误差区域必须以一定的概率包含车辆的实际位置。

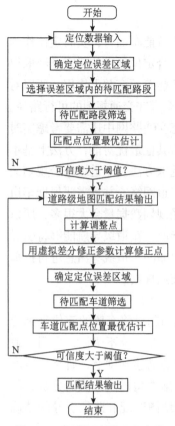

图 9.14　车道级地图匹配流程

3）待匹配路段及车道筛选

车道级地图匹配流程中，有两处涉及候选路段或车道的筛选问题，其中，道路级匹配中路段的筛选方法与车道级匹配中车道的筛选方法必然有所不同，因为后者解决的问题是在前者基础上主要进行平行线的筛选。待匹配路段和车道的筛选是实现车道级匹配的关键一步。通过待匹配路段筛选可以排除车辆不可能位于的各条路段，从而确定车辆当前行驶路段，为车辆位置的精确匹配提供保证。影响待匹配路段筛选精度的因素很多，主要包括电子地图精度、GPS 精度、车行速度、车行方向、路网拓扑关系和车辆所在位置等。一般认为待匹配路段筛选过程就是从确定的误差范围内潜在匹配路段中判断车辆当前最有可能行驶的路段。以车辆为中心的圆形代表定位误差范围，落在圆内的所有路段均为待匹配路段，从许多条待匹配路段中挑选出车辆的行驶路段需要根据车辆行驶特性、电子地图特性和 GPS 定位特性等进行综合考虑。选用的主要技术指标包括 GPS 点与路段间距离、车行速度、车行方向、路网拓扑关系等。下面对这些技术指标进行简要说明。

（1）GPS 点与路段间距离。计算 GPS 点与待筛选路段间距离是许多地图匹配算法采用的一项重要技术指标，城市道路普遍存在曲线特征，导航电子地图中曲线路段采用多条线段组合的表示方法，因此求解 GPS 点与路段间距离实际上是计算 GPS 点到路段组成各条线段的距离。

（2）车行速度。行车速度是影响待匹配路段筛选效率和地图匹配精度的重要因素，在行车速度较低时，会出现 GPS 定位点漂移现象，增加了车辆定位误差。这种情况在城市交叉口附近表现得十分明显，当车辆行驶到交叉口附近时，由于交通信号延误、停车等待及避让等，车流速度往往较低，而交叉口处的待筛选路段数量多且与车辆定位点距离近，仅仅通过距离指标进行路段筛选很明显误判率会增加。通过车行速度指标可以增加待匹配路段筛选算法的判断条件，提高筛选结果的可靠性。

（3）车行方向。在车辆非静止情况下，车辆行驶总具有方向性，实际上该行驶方向与道路方向是一致的。通过对比分析待筛选路段方向与车行方向关系，可以有效从待筛选路段集合中去除不可能路段。

（4）路网拓扑关系。城市路网存在连通关系，这种连通关系可以作为车辆从一条路段到达另一条路段的判断指标。由于交通法规和交通管制的存在，城市道路之间具有一定可达性，某些路段通过路网拓扑关系和可达性可以直接排除。此外，将车辆行驶轨迹与道路线形对比也可以提高待匹配路段筛选效率。

4）地图匹配可信度评价

地图匹配算法的主要任务是找出当前时刻与定位轨迹最相似的道路或车道，以及车辆在该道路上或车道上最可能的位置，但是这一匹配结果的准确性如何，或者说可信度是多少，是匹配算法所没有解决的问题。如果对地图匹配的结果能够有一个准确的评价，那么就可以对是否使用匹配结果做出灵活的决策，即只对那些准确度高的结果加以利用，而放弃准确度较差的结果，从而尽量避免错误匹配带来的风险。

定位轨迹与车辆行驶路线之间的相似性受到多种因素的影响，如定位误差、路网分布等。考虑实际情况的复杂性，要清晰地描述相似程度与这些影响因素的关系是很困难的。实际上，在定位轨迹与车辆行驶路线之间并不存在一种清晰的联系，系统最有可能得出的是诸如"车辆很可能在该路段上"或"不大可能在某一路段上"这样的模糊结论。为了得到明确的结果，必须对这种模糊性做出合理的评判。

为了评价地图匹配结果，首先引入以下三条评判规则。

规则 1：若匹配路段的取向与当前的行车方向估计一致，则匹配路段是车辆当前行驶路段的可能性大。

规则 2：若匹配路段接近于当前的传感器定位位置，则匹配路段是车辆当前行驶路段的可能性大。

规则 3：若匹配路段的形状与最近一段时间的车辆定位轨迹相似程度高，则匹配路段是车辆当前行驶路段的可能性大。

也就是说，判断匹配是否正确的依据是其与定位轨迹之间的相似程度，而判断相似程度高低的依据主要有三个：方向的一致性、接近程度和形状的相似性。

2. 车道级动态路径规划方法

车道级路径规划方法的研究是实现车道级路径引导功能的关键，因为路径引导指令的生成是以路径规划结果为前提的。车道级路径规划方法是以车道为最小优化单位的路径规划方法，与一般的路径规划问题不同，车道级路径规划问题的复杂度更高，涉及的交通管制信息更多，车辆导航系统对算法求解时间要求也更高。

车道级路径规划算法的思路是：以道路级路径规划算法为基础，将路段信息扩展至车道，即建立车道数据结构，其中路段行程时间、车道限速、车道限型、车道转弯等，在进行算法判断时，将路段信息替换为车道信息即可。

1) 车道级路径规划问题描述

车道级路径规划问题的描述与道路级路径规划描述基本相同，在选择车道阻值替换路段阻值时，需要根据路口的转弯情况进行判断，同一转弯方向如果有多个车道，则选择阻值最小的一条。

2) 路径计算结果显示

如图 9.15 所示，交叉口处各进口车道与各出口车道没有任何连通关系，这种设计的优点

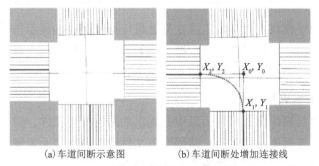

(a) 车道间断示意图   (b) 车道间断处增加连接线

图 9.15 交叉口处路径显示方法示意

在于降低了交叉口处车道间的连接线数量，减少了电子地图的存储要素，但是也造成了路径显示的问题，最优路径的结果在电子地图上显示是多个不连接车道的组合。

为了解决上述问题，在路径显示的时候需要在车道间断处增加相应连接线段，并将间断车道连接起来，如图9.15(b)所示。具体方法是选取最佳路径中两间断车道的端点(X_1, Y_1)和(X_2, Y_2)加入一个特征变量集合，并根据路径转弯情况增加相应节点。如果最佳路径在该交叉口处左转、右转或直行，则将进口车道与出口车道交点(X_0, Y_0)加入特征变量集合，在两车道没有交点的情况，则将交叉口节点加入特征变量集合；如果最佳路径在该交叉口调头，则将进口车道与右转出口最右边车道的交点加入特征变量集合。通过特征集合中三个节点坐标，可以作出一条折线，然后将该曲线平滑后显示即可。

3) 算法流程

车道级路径规划流程包括如下步骤：①最佳路径计算方式选择；②起终点输入；③路网阻值矩阵赋值；④最佳路径计算；⑤车道级最佳路径显示。具体流程如图9.16所示。

3. 车道级路径引导模块

车道级路径引导模块负责根据最佳行驶路径引导驾驶员按照确定车道行驶。车道级路径引导模块包括：车辆跟踪、路径转弯判断、车道级路径显示、偏离路径引导、路径引导指令生成等。该模块具体流程如图9.17所示。

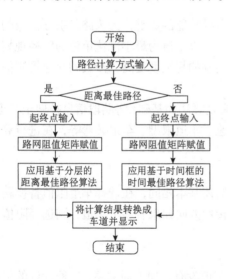

图9.16　车道级路径规划算法流程

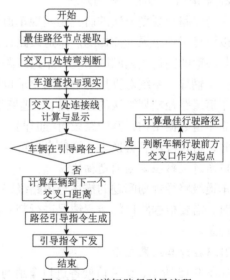

图9.17　车道级路径引导流程

三维立交路径引导模块主要负责三维立交处最佳行驶路径的显示与引导，该模块主要包括：三维立交场景显示、车辆目标定位、视点位置确定、引导路径生成、路径跟踪、引导指令生成、偏离路径引导等。具体流程如图9.18所示。

4. 车道级路网增量更新模块

地图路网增量更新模块负责根据信息中心提供的路网变更文件，对导航终端电子地图数据库进行路网更新，该模块主要包括：路网变更文件读取、路网元素删除、路网元素增加、路网元素拓扑关系重建等。具体模块流程如图9.19所示。

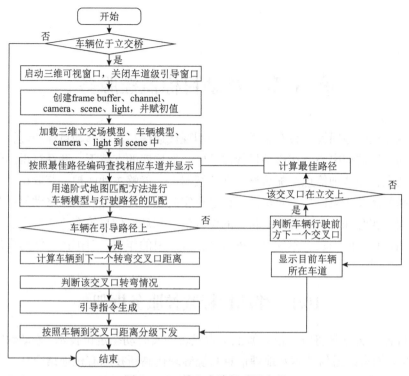

图 9.18　三维立交路径引导流程

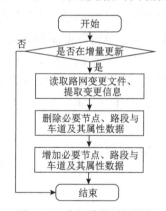

图 9.19　路网增量更新流程

　　上述为车辆导航终端软件主要功能模块，通过各模块整合可以实现车辆导航终端车道级路径引导功能。在保证功能实现的前提下，良好的用户界面设计是提高终端实用性的必要条件。

第10章 移动目标监控服务

移动目标监控服务回答"我在哪里"。利用现代通信技术将移动目标的位置及其相关信息传送至移动目标监控中心，在移动目标监控中心数据库的支持下，解释获得的位置信息，进行事务性处理，与地理信息匹配后显示在监视器上，能够主动或被动获取移动目标的准确位置、速度和状态及相关信息，对移动目标进行实时动态地跟踪。利用移动目标监控服务，人们可以全面、实时和动态掌握移动目标的位置信息和环境信息等态势，解决所关心的对象在哪里和周围是什么的问题，不仅对指挥自动化有重要的作用，对国民经济建设的应急调度也尤为重要。

10.1 移动目标监控服务框架

移动目标监控服务是将以定位导航卫星为代表的实时动态定位技术、移动数字无线通信和 Internet 互联网有线通信技术及地理信息系统等现代高新技术有机地结合在一起的产物，构建移动目标监控服务的目的是实现移动目标实时动态跟踪监控，为移动或固定终端用户提供连续的、实时的和高精度的位置及周围环境信息。移动目标监控服务平台包括实时空间定位系统、移动服务终端、数字通信系统、单机数据库和移动目标监控平台等。目标位置服务平台不仅具有整合多种通信平台的能力，而且使监控、管理、调度、报警和定位信息能方便地通过计算机网络建立不同级别的监控服务中心，并使各级监控服务中心具有与其相对应的管理权限，以满足大型集团用户调度指挥的需求。

1. 移动目标监控服务平台通信模式

目标位置服务平台要具有整合多种通信平台的能力。移动定位终端定位数据获取后，由移动单元通过无线通信网（GSM、专网、GPRS、CDMA 等）发送到监控平台，如图 10.1 所示。

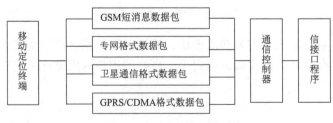

图 10.1　多平台无线通信系统

1) 卫星通信
卫星通信目前采用北斗卫星短信通信方式，如图 10.2 所示。

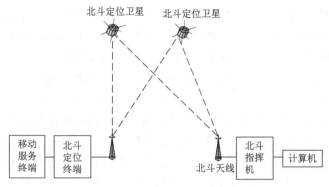

图 10.2 北斗定位系统通信

2）专网通信

专网通信利用专网电台的数据通信模块进行数据传送，如图 10.3 所示。

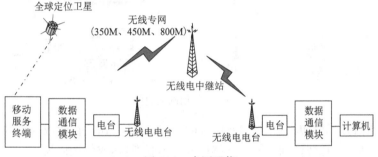

图 10.3 专网通信

3）GSM 通信

移动通信的 GSM 方式有两种运行模式：点对点通信模式和短信网关模式。点对点通信模式（图 10.4）是移动定位终端和移动目标监控平台之间的手机短信方式连接。连接监控平台计算机的通信控制器由一部或多部手机通信模块组成。这种模式系统结构简单，使用方便，投资规模小，适合车辆规模小的单位使用。因为直接通过手机通信模块与移动定位终端之间的通信模块进行数据传输，时间延误较大，不便于连续地进行信息的接收和发送，所以很难适用于大批量车辆的实时监控。

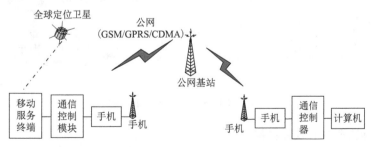

图 10.4 公网点对点通信

为了克服点对点通信模式的不足，在监控平台端可以采用短信网关与计算机连接（图 10.5）。短信网关用来在目标监控平台和移动定位终端之间建立一个 GSM 网络短信息快速通道，缩短点对点通信模式的监控平台接收和发射短信的时间。网关系统的结构一般采用双网关配置，即在短消息中心侧和增值业务营运中心侧分别配备网关软件,以保证短消息中心的系统安全。短消息中心侧的网关与短消息中心之间的接口协议按照 SMPP3.0 或 CMPP1.2 接口协议,网关与运营中心之间的协议采用内部协议。图 10.6 中 SMSC 为电信的短消息中心。SMSC 短消息网关为电信端放置的与短消息中心的连接模块,运行于短消息网关接口机上。它调用短消息中心的接口软件包与短消息中心连接,同时通过网络 Internet、DDN 或 ISDN 与移动目标监控平台连接。短信网关软件功能特点:①具备短消息进出流量检测功能,能指示并存储动态消息流量。②能自动检测与 SMSC 侧短消息网关的连接,具备断线警告功能。③具备中/英文短消息的收发功能。④网关作为 Server 端运行,增值信息服务作为 Client 端。通信协议采用 TCP/IP 的有连接 TCP。⑤具备错误或异常的日志功能。

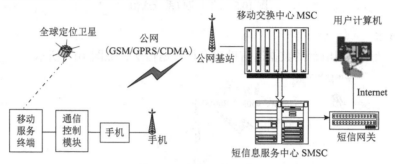

图 10.5　短信网关通信

短信网关通信方式增加的系统复杂性,同时移动通信公司往往收取一定的网关和网络费用,一般需要与移动通信营运商(如中国移通或中国联通)达成使用协议。

4) GPRS 和 CDMA 通信模式

GPRS 和 CDMA 都是基于 Internet 网络传输数据,在监控平台端既可以选择手机与计算机连接,也可以通过 Internet 网络与计算机连接(图 10.6)。

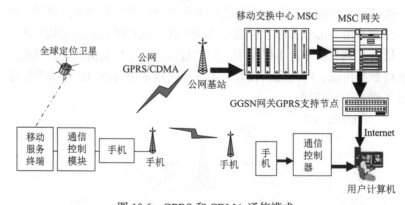

图 10.6　GPRS 和 CDMA 通信模式

2. 移动目标监控中心软件框架

移动定位终端把从 GPS 卫星接收到的 GPS 数据以各个通信方式的格式打包,通过无线通信网络的无线信道传到通信控制设备,由通信控制器(GSM 通信控制器、专网通信控制器等)接收到计算机,然后由(GSM 或专网)点对点通信服务程序从串口或是网卡读取 GPS 数据包(或者通过网络端口接收由 GSM 网关、GPRS 和 CDMA 网络通信传输的 GPS 数据包)。通过融合处理形成标准移动目标位置轨迹数据格式，并通过数据库管理系统写入移动目标位置轨迹数据库，最后与 GIS 集成并在电子地图上显示出移动目标的位置信息和运行状态。

多种实时空间定位技术所获取的移动定位终端的位置轨迹坐标，通过不同通信平台，经过融合处理形成统一移动目标位置轨迹数据格式，存入目标位置轨迹数据库中，在移动目标数据库和用户数据库的支持下，按照用户管理移动目标的权限和地址，分发到用户终端，集成地理信息网络服务平台提供的地理空间数据和 GIS 功能，构成移动目标监控系统，在电子地图上显示出移动目标的位置信息和运行状态。同时，系统是双向工作的，移动目标监控系统将服务信息通过数字通信发往服务对象的终端接收设备，必要时移动目标监控系统可遥控终端接收设备，甚至直接操纵移动目标，从而有效地进行调度和管理。

移动目标位置服务网络平台包括实时空间定位系统、移动服务终端、数字通信系统、地理信息网络服务平台、分布式数据库管理系统、移动目标位置服务中心和移动目标监控平台。图 10.7 说明了系统的结构框架。

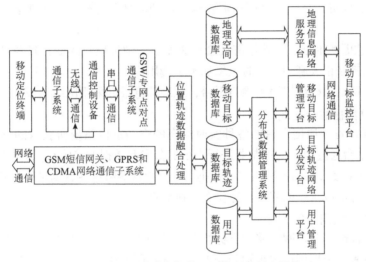

图 10.7 移动目标位置网络服务平台结构

移动目标位置服务网络平台核心是移动目标位置服务中心。中心整合多种通信平台统一管理使用，建立中心不仅节省了用户开支，也减少了用户的系统维护费用。移动目标位置服务中心有三个部分，如下。

1）用户数据库系统

移动目标位置服务网络平台支撑多用户终端和多用户查询，需要建立用户终端数据库，管理用户终端的注册、权限和注销。查询用户也需要用户查询权限和进入系统的口令等，需要建立用户数据库。

2）目标位置服务器

移动目标位置轨迹数据库面对的不是一个用户，而是多个不同等级的用户。位置服务器除了获取多源空间信息和管理位置轨迹数据之外，更重要的功能是用户级别所辖权的移动目标位置轨迹数据的发布。系统接收来自各种通信传输采用各种动态空间定位系统所获取的移动目标的定位信息，并通过逐级处理和融合，形成共享的统一的移动目标实时动态地跟踪数据，在分布式数据库管理系统的支持下，解释获得的数据信息，根据用户的级别和权限进行裁减，发送给各级用户，在数字地图上可视化表达，使用户形成移动目标态势感知。

系统通过 Internet 互联网将用户按不同级别授权建立服务中心与服务分中心，组成一个多级的、分布的和网络结构的管理及服务系统，实现对所有移动目标信息资料管理、存储、查询、实时采集和显示运行状态及位置信息，管理和控制移动目标的运行路线和到达地点，存储和回放历史轨迹，接收应急救助信息及时进行救援等服务。

位置服务中心还能够对移动目标的准确位置、速度和状态等必要的参数进行监控和查询。

3) 地理信息网络服务

地理信息是移动目标位置服务的重要组成部分。单机平台用户只有一个，只有采用单机地理信息系统。对于网络平台而言，用户成千上万，如果采用单机地理信息系统会面临以下三个问题。

(1)用户端系统维护困难。用户端采用单机地理信息系统，不仅要维护移动目标位置服务平台，而且要维护地理空间数据库和地理信息系统，相应的硬件成本也要增加。

(2)用户端建设费用高。每个用户端要购买地理信息系统软件和地理空间数据是一个非常大的开支。

(3)地理信息更新困难。随着经济社会快速发展，地理信息的变化日新月异。这给单机地理信息的更新带来很大麻烦，同时也增加不少费用。

因此，对于移动目标位置服务网络平台，地理信息最好采用网络化服务。

3. 移动轨迹数据融合处理

系统接收来自各种通信平台的各种实时动态的空间定位系统所获取的移动目标的定位信息，每种通信平台通过独立的控制器进行指令的分发和数据的接收(包括位置数据及其他指令应答数据)，对于接收到的各种格式的数据，在控制器端将这些数据进行格式转换，然后提交给位置服务器，形成统一的移动目标位置轨迹数据。

4. 位置轨迹多级用户的分发

平台通过 Internet 互联网将移动目标位置服务中心与各个分中心连接，按不同级别授权建立分级分发机制。根据用户的级别和需求，实现对所有移动目标信息资料查询、回放历史轨迹、实时采集和通过在数字地图上可视化表达形成统一的移动目标运动态势，接收应急救助信息及时进行服务等。

10.2　移动目标监控终端

移动目标监控系统是基于移动通信系统、全球卫星定位系统及地理信息系统的一项地理信息服务系统。该系统涉及 GPS 全球定位、卫星通信、无线通信、地理信息系统及计算机图形显示、数据库信息管理等多方面的高新技术，成功地实现了全球范围内无缝隙的通信及目标监控管理。利用现代通信技术将车载终端所获取的位置和其他信息送至监控中心，监控中心可对移动目标进行各种信息的监控和查询，对移动车辆进行实时动态跟踪。

移动目标监控系统为移动目标与监控中心之间，以及移动目标与移动目标之间提供了实时通信、定位跟踪、指挥调度、遇难救险等有效手段，从而可广泛应用于金融系统、公安系统、消防系统、邮政系统、公交系统、公路客货控系统，主要适用于对多种目标的通信、定位、监控、调度和管理，可在运输、船舶运输、出租车运营、医疗救护和城市交通综合监理等方面，完成对其关键目标的实时监控和调度，极大地提高其安全性及运行效率。

移动目标监控系统主要由三个部分构成：移动终端、通信子系统及移动目标监控中心站。手持/车载定位监控终端是系统的一个主要部分，其他部分将在第 11 章介绍。

10.2.1 移动目标监控终端硬件组成

手持/车载定位监控终端硬件系统主要由定位单元、信息处理单元、显示单元和通信单元组成，如图 10.8 所示。根据用户需求可选择车辆状态传感器、主控单元、数字显示操作终端、带电子地图的自主通信导航系统、报警器、电子锁及通话/监听线等配置。近年来，随着微电子技术及计算机技术的迅猛发展，计算机 CPU 处理器、GPS 接收模块越来越小。它的最大优点是体积小、重量轻、耗电量小、携带方便，非常适合移动环境。另外，车载定位导航系统是面向车辆使用的系统，硬件上要求适合车辆的环境。

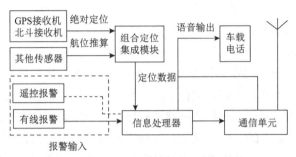

图 10.8 手持/车载定位监控终端硬件组成

1. 定位单元

1) GPS 数据处理部分

在车载终端中 GPS 接收机模块用的是日本光电 GSU-16 接收板，具有定位速度快、输出精确的速度/方向数据、差分接收、轻便、功耗低等特点；程序主要负责从串口将 GPS 接收机发出的数据读入内存，由负责处理 GPS 数据的 CPU 计算处理，从数据中解算出车辆所处的经纬度值、车速、方向、卫星数等实时定位信息，再将这些数据存入共享内存区，以备使用(该程序存入 CPU 的 ROM 中)，该部分如图 10.9 所示。

图 10.9 GPS 数据处理框图

（1）GPS 数据格式。GPS 卫星输出数据采用 NMEA-0183 协议。大多数 GPS 接收机都能输出符合 NEMA-0183 标准的 ASCII 码形式的数据信息，NEMA-0183 标准格式定义了一系列的数据帧。根据数据帧的不同，主要有 $GPGGA、$GPGLL、$GPGSA、$GPGSV、$GPRMC、$GPVTG 等。$GPRMC 是 GPS 推荐的最短数据，通常系统需要的定位数据可以从中得到，其帧结构为

$GPRMC,〈1〉,〈2〉,〈3〉,〈4〉,〈5〉,〈6〉,〈7〉,〈8〉,〈9〉,〈10〉,〈11〉*hh,〈CR〉〈LF〉

其各字段释义如下。

$GPRMC 帧结构及各字段释义：GP 为信息源标识符；RMC 为句型标识符。

〈1〉当前位置的格林尼治时间(UTCTime)，格式为 hhmmss。

〈2〉状态，A 为有效位置，V 为非有效接收警告，当前天线视野上方的卫星个数少于 3 颗。

〈3〉纬度，格式为 ddmm. Mmmm。

〈4〉标明南北半球，N 为北半球、S 为南半球。

〈5〉经度，格式为 dddmm. Mmmm。

〈6〉标明东西半球，E 东半球、W 西半球。

〈7〉地面上的速度，范围为 0.0～999.9。

〈8〉方位角，范围为 000.0～359.9°。

〈9〉UTC 日期，格式为 ddmmyy。

〈10〉地磁变化，从 000.0～180.0°。

〈11〉地磁变化方向，为 E 或 W。

*hh 校验和（CheckSum）。

〈CR〉〈LF〉该帧数据的结束标识符。

（2）GPS 数据提取。GPS 接收机将 NMEA-0183 数据串通过串口传送到车载终端控制单元的缓存中，在没有进一步处理之前，缓存中是一长串字节流，这些信息在没有经过分类提取之前是无法加以利用的。因此，必须通过软件程序将各个字段的信息从缓存字节流中提取出来，将其转化成有实际意义的定位信息数据。对于通常的情况，人们所关心的定位数据如时间、经度、纬度、速度等均可以从"$G-PRMC"帧中获取。至于其他帧格式，除了特殊用途外，平时并不常用，虽然接收机也在源源不断地向控制单元发送各种数据帧，但在处理时一般先通过对帧头的判断而只对"$GPRMC"帧进行数据的提取处理。将"$GPRMC"帧提取出来后，车载终端控制单元应用软件对缓存中的数据进行解析处理，从这一长串字节流中提取出系统需要的经纬度、速度、时间等数据(这时的数据形式是包含这些有用数据的字符串)。

2）北斗终端

北斗终端系统主要负责导航数据的获取和报文数据的传输，如图 10.10 所示。北斗一号终端在进行自主导航的同时，也可以与其他北斗一号终端之间进行通信。本系统中北斗终端主要负责车载分中心与监控中心的通信任务。

2. 通信单元

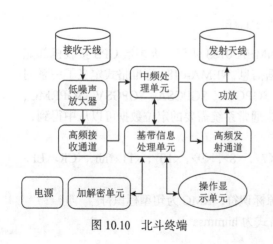

图 10.10　北斗终端

通信单元完成移动终端和监控中心的信息传递，事实上它应该包括三部分：一是安装在移动终端的通信模块；二是安装在监控中心的数据接收模块；三是连接上述二者的通信平台。其工作方式为移动终端的 GPS 模块获得地理位置信息，连同报警信息及状态信息经过一定的数据处理形成数据帧，然后通过无线通信网络传递到监控中心，位于监控中心的通信接口模块把接收到的数据帧提供给监控软件进行各类数据处理。

通信单元的覆盖范围决定了监控系统对移

动单元的监控范围。良好的通信，包括大的通信覆盖面和较高的传输频率，可使系统具有更大的应用前途。例如，为了实现在一个比较大的地区甚至是全国范围内对移动车辆的监控，手持/车载定位移动终端硬件具有整合多种通信平台的能力，使监控、管理、调度、报警和定位信息能方便地在监控网络内共享。

针对地理信息移动服务要求的信号覆盖范围，可以选择上述一种或几种通信方式来组成地理信息移动服务终端的通信单元。

1）短信

短信网关用来在 GPS 监控中心和 GSM 网络之间建立一个短信息快速通道，一般需要与移动通信营运商（如中国移动或中国联通）达成使用协议。系统的结构为双网关配置，即在短消息中心侧和增值业务营运中心侧分别配备网关软件，以保证短消息中心的系统安全。短消息中心侧的网关与短消息中心之间的接口协议按照 SMPP3.0 或 CMPP1.2 接口协议，网关与运营中心之间的协议采用内部协议。

SMSC 为电信的短消息中心：SMSC 短消息网关为电信端放置的与短消息中心的连接模块，运行于短消息网关接口机上。它调用短消息中心的接口软件包与短消息中心连接，同时通过网络与信息平台连接；监控中心短消息网关为监控中心内的短消息网关。其功能特点：①具备短消息进出流量检测功能，能指示并存储动态消息流量；②能自动检测与 SMSC 侧短消息网关的连接，具备断线警告功能；③具备中/英文短消息的收发功能；④网关作为 Server 端运行，增值信息服务作为 Client 端。

2）GPRS

GPRS 采用了与 GSM 同样的无线调制标准、同样的带宽、同样的调频规则和同样的 TDMA 帧结构，这一切都昭示着现有的 GSM 网络可以很容易地提供 GPRS 业务。GPRS 在现有的 GSM 网络基础上叠加了一个新的网络，同时在网络上增加设备和软件升级，形成了一个新的网络逻辑实体，提供端到端的、广域的无线 IP 连接。使用 GPRS，数据实现分组发送和接收，用户永远在线且按流量、时间计费，迅速降低了服务成本。GPRS 存在以下问题：GPRS 占用 Internet 的 IP 资源，因 IP 资源有限，当长时间不用时，IP 连接将自动断开。

3）CDMA

与 GPRS 相比，CDMA 也占用 Internet 的 IP 资源，因 IP 资源有限，当长时间不用时，IP 连接将自动断开。

目前，随着无线通信技术的迅速发展及其覆盖范围的扩大，依托于中国电信或中国联通的 GSM 网，构建功能完善的移动监控系统的条件已经成熟。

4）无线电通信专网

通过对无线电集群通信系统的扩展，使之成为具有卫星定位功能的 GPS 监控指挥调度系统，实现对车辆进行智能动态调度，也可以同步监视车辆的运行状况和同步接收车辆的监听信号。

（1）系统结构。单基站、大区制。为扩大服务范围，减少通信盲区，应适当提高中继站天线的高度。如有通信盲区或局部需要延伸网络覆盖范围，可采用网络延伸点设备将用户的报警信息、定位信息及话音传回监控中心。

（2）信道分配。系统是中心主动控制式的集群通信系统，有别于用户主动控制式的集群系统。网内的所有用户可以共享所有通信信道，用户平时处于话音封闭的守候状态，只能接收或发射数字信令，如需与调度中心或其他电台对讲，必须向中心发出申请并得到中心许可。为了保证有效的业务调度通话率，严格限制网内用户无意义的横向通话。系统设立专用报警信道，以保证报警优先，设立专用下行信道，以保证调度中心能随时对所有车辆进行调度监控。

（3）工作方式。①集群模式。守候：用户均设置守候在控制信道。申请：用户需要通话服务时，发出申请，在控制信道依次排队等候。分配：中心自动分配（或人工调度）用户到空闲信道通话。回守：通话结束用户自动返回控制信道。报警：不管用户处于哪一个信道，只要发生报警，中心均可随时进行处理。定位：中心随时分配信道对用户进行 GPS 定位或跟踪。操作：中心采用计算机局域网技术，让所有操作员共享全部网络信息。每个操作员均可单独管理全部信道，不必随着信道的扩充而增加操作员。②常规模式。中心可发出指令，遥控指挥下属用户退出集群模式进入"开放"式通信，即常规的"一呼百应"工作模式。

3. 信息处理单元

手持或车载终端的核心是一个信息处理器，它负责各种信息的处理，包括位置计算、电子地图显示、地图检索、查询等工作。从某种意义上说，它就是一个微型计算机系统。它将终端中 GPS 系统接收定位卫星发来的定位数据和其他定位系统获得的移动目标定位数据，经过数据融合后产生的地理位置坐标的数据，同时结合自身的状态数据，按信令协议处理后，通过数字通信设备发送至监控服务中心。信息处理器采用 89C52 单片机，在 MCS-51（汇编）开发环境下对单片机编程实现控制功能。软件是车载移动信息处理单元的核心，它包含了主控程序、通信程序和报警处理程序。主控程序主要功能有：

（1）导航信息接收处理功能。GPS 车载终端产生的实时定位信息通过无线通信模块发回到移动分中心。

（2）通过车载电脑或者 LCD 显示器上显示出电子地图及车辆的实时位置，提供自主导航的功能。报警模块将车辆的各种报警信号经过 A/D 转换，传送到 CPU 中，报警处理程序通过中断相应处理，生成相应的报警信息编码，通信处理程序将这些信息和 GPS 实时定位信息捆绑生成车载单元回传数据包，转成 GSM 短消息格式的数据再通过通信模块传送出去。

10.2.2　终端设备主要功能

终端设备主要功能可以面向不同行业提供不同的解决方案，也可依据用户需求进行灵活的设置。

（1）车辆识别：车载终端内设识别 ID 代码，同时可以识别监控中心的代码。

（2）自动定位：通过 GPS 接收单元，自动确定车辆的位置、速度、方向及时间等信息。

（3）数话兼容：移动终端支持通话功能，同时可以进行数据通信，互不影响。

（4）报警功能：具有手动和自动（点、线和区域设防）报警功能。

（5）功能指示：提供 GSM 数据和 GPS 数据通信的工作指示灯。

（6）车辆定位数据及状态数据（防盗传感器状态及求救状态）回送。

（7）固定报警按钮（报警、医疗求救、车辆故障等状态）。

（8）语音通话和监听（终端在中心授权条件下进行通话调度，在抢劫情况下用于监听）。

（9）遥控车门和遥控熄火。

（10）点、线和区域设防。

10.2.3　终端数据回传模式

(1)定时回转：定时间隔起始时刻由监控中心定时控制。

(2)点名查询：由监控中心的点名查询命令控制。

(3)紧急触发：由终端有线报警按钮触发报警。

(4)自动报警：当移动目标进入或超越由监控中心设置的点、线或区域后自动触发。

(5)终端产品形式：①普通型。具有报警功能、语音通话和监听功能。②物流型。具有语音通话、调度信息显示、油箱和温度监控，行驶轨迹记录功能。③跟踪型。采用 GPS 内置式天线，带有内置 9A/h 连续可充锂电池，外置永久磁铁可吸附铁性物体上，安装方便。主要有跟踪和行驶轨迹记录功能。

10.2.4　移动目标监控服务通信协议

移动目标位置服务通信协议是负责其内部数据通信的一种约定方式，在移动目标位置服务网络平台中服务中心设有通信服务器、位置轨迹数据分发服务器和数据库管理服务器，服务中心采用 C/S(客户机/服务器)模式，其客户端是移动目标监控系统，在客户端和服务器之间的数据通信必须有一个通信协议来规范。

系统利用 WindowsSocket(套接字)编程接口技术来定义一套客户机和服务器之间的通信协议。套接字在通俗意义上讲就是通信的一端，它是一种抽象意义上的说法，它包含了进行网络通信必需的五种信息：连接使用的协议、本地主机的 IP 地址、本地进程的协议端口、远地主机的 IP 地址、远地进程的协议端口。在套接字类型的选择上，选择数据报类型的 Socket，也就是选择用户数据包协议(UDP)作为底层数据传输的协议，因为其速度快，效率高、系统开销小，比 TCP 更直接有效而且无并发链接数目限制。

其中，端口是操作系统可分配的一种资源，它是网络中可以被命名和寻址的通信端口，用于标识通信进程。按照 OSI 七层协议的描述，传输层与网络层在功能上的最大区别是传输层提供进程通信能力，而网络层不提供进程通信能力。网络通信的最终地址就不仅仅是主机地址了，还包括可以描述进程的某种标识符。为此，TCP/IP 协议提出了协议端口(protocol port，简称端口)的概念。

这样，进程通过系统调用与某端口建立连接后，就可以接收数据链路层传给该端口的数据，还可以把应用程序发给传输层的数据通过相应的端口进行输出。在 TCP/IP 协议的实现中，端口操作类似于一般的 I/O 操作，进程获取一个端口，相当于获取本地唯一的 I/O 文件，可以用一般的读写语言访问。

服务中心的通信协议是自己定义的一套数据通信规范，在通信协议中包括数据的流向、数据流出端的端口号、数据流入端的端口号及数据体的格式。通信服务器通过读取计算机串口获得 GPS 定位数据和报警信息数据包并作预处理，然后通过网络(Internet/Intranet)数据通信把数据发送至位置轨迹数据分发服务器，位置轨迹数据分发服务器一方面把数据信息存入数据库，另一方面把位置轨迹数据和报警信息通过网络分发到各个移动目标监控系统。数据库管理服务器直接操作 Oracle 数据库，对监控系统数据库进行维护和管理。通信服务器、位置轨迹数据分发服务器、数据库管理服务器，以及移动目标监控系统之间的数据流向关系如图 10.11 所示。监控中心通信的数据命令体的格式为"数据类型，数据体"。其具体协议如下。

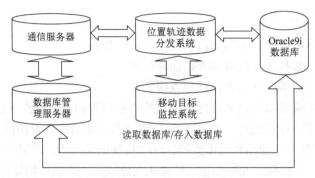

图 10.11　移动目标位置服务通信协议流向关系图

(1)移动目标监控系统(端口号为 5060)流向位置轨迹数据分发服务器(端口号 5050)(表 10.1)。

表 10.1　移动目标监控系统流向位置轨迹数据分发服务器

数据类型	数据命令体
0：网络测试	"0，Test_Net_Connect"监控台发出
1：监控命令	"1，CarID，命令类型，命令体" "1，CarID，P"拨电话 "1，CarID，Q"接电话 "1，CarID，O"挂电话
4：发送 110	"4，CarID，1"
4：取消 110	"4，CarID，0"
6：清 IP 关系	"6，CarID"
7：IP 注册	"7，Login"监控台登录 "7，Logout"监控台退出
8：测试回传	"8，GPSDataServer_OK"

(2)位置轨迹数据分发服务器(端口号 5050)流向移动目标监控系统(端口号为 5060)(表 10.2)。

表 10.2　位置轨迹数据分发服务器流向移动目标监控系统

数据类型	数据命令体
0：网络测试	"0，TestGSM_Net_OK"监控台发出的测试 "0，TestGSM_OK"或"0，TestZW_OK"GPS 数据分发服务器发出
2：回传数据(GSM)	"2，CarID，Send_OK"发送成功 "2，CarID，Send_Fault"发送失败 "2，ID，经度，纬度，时，分，秒，命令类型，高度，速度，方位角，卫星数，Dop 值，标志 1，标志 2，标志 3"(只发送最后一组坐标序号=1)
8：系统命令	"8，GPSDataServerClose"GPSDataServer 关闭 "8，GPSDataServerStart"GPSDataServer 运行 "8，ZWFault"通信服务器运行 "8，GSMFault"GSM 点对点通信服务器未运行 "8，TestMonitor_Connect"监控台测试
9：回传数据	"9，CarID，No_Car"CarID 不在数据库中
6：监控命令非法	"6，CarID，Invalid"

(3) 位置轨迹数据分发服务器(端口号 5050)流向通信服务器(端口号 5060)(表 10.3)。

表 10.3　位置轨迹数据分发服务器流向通信服务器

数据类型	数据命令体
0：网络测试	"0，TestGSM_Net_Connect" 监控台发出 "0，TestGSM_Connect" GPS 数据服务器发出
1：监控命令(GSM)	"1，GSM 号，CarID，命令类型，PASSWORD，命令体"
8：系统命令	"8，GPS 数据服务器 IP" 初始化专网 "8，短消息服务中心号码，GPS 数据服务器 IP" 初始化公网

(4) 通信服务器(端口号 5060)流向位置轨迹数据分发服务器(端口号 5050)(表 10.4)。

表 10.4　通信服务器流向位置轨迹数据分发服务器

数据类型	数据命令体
0：网络测试	"0，TestGSM_Net_OK" 监控台发出的 "0，TestGSM_OK" GPS 服务器发出
1：回传数据(GSM)	"2，CarID，Send_OK" 发送成功 "2，CarID，Send_Fault" 发送失败 "2，ID，经度，纬度，时，分，秒，命令，高度，速度，方位角，卫星数，Dop 值，标志1，标志2，标志3，序号" 序号：4－1
8：系统命令	"8，InitGSM_OK" GSM 初始化成功 "8，InitGSM_Fault" GSM 初始化失败 "8，GSM_Inited" GSM 已初始化 "8，GSMStart" GSM 启动 "8，GSMClose" GSM 关闭

(5) 数据库管理服务器(端口号 5900)流向通信服务器(端口号为 5950)(表 10.5)。

表 10.5　数据库管理服务器流向通信服务器

数据类型	数据命令体
1：初始化监控中心号码命令	"1，CarID，3，监控中心号码"

(6) 通信服务器(端口号为 5950)流向数据库管理服务器(端口号 5900)(表 10.6)。

表 10.6　通信服务器流向数据库管理服务器

数据类型	数据命令体
2：回传数据	"2，CarID，Send_OK"，命令发送成功 "2，CarID，Send_Fault"，命令发送失败 "2，CarID，InitOK"，初始化成功

　　移动目标位置服务平台中，在网络上传输的数据分为移动目标定位数据和监控指令数据，这些数据量都很小，一般只有几十到几百个字节，这么小的数据量用 UDP 协议进行传输，既节省了系统开销、网络资源，又提高了数据传输的速度，不过需要确认数据传输的可靠性，如"确认重传"技术。相对于 TCP 来说，使用 UDP 协议能更好地增强系统的稳定性和高效性。

10.2.5 终端有关技术指标

1. 监控型

车载终端技术指标：①数传/通话，数话兼容。②串行速率，9600bps。③通信方式，GSM短消息、CDMA、GPRS、无线电专网、卫星。④定位精度，小于25m。⑤输入电源，12DV±20%DC。⑥报警平均响应时间，2~6s。⑦工作环境温度，-20~60℃。⑧GPS接收机性能指标，并行8通道或12通道、L1，1575.42MHz，C/A码、码+载波跟踪。⑨功耗，供电电压12V时，待机电流小于80mA，工作电流小于200mA。

2. 跟踪型

跟踪型终端技术指标：①功耗，4W。②定位精度，小于25m。③跟踪响应时间，小于10s。④定位时间，冷启动<50s。⑤GPS接收机，并行12通道，接收频率1575.42MHz+1MHz，C/A码。⑥工作电压，3.3V。⑦工作电流，平均100mA，最大200mA。⑧峰值电流，500mA，最大1000mA（功率级别5）。⑨工作温度，-30~60℃。⑩存储温度，-40~85℃。⑪频段，3频GSM900、GSM1800和PCS1900。⑫电池待机时间，120h。⑬电池规格，4节2300MA/h（型号3825）可充锂电池。⑭通信方式，GSM短信息，支持GSM07.05和GSM07.07。⑮接口电平，RS232。

3. 监控与导航型

监控与导航型终端技术指标：①输入电源，宽范围直流电压输入：DC10~25V。②功耗，供电电压12V时，待机电流小于250mA，工作电流小于1000mA。③工作环境温度，-30~85℃。④存储温度，-65~160℃。⑤通信方式，GSM短消息/GPRS。⑥用户容量，同GSM网。⑦数据回传时间小于5s。⑧中央处理器，CPU：三星S3C2410A，主频203MHz。内存：64M字节。NANDFlash：64M字节。512MSD卡。⑨USB接口，一个USBHOST（USB1.1规范）接口；一个USBDevice（USB1.1规范）接口。⑩音频接口，一个音频输入接口；一个音频输出接口。⑪LCD和触摸屏接口，板上集成了4线电阻式触摸屏接口的相关电路；一个50芯LCD接口引出了LCD控制器的全部信号，并且这些信号引脚都加了74LVTH162245驱动，所以LCD输出更加稳定可靠；256K色、5.7寸真彩色TFT液晶屏，屏幕分辨率为640像素×320像素，带触摸屏。⑫GPS接收机性能指标，GPS为美国Trimble哥白尼，并行18通道L11575.42MHzC/A码+载波跟踪。定位时间：冷启动，常温时50s内，热启动常温时30s内，定位精度小于15m。⑬通信模块，MotorolaG24GSM/GPRSModule。⑭北斗卫星定位接口（串口）。

10.3 移动轨迹时空管理

移动目标监控系统，通过移动服务终端所获取的多源位置轨迹数据进行有效的管理和发布。位置轨迹数据除了具有空间特征外，还具有时间特征。在时态数据库管理系统的支持下，能够对移动目标的准确位置、时间、速度和状态等移动目标参数进行查询。

10.3.1 移动轨迹数据时空特征

1. 移动目标

移动目标是指在所研究时间范围内其空间属性（位置或形状）和状态随时间发生变化的空间对象。通常情况下，这些对象的变化有离散的和连续的。当仅关注移动目标的空间位置变化时，可用运动点和线来抽象表示；当其自身空间范围的发展变化也需要考虑时，便可用移动区域来抽象表示。该移动区域中"移动"包含三种可能的变化：第一种是空间位置的变化；第二种是自身空间范围大小形状的变化；第三种是目标状态属性的变化。例如，空中飞行的飞机可用离散的点来表示，行驶路线的变化可用线来表示，而台风的影响区域则要用移动区域来表示。

移动目标的空间属性随时间变化可以分为三类：①不变化，在空间对象的生存期内不发生变化，即相对静止目标，如机场。②突变，如部队的防御区域边界的变更，从一般的时间角度考虑，它在维持相当长一段时间后发生一次变化，变化后又维持一段时间，这种变化又称为阶梯常量变化。③连续地变化，如正在飞行的导弹，其位置随时间持续地变化。

移动目标对象的空间类型有点、线和面三种。

2. 轨迹

轨迹是通过传感器或其他方式获取移动目标的位置或其他特征变化的图文表达。可见，该定义侧重于目标位置和属性特征的可视化结果呈现。狭义的轨迹是移动目标随时间变化所经过的一系列空间位置，简单讲可以看做是所经空间位置的连线。广义的轨迹定义为移动目标随时间除了包括空间位置或范围变化之外，与之相关的其他属性的变化。时间和空间特征是轨迹定义中必不可少的语义参数。所以，轨迹数据是典型的时空数据。

3. 位置轨迹计算机表达

移动目标的位置轨迹计算机表达有三个视图：①基于对象特征的矢量数据表达，所有存储的信息与特定的对象有关。②基于位置的栅格数据表达，所有存储的信息与特定的位置有关。③基于时间的表达，与特定"时间位置"的信息被存储有关。

基于特征的表达对于查询和检索空间特征或实体更有效；栅格表达则对于查询和检索特定位置的信息更有效；时间表达对于查询和检索特定时间的信息或随时间变化的信息更为有效。因此，在移动目标监控系统中，基于特征、基于位置和基于时间的表达都必须考虑。

综合上述，移动目标对象三种类型表达的视图就是 TRIAD，又称为时空三域模型。TRIAD 的目标是以一种统一的、相互支持的方式综合空间维、时间维和特征维，不仅使用户可以访问所有维的数据，而且可以使用户在一种表达下(TRIAD)进行各种视角的观察与分析。

TRIAD 模型中(图 10.12)有三个相互关联和依赖的视图：特征视图、位置视图和时间视图。特征视图的基本对象是实体(如道路)，也可以是概念事物(如历史分区)，并且都具有时间和位置属性。位置视图的基本对象是离散的、二维或三维空间的网格或像元，并且与时间和特征相关联。时间视图的基本对象是发生在时间轴上某一时刻的事件。每一事件都会导致特定时刻属性的变化。

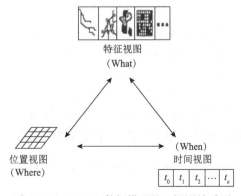

图 10.12　TRIAD 数据模型的三视图关系图

属性变化有两种类型：①某个特征或特征集在该时刻的变化。②某特定位置或位置集上，该时刻发生的变化。

10.3.2　位置轨迹数据时空检索

移动目标位置服务系统中，对移动目标的检索主要有：按移动目标检索、按时间或时间范围检索和按位置范围检索三种方式。

1. 按移动目标检索

移动目标检索根据移动目标代码和时间范围，提取移动目标在时间范围内的位置轨迹坐标。

2. 按时间或时间范围检索

按时间检索是指给定一个特定时间，提取在这个特定时间的所有移动目标的位置坐标。

按时间范围检索是指给定一个特定时间范围，提取在这个特定时间范围内所有移动目标的位置轨迹坐标。

3. 按位置范围检索

按位置范围检索主要包括三种形式：①给定一个点的位置坐标、点缓冲区范围和时间范围，查询在点位置范围和时间范围内的移动目标。②给定一个线坐标、线缓冲区范围和时间范围，查询在线缓冲区范围和时间范围内的移动目标。③给定一个区域范围坐标和时间范围，查询在区域范围和时间范围内的移动目标。

10.3.3　位置轨迹时空数据模型

科学合理的时空数据模型设计必须综合考虑时空语义、存取速度、存储空间和系统实现等因素。时空语义包括空间实体的空间结构、有效时间结构、空间关系、时态关系和时空关系。存取速度是用户访问和存储的效率重要指标。随着大容量磁盘的降价，存储空间已经不再像以前那么重要。系统实现就是在成熟(商业或开源)数据库系统中实现的可行性。

1. 位置轨迹时空数据模型要求

具体的应用需求决定移动目标时空数据模型的形式。移动目标对时空数据模型具体的要求：

(1)能够表示和查询三维空间移动目标，其中，移动目标包括点、线和区域目标。

(2)能够表示目标的空间信息和时间信息，其中，空间信息包括空间位置/形状信息和动态属性信息。

(3)能够表示三维空间移动目标的连续变化和离散变化，这里所说的"移动"包括连续移动和离散移动。

(4)能够表示、查询属性级和对象级时空变化及目标间的时空关系，即支持单个目标的进化、存亡变化和多个目标间时空拓扑关系的表示和查询。

2. 位置轨迹时空数据模型

一个移动目标全部运动过程的时空数据生成一个完整移动对象。移动对象的初始值记录该移动目标的时间属性、空间属性和动态属性，运动过程的每个记录点只记录发生变化的动态属性，即时间、空间和动态属性。第 k 个移动对象的数据模型可以表示为

$$Moving\_Object(k) = \{Obj_0, Obj_1, \cdots, Obj_n\}$$

其中，$Obj_i = \{OID, S_i, DA_i, F_i, T_i\}$ 表示 T_i 时刻移动目标 OID 的快照，$T_i \in [T_s, T_e]$；S_i 表示空间

信息；DA_i 表示动态属性；F_i 表示移动函数。动态属性用基本数据类型表示，空间信息用空间数据类型表示，时间信息用时态数据类型表示。

目前，对移动目标时空数据模型普遍的研究方法是将移动目标抽象成空间运动的点，忽略目标的形状、大小、外观等因素，只关注目标空间位置及其状态变化。针对不同的应用需求，人们提出了多种运动目标时空数据模型。它们可以分为两类：快照模型和函数模型。

1）快照模型

快照模型是一种简单而直观的处理目标位置的方法，常用于简单的车、船定位管理系统等。对于每一个移动目标周期性的采集时空信息 (p,t)，表示目标在 t 时刻空间属性 P，其中，p 在二维平面上可以是坐标对 (x,y)。

显然，快照模型在简化问题的同时也牺牲了表达复杂现象的能力。其一，它不支持内插与外推，在 $\{(p_0,t_0),(p_1,t_1),\cdots,(p_n,t_n)\}$ 中查询只能返回采样点的位置信息，在两个连续的采样点之间 $t_i \leqslant t \leqslant t_{i+1}, 0 \leqslant i \leqslant n-1$ 和监控时段之外（$t_0 \geqslant t$ 或 $t \geqslant t_n$）是"盲区"。其二，采用离散点表示运动目标的轨迹，要面临表示精度与资源之间的矛盾。如果更精确地表达运动目标的轨迹，则需要采样的点更多，消耗更多资源，这将受到计算能力、存储空间和通信资源等限制，使得位置和时间精度不可能很高。所以，快照模型适用于对位置和时间精度要求不高或者只关心采样点的移动目标信息的应用领域。

快照模型还有一种扩展模型，它是在离散的采样点上增加了有效时间的概念，说明了所记录的位置和状态等信息在多长的时间内有效。运动目标时空建模方法（spatio temporal modeling of moving objects）是扩展了的快照模型，通过观测到的原始数据导出运动目标的三个基本关系，即位置 POSI(OBJ, X, Y, Z, TINT)、方向 ORI(OBJ, ORIENTATION, TINT) 和倾角 GRAD(OBJ, GRADIENT, TINT)，其中，TINT 表示有效时间段，可以分解为 STP 和 ETP，分别代表起始时间点和终止时间点。由基本关系进一步可以导出其他空间关系。这就使得对运动目标的描述消除了采样点之间的"盲区"，扩展到了全时间区间的任意时刻。这种数据模型适于以下两种应用：一类是运动目标在不同时间段内相对静止，且运动过程呈现阶跃特征；另一类是对运动目标轨迹数据精度要求不高的应用，可以通过较粗的粒度、较少的离散点数据表达连续的运动。因为快照模型不存在插值运算，而且各种基本关系表现为适合使用关系数据表达的关系特征，所以在实现上比较简单，可以较好地利用现有的关系数据库管理系统。

2）函数模型

函数模型是将运动目标的轨迹表达成时间的函数，通过计算某一时刻的函数值来得到目标的位置。所以，函数模型支持内插和外推，可以实现连续查询。

折线模型是一种简单的函数模型。它将运动轨迹简化为折线，用记录和处理折线中线段的方式来管理目标运动的数据。轨迹位置管理模型首先获取运动目标的出发点和目的地，然后利用 GIS 中每个路段的距离和所用时间等信息形成一条运动轨迹。运动目标的路径由起点、出发时间、终点和结束时间决定。沿着由 GIS 选取的以折线表示的路径，可以计算出目标到达每一条线段起点处的时间，形成三维折线 (x_1,y_1,t_1)，(x_2,y_2,t_2)，$\cdots$，(x_n,y_n,t_n)。这些数据存储在数据库中，在时刻 t_i 和 t_{i-1} 之间的任何时刻 t，用内插的方法计算出目标的位置，对当前时刻之后的位置信息则可以用外推的方法计算。

函数模型没有规定函数的类型，从理论上讲，任何复杂的函数都可以应用在函数模型中，另外，任何运动形式也可以在一定的精度范围内用一定的函数形式来描述。目前，人们在函数模型中所使用的函数基本都采用线性的形式。基于模型的操作，包括数据组织、内插、外推、分析等都以线性函数作为假定。直接使用线性模型来描述目标的运动，假设目标在时刻 t 的位置为 $X(t) = (x_1(t), x_2(t), \cdots, x_n(t))$，并以两个参数来确定模型，一个是目标在参照时刻 t_{ref} 的位置 $X(t_{\mathrm{ref}})$，另一个是目标的速度向量 $V = (v_1, v_2, \cdots, v_n)$，由此可以确定时刻 t 的目标位置 $X(t) = X(t_{\mathrm{ref}}) + V(t - t_{\mathrm{ref}})$。该模型可以看做是 MOST 的具体化，实际上其他研究者所采用的模型也与之大同小异。其实，线性化的函数模型也可以看做是折线模型的另一种表现形式。

基于快照和函数的面向对象运动目标时空数据模型，除了模型简单和支持全过程查询的特点外，它的最大优点是可以和对象关系数据库管理系统（object relational database management system，ORDBMS）及 SQL 语言无缝结合。ORDBMS 提供了数据类型和操作的扩展能力，而且扩展的类型和操作可以直接在 SQL 中使用，因此基于快照和函数的面向对象运动目标时空数据模型的实现具有很好的前景。目前，ORDBMS 已逐渐取代了关系型数据库成为支持对象的主流技术，并得到了 Oracle、DB2、Informix 等数据库厂商的支持。所以，从实际应用的角度看，基于快照和函数的面向对象运动目标时空数据模型更接近实际应用。

基于快照和函数的面向对象运动目标时空数据模型就是在快照数据的基础上增加目标的运动函数，这样就可以支持连续运动目标的建模和查询。离散变化的目标只需快照数据就可以表达，无须记录运动函数。所以，基于快照和函数的面向对象运动目标时空数据模型可以满足建模离散和连续运动目标的需要。

10.4　移动目标监控功能

位置轨迹数据分发系统一方面把从通信系统传来的 GPS 定位数据及报警信息进行存入数据库的操作；另一方面把 GPS 定位数据和报警信息分发到各个移动目标监控系统。同时，移动目标监控系统如果要点名查询或监控或遥控某个移动目标就要把监控命令通过 GPS 数据分发子系统传送出去。GIS 监控台子系统在作为客户端登录系统时，首先通过位置轨迹数据分发系统连接 Oracle 数据库服务器中的移动目标数据库读取移动目标信息。在移动目标位置服务平台中位置轨迹数据分发系统是作为一个操作 Oracle 数据库的前台程序而运行的，它的作用就是向 Oracle 数据库中存入相关数据和从 Oracle 数据库中读取相关数据。移动目标监控数据流图如图 10.13 所示。

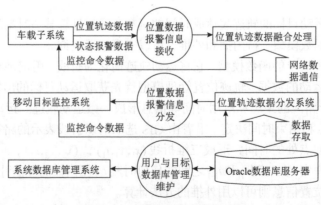

图 10.13　移动目标监控数据流图

移动目标监控平台主要是对移动定位终端传来的 GPS 位置信息和报警信息进行处理并对移动目标进行监控、调度和管理。移动目标监控系统的主要功能如下。

1. 地图显示功能

移动目标监控中心有配置完备的系列比例尺的地图，分别为 1∶1 万（地形图）、1∶2.5 万、1∶5 万、1∶10 万、1∶25 万、1∶100 万（覆盖全国），并可根据显示需要实时切换。

（1）放大与缩小：点击工具条上的放大与缩小按钮，在地图显示区域单击鼠标左键，地图在一定范围内可以进行逐级放大与缩小。

（2）漫游：点击工具条上的漫游按钮，按住左键拖动，即可实现快速而平滑的地图漫游。

2. 长度量算功能

在地图显示窗口移动鼠标并点击鼠标，地图上显示鼠标移动的轨迹，最下边的状态条的右下部分显示鼠标移动的图上总距离及当前折线段的距离。当按下鼠标右键时，取消距离量测，消去地图上鼠标的移动轨迹，并在状态条上显示鼠标移动的实际地理距离。

3. 信息查询功能

点击工具条上的信息查询按钮，点击地图上相应的要素，即可显示出相应要素的地域名称。

4. 移动目标数据库功能

用来显示当前监控台操作员具有管理权限的所有移动目标信息，如图 10.14 所示。

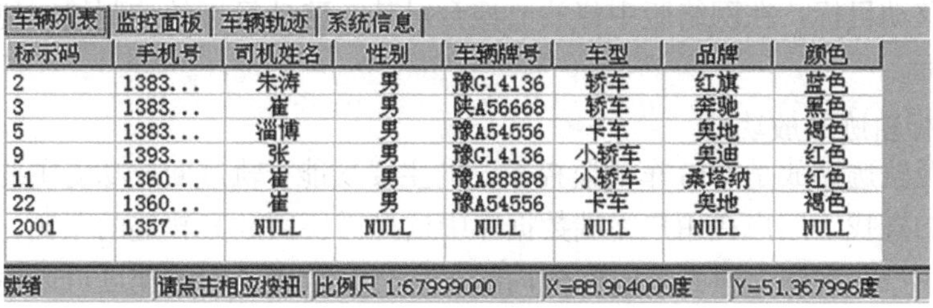

标示码	手机号	司机姓名	性别	车辆牌号	车型	品牌	颜色
2	1383…	朱涛	男	豫G14136	轿车	红旗	蓝色
3	1383…	崔	男	陕A56668	轿车	奔驰	黑色
5	1383…	淄博	男	豫A54556	卡车	奥地	褐色
9	1393…	张	男	豫G14136	小轿车	奥迪	红色
11	1360…	崔	男	豫A88888	小轿车	桑塔纳	红色
22	1360…	崔	男	豫A54556	卡车	奥地	褐色
2001	1357…	NULL	NULL	NULL	NULL	NULL	NULL

就绪　　　请点击相应按扭，比例尺 1:67999000　　X=88.904000度　　Y=51.367996度

图 10.14　移动目标数据库

5. 移动目标监控功能

活动移动目标列表：显示当前所有可以控制的车台。在对车辆进行操作时，必须首先选定某一个车台，如图 10.15 所示。

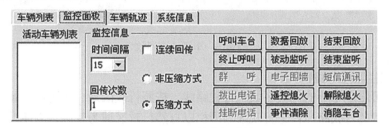

图 10.15　监控车辆功能

（1）时间间隔：回传数据时的时间间隔。

（2）回传次数：要求移动目标回传数据的次数。

（3）连续回传：当需要对移动目标进行连续跟踪时打开此开关。

（4）压缩方式：当采用压缩方式时，在同一回传数据间隔内回传四组数据，非压缩方式只能回传一组数据。

（5）呼叫移动目标：在监控面板上的活动移动目标列表里选择需要呼出的移动目标，并且设置相应的参数、时间间隔（s）、回传次数（在连续回传时不起作用）、是否连续回传、是否压缩等，点击呼叫按钮即可。

（6）终止呼叫：在监控面板上的活动移动目标列表里选择相应的移动目标，点击终止呼叫。

（7）事件清除：当报警过来不处理时，选择相应的移动目标按此按钮。此功能在接警处理对话框出现时选择不处理按钮也可以代替此项功能。

（8）被动监听：当移动目标出现警情时，选择相应的移动目标按此按钮，可以监听移动目标内部人员的通话。

（9）结束监听：对选定的已经开始进行监听的移动目标结束监听。

（10）遥控熄火：此项功能必须与相应移动目标的硬件设备相连接。

（11）解除熄火：此项功能必须与相应移动目标的硬件设备相连接。

（12）数据回放：选择相应的移动目标按此按钮，弹出一个时间选择的对话框，调整相应的起始与结束时间，可以对以前移动目标行进的历史轨迹进行回放。

（13）结束回放：选择相应的移动目标按此按钮，可以对当前回放的移动目标结束其回放状态。

（14）消隐移动目标：在网络版中释放监控台对某一移动目标的控制权，使其他监控台能控制该移动目标。

6. 移动目标轨迹回放功能

动态跟踪及轨迹回放是 GIS 车辆监控系统的主要功能。轨迹回放功能主要向用户提供对车辆历史行程的查找，用户在用户终端数据库中选择需要回放其轨迹的车辆，并设置回放轨迹的时间段，用户在地图上看到该时间段内的车辆行驶轨迹。回放速度可以由用户设置。回放过程中显示回放速度，用户可以选择停止、暂停、继续、快进和倒进，允许用户查看每个轨迹点的时间和车速，设置移动目标历史轨迹回放的参数如图 10.16 所示。

图 10.16　车辆轨迹回放

7. 电子围栏监控与报警

电子围栏可限定车辆的行驶区域、行驶路线，按照行政区划、多边形区域、规划路线三种方式设置车辆的行驶路径：①行政区划围栏以自然行政区域为基础，方便设置，可设置驶入、驶出报警。②多边形区域围栏，自由定义区域，可设置驶入、驶出报警。③规划路线围栏，规划车辆行驶路线，偏离路线，指定距离产生偏离路线报警；也可设置路线上行驶的最高速度，超速时产生超速报警。

第11章 地理信息服务应用

地理信息服务广泛应用于资源调查、军事公安、公共设施管理、智能交通与交通信息服务、社会公众服务、电子商务、电子政务、城市管理与数字化城市等各领域。发生洪水、地震、交通事故等重大自然或人为灾害时，对于解决如何安排最佳的人员撤离路线、并配备相应的运输和保障设施等问题，地理信息服务可以建立人、事、物、地在统一时空基准下的位置与时间标签及其关联，为政府、企业、行业及公众用户提供随时获知所关注目标的位置及位置关联信息的服务。

11.1 智能交通系统

随着时代的发展和科技的进步，人们在对交通产生强烈依赖的同时也对交通提出了更多的需求。现有的先进立体的交通体系(包括以公路、铁路和城市轨道交通为主的陆地交通，以地铁为主的地下交通，以江河海洋为主的水上交通和以航空航天为主的空中交通)为人们提供了快捷、舒适与安全的交通服务。随着自动控制技术、信息技术和计算机等技术的进步而提出的智能交通系统(intelligent transportation system, ITS)是对传统交通系统的一次革命。在现有路况条件下，智能交通系统把人、车、路综合起来考虑，利用高新技术手段，在较完善的基础设施(包括道路、港口、机场和通信)之上将先进的信息技术、数据通信传输技术、电子传感技术、电子控制技术及计算机处理技术等有效地集成运用于整个交通运输管理体系，从而建立起一个在大范围、全方位发挥作用的实时、准确、高效的综合运输和管理系统，使个体交通行为更加合理。其可以提高交通管理部门的决策能力、减少驾驶人员的操作失误、提高交通运输系统的运行效率和服务水平、增强交通系统的安全可靠性、降低交通带来的环境污染等。ITS使得交通系统中三大主体"人、车、路"之间的相互作用关系以新的方式呈现。ITS 的提出和大力发展能够提高道路使用效率，大幅降低汽车能耗，使交通堵塞减少、短途运输效率提高、现有道路的通行能力提高。简而言之，ITS 就是将信息技术、电子技术、传感器技术、系统工程技术等运用到公路运输系统，加强车辆、道路、使用者三者之间的联系，从而建立起安全、准确、高效的地面运输系统。

11.1.1 智能交通系统体系结构

智能交通系统是一种复杂的巨系统，描述系统各构件之间的相互关系及系统各部分的功能与整体功能，就要用到"体系结构"这一概念。本章介绍 ITS 体系结构的基本概念、体系结构的构建方法，以及应用实例。

1. 什么是 ITS 体系结构

系统的概念源于自然实践。"系统"是由相互作用和相互依赖的若干组成部分结合成的具有特定功能的有机整体。在交通系统中，人、车、路及货物这四个组成部分构成了道路交通系统，该系统的目的是实现人或物的有效移动。人(货物)、车、路构成的道路交通系统，再配上具有智能的交通信息中心、交通管理中心、交通控制中心等，以及智能化的车载设施和道路交通基础设施，如各类检测设施、信息发布设施，即信息传输设施，就构成了智能交通运输系统。

然而，怎样来描述这一抽象概念的系统呢？像居住房屋一样，房屋由基础、梁、柱、屋面等各构件用一定的搭接方式建成，具有供人们居住生活的功能。房屋的各构件相互搭接的关系及房屋各部分的功能和整体功能可用房屋的建筑图和结构图来描绘。同样，ITS 各构件的相互关系及各部分的功能和整体功能，也可用系统体系结构来描述。

因此，ITS 的体系结构是指系统所包含的子系统、各个子系统之间的相互关系和集成方式，以及各个子系统为实现用户服务功能、满足用户需求所应具备的功能。根据定义，ITS体系结构决定了系统如何构成，确定了功能模块及模块之间的通信协议和接口，它的设计必须包含实现用户服务功能的全部子系统的设计。

ITS 体系结构重要意义为：①ITS 本身比较复杂，涉及面广，需要有一个指导性的框架，来帮助人们理解这个系统的结构。②ITS 是一个庞大的系统，包含很多子系统，它的实施需要通过这些子系统来实现，ITS 体系结构为 ITS 的各个部分提供了统一的接口标准，从而使各个部分便于协调，集成为一个整体。③避免少缺和重复，使 ITS 成为一个高效、完整的系统，并具有良好的扩展性。④根据国家总体 ITS 框架，发展地区性的体系结构，保证不同地区智能交通系统具有兼容性。

2. ITS 体系结构的构建方法

1) ITS 体系结构构建方法比较

世界各国开发 ITS 体系结构采用的方法主要有两种：一种称为结构化方法(structured method)；另一种称为面向对象的方法(object oriented method)。结构化方法以功能的抽象与分解为主要手段，按功能之间的联结关系组织数据。结构化方法简单易行，流行已久，能被大多数工程师理解和接受，便于交流，但用结构化方法开发的系统修改或扩展比较困难。面向对象的方法，首先确定对象或实体及其与其他对象之间的关系，然后确定每个对象执行的功能，围绕数据对象或实体组织功能，形成单一的相互关联的视图。用面向对象方法开发的系统易于扩展和修改，但该方法操作起来比较复杂，而且可读性不强，不利于交流和讨论。

国家 ITS 体系结构作为一种指导全国 ITS 设计的框架，必须得到全国工程师和投资者的广泛认同才能真正发挥作用。因此，国家 ITS 体系结构必须具有较强的可读性，以便让更多的人理解，进而讨论之。此外，如果用面向对象的方法来开发 ITS 逻辑结构，在确定"对象"集时将遇到很大的麻烦，因为 ITS 是一个复杂的大系统，可能的"对象"太多，"对象"的抽象程度也很难一致。美国国家 ITS 体系结构开发小组就是选用结构化方法构建了其《国家ITS 体系结构》。我国"九五"国家科技攻关项目"中国智能交通系统体系框架研究"，也采用了结构化方法。

2) 结构化方法简介

结构化方法构建 ITS 体系结构，其主要流程如图 11.1 所示。

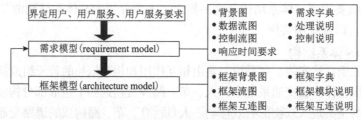

图 11.1　结构化方法构建体系结构流程简图

（1）界定用户。构建 ITS 体系结构首先要界定系统的用户。ITS 作为信息技术(IT)系统的一个分支，可用 IT 系统界定用户的方法来界定其用户。信息系统的用户是指影响系统或受系统影响的人和机构，可以从四个方面识别信息技术系统的用户，即需要 IT 者、制造 IT 者、使用 IT 者和管理 IT 者。

(2)用户服务。用户服务是按用户的要求，系统应能为用户服务的事项。ITS 用户服务就是 ITS 能提供的服务与产品；提出了 ITS 用户服务项目，也就是提出了 ITS 开发的范围。

(3)用户服务要求。实现每项用户服务，需要 ITS 能完成一系列功能。为了反映这一点，须将每项用户服务分解成更为详细的功能说明，即用户服务要求。换句话说，用户服务要求是系统为提供用户服务而应该具备的一些功能。

(4)需求模型。需求模型描述系统应该做什么，是系统功能要求的模型化。需求模型主要任务是定义系统的信息处理行为和控制行为。在构架模型开发阶段主要考虑系统的功能要求。

需求模型由"需求总图"、一系列分层次的"数据流图"与"控制流图"及其相应的"过程定义"、"控制说明"与"数据字典"组成。需求总图定义系统的边界，即确定哪些元素属于系统内部，哪些元素属于系统外部。数据流图和过程定义描述系统执行的功能。控制流图和控制说明描述系统执行这些功能的条件或环境。实时性要求(time specification)对系统在"输入终端"接受事件(Event)刺激后，在"输出终端"做出反应的时间进行限定。数据字典对在数据流图、控制流图中出现的数据流、控制流、存储器和终端进行描述和定义。需求模型在美国《国家 ITS 体系结构》中被叫做"逻辑结构"，其中的控制流图被加入数据流图。

(5)构架模型。构架模型描述系统设计应如何组织，是系统设计的模型化。构架模型的主要任务是：①确定组成系统的物理实体；②定义物理实体之间的信息流动；③说明信息流动的通道。构架模型开发阶段不仅要考虑功能要求，而且要考虑性能要求、可靠性要求、安全保密要求及开发费用、开发周期、可用资源甚至市场条件等方面的问题。

构架模型由"构架总图"、"信息流图"、"模块说明"、"信息通道图"、"信息通道定义"和"信息字典"组成。构架总图建立系统与其运行环境之间的信息边界，是系统的最高级视图，构架总图一般与系统总图一致。信息流图和构架模块说明描述组成系统的物理模块及模块之间的信息流动。信息通道图和信息通道定义描述模块间信息流动的渠道。信息字典注释信息通道中所有的数据及数据字典中未出现的其他信息。构架模型在美国《国家 ITS 体系结构》中被叫做"物理结构"。

构架模型完成后，经确认所有的用户服务都被体系结构构架中各子系统所包含，并经过对所构建的体系进行评价，包括来自投资者意愿的反馈信息，最后利用来自确认和评价的反馈结果进一步修改系统要求和体系结构。修改完善后，在确定的 ITS 体系结构的基础上，才能拟定整个 ITS 的研究开发计划、制定 ITS 各部分和各类产品的统一标准，以及规定系统的通信协议等。

3. 美国的国家 ITS 体系结构

1)体系结构形成过程

美国是最早开发完整的 ITS 体系结构的国家。美国国家 ITS 体系结构开发计划分为两个阶段：第一阶段为"思路竞争阶段"，由 4 个小组分别独立开发出体系结构初步方案；经过方案评审和比较，两个开发小组获准进入第二阶段，此阶段称为"联合开发阶段"，吸收各初步方案的优点，经过整理与合并，合作开发统一、唯一的国家 ITS 体系结构。

典型的体系结构开发过程实质上包括在第一阶段的工作中，采用了反复修改的开发程序。首先，从界定用户、确定用户服务和用户服务要求出发，开发出运营要求或系统要求，进而开发出运营概念(体系结构的目标以及用户如何与之交互)。其次，开发包含一系列详细功能要求的逻辑结构；将逻辑结构中的处理分配到物理实体/子系统，就产生了物理结构，一个在 2012 年时间框架内提供所有用户服务的体系结构也就被开发出来了；发展部署确定导入某些功能（或服务）的时间框架和背景；体系结构的确认体现在追溯矩阵中，追溯矩阵将用户服务要求追溯至逻辑结构中的处理、物理结构中的子系统，以保证所有的用户服务都被体系结构所包含。再次，对体系结构进行评价，包括接收来自投资者意愿的反馈信息。最后，利用来自评价和确认过程的反馈结果进一步改进系统要求和体系结构。

　2) ITS 体系结构概貌

　　美国国家 ITS 体系结构（简称 UNIA）分为体系结构、评价、实施策略和相关标准等四部分内容。本节将从用户服务与用户服务要求、逻辑结构和物理结构等方面，介绍美国国家 ITS 体系结构概貌（图 11.2）。

　　(1) 用户服务与用户服务要求：满足用户服务和用户服务要求是对 ITS 体系结构的基本要求，UNIA 覆盖了 30 项 ITS 用户服务（表 11.1）及相应的 1000 多条用户服务要求。

表 11.1　美国 ITS 用户服务

用户服务领域	用户服务
出行和运输管理	途中驾驶员信息（en-route driver information）
	路线导行（route guidance）
	旅行者服务信息（traveler services information）
	交通控制（traffic control）
	偶发事件管理（incident management）
	排放测试与缓解（emissions testingand mitigation）
	道路与铁路交叉口（highway-rail intersection）
出行需求管理	出行前旅行信息（pre-travel information）
	合乘车匹配与预约（ride matchingand reservation）
	需求管理和运营（demand management and operations）
公共运输运营	公共运输管理（public transportation management）
	在途公交信息（en-route transit information）
	个人化公共交通（personalized public transit）
	公共出行安全（public travel security）
电子付费服务	电子付费服务（electronic payment services）
商用车运营	商用车电子结算（commercial vehicle electronic clearance）
	自动路边安全检查（automated roadside safety inspection）
	车载安全监视（on-board safety monitoring）
	商用车行政管理（commercial vehicle administrative processes）
	危险物品异常响应（hazardous material incident response）
	商用车队管理（commercial fleet management）
紧急事件管理	紧急事件通报与个人安全（emergency notification and personal security）
	紧急车辆管理（emergency vehicle management）
先进车辆控制和安全系统	纵向防撞（longitudinal collision avoidance）
	横向防撞（lateral collision avoidance）
	交叉口防撞（intersection collision avoidance）

续表

用户服务领域	用户服务
先进车辆控制和安全系统	防撞视野强化（vision enhancement for crash avoidance）
	危险预警（safety readiness）
	撞前避伤（pre-crash restraint deployment）
	自动公路系统（automated highway systems）

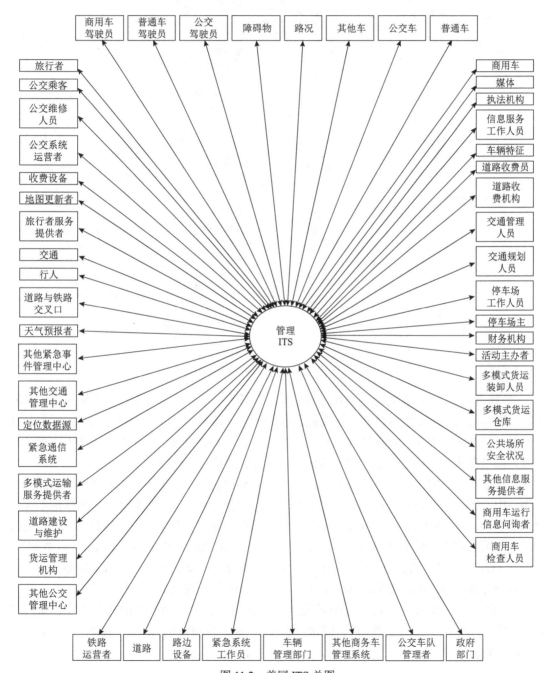

图 11.2　美国 ITS 总图

(2)逻辑结构。UNIA 逻辑结构通过 ITS 需求总图、数据流图、处理说明和数据字典来体现前述用户服务和用户服务要求。UNIA 确定的美国 ITS 总图如图 11.2 所示，图中圆圈代表 ITS 功能性"处理"，矩形代表从 ITS 处理接收信息或者将信息传递给 ITS 处理的"外部终端"。图 11.3 是简化了的 UNIA 顶层数据流图，图中箭头表示"数据流"，圆圈表示"处理"，直线段表示"文件"，矩形表示"外部终端"。

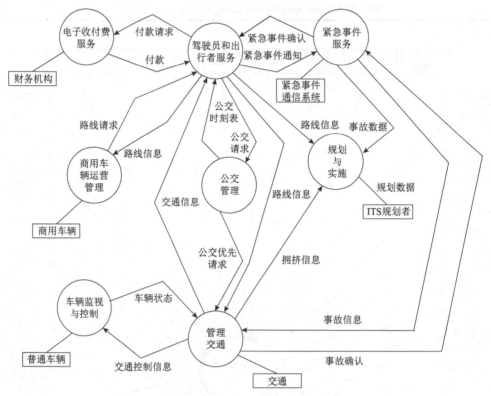

图 11.3　简化的 UNIA 顶层数据流图

(3)物理结构。UINA 将运输系统分成三层：运输层、通信层和体制层。运输层执行运输功能，通信层为运输层组件之间的连接提供通信服务，体制层反映政策制定者、规划者和其他 ITS 用户之间的关系。物理结构的确定要考虑体制方面的因素，但体制层不属于物理结构部分，而是在实施策略中描述。物理结构分运输层和通信层进行描述。

a. 运输层。UNIA 构架总图与图 11.4 所示的逻辑结构总图一致。UNIA 将 ITS 组件分成 4 类：中心子系统、路测子系统、车辆子系统、出行者子系统；每种类型又包括数量不等的个别子系统，UNIA 共确定了 19 个子系统；每个子系统进一步分解多个设备包。设备包是物理结构中可以购买的最小单位的实体，每个设备包对应着逻辑结构中的一个或多个"处理"。

图 11.4 是 UNIA 顶层构架流图(toplevel architecture flow diagram)，显示了各类子系统之间及其与外部终端之间的关系，图中实线框表示 ITS 组件，虚线框表示外部终端。

b. 通信层。UNIA 为支持 ITS 子系统之间的通信定义了 4 种类型的通信媒体，即有线通信(固定—固定)、广域无线通信(固定—移动)、专用短程通信(固定—移动)和车车通信(移动—移动)。

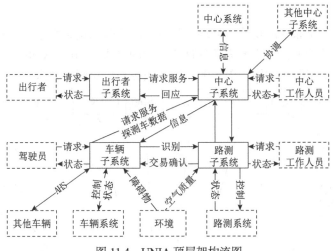

图 11.4　UNIA 顶层架构流图

图 11.5 是 UNIA 顶层构架互连图，显示了美国 ITS 分属 4 类的 19 个子系统（用矩形框表示）及其交换信息的 4 种基本通信连接方式（用椭圆形框表示），该图也可看成是 UNIA 物理结构的运输层和通信层的最高级视图。

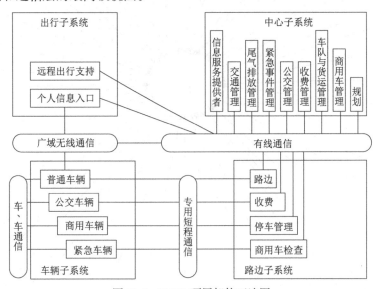

图 11.5　UNIA 顶层架构互连图

4. 国家 ITS 体系结构设计

ITS 体系框架是对 ITS 这一复杂大系统的整体描述。通过 ITS 体系框架来解释 ITS 中所包含的各个功能域及其子功能域之间的逻辑、物理构成及相互关系。同时，ITS 体系框架是我国 ITS 发展的纲领性和宏观指导性技术文件，是 ITS 实现的载体。2001 年科学技术部正式推出《中国智能交通系统体系框架》（第一版），解决了 ITS 体系框架"从无到有"的问题。2005 年完成了《中国智能交通系统体系框架》（第二版），其在规范化、系统化、实用化等方面取得了实质性的进展。确定的我国目前 ITS 的体系框架，如图 11.6 所示。与美国 ITS 总图相比，根据中国 ITS 用户服务要求，总图定义系统的边界，增加了自行车、骑自行车者、残疾车、残疾人、科研人员、防灾救灾办公室等外部终端。

1) 逻辑结构

逻辑结构的重点是系统的功能性处理和数据流。逻辑结构独立于体制和技术，它不确定由谁来实现系统中的功能，也不考虑实现这些功能的方式。因此，CNIA 逻辑结构与 UNIA 逻辑结构的差异主要来源于中国、美国 ITS 用户服务与用户服务要求的差异。

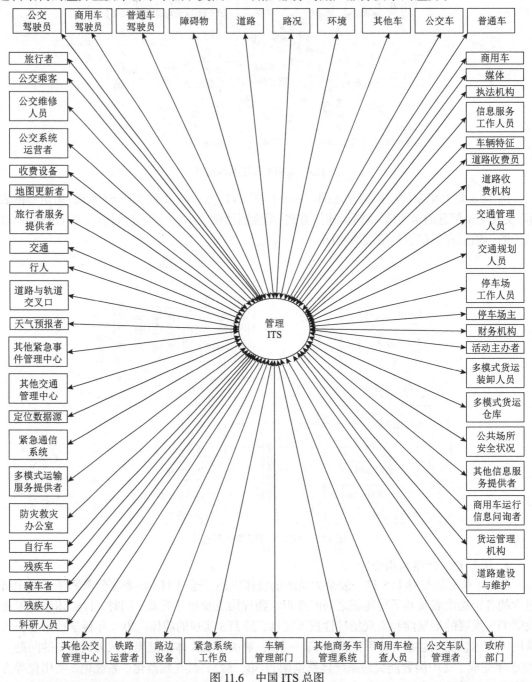

图 11.6 中国 ITS 总图

2) 顶层数据流图

顶层数据流图涉及 ITS 功能的首次分解，其实质是划分 ITS 功能领域。UNIA 逻辑结构将 ITS 分解成 8 棵功能性"处理树"，即交通管理、商用车管理、车辆监视与控制、公交管理、紧急服务管理、驾驶员和出行者服务、电子付款服务、规划与实施。考虑中国与美国在用户服务要求上的区别,可以在逻辑结构顶层数据流图将中国 ITS 分解成 9 棵功能性"处理树":①交通管理;②商用车管理;③车辆监视与控制;④公交管理;⑤紧急服务管理;⑥驾驶员与旅行者服务;⑦电子收付费;⑧自行车与行人支援;⑨提供历史数据服务。考虑各"处理树"之间的数据交换,可得中国 ITS 逻辑结构顶层数据流图,如图 11.7 所示。

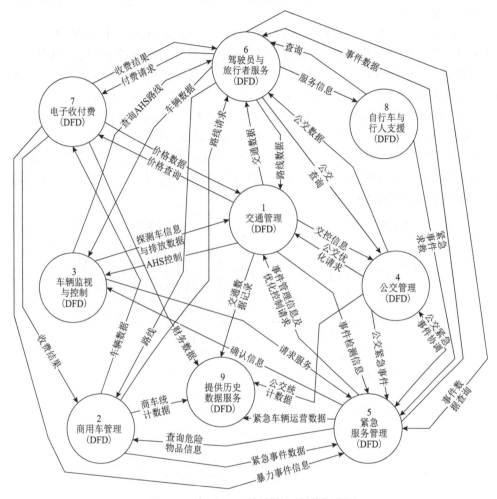

图 11.7　中国 ITS 逻辑结构顶层数据流图

3) 物理结构

　　物理结构把逻辑结构所确定的"处理"分配到 ITS 物理实体上,根据各实体所含的"处理"之间的数据流,确定实体之间的构架流,进而确定物理实体的互联方式。

　　物理结构的确定要考虑系统功能要求,也要考虑非功能性要求,包括体制、文化、市场等因素的影响。系统功能要求通过逻辑结构确定的"处理"和"数据流"来体现,决定 ITS 物理实体必须完成的功能。非功能性要求则影响 ITS 功能在物理实体间的分配。例如,美国最初想把"交通信息服务"功能和"交通管理"功能分配到一个子系统中,但考虑"交通信息服务"涉及个人隐私,执行"交通管理"功能的公有部门在保护个人隐私方面不如私有部门,因此决定专门设计"信息服务提供者"子系统来执行"交通信息服务"功能,并期望由营利性私有商家来完成之。又如,为了吸引运输业者购买车载 ITS 产品,美国 ITS 体系结构研究小组又将"处理"功能尽量多地分配到"路测子系统"中,以减少"商用车系统"承担的功能,为降低商用车车载 ITS 产品的价格提供基础。

尽管中国与美国在体制、文化、市场等方面不尽相同,但从长远目标来看,CNIA 与 UNIA 在这方面的基本考虑应该是一致的,如要保护隐私、扩大市场等。所以,CNIA 与 UNIA 在物理结构方面的差异,主要还是来源于功能要求上的差异。以此为基础,可对 CNIA 物理结构做出初步展望。

(1)运输层。中国 CNIA 构架总图(图 11.8)与图 11.7 所示的逻辑结构总图一致。中国 ITS 组件也分成 4 类,即中心子系统、路测子系统、车辆子系统、出行者子系统;但在中心子系统类型中增加"灾害救治中心",同时将"规划"子系统扩展为"历史数据服务"子系统;在路测子系统类型中增加"自行车道";在车辆子系统类型中增加"自行车"子系统。

(2)通信层。CNIA 子系统之间的通信可以套用 UNIA 确定的 4 类通信媒体,即有线通信(固定—固定)、广域无线通信(固定—移动)、专用短程通信(固定—移动)和车车通信(移动—移动)。图 11.8 显示了中国 ITS 分属 4 类的 22 个子系统(用矩形框表示)及其交换信息的 4 种基本通信连接方式(用椭圆形框表示),是 CNIA 顶层构架互连图,同时也是 CNIA 物理结构之运输层和通信层的最高级视图。

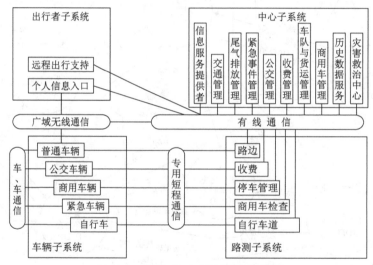

图 11.8　中国 CNIA 顶层架构互连图

11.1.2　智能交通功能

智能交通系统的目标是为大中城市提供交通管理解决方案,在现有交通设施的基础上,改善现有路网运行状况,提高道路的有效利用率和交通流量,缓解车辆增加造成的交通需求压力,同时改善交通秩序,减少事故,提高行车安全,减少道路的拥挤程度和交通事故的发生率,减少交通拥挤、事故等造成的出行时间延长现象。

1. 出行者信息系统

日常生活中,上班、下班、购物等都离不开交通,所以交通在社会经济中的地位不断提升。那么,在当今的信息化社会中,如何应用先进的信息、通信技术使人们的出行变得更加方便、高效、安全呢?例如,从理工大学到步行街,如果坐公交去的话,哪条公交路线可以到达?公交的运行时刻表如何?如果坐的士去的话,道路的交通情况如何?出行者信息系统就是为解决这些问题而研究和开发的。

1) 出行者信息系统

出行者信息系统就是为出行者提供相关信息的系统。出行者信息系统的结构框架如图 11.9 所示。

2) 出行者信息系统的工作原理

(1) 交通信息采集。公交时刻表和公交的运行状态信息可以从公交管理系统获得；大部分与道路有关的信息由检测系统(车辆检测器、摄像机、车辆自动定位系统等)采集；其他信息多具有静态的性质，如地图数据库、紧急服务信息、驾驶员服务信息、旅游景点与服务信息等。

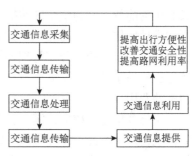

图 11.9 出行者信息系统的结构框架

(2) 交通信息传输。有线通信、无线通信。

(3) 交通信息处理。采集来的交通信息经过交通管理中心的计算机处理(数据挖掘、数据融合等)，提取出对出行者有用的交通信息。

(4) 交通信息提供。可变信息标志(variable massage signal，VMS)、车载终端、蜂窝电话、有线电话、有线电视、大屏幕显示和互联网等，消费者可以在家中、办公室、旅游车、商用车、公交车、公交车站中或利用随身携带的个人通信设施完成这些信息的查询、接收和交换。

3) 出行者信息系统的作用

有效的出行者信息系统可以提供多种交通方式的出行计划和路线引导，为各种类型的驾驶员和其他出行者提供咨询服务，允许出行者确认和支付所享用的服务，并具有个人报警功能。出行信息服务可以在出行前提供，也可以在出行中提供。其中，出行前的信息服务可以为出行者提供用于选择出行方式、出行路线和出发时间的交通信息，包括道路条件、交通状态与出行时间和公交信息等。出行者可以在家中、工作场所、停车场与换乘站、公交车站及其他地点提出这种服务请求。在途出行者信息服务在旅途中为出行者提供交通信息，如交通状态、道路条件、公交信息、路线引导信息及不利的出行条件、特殊事件、停车场位置等信息。先进的出行者信息系统的作用主要体现在以下几个方面。

(1) 多种交通方式的出行计划。提供区域范围的相关信息，帮助出行者制定包括私家车、公家车等不同出行方式的出行计划，出行计划中甚至可以包括铁路交通、水运交通和航空交通。

(2) 路线引导的信息服务。基于实时交通信息的诱导服务能够提供动态路线导航及道路的行程时间等信息，可以帮助驾驶员选择最佳路线以躲避严重拥挤或其他不利的交通状况。

(3) 用户咨询服务。为用户提供广泛的咨询服务，包括事故警告、延误预告、在当前交通状态下到达终点或换乘站(公交出行)的预计时间、不利的出行条件、交通方式之间的衔接及其时刻表、运营车辆(CVO)的限制(高度、重量等)、停车场信息、公交车站位置信息及即将到达的收费站信息等。

(4) 与相关系统接口。与区域交通管理系统的接口可以获得高速公路和城市干道的交通信息、事故信息和道路信息，与区域公交管理系统的接口可以获得公交信息，包括公交时刻表和公交车辆运行状态信息。这些信息可以与监视信息及其他来源的实时信息融合，共同发挥作用。

4) 出行者信息系统的特点

通过对出行者和出行者信息系统操作人员的调查得知，出行者信息系统应该具备的特性主要体现在如下几个方面：①提供的信息要及时、准确、可靠，要具有出行决策的相关性并具有市场前景;②为整个区域提供信息,这要求跨行政区的公共机构共同参与;③由训练有素的人员操作;④容易与 ITS 其他系统相结合,如紧急事件管理系统、高速公路管理系统、交通信号控制系统、公交管理系统等,以便获得大量的交通信息;⑤易于被出行人员使用和接通;⑥易于维护,不需要过高的运行成本和较长的操作时间;⑦最终用户能够承受所提供服务的费用。

出行者信息系统应该满足特定国家的发展目标,一般情况下,出行者信息系统的目标主要体现在六个方面:①促进以实时准确的交通状态为基础的出行方式选择;②减少出行者个体在多方式出行中的出行时间和延误;③减轻出行者在陌生地区出行的压力;④降低整个交通系统的行程时间和延误;⑤通过公私合作降低交通系统的总成本;⑥减少碰撞危险和降低伤亡程度(如减轻出行者在陌生地区的精力分散程度)。

5) 出行者信息系统的效果

实践证明,出行者信息系统在出行时间、消费者满意度、路网通行能力及环境影响等方面具有显著效益,也能够减轻道路拥挤和减少交通事故的数量。美国运输部报告的出行者信息系统的实施效果如表 11.2 所示。

表 11.2　出行者信息系统的实施效果

指标	效果
碰撞危险	预计减轻驾驶员压力 4%～10%
伤亡程度	与具有 GPS 定位和路线引导功能的紧急事件管理系统相结合,可以降低伤亡程度
出行时间	减少 4%～20%,严重拥挤时会更明显
通行能力	模拟显示当有 30%的车辆接收实时交通信息时,可以增加 10%的通行能力
延误	高峰小时可以节省 1900 辆/小时,每年可以节省 300000 辆/小时
排放估计量	HC 排放物减少 16%～25% CO 排放物减少 7%～35%
消费者满意度	可以减轻有意识的压力;与救援中心的无线通信可将安全性提高 70%～95%

6) 出行者信息系统的服务内容

前面介绍了出行者信息系统的作用和功能,下面具体介绍它的服务内容。

有效的出行者信息系统需要建立广泛的、便于使用的公共信息数据库,如地理信息数据库(电子地图)、交通运行数据库、公共交通信息数据库、道路信息数据库等。以这些数据库为基础,通过有线和无线通信系统,出行者信息系统可以为出行者提供出行前信息服务、行驶中驾驶员信息服务、途中公共交通信息服务、个性化信息服务、路线引导与导航服务、合乘匹配与预订服务等六项主要功能。

(1)出行前信息服务。出行前信息服务可使出行者在家里、单位、车内或其他出发地点出行前访问,以获取当前道路交通系统和公共交通系统的相关信息,为确定出行路线、出行方式和出发时间提供支持。该服务可随时提供公交时刻表和公交线路、换乘站点、票价及合乘匹配等实时信息,以鼓励人们采用公交或合乘出行;还可以提供包括交通事故、道路施工、绕行线路、个别路段车速、特殊活动安排及气候条件等信息,出行者可以据此制定出行方式、出行路线和出发时间等。

(2) 行驶中驾驶员信息服务。通过视频或音频向驾驶员提供关于道路信息、交通信息和各种警告信息，帮助驾驶员修改出行路线，并为不熟悉地形的驾驶员提供向导服务。其中，道路信息包括预先向驾驶员提供的收费站、交叉口、隧道、纵坡、路宽、道路养护施工等前方道路条件；交通信息包括路网交通拥挤信息、交通事故信息、平均车速与行程时间等动态信息；警告信息包括冰雪风霜等气象信息和特殊事件信息。这些信息可以帮助在途驾驶员顺利到达出行终点。

(3) 途中公共交通信息服务。先进的电子、通信、多媒体和网络技术，使已经开始出行的公交用户在路边、公交车站或公交车辆上，通过多种方式获取实时公交出行服务信息，以方便乘客在出行中能够对其出行路线、方式和时间进行选择和修正。

(4) 个性化信息服务。个性化信息是指满足特定出行者个体需要的信息，通常涉及交通信息、公交信息和黄页信息（如旅游目的地、住宿）等，出行者可在任何地方通过交互式咨询终端获得这类信息。

(5) 路线引导及导航服务。这是出行者信息系统提供的比较高级的服务形式，它利用先进的信息采集、处理和发布技术为驾驶员提供实时交通信息，并通过实时的路线优化和路线引导达到减少车辆在途时间的目的。其中，路线优化是按照驾驶员、出行者和商业车辆管理者等用户的特定需要确定最佳行驶路线的过程，用户的特定需要包括路程最短、时间最短、费用最少等；而路线引导是指运用多种方式将路线优化结果告知用户的过程，路线引导的方式包括语音、文字、简单图形和电子地图等。

(6) 合乘匹配与预订服务。合乘匹配和预订服务是一种特殊类型的信息服务，出行者/驾驶员提出合乘请求后，由管理中心选择最合理的匹配对象并通知用户双方或多方。这项服务可以提高车辆的实载率、降低出行总费用和道路拥挤程度。

信息的复杂程度日益增强。由于 GPS、GIS 和移动通信等技术的广泛应用，ATIS 所提供的信息越来越复杂，对交通系统产生的影响也越来越大。例如，电子地图的使用使 ATIS 所提供的信息更加丰富、清晰和准确；路线引导系统的路线选择不再仅仅以路网结构数据和历史交通数据为依据，而是更多地依据路网最新的和预测的交通信息，使网络交通流的整体优化成为可能。

2. 交通流诱导系统

交通流诱导系统，也有人称之为交通路线引导系统（traffic route guidance system，TRGS）或车辆导航系统（vehicle navigation system，VNS）。它利用全球定位系统、电子交通图、计算机和先进的通信技术，使得车载计算机能够自动显示车辆位置、交通网络图和道路交通状况，为驾驶员找到从当前位置到目的地的最优行驶路线，并协助出行者方便地进入原先没有去过的地方。使用这种系统，能够有效地防止交通阻塞的发生，减少车辆在道路上的逗留时间，并最终实现交通流量在网络中各路段上的最优分配。

交通流诱导系统经历了从静态系统到动态系统的发展过程。静态诱导系统研究始于 20 世纪 70 年代，使用记录交通状况的历史数据或者地理信息系统进行路线引导。为了能够将实时的交通状况反映到诱导系统中，于是基于现代通信技术的动态路径诱导系统应运而生。静态诱导就是经过电子地图提供距离（静态出行费用）最短路，动态诱导就是经过电子地图提供时间（动态出行费用）最短路，因为交通拥挤状况发生变化，所以各条路径的行程时间是动态变化的。

根据诱导信息作用的范围，交通诱导系统可以分为车内诱导系统和车外诱导系统两大类。在车内诱导系统中，实时交通信息传输于个别车辆和信息中心之间，车辆上安装有定位装置、信息接收装置和路径优化装置。由于诱导对象是单个车辆，因而也称为个别车辆诱导系统。这类系统的诱导机理比较明确，容易达到诱导目的。目前各发达国家研究的大部分是这种系统，但其对车内设施和信息传输技术要求较高，造价相对昂贵。相比之下，车外诱导系统的交通信息在车流检测器、信息中心和可变标牌之间传输，诱导对象是车流群，因而也称为群体车辆诱导系统。这种系统一般适用于高速公路或路段较长的城市交通流的诱导。

根据由谁来规划最优路径，提供最优路径，诱导系统分为中心式诱导和分布式诱导。中心式动态路径诱导系统(centrally dynamic route guidance systems，CDRGS)，是基于红外信标等双向数据通信，在中心控制主机基于实时交通信息进行路径规划，为每一个可能的 OD 对计算最优或准最优路线，然后通过通信网络提供给用户。分布式动态诱导系统依靠车载模块以通信网络接收到的实时交通信息完成路径引导。换句话说，路径引导由各车辆单独负责。中心式车辆动态路径诱导系统相对于分布式诱导系统的特点包括以下几点：

(1)CDRGS 从系统角度出发计算最短路，可以更简单地避免 Braess 矛盾效应，提高系统效率，使路网能被更充分利用；Braess 矛盾效应是指如果被诱导的车辆都接收到相同的交通信息，它们会被派遣到相同的、以前不拥挤的道路。这条道路可能很快变得拥挤，交通甚至更糟，这种现象称为 Braess 矛盾效应。

(2)CDRGS 有简单的车载单元，而且能被控制中心有效控制。

(3)CDRGS 由稳定且功能强大的主机进行基于系统最优及某种最短路准则的路径规划，所以有时不满足个别用户的需要，而且在系统所属车辆较多时会带来繁重的通信负担。

(4)CDRGS 使得车内装置花费最小，但是在初建时由于基础设施投资较大，而带来巨大的经济负担。

无论是静态诱导系统还是动态诱导系统，无论是中心式诱导系统还是分布式诱导系统，交通流诱导系统包括以下几个子系统。

(1)交通流信息采集与处理子系统。交通流量、行程时间是交通流诱导系统的重要参数。交通流信息的采集主要是通过交通控制系统实现的。所以，城市安装交通流量检测系统是实现交通流诱导的前提条件。这个子系统涉及四个方面内容：①交通信息检测。可以利用交通信号控制系统的交通流量检测信息。②交通流信息的转换与传送。把从交通控制系统获得的网络交通流信息进行处理并传送到交通流诱导主机。③滚动式预测网络中各路段的交通流量和运行时间。④建立能够综合反映多种因素的路阻函数，确定各路段的出行费用，为诱导提供依据。

(2)车辆定位子系统。车辆定位子系统的功能是确定车辆在路网中的确切位置，其主要研究内容有：①建立差分的理论模型和应用技术，即讨论如何根据基准台所测出的测差来修正车载机的误差，从而达到提高定位精度的目的。②设计系统的通信网络，其中包括信号的编码、发射和接收，以及信号的调制和调解等问题。③研究系统的电子地图制作方法及实现技术。④建立一套故障自诊断系统，以保证在系统发生故障或信号传输中出现较大误差时，也能准确地确定车辆的位置。

(3)交通信息服务子系统。交通信息服务子系统是交通流诱导系统的主要组成部分，它可以把主机运算出来的动态交通信息通过各种传播媒介及时地传送给公众。这些媒介包括有线电视、联网的计算机、收音机、电话亭、路边的可变标牌和车载的接收装置等，使出行者在家中、在路上都可以得到交通诱导信息。

(4)行车路线优化子系统。行车路线优化子系统是交通流诱导系统的重要组成部分。它的作用是依据车辆定位子系统所确定的车辆在网络中的位置和出行者输入的目的地，结合交通信息采集与处理子系统传输的路网交通信息，为出行者提供能够避免拥挤、减少延误、快速到达终点的行车路线，在车载计算机的屏幕上显示出车辆行驶前方的交通状况，并以箭头线标示所建议的最佳行驶路线。

(5)交通分配模型。交通分配就是将交通流分配到路网中，具体地说，就是为车辆分配路径，确定各条路径的流量。分配原则根据 Wardrop 用户最优(平衡)原理或者 Wardrop 系统最优原理。Wardrop 原理是由著名的交通专家 Wardrop 于 1952 年提出来的。

用户最优(平衡)原理：对于同一个 OD 对间的可选路径，分配流量的路径都有相同的行程时间且小于等于没被分配流量的行程时间，也就是说，驾驶员不能够单方面地改变其路径并降低其行程时间(被分配的路径一定是行程时间最小的路径,且被分配的路径的行程时间相等,小于没被分配流量路径的行程时间，驾驶员就不会再找到一条路径比被分配的路径的行程时间更短)。假设驾驶员知道所有路网的交通状态，均服从交通分配。

系统最优原则假设司机能够接受统一的调度，大家的共同目的是使系统(整个路网)的总阻抗(行程时间)最小。无论是系统最优还是用户最优，都包括静态和动态两种模型。静态就是交通需求固定而不是随着时间的变化而变化。反之用户需求是时变函数，则为动态。

3. 高速公路车辆管理

高速公路作为经济运输的大动脉，其承担的运输量与经济和社会需求同步增长。为了提高高速公路的使用效率和行车安全，高速公路需要有先进的监控系统和交通信息发布系统对其进行管理。

1)高速公路车辆管理实现目标

高速公路车辆管理实现目标如下：①提高道路安全，减少交通事故，缩短交通事故(包括车辆故障)所引起的延误。②提高高速公路的通行能力，优化交通流量，提供一个更有效的交通道路系统。③提高车辆通行的速度，降低机动车车辆排气污染，改进行驶环境对汽车驾驶员产生的感受，提高交通运输效率。

2)高速公路车辆管理主要功能

高速公路车辆管理系统是一个现代化的交通监控系统，高速公路监控和信息诱导系统主要有以下功能：①提供实时的交通信息。②对交通事故的快速响应，将交通拥挤减少到最低限度。③提高道路安全性。

3)高速公路车辆管理系统组成

(1)交通管理系统(advanced traffic management system，ATMS)。它是高速公路车辆管理系统的心脏，采用先进的通信、计算机、自动控制、视频检测/监控技术，按照系统工程的原理进行系统集成，将交通工程规划、交通信号控制、交通检测、交通电视监控、交通事故救援及信息系统有机结合在一起，通过计算机网络系统，实现对交通的实时控制和指挥管理。ATMS 根据高速公路上检测到的交通流量、速度、道路占有率等实时交通信息，采用先进的算法，处理检测到的交通数据，判断是否有交通事故及道路拥挤情况和程度。

同时，通过可变电子情报板发布各种动态交通信息，也可发布市政施工等交通静态信息。先进交通管理系统主要任务是接收交通数据/信息，运用复杂算法进行事故检测分析并产生报警信号，对高速公路做各种路段行驶时间计算，为分析决策系统提供历史数据，发布交通信息等。

(2) 车辆检测系统(vehicle detector system，VDS)。VDS 包括若干个图像处理系统和视频检测点，安置在高速公路和隧道的关键位置。主要完成交通数据采集(如车辆总数、车辆分类、速度、车辆出现排队的长度等)、切换视频检测电视图像到中央控制中心，证实交通情况及交通事故检测(回放事故前 12 个画面)等功能。

(3) 自动事故检测系统(automatic incident detective system，AIDS)。AIDS 采用两层检测方法来检测交通事故。第一层运用设在现场的视频检测设备，根据检测到的区域交通情况进行判断；第二层设在中央控制室，通过交通数据分析，运用人工智能算法，对视频检测区域外的道路情况进行判断，分析是否有交通事故发生。来自视频检测和电视监控的数据及图像通过传输网络送到中央控制中心，系统对交通事故报警信号自动检测。交通控制中心管理人员只需关心受到交通突发事件影响的路段，在派遣处警人员到达事故现场之前，控制中心可事先利用闭路电视监控系统确认事故性质，从而在规定时间内拖走事故车辆或救护伤员。

(4) 交通信息诱导(variable message signs，VMS)系统。VMS 的可变情报板设置在高速公路进口周围，可以显示文字和图形。情报板每分钟做修改，通知驾驶员前方的交通情况和行驶时间。交通信息从中央设备通过无线网络传输到可变电子情报板，实时通知驾驶员前面的交通拥挤状况。同时，公众可以通过 Internet 观察到实时监控系统视频图像。除此，应急电话系统(ETS)、闭路电视监控系统(CCTV)、隧道机电管理系统(PMCS)等也是高速公路监控及信息诱导系统的重要组成部分。

11.2　公安信息系统

地理信息服务在公安信息化中应用是把反映公安的各类空间数据及描述这些空间数据特征的属性数据通过计算机进行输入、存储、查询、统计、分析、输出的一门综合性空间信息系统，是现代化公安建设中一项重要的组成部分。它具有把公安各类信息置于其客观的空间分布中进行管理和综合分析的能力，集成现代通信技术、多媒体技术和空间定位技术，组成一个实用性的应用系统。为治安管理手段的现代化奠定了技术基础。现代通信技术保证了公安部门有效、快速地接警和处警；多媒体技术使对重点目标和部位的监控成为现实；空间定位技术能够对移动目标诸如银行运钞车进行跟踪和监视。它们共同的特点就是为公安统一协调、管理和监控建立一个支撑平台。公安地理信息系统是公安部门应用地理信息系统技术提高治安管理水平和能力的一门新的技术。具体地讲，它就是在计算机软件和硬件的支持下，运用系统论、信息论的理论和方法，结合计算机科学、软件工程、计算机图形学、公安信息学、多媒体技术、数据库技术、现代通信技术、网络技术和空间定位技术产生的能够科学管理和综合分析具有空间内涵的公安信息的一种软件系统。它能够提供公安业务上的数据处理、统计、警力调度、监控决策及控制显示、报警实时处理等功能，能够提高公安部门监控决策的现代化水平，提高公安整体作战能力和对突发事件的快速决策反应能力。

11.2.1 公安信息化建设任务和特点

1. 公安地理信息系统的任务

近年来，社会经济建设快速发展，交通运输进步，社会治安的动态性特征日趋明显。主要表现在：一是刑事案件的总量增多，犯罪手段不断升级，流窜作案增幅较大，有组织犯罪、团伙犯罪猛增；二是暴力化、智能化的趋势越来越明显；三是突发性犯罪越来越多；四是现场处置的时机稍纵即逝，一些案件由于反应迟缓而延误战机，甚至成为死案。在这种形势下，利用现代科学技术，建立公安地理信息系统，实现快速反应机制，以动制动，以快制快，以快取胜，满足治安形势发展的需要是非常必要的。公安地理信息系统的任务大致可以分为以下几个方面。

(1)在应付各种突发事件中，为监控员辅助决策提供各种信息咨询。突发事件，从一般含义上讲，是指在一定范围内突然发生的，对国家政治、经济和社会治安造成重大影响和危害的事件，或规模较大的妨碍社会管理秩序的违法活动。通常包括政治动乱、骚乱、团伙暴力犯罪、严重的社会治安事件、重大的自然灾害事故等。

突发事件因其事件突发，而且规模大、情况复杂、危害严重，因而要求公安干警进行快速、有效的处理。为了保证公安行动做到快速反应、先发制敌、速战速决，必须首先要保证提供所需要的所有信息。这样才能辅助监控员进行决策，这是建立公安地理信息系统的主要任务。

(2)完成正常情况下公安行动的信息保障。正常情况下的公安行动，如巡逻执勤，需要系统能够提供沿线的信息，尤其是需要重点保卫的地区和目标的信息，这样便于巡逻分队确定最佳的巡逻路线，从而更有效地完成巡逻任务。又如大的集会的保卫工作，则需要了解集会地区的地理信息，如出口、通道、制高点及附近的空地和防护救护单位，这些信息都能保证集会的顺利进行。

(3)为公安、消防、交通的总体规划提供依据。公安局、分局、派出所及消防中队、交警支队，其分布、位置及管辖范围的确定受各种各样的地理要素的影响。确定最佳的分布、位置及管理范围，将直接影响它们的工作效能。公安地理信息系统通过一定的分析功能，能够帮助用户做出最佳的选择。

2. 公安地理信息系统的特点

根据公安任务的特殊需要，在设计公安地理信息系统时应注意系统所具有的如下特点。

(1)社会治安的动态性要求公安地理信息系统具有实时性。实时，是公安地理信息系统最主要和最突出的特点。公安地理信息系统的实时性，主要集中体现在系统的自动化程度上。自动化程度高，系统的实时性就强，以接警为例，一种是电话接警，操作员根据接警系统所显示的主叫号码或报案位置从公安地理信息系统中查询获取案发地点的有关信息；另一种是将公安地理信息系统与接警系统结合，使二者有机融为一体，在操作员接警的同时，公安地理信息系统自动显示报警点的各种信息。这两种方式获取的信息虽然并无两样，但它们反映出系统的实时性却差异明显。提高基本系统的自动化程度，就需要系统能够友好地与新技术结合，如与现代通信技术、多媒体技术、网络技术和空间定位技术的结合，使系统真正具有开放的特点。

(2)公安业务的实际性要求公安地理信息系统具有实用性。系统的实用性在一定程度上影响了系统的实时性，但实时的系统并不意味着它就是实用的。公安地理信息系统的实用性主要表现在系统突出公安业务的特点上,一是信息的选取,系统要根据公安的需要进行信息的选取,对公安行动影响大的信息,系统要着重表示,如警力的分布情况、街道的通行能力、重点目标和部位、高层建筑等。二是数据的组织,一定要保证用户的特殊需求,在公安地理信息系统中,为了既满足用户对地理环境宏观研究上的需要,又考虑他们有观察局部细节微观上的要求,在建设系统时,一般都要采用多比例尺的地理数据库,有效、协调地对它们进行组织,以提高系统的实用性。三是功能的设计,保证系统的功能是为了公安部门应付突发事件的需要设计,系统的某一功能一定对应于公安部门的某一需要,这样才能有的放矢,达到系统的真正实用。

(3)公安行动的快速性要求公安地理信息系统具有操作的简便性。可操作性包括界面友好、操作简单和简便易学,它决定着用户工作的效率。良好的可操作性是任何系统都追求的目标,而在公安地理信息系统中这一点更为突出和明显,因为它可以为公安部门赢得宝贵的时间,为应付突发事件争取到主动权。在设计公安地理信息系统时,应尽可能少地让用户干预与他们本人业务无关的内容。在功能模块的设计中,应提高模块的自动化程度,减少用户的干预次数。

(4)公安业务的特殊性要求公安地理信息系统具有很强的可维护性。公安地理信息系统的可维护性包括系统软硬件的可维护性和系统数据的可维护性。

公安地理信息系统硬件的可维护性主要指计算机系统、通信系统(包括无线和有线,无线又包括无线专网、公网和卫星通信)和网络系统的可维护性、可扩展性。

软件的可维护性是保证系统可靠性的前提,同时又为系统的进一步扩充奠定了基础。影响软件可维护性的因素主要有三个:可理解性、可测试性和可修改性。通过选用良好软件设计工具,提高软件的模块化和结构化设计程度、填写详细的设计文档来改进软件的可维护性。

数据的可维护性可以保证系统数据的现实性,从而保证公安监控部门在监控决策时可以获取有效和准确的信息。提高数据可维护性的方法主要包括数据源的考虑与强有力的数据修改与编辑功能。在系统设计开始,就应该考虑数据源,对于采集的空间数据,其资料的比例尺是否合适、是否满足用户的需要、资料的现势性如何等,应该在数据采集之前就明确。对于专题数据,在建立专题数据库时应该考虑数据来源和更新手段,尽可能将不同部门提供的数据对应于数据库中的不同基表,以提高更新速度和数据质量,提高数据的共享程度。

11.2.2　系统总体框架

公安信息化是一项大型的、综合性的、内容丰富的系统工程,又称“金盾工程”。其内容涵盖公安局的各个职能部门及其相关业务,涉及政工办、行政办(包括指挥中心)、人事财务科、法制科、外事科、国保大队、治安管理大队、内保大队、刑事侦查大队、交通警察大队、看守所、行政拘留所、派出所、消防科等 14 个科室部门。业务包括服务与 110、治安管理、户政管理、交通管理、消防管理、出入境管理、生产保卫、刑事和物证鉴定、网络监察等,基本覆盖了一个城市与广大市民生活息息相关的各类“安全”问题。系统以提高公安指挥中心接、处警的快速响应能力,实现业务数据的统一协调、信息资源充分共享、高效的决策指挥为目标。公安信息系统结构如图 11.10 所示。

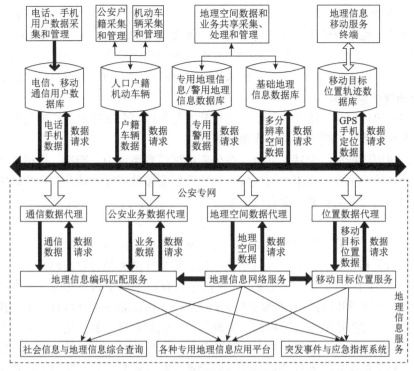

图 11.10 公安信息系统结构

公安信息系统数据主要包括基础地理信息数据、专题地理信息数据、警用地理信息数据、社会数据与公安有关联的人口户籍数据和机动车辆数据、公安业务数据及与公安业务有联系的电话用户数据、公共电话数据和移动电话用户数据等。这些数据资源分散在社会不同的单位,信息的利用要被单位授权。

服务层主要包括地理信息网络服务、移动目标位置服务、公安业务数据服务和通信数据服务等。

应用层主要包括突发事件与应急指挥系统、各种专用地理信息应用和社会信息与地理信息综合应用等。

11.2.3 公安信息数据库

1. 基础地理信息数据

公安业务覆盖社会的方方面面,涉及的单位和实体分布广泛,公安行业在建立地理空间基础框架时,不但要考虑公安部门对辖区整体宏观认识的需求,还有微观地考虑对局部范围详细地理环境认识的客观要求。因此,需要建立一套从小到大不同比例尺的地理空间数据库。地理空间数据库的作用是提供地理位置信息,主要包括全区的地形、地貌、行政区域、路网、车站、码头、重要机关、学校、医院、宾馆、收费站点、文体场所、重要保卫目标、关卡、公安警力、武装警察警力等的图形和附加数据,以便在重大案/事件发生时,为指挥调度人员提供直观的发案点地理位置及附加信息显示和拟调警力位置与状态指示。与空间位置相关的信息包括:

(1)全国区域范围。全国区域范围地理空间数据一般采用 1∶100 万或 1∶25 万比例尺数字化矢量地图。其中,包括境界线、省会城市,并且具有详细的县、镇信息及其相关的注记要素。

(2)省级公安部门。省级范围公安部门一般需要 1∶5 万比例尺的数字化矢量地图。其中，包括省地级城市、地市行政境界线，各市和所辖各个县市的填充与注记要素等。

(3)城市区图。城市区图一般采用 1∶1 万地市级比例尺数字化矢量地图，并且调用叠加相应比例尺的卫星遥感影像图。重点地区采用 1∶2000 或 1∶500 比例尺数字化矢量地图。

2. 专题地理信息数据

在指挥中心地理信息系统中，系统主要反映的是那些对公安作战有影响的地理要素，而那些影响不大和不明显的要素，可不作重点表示。

城市作为地理环境的一个特殊部分，在公安地理信息系统中，街区、街道构成了反映城市地理环境特点的最主要的因素。组成城市的地理要素多种多样，从公安用户的需求考虑，对公安行动影响比较大的要素主要有以下部分。

1) 交通

主要包括铁路、公路、航空和水运。它是突发事件中疏散群众和集结、开进部队的主要通道。车站、码头和机场又是公安人员堵截罪犯、防止外逃的最有效的地区。

(1)桥梁。桥梁有横跨河流的铁路、公路桥墩，有铁路公路的立交桥，还有市内分流车辆的公路/公路立交桥和以通行人流为主的人行天桥等。桥梁是一个地域或一个地段交通的汇集点和枢纽，平时为解决城市交通拥挤、合理分流车辆起着良好的作用。在突发事件中，它是用以封锁道路的"瓶颈"地区。在大的政治和社会、民族动乱中，桥梁是一小部分人破坏的主要目标。桥梁被破坏，不仅会造成严重的交通混乱，而且容易引起公众心理上的恐慌，甚至会引起整个城市失控。

(2)路口。路口是街道和街道，以及街道和道路的交叉口。平时路口是维护交通安全的关键点，一般在上下班高峰期，容易出现交通堵塞现象。发生突发事件后，路口是需要封锁和疏通的主要地区。路口容易出现交通事故和其他事故，因此在主要街道的交叉口一般设有信号灯，有些更重要的路口甚至还设有警亭，以方便处理路口事故和附近出现突发事件后快速到达事发现场，起到以点制面，用少量的警力控制更大区域的作用。

(3)街道。影响城市公安行动最重要的要素是街道。街道按其宽度和长度分为主干道、次干道、支路和街坊路四种。主干道是连接城市主要分区的主要交通干道，它担负着城市的主要货运和客运任务，是市区的交通动脉。贯穿全市各区的主要街道，是联系大型工厂、企业、仓库、车站的重要通道，而且通常还连接市外的重要公路。次干道是城市道路网中的区域性干道，是城市主干道与支路间的交通集散通道。它主要担负着城市的客运任务，次干道两侧布置有较多的服务性设施，有大的商场和金融单位，多通行公共汽车和小汽车。而支路和街坊路因为窄而且短主要用于主、次干道与居住区、工业区、商业区的联结。

街道在城市还用于定位，一般用街道路牌号进行定位，便于人们识别和寻找，而且大的主次干道还是城市各行政分区的界线。

街道对公安行动最大的影响在于它影响公安行动的快速机动。快速到达出事地点，不仅取决于距离事发现场的远近，还要顾及通往现场的街道类型和它的通行状况。一般就街道的类型而言，主要街道通行能力强，次干道和支路则相对较差；进一步考虑，涉及时间变化对街道通行状况的影响，则是街道晚上的通行能力最强，而在白天，上下班交通高峰期和非高峰期街道的通行能力又不相同。

2）街区

街区是人们生活、工作、学习的主要场所，它是由街道围成的。街区对公安行动的影响在于街区的功能性质，一般街区按功能可以分为八类。

（1）生活区。生活区一般由住宅群、粮站、小商品供应网点、储蓄所、消防队、停车场及其他服务设施组成，由居委会和派出所共同管理。对居住区的水、电、气、暖和粮食等生活必需物质的供应，直接关系城市社会的稳定。在多民族混住区，还要保持各民族和睦团结，谨防产生民族矛盾。

（2）商业娱乐区。常以一个或数个百货大楼（或超级市场）和金融设施为主，由众多中、小型商店、服务业，以及影剧院、文化宫、公园、游乐场之类的娱乐设施汇集而成，这是市区最热闹的聚集地区，是反映城市生活正常与否的"温度计"。因为这里人流密集且成分复杂，所以极易发生抢劫银行、哄抢、骚乱等事件，是城市治安的难点。另外，还应制定应付一些重大的、突发的自然灾害如火灾等的紧急措施。

（3）文化区。它是科研院所和中高等教学机构较为集中的区域。该区由于文化交流频繁，思想活跃，加上学生容易冲动和激进，是潜在的不稳定地区。

（4）工业区。常分布于内城地区和郊外交通干线、河流两侧。工业是稳定城市的关键，也是城市赖以生存的基础。加强工业区各企业、厂矿的保卫工作，有利于城市经济的发展和稳定人民生活，一些具有连锁破坏效应的化工厂，应加强消防工作。此外，在发生自然性突发事件后，应制定疏散居民和抢救重要厂矿的相应措施。

（5）仓储区。往往处于港口、码头、火车货运站等地区，部分重要仓库常有铁路专线，一些危险物资仓库常分布在空旷地区，因而离城市主要消防力量较远，如何快速到达这些地区，是城市消防关心的问题。

（6）行政区。每个城市都有相应的各级政府机构和军事监控机构，它们多各自相对集中分布，是城市及其所辖地区的神经中枢，担负着组织和管理国家或地区的主要使命。它们也是群众请愿、上访和游行示威的主要场所，而且是常发生恐怖活动、城市骚乱的主要区域。

（7）高层建筑。高层建筑一般是指被列为消防和防护的重点目标的建筑。在处理恐怖活动和其他事件中，占领高层建筑，有利于封锁附近的通道和街区。

（8）广场绿地。广场绿地是发生自然性突发事件时群众转移的主要地区。另外，该区还常有大型的庆祝活动和集会，也是动乱、骚乱时人群容易集中的区域。

3）水系

河流、沟渠在公安行动中，一方面影响了公安人员的快速机动，另一方面便于对罪犯分割包围。另外，河流和沟渠还有利于消防就近取水。

3. 警用专题信息数据

警用专题信息数据包括：公安机关及国家机关地理信息，如机构名称、通信地址、联系方式等，具体到派出所一级；全省警力和应急储备信息；全省专业防暴、反恐队伍及装备配置信息；全省卡点配置信息；党政机关、水、电、气、暖等重点部位信息；反恐重点部位三维结构模拟图等。

（1）警用专题图层：公安辖区、派出所分布、固定点报警分布、联防单位、治安卡口、重点防范区域。

（2）交警专题图层：交警辖区、中队分布、岗点分布、视频监视分布、电子警察分布、信号灯分布、卡口分布、单行、禁行道路分布等。

(3)消防专题图层：消防辖区、消防中队、联动单位、消防设施、消防水源分布、重点消防单位、重点消防区域、危险品分布、消防监控设施、消防通道等。

(4)接处警动态图层：报警电话自动定位点、报警事件准确定位点、旅馆报警点、警标标注等。

4. 公安业务数据

根据公安业务特点和功能需求，公安部门在日常工作中必须建立健全业务数据库，其中首先包括公安部规定的八大专业技术数据库：①人口信息库；②违法犯罪信息库；③警员管理信息库；④在逃人员信息库；⑤被盗抢机动车信息库；⑥机动车驾驶人员信息库；⑦安全重点单位信息库；⑧出入境人员-证件信息库。

除此之外，还必须建立各部门的专业业务数据，具体介绍如下。

1) 办公自动化数据

办公自动化系统中涉及的数据主要有：业务管理(待办文件、办公事务、压文情况、固定条件查询、快速查询、自由查询、工作催办、事务督办、授权管理、最新文件、公文流转)；公共信息(警务讨论区、公告、资源下载、电子书库、视频点播、万年历、航班时刻、列车时刻、单位电子簿、网上通信簿、全国区号及邮编、天气预报)；个人办公(个人信息修改、个人基本信息、个人名片夹、共享名片夹、个人日程、个人工作日志、便笺、接收消息、发送消息)；辅助办公(会议室管理、部门会议室管理、会议申请、车务管理、领导日程、部门工作日志、工作日志查询)；专题栏目(科技强警建设动态、信息报送)等。

2) 刑侦综合业务数据

刑侦综合业务数据主要包括：警情(接警、处警)，行政案件办理(受案调查、裁决处罚、处罚执行、行政复议、行政诉讼)，刑事案件办理(受理、立案侦查、不立案、刑事撤案、刑事破案、破获外地案件)，涉案信息(人员、物品、组织、案件等)，网络审批，呈请报告，法律文书，案件移交和移送，现场勘查，现场分析，现场照片，检验鉴定，痕迹物证，线索，阵地控制，刑嫌调控，特情管理，串并案件，组合查询，制式统计报表，自定义报表，每日简报，公安信息系统接口(常住人口、暂住人口、重点人口、110 接警中心)。例如，人员信息包括：报案人、受害人、违法嫌疑人、犯罪嫌疑人、留置盘问人员、吸毒人员、可疑人员、刑嫌人员、无名尸体、失踪人员、在逃人员、人员的年龄、性别、种族、身高、体重、身体特征(如有无文身等)、眼睛颜色、失踪日期或尸体发现日期、面部图像、甚至 DNA 信息等。物品信息包括损失物品(损失枪支、损失机动车、损失有价证券、损失其他物品)、可疑物品(可疑枪支、可疑机动车、可疑有价证券、可疑其他物品)、管理物品(扣押物品、收缴物品、发还物品、销毁物品、没收物品)。

3) 交警业务信息管理系统

交警业务信息主要包括：①车辆信息管理数据库；②驾驶员信息管理数据库；③违章信息管理数据库；④被拖机动车管理数据库；⑤事故信息管理数据库；⑥交通监控管理数据库。具体内容包括：车辆的基本信息(如车辆牌号、型号、颜色、发动机号等)；驾驶人员的基本信息(如姓名、性别、年龄、领证时间、扣分情况等)；违法车辆信息(如登记号、车主姓名、违法车辆、违法车型、违法时间、违法地点、违法情况、操作员等)。交通监控管理数据库主要包括交通站点监控设备的编号、位置、焦距、角度等不同信息，同时包括违章机动车信息，即车牌号码、车牌种类、车辆类型、违法时间、违法地点、违法行为、处理标记及违法证据等。

4) 治安业务信息管理系统

对人口户籍管理方面，主要包括常住人口数据库、流动人口数据库和实有人口数据库，因此系统中应建立人口信息的数据库。另外，还包括爆破工程审批；剧毒化学品准购证核发；安全技术防范系统竣工验收；技防产品受理、登记、生产和销售管理；典当业审批；公章刻制业管理、旅馆业审批等各个环节涉及的数据和信息。

5) 看守所在押人员管理信息系统

主要是对现有在押人员的姓名、性别、年龄、在押时间等进行管理。

6) 派出所综合业务管理信息

(1) 人口户籍管理信息。系统建立中需要建立各类人口数据库(如常住人口数据库、实有人口数据库和暂住人口数据库等)。

(2) 旅馆业信息。主要包括旅馆的名称、性质、位置、分布、房间数、消防条件等相关信息。

(3) 特殊行业信息。主要包括特殊行业的名称、性质、位置、分布、规模、消防条件等相关信息。

7) 消防处警与决策指挥调度地理信息

消防信息主要包括：消防重点单位；消防设施的位置、型号、状态；水源的位置、水量等；消防地理、气象、水源、消防车辆、队伍实力、灭火技术、典型灭火案例、火灾档案等有关消防信息。

8) 外事业务综合管理信息

(1) 境外人员管理。包括姓名、性别、出生年月、工作单位、工作部门、文化程度、职务、联系电话、单位地址、其他联系方式、个人简历、填表人、填表时间等信息。

(2) 出入境业务管理。包括出入境人员的详细信息数据，如人员本身特征信息、对外关系信息、出入境事由等相关信息，具体参见公安统一的数据格式信息。

(3) 应急联动指挥调度与决策支持。该系统中涉及的数据类型多样，主要包括各类公安设施与设备；各类警力管辖区；各联动单位电话、负责人等信息；各类电话库；各公安部门的警力信息；预案库；前面介绍的公用信息等。

11.2.4　系统组成

1. 信息中心应用系统

信息中心作为系统的主要管理维护单位，将建立完善的系统管理、安全和数据更新与维护机制，以及信息分类与编码体系，主要实现用户管理、数据权限与系统权限的控制及对基础信息管理维护等功能。

2. 交警应用系统

交警应用系统是利用高科技手段对现有交通设备设施和交通事故进行科学管理，提高交通通行能力，降低交通事故发生率。系统将监控视频、交通控制信号、警车定位、交通事故管理等的实时动态信息及警力分布、交通标志、停车场位置及容量等各种警务数据采集起来进行集中管理、分析，为交警部门等提供实时的城市各主要道路的交通流量、车速、交通密度、事故发生情况等的可视化辅助决策。系统主要实现交通专题信息查询检索、主要交通要道实时路况监控、道路与交通管理设施监管、线路管理、网络分析及辅助交通预案制作等功能。

1) 交通 122 指挥调度系统

(1) 及时接收、处理交通事故及紧急事件报警，实时科学合理地调度管辖区域内的警力、紧急救援、路障清理力量，快速处置紧急交通事故、交通突发事件及社会治安事件。

(2) 对突发交通事故进行管理，组织指挥调度。对管辖区内的交通状况实时检测、监视，有效地组织调度交通流，提高管辖区内的行车速度，减少停车次数和延误时间，缩短平均行程时间。

(3) 交通设备管理。通过系统实现对交通设备信息的有效管理。

(4) 网络路径分析。建立最短路径和最佳路径分析模型，便于出警车辆快速准确地到达指定事发现场，提高处警效率。

(5) 交通事故、设备与设施故障分布分析。采集、处理和存储各类历史交通数据信息，合理使用、分配信息资源，实现信息与资源共享，并为今后的交通规划和管理提供有效的参考依据。

(6) 故障影响范围分析。通过对事故和故障分析，基于电子地图将故障影响范围进行有效的统计和分析，以指导警力的调度和布置。

(7) 交通预案管理。该部分是交通指挥调度的重要组成部分，主要是预先将一些重大的交通事故处置方案进行制定，应急时可直接调用，以提高工作效率。

(8) 移动目标管理，实现对警务移动目标的指挥调度与管理。

2) 车辆、驾驶员管理子系统

主要包括用户管理、车辆基本信息管理、驾驶员基本信息管理、申请管理、车辆维护保养管理和数据查询功能。

3) 违章、事故及被拖机动车管理子系统

主要包括对违章车辆采集、处理、存储、违章缴款记录及后台核对等内容。

4) 交通监控管理系统

该系统主要实现对重点部位测速或闯红灯行为记录的信息管理与处罚工作，具体可分为以下步骤。

(1) 测速和闯红灯行为记录。将测速点车辆的行驶状态信息及十字路口闯红灯的相关记录信息进行登记建档。

(2) 数据传输功能：根据闯红灯自动记录系统的不同分类，实现联网传输和数据下载功能。

(3) 数据录入：根据闯红灯记录系统不同的分类，设计录入数据的数据库表名、表结构、字段信息等，开发机动车闯红灯信息数据录入软件。

3. 消防应用系统

消防应用系统的建设能够更有效地利用警力、信息、资源等，实现消防指挥和管理的现代化和自动化，提高消防作战能力，最大可能地减少火灾造成的直接和间接损失，保护国家和人民生命财产的安全。主要实现重点单位管理、消防资源管理、预案制作与显示、案件统计分析等功能。

(1) 对报警位置和火灾地点进行快速定位、辅助处警等。

(2) 与接警系统接口，以便于接警系统与地理信息系统进行联动。

(3) 与火灾发生点数据库的接口，具有在地图上标注火灾点的功能。

(4)火灾分布分析。

(5)消防预案管理。

(6)网络分析：实现最短和最佳路径分析。

(7)消防警力的查询与统计。

(8)消防历史案件的统计与分析。

(9)火灾影响范围的录入。

(10)消防设备与装备的管理。

(11)消防重点单位管理。

(12)水源信息管理。

(13)消防设施管理信息。

(14)消防检查综合业务。

4.刑侦应用系统

刑侦应用系统是将案件进行空间定位并将历史作案手法等有利于案情分析的资料入库，建立数据仓库机制，然后根据作案特征，如作案工具、作案手法、案发地点等提高计算机辅助分析的能力。主要实现案件查询统计、案件定位显示及案件预警分析等功能。

1)刑事案件办理子系统

内容主要有：呈请报告、法律文书、案件流程管理(受理，立案侦查，不立案，刑事撤案，刑事破案，破获外地案件)和案件资料。

案件处理时的业务流转过程为：案件审批、案件移交、案件移送、案件接受、现场勘察(现场勘察笔录、现场痕迹物证、现场分析信息、现场图、照片等)。

2)涉案信息管理子系统

系统主要包括三部分：一部分是失踪人口数据库，包括各地上报的失踪人口；一部分是不明身份人口数据库，主要是各地发现的无名尸体；另一部分是物品信息，包括失踪的、现场遗留等物品的相关信息管理。系统应具备各类信息数据的输入、修改、删除等数据维护更新功能；信息查询和统计功能；打印和报表功能。另外，可将该功能对社会开放，不需要注册，用户可通过数据库查找失踪的亲人；也可通过报案，将失散亲人的信息输入数据库中，便于寻找。

5. 治安应用系统

治安应用系统是为满足维护社会治安、动态了解案件高发区、实现治安防范管理的需求，提高治安工作的效率。主要实现治安专题信息管理、历史案件查询统计、人口信息管理、治安案件预警分析及治安预案制作等功能。

1)人口户籍信息管理系统

人口管理工作由派出所完成，包括常住人口、实有人口和暂住人口的管理。主要办理业务有：办证、延期、迁移、注销。查询人口信息。在本所范围内进行统计分析。派出所的管理常常是将本派出所辖区分为若干个片，每一个片由一个警员负责。查询和统计及打印人口清单时经常按片作为单位进行。

2)特种行业信息管理

主要完成对爆破工程、剧毒化学品、安全技术防范系统、技防产品、典当业受理、公章刻制业、旅馆业等不同行业信息的管理、审批及相关产品的受理、登记、生产和销售管理。

主要包括信息的录入、信息的查询、行业的分布、相关信息的统计分析等功能。

3) 危险源监测

能通过视频终端对危险源实施监测。

6. 内保应用系统

内保应用系统是为了适应内保局各种业务相关信息的可视化查询、统计及空间分布表达的需求，实现辅助决策分析支持。主要实现金融运钞与固定网点报警信息联动、银行卡信息及全市 ATM 机管理，全市一级要害技防设施运行情况动态监控和金融犯罪预警分析等功能。

7. 外管应用系统

外管应用系统是利用现代的计算机技术、网络技术、通信技术及地理信息系统技术，实现对外管对象的高效监视、快速跟踪、有效保护和相关警力的高效指挥。主要实现：涉外信息管理、涉外案件查询统计及涉外案件辅助分析等功能。公安厅外管部门开发时应具有查询显示、住宿登记、接收监控、户口登记、团队登记、申报等统计功能。

8. 禁毒应用系统

禁毒应用系统为缉毒工作提供信息服务，并为打击毒贩提供决策支持。主要实现：贩（吸）毒信息管理、贩吸毒案件查询统计和案件预案分析等功能。

9. 公交分局应用系统

公交分局应用系统主要实现公交专题信息管理、营运车辆与从业人员信息管理及历史案件查询与统计。公安分局应用系统主要分为公交信息查询统计、公交线路管理、网络分析及公交预案制度等模块。

10. 公安分局系统

公安分局系统是公安地理信息应用系统的一个子集。该系统集综合业务功能和信息查询、统计、分析和管理等功能于一身，充分应用了系统提供的信息资源和分析决策等功能，实现区域性公安警务工作的现代化。

11. 看守所在押人员管理信息系统

主要完成在押人员的信息管理和查询分析，主要包括在押人员的信息录入（如姓名、性别、年龄、进入时间等信息）、查询、统计分析，并对人员的分布特征进行分析，以便为公安部门提供必要的辅助决策信息，并提供信息的打印报表等功能。

12. 派出所综合业务管理信息系统

(1) 查询统计：对专题业务信息（人口、犯罪、出入境、监管人员、禁毒等）进行查询统计、分析和分布显示。

(2) 制高点查询。

(3) 历史案件统计。

(4) 警力分布与查询。

(5) 案件定位。

(6) 网络分析：实现逃逸方向及控制区域的确定。

(7) 警区管理：对治安、巡特警辖区等进行管理。

13. 应急联动指挥调度与决策支持

(1) 基础信息查询。基础地图数据包括：道路、桥梁、公共汽车站、电话亭、火车站、加油站、栅栏、政府机关、公安机关、居民住宅。可随时打开和关闭各类数据层。

(2)警力查询。当案件发生时，GIS 迅速在图上定位案发现场，标识控制区；可根据需要自动搜索 50m/100m/500m 范围内公安机关、警务亭、派出所，并在地图上进行标识，同时以列表的方式显示搜寻到的机关、警务亭及派出所名称。

(3)人口管理。有权限的公安人员可以随时在公安网上查找某个人的基本信息，如姓名、籍贯、性别、年龄、文化程度、户口所在地和照片等。

将人口/户籍系统与 GIS 系统进行集成，可以在地图上直观地得到某人或具有某类特点的一群人的具体居住地点，并查询其派出所辖区等多种信息。

(4)影像背景。将警务数据(预案、发案地点等)直接以影像图为背景显示，可以不必了解地图的显示规则就能够直接看出预案路线要通过哪个路口、哪个区域近期盗抢案最多。

(5)建筑结构。重点建筑需要知道楼房的平面图，每个楼层的平面图、整个楼层的立体布局图，将这些数据与警务信息、电子地图全部由 GIS 集成到数据库中管理，随时调用查看。在地图上看到某个建筑，鼠标点击马上可以看到平面/三维布置图。

(6)警力部署分析。将现有案件分布数据和警力部署数据在地图上进行综合分析，找出警力部署漏洞，调整警力分布，且警力部署应该是动态的，随着发案的规律随时变化。

(7)路径分析。从 A 点到 B 点，哪条路最近？通过的路口，当设置路障时，最短路线又是哪条？该功能不但在图上标出路径和路口、路障位置，同时给出详细的文字列表。

(8)信息整合。输入案发现场的地址/路口名称等参考定位信息，即可利用 GIS 立即中心放大显示其地理位置。

(9)案情统计分析。将近期发案情况在地图上做出一个统计，并以饼图、柱状图、折线图等统计结构根据数据变化、用户要求的形式实时生成等，以达到案情分析的目的，便于公安机关向群众发出预警信息。例如，某时间段内，入民宅盗抢案，按城市行政区域显示的案件分布图，系统会按照预先设置好的案件的数量，自动用不同的颜色区分显示，同时以表格的方式显示准确的统计数字。

(10)方案预案。案件发生后，通过报警电话信息确定出事地点并自动在地图上形成位置闪烁显示。从预案库中调出预案或自动标出最小包围圈/控制区域，根据需要标出扇形围堵区。采用标图方式，通过 GIS 生成的作战指挥方案及各种统计报告绝对要图文并茂。

(11)实时路况监测。GIS 用不同的颜色表示交通网络中每条道路的交通状况是拥堵还是正常、车速范围。在交通管理系统中，GIS 与交通流采集系统相结合，可以实时显示道路交通流。

(12)GPS 实时监控。可以在地图上实时监视安装 GPS 设备的警车的空间位置。可以划定任意范围查询其中 GPS 警力实时分布情况，并予以标识，同时显示每辆警车的车号、通信设备号等信息；能对车辆进行实时的 GPS 导航。

(13)三维模拟。在三维环境中，可以三维立体布警、巡视路线周边环境分析、通视分析、信号覆盖分析等。还可以将做好的三维预案进行多角度、全方位的三维立体浏览。

(14)警用综合应用。能够通过点击地图相关的位置，根据需要查询公安八大信息资源库的信息，以更好地服务于公安工作。

(15)应急指挥系统。出现紧急情况可以从数据库中调出现有可利用资源，以便指挥者做现场指挥。

11.3 物流信息系统

现代物流作为一种先进的组织方式和管理技术，已经被认为是企业在降低物资消耗、提高劳动生产率以外重要的"第三利润源"，它通过一系列信息技术手段、先进的管理办法和供应链一体化的运作方式，降低流通费用，缩短流通时间，整合企业价值链，延伸企业的控制能力，提高客运的满意度，加快企业资金周转，为企业创造新的利润。作为现代物流的重要组成部分，物流的信息化对物流产业乃至整个国民经济的推动作用已经毋庸置疑。

基于地理信息服务的物流信息平台将全球定位系统、地理信息系统、无线移动通信技术、有线 Internet 网络技术、分布式数据库技术、射频技术、条码扫描等先进技术有机融合，是一个对物流工具进行连续、实时、全天候、高精度的位置运营跟踪并实现远程调度，实现对货物进行全程、动态跟踪，对物流的各个环节及整个企业进行智能化管理，提高客户管理水平和领导决策能力，融物流、信息流、资金流为一体的综合性管理系统。

11.3.1 现代物流的基本概念

1. 物流定义

1999 年，联合国物流委员会对物流作了新的界定，指出"物流"是为了满足消费者需要而进行的从起点到终点的原材料、中间过程库存、最终产品和相关信息有效流动及存储计划、实现和控制管理的过程。这个定义强调了从起点到终点的过程，提高了物流的标准和要求，确定了物流未来的发展方向。2001 年 4 月国家颁布的《物流术语》对物流下了这样的定义：物流是"物品从供应地向接收地的实体流动过程。根据实际需要，将运输、储存、装卸、搬运、包装、流通加工、配送、信息处理等基本功能实施有机的结合"。物流流程如图 11.11 所示。

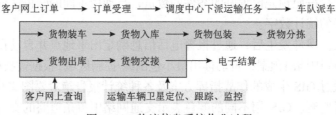

图 11.11 物流信息系统作业过程

传统的物流概念仅仅是指物料或商品在空间上和时间上的位移，它分为社会物流和企业物流两大类。社会物流即社会再生产各过程之间、国民经济各部门之间及国与国之间的实物流通，直接影响国民经济的效益；企业物流则影响整个企业的经营业绩和经济效益，它包括供应物流、生产物流、销售物流、回收物流和废弃物流等。现代物流是相对于传统物流而言的。现代物流管理是指将信息、运输、库存、仓库、搬运及包装等物流活动综合起来的一种新型的集成式管理，它的任务是以尽可能低的成本为顾客提供最好的服务。现代物流管理不仅仅是对实物流通的管理，也包含了对服务这种重要的无形商品的管理。物流管理涉及所有类型的组织和机构，包括政府、工厂、医院、学校、金融机构、批发商、零售商等。物流管理的一大特点是强调对各项物流活动进行集成化的管理，贯穿产品价值形成和实现的全过程。利用全球定位系统、地理信息系统、计算机与互联网、条码扫描、RFID 等高科技手段对物流信息进行科学管理，从而使物流速度加快，准确率提高，减少库存，降低成本，它延伸并扩大了传统的物流功能。

2. 物流系统

系统是相互作用和相互依赖的若干组成部分结合而成，具有特定功能的有机整体，而且这个整体又是它从属的更大系统的组成部分。物流系统是指在一定的时间和空间里，由所需位移的物资、包装设备、装卸搬运机械、运输工具、仓储设施、人员和通信联系等若干相互制约的动态要素所构成的具有特定功能的有机整体。物流系统的目的是实现物资的空间效益和时间效益，在保证社会再生产顺利进行的前提条件下，实现各种物流环节的合理衔接，并取得最佳的经济效益。物流系统是社会经济大系统的一个子系统或组成部分。物流系统和一般系统一样，具有输入、转换及输出三大功能，通过输入和输出使系统与社会环境进行交换，使系统和环境相依存。物流系统是由人、财、物、设备、信息和任务目标等要素组成的有机整体，其目标是获得宏观和微观两个效益。建立和运行物流系统时，要有意识地以两个效益为目的。

11.3.2　物流对空间信息服务的需求

物流领域对空间信息的需求日益紧迫。据初步统计，大型物流企业，特别是运输型物流企业，实施过 GIS/GPS 相关系统的占到 80%以上，几乎没有企业的 IT 部门没有了解或接触过 GIS/GPS，对于空间信息技术能为企业带来经济效益这一点他们有着深刻的切身体会。根据运作层次，物流可以划分为业务层、管理层、决策层(也有的学者称为操作层、战术层和战略层)，空间信息服务可应用于物流的不同层次，如表 11.3 所示。从表中可以看出，空间信息服务主要可应用于物流领域：车辆监控与调度、物流运输、物流设施规划、物流公共信息平台、联机分析与专题制图、数据挖掘、物流系统仿真等。

表 11.3　空间信息服务用于物流的不同层次

	物流业务层	物流管理层	物流决策层
车辆监控与调度	√		
运输管理系统	√		
物流专题制图		√	√
物流设施规划		√	√
物流系统仿真			√
物流公共信息平台	√	√	√

1. 车辆监控与调度

车辆监控与调度系统，是采用全球定位系统技术、地理信息技术、无线数据通信技术和网络技术，对移动车辆进行实时监控和调度的指挥管理系统。实施车辆监控与调度系统可以带来如下好处。

(1)可直观进行车辆调度，由于车辆位置可在地图上直观显示，调度人员可就近调度车辆。

(2)降低空载率，车辆空载行驶是造成物流成本居高不下的最主要原因，通过实施这种系统，可将车辆空载状态和当前位置实时发送回调度中心，调度人员根据当地货源情况安排车辆就近配载，避免了返程空载。

(3)提高车辆行驶安全，因为 GPS 可计算速度，所以一旦车辆超速行驶，就会产生报警信息到监控中心，司机就会有不良驾驶记录，以此促使司机按照规章行驶。

(4)提高准点率和运输效率，系统可在电子地图上绘制固定线路，规定司机按照规定的路线行驶，不得为省高速公路收费而擅自改道低级别公路，保证按时抵达目的地。

(5)提高货主满意度，系统可设计为 B/S 结构，一目了然，为物流企业的客户即货主开放监控权限，货主对货物的运输进度的满意度自然提高。

2. 运输管理系统

在物流活动中，运输始终处于核心地位。运输承担了物品在空间各个环节的位置转移任务，解决了供给者和需求者之间场所分离的问题，是物流创造"空间效应"的主要功能要素，具有以时间效用(速度)换取空间效用的特殊功能。没有运输，就没有物流。为了适应物流的需要，要求具有一个四通八达，畅行无阻的运输线路网系统作为支持。

将空间信息服务应用于物流运输，除了可实现车辆实时调度外，主要是利用 GIS 强大的空间分析功能来辅助运输路径的规划设计，通过一系列物流配送优化算法模型，为物流配送管理者提供科学的决策依据。从运输管理的角度，完整的物流管理系统软件应集成车辆路线模型、最短路径模型、网络物流模型、分配集合模型和设施定位模型等。

车辆路线模型用于解决一个起始点、多个终点的货物运输问题，即在一定的时间范围内，如何安排合理的运输线路和顺序，以便降低物流作业费用，并保证服务质量。网络物流模型用于解决寻求最有效的分配货物路径问题，也就是物流网点布局问题。例如，将货物从 N 个仓库运往到 M 个商店，每个商店都有固定的需求量，因此需要确定由哪个仓库提货送给哪个商店，所耗的运输代价最小。另外，还需要决定使用多少辆车、每辆车的路线等。

分配集合模型是根据各个要素的相似点把同一层上的所有或部分要素分为几个组，用以解决确定服务范围和销售市场范围等问题。例如，某一公司要设立 X 个分销点，要求这些分销点覆盖某一地区，而且使每个分销点的顾客数目大致相等。

3. 物流设施规划

据统计，目前我国物流设施的空置率高达 60%，仓库利用率不足 60%。名不副实、重复建设、资源浪费的现象十分严重，这在全球物流业是绝无仅有的。利用地理信息技术可以提高仓库等物流设施的布局规划，提高物流的运作水平。物流网络中的各个节点(如工厂、仓库、零售/服务中心等)的选址是一个十分重要的决策问题，它决定了整个物流系统的模式、结构和形状。早期的选址模型研究通常把运输成本作为重要的因素。从供应链最优的角度考虑，设施选址不仅要考虑运输成本，还要考虑库存战略决策，同时要考虑上游提供服务的供应商及下游接受服务的客户，因此十分复杂。其中的供应商/客户位置定位、配送中心的位置、仓库的布局、运输的最佳路径规划都是空间信息的基本应用。

4. 物流专题地图

物流专题地图是指根据物流的相应指标(仓库容量、车辆数量、年产值等)，对统计区域或物流从业单位以不同的符号和颜色在地图上进行专题渲染，这样可非常直观地展示物流地分布、态势、对比等信息。专题图服务可提供多种样式，如下。

(1)分区统计图法(直方图、饼图)：用统计符号表示区域内一定的数量指标及其数量构成，如各地市物流企业年总收入统计对比图。

(2)定位符号法(等级符号)：通过符号的大小来表示点状要素的数量特征及数量构成，如各物流企业总资产对比。

(3)色级(分级)统计图法：根据统计区域制图要素数量的变化，设计渐变色，并均匀涂布在相应的区域中。通过色彩的渐变，反映统计区域数量的变化。该表示法通常用于表示相对数量指标。

(4)点密度法：用形状相同、大小相等的点的多少及其分布密度来反映区域内某要素的数量特征及其分布。

(5)质量底色法：以不同的颜色或不同的晕线为底色填充各区域，从而显示区域间的质量差异，简称质底法。

(6)色级统计图法与质底法：都是通过填充底色来反映区域属性的变化。两者本质的区别在于前者反映的是量变，后者反映的是质变。因此前者要求采用渐变色，而后者则应采用适当的对比色。

(7)比例柱状图，应用于多种属性的空间表达，如员工数及年产值专题图。

(8)比例饼状图，应用于多种属性的空间表达，如物流企业各分公司产值段占公司总产值比率。

(9)比例标志图，应用于单一属性的空间表达，如城市各区县物流业产值比例专题图。

(10)唯一值表示图，应用于单一属性的空间表达，如企业管理区域划分专题图。

(11)归类表示图，应用于单一属性的空间表达，如物流企业各分公司指标完成状况(优，良，差)分类专题图。

5. 物流系统仿真

现代物流是一个多因素、多目标的复杂系统，需要运用系统分析的方法对其进行分析研究，传统的经验分析和人工调度已不能适应复杂系统和现代管理的要求。过去一个企业有十几、几十辆车负责运输，车辆的调度完全依靠管理人员、调度人员的已有经验。今后，随着竞争加剧，对物流管理提出了更高的要求，不仅仅是满足车辆的调配，更需要合理选择运输路线、合理配载、返程货物搭载等。而且由于生产逐渐多样化、服务客户化，不再有一成不变的计划生产，需要管理人员动态调整计划。人工的、经验式的管理必须用科学的控制管理方式替代。物流系统仿真正适应了物流系统的复杂化、物流目标的多样化的发展需要。

物流系统仿真可分为以下几类。

(1)物流过程的仿真，如运输、仓储、装卸、包装等。

(2)物流管理的仿真，如交通运输网络的布局规划、物流园区规划等。

(3)物流成本的仿真，即在物流系统模拟运行中动态记录其物流成本的消耗，最终准确统计各项物流作业的成本。

物流系统仿真软件充分吸收了仿真方法学、计算机、网络、多媒体、软件工程、人工智能自动控制等技术的新成果，同时，地理信息系统、虚拟现实及分布式虚拟现实等技术也得到了广泛应用。例如，德国PTV公司的交通仿真软件VISSIM提供了图形化界面，用二维和三维动画向用户直观显示交通场景；美国Brooks Automation公司研制的AutoMod仿真软件具有三维图形生成模块，可以实现精确的三维建模和虚拟动画显示，由于它采用了进程交互策略，在模拟的过程中可实现人机交互。

6. 物流公共信息平台

物流公共信息平台是运用现代信息技术、计算机技术、通信技术，整合行业内外、区域的信息资源，系统化地采集、加工、传送、存储、交换企业内外的物流信息，从而达到对供应链的计划、协同、执行、监控的有效和同步管理。从本质来说，它是为不同政府部门，不同企业提供不同层次的信息服务。

物流公共信息平台可以支撑现代物流企业发展对信息的综合要求，发挥信息技术和电子商务在物流企业中的作用，促进信息流与物流的结合，整合物流资源，促进协同经营机制的建立，强化政府对市场的宏观管理与调控能力，支撑物流市场的规范化管理，提供多样化的物流信息服务。物流公共信息平台的建设是区域物流中心建设的关键工程，通过建立城市现代物流公共信息平台，使商流、物流和信息流在物流信息系统的支持下实现互动，从而提供准确和及时的物流信息服务，提高社会物流运作效率，为企业竞争提供平等发展机遇和空间，降低产品运营成本和提高市场竞争力，并为政府调控物流业提供信息通道和支持信息环境。

作为物流信息查询、交易的门户，物流公共信息平台综合了物流资源平台、物流交易大盘、运输、仓储、车辆监控等一系列物流信息系统服务和其他辅助服务功能。空间信息除了可以提供上述的各种服务之外，还特别提供了基于空间算子的物流资源查询、检索功能，使得车主能够在第一时间找到最近的货物，货主能在最近的地方找到适合运输的车辆。

11.3.3　系统流程分析

物流信息系统流程分析以物流作业的各环节为主线，以实现对车辆和货物进行监控和管理为目的，通过灵活、快速、准确的数据信息交换和数据查询来提高运输作业的管理水平、车辆运输的作业效率、运输作业质量及客户的服务水平。而系统的主线流程为物流作业流程；辅线流程为车辆技术状态流程。

物流作业流程反映了从卖方货主的货运订单到买方货主的提货单（包括财务结算）整个作业过程，其中包括了运输过程中的货物流程和信息流程等。

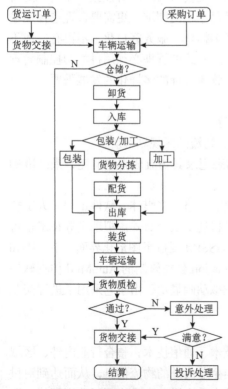

图 11.12　物流作业流程图

1）物流业务流程

物流作业流程主要包括订单处理、采购、货物质检、货物仓储、装卸搬运、货物运输、货物包装、流通加工、货物分拣、配货、货物交接、结算、客户管理、调度、意外处理、投诉处理等作业环节，流程如图 11.12 所示。

(1)订单处理：响应客户的订单要求。

(2)采购：为采购客户代理货物采购。

(3)货物质检：在货物交接时是否发生货物损坏现象。

(4)货物仓储：包括货物入库、出库时进行管理及库存管理。

(5)货物包装：对货物进行拆包后重新包装或直接包装。

(6)流通加工：对货物进行加工。

(7)货物分拣：对货物进行分类入库。

(8)配货：根据客户要求提货。

(9)货物交接：交货货主与物流企业、物流企业与提货货主之间的货物交接。

(10)结算：交货货主向物流企业支付费用及物

流环节各个部门与货代企业的资金结算。

2)物流流程图

（1）信息流流程：呼叫中心受理卖方货主的物流服务要求，然后将相关信息传递给调度中心，由调度中心组织车辆运输、仓储、装卸搬运、流通加工各个环节，统计各个环节的物流费用并通知结算中心，结算中心将物流费用统计报告给决策中心，以便企业领导了解企业运营情况，做出正确、科学的决策。

（2）货物流程：①呼叫中心受理卖方货主的物流服务要求，记录卖方货主姓名、身份证号码、货主住址、单位名称、货物位置、货物类型、货物规格（重量和体积）、货物的目的地、货主要求货物送达目的地的时间限制、提货人的姓名和身份证号码等数据。②呼叫中心将所获取的货运订单信息传递给调度中心，形成"货运单"。③调度中心通知汽车车队接受运输任务，查询得到数据：货主姓名、身份证号码、货物位置、货物类型、发车时间、发车型号、发车数量，并确定运输车辆及司机。④调度中心通知装卸中心，所需数据：装卸搬运车辆型号、车辆数量、装卸工人数量、装卸地点、到达装卸地点的时间等。⑤调度中心通知仓库，所需数据：货物标识、货物类型、货物规格和数量、到达时间等。⑥调度中心通知结算中心，统计各个环节的物流费用，形成"物流费用明细表"。⑦调度中心通知呼叫中心，本单货运到达目的地，通知买方货主进行货物交接。⑧呼叫中心通知买方货主进行货物交接。

11.3.4 物流信息系统结构

物流信息系统由数据库服务器、网络服务器、GPS 通信服务器、Web 服务器、呼叫中心、GPS/GIS 监控台、调度中心、决策中心、网络交换机等部分构成。物流信息系统具有整合多种通信平台能力，使监控、管理、调度、报警和定位信息能方便地在监控网络内共享。短信网关用来在 GPS 监控中心和 GSM 网络之间建立一个短信息快速通道。网络服务器负责整合多种通信平台的数据，为各监控座席提供数据交换服务，并且协调各监控台的登录、注销和交互。

1. 移动终端

移动终端由车载数据终端、车载显示终端、通话手柄及免提、GSM 天线、GPS 天线、连接线等部分组成。根据行业应用不同，有不同的系统组合方式。

2. 调度监控中心

调度监控中心主要功能包括：客户关系管理、订单管理、分运单管理、主运单管理、进港作业、出港作业、作业交流、财务管理、统计与分析、用户管理、基于 GIS 的运输规划管理和基于 GPS 的跟踪服务，从而全面管理物流服务的各个工作层面（图 11.13）。

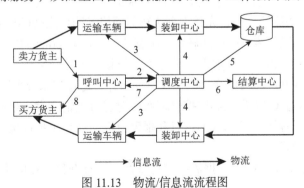

图 11.13 物流/信息流流程图

11.3.5 物流信息系统功能

物流信息系统包含呼叫中心信息管理子系统、调度中心信息管理子系统、仓储管理子系统、车辆管理子系统、装卸中心信息管理子系统、货物交接管理子系统、财务结算子系统、系统管理子系统、移动终端软件子系统、客户服务子系统、决策分析子系统等，如图 11.14 所示。

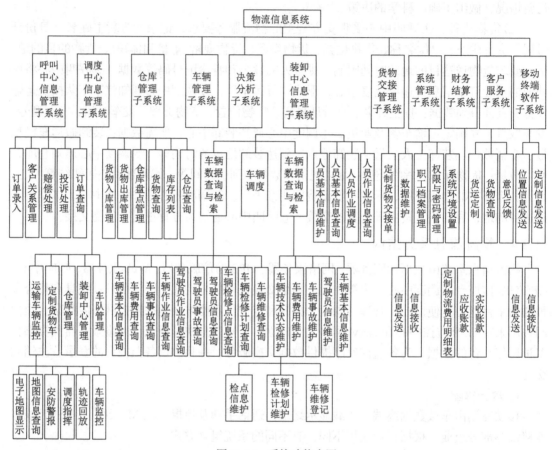

图 11.14　系统功能全图

1. 呼叫中心信息管理系统

呼叫中心信息管理系统由呼叫中心使用，其主要功能有：办公自动化、紧急救援、信息查询、订单录入、客户关系管理、赔偿处理、投诉处理、订单查询等。

(1)办公自动化。物流信息平台完整规划了物流网络各网点之间的进港出港作业，可以达到完全的无纸化操作，无须传真电话的确认，所有信息通过 Internet 就可以准确及时地到达对方的手中。到达、中转、派送、签收等作业过程通过该系统流转完成，并可以在授权用户之间达到完全的透明。各网点之间的交流沟通及财务结算，通过该系统可以快速准确地实现。

(2)紧急救援。通过 GPS 定位和监控管理系统对遇有险情或发生事故的配送车辆进行紧急援助，监控台的电子地图可显示求助信息和报警目标，规划出最优援助方案，通过声、光警示值班员实施紧急处理。

(3)信息查询。在电子地图上根据需要进行查询，被查询目标在电子地图上显示其位置，指挥中心可利用监测控制台对区域内任何目标的所在位置进行查询，车辆信息以数字形式在控制中心的电子地图上显示。

(4)订单录入。订单录入主要通过以下三种方式完成：通过与客户系统的接口，实现自动接单，并直接转化为货运订单或发货单；通过网站在网上下单；客服人员通过传统方式接单然后录入系统。订单录入的数据有：卖方货主姓名、身份证号码、货主住址、单位名称、货物位置、货物类型、货物规格(重量和体积)、货物的目的地、货主要求货物送达目的地的时间限制、提货人的姓名和身份证号码。

(5)客户关系管理。呼叫中心在接收客户的订单时，录入客户的信息，方便查询客户与呼叫中心的交易记录，确定客户的重要程度等。

(6)赔偿处理。由呼叫中心处理客户的货物丢失或损坏时的赔偿问题。

(7)投诉处理。由呼叫中心处理客户的投诉，并记录相应的责任人，为人员考核提供依据。

(8)订单查询。实现根据订单编号或卖方货主或买方货主查询运输订单的执行情况。

2. 调度中心信息管理子系统

调度中心信息管理子系统由调度中心使用，其功能有：车辆指派、运输路径选择、人员调派、货运单的制定等；根据呼叫中心提供的货源信息，指派汽车车队调度相应的车辆进行运输、指派装卸中心调度相应的设备和人员进行装卸、指派相应的仓库预备仓位或货物等，调度中心还负责运输车辆的 GPS 监控功能。

(1)定制货运单。根据呼叫中心提供的货源信息：卖方货主姓名、身份证号码、货主住址、单位名称、货物位置、货物类型、货物规格(重量和体积)、货物的目的地、货主要求货物送达目的地的时间限制、提货人的姓名和身份证号码等数据；查询汽车车队运输车辆的信息和装卸中心的装卸车辆及装卸工人的信息，确定汽车车队调度运输车辆型号、数量、发车时间、到达目的地的时间；确定装卸中心指派装卸车辆型号、数量、装卸工人数量、装卸地点、到达装卸地点的时间，形成完整的货物单。

(2)仓库管理。查询物流企业的仓库信息，包括仓库的位置、大小及仓库库存货物信息等。

(3)车队管理。查询物流企业的车队信息，包括车队所在的位置、车队中各种运输车辆的型号及其数量、车队中司机的数量等。

(4)装卸中心管理。查询装卸中心的位置、装卸车辆信息、装卸人员信息。

(5)车辆查询。查询汽车车队中运输车辆的信息、司机信息等。

(6)货物查询。根据货物名称查询各个仓库中的货物信息。

(7)运输车辆监控。车辆监控系统是整个 GPS 物流管理监控系统的核心技术，是集全球卫星定位系统(GPS)、移动通信技术(GSM)、地理信息系统(GIS)和计算机网络技术为一体的综合性高科技应用系统。它的主要技术就是利用 GPS 的定位数据，通过移动通信(GSM)，利用 GIS 技术动态显示并进行实时控制，能够对运输车辆实现实时、动态地监控、跟踪、调度(主要是远程调度)和实时状态管理。它使用 GPS 系统来确定车的位置;利用移动通信技术，监控管理中心获取确定运输车辆的状态、位置信息，并通过 GIS 地图监控系统显示车辆的准确位置或回放车辆行驶的路线轨迹。

(1)地图显示。主要是实现地图的放大、缩小、漫游等功能。

(2)地图信息查询。主要是实现地名、道路、用户信息查询等功能。

(3)安防报警。当车辆遇劫、被盗或发生事故需要医疗救护时，通过人工和自动报警，主控中心接到信号后，可以对目标进行各种信息的监控和查询并对车辆实施远距离控制等。

(4)调度指挥。监控中心通过向运输车辆发送信息达到对移动车辆进行调度、指挥的目的。

(5)轨迹存放。可以记录和回放运输车辆行驶路线的轨迹和相应的状态。

(6)车辆监控。通过接收运输车辆的位置信息和其他信息，监控中心监控运输车辆的实时位置，并能在监控中心的电子地图准确地显示车辆当时的状态(如事故)。

3. 仓储管理系统

仓储管理系统由仓库管理员使用，它融合了多种先进的信息技术，包括条码技术、无线射频技术、数据库技术、决策支持技术等方法构建的智能仓储管理系统。

(1)仓库管理。查询物流企业的仓库信息，包括仓库的位置、大小及仓库库存货物信息等。

(2)货物入库管理。主要实现货物入库时的数据信息采集功能，并自动或与人工相结合来安排货物的存放位置。需要录入的数据：货物名称、货物规格、货物重量(数量)、货物体积、存放位置、存放时间、承办人等。

(3)货物出库管理。按照先进先出的提货原则，对出库货物进行数据信息的采集。需要录入的数据：货物名称、货物规格、货物重量(数量)、货物体积、存放位置、存放时间、出库时间、提货人、货物去向(货运单号)、承运人等。

(4)货物移库管理。实现货物在仓库间或仓库内进行移动的管理功能。涉及的数据：货物名称、货物规格、货物重量(数量)、货物体积、存放时间、移动前的仓库名、仓库中的位置、当前的仓库名、仓库中的位置、承办人等。

(5)仓库盘点管理。实现仓库的盘点功能，并记录仓库盘点的结果信息。

(6)货物查询。根据货物名称、入库时间、承办人查询库存货物的信息；或根据货物的名称、出库时间、提货人、货运单查询出库货物的信息。

(7)库存列表。按照货物名称、存放位置查询所有库存货物的信息。

(8)仓位管理。按照仓库的空间位置来查询仓库的使用信息。

4. 车辆管理系统

车辆管理系统由汽车车队和装卸中心使用，其主要功能包含：车辆(包括运输车辆和装载车辆)和驾驶员的数据维护、数据查询及车辆、司机调度等；根据登录的汽车车队管理员的身份，只能查询本车队的相关信息，包括车队所在的位置、车队中各种运输车辆的型号及其数量、车队中司机的数量等。但无权查询其他车队的信息及物流企业的车队信息。

(1)车辆跟踪。利用 GPS 和电子地图可实时显示出车辆的实际位置，对配送车辆和货物进行有效的跟踪。

(2)路线的规划和导航。分自动和手动两种。自动路线规划是由驾驶员确定起点和终点，由计算机软件按照要求自动设计最佳行驶路线，包括最快的路线、最简单的路线、通过高速公路路段次数最少的路线等。手工路线规划是驾驶员根据自己的目的地设计起点、终点和途经点等，自己建立路线库，路线规划完毕后，系统能够在电子地图上设计路线，同时显示车辆运行途径和方向。

(3)车辆调度。根据调度中心的货运单，指派相应车型、相应数量的运输车辆，并确定相应的司机进行作业；指挥中心可监测区域内车辆的运行状况，对被测车辆进行合理调度。指挥中心还可随时与被跟踪目标通话，实行远程管理。

(4)车辆基本信息维护。完成本公司车辆基础信息的录入、删除、修改等工作。

(5)驾驶员信息维护。完成本公司驾驶员信息的录入、删除、修改等工作。

(6)车辆费用维护。记录本公司所有车辆费用的使用情况。

(7)车辆事故维护。记录本公司所有车辆的事故情况。

(8)车辆技术状态维护。车辆技术状态维护包括车辆检点信息维护、车辆检修计划维护、车辆维修登记三个功能模块：①车辆检点信息维护。负责记录每辆机动车辆的检点结果，并根据车辆技术状况更新服务器数据库中车辆的基本信息(车辆的技术状态数据)。②车辆检修计划维护。在查询车辆检点信息基础上，编制并记录车辆检修计划。③车辆维修登记。对维修情况数据进行登记存储，并更新服务器数据库中车辆的基本信息(车辆的技术状态数据)和对维修费用进行存储。

(9)车辆作业信息查询。根据车辆牌照、作业时间、货运单查询该车辆的作业信息。

(10)驾驶员作业信息查询。根据驾驶员编号(身份证)、作业时间、货运单查询该驾驶员的作业信息。

(11)车辆费用查询与统计。根据车辆牌照、作业时间、货运单、费用种类从车辆费用数据库中查询该车辆的费用情况。

(12)车辆基本信息查询。根据车辆牌照或技术状态或所属单位查询车辆的相关信息。

(13)车辆事故查询。根据车辆牌照、时间或单位查询车辆的事故情况。

(14)驾驶员事故查询。根据驾驶员编号(身份证)、时间或单位从车辆事故数据库中查询驾驶员的事故情况。

(15)驾驶员信息查询。根据驾驶员编号(身份证)、运输公司管理中心查询驾驶员的基本信息。

(16)车辆检点信息查询。根据车辆牌照查询车辆的检点信息或单位所有车辆的检点信息。

(17)车辆检修计划查询。根据车辆牌照查询车辆的检修计划或单位所有车辆的检修计划。

(18)车辆维修查询。根据车辆牌照查询车辆的维修信息或单位所有车辆的维修信息。

5. 装卸中心信息管理系统

装卸中心信息管理系统由装卸中心使用，其包括车辆管理系统和人员管理系统：车辆管理系统如前所述；人员管理系统主要是指装卸工人的管理。系统查询装卸中心的位置、装卸车辆信息、装卸人员信息。

(1)人员基本信息维护：完成本公司装卸员工基本信息的录入、删除、修改等工作。

(2)人员基本信息查询：根据员工的证件、所属单位、工作状态查询员工的基本信息。

(3)人员作业调度：根据调度中心的调度指派相应数量的装卸员工到指定的装卸场地进行装卸作业。

(4)人员作业信息查询：根据员工的证件、所属单位查询员工在指定的时间段内的作业工作信息。

6. 货物交接管理系统

货物交接管理系统对货物交接的各个环节的信息进行管理，主要是货物交接的双方填写交接单。定制货物交接单内容主要包括货物名称、货物类型、货物重量(数量)、交接日期、货物损坏情况、交接甲方和交接乙方。

7. 财务结算系统

财务结算系统由财务结算中心使用，主要是统计各个物流环节的费用，统计分析物流成本的分布，定制"物流费用明细表"。

8. 系统管理系统

系统管理系统完成系统相关信息的维护和设置。其中，包括系统初始化、基础数据的维护、数据库的备份和恢复，以及系统通用参数的设置。

(1)职工档案管理：主要实现公司职工基本信息的录入、修改、删除等功能。

(2)权限与密码管理：管理系统使用人员的权限、登录密码、用户增减等。

(3)数据维护：包括数据备份和数据恢复的功能，增强系统的安全性。

(4)系统环境设置：包括系统运行时初始化和环境参数的设置。

9. 移动终端软件系统

移动终端软件系统由运输车辆司机使用，其主要功能包括信息的接收和发送，信息的发送分位置信息的发送和定制信息发送两种。

(1)信息接收：用于接收运输管理监控中心的调度信息、远程控制信息、各种服务信息等。

(2)位置信息发送：用于发送车辆的实时位置信息，使监控中心可以实时掌握运输车辆的位置。

(3)定制信息发送：用于发送除位置信息以外的其他信息，如车辆状态信息、事故信息等。

10. 客户服务系统

客户服务系统由远程客户使用，其主要功能包括货运定制、货物查询、意见反馈等。

(1)货运定制：通过网络定制货运任务，客户需填写货运单并提交给呼叫中心。

(2)货物查询：根据货运单编号在线查询货物的状态和实时位置。

(3)意见反馈：反映客户对每单货运的意见，由呼叫中心来处理。

11. 决策分析系统

决策部门及时掌握货物、资金、企业信息并对所产生的信息加以科学利用，对历史数据进行多角度、立体分析，实现对企业中的人力、物力、财力、各种作业信息等资源的综合管理，为企业管理、客户管理、市场管理、资金管理提供科学决策的依据。决策分析系统功能包括全局或局部物流优化、各级客户地理分析、运输能力模型分析、交通物流资源优化、配送中心能力分析、配送网络方案分析、联运优化方案分析、代理网点设置优化、物流仿真分析模型、仓储能力分析、仓库选址模型、中转仓库优化方案等。

主要参考文献

艾廷华. 2004. 多尺度空间数据库建立中的关键技术与对策. 科技导报, 22(12): 4-8.

白海丽. 2006. 基于 VCT 标准的 CAD 到 GIS 数据转换研究与实现. 阜新: 辽宁工程技术大学硕士学位论文.

陈华斌. 2005. 面向服务体系结构的地理信息服务研究. 北京: 中国科学院研究生院博士学位论文.

陈军, 蒋捷, 周旭, 等. 2009. 地理信息公共服务平台的总体技术设计研究. 地理信息世界, 7(3): 7-11.

陈克强, 高振家, 赵洪伟. 2001. 关于数字地质图元数据编制方法若干问题的讨论. 中国区域地质, 20(4): 434-443.

陈荦. 2005. 分布式地理空间数据服务集成技术研究. 长沙: 国防科学技术大学博士学位论文.

程娟, 平西建. 2006. 集成 GPRS 服务的嵌入式车载地理信息系统. 计算机工程, 32(17): 244-245.

崔铁军. 2007. 地理空间数据库原理. 北京: 科学出版社.

崔铁军, 郭黎. 2007. 多源地理空间矢量数据集成与融合方法探讨. 测绘科学技术学报, 24(1): 1-4.

董燕, 高建国, 周新忠. 2004. 空间元数据应用的技术探讨. 测绘信息与工程, 29(6): 22-24.

符海月, 赵军, 李满春. 2006. 从 GoogleMaps 看我国全球化地理信息服务面临的挑战和对策. 地理与地理信息科学, 22(2): 116-118.

高升, 陈能成, 龚健雅, 等. 2006. 基于多协议的地理信息服务集成. 测绘信息与工程, 31(6): 16-18.

郭黎. 2003. 空间矢量数据融合问题的研究. 郑州: 解放军信息工程大学硕士学位论文.

胡郁葱, 曾悦, 徐建闽. 2004. 车辆定位系统中的信息融合方法. 华南理工大学学报(自然科学版), 32(1): 75-79.

华一新, 王飞, 郭星华, 等. 2007. 通用作战图原理与技术. 北京: 解放军出版社.

黄裕霞, Cliff Kottman, 柯正谊, 等. 2001. 可互操作的 GIS 研究. 中国图象图形学报, 6(9): 925-931.

黄智刚. 2007. 无线电导航原理与系统. 北京: 北京航空航天大学出版社.

霍亮, 李欣. 2003. 3G 技术与现代物流管理技术的集成模式研究. 测绘科学, 28(3): 59-61.

李滨. 2003. 地理数据库引擎的设计与实现. 郑州: 解放军信息工程大学硕士学位论文.

李德仁, 关泽群. 2002. 空间信息系统的集成与实现. 武汉: 武汉大学出版社.

李德仁, 朱欣焰, 龚健雅. 2003. 从数字地图到空间信息网格——空间信息多级网格理论思考. 武汉大学学报(信息科学版), 28(6): 642-650.

李飞雪, 李满春, 梁健. 2006. 网络地理信息服务构建初步研究. 遥感信息, (1): 46-49.

李军虎. 2005. 基于网络的基础地理信息服务系统的内容和关键技术. 测绘技术装备, 7(4): 38.

李军, 川云. 2000. 地球空间数据集成研究概况. 地理科学进展, 19(3): 203-211.

李军, 周成虎. 2000. 地球空间数据集成多尺度问题基础研究. 地球科学进展, 15(1): 48-52.

李军, 景宁, 孙茂印. 2002. 多比例尺下细节层次可视化的实现机制. 软件学报, 13(10): 2037-2043.

李琦, 黄晓斌. 2002. 基于 GeoAgent 的地理信息服务. 测绘通报, (6): 44-47.

李琦, 杨超伟, 陈爱军. 2000. WebGIS 中的地理关系数据库模型研究. 中国图象图形学报, 5(2): 119-123.

李善平, 胡玉杰, 郭鸣. 2004. 本体论研究综述. 计算机研究与发展, 41(7): 1041-1052.

李云岭, 靳奉祥, 季民, 等. 2003. GIS 多比例尺空间数据组织体系构建研究. 地理与地理信息科学, 19(6): 7-10.

廖邦固. 2005. 基于矢量结构的空间数据转换模型构建与实现. 上海: 华东师范大学硕士学位论文.

刘建业, 曾庆化, 赵伟, 等. 2010. 导航系统理论与应用. 西安: 西北工业大学出版社.

刘岳峰. 2004. 地理信息服务概述. 地理信息世界, 2(6): 26-29.

吕华新, 李霖, 翟亮. 2005. 电子地图中多尺度地图数据显示的研究. 测绘信息与工程, 30(6): 22-24.

马晓霞. 2006. 地理格网参照下的空间数据集成方法研究. 西安: 长安大学硕士学位论文.

戚铭尧. 2006. 面向物流的空间信息服务及其关键技术研究. 中国科学院博士后研究工作报告, 中国科学院遥感应用研究所.

秦永元. 2006. 惯性导航. 北京: 科学出版社.

邱冬炜. 2005. GPS 坐标系统转换模型的研究. 北京: 北京交通大学硕士学位论文.

沈方伟. 2005. 面向 UGIS 的地形图数据集成方法研究. 南京: 南京师范大学硕士学位论文.

沈明明. 2006. GPS WGS84 坐标与地方独立坐标系转换的研究. 北京: 北京交通大学硕士学位论文.

石善斌, 吕志平, 陈华远, 等. 2006. 车载 GPS 道路测量数据处理技术. 测绘科学技术学报, 23(4): 275-283.

宋国民. 2006. 地理信息共享的理论研究框架. 测绘科学技术学报, 23(6): 404-407.

孙晓生, 何凤良. 2006. 地理信息服务网格及其技术构架的探讨. 测绘与空间地理信息, 29(6): 28-30.

田鹏. 2007. 浅析多源空间数据的集成. 数字图书馆论坛, (7): 15-16.

汪小林, 罗英伟, 丛升日. 2001. 空间元数据研究及应用. 计算机研究与发展, 38(3): 321-327.

王家耀. 2000. 空间信息系统原理. 北京: 科学出版社.

王家耀, 孙群, 王光霞, 等. 2006. 地图学与原理与方法. 北京: 科学出版社.

王建涛. 2005. 基于 Web 的地理信息服务的研究与实践. 郑州: 解放军信息工程大学博士学位论文.

王涛, 毋河海. 2003. 多比例尺空间数据库的层次对象模型. 地球信息科学, 5(2): 46-50.

邬群勇. 2006. 面向服务的空间信息组织与应用集成研究. 北京: 中国科学院研究生院博士学位论文.

吴功和. 2006. 分布式地理信息服务研究与实践. 郑州: 解放军信息工程大学博士学位论文.

吴金华. 2002. 地理空间元数据的探讨. 西安工程学院学报, 24(2): 59-61.

吴小芳, 蔡忠亮, 邬国锋, 等. 2003. 基于数据引擎思想的 GIS 数据集成与共享. 测绘工程, 12(3): 14-17.

杨崇俊. 2003. 网格及其对地理信息服务的影响. 地理信息世界, 1(1): 20-22.

杨建宇. 2005. 基于组件的分布式地理信息服务研究. 北京: 中国科学院研究生院博士学位论文.

杨铁利, 许惠平. 2006. 网格技术在地理信息服务的应用研究. 微电子学与计算机, 23(10): 141-143.

张加龙, 赵俊三, 饶智文. 2006. 基于 GIS/GPS/GPRS 的物流车辆监控系统. 测绘与空间地理信息, 29(5): 72-75.

张晓林. 2002. 元数据研究与应用. 北京: 北京图书馆出版社.

张新. 2004. 面向电子政务的地理信息服务研究. 北京: 中国科学院研究生院博士学位论文.

郑祖辉, 鲍智良, 经明, 等. 2002. 数字移动通信系统. 北京: 电子工业出版社.

周成虎, 李军. 2000. 地球空间元数研究. 中国地质大学学报, 25(6): 579-584.

周新忠, 余木良, 陶亮, 等. 2007. 关于地理空间元数据技术发展趋势的理论探讨. 测绘科学, 32(2): 172-175.

朱雅音. 2003. 具有不确定性空间数据的关联挖掘研究. 武汉: 武汉大学硕士学位论文.

Ashrafi N. 1995. The information repository: a tool for metadata management. Journal of Database Management. 2(2): 3-11.

Claramunt C, Theriault M. 1996. Toward semantics for modeling spatio-temporal processes with in GIS. Symposium on Spatial Data Handling(SDH'96). Netherlands.

FGDC. 1997. Content Standards for DIGITAL Geospatial Metadata. Federal Geographic Data Committee.

Garland M, Heckbert P S. 1997. Surface simplification using quadric error metrics. Computer Graphics, 31(3): 209-216.

Hoppe H, de Rose T. 1993. Mesh optimization. Computer Graphics, 27(1): 19-26.

ISO/TC211. 1997. Geographic information-metadata. ISO Standard1 5046-15 Metadata. Version2. 0.

Kapetanios E, Kramer R. 1995. A knowledge-based system approach for scientific data analysis and the notion of metadata. Proceeding of the Four tenth IEEE Symposium on Mass Storage Systems.

Peuquet D. 1994. It'a about time: a Conceptual framework for the representation of temporal dynamics in GIS. Annals of the American Association of Geographers, 84(3): 441-461.

Peuquet D J, Duan N. 1995. An event-based spatio temporal data model(ESTDM) for temporal analysis of geographical data. International Journal of Geographical Information Systems, 9(1): 7-24.

Peuquet D, Qian L. 1996. An integrated database design for temporal GIS, in proceedings. 7th International

Symposium on Spatial Data Handling. Delft: The Netherlands, International Geographical Union.

Schroeder W J, Zarge J A. 1992. Decimation of triangle meshes. Computer Graphics, 26(2): 65-70.

Wolfson O, Xu B, Chamberlain S, et al. 1998. Moving objects databases: issues and solutions. Proceedings of the 10th Int.Conference on Scientific and Statistical Database Management, 33(4): 111-122.